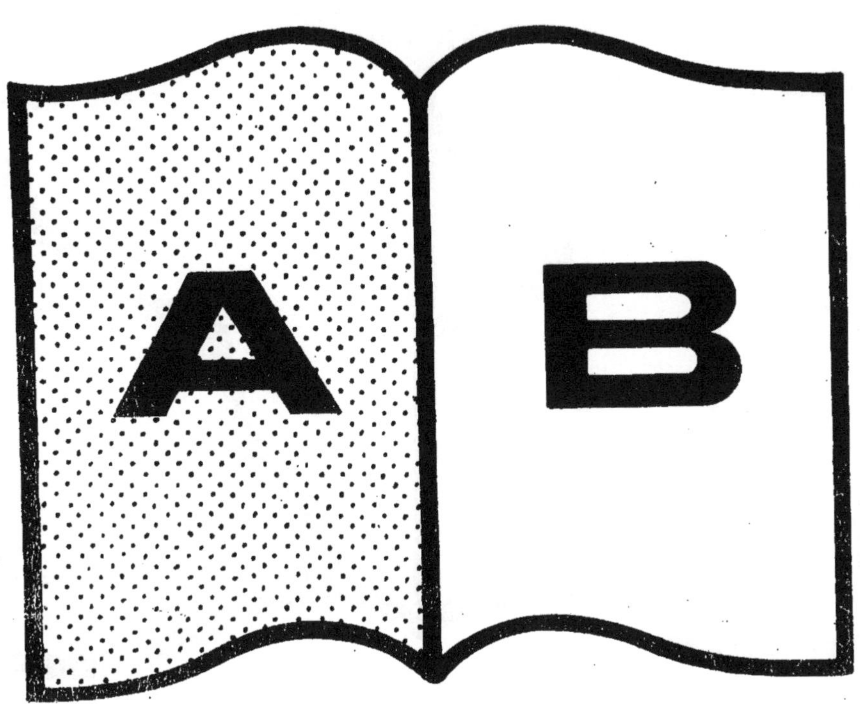

Contraste insuffisant

NF Z 43-120-14

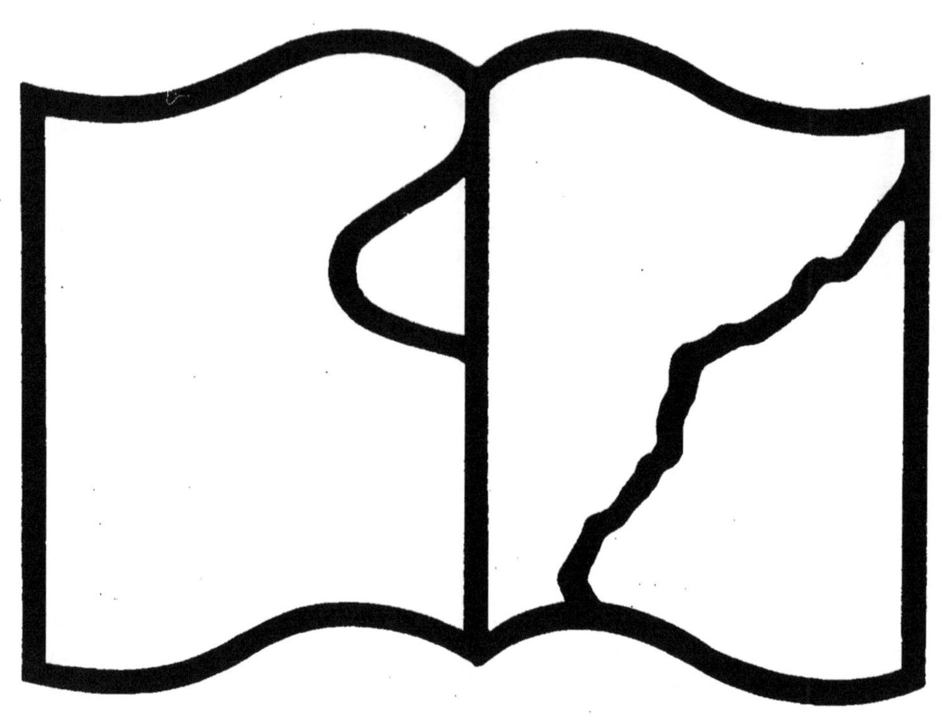

Texte détérioré — reliure défectueuse

NF Z 43-120-11

LEÇONS

DE

MÉCANIQUE ANALYTIQUE,

PAR M. L'ABBÉ MOIGNO,

RÉDIGÉES PRINCIPALEMENT

D'APRÈS LES MÉTHODES D'AUGUSTIN CAUCHY,

ET ÉTENDUES AUX TRAVAUX LES PLUS RÉCENTS.

STATIQUE.

PARIS,

GAUTHIER-VILLARS, IMPRIMEUR-LIBRAIRE

DU BUREAU DES LONGITUDES, DE L'ÉCOLE IMPÉRIALE POLYTECHNIQUE,

SUCCESSEUR DE MALLET-BACHELIER,

Quai des Augustins, 55.

1868

LEÇONS

DE

MÉCANIQUE ANALYTIQUE.

PARIS. — IMPRIMERIE DE GAUTHIER-VILLARS,
rue de Seine-Saint-Germain, 10, près l'Institut.

LEÇONS

DE

ÉCANIQUE ANALYTIQUE,

PAR M. L'ABBÉ MOIGNO;

RÉDIGÉES PRINCIPALEMENT

D'APRÈS LES MÉTHODES D'AUGUSTIN CAUCHY,

ET ÉTENDUES AUX TRAVAUX LES PLUS RÉCENTS.

STATIQUE.

PARIS,

GAUTHIER-VILLARS, IMPRIMEUR-LIBRAIRE

DU BUREAU DES LONGITUDES, DE L'ÉCOLE IMPÉRIALE POLYTECHNIQUE,

SUCCESSEUR DE MALLET-BACHELIER,

Quai des Augustins, 55.

1868

(L'Auteur et l'Éditeur de cet Ouvrage se réservent le droit de traduction.)

TABLE DES MATIÈRES.

TROISIÈME LEÇON.

QUATRIÈME LEÇON.

CINQUIÈME LEÇON.

SIXIÈME LEÇON.

SEPTIÈME LEÇON.

HUITIÈME LEÇON.

NEUVIÈME LEÇON.

DIXIÈME LEÇON.

ONZIÈME LEÇON.

DOUZIÈME LEÇON.

TREIZIÈME LEÇON.

QUATORZIÈME LEÇON.

QUINZIÈME LEÇON.

SEIZIÈME LEÇON.

DIX-SEPTIÈME LEÇON.

DIX-HUITIÈME LEÇON.

Pages.

DIX-NEUVIÈME LEÇON.

I.   b

VINGTIÈME LEÇON.

VINGT ET UNIÈME LEÇON.

VINGT-DEUXIÈME LEÇON.

b.

FIN DE LA TABLE DES MATIÈRES.

PRÉFACE.

Ces Leçons datent de bien longtemps déjà, car elles
sont essentiellement le cours que mon illustre et vénéré
maître, Augustin Cauchy, a fait de 1820 à 1830 à
l'École Polytechnique et à la Faculté des Sciences. Je
l'avais fidèlement recueilli et rédigé; Cauchy, de son
côté, a fait imprimer dans ses *Exercices de Mathématiques* et dans ses *Nouveaux Exercices de Géométrie et de
Physique analytique,* les théories plus complètes qui,
comme celle des moments linéaires et de la recherche des
équations générales d'équilibre, faisaient la base de son
enseignement. De 1838 à 1843, j'ai pris ces Leçons auto-
graphiées pour texte du cours que je faisais à l'École Normale ecclésiastique de la rue des Postes; et si l'incident
douloureux, dont j'ai rendu compte dans la préface de mes
Leçons de Calcul intégral, n'était pas venu bouleverser
mon existence, elles auraient paru il y a longtemps. La
pensée d'en reprendre l'impression ne m'a pas quitté un
instant, depuis vingt-quatre ans; elle m'a surtout obsédé
depuis que Cauchy n'est plus; je regardais cette publi-
cation comme un devoir sacré, parce qu'à mes yeux
l'enseignement des Mathématiques supérieures, tel que
Cauchy l'avait compris et l'avait fait, était l'enseignement
classique par excellence. Mais, hélas! j'ai toujours été
depuis cette époque dans une situation matérielle ou
morale qui me condamnait forcément à ne jamais faire ce
que j'aurais voulu, à faire toujours ce que je ne voulais
pas. Sans place, sans chaire, sans appointements, obligé

d'aller toujours au plus pressé pour gagner ma vie et la vie de ceux que la bonne Providence mettait à ma charge, je n'ai pu qu'attendre et me résigner.

Quand l'impression du *Calcul des variations* fut achevée, il me parut trop dur de laisser enfoui dans des cartons un manuscrit précieux et riche d'avenir, à une époque surtout où l'enseignement des Mathématiques, grandement amoindri, demande d'urgence à être relevé, où la Mécanique n'est plus représentée en France que par les Leçons trop élémentaires de Navier, de Duhamel, de Sturm. Je me mis donc à l'œuvre, et je commençai une impression fatalement empêchée par une foule d'obstacles imprévus. On ne saurait se figurer ce qu'absorbent de temps la rédaction consciencieuse d'un journal comme le *Cosmos* ou les *Mondes*, et la mission de vulgarisation à laquelle je n'ai pas pu me soustraire. Mais voici que j'ai pu achever enfin le premier volume de ce grand ouvrage : la *Statique analytique des corps solides et des systèmes de points matériels.*

Avoir commencé par la Statique, c'est, dans les idées régnantes, en présence de programmes d'enseignement profondément bouleversés, au grand détriment de la prospérité et des progrès en France des Sciences mathématiques, une faute et presque un délit dont j'ai, avant tout, à me justifier. Je publie les Leçons de Cauchy, je devais donc lui rester fidèle. A l'époque où Cauchy enseignait, personne n'aurait eu l'idée de commencer l'étude de la Mécanique analytique par la Cinématique, qui n'existait pas encore, ou par la Dynamique. On suivait alors la marche naturelle et plus facile du simple au composé. Parce que l'idée de repos est plus élémentaire que l'idée de mouvement, en ce sens qu'il n'exige point de cause ; parce que la Statique ne considère que la tendance au mouvement et sa possibilité, tandis que la Cinématique et la Dynamique mettent en jeu le mouvement et le temps, le déplacement réel dans l'espace et dans le temps, on débutait par la Statique. Et, en effet, si l'idée de point matériel et de force est commune à la Statique, à la Cinématique et à la Dynamique, la Cinématique et la Dynamique, qui lui ajoutent les idées de vitesse et d'accélération, doivent nécessairement venir plus tard. Si l'on objecte qu'il est mal, dans une science toute de faits, d'emprunter à la métaphysique l'idée des forces ou des causes efficientes du mouvement qui ne sont le plus souvent que des êtres de raison, je répondrai qu'en tout cas l'idée de force est une idée première, nettement définie, dont on ne pourrait affranchir son esprit que par un effort contre nature. J'ajouterai que, très-disposé à ne voir dans le monde matériel que de la matière et du mouvement, à ne donner aucune existence réelle à des forces purement explicatives, comme l'attraction universelle ou moléculaire, je ne puis cependant me résoudre à admettre que les mots *force de traction, d'impulsion, de tension, de pression,* ne soient pas des réalités positives, qu'il est permis de ramener d'abord à une idée abstraite, pour les représenter plus tard par des longueurs et par des nombres, et les soumettre à toutes les opérations de la Géométrie et de l'Analyse. Or, la Statique ne fait pas autre chose.

Il y a sans doute du vrai dans ce passage de d'Alembert (préface de la première édition du *Traité de Dynamique,* p. xv) : « Tout ce que nous voyons bien distinctement dans le mouvement d'un corps, c'est qu'il parcourt un certain espace, et qu'il emploie un certain temps à le parcourir ; c'est donc de cette seule idée qu'on doit tirer tous les principes de la Mécanique, quand on veut les démontrer d'une manière nette et précise. Aussi ne sera-t-on pas surpris qu'en conséquence de cette réflexion j'aie, pour ainsi dire, détourné la vue de dessus les causes motrices, pour n'envisager uniquement que le mouvement qu'elles produisent. » Mais d'abord au mot *Mécanique* il faudrait dans ce passage substituer le mot *Dynamique;* et il n'en reste pas moins vrai que les idées de repos, d'équilibre, de force, de simple possibilité de mouvement, complétement indépendantes des idées de déplacement dans l'espace et dans le temps, ont au moins autant de réalité objective et subjective. Qui pourrait dire que l'idée de deux hommes de force égale, tirant ensemble sur les deux extrémités d'une corde rigide, et se faisant mutuellement équilibre, n'est pas une idée positive et complète? D'Alembert, en outre, ne faisait pas tellement abstraction des causes motrices, qu'il cessât d'attribuer un pouvoir moteur réel à la matière inerte.

Pour jeter plus de jour sur ces questions délicates, qu'il me soit permis de citer ici un passage digne d'attention de la Notice sur la vie et les ouvrages de Pierre-Louis-Georges, comte du Buat, l'auteur des *Principes d'hydraulique,* et de son fils Louis-Joseph du Buat, capitaine au corps du génie, par M. Barré de Saint-Venant. Cet opuscule, très-original, est malheureusement peu connu, parce qu'il n'a été publié que dans les *Mémoires de la Société impériale des Sciences, de l'Agriculture et des Arts de Lille,* année 1865.

« Dans les trois Mémoires sur la Dynamique, im-
» primés in-4° chez Didot en 1824, L.-J. du Buat défi-
» nit les forces accélératrices de simples accroissements
» de vitesse, et les forces motrices des produits de ces
» accroissements par les masses, sans définir ces dernières
» quantités. Il observe que le mot *force* a, dans l'usage
» ordinaire, une signification différente ; qu'on désigne
» ainsi la cause qui produit le mouvement et qui réside
» soit dans les êtres animés, soit dans les propriétés de la
» matière ; mais que la Mécanique ne considère et ne

» mesure les forces que dans leurs effets, qui sont des
» vitesses imprimées à des masses; que l'équilibre n'est
» que le cas particulier où les vitesses ne produisent pas
» de mouvement, et que c'est, par conséquent, pour
» abréger l'expression, que l'on donne à l'effet le nom de
» la cause, etc. Sous cette réserve, ou avec cette définition,
» du Buat emploie le mot *force* dans la suite de ses *Mé-*
» *moires....* Ampère (c'est toujours M. de Saint-Venant
» qui parle) me disait en 1834 que ces Mémoires du fils
» de du Buat étaient faits avec beaucoup de talent, et
» fournissaient ainsi la preuve qu'*il serait à jamais*
» *impossible de faire une Mécanique sans forces envi-*
» *sagées et calculées comme telles.* Il est permis de ne
» pas acquiescer à cette deuxième partie du jugement
» porté par l'illustre Académicien, et de ne point engager
» ainsi l'avenir le plus éloigné. Le sage Écossais Reid,
» le philosophe moderne le moins rêveur qu'il y ait eu,
» et chez qui les connaissances géométriques venaient
» suffisamment en aide à un admirable bon sens pour lui
» permettre de parler pertinemment de ce que les Sciences
» physico-mathématiques ont de plus général, remar-
» que fort bien que leur objet n'est pas de déterminer
» et d'évaluer les *causes efficientes* inconnues des
» phénomènes, mais de découvrir et d'appliquer les lois
» qu'observent constamment ceux-ci dans leur succes-
» sion. Dans le fait, quel que soit un problème de Mé-
» canique terrestre ou céleste proposé, les forces n'entrent
» jamais ni dans les données, ni dans le résultat cherché
» de la solution. On les fait intervenir pour résoudre,
» et on les élimine ensuite, afin de n'avoir finalement
» que du temps, ou des distances, ou des vitesses, comme
» en commençant. On conçoit très-bien qu'un jour, à la
» place de ces sortes d'intermédiaires d'une nature occulte
» et métaphysique, on puisse n'introduire et n'invoquer,

» pour la solution des divers problèmes de l'ordre physi-
» que, que ces lois avérées des vitesses et de leurs chan-
» gements suivant les circonstances, lois dont on ferait
» l'application, comme un juge, à l'espèce, c'est-à-dire
» aux données de chaque problème, et dont on calculerait
» pour chaque cas l'accomplissement. Ce ne sera pas
» bouleverser la science, ce ne sera qu'en modifier le
» langage.... Il est donc possible que les forces, ces sortes
» d'êtres problématiques, ou plutôt d'adjectifs substances
» qui ne sont ni matière, ni esprit, êtres aveugles et
» inconscients, qu'il faut douer cependant de la mer-
» veilleuse faculté d'apprécier les distances et d'y propor-
» tionner ponctuellement leur intensité, soient de plus
» en plus expulsées et écartées des sciences mathéma-
» tiques. Elles feraient place aux lois non-seulement
» *géométriques*, mais aussi *physiques*, qui règlent les
» circonstances, les durées et les grandeurs des change-
» ments de vitesse et de situation ; et cela, quel qu'en
» soit l'agent excitateur, unique ou multiple, ayant ou
» n'ayant pas grandeur et direction variables comme les
» changements produits. Le temps n'est peut-être pas bien
» loin, où, sans nier aucunement le principe de causa-
» lité, qui appartient à une sphère d'idées plus élevée,
» mais en laissant la cause ou les causes à leur vraie
» place, qui n'est point la physique, on renoncera à la
» prétention d'en faire un sujet de calculs. Aujourd'hui
» certaines locutions ou alliances de mots, telles que
» *forces d'inertie, travail d'inertie*, servent utilement
» sans doute à établir l'homogénéité, en remplaçant dans
» le langage les faits par des causes, ou le visible par
» l'occulte, de manière à n'avoir que des équations entre
» causes. Mais on trouvera sans doute le moyen de rem-
» placer ces locutions par d'autres n'offrant pas, comme
» celles-ci, quelque chose de contradictoire, et opérant

» dans le même but une substitution inverse; ou, pour
» mieux dire, de n'exprimer plus, en Mécanique, que
» les faits réels de temps et d'espace, en énonçant et en
» appliquant les lois de leur succession. »

M. de Saint-Venant est allé plus loin : il a passé de la
spéculation à la pratique, en publiant, en 1851, chez Bachelier, ses *Principes de Mécanique fondés sur la Cinématique* (in-4° lithographié).

Ces lignes renferment tout ce que l'on peut opposer de
plus fort au parti que j'ai pris de commencer l'enseignement de la Mécanique par la Statique, en la fondant sur
la notion de la force et du point matériel. Or, il suffira
de quelques réflexions exposées sans ordre, pour prouver
que j'ai eu raison de rester fidèle aux doctrines de Cauchy.

1° Et d'abord, du Buat ne renonce pas plus que d'Alembert à l'emploi du mot *forces* et à leur mise en jeu; comme
d'Alembert encore, il attribue un pouvoir moteur réel à la
matière, ce qui est proclamer la force une réalité dans le
cas le plus inadmissible. Je fais, moi aussi, grand cas des
espaces parcourus, des vitesses, des accélérations, même
de plusieurs ordres; mais une fois admis le principe de
l'inertie de la matière, mon esprit exige qu'on fasse de
ces vitesses et de ces accélérations les effets des causes
dont elles mesurent naturellement et nécessairement
l'intensité.

2° Il résulte des paroles citées par M. de Saint-Venant,
que je suis d'accord avec Ampère, un de mes maîtres les
plus illustres et les plus chers. Il ne déclarait pas seulement impossible la Mécanique sans forces : quoique ce
soit à lui que revienne l'honneur d'avoir divisé la Mécanique en trois branches distinctes : *Statique,* science de
l'équilibre des forces, abstraction faite du déplacement
réel dans l'espace, mais sans exclure la tendance au mouvement, le mouvement possible ou virtuel; *Cinématique,*
science du mouvement, abstraction faite des forces;

Dynamique, science des rapports des forces avec les déplacements et les vitesses qu'elles déterminent dans l'espace et dans le temps, ou des rapports des déplacements et des vitesses avec les forces qui les ont engendrés, il s'est bien gardé de défendre à ses élèves de déduire les lois d'équilibre des lois du mouvement; il nous a appris au contraire à ramener les lois du mouvement aux lois de l'équilibre, comme l'ont fait du reste du Buat, d'Alembert, Lagrange.

3° M. de Saint-Venant nous permettra-t-il de lui rappeler qu'il n'est pas vrai que dans la solution des problèmes de Mécanique on élimine complétement les forces pour n'avoir finalement que du temps, ou des distances, ou des vitesses? Par exemple, dans le problème du mouvement des planètes autour du soleil, une des équations fondamentales et finales est celle qui exprime que la force qui fait graviter les astres agit proportionnellement aux masses et en raison inverse du carré de la vitesse. Je veux bien, je veux même plus que tout autre, que cette force ne soit qu'explicative, que tout se passe comme si les corps s'attiraient, sans que l'attraction soit réelle; je conçois même que l'on remplace cette force explicative par l'accélération qui est une réalité et sa mesure véritable; mais je n'en maintiens pas moins qu'ici, comme dans une foule d'autres exemples, la notion de force attractive est très-naturelle, invincible même, qu'elle n'a absolument rien de contradictoire, mathématiquement parlant, que sans elle, au contraire, la Mécanique céleste ne serait plus intelligible.

4° Que M. de Saint-Venant veuille bien aussi le remarquer, les forces ou causes du mouvement que nous introduisons dans la Statique et la Dynamique ne sont nullement ces principes de causalité physique et métaphysique qu'il relègue avec raison dans une sphère d'idées plus élevée. Nous ne cherchons pas du tout comment peuvent se produire la traction, l'impulsion, la pression, la tension, l'attraction qui n'est qu'une traction mutuelle idéale, la répulsion qui n'est qu'une impulsion mutuelle hypothétique, etc. Nous voyons seulement, dans ces réalités ou dans ces idéalités, des grandeurs mathématiques que nous représentons par des longueurs d'abord, puis par des nombres rapports de ces grandeurs, et que nous soumettons au calcul, sans que la notion primitive de forces cesse d'être présente à notre esprit, alors même qu'elle se transforme en déplacement dans l'espace et dans le temps, en vitesse et en accélération.

5° Certains esprits trouvent étrange qu'on définisse la force une cause de mouvement, alors que le mouvement devient lui-même une cause de mouvement et par conséquent une force. Je ne comprends rien à ce scrupule exagéré. Par là même que le mouvement est l'effet de la force, ou qu'il est né de la force, il a en lui, si nous pouvons nous exprimer ainsi, la réalité de la force et peut produire ce qu'elle produisait. Qui pourrait nier que la pierre lancée par la main, emmagasine et emporte avec elle l'effort exercé par la main, et qu'elle peut par conséquent l'exercer à son tour.

En résumé : il est légitime, *premièrement,* de conserver la notion de forces, inséparable de notre nature, et à laquelle on ne renoncerait que pour y revenir malgré soi ; *secondement,* il est non moins légitime de commencer par la Statique fondée sur la seule idée de forces, et de forces se faisant équilibre, tandis que la Cinématique, par cela même que dans son enseignement actuel elle comprend les accélérations, implique à la fois et l'idée de force et l'idée de déplacement dans l'espace, tandis que la Dynamique à l'idée de forces et de déplacement dans l'espace ajoute encore l'idée de temps ou de déplacement dans le temps.

Et qu'on ne dise pas qu'en introduisant dans la Statique

la notion de vitesse virtuelle nous nous mettons en contradiction avec nous-même ! Sturm, esprit excellent, qui ne montra jamais de tendance au paradoxe, a depuis longtemps fait bonne justice de ce semblant d'objection, et on nous permettra de rappeler ce qu'il disait peu de temps avant sa mort (Avertissement de son *Cours de Mécanique* édité par M. Prouhet ; Paris, Bachelier, 1861).

« La Statique emprunte à l'expérience la notion du
» point matériel et celle de la force : avec ces seuls prin·
» cipes elle s'achève comme une science purement géo-
» métrique. La Dynamique se distingue de la Statique
» par l'introduction de plusieurs notions nouvelles, tout
» à fait étrangères à la Statique, telles que le mouvement,
» la masse, le temps. Dans l'ordre naturel, où l'on passe
» du simple au composé, on doit donc commencer par
» la Statique. Mais nous avons changé tout cela, ou
» plutôt on a changé tout cela ! Les conditions d'équilibre
» sont indépendantes des idées de temps et de mouve-
» ment. Il ne faut pas dire que le théorème des vitesses
» virtuelles soit le principe de la Statique, il n'en est que
» le résumé. Le véritable principe est le théorème de la
» composition des forces. »

D'accord avec Sturm, quant au fond, je me permets de me séparer de lui dans quelques détails, et ce que je vais dire jettera un jour nouveau sur les questions délicates que nous avons déjà discutées. Nous n'admettons pas que les notions du point matériel et de la force soient empruntées à l'expérience ; ce sont au contraire deux notions abstraites de notre esprit comme toutes les grandeurs géométriques, de sorte que la Statique analytique est essentiellement une étude mathématique. C'est comme telle que je l'offre à mes lecteurs, et, parce que je la voulais ainsi, j'ai adopté les méthodes de Cauchy qui sont toujours des chefs-d'œuvre d'analyse. Sous ce rapport, l'ouvrage que je publie avec confiance et sécurité contribuera

à relever en France l'enseignement mathématique, dont
tout le monde avoue l'affaiblissement et la décadence.
Chose étrange! pendant que l'école allemande, notre ri-
vale autrefois, notre maîtresse aujourd'hui, reste fidèle aux
principes, à la manière, aux notations de Cauchy, en
France chacun se fait une méthode et des procédés à lui,
méthode hybride, mélange inconsidéré d'analyse et de
géométrie; procédés indirects, sortes de petits tours de
force imaginés dans chaque cas particulier pour les
besoins du moment, mais qui ne constituent pas un enseignement logique et complet, que rien ne grave dans
l'esprit, et qui ne préparent pas à l'étude des œuvres des
maîtres.

Sturm attribue la notion de masse à la Dynamique; avec
Cauchy je l'ai introduite dans la Statique, parce qu'elle
se rattache essentiellement à la notion de la force, du
corps et même du point matériel. Je suis d'ailleurs inti-
mement convaincu que la matière ou les corps sont formés essentiellement de points matériels, non pas géométriques, mais physiques; et dans cet ordre d'idées, force
est de maintenir plus que jamais l'ancienne définition de
la masse : *quantité de matière contenue dans un corps,* ou
mieux nombre d'atomes physiques qu'il contient; et de
la densité : *masse sous l'unité de volume,* ou rapport
de la quantité de matière au volume qui la contient.
Outre que la décomposition actuelle de la matière en
éléments simples est une vérité physique et métaphysique
incontestable, recourir trop tard, pour définir la masse, à
la vitesse ou à l'accélération de la vitesse, c'est certainement faire un paralogisme, passer d'un genre à l'autre,
et marcher à rebours, du composé au simple. Comment
une somme d'éléments simples peut-elle faire masse ou
poids? c'est le mystère de la matière et de la pesanteur,
le plus écrasant des mystères de la nature.

Puisque je suis en train de rétablir les principes, je veux répondre à cette autre question : Empruntons-nous à l'expérience le théorème du parallélogramme des forces, ou bien est-il une vérité nécessaire, à la démonstration de laquelle la raison et le raisonnement suffisent pleinement? Beaucoup de géomètres, et parmi eux M. de Saint-Venant, affirment que la résultante de deux forces et de deux vitesses n'est pas essentiellement représentée par la diagonale du parallélogramme construit sur les deux forces ou les deux vitesses données. Ils accordent qu'il en est ainsi dans l'ordre de choses établi, mais qu'il pourrait en être tout autrement dans un ordre de choses différent, et que par conséquent le parallélogramme des forces doit être accepté comme une donnée d'expérience. Je suis d'une opinion diamétralement opposée; dans ma conviction intime, et dans la réalité des choses, le parallélogramme des forces est une vérité d'ordre à la fois géométrique et métaphysique. Deux forces de même nature, ramenées à l'idée première de traction et d'impulsion, agissant dans deux directions formant un angle et représentées par deux longueurs, sont nécessairement, essentiellement équivalentes à une force unique représentée en grandeur et en direction par la diagonale du parallélogramme construit sur les longueurs qui représentent les forces. La raison en est : 1° que chacune des forces, même sous l'influence antagoniste de l'autre, doit produire dans sa direction tout l'effet dont elle est capable; 2° que les trois forces, les deux composantes et les résultantes, par la nature même des choses, tendent à produire et doivent produire un effet proportionnel à leur intensité; or les deux composantes ne produiront leur maximum d'effet, et les trois forces, composantes et résultantes, n'agiront proportionnellement à leur intensité, qu'autant que le mobile n'aura aucune tendance à quitter la diagonale du parallélogramme construit sur les forces, et que la résultante sera représentée en grandeur et en direction par cette diagonale. Cette déduction, que j'avais conçue et formulée il y a bien longtemps, a été assez nettement exposée dans les *Mondes*, livraison du 22 novembre 1866, t. XII, p. 469, par M. l'abbé Soufflet, mon élève et mon ami. Je crois pouvoir ajouter que s'il est difficile, pour ne pas dire impossible, de démontrer le parallélogramme des forces, c'est précisément parce qu'il est une vérité essentielle, un premier principe plus évident en lui-même que tout ce par quoi on voudrait l'établir. Si je l'osais, j'irais presque jusqu'à dire que toutes ou presque toutes les démonstrations du parallélogramme des forces essayées jusqu'ici sont entachées d'un cercle vicieux visible ou caché. Par exemple, quand je vois que dans la première démonstration que je donne, p. 6 et suiv., il a fallu passer du cas plus simple de deux forces dans un plan au cas plus complexe de trois forces dans l'espace, je suis forcé de la considérer comme défectueuse. La seconde démonstration de M. Cauchy, p. 13 et suiv., comme celles de Monge et de Sturm, procèdent par le recours à l'absurde, et toutes les démonstrations par l'absurde sont pour moi fatalement suspectes, quoique dans certains cas elles puissent être exactes.

Mais c'est assez faire de la métaphysique, il est temps, plus que temps de dire en quoi ce volume diffère principalement des ouvrages du même genre, et ce qu'il contient, nous ne dirons pas de nouveau, mais de propre ou de caractéristique. Le fond est de M. Cauchy : on y trouvera tout ce qui a été publié sur la matière par l'incomparable géomètre ; mais, comme pour le Calcul différentiel et le Calcul intégral, j'ai consacré une large place à l'analyse des travaux accomplis par les auteurs de Traités ou Mémoires relatifs à la Mécanique analytique.

Le couple de Poinsot joue un très-petit rôle dans ma

Statique : c'est à peine si je lui ai consacré quelques pages. C'est que le couple est essentiellement une conception géométrique, tandis que le moment linéaire introduit par Cauchy, quoique géométrique aussi dans sa définition première, se prête admirablement bien à l'analyse.

J'aurais pu renvoyer au Calcul intégral la plus grande partie de la septième Leçon, consacrée à la détermination des arcs de courbe, des surfaces courbes et des volumes; mais Cauchy croyait nécessaire de revenir dans son *Traité de Mécanique* sur ces notions fondamentales, et j'ai laissé la Leçon telle qu'il l'a écrite.

Dans la huitième Leçon, je me suis fait un devoir de réunir le plus grand nombre possible d'exemples de la détermination du centre de gravité, parce que les théories ne deviennent tout à fait familières à l'esprit que par de nombreuses applications.

La neuvième Leçon est une des dernières rédactions de Cauchy, elle fait double avec la septième; mais mon maître y tenait beaucoup, quoiqu'elle fût peut-être moins digne de sa haute réputation, et, après beaucoup d'hésitations, je me suis décidé à la reproduire en l'abrégeant. Elle contient d'ailleurs beaucoup de notions et de définitions importantes et précises; elle m'a permis aussi de combler une lacune très-regrettable de tous les Traités de Géométrie, en définissant et caractérisant mieux qu'on ne le fait ordinairement l'égalité de deux rapports commensurables ou incommensurables.

La dixième Leçon, toute neuve pour la France, résume une des plus belles synthèses de Mœbius et de Minding; elle donnera une idée des progrès accomplis en Allemagne. Je n'ai guère fait que traduire la rédaction de mon savant ami M. Broch, de Christiania, dont la *Mécanique* en deux volumes m'a été si grandement utile pour l'achèvement de ce Traité. L'application de cette

curieuse théorie à la recherche des conditions d'équilibre
des corps à la fois pesants et magnétiques est très-simple
et je ne devais pas l'omettre.

La onzième Leçon est presque littéralement une des
Leçons de Physique mathématique données par Ampère
au Collége de France. La transformation de l'équation
de la chaînette et le mode de calcul de ses deux coefficients sont de M. Broch, ainsi que le tableau numérique
que j'aurais pu, à la rigueur, laisser de côté. La chaînette d'égale résistance de Coriolis ne méritait pas l'oubli
auquel on l'a condamnée ; on la retrouvera avec plaisir.

La douzième Leçon est certainement un des chefs-
d'œuvre de Cauchy ; je la recommande d'autant plus à l'attention de mes lecteurs, qu'on tend à lui substituer d'autres théories qui n'ont ni la même généralité ni la même
rigueur. La démonstration du principe des vitesses virtuelles est admirable d'élégance, mais les vitesses virtuelles
n'y font leur entrée que comme moyen accessoire d'élimination, et voilà pourquoi je lui ai joint la démonstration d'Ampère, plus indépendante et plus directe, facile,
en outre, à convertir en démonstration purement géométrique, de manière à pouvoir entrer dans les éléments de
Mécanique physique, dont le principe des vitesses est
l'âme, âme, hélas ! méconnue de presque tous les auteurs
français modernes.

J'ai puisé les matériaux de la treizième Leçon dans le
Traité de M. Broch ; elle est belle dans sa simplicité, et
je la recommande spécialement aux jeunes gens qui se
préparent à la licence ou au doctorat. Le passage du
polygone funiculaire à la chaînette est de bonne et sa-
vante analyse. L'application du principe des vitesses virtuelles au cas de forces invariables agissant sur un corps
mobile dans l'espace est intéressante.

La quatorzième Leçon, *Des changements de coordon-*

nées dans les questions de Mécanique, est neuve, et j'y ai réuni ce qui a été publié sur ce sujet par les auteurs modernes. L'énumération de celles des fonctions de coordonnées qui ne changent pas dans le passage d'un système à l'autre est très-importante, et elle n'avait pas été faite assez complétement. Quoique la manière analytique de M. Lamé soit tout à fait différente de celle de Cauchy, je ne devais pas négliger sa fonction-de-point, ses coordonnées curvilignes et ses surfaces orthogonales. L'établissement des conditions d'orthogonalité et l'évaluation des paramètres différentiels du premier et du second sont arides et difficiles, surtout en raison des notations par trop arbitraires; mais elles sont indispensables à ceux qui voudront lire les savants Traités de l'élasticité et de la chaleur.

Jusqu'ici, je ne sais pourquoi, on renvoyait la théorie des moments d'inertie et des rayons de gyration à la Dynamique, où elle avait l'inconvénient grave d'interrompre ou de scinder en deux la théorie capitale du mouvement de rotation d'un corps autour d'un axe ou d'un point fixe. Elle se rattache naturellement à l'étude des changements de coordonnées; on me saura gré de l'avoir déplacée et de lui avoir consacré deux Leçons tout entières, la quinzième et la seizième; je l'ai faite, d'ailleurs, aussi complète que possible. Incomplète chez Cauchy, la démonstration de la réalité des trois racines de l'équation du troisième degré ne laisse ici rien à désirer. J'ai pris dans les Traités de M. Broch, de M. Macquorn Rankine et du R. P. Jullien toutes les applications intéressantes ou instructives, sans omettre le tableau de la page 428. La seizième Leçon est tout à fait capitale, et elle demandera une étude particulière, d'autant plus que les problèmes qu'on y résout n'ont nullement fixé l'attention des géomètres français. La manière dont

M. Peslin rattache la surface des ondes de Fresnel à la théorie des moments d'inertie et des axes de gyration est aussi originale qu'imprévue. Je me serais fait un scrupule de laisser entièrement de côté la précieuse addition que cette même théorie doit à M. Haton de la Goupillière, et je me félicite d'avoir ouvert le premier les portes de l'enseignement classique au moment d'axe et au paramètre du moment de cet habile géomètre.

La dix-septième Leçon est l'exposé le plus direct, le plus rigoureux et le plus parfait à la fois de la grande et belle théorie de l'attraction des corps ; on le doit à M. Dirichlet, et j'avais déjà publié la partie analytique de ce beau travail dans mes *Leçons de Calcul intégral.* La rédaction que j'en donne aujourd'hui a été faite par M. Broch, et l'on s'étonnera qu'il ait pu établir à si peu de frais des théorèmes auxquels l'illustre auteur de la *Mécanique céleste* arrive si longuement et si péniblement.

En réalité, cet exposé, beaucoup plus complet qu'on n'aurait même pu l'espérer, suffisait amplement ; mais il est, relativement à l'attraction, des théorèmes célèbres, ceux de Newton, de Maclaurin, d'Ivory, auxquels on ne doit pas rester étranger ; et le plus éminent de nos géomètres modernes, M. Chasles, est arrivé, par une voie très-différente, à présenter la théorie de l'attraction des corps sous un jour synthétique qui fait mieux ressortir une foule de propriétés nouvelles ou de théorèmes nouveaux. Grâce à l'affection dont il veut bien m'honorer, j'ai pu consacrer aux découvertes de M. Chasles une Leçon tout entière, la dix-huitième, où l'on trouvera réunis un grand nombre de travaux épars dans les *Mémoires de l'Académie des Sciences,* les *Comptes rendus,* le *Journal de l'École Polytechnique* et la *Connaissance des Temps.* Les calculs de l'attraction des paraboloïdes par

M. Bourget, de l'attraction des polyèdres par M. Mahler, de l'attraction d'un ellipsoïde par M. Mathey, dans le cas où l'action élémentaire est en raison inverse de la puissance $2n$ de la distance, sont à peu près tout ce qu'on a ajouté à la vieille doctrine de l'attraction des sphéroïdes; nous leur avons réservé une place exiguë, mais honorable.

Dans la dix-neuvième Leçon je reviens au potentiel entrevu par Laplace, calculé par Poisson, mais dont Gauss seul a conçu la portée, et qui est aujourd'hui un des principes les plus féconds des Sciences mathématiques. M. Lindelœff, et je l'en remercie, a bien voulu faire pour la théorie du potentiel ce qu'il avait déjà fait pour moi des théories du calcul des variations; il la ramène à une simplicité très-grande, en même temps qu'il analyse avec une fidélité absolue les beaux Mémoires de Gauss.

La vingtième Leçon contient l'application de la théorie du potentiel à l'établissement des lois des phénomènes du magnétisme terrestre, le chef-d'œuvre de Gauss, et une étude abrégée des célèbres fonctions P_n, V_n, X_n, Y_n de Laplace, Poisson et Legendre, rédigée par M. Laurent, jeune géomètre très-distingué, qui continuera dans une autre direction la gloire de son père, l'éminent chimiste que la France pleure encore. Le jeune répétiteur de l'École Polytechnique, qui, dans la Statique, ne m'a prêté qu'un faible concours, m'aidera au contraire très-activement dans la rédaction des deux autres volumes de cet ouvrage, la *Dynamique*, l'*Hydraulique statique et dynamique*.

Il restait enfin, pour terminer, à donner un aperçu général, mais aussi entier que possible, toujours d'après Cauchy, de la théorie des actions moléculaires. M. Barré de Saint-Venant, élève et continuateur du grand maître, m'a offert de la rédiger, et j'ai accepté de grand cœur. Fatalement amoindri dans notre France dont il est, cependant, une des gloires mathématiques les plus pures, M. de

Saint-Venant jouit à l'étranger d'une réputation que nous oserions appeler grandiose.

Dans le champ des théories et des calculs relatifs à l'élasticité, aux pressions, aux torsions, aux flexions avec glissement, il a devancé tous les autres, et il n'est personne au delà de la Manche et du Rhin qui ne le place au premier rang. Toutes les fois que, pour ces matières si délicates, je me suis adressé à un savant anglais ou allemand, je recevais toujours la même réponse : « Vous avez près de vous l'autorité par excellence, M. de Saint-Venant, consultez-le, écoutez-le, suivez-le. » C'est, par exemple, ce que m'écrivit un jour M. von Ettingshausen à qui je demandais s'il avait achevé sa *Théorie de l'élasticité*; il ajoutait que notre Académie des Sciences a grand tort, très-grand tort, de ne pas ouvrir son sein à un géomètre si haut placé dans l'opinion des juges les plus compétents. Espérons que ce tort sera bientôt réparé. La rédaction des vingt et unième et vingt-deuxième Leçons de ce volume ne peut qu'ajouter à sa réputation; je l'aurais comprise peut-être autrement, mais je ne l'aurais certainement ni mieux, ni même aussi bien faite.

Encore quelques souvenirs d'amitié reconnaissante et une justification. M. Radau, mon collaborateur habituel, élève de la grande école de Kœnigsberg, si riche des traditions des Bessel, des Jacobi, des Richelot, des Neumann, m'a plus d'une fois aidé de la sûreté de son jugement et de l'habileté de son analyse.

Deux amis dévoués qui m'ont souvent donné des preuves de leur affection, M. Henri Giffard, l'inventeur heureux et à jamais célèbre de l'injecteur, M. Hippolyte Marinoni, un de nos plus habiles mécaniciens, le chef en France de la grande industrie des presses typographiques et lithographiques à grande vitesse, à qui l'Exposition de 1867 devait la plus élevée de ses récompenses, ont bien voulu faire pour moi la plus grande partie des frais d'impression de ce volume; je ne l'oublierai jamais. M. Gauthier-Villars m'a rendu facile l'impression du reste du volume, et M. Bailleul, en me harcelant sans cesse, m'a enfin arraché les derniers feuillets de copie. Je les remercie de leur bon concours.

On trouvera étrange que le nom de M. Poncelet, le législateur en France de la Mécanique appliquée, ne soit pas prononcé dans cet Ouvrage; cela vient de ce que j'ai dû faire ici et que j'ai fait de l'analyse, de l'équilibre et du moment virtuel, tandis que M. Poncelet est le chef d'école de la synthèse, du mouvement et du travail.

Mais j'ai pour M. Poncelet une admiration sincère, une estime profonde, une affection reconnaissante et j'espère lui causer bientôt une agréable surprise. J'ai dit que je publierais la Mécanique rationnelle et physique d'Ampère; or, la Mécanique de mon second maître fut et sera un triomphe pour M. Poncelet. Ampère le comprenait et l'élevait à sa grande hauteur, quand Cauchy, empêché par une différence énorme de tempérament scientifique, hésitait et faisait des réserves.

La *Dynamique analytique* pourra paraître prochainement en trois grosses livraisons: 1° *Cinématique*; 2° *Dynamique proprement dite*; 3° *Équations générales de la Mécanique*.

En tout cas la *Statique* forme un tout complet.

Au Cozlen, près Guéméné-sur-Scorff (Morbihan), 31 août 1867.

LEÇONS

DE

MÉCANIQUE ANALYTIQUE.

STATIQUE.

PREMIÈRE PARTIE.

STATIQUE DES POINTS OU DES SYSTÈMES DE POINTS MATÉRIELS, ET DES CORPS SOLIDES OU FLEXIBLES.

PREMIÈRE LEÇON.

Définitions : Mécanique, masse, point matériel, résultante, composantes. — Résultante de deux ou plusieurs forces appliquées à un point matériel.

1. La science de la Mécanique, qui sera l'objet de ces leçons, se divise en deux parties, la Statique et la Dynamique. Dans la mécanique on suppose les corps sollicités au mouvement par des causes qu'on appelle *forces*, et l'on cherche les conditions d'équilibre ou de mouvement de ces mêmes corps. La détermination des équations d'équilibre appartient à la statique, celle des équations de mouvement à la dynamique.

2. On appelle *masse* d'un corps la quantité de matière qu'il renferme. Cette quantité de matière peut être plus

ou moins considérable sous un volume donné. Et réciproquement, on peut, sans changer la masse, admettre que le volume est augmenté ou diminué. Cela posé, concevons que, la masse restant la même, les dimensions du volume viennent à décroître indéfiniment, on finira par obtenir une masse finie concentrée sensiblement sur un seul point, ou ce qu'on appelle un *point matériel*. A ce point matériel, pris dans l'état de repos, pourront être appliquées une ou plusieurs forces dirigées suivant une ou plusieurs droites données. Si, pour fixer les idées, on suppose d'abord qu'une seule force lui soit appliquée, il en résultera dès le premier instant une tendance au mouvement dans la direction de cette force, Et si à ce même instant le mouvement est arrêté par un obstacle fixe, le mobile exercera contre cet obstacle un certain effet appelé *pression*. C'est ainsi, par exemple, qu'un corps abandonné à l'action de la pesanteur, et posé sur un des bassins d'une balance, exerce contre la surface horizontale de ce bassin une pression à laquelle on a donné le nom de *poids*.

3. Comme les pressions sont les seuls effets que les forces produisent dans le cas d'équilibre, on est convenu, en statique, de mesurer l'intensité d'une force appliquée à un point matériel, par le moyen de la pression que ce point matériel exerce contre un plan fixe perpendiculaire à la direction de la force. Cette convention une fois admise, si l'on désigne par p la pression que produit la force P appliquée à un point matériel donné, les pressions

$$2p, \quad 3p, \quad 4p, \ldots,$$

pourront résulter, soit de l'application faite au point matériel donné de 2, 3, 4, ..., forces égales à P et dirigées dans le même sens, soit de l'application d'une force unique que l'on prendra successivement égale à

$$2P, \quad 3P, \quad 4P, \ldots.$$

De même, si l'on désigne par P, P′, P″,..., plusieurs forces capables de produire séparément les pressions

$$p, \quad p', \quad p'', \ldots,$$

la pression

$$p + p' + p'' + \ldots$$

pourra résulter soit de l'action simultanée des forces P, P′, P″,..., appliquées au point donné, dans la même direction, soit de l'action d'une force unique

$$P + P' + P'' + \ldots.$$

En général, lorsque plusieurs forces P, P′, P″,..., sont appliquées à un point matériel, soit dans la même direction, soit dans des directions différentes, il en résulte une pression unique suivant une direction déterminée. La force R qui serait capable, à elle seule, de produire cette pression unique, est ce qu'on appelle la *résultante* de toutes les forces données. Celles-ci prennent le nom de *composantes*. Si les directions coïncident, la résultante R, d'après ce qui a été dit ci-dessus, aura la même direction et sera égale à leur somme, c'est-à-dire que l'on aura

$$R = P + P' + P'' + \ldots.$$

4. Supposons maintenant que parmi les forces appliquées au point matériel donné, les unes

$$P, \quad P', \quad P'', \quad P''', \ldots,$$

soient dirigées suivant une certaine droite et dans le même sens, les autres

$$Q, \quad Q', \quad Q'', \ldots,$$

suivant la même droite, mais dans le sens contraire; concevons d'abord, pour fixer les idées, le système des forces P, P′,..., réduit à la seule force P, et le système des forces Q, Q′,..., à la seule force Q. Si les forces P, Q, dirigées suivant la même droite, mais en sens con-

traires, sont égales entre elles, le point matériel restera
évidemment en équilibre, sans que l'on soit obligé d'ar-
rêter son mouvement par un obstacle fixe ; et par suite la
pression se trouvera réduite à zéro, toutes les fois que
l'on aura

$$P = Q.$$

Si au contraire les intensités des forces P et Q sont inégales, en sorte que, P désignant la plus grande, on ait

$$P = Q + R,$$

le point matériel se trouvera dans le même cas que s'il
était sollicité au mouvement, 1° par deux forces Q égales
et agissant en sens contraire, 2° par une force R dirigée
dans le sens de la force P ; on pourra faire abstraction
des forces Q qui se neutralisent réciproquement, et considérer le point comme uniquement soumis à l'action de
la force $R = P - Q$.

Cette dernière force sera donc la résultante des deux
forces P et Q. La même résultante serait $Q - P$ et dirigée
dans le sens de la force Q, si l'on avait

$$Q > P.$$

Lorsque le point matériel est soumis, 1° à l'action des
forces P, P′, P″, . . . dirigées suivant une même droite et
dans le même sens, 2° à l'action des forces Q, Q′, Q″, . . .
dirigées suivant la même droite, mais en sens contraire,
on remplace les forces P, P′, P″, . . . par une force unique égale à $P + P' + P'' + \ldots$ et les forces Q, Q′, Q″, . . .
par une force unique égale à $Q + Q' + Q'' + \ldots.$

Cela posé, les deux forces

$$P + P' + P'' + \ldots \quad \text{et} \quad Q + Q' + Q'' + \ldots,$$

dirigées suivant la même droite, mais en sens contraires,
auront une résultante égale à

$$P + P' + P'' + \ldots - Q - Q' - Q'' - \ldots$$

et dirigée dans le sens des forces $P, P', \ldots$; ou une résultante unique

$$Q + Q' + Q'' \ldots - P - P' - P'' - \ldots$$

dans le sens des forces $Q, Q', \ldots$, suivant qu'on aura

$$P + P' + P'' + \ldots > Q + Q' + Q'' + \ldots$$

ou

$$Q + Q' + Q'' + \ldots > P + P' + P'' + \ldots.$$

En résumé, la résultante sera égale à la valeur numérique de la différence

$$P + P' + P'' + \ldots - Q - Q' - Q'' - \ldots$$

et dirigée dans le sens des forces $P, P', P'', \ldots$ ou en sens contraire, suivant que cette différence sera positive ou négative.

Si l'on avait

$$P + P' + P'' + \ldots = Q + Q' + Q'' + \ldots,$$

le point matériel se trouvant sollicité au mouvement par des forces égales et directement opposées, resterait en équilibre, et la résultante

$$R = \pm (P + P' + P'' + \ldots - Q - Q' - Q'' - \ldots)$$

se trouverait réduite à zéro.

5. Considérons à présent un point matériel sollicité au mouvement par plusieurs forces agissant dans des directions différentes; ce point matériel ne tendra à se mouvoir que dans une seule direction et avec une certaine intensité : rien n'empêche évidemment d'attribuer cette tendance au mouvement dans une direction unique et avec une certaine intensité à l'action d'une force unique, apte par là même à remplacer les forces primitives, et qui sera leur résultante; les forces primitivement appliquées seront à leur tour les composantes de la résultante unique.

6. **Supposons** que ces forces se réduisent à deux, appliquées au point A ; concevons que l'on représente l'intensité de chaque force par une longueur portée sur sa direction, à partir du point où elle est appliquée.

Soient AB, AC (*fig.* 1), ces longueurs ou ces forces, et R leur résultante : 1° cette résultante sera dans le plan ABC des deux forces, parce que, s'il y avait quelque raison pour que le point A tendît à sortir de ce plan d'un côté, en dessus ou en dessous, la même raison existerait pour qu'il en sortît de l'autre côté ; 2° cette résultante sera dirigée dans l'angle BAC formé par la direction des deux forces, car il n'existe aucune raison pour que le point A tende à sortir de cet angle ; au contraire la force Q tend à l'éloigner de l'angle BAC′, la force P de l'angle B′AC, et les deux forces réunies de l'angle B′AC′ ; il restera donc dans l'angle BAC ; 3° dans le cas où les deux forces P et Q seraient égales, la résultante couperait évidemment en deux parties égales l'angle des deux forces.

LEMME I.—*Si l'on désigne par* R *la résultante de deux forces* P *et* Q *simultanément appliquées au point* A, *et par* x *un nombre quelconque, la résultante des deux forces égales aux produits* Px, Qx *et dirigées suivant les mêmes droites que les forces* P *et* Q, *sera représentée par le produit* Rx *et dirigée suivant la même droite que la force* R.

Démonstration.—*Premier cas.* x est un nombre entier m. Les deux forces Px = Pm, Qx = Qm, équivalent à m forces égales à P ou Q. Or chaque paire de forces P, Q, a, par hypothèse, une résultante R ; donc les m forces P, Q auront m résultantes R, dirigées toutes suivant la même droite que R, qui s'ajouteront par conséquent et donneront une résultante unique mR ou Rx.

Deuxième cas. x est une fraction $\dfrac{1}{n}$, n étant un nombre entier. Appelons R' la résultante des deux forces

$$P x = \frac{P}{n} = P', \quad Q x = \frac{Q}{n} = Q',$$

puisque l'on a $P = nP'$, $Q = nQ'$, la résultante R des forces P et Q devra (1er *cas*) coïncider en direction avec R' et être égale à nR'; on aura donc

$$n R' = R, \quad R' = \frac{R}{n} = R x,$$

c'est-à-dire que la résultante des deux forces $P x$, $Q x$, coïncide en direction avec la résultante R de P et Q et est égale à $R x$.

Troisième cas. x est un nombre fractionnaire $\frac{m}{n}$, m et n étant des nombres entiers. Les forces

$$P x = \frac{m}{n} P = m \frac{P}{n} = m P', \quad Q x = \frac{m}{n} Q = m \frac{Q}{n} = m Q',$$

équivalent à n forces P', Q'; or, si l'on appelle R' la résultante de $P' = \frac{P}{n}$, $Q' = \frac{Q}{n}$, cette résultante R' (2e *cas*) aura la direction de la résultante R des deux forces P, Q, et sera égale à $\frac{R}{n}$; d'autre part (1er *cas*) la résultante des forces $P x = m P'$, $Q x = m Q'$, aura la direction de R' et sera égale à $m R' = \frac{m}{n} R = R x$: donc la résultante de $P x$, $Q x$ coïncide en direction avec R et est égale à $R x$.

Quatrième cas. x est un nombre irrationnel. On pourra faire varier les nombres entiers m et n de manière que la fraction $\frac{m}{n}$ converge vers la limite x, et il est clair que, dans ce cas, la résultante des forces $\frac{mP}{n}$, $\frac{mQ}{n}$, toujours dirigée suivant la même droite, et toujours égale à $\frac{mR}{n}$, tendra de plus en plus à se confondre en grandeur et en direction avec la résultante des forces Px, Qx. Donc cette dernière résultante sera dirigée suivant la même droite que la force R, et elle aura pour mesure la limite du produit $\frac{mR}{n}$, c'est-à-dire le produit Rx.

Corollaire. — Désignons par les notations $\widehat{PQ}$, $\widehat{PR}$, $\widehat{QR}$ les angles compris entre les directions des deux forces P, Q et leur résultante R; et concevons pour fixer les idées que les forces P, Q, R soient représentées (*fig.* 2) par les trois droites AB, AC, AD. Menons par le point A la droite AE qui fasse avec AB ou P l'angle $\widehat{QR}$, et la droite AF qui fasse avec AC ou Q l'angle $\widehat{PR}$. Si, suivant AD et AE, on appliquait deux forces Px et Qx, elles auraient pour résultante une force Rx dirigée suivant AB, et comme rien n'empêche de faire $Rx = P$, $x = \frac{P}{R}$, ce qui donne $Px = \frac{P^2}{R}$, $Qx = \frac{PQ}{R}$, il en résulte que la force P peut être remplacée par deux forces, l'une $\frac{P^2}{R}$ dirigée suivant AD, l'autre $\frac{PQ}{R}$ dirigée suivant AE. On prouvera de la même manière que la force Q peut être remplacée par deux autres, l'une $\frac{Q^2}{R}$ dirigée suivant AD, l'autre $\frac{PQ}{R}$ dirigée suivant AF. Les deux forces P, Q peuvent donc être remplacées par deux forces $\frac{P^2}{R}$, $\frac{Q^2}{R}$ ayant la direction de la résultante R, et par deux forces égales $\frac{PQ}{R}$, $\frac{PQ}{R}$ dirigées suivant les lignes AE et AF.

LEMME II. — *La résultante* R *de deux forces* P, Q

qui se coupent à angle droit, est représentée en grandeur par la diagonale du rectangle construit sur les deux composantes, en sorte qu'on a

$$R^2 = P^2 + Q^2.$$

Démonstration. — Concevons qu'on remplace la force P par les deux composantes $\frac{P^2}{R}$ et $\frac{PQ}{R}$, qui forment avec elle les angles $\widehat{PR}$ et $\widehat{QR}$ ou dirigées (*fig.* 3) suivant AD, AE; et la force Q par deux composantes $\frac{Q^2}{R}$ et $\frac{PQ}{R}$, qui forment avec elle les angles $\widehat{QR}$ et $\widehat{PR}$ ou dirigées suivant AD, AF. Les deux forces équivalentes à $\frac{PQ}{R}$ formant chacune avec la direction AD de R un angle égal à $\widehat{PQ}$, formeront entre elles un angle égal au double de $\widehat{PQ}$. Donc, puisque l'angle $\widehat{PQ}$ est droit par hypothèse, AF sera le prolongement de AE, les deux forces $\frac{PQ}{R}$ égales, mais directement opposées, se feront équilibre, tandis que les forces $\frac{P^2}{R}$, $\frac{Q^2}{R}$, dirigées suivant la même droite AD que la résultante R, s'ajouteront et devront reproduire R; on aura donc

$$R = \frac{R^2}{R} + \frac{Q^2}{R},$$

d'où l'on déduit immédiatement l'équation

$$R^2 = P^2 + Q^2;$$

ce qu'il fallait démontrer.

Lemme III. — *La résultante Q de deux forces P, Q, qui se coupent à angles droits, est représentée non-seulement en grandeur, ainsi qu'on vient de le prouver, mais encore en direction, par la diagonale du rectangle construit sur les deux composantes.*

Démonstration. — Cette proposition est évidente dans le cas où les forces P, Q, sont égales entre elles, car alors la résultante R, devant nécessairement diviser l'angle $\widehat{PQ}$ en deux parties égales, coïncide avec la diagonale du carré construit sur les deux forces, et le lemme II donne

$$R^2 = 2P^2, \quad R = P\sqrt{2}.$$

Le lemme III se démontre encore facilement dans le cas où l'on suppose $Q^2 = 2P^2$, ou $Q = P\sqrt{2}$. En effet, considérons trois forces égales P dirigées suivant trois droites qui soient perpendiculaires l'une à l'autre. Ces trois forces seront représentées par trois arêtes d'un cube qui aboutiront à un même sommet. De plus, la résultante de deux de ces forces étant égale à $P\sqrt{2}$, et dirigée suivant la diagonale d'une des faces du cube, la résultante R des trois forces sera nécessairement comprise dans tout plan qui renfermera l'une des forces P, et la diagonale du carré construit sur les deux autres. Or il existe trois plans de cette espèce, et ces trois plans se coupent suivant la diagonale du cube. Donc la résultante des trois forces P, ou, ce qui revient au même, la résultante des forces P et $P\sqrt{2}$, qui se coupent à angles droits, sera dirigée suivant la diagonale du cube, laquelle est en même temps la diagonale du rectangle construit sur les forces P et $P\sqrt{2}$.

On prouverait absolument de la même manière que si l'on désigne par m un nombre entier, et si l'on suppose le lemme III démontré dans le cas où l'on a $Q = P\sqrt{m}$, la résultante de trois forces respectivement équivalentes à

$$P, \quad P, \quad P\sqrt{m},$$

et représentées par trois droites perpendiculaires entre elles, sera dirigée suivant la diagonale du parallélipipède rectangle qui aura pour côtés ces mêmes droites. On en conclut que, dans l'hypothèse admise, le lemme III subsistera encore si l'on prend pour Q la résultante des forces P et $P\sqrt{m}$, c'est-à-dire si l'on fait $Q = P\sqrt{m+1}$. D'ailleurs le lemme III est évident quand on a $Q = P$ ou, ce qui revient au même, $m = 1$. Donc ce lemme subsistera encore si l'on prend $Q = P\sqrt{1+1} = P\sqrt{2}$, ou $Q = P\sqrt{2+1} = P\sqrt{3}, \ldots$ ou en général $Q = P\sqrt{m}$, m étant un nombre entier quelconque.

Concevons maintenant que, m et n désignant deux nombres entiers, on construise un parallélipipède rectangle qui ait pour côtés trois droites propres à représenter les trois forces

$$P, \quad P\sqrt{m}, \quad P\sqrt{n}.$$

La résultante de ces trois forces sera évidemment comprise : 1° dans le plan qui renferme la force $P\sqrt{n}$ et la diagonale $P\sqrt{m+1}$ du rectangle construit sur les forces P, $P\sqrt{m}$; 2° dans le plan qui renferme la force $P\sqrt{m}$ et la diagonale $P\sqrt{n+1}$ du rectangle construit sur les forces P, $P\sqrt{n}$. Donc cette résultante sera dirigée suivant la diagonale du parallélipipède, et le plan qui renferme la même résultante avec la force P, coupera le plan des deux forces $P\sqrt{m}$, $P\sqrt{n}$ suivant la diagonale du rectangle construit sur ces deux forces. Donc la résultante des forces $P\sqrt{m}$, $P\sqrt{n}$, qui doit évidemment être comprise dans le plan dont il s'agit, sera dirigée suivant cette dernière diagonale. Donc le lemme III subsistera quand on remplacera les forces P et Q par deux forces égales à $P\sqrt{m}$, $P\sqrt{n}$, c'est-à-dire par deux forces dont les carrés soient entre eux dans le rapport de m à n;

donc le lemme III subsistera encore entre les forces P
et Q si l'on suppose

$$\frac{Q^2}{P^2} = \frac{m}{n} \quad \text{ou} \quad Q = P\sqrt{\frac{m}{n}}.$$

Soit maintenant $Q = Px$, x désignant un nombre
quelconque. On pourra faire varier les nombres entiers
m et n, de manière que le rapport $\frac{m}{n}$ converge vers la
limite x^2, et il est clair que, dans ce cas, la résultante des
forces P, $P\sqrt{\frac{m}{n}}$, dirigées suivant deux droites perpendiculaires l'une à l'autre, tendra de plus en plus à se
confondre en grandeur et en direction, d'une part avec
la résultante des forces P, Px, et d'autre part avec la
diagonale du rectangle construit sur ces deux forces. Donc
la résultante des forces P, Px sera représentée par la
diagonale dont il s'agit.

Corollaire I.— Si la force R est représentée par la
longueur AB (*fig.* 4), portée, à partir de son point d'application, sur la droite suivant laquelle elle agit, et si l'on
mène par le point A deux axes perpendiculaires l'un à
l'autre, on pourra substituer à la force R ou AB les deux
forces représentées en grandeur et en direction par les
projections AC, AD de la droite AB sur les deux axes.

Corollaire II.— Concevons maintenant que, deux forces
P, Q étant appliquées à un même point A et représentées par deux droites AB, AC (*fig.* 5), qui forment entre
elles un angle quelconque, on trace, dans le plan de ces
deux forces, deux axes dont l'un coïncide avec la diagonale
du parallélogramme auquel elles servent de côtés, et dont
l'autre soit perpendiculaire à cette diagonale : on pourra
substituer aux deux forces P, Q les quatre forces représentées en grandeur et en direction par les projections

AB′, AB″, AC′, AC″, des droites AB, AC, sur les deux axes. Or de ces quatre forces, deux, étant directement opposées et égales, se feront équilibre; les deux autres, dirigées suivant la diagonale du parallélogramme, s'ajouteront et donneront pour somme une force représentée en grandeur et en direction par cette même diagonale, puisque AC′ = B′D. On peut donc énoncer la proposition suivante :

THÉORÈME I.—*La résultante R de deux forces P, Q, simultanément appliquées à un point matériel A, et dirigées d'une manière quelconque, est représentée, en grandeur et en direction, par la diagonale du parallélogramme construit sur ces deux forces.*

Réciproquement, une force quelconque R peut être remplacée par deux autres forces P, Q, à la seule condition que ces deux forces seront représentées, en grandeur et en direction, par les côtés d'un parallélogramme dont R serait la diagonale.

Par cela même, en effet, que la force R équivaut en grandeur et en direction aux deux forces P et Q, les deux forces P et Q équivalent à la force unique R.

Corollaire I. — Comme la diagonale R du parallélogramme construit sur les deux forces P, Q, est en même temps le troisième côté du triangle que l'on forme en menant par l'extrémité de la première force une droite égale et parallèle à la deuxième, et que l'angle opposé dans ce triangle au côté R est le supplément de l'angle $\widehat{PQ}$, on a nécessairement, en vertu d'une formule connue de trigonométrie,

$$(1) \qquad R^2 = P^2 + Q^2 + 2\,PQ \cos \widehat{PQ}.$$

Corollaire II. — Dans le cas où les forces P, Q deviennent égales entre elles, leur résultante R est représentée en grandeur et en direction par la diagonale du losange construit sur ces mêmes forces. Alors la formule (1) se réduit à

$$R^2 = 2P^2\left(1 + \cos \widehat{PQ}\right).$$

De plus, si l'on suppose $\widehat{PR} = \theta$, on aura dans le cas de deux forces égales,

$$\widehat{PQ} = 2\theta, \quad R^2 = 2P^2(1 + \cos 2\theta);$$

et comme on a $\cos 2\theta = 2\cos^2\theta - 1$, l'équation qui donne R devient

$$(2) \qquad R = 2P\cos\theta \quad \text{ou} \quad R = 2P\cos\widehat{PR}.$$

On peut, au reste, s'assurer directement que le second membre de la formule (2) représente la diagonale du losange construit sur deux forces égales à P.

7. Il est facile de démontrer le théorème I pour le cas où les forces P, Q ont entre elles un rapport quelconque, quand une fois on a établi ce théorème pour le cas où l'on a $Q = P$, c'est-à-dire quand on a établi la formule

$$(2) \qquad\qquad R = 2P\cos\widehat{PR}.$$

Or on peut donner de cette formule une démonstration directe, déduite de l'équation $\cos 2\theta = 2\cos^2\theta - 1$, et très-simple.

Admettons que la formule (2) soit vérifiée pour le cas où l'on a $\widehat{PR} = \tau$, τ désignant un angle droit ou aigu. Je dis qu'elle subsistera encore si l'on suppose

$$\widehat{PR} = \frac{\tau}{2} \quad \text{ou} \quad \widehat{PR} = \frac{\pi}{2} - \frac{\tau}{2}.$$

En effet, dans ces deux hypothèses l'angle $\widehat{PQ}$, compris entre les directions des deux forces égales P, Q, sera équivalent à l'un des angles τ, $\pi - \tau$, et l'on prouvera, en raisonnant comme dans le lemme II, que l'on peut substituer au système des deux forces P, Q, ou à leur résul-

tante R, quatre composantes égales à $\dfrac{P^2}{R}$, parmi lesquelles deux seront dirigées suivant la même droite et
dans le même sens que la force R, tandis que les deux
autres formeront chacune avec la résultante R un angle
équivalent à $\widehat{PQ}$ c'est-à-dire à τ ou $\pi - \tau$. Or, puisque
l'on suppose la formule vérifiée dans le cas où l'on a
$\widehat{PR} = \tau$, les deux dernières composantes pourront évidemment être remplacées par une force unique égale
à $2\dfrac{P^2}{R}\cos\tau$, et dirigée dans le sens de la résultante R ou
dans le sens opposé ; par conséquent on trouvera définitivement

$$(3) \quad \begin{cases} R = 2\dfrac{P^2}{R} \pm 2\dfrac{P^2}{R}\cos\tau = 2\dfrac{P^2}{R}(1 \pm \cos\tau), \\[2mm] R^2 = 2\,P^2(1 \pm \cos\tau), \end{cases}$$

le signe $\pm$ devant être réduit au signe $+$ dans le cas où
l'on aura $\widehat{PR} = \dfrac{\tau}{2}$, et au signe $-$ dans le cas où l'on
aura $\widehat{PR} = \dfrac{\pi}{2} - \dfrac{\tau}{2}$. On tirera d'ailleurs de la formule
$\cos 2\theta = 2\cos^2\theta - 1$, en y posant successivement

$$\theta = \dfrac{\tau}{2} \quad \text{et} \quad \theta = \dfrac{\pi}{2} - \dfrac{\tau}{2},$$

$$1 + \cos\tau = 2\cos^2\dfrac{\tau}{2}, \quad 1 - \cos\tau = 2\cos^2\dfrac{\pi - \tau}{2},$$

l'équation (3) donnera donc :

Dans le premier cas

$$R = 2\,P\cos\dfrac{\tau}{2},$$

Et dans le second

$$R = 2\,P\cos\dfrac{\pi - \tau}{2}.$$

Donc si l'équation (2) subsiste quand on attribue à l'angle
$\widehat{PR}$ la valeur τ, elle subsistera encore quand on attri-

buera au même angle l'une des valeurs $\frac{\tau}{2}$, $\frac{\pi-\tau}{2}$. Or cette équation se vérifie quand on suppose $\widehat{PR} = \frac{\pi}{2}$ ou $\widehat{PR} = \frac{\pi}{4}$, car on a évidemment dans la première hypothèse $R = 0$, $2P\cos\widehat{PR} = 2P\cos\frac{\pi}{2} = 0$, et dans la seconde, lemme III,

$$R = P\sqrt{2}, \quad 2P\cos\widehat{PR} = 2P\cos\frac{\pi}{4} = 2P\sqrt{\frac{1}{2}} = P\sqrt{2};$$

donc, et il aurait suffi de considérer le cas de $\widehat{PR} = \frac{\pi}{2}$, l'équation sera également vraie si l'on prend

$$\widehat{PR} = \frac{1}{2}\frac{\pi}{4} = \frac{\pi}{8} \quad \text{ou} \quad \widehat{PR} = \frac{1}{2}\left(\pi - \frac{\pi}{4}\right) = \frac{3\pi}{8};$$

donc elle sera encore vraie si l'on attribue à l'angle $\widehat{PR}$ l'une des valeurs

$$\frac{1}{2}\frac{\pi}{8} = \frac{\pi}{16},$$
$$\frac{1}{2}\frac{3\pi}{8} = \frac{3\pi}{16},$$
$$\frac{1}{2}\left(\pi - \frac{3\pi}{8}\right) = \frac{5\pi}{16},$$
$$\frac{1}{2}\left(\pi - \frac{\pi}{8}\right) = \frac{7}{16}\pi,$$
$$\dots\dots\dots\dots\dots$$

En continuant de même, on prouvera que la formule (2) a généralement lieu lorsque l'angle $\widehat{PR}$ reçoit une valeur de la forme $\frac{2m+1}{2^n}$, n désignant un nombre entier quelconque, et $2m+1$ un nombre impair inférieur à 2^n. Si on représente par θ un angle aigu pris à volonté, on pourra faire varier les nombres entiers m et n de manière que le rapport $\frac{2m+1}{2^n}$ s'approche indéfiniment de

la limite θ; et la résultante R tendra de plus en plus à se
confondre d'une part avec une force équivalente à $2\,P\cos\theta$
et d'autre part avec la résultante de deux forces égales à P
qui formeraient entre elles un angle double de θ. Donc
cette dernière résultante sera représentée en grandeur
par $2\,P\cos\theta$ et vérifiera encore la formule (2).

Quand le théorème du parallélogramme des forces a
été démontré pour deux forces égales, faisant entre elles
un angle quelconque, on l'étend facilement au cas de deux
forces inégales à l'aide des deux scolies suivants.

Scolie I.—*La résultante de deux forces rectangulaires
quelconques est représentée en grandeur et en direction par la diagonale du rectangle construit sur ces
deux forces.*

Soient $P = AB$, et $Q = AC$ (*fig.* 6) les deux forces,
construisons le rectangle ABDC : les deux diagonales
AD, CB sont égales et se divisent en deux parties égales.
Cela posé, en menant EF parallèle à CB, la force AB peut
être remplacée par deux forces égales AO, AE; la force AC,
par les forces AO, AF, et les deux forces P et Q par les
quatre forces AE, AO, AF, AO. AE, AF égales et opposées se détruisent, les deux forces AO s'ajoutent et équivalent à une force unique AD diagonale du rectangle
ABDC. Donc le théorème, vrai dans le cas de deux forces
égales, est vrai encore dans le cas de deux forces rectangulaires quelconques.

Scolie II. — *La résultante de deux forces obliques
quelconques est représentée en grandeur et en direction
par la diagonale du parallélogramme construit sur ces
deux forces.*

Construisons (*fig.* 7) le parallélogramme ABDC et
menons AE perpendiculaire à la diagonale AD, la force
$P = AB$ peut (scolie I) être remplacée par les deux forces

I.   2.

rectangulaires AG, AE, la force Q par les deux forces AH, AF; les forces égales AE, AF se détruisent: restent les forces AH, AG qui s'ajoutent et équivalent, à cause de AH = GD, à AD, diagonale du parallélogramme construit sur les deux forces.

8. La construction géométrique qui sert à déterminer la résultante de deux forces P, Q, appliquées à un point matériel A, peut être facilement étendue à la composition de plusieurs forces P, P', P'', ..., appliquées suivant des directions quelconques à ce point matériel. En effet, après avoir composé entre elles les forces P, P', on pourra composer de la même manière la résultante des forces P, P' avec la force P'', puis la résultante des forces P, P', P'', avec la force P''', ...; en continuant ainsi, on aura composé successivement toutes les forces, on arrivera à une résultante dernière qui les représentera et les remplacera toutes, et l'on peut énoncer la règle suivante, qui est en même temps un théorème fondamental.

THÉORÈME II. — *Pour obtenir la dernière résultante, ou, ce qui revient au même, la résultante de toutes les forces données, il suffira évidemment de mener par l'extrémité de la droite qui représente la première force P, une seconde droite égale et parallèle à la force P'; par l'extrémité de cette seconde droite, une troisième droite égale et parallèle à la force P''; par l'extrémité de la troisième droite, une quatrième droite égale et parallèle à la force P'''.... Si l'on joint ensuite le point matériel donné avec l'extrémité de la dernière droite, on obtiendra la résultante cherchée, qui se réduira, dans le cas de deux ou de trois forces, à la diagonale du parallélogramme ou du parallélipipède construit sur ces mêmes forces, et qui, dans le cas général, formera le dernier côté d'un polygone dont les autres côtés seront les forces données.*

DEUXIÈME LEÇON.

Propriétés absolues et relatives des composantes et de la résultante de plusieurs forces appliquées à un point matériel.—Projections.—Moments linéaires. — Relations entre les moments linéaires de la résultante et des composantes.

9. La construction dont nous avons fait usage pour déterminer la résultante de plusieurs forces P, P', P'' appliquées à un point matériel A, subsiste quelles que soient les directions de ces mêmes forces, et par conséquent dans le cas où elles sont dirigées suivant une même droite, les unes dans un sens, les autres en sens contraire. C'est au reste ce qu'il est facile de vérifier *à posteriori*. En effet, la construction indiquée consiste à mener par l'extrémité de la droite qui représente la première force P, une deuxième droite égale et parallèle à la force P', par l'extrémité de cette deuxième droite une troisième droite égale et parallèle à la force P'', par l'extrémité de la troisième droite une force égale et parallèle à la force P''',.... Si l'on joint ensuite le point matériel donné avec l'extrémité de la dernière droite, on obtiendra la résultante cherchée, qui se réduit dans le cas de deux ou de trois forces à la diagonale du parallélogramme ou du parallélipipède construit sur ces mêmes forces, et qui, dans le cas général, forme le dernier côté d'un polygone dont les autres côtés sont les forces données. Or, si l'on construit de cette manière la résultante de plusieurs forces P, P', P'',..., Q, Q', Q'',..., dirigées suivant une même droite, les unes dans un sens, les autres en sens contraire, on trouvera que cette résultante est égale à la somme des forces qui agissent dans un sens, moins la somme des

forces qui agissent dans l'autre sens, et qu'elle est dirigée dans le sens des forces qui composent la plus grande somme, ce qui devait être. Ainsi, par exemple, pour obtenir la résultante de deux forces P, Q, appliquées au point A et dirigées suivant la même droite, il suffira de porter sur cette droite, à partir du point A, AB = P (*fig.* 8), dans le sens de la première force, puis, à partir du point B, BD ou BD' = Q, dans le sens de l'autre force. La force représentée en grandeur et en direction par la droite AD ou AD', force évidemment égale à la valeur numérique de P + Q, dans le cas où les deux forces sont dirigées dans le même sens, ou à la valeur numérique de P — Q, et dirigée dans le sens de la plus grande des forces quand elles agissent en sens contraire, sera précisément la résultante cherchée. Ce qui s'accorde avec les principes développés précédemment.

10. Conventions, définitions. —Lorsqu'une force P, appliquée au point matériel A, est représentée en grandeur et en direction par une certaine longueur AB comprise entre le point A et le point B, si l'on projette la longueur AB sur un plan ou sur une droite, la projection pourra être censée représenter en grandeur et en direction une nouvelle force dirigée de la projection du point A vers la projection du point B. Cette nouvelle force est ce qu'on appelle la projection de la force donnée P sur le plan ou sur la droite que l'on considère. Cela posé, concevons que tous les points de l'espace étant rapportés à trois axes rectangulaires OX, OY, OZ (*fig.* 9), des x, y, z, on projette successivement la force P sur trois parallèles à ces trois axes menées par le point A. Les trois projections seront évidemment les côtés d'un parallélipipède rectangle qui aura la force P pour diagonale ; par conséquent la force P sera la résultante des trois forces représentées par les projections dont il s'agit. Ces trois forces se nomment par cette raison les *composantes rectangulaires* de la force donnée, parallèles aux axes. Comme les projections d'une longueur sur deux droites parallèles sont nécessairement égales, il est clair que les projections de la force P sur les axes mêmes des coordonnées doivent être égales en intensité à ses composantes rectangulaires. Lorsque la force P est dirigée suivant une droite comprise dans l'un des plans coordonnés, ou dans un plan parallèle, par exemple dans le plan xy, cette force a seulement deux composantes rectangulaires parallèles, l'une à l'axe des x, l'autre à l'axe des y, et se réduit à la diagonale du rectangle construit sur ces deux forces.

Les conventions ou définitions précédentes admises, concevons que plusieurs forces P, P′, P″,..., dirigées dans l'espace d'une manière quelconque, soient appliquées simultanément au point matériel A, et que l'on cherche : 1° la résultante de ces forces, 2° la résultante de leurs projections sur un plan fixe, 3° la résultante de leurs projections sur un axe fixe.

Pour obtenir ces trois résultantes, il faudra, d'après la règle trouvée précédemment, porter à la suite les unes des autres à partir du point A ou de ses projections : 1° des droites égales et parallèles aux forces P, P′,..., 2° des droites égales et parallèles à leurs projections sur le plan fixe, 3° des droites égales à leurs projections sur l'axe fixe et dirigées dans le même sens. En joignant le point A ou ses projections avec les extrémités des dernières droites, on obtiendra dans chaque cas la résultante cherchée. Or, les droites ainsi construites sur le plan ou sur l'axe fixe étant évidemment les projections des droites construites dans l'espace, on doit nécessairement conclure que la résultante des projections des forces P, P′, P″,..., sur ce plan, ou sur cet axe, est précisément la projection

de la résultante de ces mêmes forces. On peut donc énoncer le théorème suivant.

THÉORÈME I. — *Plusieurs forces* P, P′, P″, . . ., *étant
appliquées au même point suivant des directions quelconques, si on les projette, ainsi que leur résultante* R,
*sur un plan ou sur un axe donné, la projection de cette
résultante ne sera autre chose que la résultante de leurs
projections.*

Pour montrer une application de ce théorème, supposons que l'on projette à la fois sur l'un des plans coordonnés une force et ses trois composantes rectangulaires ;
comme parmi les projections de ces trois composantes
l'une s'évanouira, les deux autres projections respectivement égales aux composantes qui leur correspondent, auront nécessairement pour résultante la projection de la
force donnée.

11. Il est facile de traduire en analyse les résultats que
nous venons d'obtenir, nous allons tout à l'heure en
donner les moyens ; mais auparavant il est nécessaire de
fixer le sens de certaines expressions dont nous ferons un
fréquent usage dans ce qui va suivre.

Pour que l'effet d'une force soit complétement déterminé, il ne suffit pas de connaître son intensité, son point
d'application et la droite suivant laquelle elle agit, il faut
connaître de plus dans quel sens elle est dirigée suivant
cette droite, ou, en d'autres termes, quelle est sa direction ;
car deux forces qui agissent suivant une même droite,
peuvent être dirigées en sens contraires. On ne sera donc
point étonné de nous entendre dire qu'une seule droite
comprend deux directions différentes. On n'obtient qu'une
seule de ces deux directions, lorsqu'à partir d'un point
donné on prolonge indéfiniment cette droite dans un sens
déterminé.

Souvent on appelle *axe* une droite menée par un point
quelconque dans l'espace et prolongée indéfiniment dans
les deux sens. Nous dirons qu'un axe de cette espèce se
divise en deux demi-axes aboutissant au point que l'on
considère, et dont chacun se prolonge indéfiniment dans
un seul sens. Par conséquent chacun de ces deux demi-
axes aura toujours une direction déterminée. Si l'on considère trois axes rectangulaires, OX, OY, OZ (*fig.* 9),
des x, des y, des z, chacun d'eux sera divisé à l'origine en
deux demi-axes sur l'un desquels se compteront les coordonnées positives, tandis que l'on comptera sur l'autre les
coordonnées négatives.

D'après ces définitions, il est clair que si l'on tient
compte seulement des angles qui renferment au plus
180°, deux axes ou deux droites tracées de manière à
se couper formeront toujours l'une avec l'autre deux
angles, l'un aigu, l'autre obtus, tandis que deux directions ou deux demi-axes aboutissant à un point donné
formeront un seul angle tantôt aigu, tantôt obtus. Lorsque
deux droites ou deux demi-axes aboutiront à deux points
différents de l'espace, ils seront censés former entre eux
le même angle que formeraient deux demi-axes parallèles
et prolongés dans le même sens, à partir d'un point unique. Cela posé, l'angle que deux forces formeront entre
elles sera toujours complétement déterminé, et l'on en
pourra dire autant des angles formés par une force avec
les demi-axes des coordonnées positives.

Soient α, β, γ, ces trois angles pour une certaine force,
en sorte que α, β, γ désignent les angles formés par la
direction de cette force avec les demi-axes des x, y, z positives, il est clair que la direction de la force P sera
complétement déterminée si l'on connaît son point d'application avec les angles α, β, γ. En effet, menez par le
point d'application trois demi-axes parallèles à ceux des

coordonnées positives, et construisez ensuite autour de ces demi-axes trois cônes droits, dont les génératrices forment respectivement avec ces mêmes demi-axes les angles α, β, γ. La direction de la force P devra être celle d'une génératrice commune aux trois cônes ; or il est bien vrai que les surfaces des deux premiers cônes se coupent suivant deux génératrices, mais on doit observer que ces génératrices formant avec le troisième demi-axe deux angles différents, l'un aigu, l'autre obtus, une seule se trouve comprise dans la surface du troisième cône.

Lorsque les angles α, β, γ sont connus avec l'intensité de la force, on en déduit encore les valeurs des composantes rectangulaires de la force ou, en d'autres termes, ses projections sur les axes, et même le sens dans lequel chacune de ses projections est dirigée. Considérons, par exemple, la projection de la force P sur l'axe des x ; elle sera, d'après un théorème de trigonométrie, égale au produit de cette force par le cosinus de l'angle aigu qu'elle forme avec l'axe dont il s'agit. Or la direction de la force P forme avec les deux demi-axes des x positives et des x négatives deux angles suppléments l'un de l'autre, dont le premier est représenté par α et le second par $\pi - \alpha$. En conséquence la projection de la force P sur l'axe des x se trouvera représentée, si l'angle α est aigu, par le produit $P \cos \alpha$, et, si l'angle est obtus, par

$$P \cos (\pi - \alpha) = - P \cos \alpha,$$

c'est-à-dire dans les deux cas par la valeur numérique du produit $P \cos \alpha$.

Il est d'ailleurs évident que cette projection sera dirigée dans le sens des x positives si l'angle α est aigu, dans le sens des x négatives si l'angle α est obtus, et que le produit $P \cos \alpha$ sera positif dans le premier cas, négatif dans le second. En résumé, le produit $P \cos \alpha$ sera équivalent

à la projection de la force P sur l'axe des x, prise avec le
signe $+$ ou avec le signe $-$, suivant que cette projection
sera dirigée dans le sens des x positives ou des x négatives.

De même les produits P cos $\mathfrak{6}$, P cos γ seront respectivement égaux aux projections de la force P sur les axes
des y et des z, prises tantôt avec le signe $+$, tantôt avec
le signe $-$, suivant que chacune de ces projections sera
dirigée dans le sens des coordonnées positives ou négatives.

12. Les trois produits P cos α, P cos $\mathfrak{6}$, P cos γ, dont
nous connaissons maintenant la signification, sont ce que
nous appellerons désormais les projections algébriques de
la force P sur les axes des x, des y, des z. Comme les valeurs numériques de ces trois produits représentent précisément les composantes rectangulaires de la force P, et
que ces trois composantes sont les arêtes d'un parallélipipède rectangle qui a la force elle-même pour diagonale,
il est clair que la somme des carrés de ces produits doit
être égale au carré de P. On a donc

$$P^2 = P^2\cos^2\alpha + P^2\cos^2\mathfrak{6} + P^2\cos^2\gamma.$$

On en conclut, en divisant par P^2,

$$1 = \cos^2\alpha + \cos^2\mathfrak{6} + \cos^2\gamma.$$

Cette dernière équation, qu'on pouvait écrire *à priori*,
exprime que α, $\mathfrak{6}$, γ sont trois angles formés par une
même droite avec les axes des coordonnées.

13. Considérons à présent plusieurs forces P, P′, P″,...,
simultanément appliquées à un point matériel A. Soit R
leur résultante, et supposons que les forces P, P′, P″,...R,
forment respectivement avec les demi-axes des x, des y

et des z positives des angles

$$\alpha,\ \alpha',\ \alpha',\ldots,\ a;\quad \beta,\ \beta',\ \beta'',\ldots,\ b;\quad \gamma,\ \gamma',\ \gamma'',\ \ldots,\ c.$$

Si l'on projette ces différentes forces sur l'axe des x, la projection de la résultante R étant la résultante des projections P, P', P'',..., sera équivalente à la somme de ces dernières projections prises tantôt avec le signe $+$, tantôt avec le signe $-$, suivant qu'elles seront dirigées dans le même sens ou dans le sens opposé. D'ailleurs la somme ainsi obtenue sera évidemment égale au signe près à la somme des projections algébriques des forces P, P', P'',..., c'est-à-dire à

$$\text{P} \cos\alpha + \text{P}' \cos\alpha' + \text{P}'' \cos\alpha'' + \ldots,$$

puisque dans cette seconde somme deux forces dont les projections sont dirigées en sens contraire fournissent toujours deux termes de signes différents. Ajoutons que les deux sommes seront affectées du même signe ou de signes contraires suivant que la projection de la résultante agira dans le sens des x positives ou dans le sens des x négatives. Cette projection étant elle-même égale à R $\cos a$ pris avec le signe $+$ dans le premier cas, avec le signe $-$ dans le second, on doit en conclure que les deux quantités R $\cos a$, et P $\cos\alpha + $ P' $\cos\alpha' + \ldots$, auront non-seulement la même valeur numérique, mais encore le même signe. On aura donc

$$\text{R} \cos a = \text{P} \cos\alpha + \text{P}' \cos\alpha' + \ldots.$$

En d'autres termes, la projection algébrique de la résultante sur l'axe sera équivalente à la somme des projections algébriques des composantes sur le même axe. La même relation devant évidemment subsister entre les projections algébriques des forces

$$P, \quad P', \quad P'',\ldots, \quad R,$$

sur les axes des y et des z, il est clair qu'à l'équation précédente, on pourra joindre celles qui suivent :

$$R \cos b = P \cos \beta + P' \cos \beta' + \ldots,$$
$$R \cos c = P \cos \gamma + P' \cos \gamma' + \ldots.$$

Lorsque les forces P, P', P'',..., sont connues en grandeur et en direction, les trois équations

$$(1) \quad \begin{cases} R \cos a = P \cos \alpha + P' \cos \alpha' + \ldots, \\ R \cos b = P \cos \beta + P' \cos \beta' + \ldots, \\ R \cos c = P \cos \gamma + P' \cos \gamma' + \ldots, \end{cases}$$

servent à déterminer la grandeur et la direction de la résultante. En effet, on connaît alors les seconds membres des équations dont il s'agit, et si, pour abréger, on les désigne par X, Y, Z, on aura simplement

$$(2) \quad R \cos a = X, \quad R \cos b = Y, \quad R \cos c = Z;$$

or on tire de ces dernières équations

$$R^2(\cos^2 a + \cos^2 b + \cos^2 c) = X^2 + Y^2 + Z^2,$$

ou, puisque les angles a, b, c, sont assujettis à l'équation de condition $\cos^2 a + \cos^2 b + \cos^2 c = 1$,

$$(3) \quad R^2 = X^2 + Y^2 + Z^2,$$
$$R = \sqrt{X^2 + Y^2 + Z^2}.$$

14. La valeur de R étant ainsi déterminée, on obtiendra les angles a, b, c, dont chacun renferme au plus 180°, par le moyen des équations

$$(4) \quad \cos a = \frac{X}{R}, \quad \cos b = \frac{Y}{R}, \quad \cos c = \frac{Z}{R}.$$

On voit par ces équations que les cosinus des angles cherchés sont positifs ou négatifs en même temps que les quantités X, Y, Z qui leur correspondent respectivement. Par suite les angles a, b, c seront aigus ou obtus suivant que les quantités X, Y, Z seront positives ou négatives.

Lorsque dans la formule (3) on substitue pour X, Y, Z leurs valeurs en ayant égard aux équations de condition

$$\cos^2\alpha + \cos^2\beta + \cos^2\gamma = 1,$$
$$\cos^2\alpha' + \cos^2\beta' + \cos^2\gamma' = 1,$$
$$\cdots\cdots\cdots\cdots\cdots\cdots$$

on trouve

$$(5)\quad\left\{\begin{array}{l} R^2 = P^2 + P'^2 + P''^2 + \ldots \\ \quad + 2\,PP'\,(\cos\alpha\,\cos\alpha' + \cos\beta\,\cos\beta' + \cos\gamma\,\cos\gamma') \\ \quad + 2\,PP''\,(\cos\alpha\,\cos\alpha'' + \cos\beta\,\cos\beta'' + \cos\gamma\,\cos\gamma'') + \ldots \\ \quad + 2\,P'P''\,(\cos\alpha'\,\cos\alpha'' + \cos\beta'\,\cos\beta'' + \cos\gamma'\,\cos\gamma'') + \ldots \end{array}\right.$$

Dans le cas particulier où la résultante est formée seulement par la composition des deux forces P, P', l'équation précédente se réduit à

$$R^2 = P^2 + P'^2 + 2\,PP'\,(\cos\alpha\,\cos\alpha' + \cos\beta\,\cos\beta' + \cos\gamma\,\cos\gamma').$$

Mais, d'après ce qui a été dit, on doit avoir aussi

$$R^2 = P^2 + P'^2 + 2\,PP'\cos\widehat{PP'}.$$

Les deux valeurs de R^2 devant être égales, on en conclut

$$\cos\widehat{PP'} = \cos\alpha\,\cos\alpha' + \cos\beta\,\cos\beta' + \cos\gamma\,\cos\gamma'.$$

Par conséquent, pour obtenir le cosinus de l'angle compris entre deux directions, il suffit de multiplier deux à deux les cosinus des angles que ces mêmes directions forment avec les demi-axes des coordonnées positives, et d'ajouter les produits : ce qui forme un théorème connu d'analyse appliquée. En vertu de ce théorème, on aura encore, dans le cas général et quel que soit le nombre des forces P, P′, P″, . . .

$$\cos \widehat{PP''} = \cos \alpha \cos \alpha'' + \cos 6 \cos 6'' + \cos \gamma \cos \gamma'',$$

$$\cos \widehat{P'P''} = \cos \alpha' \cos \alpha'' + \cos 6' \cos 6'' + \cos \gamma' \cos \gamma'',$$

. . . .

par suite l'équation (5) se trouvera réduite à

$$
(6) \quad
\begin{cases}
R^2 = P^2 + P'^2 + P''^2 + \ldots \\
\quad + 2\,PP' \cos \widehat{PP'} + 2\,PP'' \cos \widehat{PP''} + \ldots \\
\quad + 2\,P'P'' \cos \widehat{P'P''} + \ldots .
\end{cases}
$$

Ainsi le carré de la résultante de plusieurs forces est égal à la somme des carrés des composantes, plus la somme de leurs doubles produits respectivement multipliés par les cosinus des angles compris entre les directions de ces mêmes forces composées deux à deux.

Les composantes rectangulaires de la résultante R ou ses projections sur les axes des x, y, z étant précisément égales aux valeurs numériques des quantités X, Y, Z, il est facile d'en conclure que les projections de cette résultante sur les plans coordonnés respectivement perpendiculaires aux mêmes axes, c'est-à-dire sur les plans yz, zx et xy, seront représentées par les expressions

$$\sqrt{Y^2 + Z^2}, \quad \sqrt{Z^2 + X^2}, \quad \sqrt{X^2 + Y^2}.$$

15. Après avoir exposé les propriétés d'une résultante relativement aux projections, nous passons à celles qui regardent les moments.

Si d'un point O (*fig.* 9) pris dans l'espace, à volonté, on abaisse la perpendiculaire OE sur la direction d'une force donnée AB = P, le produit de cette perpendiculaire par la force elle-même représentera le double de la surface du triangle AOB qui a pour base la force AB, et pour sommet le point O. Ce même produit, équivalent, comme on vient de le dire, au double de la surface OAB, est ce qu'on

appelle le *moment* de la force P par rapport au point O.
De plus, le plan du triangle OAB, ou, en d'autres termes,
le plan qui passe par le point O et par la force AB est ce
qu'on nomme le *plan du moment*. Cela posé, il est clair
que le moment d'une force AB reste le même, lorsque,
sans changer l'intensité et la direction de la force, on déplace le point d'application A, de manière à le transporter
en un autre point A′ (*fig.* 10) de la direction dont il s'a-
git. En effet, si sur la droite AB prolongée on prend
A′B′ = AB, les deux triangles OAB, OA′B′, ayant même
base et même hauteur, auront évidemment des surfaces
égales.

16. Le moment d'une force n'étant autre chose que le
produit de cette force par la perpendiculaire abaissée
d'un point donné sur sa direction, le point à partir duquel
on abaisse la perpendiculaire s'appelle l'origine ou le
centre des moments. Le plus souvent on place le centre
des moments à l'origine même des coordonnées. La droite
OA menée du centre des moments au point d'application
de la force sera désignée sous le nom de *rayon vecteur*. Ce
rayon vecteur est l'un des côtés du triangle OAB dont la
surface doublée équivaut au moment de la force AB;
d'où il est aisé de conclure que l'on obtiendra encore un
produit égal à ce moment, si l'on multiplie le rayon vecteur OA par la perpendiculaire BC (*fig.* 11) abaissée
du point B sur ce rayon vecteur, ou, ce qui revient au
même, par la projection AB′ de la force AB sur un plan
perpendiculaire au rayon vecteur.

17. Si l'on projette sur un plan quelconque le centre
des moments et la force AB, on obtiendra en même temps
pour projection du triangle OAB un nouveau triangle
qui aura pour sommet la projection du point O, et pour
base la projection de la force AB. Ce nouveau triangle
sera donc celui dont la surface doublée mesure le moment

de la force projetée par rapport à la projection du centre
des moments. Ainsi le moment de la projection d'une
force sur un plan quelconque est égal à la projection sur
ce même plan d'une surface équivalente au moment de
la force donnée et comprise dans le plan du moment.
C'est ce que nous exprimerons en disant que *le moment
de la projection d'une force ne diffère pas de la projection de son moment.*

18. Le plan du moment d'une force $AB = P$ peut
tourner dans deux sens différents autour du centre des
moments. Si l'on vient à fixer ce même centre, et que le
rayon vecteur se change en une droite rigide, la force
appliquée à l'extrémité mobile de cette droite tendra évidemment à imprimer au plan du moment un seul des
deux mouvements de rotation qu'il peut recevoir. Supposons que ce mouvement ait lieu, et que l'on ait élevé par
le centre des moments un demi-axe perpendiculaire au
plan. Un spectateur, qui aurait les pieds posés sur ce plan,
et qui serait appuyé contre le demi-axe, verrait les différents points du plan se mouvoir en passant devant lui, de
sa droite à sa gauche, ou de sa gauche à sa droite, ce que
nous exprimerons en disant que le mouvement de rotation
a lieu de droite à gauche ou de gauche à droite. On doit
observer au reste que si par le centre des moments on
élevait à la fois deux demi-axes perpendiculaires au plan
du moment, le même mouvement de rotation paraîtrait
s'effectuer autour de l'un de ces demi-axes de droite à
gauche, et autour de l'autre de gauche à droite. Revenons
maintenant au cas où l'on trace un seul demi-axe, et supposons que ce soit précisément celui autour duquel le
mouvement de rotation s'effectue de droite à gauche. Si
à partir du centre des moments on porte sur ce demi-axe
une longueur numériquement égale au moment de la force

P, on obtiendra ce que nous appellerons *le moment li-néaire de cette force*. La *direction* de ce moment linéaire sera celle du demi-axe sur lequel il se compte, et son *intensité* aura pour mesure le moment même de la force P.

19. Concevons à présent que dans le plan du moment de la force P ou AB (*fig.* 12) on fasse varier cette force en grandeur et en direction, de sorte qu'elle se change en une nouvelle force P′ ou AB′ toujours appliquée au point A, et propre à faire tourner le plan dans le même sens que la première autour du centre des moments. Les moments linéaires des deux forces P et P′ devront être portés sur le même demi-axe ; et si l'on projette ces deux forces AB, AB′ sur un plan mené par le point A perpendiculairement au rayon vecteur, les projections AC, AC′ auront encore la même direction. Imaginons ensuite que le plan du moment de la force P′ vienne à se détacher du plan du moment de la force P en tournant d'une certaine quantité autour du rayon vecteur. Pendant ce mouvement deux demi-axes perpendiculaires au rayon vecteur, abou-tissant à deux points différents de ce rayon, et assujettis à tourner autour de ces points avec le plan du moment de la force P′, décriront évidemment des angles égaux. Or, comme on peut supposer que ces deux demi-axes coïnci-dent le premier avec la projection AC′ de la force P′ sur le plan mené par le point A perpendiculairement au rayon vecteur, le second avec le demi-axe OL′ mené par le point O, et sur lequel on compte le moment linéaire de la même force, nous devons conclure qu'après l'arrivée de la force P′ dans sa nouvelle position les moments li-néaires OL, OL′ des forces P′, P comprendront entre eux le même angle que les projections AC, AC′ de ces forces sur le plan perpendiculaire au rayon vecteur. Il est d'ail-leurs essentiel d'observer qu'il suffit de choisir convena-

blement l'intensité de la force **P′**, sa direction par rapport au rayon vecteur dans le plan, et la quantité dont on fait tourner ce même plan, pour que cette force parvenue dans sa nouvelle position coïncide avec une force quelconque menée par le point A. On peut donc énoncer la proposition suivante :

THÉORÈME II. —.*Si deux forces quelconques appliquées au point* A *sont projetées sur un plan perpendiculaire au rayon vecteur, qui joint le point* A *avec le centre des moments, les projections formeront entre elles le même angle que les moments linéaires des forces données.*

20. Considérons maintenant avec deux forces P, P′, simultanément appliquées au point A, la résultante de ces deux forces. Soient O le point pris pour origine des moments, OA le rayon vecteur; et supposons que l'on construise tout à la fois les moments linéaires des forces P, P′, R, avec les projections de ces forces sur le plan mené par le point A perpendiculairement au rayon vecteur. D'après ce qu'on vient de dire, les moments linéaires formeront entre eux les mêmes angles que les projections des forces correspondantes; et, de plus, ces moments seront, en vertu de leur définition même, respectivement égaux aux produits qu'on obtient en multipliant le rayon vecteur par les projections dont il s'agit. Cela posé, concevons : 1° que les droites AB, AC, AD représentent en grandeur et en direction les projections des forces P, P′, R; 2° que les droites OE, OF, OG représentent en grandeur et en direction leurs moments linéaires. Ces trois dernières droites seront proportionnelles aux trois premières, puisque l'on a

$$OE = OA \times AB, \quad OF = OA \times AC, \quad OG = OA \times AD;$$

et, prises deux à deux, elles formeront entre elles les

mêmes angles. Par suite les deux figures ABCD, OEFG seront des figures semblables. Or la force projetée AD étant la résultante des forces projetées AB, AC, puisque (n° 8) la projection de la résultante est aussi la résultante des projections, la figure ABCD est nécessairement un parallélogramme, donc la figure OEFG en sera un également. Donc le moment linéaire OG de la résultante R sera la diagonale du parallélogramme construit sur les moments linéaires des composantes; et pour l'obtenir il suffira de mener, par l'extrémité du moment linéaire de la force P, une droite égale et parallèle au moment de la force P′, puis de joindre le centre des moments avec l'extrémité de cette droite. Ainsi les moments linéaires *se composent* comme les forces elles-mêmes et à l'aide de la même construction. Cette remarque ne se borne pas au cas où l'on considère deux composantes, elle s'étend à un nombre quelconque de forces P, P′, P″,...; car il est clair qu'en répétant plusieurs fois de suite la construction indiquée, d'une part sur les forces combinées deux à deux, de l'autre sur les moments linéaires correspondants, on obtiendra par le même procédé: 1° la résultante de toutes ces forces; 2° le moment linéaire de cette résultante. Enfin la remarque subsiste, quelles que soient les directions des forces données, et celles de leurs moments linéaires respectifs, et par conséquent dans le cas même où quelques-unes de ces directions viendraient à coïncider.

Pour indiquer que le moment linéaire de la résultante de plusieurs forces P, P′, P″,..., résulte de la composition de leurs moments linéaires, nous le désignerons désormais sous le nom de *moment linéaire résultant*.

Dans le cas particulier où le plan des moments de deux forces coïncide, c'est-à-dire lorsqu'un seul plan renferme à la fois le centre des moments et les deux forces, leurs moments linéaires se comptent évidemment sur un seul axe perpendiculaire au plan dont il s'agit. De plus, ils se comptent sur cet axe, dans le même sens ou dans des sens opposés, suivant que les forces données tendent à faire tourner le plan qui les renferme dans le même sens ou en sens contraires. Si toutes les forces P, P′, P″, ..., appliquées au point matériel A se trouvaient comprises avec le centre des moments dans un plan unique, tous les moments linéaires se comptant alors sur le même axe, le moment linéaire de la résultante serait égal à la somme des moments linéaires des composantes, pris avec le signe + ou avec le signe —, suivant que les forces correspondantes tendraient à faire tourner le plan de tous les moments dans le même sens que la résultante ou en sens inverse.

21. Revenons au cas où les moments linéaires des forces P, P′, ..., ont des directions quelconques. Dans ce cas, au lieu de construire géométriquement le moment linéaire de la résultante, on pourrait déterminer analytiquement son intensité et sa direction. En effet, soit R cette résultante et désignons par

$$p, p', p'', \ldots, r$$

les perpendiculaires abaissées du centre des moments sur les directions des forces

$$P, P', P'', \ldots, R,$$

leurs moments linéaires seront représentés par

$$Pp, P'p', P''p'', \ldots R r,$$

et si l'on suppose que les directions de ces moments linéaires forment respectivement, avec le demi-axe des x positives les angles

$$\lambda, \lambda', \lambda'', \ldots, l,$$

3.

avec le demi-axe des y positives les angles

$$\mu, \mu', \mu'', \ldots, m,$$

avec le demi-axe des z positives les angles

$$\nu, \nu', \nu'', \ldots, n,$$

les produits

$$
\begin{array}{llll}
\text{P}\,p\cos\lambda, & \text{P}'p'\cos\lambda', & \text{P}''p''\cos\lambda'', \ldots, & \text{R}\,r\cos l, \\
\text{P}\,p\cos\mu, & \text{P}'p'\cos\mu', & \text{P}''p''\cos\mu'', \ldots, & \text{R}\,r\cos m, \\
\text{P}\,p\cos\nu, & \text{P}'p'\cos\nu', & \text{P}''p''\cos\nu'', \ldots, & \text{R}\,r\cos n,
\end{array}
$$

seront ce qu'on peut appeler les projections algébriques des moments linéaires dont il s'agit sur les axes x, y, z. Cela posé, puisque le moment linéaire $\text{R}\,r$ est à l'égard des autres ce qu'est la résultante R à l'égard des forces P, P′, P″,…, les relations trouvées entre les projections algébriques des forces P, P′, P″,…, R subsisteront entre les projections algébriques des moments linéaires $\text{P}\,p$, $\text{P}'p'$, $\text{P}''p''$,…,$\text{R}\,r$. En conséquence la projection algébrique sur chaque axe du moment linéaire résultant sera égale à la somme des projections algébriques sur le même axe des moments linéaires des composantes. On aura donc les trois équations

$$
(1)\quad
\left\{
\begin{array}{l}
\text{R}\,r\cos l = \text{P}\,p\cos\lambda + \text{P}'p'\cos\lambda' + \text{P}''p''\cos\lambda'' + \ldots, \\
\text{R}\,r\cos m = \text{P}\,p\cos\mu + \text{P}'p'\cos\mu' + \text{P}''p''\cos\mu'' + \ldots, \\
\text{R}\,r\cos n = \text{P}\,p\cos\nu + \text{P}'p'\cos\nu' + \text{P}''p''\cos\nu'' + \ldots.
\end{array}
\right.
$$

Si à ces trois équations on réunit la suivante,

$$(2)\qquad \cos^2 l + \cos^2 m + \cos^2 n = 1,$$

on obtiendra quatre équations suffisantes pour déterminer les valeurs des quatre inconnues $\text{R}\,r$, l, m, n, c'est-à-dire la direction et l'intensité du moment linéaire résultant, toutes les fois qu'on connaîtra en grandeur et en

direction les moments linéaires des forces $P, P', P'', \ldots.$
Les seconds membres des équations (1) étant dans cette
hypothèse des quantités connues, si, pour abréger, on les
désigne par L, M, N, on aura

$$(3) \qquad R\,r\cos l = L, \quad R\,r\cos m = M, \quad R\,r\cos n = N.$$

Or on tire de ces dernières équations, en ayant égard à la
formule (2),

$$R^2 r^2 = L^2 + M^2 + N^2.$$

Donc, par suite,

$$(4) \qquad R\,r = \sqrt{L^2 + M^2 + N^2}.$$

L'intensité $R\,r$ ou la grandeur du moment linéaire résultant étant ainsi déterminée, on obtiendra les angles
l, m, n, que sa direction forme avec les axes des coordonnées positives, par le moyen des équations

$$(5) \qquad \cos l = \frac{L}{R\,r}, \quad \cos m = \frac{M}{R\,r}, \quad \cos n = \frac{N}{R\,r};$$

ces angles seront aigus ou obtus, suivant que les quantités
L, M, N seront positives ou négatives.

22. Les calculs qui précèdent subsistent quel que soit
le point de l'espace qu'on ait pris pour centre des moments. Dans le cas particulier où ce centre coïncide avec
l'origine des coordonnées, on peut exprimer les projections
algébriques du moment linéaire de chaque force au moyen
de l'intensité de cette force, des coordonnées de son point
d'application et des angles que fait sa direction avec les
demi-axes des coordonnées positives. On y parvient facilement à l'aide des considérations suivantes.

Le moment de la force P appliquée au point A, savoir
$P\,p$, représente, comme on l'a dit ci-dessus, le double de
la surface du triangle OAB, qui a pour base la force

$AB = P$, et pour sommet le point O centre des moments, c'est-à-dire dans le cas présent l'origine des coordonnées. La surface de ce triangle est donc $\frac{1}{2} P p$. En la multipliant par cos λ, c'est-à-dire par le cosinus de l'angle que forme la direction du moment linéaire avec le demi-axe des x positives, on obtient la moitié de la projection algébrique de ce moment linéaire. Or le moment linéaire se comptant sur l'un des deux demi-axes perpendiculaires au plan du moment Pp, et l'axe des x étant perpendiculaire au plan des yz, l'angle λ sera évidemment l'un des angles que le plan des moments fait avec le plan des yz, angles qui, étant suppléments l'un de l'autre, ont, au signe près, le même cosinus. D'ailleurs si l'on multiplie une surface plane par le cosinus de l'angle aigu compris entre le plan qui la renferme et un autre plan pris à volonté, on aura pour produit la projection de la surface plane sur ce dernier plan. Donc le produit $\frac{1}{2} P p \cos \lambda$ sera égal, au signe près, à la projection du triangle OAB sur le plan des yz. Donc, par suite, la projection algébrique du moment linéaire, savoir $P p \cos \lambda$, sera égale, au signe près, au double de la surface du triangle projeté, ou, en d'autres termes, au moment de la force P projetée elle-même sur le plan des yz. Ajoutons que le produit $P p \cos \lambda$ sera positif ou négatif, suivant que l'angle λ, formé par la direction du moment linéaire avec le demi-axe des x positives, sera aigu ou obtus, c'est-à-dire, en d'autres termes, suivant que la force P tendra à faire tourner le plan de son moment de droite à gauche ou de gauche à droite, autour du demi-axe perpendiculaire à ce plan, et qui forme avec le demi-axe des x positives un angle aigu. Or il est clair que la projection de la force P sur le plan des yz tendra elle-même à faire tourner ce dernier plan autour du demi-axe des x positives, de droite à gauche dans le premier cas, et de gauche à droite dans le second. On peut donc conclure que le produit $P\,p\cos\lambda$, c'est-à-dire la projection algébrique du moment linéaire de la force P sur l'axe des x, sera égal au moment de la force projetée sur le plan des yz, ce dernier moment étant pris avec le signe $+$ ou avec le signe $-$, suivant que la force projetée tendra à faire tourner le plan des yz de droite à gauche ou de gauche à droite autour du demi-axe des x positives.

On prouvera de même que la projection algébrique du moment linéaire de la force P sur l'axe des y ou des z est égale au moment de la force projetée sur celui des plans coordonnés auquel cet axe est perpendiculaire, le dernier moment étant pris avec le signe $+$ ou avec le signe $-$, suivant que la force projetée tend à faire tourner le plan dont il s'agit de droite à gauche ou de gauche à droite autour du demi-axe des y ou des z positives.

23. Considérons maintenant l'angle solide trièdre qui a pour arêtes les trois demi-axes des coordonnées positives, et concevons qu'un rayon mobile d'une longueur indéfinie, mené par l'origine, fasse le tour de cet angle solide en s'appliquant successivement sur ses trois faces. Son mouvement sur chaque face sera un mouvement de rotation, de droite à gauche ou de gauche à droite, autour de l'arête perpendiculaire à cette face. De plus, il est aisé de voir que les trois mouvements de rotation sur les trois faces, c'est-à-dire, en d'autres termes, sur les trois plans coordonnés seront de même espèce. Par exemple, si la disposition des demi-axes des coordonnées positives est celle que représente la *fig.* 14, et qui se trouve la plus usitée, les trois mouvements de rotation auront lieu de droite à gauche, autour de ces trois demi-axes, lorsque le rayon mobile, faisant le tour de l'angle solide, passera successivement de la position OX à la position OY et de celle-ci à la position OZ, pour revenir en-

suite à la position OX. Si le demi-axe des z positives se trouvait transporté de l'autre côté du plan des xy, alors les mouvements de rotation auraient lieu de droite à gauche, dans le cas où le rayon mobile prendrait successivement les trois positions OX, OZ, OY (*fig.* 15), pour revenir ensuite directement de la position OY à la position OX.

Afin de bien distinguer les deux espèces de mouvement que peut prendre un rayon mobile, assujetti à passer par l'origine et à parcourir l'une après l'autre les trois faces de l'angle solide OXYZ, nous dirons que ce rayon mobile a dans chacun des trois plans coordonnés un mouvement direct de rotation, s'il passe successivement de la position OX à la position OY et de celle-ci à la position OZ. Nous dirons dans le cas contraire que le rayon a un mouvement de rotation rétrograde. Cela posé, si l'on adopte la disposition la plus ordinaire pour les demi-axes des coordonnées positives, les mouvements directs de rotation autour de ces demi-axes auront lieu de droite à gauche et les mouvements rétrogrades de gauche à droite, c'est-à-dire que dans cette disposition le mouvement est direct lorsqu'il se fait dans l'ordre des lettres.

24. La force P pouvant être remplacée par ses trois composantes, la projection algébrique de son moment linéaire sur l'axe des x sera égale à la somme des projections algébriques sur le même axe des moments linéaires de ces trois composantes, ou, en d'autres termes, à la somme des moments des mêmes composantes projetées sur le plan des yz, ces derniers moments étant pris avec le signe $+$ ou avec le signe $-$ suivant que les forces projetées tendront à imprimer au plan des yz un mouvement de rotation direct ou rétrograde. Or les composantes de la force P parallèles aux axes des x, y, z, sont

respectivement égales aux valeurs numériques des trois produits $P\cos\alpha$, $P\cos\beta$, $P\cos\gamma$. Quand on les projette sur le plan des yz, le premier se réduit à zéro, tandis que les deux autres conservent leurs intensités respectives. De plus, les projections des deux dernières composantes agissent évidemment suivant des droites menées parallèlement aux axes des y et des z, par la projection du point d'application de la force P. Soient x, y, z les coordonnées de ce point dans l'espace. La projection de la composante parallèle à l'axe des z aura un moment égal au produit de son intensité par la perpendiculaire abaissée de l'origine sur sa direction, c'est-à-dire par la valeur numérique de y. Ce moment sera donc représenté par la valeur numérique du produit $P\cos\gamma\cdot y$. On trouvera de même que la projection de la composante parallèle à l'axe des y a un moment représenté par la valeur numérique du produit $P\cos\beta\cdot z$. Ajoutons que des deux projections dont il s'agit, la première tendra à produire un mouvement de rotation direct si $P\cos\gamma$ et y sont de même signe, c'est-à-dire si le produit $P\cos\gamma\cdot y$ est positif, la deuxième si $P\cos\beta$ et z sont de signes différents, c'est-à-dire si le produit $P\cos\beta\cdot z$ est négatif. Les mouvements de rotation deviendront rétrogrades dans les suppositions contraires. Par suite, pour obtenir les projections algébriques sur l'axe des x des moments linéaires que fournissent les deux composantes de la force P parallèles aux axes des z et des y, il faudra prendre le produit $Py\cos\beta$ avec le signe $+$ et le produit $Pz\cos\beta$ avec le signe $-$. La somme des deux résultats, savoir $P(y\cos\gamma - z\cos\beta)$, devant être équivalente à la projection algébrique sur l'axe des x du moment linéaire de la force P, on aura nécessairement

$$Pp\cos\lambda = P(y\cos\gamma - z\cos\beta).$$

On trouverait de même en projetant les moments linéaires de la force P et de ses composantes sur les axes des y et des z

$$\mathrm{P}p\cos\mu = \mathrm{P}(z\cos\alpha - x\cos\gamma), \quad \mathrm{P}p\cos\nu = \mathrm{P}(x\cos\mathfrak{6} - y\cos\alpha).$$

Il est au reste essentiel d'observer que les trois équations

$$(6)\quad\begin{cases} \mathrm{P}p\cos\lambda = \mathrm{P}(y\cos\gamma - z\cos\mathfrak{6}),\\ \mathrm{P}p\cos\mu = \mathrm{P}(z\cos\alpha - x\cos\gamma),\\ \mathrm{P}p\cos\nu = \mathrm{P}(x\cos\mathfrak{6} - y\cos\alpha), \end{cases}$$

ont lieu seulement dans le cas où l'on adopte pour les demi-axes des coordonnées positives la disposition la plus ordinaire, c'est-à-dire lorsque les mouvements de rotation de droite à gauche autour de ces demi-axes sont en même temps des mouvements directs et tendent à faire passer un rayon mobile :

dans le plan yz de la direct. des y posit. à la direct. des z posit.,
dans   » zx »   » z »   »   » x »
dans   » xy »   » x »   »   » y »

Si les mouvements de rotation de droite à gauche autour des mêmes demi-axes devenaient rétrogrades, alors il faudrait remplacer les formules (6) par les suivantes :

$$(7)\quad\begin{cases} \mathrm{P}p\cos\lambda = \mathrm{P}(z\cos\mathfrak{6} - y\cos\gamma),\\ \mathrm{P}p\cos\mu = \mathrm{P}(x\cos\gamma - z\cos\alpha),\\ \mathrm{P}p\cos\nu = \mathrm{P}(y\cos\alpha - x\cos\mathfrak{6}). \end{cases}$$

Lorsque dans chacune des équations (6) et (7) on supprime le facteur P, commun aux deux membres, elles se réduisent à

$$(8)\quad\begin{cases} p\cos\lambda = y\cos\gamma - z\cos\mathfrak{6},\\ p\cos\mu = z\cos\alpha - x\cos\gamma,\\ p\cos\nu = x\cos\mathfrak{6} - y\cos\alpha, \end{cases}$$

et

$$(9) \quad \begin{cases} p \cos \lambda = z \cos \beta - y \cos \gamma, \\ p \cos \mu = x \cos \gamma - z \cos \alpha, \\ p \cos \nu = y \cos \alpha - x \cos \beta. \end{cases}$$

Enfin on peut comprendre les équations (8) et (9) dans la seule formule

$$(10) \quad \frac{y \cos \gamma - z \cos \beta}{\cos \lambda} = \frac{z \cos \alpha - x \cos \gamma}{\cos \mu} = \frac{x \cos \beta - y \cos \alpha}{\cos \nu} = \pm p.$$

On peut retrouver au besoin ces formules par une règle de mnémonique très-simple : on écrit deux fois sur une première ligne x, y, z, deux fois sur une seconde ligne et au-dessous de x, y, z, $\cos \alpha$, $\cos \beta$, $\cos \gamma$:

$$x \qquad y \qquad z \qquad x \qquad y \qquad z$$
$$\cos \alpha \quad \cos \beta \quad \cos \gamma \quad \cos \alpha \quad \cos \beta \quad \cos \gamma$$

séparant cette suite de termes en trois groupes de deux termes chacun, on multiplie en croix l'un par l'autre les deux termes supérieurs de chaque groupe par les deux termes inférieurs, et l'on retranche le second produit du premier. On obtient ainsi les différences

$$x \cos \beta - y \cos \alpha, \quad z \cos \alpha - x \cos \gamma, \quad y \cos \gamma - z \cos \beta,$$

qui sont les numérateurs des trois fractions (10). On donne pour dénominateur à chaque numérateur le cosinus relatif à l'axe qui n'apparaît dans le numérateur ni par la lettre, ni par le cosinus, $\cos \nu$ au premier numérateur, $\cos \mu$ au second, $\cos \lambda$ au troisième, et l'on égale enfin les fractions les unes aux autres et à $\pm p$; le signe $+$ étant relatif au cas où les mouvements de rotation directs ont lieu de droite à gauche autour des demi-axes des coordonnées positives, et le signe $-$ au cas contraire ; ajoutez que dans l'un et l'autre cas on tirera des équations (8) et (9)

$$(11)\quad \begin{cases} p^2 = (y\cos\gamma - z\cos\theta)^2 + (z\cos\alpha - x\cos\gamma)^2 \\ \qquad\qquad + (x\cos\theta - y\cos\alpha)^2 \\ = x^2 + y^2 + z^2 - (x\cos\alpha + y\cos\theta + z\cos\gamma)^2. \end{cases}$$

On trouvera par suite pour l'expression de la perpendiculaire abaissée du centre des moments sur la direction de la force **P**

$$p = [(y\cos\gamma - z\cos\theta)^2 + (z\cos\alpha - x\cos\gamma)^2 + (x\cos\theta - y\cos\alpha)^2]^{\frac{1}{2}}$$

$$= [x^2 + y^2 + z^2 - (x\cos\alpha + y\cos\theta + z\cos\gamma)^2]^{\frac{1}{2}}.$$

25. D'après ce qui a été dit, si l'on nomme P une force appliquée au point quelconque A; x, y, z les coordonnées du point A; α, θ, γ les angles que forme la direction de la force avec les demi-axes des coordonnées positives; p la perpendiculaire abaissée sur cette direction de l'origine des coordonnées prise pour centre des moments; λ, μ, ν les angles que forme la direction du moment linéaire Pp avec les demi-axes mentionnés plus haut, on aura

$$(6)\quad \begin{cases} P p \cos\lambda = \pm\, P\,(y\cos\gamma - z\cos\theta), \\ P p \cos\mu = \pm\, P\,(z\cos\alpha - x\cos\gamma), \\ P p \cos\nu = \pm\, P\,(x\cos\theta - y\cos\alpha), \end{cases}$$

et par suite

$$(7)\quad \begin{cases} p\cos\lambda = \pm\,(y\cos\gamma - z\cos\theta), \\ p\cos\mu = \pm\,(z\cos\alpha - x\cos\gamma), \\ p\cos\nu = \pm\,(x\cos\theta - y\cos\alpha), \end{cases}$$

ou, ce qui revient au même,

$$(10)\quad \frac{y\cos\gamma - z\cos\beta}{\cos\lambda} = \frac{z\cos\alpha - x\cos\gamma}{\cos\mu} = \frac{x\cos\theta - y\cos\alpha}{\cos\nu} = \pm p,$$

le signe supérieur devant être adopté dans le dernier membre de chaque formule toutes les fois que les mouvements de droite à gauche autour des demi-axes des coordonnées positives sont des mouvements directs, et le signe inférieur dans le cas contraire.

Si aux équations (7) on réunit la suivante

$$\cos^2 \lambda + \cos^2 \mu + \cos^2 \nu = 1,$$

on en tirera

$$p^2 = (x^2 + y^2 + z^2) - (x \cos \alpha + y \cos \beta + z \cos \gamma)^2,$$

$$(11) \quad p = [(x^2 + y^2 + z^2) - (x \cos \alpha + y \cos \beta + z \cos \gamma)^2]^{\frac{1}{2}},$$

et après avoir ainsi déterminé la valeur de p, on obtiendra celle des angles λ, μ, ν, par le moyen des formules :

$$(12) \begin{cases} \cos \lambda = \pm \dfrac{y \cos \gamma - z \cos \beta}{p}, \quad \cos \mu = \pm \dfrac{z \cos \alpha - x \cos \gamma}{p}, \\[2ex] \cos \nu = \pm \dfrac{x \cos \beta - y \cos \alpha}{p}. \end{cases}$$

Les valeurs précédentes de $\cos \lambda$, $\cos \mu$, $\cos \nu$, satisfont évidemment aux deux équations de condition

$$\cos \alpha \cos \lambda + \cos \beta \cos \mu + \cos \gamma \cos \nu = 0,$$

$$x \cos \lambda + y \cos \mu + z \cos \nu = 0.$$

Or comme les demi-axes des coordonnées positives forment les angles α, β, γ, avec la direction de la force $\mathbf{P}$, et les angles λ, μ, ν, avec la direction de son moment linéaire $\mathbf{P}p$, la somme

$$\cos \alpha \cos \lambda + \cos \beta \cos \mu + \cos \gamma \cos \nu$$

représente nécessairement le cosinus de l'angle compris entre les deux directions ; donc la première équation de condition exprime que ce cosinus est nul, ou, ce qui revient au même, que les deux directions se coupent à angles droits. De même, puisque le rayon vecteur mené de l'origine au point d'application de la force $\mathbf{P}$ a pour projections algébriques sur les axes les coordonnées x, y, z, et forme,

par conséquent, avec les demi-axes des coordonnées positives des angles qui ont pour cosinus respectifs

$$\frac{x}{\sqrt{x^2+y^2+z^2}}, \quad \frac{y}{\sqrt{x^2+y^2+z^2}}, \quad \frac{z}{\sqrt{x^2+y^2+z^2}},$$

l'angle compris entre la direction de ce rayon vecteur et
celle du moment linéaire aura aussi évidemment pour
cosinus

$$\frac{x\cos\lambda + y\cos\mu + z\cos\nu}{\sqrt{x^2+y^2+z^2}}.$$

Donc la deuxième équation de condition, que l'on obtient
en égalant ce cosinus à zéro, exprime que la direction du
moment linéaire se compte sur une droite en même temps
perpendiculaire à la force P et au rayon vecteur. On
aurait pu immédiatement poser ces deux équations, desquelles on déduit la formule

$$\frac{y\cos\gamma - z\cos\theta}{\cos\lambda} = \frac{z\cos\alpha - x\cos\gamma}{\cos\mu} = \frac{x\cos\theta - y\cos\alpha}{\cos\nu}$$

par l'élimination successive des trois coordonnées x, y, z.

Ajoutons que l'équation (11) peut elle-même se démontrer directement. En effet, le rayon vecteur mené de l'origine au point d'application de la force P est représenté
par $\sqrt{x^2+y^2+z^2}$, et l'angle que forme la direction de
ce rayon vecteur avec celle de la force P, ayant pour co-
sinus $\dfrac{x\cos\alpha + y\cos\theta + z\cos\gamma}{\sqrt{x^2+y^2+z^2}}$, aura nécessairement pour
sinus

$$\left[1 - \frac{(x\cos\alpha + y\cos\theta + z\cos\gamma)}{x^2+y^2+z^2}\right]^{\frac{1}{2}}$$
$$= \frac{[x^2+y^2+z^2 - (x\cos\alpha + y\cos\theta + z\cos\gamma)^2]^{\frac{1}{2}}}{\sqrt{x^2+y^2+z^2}},$$

et, en multipliant ce sinus par le rayon vecteur lui-même,

on obtiendra évidemment la valeur de la perpendiculaire p et par conséquent l'équation (11).

Des formules (11) et (12) réunies on déduit facilement la formule (10). Pour le démontrer, il suffit de remarquer que si plusieurs fractions données $\dfrac{a}{b}$, $\dfrac{a'}{b'}$, $\dfrac{a''}{b''}$, ..., sont équivalentes entre elles et ont des dénominateurs de même signe, la fraction $\dfrac{a + a' + a'' \ldots}{b + b' + b'' \ldots}$ sera encore équivalente à toutes les autres; d'où il résulte que la formule

$$\frac{a}{b} = \frac{a'}{b'} = \frac{a''}{b''} \cdots,$$

entraîne toujours la suivante :

$$\frac{a^2}{b^2} = \frac{a'^2}{b'^2} = \frac{a''^2}{b''^2} \cdots = \frac{a^2 + a'^2 + a''^2 \ldots}{b^2 + b'^2 + b''^2 \ldots},$$

$$\frac{a}{b} = \frac{a'}{b'} = \frac{a''}{b''} \cdots = \frac{\sqrt{a^2 + a'^2 + a''^2 \ldots}}{\sqrt{b^2 + b'^2 + b''^2 \ldots}}.$$

Cela posé, il est clair qu'on tirera des formules (11) et (12) réunies

$$\frac{y \cos \gamma - z \cos \delta}{\cos \lambda} = \frac{z \cos \alpha - x \cos \gamma}{\cos \mu} = \frac{x \cos \delta - y \cos \alpha}{\cos \nu}$$

$$= \frac{[x^2 + y^2 + z^2 - (x \cos \alpha + y \cos \delta + z \cos \gamma)]^{\frac{1}{2}}}{1} = \pm\, p.$$

Mais il importe de faire remarquer que la méthode à l'aide de laquelle on vient de trouver la formule (10), ne donne pas le moyen de décider quel signe on doit attribuer dans cette formule à la quantité p.

26. Concevons maintenant que plusieurs forces P, P′, P″, ..., se trouvent simultanément appliquées au point A, qui a pour coordonnées x, y, z, ...; désignons par R leur résultante, et supposons que les forces P, P′, P″, ..., R, forment avec les demi-axes des coordonnées positives les angles α, α', α'',..., a, 6, $6'$, $6''$,..., b, γ, γ', γ'',..., c.

Si l'on exprime les projections algébriques des moments linéaires de ces mêmes forces sur les axes des coordonnées en fonction des diverses quantités que nous venons de représenter par des lettres, et si l'on égale ensuite la projection algébrique sur chaque axe du moment linéaire résultant à la somme des projections algébriques des moments linéaires des composantes, on obtiendra les trois équations

$$
(13)\quad
\begin{cases}
R\,(y\cos c - z\cos b) = P\,(y\cos \gamma - z\cos 6) \\
\qquad\qquad + P'\,(y\cos \gamma' - z\cos 6') + \ldots \\
R\,(z\cos a - x\cos c) = P\,(z\cos \alpha - x\cos \gamma) \\
\qquad\qquad + P'\,(z\cos \alpha' - x\cos \gamma') + \ldots \\
R\,(x\cos b - y\cos a) = P\,(x\cos 6 - y\cos \alpha) \\
\qquad\qquad + P'\,(x\cos 6' - y\cos \alpha') + \ldots
\end{cases}
$$

Or si l'on fait varier le point d'application de toutes les forces, en transportant toutes ces forces parallèlement à elles-mêmes, les seules quantités x, y, z, varieront dans les équations (13). Ces équations doivent donc subsister, lorsqu'on y considère les ordonnées x, y, z, comme indéterminées ; et par conséquent les coefficients de x, y, z, doivent avoir les mêmes valeurs dans les seconds membres de chaque formule. En égalant deux à deux ces coefficients, on retrouve les équations

$$
(14)\quad
\begin{cases}
R\cos a = P\cos \alpha + P'\cos \alpha' + \ldots, \\
R\cos b = P\cos 6 + P'\cos 6' + \ldots, \\
R\cos c = P\cos \gamma + P'\cos \gamma' + \ldots,
\end{cases}
$$

déjà obtenues précédemment. Ainsi les trois équations relatives aux moments des forces entraînent celles qui se rapportent aux projections. Réciproquement, les équations (14) étant données, il est clair qu'on en déduira immédiatement les équations (13).

27. Dans ce qui précède, nous avons supposé que le point O, centre des moments, coïncidait avec l'origine des coordonnées. Imaginons à présent que l'on transporte ce même centre en un point O_0 dont les coordonnées soient respectivement x_0, y_0, z_0, et cherchons à exprimer les projections algébriques du moment linéaire de la force P par le moyen des quantités P, α, $\mathfrak{S}$, γ; x, y, z; x_0, y_0, z_0.

Pour y parvenir, on observera que si l'on transportait à la fois le centre des moments et l'origine des coordonnées au point O_0, les coordonnées du point A par rapport à cette nouvelle origine étant alors exprimées par les différences $x - x_0$, $y - y_0$, $z - z_0$, les projections algébriques du moment linéaire de la force P, par rapport à la même origine, seraient égales, au signe près, aux trois produits

$$(15) \quad \begin{cases} P\left[(y - y_0)\cos\gamma - (z - z_0)\cos\mathfrak{S}\right], \\ P\left[(z - z_0)\cos\alpha - (x - x_0)\cos\gamma\right], \\ P\left[(x - x_0)\cos\mathfrak{S} - (y - y_0)\cos\alpha\right]. \end{cases}$$

Ces trois derniers produits, pris avec le signe $+$ dans les cas où les mouvements de rotation directs ont lieu de droite à gauche autour des demi-axes des coordonnées positives, et avec le signe $-$ dans le cas contraire, représentent donc les projections algébriques du moment linéaire de la force P, par rapport au point O_0.

28. Si l'on donne à la fois les projections algébriques d'une force et les projections algébriques de son moment linéaire, on connaîtra par suite l'intensité de la force, la droite suivant laquelle elle agit, et le sens dans lequel elle est dirigée. En effet, soit P la force en question, Pp son moment linéaire, et α, $\mathfrak{S}$, γ, λ, μ, ν, les angles que la force et son moment linéaire font avec les demi-axes des coordonnées positives. Si l'on suppose données les six quantités

$$P\cos\alpha, \quad P\cos\beta, \quad P\cos\gamma,$$
$$Pp\cos\lambda, \quad Pp\cos\mu, \quad Pp\cos\nu,$$

on en déduira immédiatement les valeurs des suivantes

$$P, \; \alpha, \; \beta, \; \gamma; \quad Pp, \; \lambda, \; \mu, \; \nu,$$

c'est-à-dire les intensités de la force et du moment linéaire avec les angles qui déterminent leurs directions respectives. On pourra donc construire : 1° le moment linéaire en grandeur et en direction ; 2° une force non-seulement égale et parallèle à la force P, mais encore dirigée dans le même sens. En menant par le centre des moments un plan perpendiculaire à la direction du moment linéaire, on obtiendra le plan du moment de la force P, plan qui devra contenir cette force (on pourrait supposer que la force égale et parallèle à P est construite, comme le moment linéaire, à partir du centre des moments ; alors la force construite se trouverait dans le plan du moment de la force P) : ce plan devra donc être parallèle à la force construite, ce qui aura lieu si la direction du moment linéaire et celle de la force construite comprennent entre elles un angle droit, ou, en d'autres termes, si l'équation de condition

$$(16) \qquad \cos\alpha\cos\lambda + \cos\beta\cos\mu + \cos\gamma\cos\nu = 0$$

est satisfaite.

Cette condition étant supposée remplie, on divisera l'intensité Pp du moment linéaire par l'intensité de la force P, pour obtenir la perpendiculaire p abaissée sur la direction de cette force du centre des moments ; puis on tracera dans le plan du moment de la force P deux droites parallèles à la force construite et situées de part et d'autre du centre des moments à la distance p. Cela posé, il ne restera plus qu'à transporter la force construite parallèlement à elle-même, de manière qu'elle agisse suivant l'une de ces droites, et tende à faire tourner leur plan de droite à gauche autour du centre des moments. L'obligation où l'on est de satisfaire à cette dernière condition déterminera quelle est la parallèle que l'on doit préférer. Quant au point d'application de la force P sur cette parallèle, il restera complétement indéterminé; ce qu'il était facile de prévoir. Car si l'on porte sur la même droite, mais à partir de deux points différents, deux forces égales et dirigées dans le même sens, leurs projections algébriques seront évidemment égales, et il en sera de même de leurs moments, ainsi que des projections algébriques de leurs moments linéaires.

Il est bon d'observer que l'équation (16) multipliée par $P^2 p$ peut être présentée sous la forme

$$(17) \quad P\cos\alpha.Pp\cos\lambda + P\cos 6.Pp\cos\mu + P\cos\gamma.Pp\cos\nu = 0.$$

De plus, en attribuant des valeurs finies quelconques aux six quantités

$$P\cos\alpha, \quad P\cos 6, \quad P\cos\gamma, \quad Pp\cos\lambda, \quad Pp\cos\mu, \quad Pp\cos\nu,$$

on en déduit évidemment des valeurs finies pour les suivantes :

$$P, \quad \alpha, \quad 6, \quad \gamma; \quad Pp, \quad \lambda, \quad \mu, \quad \nu,$$

et même pour la quantité

$$p = \frac{Pp}{P},$$

à moins toutefois que la force P ne s'évanouisse, auquel cas ses projections algébriques sont toutes nulles simultanément. Lorsqu'on fait abstraction de ce cas particulier, la seule condition nécessaire pour que six quantités prises au hasard puissent être censées représenter : 1° les projections algébriques d'une force, 2° les projections algébriques de son moment linéaire, se réduit à celle que fournit l'équation

$$P \cos \alpha . \, Pp \cos \lambda + P \cos \mathfrak{6} . \, Pp \cos \mu + P \cos \gamma . \, Pp \cos \nu = 0,$$

c'est-à-dire à l'évanouissement total de la somme qu'on obtient en multipliant deux à deux les projections algébriques correspondantes, puis ajoutant les trois produits ainsi formés.

TROISIÈME LEÇON.

Détermination de la résultante d'un nombre quelconque de forces appliquées au même point, de son intensité, de sa direction, du sens dans lequel elle agit. — Conditions d'équilibre d'un point matériel 1° libre dans l'espace; 2° assujetti à rester sur une surface donnée; 3° assujetti à rester à la fois sur deux surfaces ou sur une courbe donnée.

29. En vertu des principes que nous venons d'établir, il est clair que si plusieurs forces étant appliquées au même point, on donne : 1° les sommes X, Y, Z, de leurs projections algébriques sur les axes des x, y, z; 2° les sommes L, M, N, des projections algébriques de leurs moments linéaires sur les mêmes axes, on pourra déterminer l'intensité de la résultante, la direction suivant laquelle elle agit, et le sens dans lequel elle est dirigée.

Comme les six quantités

$$X, \quad Y, \quad Z, \quad L, \quad M, \quad N,$$

représentent précisément les projections algébriques de cette résultante et de son moment linéaire, on devra obtenir une somme nulle en les multipliant deux à deux, et ajoutant les produits ainsi obtenus. On aura donc (n° 28)

$$(1) \qquad LX + MY + MZ = 0;$$

de plus, la résultante ne pourra s'évanouir que dans le cas particulier où ses trois composantes, c'est-à-dire les trois quantités X, Y, Z seront nulles simultanément.

Soient en général, R cette résultante; a, b, c les angles que sa direction fait avec les demi-axes des coordonnées positives; Rr son moment linéaire; enfin, l, m, n les angles que forme la direction du moment linéaire avec les mêmes demi-axes ; les valeurs des huit quantités

$$R, \ a, \ b, \ c, \quad r, \ l, \ m, \ n,$$

se trouveront déterminées par le moyen des huit équations

$$(2) \quad \begin{cases} R\cos a = X, \quad R\cos b = Y, \quad R\cos c = Z, \\ \cos^2 a + \cos^2 b + \cos^2 c = 1, \end{cases}$$

$$(3) \quad \begin{cases} Rr\cos l = L, \quad Rr\cos m = M, \quad Rr\cos n = N, \\ \cos^2 l + \cos^2 m + \cos^2 n = 1, \end{cases}$$

desquelles on tirera

$$(4) \quad \begin{cases} R = \sqrt{X^2 + Y^2 + Z^2}, \\ \cos a = \dfrac{X}{R}, \quad \cos b = \dfrac{Y}{R}, \quad \cos c = \dfrac{Z}{R}, \end{cases}$$

$$(5) \quad \begin{cases} r = \sqrt{L^2 + M^2 + N^2} \times \dfrac{1}{R}, \\ \cos l = \dfrac{L}{R\,r}, \quad \cos m = \dfrac{M}{R\,r}, \quad \cos n = \dfrac{N}{R\,r}. \end{cases}$$

Cela posé, R aura évidemment une valeur finie et différente de zéro, excepté dans le cas particulier où X, Y, Z s'évanouiraient simultanément. Si l'on fait abstraction de ce cas particulier, les quantités a, b, c, r auront toujours des valeurs finies complétement déterminées ; et il en sera de même des trois angles l, m, n, à moins toutefois que R ne s'évanouisse, c'est-à-dire à moins que les trois quantités L, M, N ne deviennent nulles en même temps. Mais dans ce dernier cas le moment linéaire Rr se réduisant à zéro, il n'y aurait plus lieu de chercher les angles l, m, n que sa direction fait avec les demi-axes des coordonnées positives. Dans la même hypothèse la force R agirait suivant une droite menée par le centre des moments de manière à former avec ces demi-axes les

angles a, b, c. Ajoutons que dans le cas général la direction du moment linéaire Rr devant être perpendiculaire
à celle de la résultante R, les valeurs de a, b, c, l, m, n
devront vérifier l'équation de condition

$$(6) \qquad \cos a \, \cos l + \cos b \, \cos m + \cos c \, \cos n = 0.$$

Or cette équation se réduit en vertu des formules (4)
et (5) à

$$\frac{LX + MY + NZ}{R^2 r} = 0,$$

et par conséquent à l'équation

$$(1) \qquad LX + MY + NZ = 0.$$

30. Les valeurs de X, Y, Z, L, M, N, ou, ce qui revient au même, celles des quantités R, a, b, c, r, l, m, n,
supposées connues, ne suffisent pas pour déterminer le
point d'application de la résultante R. Soient ξ, η, ζ les
coordonnées de ce même point. Si l'on adopte pour les
demi-axes positifs la disposition la plus ordinaire, on
pourra donner aux trois premières équations (3) la forme
suivante :

$$(7) \qquad \begin{cases} R\,(\eta \cos c - \zeta \cos b) = L, \\ R\,(\zeta \cos a - \xi \cos c) = M, \\ R\,(\xi \cos b - \eta \cos a) = N. \end{cases}$$

On en conclura, en ayant égard aux trois premières équations (2),

$$(8) \qquad \begin{cases} \eta Z - \zeta Y = L, \\ \zeta X - \xi Z = M, \\ \xi Y - \eta X = N. \end{cases}$$

Il semble au premier abord que ces trois formules fournissent le moyen de déterminer les trois inconnues ξ, η, ζ
en fonction des six quantités X, Y, Z, L, M, N; mais il faut
observer que si l'on ajoute les équations (8) après avoir

multiplié la première par X, la deuxième par Y, la troisième par Z, on trouvera la condition $LX + MY + NZ = 0$. Cette condition devant toujours être remplie par les valeurs données de X, Y, Z, L, M, N, il en résulte que deux des équations (8) entraînent la troisième. Donc il n'existera en réalité que deux équations entre les coordonnées ξ, η, ζ. Ces deux équations étant du premier degré, les différents systèmes de valeurs qu'elles fournissent pour ces coordonnées correspondent à des points situés sur une même droite. Cette droite sera précisément celle suivant laquelle agit la résultante R. Sa projection sur le plan des yz sera représentée par la première des équations (8), sur le plan des xz par la deuxième, et sur le plan des xy par la troisième.

Si l'on fait passer une parallèle à cette même droite par l'origine des coordonnées, les trois équations de la parallèle seront respectivement :

$$\eta Z - \zeta Y = 0,$$
$$\zeta X - \xi Z = 0,$$
$$\xi Y - \eta X = 0,$$

et pourront être remplacées par la formule

$$\frac{\xi}{X} = \frac{\eta}{Y} = \frac{\zeta}{Z},$$

à laquelle on parviendrait directement en observant que cette parallèle comprend la direction d'une force qui, appliquée à l'origine, aurait pour projection algébrique sur les axes les quantités X, Y, Z.

Si l'on plaçait le centre des moments au point x_0, y_0, z_0, les équations (8) se trouveraient remplacées par les suivantes :

$$(9) \quad \begin{cases} (\eta - y_0) Z - (\zeta - z_0) Y = L, \\ (\zeta - z_0) X - (\xi - x_0) Z = M, \\ (\xi - x_0) Y - (\eta - y_0) X = N. \end{cases}$$

Enfin, si le centre des moments coïncidait avec un point

situé sur la direction de la force R, on aurait à la fois

$$L = 0, \qquad M = 0, \qquad N = 0,$$

et les équations (9) se trouveraient comprises dans la seule formule

$$\frac{\xi - x_0}{X} = \frac{\eta - y_0}{Y} = \frac{\zeta - z_0}{Z},$$

on aurait par suite

$$\frac{\xi - x_0}{\cos a} = \frac{\eta - y_0}{\cos b} = \frac{\zeta - z_0}{\cos c}.$$

Cette dernière formule présente sous la forme la plus simple les équations d'une droite qui passe par le point x_0, y_0, z_0 et qui, prolongée dans un certain sens, fait avec les demi-axes des coordonnées positives les angles a, b, c.

Appliquons maintenant ces propriétés analytiques de la résultante à la recherche des conditions d'équilibre d'un point matériel soumis à l'action de forces quelconques.

31. Considérons un point matériel soumis à l'action des forces P, P′, P″,...., dont la résultante est représentée par R, et supposons d'abord que ce point matériel soit entièrement libre. Pour qu'il ne prenne aucun mouvement, il faudra et il suffira que la résultante R se réduise à zéro. Or, si l'on rapporte la position du point à trois axes rectangulaires des x, y, z et que l'on désigne par X, Y, Z les sommes des projections algébriques des forces données sur ces trois axes, on aura $R = \sqrt{X^2 + Y^2 + Z^2}$. Donc l'équation

$$R = 0$$

entraînera les trois suivantes

$$(10) \qquad X = 0, \qquad Y = 0, \qquad Z = 0.$$

Réciproquement, si ces trois dernières équations se trouvent vérifiées, la première le sera aussi. Par suite,

pour qu'un point matériel libre soumis à l'action de plusieurs forces P, P', P'',..., reste en équilibre dans l'espace, trois conditions sont nécessaires et suffisantes : savoir
que les sommes des projections algébriques de ces forces
sur trois axes rectangulaires se réduisent à zéro.

32. Supposons maintenant le point matériel assujetti
à rester sur une surface donnée, il ne sera plus nécessaire que la résultante R se réduise à zéro ; mais il suffira
évidemment qu'elle soit normale ou perpendiculaire à la
surface donnée, auquel cas elle se trouvera détruite par
la résistance même de cette surface. Soit

$$u = 0$$

l'équation de la surface en question, u désignant une certaine fonction des coordonnées x, y, z ; la normale menée par le point auquel appartiennent les coordonnées
x, y, z étant prolongée dans une certaine direction formera avec les demi-axes des coordonnées positives des
angles dont les cosinus seront représentés par :

$$\frac{\dfrac{du}{dx}}{\sqrt{\left(\dfrac{du}{dx}\right)^2 + \left(\dfrac{du}{dy}\right)^2 + \left(\dfrac{du}{dz}\right)^2}},$$

$$\frac{\dfrac{du}{dy}}{\sqrt{\left(\dfrac{du}{dx}\right)^2 + \left(\dfrac{du}{dy}\right)^2 + \left(\dfrac{du}{dz}\right)^2}},$$

$$\frac{\dfrac{du}{dz}}{\sqrt{\left(\dfrac{du}{dx}\right)^2 + \left(\dfrac{du}{dy}\right)^2 + \left(\dfrac{du}{dz}\right)^2}}.$$

De plus, si l'on suppose la résultante R appliquée à ce

point, et si l'on appelle a, b, c les angles formés par la direction de cette résultante avec les demi-axes des coordonnées positives, on trouvera

$$\cos a = \frac{X}{R} = \frac{X}{\sqrt{X^2 + Y^2 + Z^2}},$$

$$\cos b = \frac{Y}{R} = \frac{Y}{\sqrt{X^2 + Y^2 + Z^2}},$$

$$\cos c = \frac{Z}{R} = \frac{Z}{\sqrt{X^2 + Y^2 + Z^2}}.$$

Cette direction devant coïncider avec celle de la normale prolongée dans un sens ou dans un autre, il faudra que l'on ait dans le cas d'équilibre

$$\frac{X}{\sqrt{X^2 + Y^2 + Z^2}} = \pm \frac{\dfrac{du}{dx}}{\sqrt{\left(\dfrac{du}{dx}\right)^2 + \left(\dfrac{du}{dy}\right)^2 + \left(\dfrac{du}{dz}\right)^2}},$$

$$\frac{Y}{\sqrt{X^2 + Y^2 + Z^2}} = \pm \frac{\dfrac{du}{dy}}{\sqrt{\left(\dfrac{du}{dx}\right)^2 + \left(\dfrac{du}{dy}\right)^2 + \left(\dfrac{du}{dz}\right)^2}},$$

$$\frac{Z}{\sqrt{X^2 + Y^2 + Z^2}} = \pm \frac{\dfrac{du}{dz}}{\sqrt{\left(\dfrac{du}{dx}\right)^2 + \left(\dfrac{du}{dy}\right)^2 + \left(\dfrac{du}{dz}\right)^2}},$$

le même signe devant être adopté à la fois dans les seconds membres des trois équations. Il est essentiel d'observer qu'on peut remplacer le système de ces trois équations par la formule

$$(11) \qquad \frac{X}{\left(\dfrac{du}{dx}\right)} = \frac{Y}{\left(\dfrac{du}{dy}\right)} = \frac{Z}{\left(\dfrac{du}{dz}\right)},$$

de laquelle il résulte que non-seulement les trois fractions
$\dfrac{X}{\left(\dfrac{du}{dx}\right)}$, $\dfrac{Y}{\left(\dfrac{du}{dy}\right)}$, $\dfrac{Z}{\left(\dfrac{du}{dz}\right)}$ sont égales entre elles, mais encore
que chacune d'elles est égale à

$$\pm\frac{\sqrt{X^2+Y^2+Z^2}}{\sqrt{\left(\dfrac{du}{dx}\right)^2+\left(\dfrac{du}{dy}\right)^2+\left(\dfrac{du}{dz}\right)^2}}.$$

Cela posé, comme la formule (11) équivaut à deux équations seulement, il est clair que les conditions d'équilibre d'un point sur une surface se réduisent à deux. On énonce à la fois ces deux conditions en disant que les sommes des projections algébriques des forces appliquées au point donné doivent être respectivement proportionnelles aux cosinus des angles que forme la normale à la surface avec les demi-axes des coordonnées positives, ou, ce qui revient au même, aux dérivées partielles de la fonction qui forme le premier membre de l'équation de la surface.

Pour donner un exemple de l'équilibre dont il s'agit ici, supposons que deux points qui ont pour coordonnées respectives, le premier x_0, y_0, z_0, le deuxième, x, y, z, soient liés entre eux par une droite rigide et invariable, et que le premier de ces deux points devienne fixe; le second, resté mobile, ne pourra se mouvoir que sur la surface de la sphère qui a pour équation

$$(x-x_0)^2+(y-y_0)^2+(z-z_0)^2=r^2,$$

r désignant la distance invariable des deux points. En présentant cette équation sous la forme

$$\frac{1}{2}\left[(x-x_0)^2+(y-y_0)^2+(z-z_0)^2-r^2\right]=0,$$

on aura dans le cas présent :

$$u = \frac{1}{2}\left[(x - x_0)^2 + (y - y_0)^2 + (z - z_0)^2 - r^2\right],$$

$$\frac{du}{dx} = x - x_0, \quad \frac{du}{dy} = y - y_0, \quad \frac{du}{dz} = z - z_0.$$

Par suite, si l'on suppose les forces P, P', ..., appliquées au second point, et si l'on désigne, comme à l'ordinaire, par X, Y, Z les sommes des projections algébriques de ces forces sur les axes, on trouvera, au lieu de la formule (11),

$$\frac{X}{x - x_0} = \frac{Y}{y - y_0} = \frac{Z}{z - z_0}.$$

Les deux équations comprises dans cette formule suffisent donc pour assurer l'équilibre du point matériel situé sur la surface de la sphère. Elles expriment que la résultante R des forces P, P', P'', ..., est perpendiculaire à cette même surface, c'est-à-dire dirigée suivant le rayon de la sphère ou suivant son prolongement. On pourrait déduire la même conclusion des remarques faites dans la dernière leçon, puisque, d'après ces remarques, la double équation

$$\frac{x - x_0}{X} = \frac{y - y_0}{Y} = \frac{z - z_0}{Z}$$

appartient à la droite qui passe par le point dont les coordonnées sont x_0, y_0, z_0, et suivant laquelle agit la force dont les projections algébriques sont X, Y, Z. Ainsi pour qu'une droite invariable dont une extrémité reste fixe et dont l'extrémité mobile est sollicitée par les forces P, P', ..., demeure en équilibre, il faut, et il suffit que la résultante R de toutes les forces données agisse suivant cette même droite dans un sens ou dans un autre.

Nous avons supposé implicitement que la surface sur laquelle un point matériel était en équilibre présentait une résistance indéfinie. Si elle ne pouvait sans se briser

résister au delà d'une certaine limite, il deviendrait nécessaire pour l'équilibre que la résultante R des forces
données ne dépassât pas cette limite. Enfin si le point
matériel était simplement posé sur la surface, il faudrait
que ce point matériel fût appuyé contre elle par la résultante R, et par suite qu'elle fût dirigée dans un sens déterminé.

Dans le cas, par exemple, du point matériel posé sur
la surface de la sphère, les trois quantités X, Y, Z doivent être affectées de signes contraires à ceux des différences $x - x_0, y - y_0, z - z_0$.

33. Considérons maintenant un point matériel assujetti
à rester à la fois sur deux surfaces, ou, ce qui revient au
même, sur la courbe qui résulte de leur intersection.
Pour que ce point matériel reste en équilibre sous l'action
de plusieurs forces $P, P', P'', \ldots$, il sera nécessaire et il suffira que la résultante R puisse se décomposer en deux
forces perpendiculaires aux deux surfaces; cette condition
sera remplie si la résultante R est normale à la courbe
d'intersection. Soient

$$u = 0, \quad v = 0,$$

les équations des deux surfaces, ou, en d'autres termes,
les deux équations de la courbe. Ces équations détermi-
neront y et z en fonction de x, et la tangente à la courbe
au point dont les coordonnées sont x, y, z, prolongée
dans un certain sens, formera, avec les demi-axes des
coordonnées positives, des angles qui auront pour cosinus
les fractions

$$\frac{dx}{\sqrt{dx^2 + dy^2 + dz^2}}, \quad \frac{dy}{\sqrt{dx^2 + dy^2 + dz^2}}, \quad \frac{dz}{\sqrt{dx^2 + dy^2 + dz^2}}.$$

Supposons la résultante R appliquée à ce même point et
désignons par X, Y, Z les sommes des projections algé-

briques des forces P, P', P'', ...,

$$\frac{X}{\sqrt{X^2 + Y^2 + Z^2}}, \quad \frac{Y}{\sqrt{X^2 + Y^2 + Z^2}}, \quad \frac{Z}{\sqrt{X^2 + Y^2 + Z^2}},$$

seront les cosinus des angles que la direction de la résultante R forme avec les demi-axes des coordonnées positives, et la somme

$$\frac{X\,dx + Y\,dy + Z\,dz}{\sqrt{X^2 + Y^2 + Z^2}\,\sqrt{dx^2 + dy^2 + dz^2}}$$

représentera le cosinus de l'angle compris entre cette direction et celle de la tangente à la courbe. Cet angle devant être droit, son cosinus devra être nul ; et par conséquent les conditions d'équilibre du point matériel sur la courbe se réduiront à une seule exprimée par l'équation

$$(12) \qquad X\,dx + Y\,dy + Z\,dz = 0.$$

Prenons pour exemple un point matériel assujetti à rester sur le cercle tracé dans le plan xy et qui a pour équation

$$(x - x_0)^2 + (y - y_0)^2 = r^2, \quad z = 0.$$

On a dans ce cas

$$(x - x_0)\,dx + (y - y_0)\,dy = 0,$$

$$\frac{dy}{x - x_0} = -\frac{dx}{y - y_0} = \frac{dz}{0};$$

par suite l'équation (12) deviendra

$$Y\,(x - x_0) - X\,(y - y_0) = 0, \quad \text{ou} \quad \frac{X}{x - x_0} = \frac{Y}{y - y_0};$$

ces équations prouvent que la résultante coïncide avec le rayon mené du centre du cercle au point x, y, ou qu'elle est normale à la circonférence du cercle.

QUATRIÈME LEÇON.

Propriétés d'un système de forces appliquées à différents points matériels dans l'espace. — Couples. — Moment et moment linéaire d'un couple. — Force principale, moment linéaire principal, axe principal. — Cas de une, de deux, de trois forces. Application à la recherche des conditions d'équilibre d'une droite invariable et d'un triangle invariable.

---

34. Après avoir trouvé les conditions d'équilibre d'un point matériel soit libre, soit assujetti à rester sur une courbe ou sur une surface donnée, nous devons rechercher les équations d'équilibre d'un système composé de plusieurs points liés invariablement entre eux, et sollicités par des forces quelconques. Pour faciliter cette recherche nous allons d'abord faire connaître quelques propriétés générales d'un semblable système.

Soient respectivement x, y, z; x', y', z'; x'', y'', z''; ..., les différents points que l'on considère; P, P', P'', ..., les différentes forces qui les sollicitent réduites à une seule pour chacun d'eux. Concevons de plus que ces mêmes forces forment respectivement avec les demi-axes des coordonnées positives les angles

$$\alpha, \, \varepsilon, \, \gamma, \quad \alpha', \, \varepsilon', \, \gamma', \quad \alpha'', \, \varepsilon'', \, \gamma'', \ldots.$$

Les projections algébriques de la force P sur les axes seront

$$P \cos \alpha, \quad P \cos \varepsilon, \quad P \cos \gamma;$$

tandis que les projections algébriques de son moment linéaire se trouveront représentées, si l'on place le centre des moments à l'origine des coordonnées, par les trois produits

$$P(y \cos \gamma - z \cos \varepsilon), \quad P(z \cos \alpha - x \cos \gamma), \quad P(x \cos \varepsilon - y \cos \alpha),$$

et, si l'on place le centre des moments au point qui a pour coordonnées x_0, y_0, z_0, par les suivants

$$P[(y - y_0) \cos \gamma - (z - z_0) \cos \varepsilon], \quad P[(z - z_0) \cos \alpha - (x - x_0) \cos \gamma],$$
$$P[(x - x_0) \cos \varepsilon - (y - y_0) \cos \alpha].$$

On peut remarquer d'ailleurs que, pour obtenir ces trois derniers produits, il suffit d'ajouter respectivement aux trois premiers les quantités

$$P(y_0 \cos \gamma - z_0 \cos \varepsilon), \quad P(z_0 \cos \alpha - x_0 \cos \gamma), \quad P(x_0 \cos \varepsilon - y_0 \cos \alpha),$$

prises en signe contraire, c'est-à-dire, en d'autres termes, les projections algébriques sur les axes du moment linéaire d'une force égale et parallèle à P, mais dirigée en sens contraire et appliquée au point x_0, y_0, z_0; ce moment linéaire étant calculé pour le cas où l'on place le centre des moments à l'origine des coordonnées. De cette remarque on déduit immédiatement la proposition suivante :

THÉORÈME I.—*Si, en plaçant le centre des moments à l'origine des coordonnées, on construit :* 1° *le moment linéaire de la force* P, 2° *le moment linéaire d'une force égale et parallèle, mais dirigée en sens contraire et appliquée au point* x_0, y_0, z_0, *le moment linéaire résultant transporté parallèlement à lui-même au point dont il s'agit, représentera en grandeur et en direction le moment linéaire de la force* P *par rapport à ce même point.*

35. Nous dirons avec M. Poinsot que deux forces forment un couple lorsqu'elles sont égales et parallèles, mais dirigées en sens contraire, suivant deux droites différentes, et le moment de ce couple ou son moment linéaire sera ce que devient le moment ou le moment linéaire de l'une des forces, quand on prend le point d'application de l'autre pour centre des moments. Cela posé, le moment du

I.   5

couple sera évidemment égal au produit de l'une des
forces par leur distance mutuelle, c'est-à-dire, en d'autres
termes, à la surface du parallélogramme construit sur les
deux forces; et le plan du moment du couple sera précisément le plan de ce parallélogramme, ou, si l'on veut,
celui qui renferme les deux forces données. De plus le
moment linéaire du couple élevé par le point d'application de l'une des forces se comptera sur le demi-axe perpendiculaire au plan du couple, et autour duquel l'autre
force tend à produire un mouvement de rotation de droite
à gauche. Enfin, comme dans la proposition ci-dessus les
points d'application des deux forces P et l'origine des
coordonnées peuvent être des points quelconques de l'espace, il est clair que cette proposition se réduira simplement à celle que nous allons énoncer :

Théorème II. — *Lorsque deux forces forment un
couple, le moment linéaire résultant pour le système de
ces deux forces est égal et parallèle au moment du
couple et dirigé dans le même sens, quel que soit le point
de l'espace qu'on prenne pour centre des moments.*

36. Revenons maintenant au système des forces P, P′,
P″,..., appliquées à différents points de l'espace. Soient
respectivement X, Y, Z, L, M, N les sommes des projections algébriques des forces et de leurs moments linéaires
dans le cas ou l'on place le centre des moments à l'origine
des coordonnées. On aura

$$(1) \quad \begin{cases} X = P\cos\alpha + P'\cos\alpha' + \ldots, \\ Y = P\cos\beta + P'\cos\beta' + \ldots, \\ Z = P\cos\gamma + P'\cos\gamma' + \ldots, \\ L = P\,(y\cos\gamma - z\cos\beta) + \ldots, \\ M = P\,(z\cos\alpha - x\cos\gamma) + \ldots, \\ N = P\,(x\cos\beta - y\cos\alpha) + \ldots. \end{cases}$$

Cela posé, si par un point quelconque on mène des forces
P, P′, P″,..., égales et parallèles aux forces données, leur
résultante, que je désignerai par R, aura pour valeur

$$(2) \qquad R = \sqrt{X^2 + Y^2 + Z^2},$$

et formera avec les demi-axes des coordonnées positives
des angles a, b, c, déterminés par les équations

$$(3) \qquad \cos a = \frac{X}{R}, \quad \cos b = \frac{Y}{R}, \quad \cos c = \frac{Z}{R}.$$

De plus, si, prenant le point dont il s'agit pour centre des
moments, on construit les moments linéaires des forces
données, on pourra composer ces moments entre eux de
manière à obtenir en définitive un moment linéaire résultant. Soit K ce dernier moment et désignons par l, m, n
les angles que forme sa direction avec les demi-axes des
coordonnées positives. Si le point pris pour centre des
moments se confond avec l'origine des coordonnées, on
aura évidemment

$$(4) \qquad K = \sqrt{L^2 + M^2 + N^2},$$

$$(5) \qquad \cos l = \frac{L}{K}, \quad \cos m = \frac{M}{K}, \quad \cos n = \frac{N}{K},$$

puisque les projections algébriques du moment linéaire
résultant devront être respectivement égales aux sommes
des projections algébriques de tous les autres. Si le même
point, supposé distinct de l'origine, avait pour coordonnées x_0, y_0, z_0, il faudrait, d'après ce qui a été dit ci-dessus, lui appliquer des forces égales et parallèles aux forces
P, P′, P″,..., mais dirigées en sens contraire. En joignant
ces nouvelles forces au système des forces données, et composant les uns avec les autres les moments linéaires de
toutes les forces pris par rapport à l'origine, on forme-
rait un moment linéaire résultant égal et parallèle à celui
que l'on cherche et dirigé dans le même sens. Or les nou-

velles forces étant égales et parallèles aux forces données, mais dirigées en sens contraire, leur résultante serait égale et directement opposée à la force R. Par suite les sommes des projections algébriques de leurs moments linéaires seraient respectivement égales aux projections algébriques du moment linéaire de la force R prises en signe con—traire, c'est-à-dire à

$$R\,(z_0 \cos b - y_0 \cos c) = z_0 Y - y_0 Z,$$
$$R\,(x_0 \cos c - z_0 \cos a) = x_0 Z - z_0 X,$$
$$R\,(y_0 \cos a - x_0 \cos b) = y_0 X - x_0 Y.$$

Donc, si à ces trois dernières expressions on ajoute les quantités L, M, N, on trouvera pour sommes les projections algébriques du moment linéaire représenté par K ; donc, en plaçant le centre des moments au point x_0, y_0, z_0, on aura

$$(6) \qquad \begin{cases} K \cos l = L - y_0 Z + z_0 Y, \\ K \cos m = M - z_0 X + x_0 Z, \\ K \cos n = N - x_0 Y + y_0 X. \end{cases}$$

On aurait pu obtenir immédiatement les seconds membres de ces dernières équations en exprimant au moyen des quantités X, Y, Z, L, M, N, les sommes des projections algébriques des moments linéaires des forces P, P′, P″,..., par rapport au point x_0, y_0, z_0, c'est-à-dire, en d'autres termes, les trois polynômes

$$P\,[(y - y_0)\cos\gamma - (z - z_0)\cos 6]$$
$$+ P'\,[(y' - y_0)\cos\gamma' - (z' - z_0)\cos 6'] + \ldots,$$
$$P\,[(z - z_0)\cos\alpha - (x - x_0)\cos\gamma]$$
$$+ P'\,[(z' - z_0)\cos\alpha' - (x' - x_0)\cos\gamma'] + \ldots,$$
$$P\,[(x - x_0)\cos 6 - (y - y_0)\cos\alpha]$$
$$+ P'\,[(x' - x_0)\cos 6' - (y' - y_0)\cos\alpha'] + \ldots.$$

On tire d'ailleurs des équations (6)

$$(7)\quad K=\sqrt{(L-y_0 Z+z_0 Y)^2+(M-z_0 X+x_0 Z)^2+(N-x_0 Y+y_0 X)^2},$$

$$(8)\quad\begin{cases}\cos l=\dfrac{L-y_0 Z+z_0 Y}{K},\\[2mm]\cos m=\dfrac{M-z_0 X+x_0 Z}{K},\\[2mm]\cos n=\dfrac{N-x_0 Y+y_0 X}{K}.\end{cases}$$

37. Pour plus de commodité, la résultante R, à laquelle se réduit le système des forces P, P′, P″, ..., lorsque toutes ces forces sont transportées parallèlement à elles-mêmes et appliquées au même point, sera nommée désormais la *force principale* du système. Le moment linéaire K, résultant de la composition des moments linéaires des forces données, sera de même appelé *moment linéaire principal*. Cela posé, il est clair que la direction et l'intensité du moment linéaire principal dépendront de la position du centre des moments, tandis que la direction et l'intensité de la force principale seront indépendantes de son point d'application. De plus, quand on aura construit le moment linéaire principal relatif à l'origine des coordonnées, il suffira de le composer avec le moment linéaire de la force principale appliquée au point x_0, y_0, z_0, et agissant en sens contraire de sa direction naturelle, puis de transporter à ce dernier point le moment linéaire résultant, pour obtenir le moment linéaire principal relatif à ce même point. On en conclura par une déduction géométrique facile que la projection du moment linéaire principal sur la direction de la force principale est une quantité constante indépendante de la position du centre des moments. Cette proposition, due à M. Coriolis, peut être démontrée analytiquement de la manière suivante :

Pour déterminer la projection du moment linéaire principal sur la direction de la force principale, il suffit de multiplier le moment lui-même par le cosinus de l'angle compris entre sa direction et celle de la force, et de prendre la valeur numérique du produit. Or le cosinus de l'angle compris entre les deux directions est équivalent à la somme

$$\cos a \cos l + \cos b \cos m + \cos c \cos n,$$

laquelle en vertu des équations (3) et (8) se réduit à la fraction

$$\frac{LX + MY + NZ}{KR}.$$

Donc la projection cherchée sera équivalente à la valeur numérique de cette fraction multipliée par K, c'est-à-dire à

$$\pm \frac{LX + MY + NZ}{R}.$$

Cette dernière expression, ainsi qu'on devait s'y attendre, ne dépend pas des coordonnées du centre des moments, mais seulement des six quantités X, Y, Z, L, M, N, qui conservent les mêmes valeurs quelle que soit la position de ce centre.

38. La projection du moment linéaire principal sur la direction de la force principale étant une quantité invariable, représente nécessairement la plus petite valeur que puisse admettre ce moment linéaire, ou, en d'autres termes, son *minimum*. Pour obtenir ce *minimum*, il faut évidemment placer le centre des moments dans une position telle, que la direction du moment linéaire principal devienne parallèle à celle de la force principale. Cette condition sera remplie si l'on a

$$\frac{\cos l}{\cos a} = \frac{\cos m}{\cos b} = \frac{\cos n}{\cos c},$$

ou, ce qui revient au même,

$$\frac{L - y_0 Z + z_0 Y}{X} = \frac{M - z_0 X + x_0 Z}{Y} = \frac{N - x_0 Y + y_0 X}{Z};$$

par conséquent, si l'on nomme ξ, η, ζ les coordonnées d'un point qui, pris pour centre des moments, remplisse la condition énoncée, on aura

$$(9) \quad \begin{cases} \dfrac{L - \eta Z + \zeta Y}{X} = \dfrac{M - \zeta X + \xi Z}{Y} = \dfrac{N - \xi Y + \eta X}{Z} \\[2ex] \qquad = \dfrac{LX + MY + NZ}{R^2}. \end{cases}$$

Cette dernière formule équivaut aux trois équations

$$(10) \quad \begin{cases} L - \eta Z + \zeta Y = \dfrac{X}{R} \cdot \dfrac{LX + MY + NZ}{R}, \\[2ex] M - \zeta X + \xi Z = \dfrac{Y}{R} \cdot \dfrac{LX + MY + NZ}{R}, \\[2ex] N - \xi Y + \eta X = \dfrac{Z}{R} \cdot \dfrac{LX + MY + NZ}{R}. \end{cases}$$

Comme ces trois équations sont du premier degré relativement aux coordonnées ξ, η, ζ, et que la troisième équation se déduit immédiatement des deux autres, il est clair qu'elles appartiennent à une droite sur laquelle il suffira de placer le centre des moments pour que le moment linéaire principal devienne un *minimum*. Cette droite sera désignée désormais sous le nom *d'axe principal*.

39. Lorsque le système des forces données se réduit à une seule, les six quantités X, Y, Z, L, M, N appartiennent à cette force unique; elles représentent les projections algébriques de cette force sur les axes et celles de son moment linéaire par rapport à l'origine. Dans la même

hypothèse on a nécessairement $LX + MY + NZ = 0$, et par suite les équations (10) se réduisent à

$$(11) \quad Z\eta - Y\zeta = L, \quad X\zeta - Z\xi = M, \quad Y\xi - X\eta = N,$$

ou en substituant pour X, Y, Z, L, M, N leurs valeurs, et transformant, à

$$\frac{\xi - x}{\cos \alpha} = \frac{\eta - \gamma}{\cos \beta} = \frac{\zeta - z}{\cos \gamma},$$

équations de la droite suivant laquelle agit la force donnée. Donc alors l'axe principal se confond avec cette droite.

40. Lorsque le système des forces données se réduit à deux forces P, P', on a

$$X = P \cos \alpha + P' \cos \alpha',$$
$$Y = P \cos \beta + P' \cos \beta',$$
$$Z = P \cos \gamma + P' \cos \gamma'.$$

Alors la force principale est la résultante des forces P, P' transportées au même point, et le moment linéaire principal est la diagonale du parallélogramme construit sur les moments linéaires des deux forces données. Dans la même hypothèse la force principale s'évanouit lorsque les deux forces P, P' forment un couple, auquel cas on a nécessairement

$$(12) \quad \begin{cases} X = 0, \quad Y = 0, \quad Z = 0, \quad P' = P, \\ \cos \alpha' = -\cos \alpha, \quad \cos \beta' = -\cos \beta, \quad \cos \gamma' = -\cos \gamma. \end{cases}$$

Dans ce cas, les projections algébriques (6) du moment linéaire principal deviennent indépendantes de la position du centre des moments; par suite le moment linéaire principal conserve toujours la même valeur et n'admet plus de *minimum*, en sorte que l'axe principal disparaît entièrement. La valeur constante du moment linéaire principal est alors équivalente au moment du couple, c'est-à-dire au moment linéaire de l'une des forces quand on place le centre des moments sur la direction de l'autre force, ainsi que nous l'avons déjà expliqué. On arriverait aux mêmes conclusions en observant que dans le cas présent, les projections algébriques du moment linéaire principal se réduisent, en vertu des formules (12), à

$$(13) \quad \begin{cases} L = P[(y - y')\cos\gamma - (z - z')\cos\delta], \\ M = P[(z - z')\cos\alpha - (x - x')\cos\gamma], \\ N = P[(x - x')\cos\delta - (y - y')\cos\alpha], \end{cases}$$

c'est-à-dire aux projections algébriques du moment linéaire de la force P dans le cas où l'on prend pour centre des moments le point d'application de la force P'.

Si pour le système des forces P, P' la force principale et le moment linéaire principal s'évanouissaient en même temps, on en conclurait que ces deux forces sont égales et agissent suivant une même droite, mais en sens contraires.

En général, quel que soit le nombre des forces P, P', P'',..., lorsque X, Y, Z s'évanouissent, la grandeur et la direction du moment linéaire principal deviennent indépendantes de la position du centre des moments. Par suite, si, la force principale étant nulle, le moment linéaire principal se réduit à zéro pour une certaine position du centre des moments, il s'évanouira également pour toutes les autres.

41. Considérons encore, pour mieux fixer les idées, un système composé seulement de trois forces P, P', P''. Si pour ce système les six quantités X, Y, Z, L, M, N s'évanouissent, non-seulement la force principale s'évanouira, mais encore le moment linéaire sera lui-même nul, quel que soit le centre des moments. Cela posé, supposons que l'on fasse coïncider le centre des moments avec le point d'application de la force P''. Dans ce cas, le moment linéaire de la force P'' étant nul, ceux des deux

autres forces devront être égaux et dirigés suivant une même droite, mais en sens contraires, afin que le moment résultant se réduise à zéro. Par suite les directions des forces P, P′ devront être comprises dans un plan unique mené perpendiculairement à la droite dont il s'agit par le point d'application de la force P″. Ce plan unique renfermant les points d'application des trois forces P, P′, P″ sera nécessairement le plan du triangle formé avec ces trois points. Comme au point d'application de la force P″ on peut substituer à volonté celui de la force P ou celui de la force P′, on déduira évidemment des remarques que nous venons de faire la proposition suivante :

THÉORÈME III. — *Si pour le système des trois forces* P, P′, P″, *les six quantités* X, Y, Z, L, M, N *s'évanouissent, chacune des trois forces sera comprise dans le plan du triangle qui renferme les trois points d'application.*

42. Cela posé, cherchons les conditions d'équilibre de deux points matériels A et A′ soumis à l'action des deux forces P, P′ et liés entre eux par une droite invariable. Si l'équilibre subsiste entre les forces appliquées aux extrémités de cette droite, on ne le troublera pas en fixant l'une de ces extrémités, par exemple le point A′. Dans cette supposition le point A, restant seul mobile, ne pourra décrire que la surface d'une sphère, et la force P pour le maintenir en équilibre devra être normale à cette surface, par conséquent dirigée suivant AA′, ou suivant son prolongement. On prouverait de même, en fixant le point A, que la force P′ doit encore être dirigée suivant le rayon AA′ prolongé dans un sens ou dans un autre. Concevons maintenant que, les forces P, P′ agissant l'une et l'autre suivant la droite qui joint leurs points d'application, on rende à ces deux points leur mobilité primitive.

Pour que l'équilibre continue à subsister, il sera évidemment nécessaire que la droite soit tirée à ses extrémités par les deux forces dans deux sens opposés, et autant dans un sens que dans l'autre. Par suite les deux forces devront être égales et dirigées en sens contraires. Réciproquement, si les deux forces P, P' appliquées aux extrémités de la droite invariable AA' sont égales entre elles et agissent suivant cette droite, mais en sens opposés, il y aura évidemment équilibre.

Lorsque deux forces sont égales et agissent suivant une même droite en sens contraires, leurs moments linéaires sont nécessairement égaux et directement opposés. En conséquence, pour le système composé de ces deux forces, le moment linéaire principal s'évanouit aussi bien que la force principale. Réciproquement, si pour un système composé de deux forces P, P' la force principale et le moment linéaire principal s'évanouissent, on pourra conclure que ces deux forces sont égales et agissent en sens contraires, suivant la droite qui joint leurs points d'application. Donc alors, si cette droite est invariable, elles se feront équilibre.

43. Pour traduire en analyse les conditions d'équilibre que nous venons de trouver, désignons par x, y, z, x', y', z', les coordonnées des points A, A' ; par α, 6, γ, α', $6'$, γ' les angles que forment les directions des forces P, P' avec les demi-axes des coordonnées positives ; enfin, par X, Y, Z, L, M, N les sommes des projections algébriques des deux forces sur les axes des x, y, z et les sommes des projections algébriques sur les mêmes axes de leurs moments linéaires, dans le cas où l'on place le centre des moments à l'origine des coordonnées. La force principale étant représentée par $\sqrt{X^2 + Y^2 + Z^2}$ et le moment linéaire principal par $\sqrt{L^2 + M^2 + N^2}$, il sera né-

cessaire et suffisant pour l'équilibre que l'on ait à la fois

$$(14) \qquad X^2 + Y^2 + Z^2 = 0, \quad L^2 + M^2 + N^2 = 0,$$

et par suite

$$(15) \quad X = 0, \ Y = 0, \ Z = 0, \quad L = 0, \ M = 0, \ N = 0.$$

Si dans ces dernières équations on remet pour X, Y, Z, L, M, N leurs valeurs respectives, on trouvera

$$(16) \quad \begin{cases} P \cos\alpha + P' \cos\alpha' = 0, \\ P \cos\beta + P' \cos\beta' = 0, \\ P \cos\gamma + P' \cos\gamma' = 0, \end{cases}$$

$$(17) \begin{cases} P \left(y \cos\gamma - z \cos\beta \right) + P' \left(y' \cos\gamma' - z' \cos\beta' \right) = 0, \\ P \left(z \cos\alpha - x \cos\gamma \right) + P' \left(z' \cos\alpha' - x' \cos\gamma' \right) = 0, \\ P \left(x \cos\beta - y \cos\alpha \right) + P' \left(x' \cos\beta' - y' \cos\alpha' \right) = 0. \end{cases}$$

En vertu des équations (16), les équations (17) deviennent

$$(18) \begin{cases} P \left[(y - y') \cos\gamma - (z - z') \cos\beta \right] = 0, \\ P \left[(z - z') \cos\alpha - (x - x') \cos\gamma \right] = 0, \\ P \left[(x - x') \cos\beta - (y - y') \cos\alpha \right] = 0, \end{cases}$$

et peuvent être remplacées par les deux équations comprises dans la formule

$$(19) \qquad \frac{P \cos\alpha}{x - x'} = \frac{P \cos\beta}{y - y'} = \frac{P \cos\gamma}{z - z'}.$$

En conséquence, les six équations d'équilibre que nous avons trouvées se réduisent à cinq, savoir aux équations (16) et à celles que comprend la formule (19). Les équations (16) expriment que les forces P, P' sont égales et agissent en sens contraires suivant la même droite, ou suivant des droites parallèles. La formule (19) exprime que la force P agit suivant la droite qui joint les points d'application des deux forces. Ajoutons que les équa-

tions (16) et la formule (19) peuvent être remplacées par
une seule formule, savoir :

$$(20) \quad \begin{cases} \dfrac{P\cos\alpha}{x-x'} = \dfrac{P\cos 6}{y-y'} = \dfrac{P\cos\gamma}{z-z'} \\[2mm] = \dfrac{P'\cos\alpha'}{x'-x} = \dfrac{P'\cos 6'}{y'-y} = \dfrac{P'\cos\gamma'}{z'-z}. \end{cases}$$

En vertu de ce qui précède, une force P appliquée au
point A et agissant suivant la droite AA′ fera équilibre à
une deuxième force P′ = P appliquée à un autre point
A′ de la même droite et dirigée suivant cette droite, mais
dans un sens contraire, pourvu que l'on suppose les deux
points liés invariablement entre eux. Cet équilibre sub-
sisterait encore si l'on transportait le point d'application
de la force P de A en A′, sans changer la direction
de cette force, puisqu'alors on aurait au point A′ deux
forces égales et directement opposées. Le point A′ pouvant
d'ailleurs être choisi arbitrairement sur la direction de
la force P, nous devons conclure qu'une force dirigée
suivant une droite dont tous les points sont liés invariablement entre eux produit toujours le même effet en quelque point de cette droite qu'on la suppose appliquée.
C'est ce qu'on peut encore exprimer en disant que deux
forces appliquées aux extrémités d'une droite invariable
et agissant suivant cette droite dans le même sens sont
équivalentes.

Il est d'ailleurs essentiel d'observer qu'en transportant
le point d'application d'une force partout où l'on voudra
sur la direction de cette force, on ne changera jamais ni
ses projections algébriques, ni celles de son moment linéaire.

Si, la droite AA′ demeurant toujours invariable, l'extrémité A de cette droite était soumise à l'action de plusieurs forces P, Q,..., et l'extrémité A′ à l'action de

plusieurs autres forces P', Q',..., il serait nécessaire, et il suffirait pour l'équilibre que la résultante des forces P, Q,..., fût égale à la résultante des forces P', Q',..., et que ces deux résultantes fussent dirigées suivant la même droite, mais en sens contraire; par suite, il serait nécessaire et il suffirait que, pour le système de toutes les forces données, la force principale et le moment linéaire principal se trouvassent réduits à zéro.

Si l'on désigne toujours par X, Y, Z, L, M, N, les sommes des projections algébriques des forces données sur les axes et celles de leurs moments linéaires, les deux conditions qu'on vient d'énoncer seront encore exprimées par les deux équations

$$(14) \qquad X^2 + Y^2 + Z^2 = 0 \quad \text{et} \quad L^2 + M^2 + N^2 = 0,$$

ou

$$(15) \quad X = 0, \ Y = 0, \ Z = 0 \quad \text{et} \quad L = 0, \ M = 0, \ N = 0.$$

Il semble donc au premier abord qu'il y ait dans le cas présent six équations d'équilibre, mais on prouvera facilement, comme on l'a déjà fait dans un cas semblable, que la sixième équation se déduit des cinq autres.

44. On passe sans peine du cas d'une droite invariable au cas d'un triangle invariable, c'est-à dire de trois points A, A', A″ liés par trois droites invariables, et soumis à l'action de trois forces données P, P', P″. Si l'équilibre subsiste, il ne sera pas troublé lorsqu'on fixera deux sommets du triangle, par exemple les points A, A'; dans cette supposition, le point A″ restant seul mobile ne pourra décrire qu'un cercle dont le plan sera perpendiculaire à celui du triangle, et dont le centre se trouvera situé sur la droite AA'. De plus, la force P″ devant maintenir le point A″ en équilibre sur la circonférence du cercle, sera nécessairement perpendiculaire à la tangente

au cercle mené par le point A″, et, par conséquent, comprise dans le plan du triangle donné.

On arriverait encore à la même conclusion en observant que si la force P″ n'était pas comprise dans le plan du triangle, elle ferait tourner ce plan autour de l'axe AA′ devenu fixe en vertu de l'hypothèse admise. Cela posé, on pourra construire un parallélogramme qui ait pour diagonale la force P″ et dont les côtés coïncident en direction avec les droites A″A, A″A′, ou avec leurs prolongements. Par suite, on pourra décomposer la force P″ appliquée au sommet A″ en deux autres qui agissent suivant les côtés adjacents. Soient Q, Q′, les composantes dont il s'agit : il sera permis de transporter la force Q agissant suivant le côté A″A du point A″ au point A, et la force Q′ agissant suivant le côté A″A′ du point A″ au point A′; on obtiendra par ce moyen, au lieu des trois forces P, P′, P″, appliquées aux trois sommets d'un triangle invariable, quatre forces P, Q, P′, Q′ appliquées aux deux extrémités d'une droite invariable, et qui devront encore se faire équilibre. Donc, pour le système des quatre dernières forces, la force principale et le moment linéaire principal devront s'évanouir. D'ailleurs, la décomposition de la force P″ en deux autres et le transport de ces deux composantes ne peuvent changer en aucune manière, ni la force principale, ni le moment linéaire principal du système des trois forces P, P′, P″. Donc aussi, lorsque le triangle invariable est en équilibre, cette force principale et le moment linéaire principal s'évanouissent. Cela posé, si l'on appelle X, Y, Z, L, M, N les sommes des projections algébriques des forces P, P′, P″, et celles des projections algébriques de leurs moments linéaires, on aura dans le cas d'équilibre :

$$(14) \qquad X^2 + Y^2 + Z^2 = 0, \quad L^2 + M^2 + N^2 = 0,$$

et, par suite,

$$(15) \quad X = o, \quad Y = o, \quad Z = o, \quad L = o, \quad M = o, \quad N = o.$$

45. Réciproquement, on peut affirmer que le triangle invariable sera en équilibre toutes les fois que les équations (15) seront satisfaites, c'est-à-dire, en d'autres termes, toutes les fois que, pour le système des trois forces appliquées au sommet du triangle, la force principale et le moment linéaire principal se réduiront à zéro. En effet, dans cette hypothèse les directions des trois forces seront, ainsi qu'on l'a précédemment démontré, comprises dans le plan du triangle. Par suite, on pourra décomposer la force P'' en deux autres dirigées vers les points A, A', et transporter ces dernières composantes de manière à les appliquer aux points dont il s'agit. On substituera, par ce moyen, au système des trois forces données un système de quatre forces appliquées aux extrémités A, A' d'une droite invariable; et comme la force principale et le moment linéaire principal ne changeront pas de valeurs dans le passage du premier système au second, ces deux quantités seront encore nulles pour le nouveau système, d'où l'on peut conclure qu'il y aura équilibre.

Si, le triangle $AA'A''$ restant invariable, chacun de ses sommets était soumis à l'action de plusieurs forces, on pourrait remplacer les différentes forces appliquées à chaque sommet par une résultante unique. Cela posé, comme le système des trois résultantes aurait la même force principale et le même moment linéaire principal que le système des forces données, on trouverait que les conditions nécessaires et suffisantes pour l'équilibre se réduisent à l'évanouissement de cette force principale et de ce moment linéaire principal, ou, ce qui revient au même, à l'évanouissement des six quantités qu'on obtient en ajoutant : 1° les projections algébriques des forces données; 2° les projections algébriques de leurs moments linéaires.

Dans les deux cas que nous venons de considérer, et qui sont relatifs à l'équilibre d'un triangle invariable, la sixième équation d'équilibre ne se déduit plus des cinq autres, comme il arrive quand on considère l'équilibre d'une droite invariable.

CINQUIÈME LEÇON.

Conditions d'équilibre d'un système invariable quelconque. — Conditions
d'équivalence de deux systèmes de forces. — Réduction d'un système
de forces appliquées à des points liés invariablement entre eux. — Cas
où le système se réduit à une force, à un couple, à deux forces. —
Équilibre d'un système invariable assujetti à tourner autour d'un point
ou d'un axe, ou posé sur un plan.

46. Soient A, A′, A″, . . ., des points, en nombre quelconque, liés entre eux invariablement. Ces points forment ce qu'on appelle un *système invariable*. Cela posé,
cherchons les équations d'équilibre de plusieurs forces P,
P′, P″, . . ., respectivement appliquées à ces mêmes points.

Désignons encore par X, Y, Z, L, M, N les sommes
des projections algébriques de ces forces et de leurs moments linéaires, le centre des moments étant toujours
placé à l'origine des coordonnées. Si l'on suppose d'abord
que le plan mené par les trois points A, A′, A″ ne renferme aucun des autres points donnés, chacune des forces
P‴, Pⁱᵛ, . . ., pourra être remplacée par trois composantes
respectivement dirigées suivant les trois arêtes d'une
pyramide qui aurait pour base le triangle AA′A″, et
le point d'application de chacune de ces composantes
pourra être transporté à l'un des trois sommets du triangle dont il s'agit. Quand à l'aide de ces opérations on
aura substitué au système des forces données celui de
plusieurs forces appliquées aux trois sommets d'un triangle invariable, il sera nécessaire et il suffira pour l'équilibre que la force principale et le moment principal relatifs au nouveau système s'évanouissent. Or cette force
principale et ce moment linéaire principal se trouvent

représentés pour le premier système par les deux quantités

$$\sqrt{X^2 + Y^2 + Z^2}, \quad \sqrt{L^2 + M^2 + N^2}.$$

Et comme, en passant du premier système au second, on ne change ni les sommes des projections algébriques des forces, c'est-à-dire les quantités X, Y, Z, ni les sommes des projections algébriques de leurs moments linéaires, c'est-à-dire les quantités L, M, N, il est clair que les conditions nécessaires et suffisantes pour l'équilibre seront exprimées par les équations

$$(1) \qquad X^2 + Y^2 + Z^2 = 0, \quad L^2 + M^2 + N^2 = 0,$$

auxquelles on peut substituer les suivantes

$$(2) \quad X = 0, \; Y = 0, \; Z = 0, \; L = 0, \; M = 0, \; N = 0.$$

Si l'une des forces P''', P^{IV}, ..., avait son point d'application situé dans le plan du triangle, $AA'A''$ il arriverait de deux choses l'une : ou cette force serait elle-même comprise dans le plan du triangle, et alors elle pourrait être remplacée par deux composantes appliquées à deux sommets de ce triangle, par exemple aux points A, A'; ou elle serait dirigée suivant une droite qui percerait le plan, et pourrait être alors appliquée à un nouveau point de cette droite que l'on supposerait invariablement lié avec tous les points du système. Ce nouveau point étant situé hors du plan du triangle, toute difficulté disparaîtrait. Dans l'un et l'autre cas, on parviendra également aux conclusions que nous avons déjà obtenues. On arriverait aussi au même résultat en substituant au triangle $AA'A''$ un triangle quelconque dont les trois sommets seraient liés invariablement au système des points donnés.

Donc, en définitive, pour que des forces quelconques appliquées aux différents points d'un système invariable

6.

se fassent équilibre, il est nécessaire et il suffit que la force principale et le moment linéaire principal s'évanouissent, ou, en d'autres termes, que les sommes des projections algébriques des forces données et des projections algébriques de leurs moments linéaires se réduisent à zéro.

47. Lorsque le système des forces données ne satisfait pas aux conditions d'équilibre, on peut à ce premier système de forces en joindre un autre choisi de manière que l'équilibre se trouve rétabli.

Soient dans cette hypothèse

$$X_1, \quad Y_1, \quad Z_1, \quad L_1, \quad M_1, \quad N_1,$$

ce que deviennent les quantités

$$X, \quad Y, \quad Z, \quad L, \quad M, \quad N,$$

lorsqu'on passe du premier système au second; on aura nécessairement, puisque les deux systèmes se font équilibre,

$$(3) \quad \begin{cases} X + X_1 = 0, \quad Y + Y_1 = 0, \quad Z + Z_1 = 0, \\ L + L_1 = 0, \quad M + M_1 = 0, \quad N + N_1 = 0, \end{cases}$$

ou, ce qui revient au même,

$$(4) \quad \begin{cases} X_1 = -X, \quad Y_1 = -Y, \quad Z_1 = -Z, \\ L_1 = -L, \quad M_1 = -M, \quad N_1 = -N. \end{cases}$$

Réciproquement, si les équations qui précèdent subsistent, la réunion des deux systèmes produira l'équilibre.

Donc, pour que deux systèmes de forces appliquées à des points liés invariablement les uns aux autres se fassent mutuellement équilibre, il est nécessaire et il suffit que dans le passage du premier système au second les sommes des projections algébriques des forces et des projections algébriques des moments linéaires conservent les mêmes valeurs numériques, mais changent de signe.

48. Ce qui précède nous conduit immédiatement aux conditions d'équivalence de deux systèmes de forces appliquées à des points liés invariablement les uns aux autres.

On dit en mécanique que deux systèmes de forces dont les points d'application se trouvent assujettis à des liaisons quelconques, sont *équivalents* lorsqu'un troisième système choisi de manière à faire équilibre au premier fait en même temps équilibre au second. Cela posé, si les points d'application ont été liés invariablement entre eux, il est clair que dans le passage du premier système au troisième, ou du second au troisième, les six quantités ci-dessus représentées par X, Y, Z, L, M, N, devront conserver les mêmes valeurs numériques, mais changer de signe.

En effet, représentons par

$$P, P', P'', \ldots; \quad P_1, P'_1, P''_1, \ldots; \quad P_2, P'_2, P''_2, \ldots,$$
$$X, Y, Z, \ldots; \quad X_1, Y_1, Z_1, \ldots; \quad X_2, Y_2, Z_2, \ldots,$$
$$L, M, N, \ldots; \quad L_1, M_1, N_1, \ldots; \quad L_2, M_2, N_2, \ldots,$$

les forces des trois systèmes, les projections de leurs forces principales et de leurs moments linéaires principaux.

Puisque le troisième système fait, par hypothèse, équilibre aux deux premiers, on aura

$$X + X_2 = 0, \quad Y + Y_2 = 0, \quad Z + Z_2 = 0,$$
$$X_1 + X_2 = 0, \quad Y_1 + Y_2 = 0, \quad Z_1 + Z_2 = 0,$$
$$L + L_2 = 0, \quad M + M_2 = 0, \quad N + N_2 = 0,$$
$$L_1 + L_2 = 0, \quad M_1 + M_2 = 0, \quad N_1 + N_2 = 0,$$

et par suite

$$X = X_1, \ Y = Y_1, \ Z = Z_1, \quad L = L_1, \ M = M_1, \ N = N_1.$$

Ainsi, pour que deux systèmes de forces appliquées à des points liés par des droites invariables soient équivalents, il est nécessaire et il suffit que, de part et d'autre, les projections algébriques des forces et de leurs moments linéaires fournissent les mêmes sommes, ce qui revient à dire que ces deux systèmes doivent avoir la même force principale et le même moment linéaire principal.

49. Il a été prouvé : 1° que les six quantités représentées par X, Y, Z, L, M, N, c'est-à-dire les projections algébriques sur les trois axes de la force principale et du moment linéaire principal, conservent les mêmes valeurs en changeant de signe, pour deux systèmes de forces successivement appliqués à des points liés entre eux par des droites invariables, lorsque ces deux systèmes se font équilibre ; 2° que deux systèmes seront équivalents entre eux toutes les fois que les six quantités dont il s'agit ne varieront pas dans le passage de l'un à l'autre. On peut donc dire que ces six quantités étant données pour un système, son effet, relativement à l'équilibre, est complétement déterminé. On a vu d'ailleurs que, des six quantités X, Y, Z, L, M, N, on déduit immédiatement : 1° l'intensité de la force principale et du moment linéaire principal ; 2° les angles que les directions de cette force et de ce moment linéaire forment avec les demi-axes des coordonnées positives.

50. Concevons maintenant que pour un système de forces appliquées à des points liés invariablement les uns aux autres, on connaisse les six quantités

$$X, \quad Y, \quad Z, \quad L, \quad M, \quad N.$$

Pour que ce système soit réductible à une force unique, ou, en d'autres termes, pour qu'on puisse le remplacer par une force équivalente, il sera nécessaire et il suffira que les six quantités données soient propres à représenter les projections algébriques d'une seule force et de son moment linéaire. Par suite il sera nécessaire et il suffira que l'on ait en même temps

$$(5) \qquad\qquad X^2 + Y^2 + Z^2 > 0,$$
$$(6) \qquad\qquad LX + MY + NZ = 0.$$

Ces conditions étant supposées remplies, la force équivalente au système donné sera ce qu'on nomme sa *résultante*, et cette résultante ne sera pas autre chose que la
force principale appliquée à l'un des points de la droite
dont les coordonnées ξ, η, ζ vérifient les trois équations

$$(7) \quad \eta Z - \zeta Y = L, \quad \zeta X - \xi Z = M, \quad \xi Y - \eta X = N.$$

Si l'on avait à la fois

$$X = 0, \quad Y = 0, \quad Z = 0,$$

l'équation (6) serait toujours vérifiée, mais l'inégalité (5)
se trouverait remplacée par l'équation

$$X^2 + Y^2 + Z^2 = 0.$$

Dans ce cas le système donné sera évidemment réductible
à deux forces égales et parallèles, mais dirigées en sens
contraire, de manière à former un couple. En effet, pour
obtenir un couple équivalent au système dont il s'agit, il
suffira de choisir ce couple de telle sorte que son moment
linéaire ait pour projections algébriques sur les axes les
trois quantités

$$L, \quad M, \quad N.$$

Pour y parvenir, on tracera un demi-axe qui fasse avec
ceux des coordonnées positives des angles dont les cosinus
soient respectivement

$$\frac{L}{\sqrt{L^2 + M^2 + N^2}}, \quad \frac{M}{\sqrt{L^2 + M^2 + N^2}}, \quad \frac{N}{\sqrt{L^2 + M^2 + N^2}}.$$

On mènera par un point quelconque de l'espace un plan
perpendiculaire à ce demi-axe, et par deux points pris
arbitrairement dans ce plan deux parallèles quelconques.
Enfin on divisera le radical $\sqrt{L^2 + M^2 + N^2}$ par la distance
des deux parallèles, puis on portera sur elles, dans des
sens opposés, deux forces égales représentées par ce quo-

tient et dirigées de manière que chacune tende à faire
tourner le plan de droite à gauche, soit autour du demi-
axe primitivement construit, soit autour d'un demi-axe
parallèle dont l'origine coïnciderait avec le point d'application de l'autre force. Il résulte de ces observations
qu'après avoir obtenu un couple équivalent au système
donné, on pourra, sans changer l'effet de ce couple relativement à l'équilibre, transporter son plan parallèlement
à lui-même partout où l'on voudra, et faire varier arbitrairement dans ce plan, non-seulement les points d'application des deux forces, mais encore les droites suivant
lesquelles elles agissent. Ces droites étant supposées connues, on en déduira immédiatement l'intensité de chaque
force. Il est bien entendu que les points d'application
des deux forces du couple sont censés liés invariablement
l'un à l'autre et à tous les points que l'on considère.

51. Si pour le système de forces donné l'équation (6)
cessait d'être vérifiée, on pourrait lui substituer la
réunion de deux autres tellement choisis, que les sommes
des projections algébriques des forces et de leurs moments
linéaires fussent respectivement :

Pour le premier système,

$$X, \quad Y, \quad Z, \quad o, \quad o, \quad o;$$

Et pour le second,

$$o, \quad o, \quad o, \quad L, \quad M, \quad N.$$

Le premier des deux nouveaux systèmes pourrait être
remplacé par la force principale appliquée à l'origine des
coordonnées et le second par un couple. Par suite, cette
force et ce couple réunis seraient équivalents au système
donné. De plus, il serait permis de faire passer le plan du
couple par l'origine, et même d'appliquer à cette origine
une des forces du couple, en la supposant dirigée suivant

une droite quelconque dans ce plan. Ajoutons que l'origine des coordonnées peut être transportée en un point quelconque de l'espace, d'où il suit que le système donné, quelles que soient les valeurs de X, Y, Z, L, M, N, pourra toujours être remplacé par la force principale appliquée à un point quelconque de l'espace et par un couple.

On arriverait aux mêmes conclusions, en considérant ce système comme formé par la réunion de deux autres pour lesquels les sommes des projections algébriques des forces et de leurs moments linéaires seraient respectivement de la forme

$$X, \quad Y, \quad Z, \qquad y_0 Z - z_0 Y, \qquad z_0 X - x_0 Z, \qquad x_0 Y - y_0 X,$$
$$o, \quad o, \quad o, \quad L - y_0 Z + z_0 Y, \quad M - z_0 X + x_0 Z, \quad N - x_0 Y + y_0 X.$$

Le couple qui, joint à la force principale, peut remplacer un système donné, est ce que nous nommerons *le couple principal* de ce système. D'après ce qu'on vient de dire, ce couple principal dépend du point d'application de la force principale, et son moment linéaire est égal et parallèle au moment linéaire principal, quand on prend le point dont il s'agit pour centre des moments.

Comme, dans le cas où l'on applique au même point la force principale et une force du couple principal, rien n'empêche de composer ensuite ces deux forces entre elles, il est clair qu'on pourra, si l'on veut, substituer au système donné, au lieu d'une force et d'un couple, un système composé de deux forces seulement.

52. Nous terminerons en observant que l'équation (6) est satisfaite dans deux cas dignes de remarque, savoir : 1° quand les forces données sont parallèles à une même droite, par exemple à l'axe des z, puisque l'on a dans cette hypothèse

$$X = o, \quad Y = o, \quad N = o;$$

2° quand elles sont comprises dans un même plan, par exemple dans le plan des xy, puisqu'on a dans ce cas

$$L = 0, \quad M = 0, \quad Z = 0.$$

On en conclut que dans l'une et l'autre hypothèse le système donné peut être réduit soit à une force unique, soit à un couple unique de deux forces parallèles à l'axe des z ou comprises dans le plan des xy. Ajoutons que les quantités X, Y, Z, L, M, N ayant des valeurs quelconques, on pourra toujours décomposer le système qui leur correspond en deux autres tellement choisis, que ces mêmes quantités deviennent respectivement :

Pour le premier système,

$$0, \quad 0, \quad Z, \quad L, \quad M, \quad 0;$$

Pour le second,

$$X, \quad Y, \quad 0, \quad 0, \quad 0, \quad N,$$

par conséquent en deux systèmes, dont l'un renferme seulement des forces parallèles à l'axe des z, et l'autre des forces comprises dans le plan des xy.

53. Nous avons fait voir qu'un système de forces, appliquées à des points liés invariablement entre eux, pouvait toujours être remplacé par la force principale appliquée à un point quelconque de l'espace et par un couple; qu'en outre il était permis de supposer l'une des forces du couple appliquée au même point que la force principale, et dirigée suivant une droite menée arbitrairement par ce point dans le plan du couple. En partant de ces principes, nous trouverons facilement les conditions d'équilibre d'un système invariable retenu par un ou deux points fixes.

Concevons d'abord que le système invariable soit retenu par un point fixe et prenons ce point fixe pour origine des coordonnées. Soient à l'ordinaire X, Y, Z, L, M, N, les sommes des projections algébriques des forces données et

des projections algébriques de leurs moments linéaires,
l'origine étant prise pour centre des moments ; le système
de ces mêmes forces pourra être remplacé par la force
principale

$$R = \sqrt{X^2 + Y^2 + Z^2}$$

appliquée à l'origine, et par un couple de deux forces Q
qui agiraient en sens contraires suivant deux droites parallèles, séparées l'une de l'autre par la distance D, l'intensité
Q de chaque force étant liée à la distance D par l'équation

$$QD = \sqrt{L^2 + M^2 + N^2}.$$

Ajoutons qu'il sera permis d'appliquer la première force
du couple, aussi bien que la force R, au point fixe, pris pour
origine des coordonnées. Alors ces deux forces se trouveront
immédiatement détruites par la résistance du point fixe,
et la deuxième force du couple pourra seule produire un
mouvement de rotation autour de ce point. Pour que toute
tendance à un semblable mouvement disparaisse, ou, en
d'autres termes, pour que l'équilibre subsiste, il sera nécessaire et il suffira que la deuxième force du couple s'é-
vanouisse ou passe par l'origine, c'est-à-dire que l'un des
facteurs Q et D du produit QD s'évanouisse ; par suite il
sera nécessaire et il suffira que ce produit lui-même se
réduise à zéro, ce qui donnera l'équation

$$L^2 + M^2 + N^2 = o,$$

à laquelle on pourra substituer les trois suivantes :

$$(8) \qquad L = o, \qquad M = o, \qquad N = o.$$

En conséquence, des six équations d'équilibre qui se
rapportent à un système invariable libre dans l'espace,
les trois dernières subsistent seules, lorsque ce système
est assujetti à tourner autour d'un point fixe, et que ce

point fixe est pris pour origine des coordonnées. Ces trois dernières équations expriment que pour le système donné le moment linéaire principal relatif à l'origine s'évanouit.

Si le système des forces données était composé seulement de deux forces P, P', son moment linéaire principal ne pourrait être nul qu'autant que les moments linéaires des deux forces seraient égaux et directement opposés, ou, ce qui revient au même, qu'autant que les deux forces seraient comprises dans un même plan passant par l'origine des coordonnées, et auraient dans ce plan des moments égaux. On arriverait aux mêmes conclusions en partant des équations (8) qui, dans le cas présent, prendraient la forme

$$P p \cos \lambda + P' p' \cos \lambda' = 0,$$
$$P p \cos \mu + P' p' \cos \mu' = 0,$$
$$P p \cos \nu + P' p' \cos \nu' = 0.$$

L'équilibre que nous venons de considérer est évidemment celui d'un *levier coudé* qui a pour point d'appui l'origine des coordonnées, et pour bras les droites invariables menées de cette origine aux points d'application des forces P, P'. Les deux forces devant avoir des moments égaux dans le cas d'équilibre, seront alors en raison inverse des perpendiculaires abaissées de l'origine sur leurs directions. Si le levier est droit, et que les deux forces soient parallèles, on pourra substituer, à la raison inverse des perpendiculaires, la raison inverse des deux bras de levier.

54. Passons maintenant à l'équilibre d'un système invariable autour de deux points fixes, ou, ce qui revient au même, autour d'un axe fixe, et prenons cet axe pour axe des z. En conservant les mêmes notations que ci-

dessus, on pourra toujours remplacer le système des forces données par la force principale

$$\sqrt{X^2 + Y^2 + Z^2}$$

appliquée à l'origine, et par deux forces Q formant un couple dont le moment QD sera determiné par l'équation

$$QD = \sqrt{L^2 + M^2 + N^2}.$$

L'origine se trouvant située sur l'axe fixe, et par suite étant elle-même un point fixe, si on lui applique, ce qui est permis, la première force du couple aussi bien que la force R, la deuxième force du couple pourra seule produire un mouvement de rotation du système invariable autour de l'axe fixe. Pour que ce mouvement devienne impossible, il sera nécessaire et il suffira que la deuxième force du couple agisse suivant une direction qui coupe l'axe des z, ou, en d'autres termes, que le plan du couple passe par l'axe des z. Cette condition sera remplie si le moment linéaire du couple est perpendiculaire à l'axe des z, auquel cas sa projection algébrique sur cet axe, c'est-à-dire la quantité N, devra se réduire à zéro. Donc, pour le système invariable assujetti à ne pouvoir que tourner autour de l'axe des z, une seule équation d'équilibre subsiste, savoir l'équation

$$(9) \qquad\qquad N = 0.$$

Lorsque les forces données se réduisent à deux, l'espèce d'équilibre que l'on vient de considérer se réduit à l'équilibre du treuil.

On prouverait de même que l'équation $M = 0$ exprime la condition unique d'équilibre dans le cas où l'on fixe l'axe des y, et l'équation $L = 0$ dans le cas où l'on fixe l'axe des x.

55. Si le système invariable pouvait non-seulement

tourner autour de l'axe des z, mais encore glisser parallèlement à cet axe, il faudrait à l'équation de l'équilibre
$N = 0$ joindre la suivante

$$(10) \qquad\qquad Z = 0.$$

En effet, les forces du couple pouvant être censées agir
suivant deux droites parallèles entre elles, mais perpendiculaires à l'axe, pour qu'il n'y eût pas de mouvement
dans le sens de l'axe dans cette hypothèse, il serait nécessaire et il suffirait que la force principale R fût elle-
même perpendiculaire à l'axe : or cette condition se trouve
exprimée par la formule (10).

56. Si plusieurs points du système invariable étaient
assujettis à demeurer dans un plan fixe donné de position,
par exemple dans le plan des xy, on décomposerait le
système des forces qui correspond aux six quantités
X, Y, Z, L, M, N, en deux autres tellement choisis, que
ces quantités devinssent respectivement :
Pour le premier

$$0, \quad 0, \quad Z, \quad L, \quad M, \quad 0,$$

Et pour le second

$$X, \quad Y, \quad 0, \quad 0, \quad 0, \quad N.$$

Le premier système de forces serait réductible ou à une
force unique parallèle à l'axe des z, ou à un couple de
deux forces qui, se trouvant comprises dans un plan parallèle à l'axe des z, pourraient être censées dirigées dans ce
plan suivant déux droites parallèles à ce même axe ; et
comme, dans l'hypothèse admise, les forces parallèles à
l'axe des z ou perpendiculaires au plan des xy ne sau-
raient produire aucun effet, il est clair que les forces du
second système seraient les seules qui pussent troubler
l'équilibre. Or ce second système peut évidemment se
réduire soit à une force unique comprise dans le plan

des xy, soit à un couple de deux forces renfermées dans ce même plan, à moins que les trois quantités X, Y, Z ne s'évanouissent, c'est-à-dire à moins que l'on n'ait à la fois

$$(11) \qquad X = o, \qquad Y = o, \qquad N = o.$$

Si ces trois équations ne sont pas vérifiées, la force ou le couple équivalent au deuxième système tendra certainement à produire un mouvement de translation ou de rotation des points situés dans le plan des xy, et l'équilibre ne pourra subsister. Au contraire, si les conditions (11) sont remplies, les forces comprises dans le plan des xy pourront être remplacées par une résultante nulle, d'où il suit qu'elles se feront mutuellement équilibre. Par conséquent, dans l'hypothèse admise, les conditions d'équilibre se réduisent aux équations (11). Si plusieurs points du système invariable étaient simplement assujettis à rester dans un plan parallèle au plan des xy, aux trois conditions qui précèdent il faudrait en ajouter une quatrième $Z = o$.

Il est bon de remarquer que l'espèce d'équilibre dont nous venons de nous occuper en ce moment, comprend, comme cas particulier, l'équilibre de plusieurs forces situées dans le plan des xy, et appliquées dans ce plan à un système de points invariables, que l'on suppose entièrement libre.

De même, l'équilibre d'un système invariable assujetti à tourner autour de l'axe des z comprend, comme cas particulier, l'équilibre de plusieurs forces situées dans le plan des xy, et appliquées dans ce plan à un système invariable de points, assujettis à tourner autour de l'origine.

Nous remarquerons en finissant que les diverses conséquences déduites, dans ces deux dernières leçons, de la théorie des moments linéaires ne diffèrent pas de celles auxquelles on parvient en suivant la théorie des couples. (*Voir* la *Statique* de M. Poinsot.)

SIXIÈME LEÇON.

Composition d'un système de forces parallèles. — Résultante et moment linéaire de la résultante. — Résultante unique ou couple. — Centre des forces parallèles. — Application à la pesanteur.

---

57. Considérons un système de points liés invariablement les uns aux autres. Soient toujours

$$x, \quad y, \quad z, \qquad x', \quad y' \quad z', \ldots,$$

les coordonnées de ces mêmes points, et supposons qu'on leur applique des forces

$$P, \quad P', \quad P'', \ldots,$$

dirigées suivant des droites quelconques. Enfin désignons à l'ordinaire par

$$\alpha, \quad \alpha', \quad \alpha'', \ldots,$$
$$\beta, \quad \beta', \quad \beta'', \ldots,$$
$$\gamma, \quad \gamma', \quad \gamma'', \ldots,$$

les angles que ces différentes forces forment avec les demi-axes des coordonnées positives, et par

$$X, \quad Y, \quad Z, \qquad L, \quad M, \quad N,$$

les sommes que l'on obtient en ajoutant : 1° les projections algébriques de toutes les forces ; 2° les projections algébriques de leurs moments linéaires. On aura, comme l'on sait,

$$(1) \quad \begin{cases} X = P \cos \alpha + P' \cos \alpha' + P'' \cos \alpha'' + \ldots, \\ Y = P \cos \beta + P' \cos \beta' + P'' \cos \beta'' + \ldots, \\ Z = P \cos \gamma + P' \cos \gamma' + P'' \cos \gamma'' + \ldots, \end{cases}$$

$$(2) \quad \begin{cases} L = P\,(y \cos \gamma - z \cos \beta) + \ldots, \\ M = P\,(z \cos \alpha - x \cos \gamma) + \ldots, \\ N = P\,(x \cos \beta - y \cos \alpha) + \ldots. \end{cases}$$

De plus, les forces P, P',... étant dirigées suivant des droites parallèles, les angles α', β', γ' sont égaux aux angles α, β, γ ou à leurs suppléments, suivant que les deux forces agissent dans le même sens ou en sens contraires. On trouvera par suite

$$\cos \alpha' = \pm \cos \alpha, \quad \cos \beta' = \pm \cos \beta, \quad \cos \gamma' = \pm \cos \gamma,$$

le signe supérieur devant être préféré dans le premier cas et le signe inférieur dans le deuxième. On aura de même

$$\cos \alpha'' = \pm \cos \alpha, \quad \cos \beta'' = \pm \cos \beta, \quad \cos \gamma'' = \pm \cos \gamma \dots$$

Cela posé, les équations (1) et (2) deviendront

$$(3) \quad \begin{cases} X = (P \pm P' \pm P'' \pm \dots) \cos \alpha, \\ Y = (P \pm P' \pm P'' \pm \dots) \cos \beta, \\ Z = (P \pm P' \pm P'' \pm \dots) \cos \gamma, \end{cases}$$

$$(4) \quad \begin{cases} L = (Py \pm P'y' \pm \dots) \cos \gamma - (Pz \pm P'z' \pm \dots) \cos \beta, \\ M = (Pz \pm P'z' \pm \dots) \cos \alpha - (Px \pm P'x' \pm \dots) \cos \gamma, \\ N = (Px \pm P'x' \pm \dots) \cos \beta - (Py \pm P'y' \pm \dots) \cos \alpha; \end{cases}$$

et l'on en conclura

$$(5) \quad \begin{cases} L \cos \alpha + M \cos \beta + N \cos \gamma = 0, \\ LX + MY + NZ = 0. \\ X^2 + Y^2 + Z^2 = (P \pm P' \pm P'' \pm \dots)^2. \end{cases}$$

Il suit de la seconde de ces équations que le système des forces données sera réductible à une résultante unique ou à un couple. Il pourra évidemment se réduire à un couple dont le moment linéaire aura pour projections algébriques les quantités L, M, N, si l'on a

$$X^2 + Y^2 + Z^2 = 0,$$

ou, ce qui revient au même,

$$P \pm P' \pm P'' \pm \dots = 0.$$

I.

c'est-à-dire, en d'autres termes, si la somme des forces parallèles dirigées dans un sens équivaut à la somme des forces dirigées en sens contraire. Dans la même hypothèse, le plan du couple sera, en vertu de la première des équations (5), parallèle à chacune des forces données, et par suite on pourra supposer les deux forces du couple parallèles à toutes les autres. Si, au contraire, les deux sommes dont nous venons de parler sont inégales, on trouvera

$$X^2 + Y^2 + Z^2 > 0,$$

et le système proposé sera réductible à une résultante unique

$$R = \sqrt{X^2 + Y^2 + Z^2}$$

formant avec les demi-axes des angles dont les cosinus seront

$$\frac{X}{R}, \quad \frac{Y}{R}, \quad \frac{Z}{R}.$$

Ajoutons que si la force P est du nombre de celles qui composent la plus grande somme, la somme $P \pm P' \pm P''$... sera positive, et l'on tirera de la dernière des équations (5)

$$\sqrt{X^2 + Y^2 + Z^2} = P \pm P' \pm P'' \pm \dots,$$

par conséquent,

$$R = P \pm P' \pm P'' \pm \dots,$$

et les cosinus des angles formés par la force R avec les demi-axes des coordonnées positives deviendront

$$\cos \alpha, \quad \cos \beta, \quad \cos \gamma;$$

donc la résultante R sera équivalente à la différence des deux sommes ci-dessus mentionnées, parallèle à toutes les forces du système, et dirigée dans le sens de celles qui composent la plus grande somme.

Il reste à déterminer la droite suivant laquelle elle

agit, c'est-à-dire la suite des points auxquels on peut la supposer appliquée. Or, si l'on désigne par

$$\xi, \quad \eta, \quad \zeta$$

les coordonnées de l'un de ces points, on aura nécessairement

$$R\,(\eta \cos\gamma - \zeta \cos\beta) = L,$$
$$R\,(\zeta \cos\alpha - \xi \cos\gamma) = M,$$
$$R\,(\xi \cos\beta - \eta \cos\alpha) = N,$$

et l'on en conclura, en substituant à L, M, N leurs valeurs,

$$R\,\eta \cos\gamma - R\,\zeta \cos\beta = (P\,y \pm P'\,y' \pm \ldots) \cos\gamma$$
$$- (Pz \pm P'\,z' \pm \ldots) \cos\beta,$$
$$R\,\zeta \cos\alpha - R\,\xi \cos\gamma = (Pz \pm P'\,z' \pm \ldots) \cos\alpha$$
$$- (P\,x \pm P'\,x' \pm \ldots) \cos\gamma,$$
$$R\,\xi \cos\beta - R\,\eta \cos\alpha = (P\,x \pm P'\,x' \pm \ldots) \cos\beta$$
$$- (P\,y \pm P'\,y' \pm \ldots) \cos\alpha;$$

ces trois dernières équations sont celles de la droite suivant laquelle agit la résultante. On y satisfera, quelles que soient les valeurs des angles α, β, γ, si l'on suppose

$$(6) \quad \begin{cases} R\,\xi = P\,x \pm P'\,x' \pm \ldots, \\ R\,\eta = P\,y \pm P'\,y' \pm \ldots, \\ R\,\zeta = P\,z \pm P'\,z' \pm \ldots, \end{cases}$$

et l'on déterminera ainsi des valeurs de ξ, η, ζ indépendantes des angles dont il s'agit.

58. Concevons maintenant que les forces P, P', P″,… restant toujours appliquées aux mêmes points viennent à tourner autour de ces mêmes points, sans cesser d'être parallèles. Les valeurs des coordonnées ξ, η, ζ déterminées par les équations (6) ne varient pas; et le point unique auquel appartiennent ces coordonnées est tou-

jours un des points auxquels la résultante R peut être appliquée. Ce point unique est ce qu'on appelle le *centre des forces parallèles* P, P′, P″, ... On ne doit pas oublier que les forces P, P′, P″,... peuvent agir les unes dans un sens, les autres en sens contraire, que la force P est du nombre de celles qui, agissant dans un même sens, composent la plus grande somme, et que dans les équations qui donnent soit la résultante R, soit les coordonnées de son point d'application, chacune des forces P, P′, P″,... est précédée du signe + quand elle agit dans le sens de la force P, et du signe — dans le cas contraire.

Les produits d'une force par les coordonnées de son point d'application sont ce qu'on appelle les *moments* de cette force par rapport aux plans coordonnés. Ainsi

$$P_x, \quad P_y, \quad P_z$$

sont les moments de la force P par rapport aux plans des yz, des zx, des xy. Cela posé, il suit évidemment des équations qui donnent ξ, η, ζ, que si l'on calcule par rapport à l'un quelconque des plans coordonnés, 1° les moments des forces parallèles P, P′, P″,...; 2° le moment de leur résultante R appliquée au centre des forces parallèles, ce dernier moment sera équivalent à la somme des moments de tous les autres pris tantôt avec le signe +, tantôt avec le signe —, suivant que les forces correspondantes agissent dans le sens de la résultante ou en sens contraire.

Si l'on supposait les points d'application P, P′,... tous situés dans le plan des zy, on trouverait

$$x = 0, \quad x' = 0, \ldots,$$

et, par suite,

$$\xi = 0 ;$$

donc alors le centre des forces parallèles serait lui-même situé dans le plan des yz. Comme on peut d'ailleurs prendre pour plan des yz un plan quelconque, nous devons conclure généralement que, si les points d'application de plusieurs forces parallèles sont situés dans un plan unique, ce plan renfermera aussi le centre des forces parallèles. On pourrait encore arriver directement à la même conclusion de la manière suivante.

Les points d'application des forces P, P',... étant supposés tous compris dans un seul plan, concevons que de l'origine on abaisse sur ce plan une perpendiculaire, puis désignons par k sa longueur, et par l, m, n, les angles que sa direction forme avec les demi-axes des coordonnées positives. Le rayon vecteur mené de l'origine au point du plan qui a pour coordonnées x, y, z formera évidemment avec la direction de la perpendiculaire un angle dont le cosinus sera

$$\frac{x \cos l + y \cos m + z \cos n}{(x^2 + y^2 + z^2)^{\frac{1}{2}}};$$

et comme, en projetant ce rayon vecteur sur la direction de la perpendiculaire, on devra évidemment retrouver la longueur k, on aura nécessairement

$$x \cos l + y \cos m + z \cos n = k;$$

or cette dernière formule, lorsqu'on y considère x, y, z comme variables, n'est pas autre chose que l'équation générale d'un plan présentée sous la forme la plus utile dans les applications.

Dans la question qui nous occupe cette équation doit être satisfaite non-seulement lorsqu'on choisit pour x, y, z les coordonnées du point d'application de la force P, mais encore lorsqu'on remplace ces coordonnées par x', y', z', ou par x'', y'', z'', ..., etc.; on aura donc à la fois

$$x \cos l + y \cos m + z \cos n = k,$$
$$x' \cos l + y' \cos m + z' \cos n = k,$$
$$x'' \cos l + y'' \cos m + z'' \cos n = k, \text{ etc.}$$

Concevons maintenant que l'on ajoute entre elles les équations qui donnent ξ, η, ζ, après avoir multiplié la première par $\cos l$, la seconde par $\cos m$, la troisième par $\cos n$, on trouvera, en ayant égard aux formules qui précèdent,

$$R\,(\xi \cos l + \eta \cos m + \zeta \cos n) = (P \pm P' \pm P'' \pm \ldots)\,k = R\,k;$$

et, par suite,

$$\xi \cos l + \eta \cos m + \zeta \cos n = k;$$

donc les coordonnées ξ, η, ζ satisfont à l'équation du plan qui contient les points d'application des composantes, et, par conséquent, le point d'application de la résultante ou le centre des forces parallèles se trouve lui-même dans ce plan.

Si les points d'application des forces parallèles P, P',... se trouvaient à la fois situés dans deux plans donnés, ou, en d'autres termes, sur la droite qui résulte de leur intersection, le centre des forces parallèles se trouverait situé dans ces deux plans et par conséquent sur cette droite.

Lorsque les forces P, P', P'',... agissent toutes dans le même sens, les équations qui donnent R et les coordonnées ξ, η, ζ deviennent

$$
\begin{aligned}
R &= P + P' + P'' + \ldots = \Sigma P,\\
R\xi &= Px + P'x' + P''x'' + \ldots = \Sigma Px,\\
R\eta &= Py + P'y' + P''y'' + \ldots = \Sigma Py,\\
R\zeta &= Pz + P'z' + P''z'' + \ldots = \Sigma Pz.
\end{aligned}
$$

Donc alors la résultante R équivaut à la somme des forces données; et si l'on conçoit cette résultante appliquée au centre des forces parallèles, son moment par rapport à chacun des plans coordonnés sera la somme des moments des autres forces. On a, en outre,

$$(7) \qquad \xi = \frac{\Sigma Px}{\Sigma P}, \qquad \eta = \frac{\Sigma Py}{\Sigma P}, \qquad \zeta = \frac{\Sigma Pz}{\Sigma P}.$$

Lorsque les forces données se réduisent à deux, on a

$$(P \pm P')\xi = Px \pm P'x',$$
$$(P \pm P')n = Py \pm P'y',$$
$$(P \pm P')\zeta = Pz \pm P'z',$$

et l'on en conclut, 1° en supposant que les deux forces P, P' agissent dans le même sens :

$$(8) \quad \begin{cases} \dfrac{P}{P'} = \dfrac{\xi - x'}{x - \xi} = \dfrac{n - y'}{y - n} = \dfrac{\zeta - z'}{z - \zeta} \\[2ex] = \dfrac{[(\xi - x')^2 + (n - y')^2 + (\zeta - z')^2]^{\frac{1}{2}}}{[(x - \xi)^2 + (y - n)^2 + (z - \zeta)^2]^{\frac{1}{2}}} ; \end{cases}$$

2° en supposant qu'elles agissent en sens contraire :

$$\frac{P}{P'} = \frac{\xi - x'}{\xi - x} = \frac{n - y'}{n - y} = \frac{\zeta - z'}{\zeta - z}$$
$$= \frac{[(\xi - x')^2 + (n - y')^2 + (\zeta - z')^2]^{\frac{1}{2}}}{[(\xi - x)^2 + (n - y)^2 + (\zeta - z)^2]^{\frac{1}{2}}}.$$

Il résulte de ces dernières formules non-seulement que le centre des forces parallèles P, P' est situé sur la droite qui joint leurs points d'application, mais encore que les distances de ce centre aux points dont il s'agit sont réciproquement proportionnelles aux intensités des deux forces. De plus, le centre des forces parallèles est ou n'est pas situé entre les deux points d'application suivant que les deux forces agissent dans le même sens ou en sens contraire. On pourrait arriver directement à ces résultats par des considérations géométriques.

En effet, prenons pour exemple le cas où les deux forces agissent dans le même sens. Soient A, A' (*fig.* 18) leurs points d'application, AB, A'B' les longueurs qui les représentent. Portons sur les prolongements de la droite AA' deux forces Q égales et directement opposées ; ces nouvelles forces étant représentées par les droites AC, $A'C'$, contruisons les parallélogrammes $ABCD$, $A'B'C'D'$, dont les diagonales prolongées se rencontreront en un point E; enfin menons la droite EF parallèle aux droites AB, $A'B'$. Comme l'adjonction de deux forces égales, opposées et agissant aux deux extrémités d'une même droite, ne change rien au système, les deux forces parallèles AB, $A'B'$ pourront être remplacées par les deux résultantes AD, $A'D'$. De plus on pourra transporter ces deux résultantes au point E, ou les remplacer par deux forces EH, EH' qui leur soient respectivement égales; chacune de ces deux forces, à leur tour, pourra être remplacée par ses deux composantes EG, EK, EG', EK' suivant les droites EF et GG' parallèles à AB et AA'. Aux deux forces parallèles données on peut donc substituer les quatre forces $EG = AC$, $EG' = A'C'$, $EK = AB$, $EK' = A'B'$. Mais les deux premières EG, EG' sont, par construction, nécessairement égales et opposées, elles se détruisent, par conséquent, et on peut les supprimer. Les deux secondes, au contraire, EK, EK', sont dirigées dans le même sens, suivant la même droite, et s'ajoutent; la résultante des deux forces données est donc dirigée suivant EF et égale à la somme

$$EK + EK' = AB + A'B'.$$

On a d'ailleurs, évidemment,

$$\frac{EF}{AF} = \frac{AB}{BD}, \quad \frac{EF}{A'F} = \frac{A'B'}{B'D'},$$

et, par suite, à cause de $B'D' = BD$,

$$\frac{AB}{A'F} = \frac{A'B'}{AF}, \quad AB \times AF = A'B' \times A'F,$$

c'est-à-dire que le point d'application de la résultante est situé entre les points d'application des composantes, à

des distances de ces points réciproquement ou inversement proportionnelles aux intensités de ces forces. Par là
même, si, en conservant aux deux forces données leurs
intensités relatives, on change leur direction, ou si on les
fait tourner autour de leurs points d'application en les
laissant toujours parallèles et dirigées dans le même sens;
la position du point E qui ne dépend que du rapport des
intensités des forces reste la même sur la ligne AB, et le
point F est bien le centre des deux forces parallèles.

Si, au lieu d'être dirigées dans le même sens, les deux
forces données étaient dirigées en sens contraire, la figure
changerait, mais la construction et le raisonnement reste-
raient les mêmes ; la résultante serait égale à la différence
des forces et leur serait toujours parallèle; son point
d'application, centre des forces parallèles, serait en dehors
de la portion de droite qui unit les points d'application
des deux composantes, du côté de la plus grande force, à
des distances de ces points inversement proportionnelles
aux intensités des forces.

SEPTIÈME LEÇON.

Application de la théorie des forces parallèles au cas de la pesanteur. — Définitions : verticale, pesanteur, poids, masse, densité. — Corps homogènes et non homogènes.— Densité constante ou variable.— Détermination des volumes, des surfaces, des arcs de courbes.— Calcul de la masse renfermée sous ces volumes, ces surfaces, ces arcs.

59. Tous les corps de la nature sont pesants ou tendent à se précipiter vers le centre de la terre, sous l'action d'une force qu'on appelle *pesanteur*. Lorsqu'on suspend un corps à un fil parfaitement flexible, de manière à former un fil à plomb, le fil se tend en ligne droite, ou prend une direction rectiligne que l'on prouve être celle de la pesanteur, ou suivant laquelle la pesanteur s'exerce. La direction du fil à plomb ou de la pesanteur s'appelle la *verticale* du lieu ; prolongée en haut et en bas jusqu'à la voûte céleste, elle marquerait deux points qu'on a nommés le *zénith* sur notre tête et le *nadir* sous nos pieds ; elle est aussi perpendiculaire ou normale à la surface des eaux tranquilles ou des fluides en repos et libres. Tout plan, toute ligne perpendiculaire à la verticale, parallèle à la surface des eaux tranquilles, est un plan *horizontal*, une ligne *horizontale*, un plan ou une ligne de *niveau*. Si la terre était sphérique et formée de couches concentriques uniformes, l'attraction qu'elle exerce sur tous les corps pourrait être censée s'exercer du centre, la verticale serait le prolongement du rayon terrestre, ou, prolongée dans l'intérieur de la terre, elle irait passer par le centre. Il n'en est pas tout à fait ainsi, mais néanmoins

les verticales prolongées passent très-près du centre de la terre, et, parce que ce centre est très-loin, parce que le rayon de la terre est très-grand, relativement aux dimensions des corps dont nous étudions les conditions d'équilibre ou de mouvement à la surface de la terre, les directions des actions exercées sur les divers points d'un même corps, ou les verticales menées par les divers points du corps peuvent être regardées comme parallèles, de sorte que la théorie des forces parallèles s'applique naturellement à la pesanteur.

Nous avons déjà dit que lorsqu'un corps pris à l'état de repos est soumis à l'action d'une force, il en résulte, dès le premier instant, une tendance au mouvement ; et que si, à cet instant, le mouvement est empêché par un obstacle, ce corps exercera contre cet obstacle un effort que l'on désigne du nom de *pression*. Nous avons appelé *poids* la pression exercée par un corps pesant contre le plan horizontal sur lequel il repose, et nous avons pris soin de faire remarquer que les quantités désignées en statique sous le nom de *forces* ne se manifestent que par des poids ou des pressions ; que cet équilibre entre des poids ou des pressions est le seul qu'on puisse observer dans la nature. Pour retenir le corps lorsqu'il est suspendu à un fil, on est obligé d'exercer un certain effort dirigé verticalement de bas en haut. Cet effort est évidemment égal et directement opposé au poids qui sollicite le corps à tomber suivant la verticale de haut en bas. En faisant varier le point d'attache, on remarque que l'effort nécessaire pour retenir le fil est le même dans toutes les positions ; et, si l'on regarde plus attentivement, on constatera que la direction du fil passe toujours par un même point du corps qui remplace ici le centre des forces parallèles, et prend le nom de *centre de gravité* ; cette observation est plus facile à faire lorsque le corps est un prisme très-

plat à bases parallèles ou une masse convexe de sub-
stance transparente. Un corps abandonné à lui-même est
donc dans le même cas que s'il était sollicité à se mouvoir
par une pression verticale, unique, égale à son poids et
appliquée à son centre de gravité.

60. On dit qu'un corps est *homogène* lorsque toutes
ses parties sont de même nature. L'expérience démontre
que le poids d'un corps homogène est indépendant de sa
forme et proportionnel à son volume, tandis que des
corps *non homogènes* peuvent avoir des poids très-diffé-
rents sous le même volume. Parce qu'il est naturel de supposer que les corps homogènes renferment des quantités
égales de matière sous des volumes égaux, on conclut des
observations fournies par l'expérience, comme aussi du
raisonnement, que le poids d'un corps est proportionnel
à la quantité de matière qu'il renferme ; et l'on explique la
différence des poids sous le même volume entre des corps
hétérogènes, en concevant que ces corps renferment des
quantités différentes de matière sous des volumes égaux.

La quantité de matière que renferme un corps, homogène ou non, est ce que l'on appelle sa *masse*. Pour un
corps homogène, le rapport de la masse au volume, ou
bien la masse comprise sous l'unité de volume, est une
quantité constante que l'on appelle *densité* du corps.
Pour un corps hétérogène, le rapport de la masse au
volume n'est plus une quantité constante, il varie avec
le volume du corps, et prend pour un volume donné le
nom de *densité moyenne*.

Soit M la masse d'un corps homogène, V son volume
et D sa densité (masse sous l'unité du volume), on aura,
en vertu de ce qui précède,

$$\frac{M}{V} = D, \quad \text{ou} \quad M = DV.$$

Si l'on fait varier le volume V, la masse M variera en même temps, mais le rapport de M à V restera toujours le même et égal à la densité D.

Pour un corps hétérogène, le rapport $\frac{M}{V}$ n'est plus constant, et tandis que le volume varie, ce rapport varie aussi. Considérons en particulier, dans cette hypothèse, un des points du corps et une portion de volume qui renferme ce même point. Si cette portion de volume vient à décroître indéfiniment, la portion de masse qu'elle renferme décroîtra sans cesse, mais le rapport de la masse au volume ou la densité moyenne s'approchera indéfiniment d'une certaine limite qui ne sera pas nulle en général, et que l'on appelle la densité du corps au point dont il s'agit.

Le poids d'un corps étant proportionnel à sa masse, si l'on désigne par P le poids du corps qui a M pour masse, et par g le poids de l'unité de masse, on aura

$$\frac{P}{M} = g, \quad \text{ou} \quad P = gM.$$

Nous nous réservons d'approfondir ailleurs, dans nos Leçons de Mécanique physique et synthétique, d'après les méthodes d'Ampère, les notions délicates de pesanteur, de verticale, de masse, de densité, etc., que nous venons d'effleurer rapidement. Notre tâche ici, et nous nous empressons d'y revenir, est de montrer comment on peut déterminer analytiquement le volume d'un corps, l'aire d'une surface, la longueur d'une ligne, leurs masses et les coordonnées de leur centre de gravité.

61. Si l'on considère une surface plane ou courbe, mais entièrement fixe, la position d'un point sur cette surface se trouvera déterminée par le moyen de deux coordonnées rectangulaires ou obliques, rectilignes ou curvilignes, etc., que nous désignerons dans tous les cas

possibles par les lettres

$$x \quad \text{et} \quad y;$$

une ligne quelconque tracée sur cette surface pourra être représentée par une équation dont le premier membre renferme les deux variables x et y, ou au moins l'une d'entre elles. Dans le dernier cas, c'est-à-dire lorsque l'équation donnée renfermera une seule variable x ou y, nous dirons que la ligne correspondante est de première espèce. Ainsi les *lignes de première espèce* sont celles qui auront des équations de la forme

$$f(x) = 0, \quad \text{ou} \quad f(y) = 0,$$

par conséquent celles dont les équations résolues par rapport à l'une des variables se réduiront à

$$x = \text{constante}, \quad \text{ou} \quad y = \text{constante}.$$

Au contraire nous appellerons *lignes de deuxième espèce* toutes celles dont les équations seront de la forme

$$f(x, y) = 0,$$

ou, ce qui revient au même,

$$y = f(x).$$

Ces définitions étant admises, il est clair qu'à chaque valeur donnée de x ou de y correspondra toujours une ligne de première espèce, et que par un point donné on pourra toujours faire passer deux de ces lignes. Nous appellerons *lignes coordonnées* des x et des y les deux lignes de première espèce qui ont respectivement pour équations

$$y = 0, \quad x = 0.$$

L'origine des coordonnées sera le point d'intersection de ces deux lignes, c'est-à-dire, en d'autres termes, le point dont les coordonnées se réduisent à zéro.

62. Soit maintenant : p le point qui a pour coordonnées x et y, n un second point qui ait pour coordonnées $x + \Delta x$, $y + \Delta y$; Δx, Δy étant deux accroissements très-petits attribués aux variables x et y; et désignons par a la petite aire $mnpq$ (*fig.* 19) comprise entre les quatre lignes de première espèce qui passent par les points p et n. L'aire a dépendra en général des quatre quantités

$$x, \quad y, \quad \Delta x, \quad \Delta y,$$

et s'évanouira toujours en même temps que le produit

$$\Delta x\, \Delta y\,;$$

car il suffira, pour la rendre nulle, d'égaler à zéro un des facteurs de ce produit; mais si l'on fait décroître indéfiniment Δx et Δy, le rapport

$$\frac{a}{\Delta x\, \Delta y}$$

convergera vers une limite qui ne pourra plus dépendre que des variables x et y, et qui, dans plusieurs systèmes de coordonnées, se réduira simplement à une quantité constante. Ainsi, par exemple, on aura, pour un système de coordonnées rectangulaires tracées sur une surface plane,

$$a = \Delta x\, \Delta y\,;$$

et par suite

$$\frac{a}{\Delta x\, \Delta y} = 1.$$

Pour un système de coordonnées obliques tracées sur une surface plane et comprenant entre elles l'angle θ,

$$a = \Delta x\, \Delta y \sin \theta,$$

$$\frac{a}{\Delta x\, \Delta y} = \sin \theta.$$

Donc, si l'on fait, en général,

$$(1) \qquad\qquad \lim \frac{a}{\Delta x\, \Delta y} = u,$$

on aura $u = 1$ dans le cas des coordonnées rectangulaires, $u = \sin\theta$ dans le cas des coordonnées obliques, etc. D'autres systèmes de coordonnées pourront fournir pour la quantité u, au lieu d'une valeur constante, une valeur variable, c'est-à-dire une fonction de x et de y. Ajoutons qu'après avoir trouvé la valeur de u, on en déduira sans peine l'aire comprise dans un contour quelconque : c'est ce que nous allons faire voir.

63. Considérons d'abord (*fig.* 20) un contour formé par quatre lignes de première espèce, savoir celles qui passent par le point fixe M_0, dont les coordonnées sont x_0, y_0 et celles qui passent par le point variable M, dont les coordonnées sont x, y.

L'aire MM_0 contenue dans ce contour sera variable elle-même, et nous la représenterons en conséquence par $\chi(x, y)$.

Cela posé, il est facile de voir que si l'on désigne par la caractéristique Δ_x l'accroissement que reçoit une fonction de x dans laquelle on fait croître x de Δx, et par la caractéristique Δ_y l'accroissement que reçoit une fonction de y dans laquelle on fait croître y de Δy, on aura, en vertu de l'équation (1),

$$\Delta_y \Delta_x \chi(x, y) = M\,mnq = a = (1 + \varepsilon)\, u\, \Delta x\, \Delta y,$$

ε étant une quantité très-petite.

En divisant les deux membres de l'équation précédente par $\Delta x\, \Delta y$ et passant aux limites, on conclura

$$\frac{d_y}{dy}\frac{d_x \chi(x, y)}{dx} = u,$$

ou, dans les notations admises,

$$\frac{d^2 \chi(x, y)}{dx\,dy} = D^2_{yx}\, \chi(x, y) = u.$$

En intégrant cette dernière équation par rapport à y

à partir de $y = y_0$, et ayant égard à la condition

$$\chi(x, y_0) = 0$$

qui doit être vérifiée quel que soit x, on trouvera

$$\frac{d\chi(x, y)}{dx} = D_x \chi(x, y) = \int_{y_0}^{y} u\, dy.$$

Intégrant de nouveau par rapport à x à partir de $x = x_0$, en ayant égard à la condition

$$\chi(x_0, y) = 0$$

qui doit être vérifiée quel que soit y, on obtient

$$\chi(x, y) = \int_{x_0}^{x} dx \int_{y_0}^{y} u\, dy = \int_{x_0}^{x} \int_{y_0}^{y} u\, dx\, dy.$$

Il est essentiel d'observer que de l'équation

$$D_x \chi(x, y) = \int_{y_0}^{y} u\, dy$$

on tire

$$\Delta_x \chi(x, y) = \Delta x (1 + \varepsilon') \int_{y_0}^{y} u\, dy;$$

par conséquent $\Delta_x \chi(x, y)$, c'est-à-dire l'aire comprise d'une part entre les lignes de première espèce qui correspondent aux abscisses x et $x + \Delta x$, de l'autre entre les lignes de première espèce qui correspondent aux ordonnées y_0, y, est représenté par un produit de la forme

$$\Delta x (1 + \varepsilon') \int_{y_0}^{y} u\, dy,$$

ε' étant une quantité très-petite.

Si l'on fait $y = Y$, Y désignant une quantité constante, le produit précédent deviendra

$$\Delta x (1 + \varepsilon') \int_{y_0}^{Y} u\, dy$$

et représentera l'aire comprise entre les lignes de première espèce qui répondent d'une part aux abscisses x, $x + \Delta x$, de l'autre aux ordonnées y_0 et Y.

64. Concevons maintenant que, x_0 désignant toujours une quantité constante, on représente par y_0, Y, non plus deux valeurs constantes de y, mais deux fonctions de la variable x, et cherchons l'aire comprise d'une part entre les lignes de deuxième espèce qui ont pour équation

$$y = y_0, \quad y = Y,$$

de l'autre entre les lignes de première espèce qui correspondent aux abscisses x_0 et x. Cette aire sera variable avec x, et si on la représente par $\varphi(x)$, elle recevra pour accroissement $\Delta \varphi(x)$, quand on fera croître x de Δx. Soit $pqrs$ (*fig.* 21) l'accroissement dont il s'agit renfermé d'une part entre les lignes de première espèce pr et qs correspondantes aux abscisses x, $x + \Delta x$, de l'autre entre les portions pq, rs des lignes de deuxième espèce qui ont pour ordonnées aux points p et q, y_0 et Y ; il est clair qu'on pourra, sans changer la valeur de l'aire $pqrs$, remplacer séparément ou simultanément : 1° la ligne de deuxième espèce pq dont l'ordonnée au point p est Y par une ligne de première espèce $p'q'$; 2° la ligne de deuxième espèce rs dont l'ordonnée au point r est y_0 par une ligne de première espèce $r's'$, on aura donc encore

$$\Delta \varphi(x) = p'q'r's'.$$

De plus, la ligne $r's'$ coupera évidemment la ligne rs, et, par suite, aura une équation de la forme

$$y = y_0 + \varepsilon',$$

ε' désignant un certain accroissement que reçoit y_0 considéré comme fonction de x lorsqu'on fait croître x d'une certaine quantité plus petite que Δx. De même la ligne $p'q'$ aura une équation de la forme

$$y = \mathrm{Y} + \varepsilon'',$$

$\mathrm{Y} + \varepsilon''$ étant l'ordonnée d'un point de la ligne pq correspondante à une abscisse comprise entre x et $x + \Delta x$; cela posé, on trouvera (n° 63)

$$p'q'r's' = (1 + \varepsilon)\,\Delta x \int_{y_0 + \varepsilon'}^{\mathrm{Y} + \varepsilon''} u\,dy,$$

et par conséquent aussi

$$\Delta_x \varphi(x) = (1 + \varepsilon)\,\Delta x \int_{y_0 + \varepsilon'}^{\mathrm{Y} + \varepsilon''} u\,dy,$$

ε, ε' et ε'' étant des quantités qui décroîtront indéfiniment avec Δx. Si on divise par Δx les deux membres de l'équation précédente, on en conclura, en passant aux limites,

$$\frac{d\varphi(x)}{dx} = \mathrm{D}_x \varphi(x) = \int_{y_0}^{\mathrm{Y}} u\,dy,$$

puis en intégrant à partir de $x = x_0$, et ayant égard à la condition $\varphi(x_0) = 0$,

$$\varphi(x) = \int_{x_0}^{x} dx \int_{y_0}^{\mathrm{Y}} u\,dy = \int_{x_0}^{x} \int_{y_0}^{\mathrm{Y}} u\,dx\,dy\,;$$

mais il faut se rappeler alors que la première intégration doit être faite par rapport à y entre les limites y_0 et Y qui dépendent de la variable x, et la seconde par rapport à x, à partir de la limite x_0 qui est une quantité constante.

Si en désignant par y_0, Y deux fonctions de x, et par x_0, X deux quantités constantes, on cherchait l'aire comprise d'une part entre les lignes de deuxième espèce qui ont pour équations

$$y = y_0 \quad \text{et} \quad y = \mathrm{Y},$$

de l'autre entre les deux lignes de première espèce qui

8 .

ont pour équations

$$x = x_0 \quad \text{et} \quad x = \mathrm{X},$$

on trouverait pour la valeur de cette aire que nous appellerons A,

$$\mathrm{A} = \varphi(\mathrm{X}) = \int_{x_0}^{\mathrm{X}} \int_{y_0}^{\mathrm{Y}} u\, dx\, dy\,;$$

dans le cas particulier où y_0, Y deviennent constantes, la valeur précédente de A se réduit, comme on pouvait le prévoir, à la valeur précédemment obtenue pour $\chi(x,y)$.

En résumé, si l'élément de surface compris entre les lignes de première espèce qui correspondent aux coordonnées

$$x, \quad x + \Delta x, \quad y, \quad y + \Delta y,$$

est représentée par

$$(u + \varepsilon)\, \Delta x\, \Delta y,$$

ε désignant une quantité qui décroisse indéfiniment avec Δx, Δy; si, de plus, on représente par y_0, Y deux fonctions de la variable x, et par x_0, X deux quantités constantes, la surface ou aire A comprise entre les quatre lignes de première et de deuxième espèce qui auront pour équations

$$x = x_0, \quad x = \mathrm{X}, \quad y = y_0, \quad y = \mathrm{Y},$$

sera donnée par l'équation

$$\mathrm{A} = \int_{x_0}^{\mathrm{X}} \int_{y_0}^{\mathrm{Y}} u\, dx\, dy.$$

Scolie. — Il est essentiel d'observer que la méthode ci-dessus exposée peut servir à déterminer non-seulement la surface comprise entre les lignes que représentent les équations qui précèdent, mais aussi toute autre quantité assujettie à croître ou à décroître avec cette même surface. Une semblable quantité se trouverait encore exprimée par l'intégrale qui précède, si l'on désignait par

$$(u + \varepsilon)\, \Delta x\, \Delta y,$$

non plus l'élément de la surface, mais l'élément correspondant de la quantité cherchée. Enfin si la surface donnée se trouvait terminée par un contour quelconque, il serait facile de la décomposer en plusieurs parties à chacune desquelles on pourrait appliquer la méthode précédente.

65. Passons au problème des cubatures ou à la détermination du volume des corps.

La position d'un point dans l'espace se trouve complétement déterminée par le moyen de trois coordonnées rectangulaires ou obliques, rectilignes ou curvilignes, polaires, etc., que nous désignerons dans tous les cas par les trois lettres

$$x, \quad y, \quad z.$$

Cette notation étant adoptée, une surface quelconque pourra être représentée par une équation dont le premier membre renfermera les trois variables x, y, z, ou deux de ces variables, ou au moins l'une d'elles. Pour distinguer ces trois cas l'un de l'autre, nous dirons qu'une surface est de *première*, de *deuxième*, de *troisième espèce*, suivant que son équation renferme une, deux ou trois variables. En conséquence, l'équation d'une surface de première espèce aura l'une des trois formes

$$f(x) = 0, \quad f(y) = 0, \quad f(z) = 0,$$

ou, ce qui revient au même, l'une des suivantes,

$$x = \text{constante}, \quad y = \text{constante}, \quad z = \text{constante}.$$

L'équation d'une surface de deuxième espèce aura l'une

des trois formes

$$f(x, y) = 0, \quad f(x, z) = 0, \quad f(y, z) = 0,$$

ou, si l'on veut, l'une des trois formes

$$y = f(x), \quad z = f(x), \quad z = f(y).$$

Enfin l'équation d'une surface de troisième espèce sera de la forme

$$f(x, y, z) = 0,$$

à laquelle on peut substituer la suivante

$$z = f(x, y).$$

Cela posé, il est clair qu'à chaque valeur donnée de x, y ou z correspondra toujours une surface de première espèce, et que par un point donné on pourra toujours faire passer trois semblables surfaces. Nous appellerons *surfaces coordonnées* des yz, des zx et des xy les trois surfaces de première espèce qui auront pour équations respectives

$$x = 0, \quad y = 0, \quad z = 0.$$

Ces surfaces se couperont suivant trois lignes que nous appellerons *lignes coordonnées* ou *axes coordonnés* des x, des y et des z, et ces axes en un point qui sera l'*origine* des coordonnées; par suite, l'origine sera le point dont les trois coordonnées se réduisent à zéro.

Une ligne pouvant être considérée comme l'intersection de deux surfaces, sera naturellement représentée par deux équations; si ces équations sont de la forme

$$z = 0, \quad f(x, y) = 0,$$

la ligne se trouvera située sur la surface coordonnée des xy, et ne sera pas autre chose que l'intersection de cette surface coordonnée avec la surface de deuxième espèce à laquelle appartient l'équation

$$f(x, y) = 0.$$

En général, il est clair que toute surface de deuxième
espèce, représentée par une équation entre deux variables, coupera l'une des trois surfaces coordonnées suivant
une ligne de deuxième espèce à laquelle appartiendra
l'équation dont il s'agit. Nous dirons que cette ligne est
la *base* de la surface.

66. Considérons maintenant l'élément de volume terminé par les six surfaces de première espèce qui passent
par les deux points dont les coordonnées sont respectivement

$$x, \quad y, \quad z,$$
$$x + \Delta x, \quad y + \Delta y, \quad z + \Delta z.$$

Ce volume, équivalent, dans le cas des coordonnées rectangulaires, au produit

$$\Delta x \, \Delta y \, \Delta z,$$

s'évanouira dans tous les cas avec ce produit, et pourra
être représenté par une expression de la forme

$$(w + \varepsilon) \, \Delta x \, \Delta y \, \Delta z,$$

w désignant la limite vers laquelle converge, pour des valeurs décroissantes de Δx, Δy, Δz, le rapport du volume
ci-dessus mentionné au produit $\Delta x \, \Delta y \, \Delta z$, et la quantité
ε étant assujettie à décroître indéfiniment avec ce même
produit. Dans chaque système de coordonnées, la quantité
w ne pourra être qu'une quantité constante ou une fonction déterminée des variables

$$x, \quad y, \quad z.$$

De plus, après avoir trouvé la valeur constante ou variable de cette quantité w, on en déduira facilement l'expression du volume renfermé dans une enveloppe quelconque.

En effet, cherchons d'abord le volume v compris entre
les six surfaces de première espèce qui passent par les

points dont les coordonnées sont

$$x, \quad y, \quad z, \quad x + \Delta x, \quad y + \Delta y, \quad z.$$

On pourra considérer ce volume comme l'accroissement relatif à x et à y d'un autre volume renfermé entre les surfaces de première espèce qui passent par les deux points dont les coordonnées sont respectivement

$$x_0, \quad y_0, \quad z_0, \quad x, \quad y, \quad z.$$

Désignons par $\psi(x, y, z)$ ce dernier volume, et admettons que les caractéristiques Δ_x, Δ_y, Δ_z indiquent les accroissements que reçoivent les fonctions de x, y, z, quand on y fait croître x de Δx, ou y de Δy, ou z de Δz, le volume cherché v sera

$$v = \Delta_y \Delta_x \psi(x, y, z),$$

et de plus on aura, en vertu de ce qui précède,

$$\Delta_z \Delta_y \Delta_x \psi(x, y, z) = (w + \varepsilon) \Delta x \, \Delta y \, \Delta z.$$

En divisant par Δz les deux membres de l'équation précédente, puis faisant converger Δz vers la limite zéro, on obtiendra la formule suivante :

$$\frac{d_z \cdot \Delta_y \Delta_x \psi(x, y, z)}{dz} = (w + \varepsilon) \Delta x \, \Delta y;$$

puis en intégrant par rapport à z, à partir de $z = z_0$, et observant que l'on a, quels que soient x et y,

$$\psi(x, y, z_0) = 0,$$

on obtiendra

$$v = \Delta_y \Delta_x \psi(x, y, z) = \Delta x \, \Delta y \int_{z_0}^{z} (w + \varepsilon) dz,$$

ou, ce qui revient au même,

$$v = \Delta_y \Delta_x \psi(x, y, z) = (1 + \varepsilon) \Delta x \, \Delta y \int_{z_0}^{z} w \, dz,$$

ε désignant une quantité qui aura des valeurs différentes dans les diverses formules, mais toujours des valeurs très-petites quand Δx et Δy seront eux-mêmes très-petits.

Si l'on voulait obtenir le volume compris, d'une part, entre les surfaces de première espèce qui correspondent aux coordonnées

$$x, \quad x + \Delta x, \quad y, \quad y + \Delta y,$$

de l'autre, entre les surfaces de première espèce qui ont pour équations

$$z = z_0, \quad z = Z,$$

il suffirait de remplacer z par Z dans le second membre de l'équation qui donne ν; on trouverait ainsi pour représenter le volume cherché une expression de la forme

$$(1 + \varepsilon)\, \Delta x\, \Delta y \int_{z_0}^{Z} w\, dz,$$

ε désignant toujours une quantité infiniment petite.

67. Concevons maintenant que x_0 et X désignent deux quantités constantes, y_0 et Y deux fonctions de la variable x, z_0 et Z deviennent des fonctions de deux variables x et y, et cherchons le volume compris, d'une part, entre les surfaces de première et de deuxième espèce, qui ont pour équations

$$x = x_0, \quad x = X, \quad y = y_0, \quad y = Y,$$

de l'autre, entre les surfaces de troisième espèce qui ont pour équations

$$z = z_0, \quad z = Z.$$

Ce volume croîtra ou décroîtra en même temps que l'aire comprise entre les quatre bases des surfaces de première et de seconde espèce, et si l'on désigne par

$$(u + \varepsilon)\, \Delta x\, \Delta y$$

l'élément auquel se réduit ce volume, dans le cas où l'on remplace les surfaces $x = x_0$, $x = \mathrm{X}$, $y = y_0$, $y = \mathrm{Y}$, par les quatre surfaces de première espèce qui correspondent aux coordonnées

$$x, \quad x + \Delta x, \quad y, \quad y + \Delta y,$$

on obtiendra pour l'expression du volume cherché

$$\int_{x_0}^{\mathrm{X}} \int_{y_0}^{\mathrm{Y}} u\,dx\,dy.$$

Il reste à trouver la valeur de u, ou, ce qui revient au même, celle du volume élémentaire

$$(u + \varepsilon)\,\Delta x\,\Delta y,$$

compris, d'une part, entre les surfaces de première espèce qui correspondent aux coordonnées

$$x, \quad x + \Delta x, \quad y, \quad y + \Delta y,$$

de l'autre, entre les surfaces de troisième espèce qui ont pour équations

$$z = z_0, \quad z = \mathrm{Z}.$$

Or, sans changer ce volume élémentaire, on pourra évidemment remplacer : 1° la petite portion de surface de troisième espèce qui prend son origine au point dont les coordonnées sont

$$x, \quad y, \quad z_0,$$

et qui se termine à celui dont les coordonnées sont

$$x + \Delta x, \quad y + \Delta y, \quad z_0 + \Delta z_0$$

par une portion correspondante de surface de première espèce dont l'équation serait de la forme

$$z = z_0 + \varepsilon',$$

ε' étant une quantité infiniment petite en même temps que Δx, Δy; 2° la petite portion de surface de troisième espèce qui s'étend depuis le point correspondant aux coordonnées

$$x, \quad y, \quad Z,$$

jusqu'à celui dont les coordonnées sont

$$x + \Delta x, \quad x + \Delta y, \quad Z + \Delta Z$$

par une portion correspondante de surface de première espèce dont l'équation soit de la forme

$$z = Z + \varepsilon'',$$

ε'' désignant encore une quantité infiniment petite. De plus, pour obtenir le volume compris, d'une part, entre les surfaces de première espèce qui sont représentées par les équations

$$z = z_0 + \varepsilon', \quad z = Z + \varepsilon'';$$

de l'autre, entre les surfaces de première espèce qui correspondent aux coordonnées $x, x + \Delta x; y, y + \Delta y$, il suffira évidemment de remplacer dans la formule

$$v = (1 + \varepsilon)\, \Delta x\, \Delta y \int_{z_0}^{Z} w\,dz,$$

z_0 par $z_0 + \varepsilon'$, et Z par $Z + \varepsilon''$. On trouvera, en conséquence, pour représenter ce volume une expression de la forme

$$(1 + \varepsilon''')\, \Delta x\, \Delta y \int_{z_0 + \varepsilon'}^{Z + \varepsilon''} w\,dz,$$

ε''' étant une quantité infiniment petite. En égalant cette expression à $(u + \varepsilon)\, \Delta x\, \Delta y$, on trouvera

$$u + \varepsilon = (1 + \varepsilon''') \int_{z_0 + \varepsilon'}^{Z + \varepsilon''} w\,dz,$$

puis, en passant aux limites,

$$u = \int_{z_0}^{Z} w\,dz.$$

La valeur de u étant ainsi déterminée, la formule qui exprime le volume compris entre les surfaces données deviendra

$$\int_{x_0}^{X} dx \int_{y_0}^{Y} dy \int_{z_0}^{Z} w\, dz.$$

On aura donc, en désignant par V le volume cherché et supposant les intégrations faites 1° par rapport à z entre les limites variables z_0, Z; 2° par rapport à y entre les limites variables y_0, Y; 3° par rapport à x entre les limites constantes x_0, X,

$$V = \int_{x_0}^{X} \int_{y_0}^{Y} \int_{z_0}^{Z} w\, dx\, dy\, dz.$$

Scolie.—Il est essentiel d'observer que la méthode précédente peut servir à déterminer non-seulement le volume compris entre les surfaces dont il s'agit, mais encore toute autre quantité assujettie à croître ou à décroître avec ce même volume. Une semblable quantité se trouverait encore exprimée par l'intégrale qui forme le second membre de la dernière équation, si l'on désignait par

$$(w + \varepsilon)\, \Delta x\, \Delta y\, \Delta z,$$

non plus l'élément de volume V, mais l'élément correspondant de la quantité cherchée.

Ajoutons que si le volume donné se trouvait terminé, non par les surfaces données, mais par un contour quelconque, il serait facile de le décomposer en plusieurs parties, de manière que chacune de ces parties ou le volume correspondant, pût être facilement calculé par la méthode que nous venons d'exposer.

On peut remarquer encore que si l'on divise par $\Delta x\, \Delta y\, \Delta z$ les deux membres de l'équation

$$\Delta_x \Delta_y \Delta_z \psi(x, y, z) = (w + \varepsilon)\, \Delta x\, \Delta y\, \Delta z,$$

on en conclura, en passant aux limites,

$$w = \frac{d^3\psi(x, y, z)}{dx\,dy\,dz} = D^3_{xyz}\psi(x, y, z);$$

de plus, il est permis de prendre pour $\psi(x, y, z)$ le volume compris entre les six surfaces de première espèce qui correspondent aux coordonnées

$$o, \quad x, \quad o, \quad y, \quad o, \quad z,$$

il suffit donc de connaître ce dernier volume pour en déduire la valeur de w.

68. Faisons servir à la détermination des masses les principes que nous venons d'établir.

Dans un corps hétérogène considérons un point qui ait pour coordonnées

$$x, \quad y, \quad z.$$

Soit v un élément de volume qui renferme ce même point et m la masse comprise sous le volume v; lorsque l'élément v sera très-petit, la masse m sera également très-petite, mais le rapport

$$\frac{m}{v}$$

ou la densité moyenne relative au volume v conservera en général une valeur finie. De plus, si on fait décroître indéfiniment les trois dimensions de l'élément v, sans que cet élément cesse de renfermer le point x, y, z, le rapport

$$\frac{m}{v}$$

convergera vers une limite fixe. Cette limite est ce qu'on appelle la *densité* du corps, au point dont les coordonnées sont x, y, z, elle est une fonction des trois variables x, y, z que nous désignerons par la lettre ρ. Cela posé, on aura

$$\lim \frac{m}{v} = \rho,$$

et, en supposant les trois dimensions du volume ν très-petites,

$$\frac{m}{\nu} = \rho (1 + \varepsilon), \quad m = \rho \nu (1 + \varepsilon).$$

Dans ces dernières formules, ε désigne une quantité infiniment petite. Si, pour fixer les idées, on imagine que le volume élémentaire ν soit compris entre les surfaces de première espèce qui correspondent aux coordonnées

$$x, \quad x + \Delta x, \quad y, \quad y + \Delta y, \quad z, \quad z + \Delta z,$$

la valeur de ν sera de la forme

$$\nu = w (1 + \varepsilon') \, \Delta x \, \Delta y \, \Delta z,$$

w étant une fonction des seules variables x, y, z; et, par suite, la valeur de m prendra la forme suivante

$$m = (1 + \varepsilon'') \rho \, w \, \Delta x \, \Delta y \, \Delta z.$$

Soient maintenant M la masse entière du corps, V son volume, et concevons que ce volume soit enfermé : 1° entre deux surfaces de première espèce qui ont pour équations

$$x = x_0, \quad x = X,$$

x_0 et X étant des quantités constantes; 2° entre deux surfaces de deuxième espèce qui ont pour équations

$$y = y_0, \quad y = Y,$$

y_0 et Y étant deux fonctions de x; 3° entre deux surfaces de troisième espèce qui ont pour équations

$$z = z_0, \quad z = Z,$$

z_0 et Z étant des fonctions des deux variables x et y. En vertu des principes établis dans des paragraphes précédents, on trouvera pour la valeur de V

$$(1) \qquad V = \int_{x_0}^{X} \int_{y_0}^{Y} \int_{z_0}^{Z} w \, dx \, dy \, dz.$$

Si, dans le second membre de la formule, on écrit ρw au lieu de w, on obtiendra (n° 67, *Scolie*) la valeur de M, savoir

$$(2) \qquad M = \int_{x_0}^{X} \int_{y_0}^{Y} \int_{z_0}^{Z} \rho\, w\, dx\, dy\, dz.$$

Lorsque le volume V n'est pas terminé comme on le suppose ici, on parvient sans peine à le décomposer en plusieurs parties dont chacune peut être calculée par le moyen de la formule (1). La masse correspondante à chacune de ces parties peut alors se déduire de la formule (2).

69. Il est essentiel de se rappeler que l'on peut, dans chaque système de coordonnées, déterminer facilement la valeur de w, dès que l'on connaît le volume compris entre les six surfaces de première espèce qui passent par l'origine et par le point dont les coordonnées sont x, y, z. En effet, soit $\psi\,(x, y, z)$ ce dernier volume; on aura, comme on l'a fait voir,

$$w = \frac{d^3 \psi\,(x, y, z)}{dx\,dy\,dz} = D^3_{xyz}\,\psi\,(x, y, z).$$

Pour donner une première application des formules précédentes, supposons d'abord les coordonnées x, y, z rectangulaires. Dans cette hypothèse, le volume $\psi\,(x, y, z)$ compris entre les six surfaces de première espèce, ou entre les six plans qui passent par l'origine et le point dont les coordonnées x, y, z, se trouve déterminé par l'équation

$$\psi\,(x, y, z) = xyz,$$

de laquelle on tire

$$w = \frac{d^3 \psi\,(x, y, z)}{dx\,dy\,dz} = 1.$$

On aurait pu encore arriver au même résultat, en observant que le volume renfermé entre des plans rectangulaires qui passent par les points dont les coordonnées sont :

$$x, \quad y, \quad z, \quad x + \Delta x, \quad y + \Delta y, \quad z + \Delta z,$$

se réduit à un parallélipipède rectangle, dont les dimensions sont respectivement égales à Δx, Δy, Δz, en sorte qu'on a

$$v = \Delta x \, \Delta y \, \Delta z,$$

et, par suite (n° 68),

$$w(1 + \varepsilon) = 1, \quad w = 1.$$

Cela posé, les formules qui donnent V et M deviendront

$$V = \int_{x_0}^{X} \int_{y_0}^{Y} \int_{z_0}^{Z} dx \, dy \, dz = \int_{x_0}^{X} \int_{y_0}^{Y} (Z - z_0) \, dx \, dy,$$

$$M = \int_{x_0}^{X} \int_{y_0}^{Y} \int_{z_0}^{Z} \rho \, dx \, dy \, dz.$$

Si l'on considère des coordonnées obliques, mais toujours rectilignes, en désignant par a le volume du parallélipipède qui aurait pour arêtes trois droites respectivement parallèles aux axes des coordonnées, et de plus égales à l'unité de longueur, on trouvera

$$\psi(x, y, z) = a x y z, \quad v = a \, \Delta x \, \Delta y \, \Delta z,$$

et, par suite,

$$w = a.$$

Cela posé, les formules (1) et (2) deviendront

$$V = a \int_{x_0}^{X} \int_{y_0}^{Y} \int_{z_0}^{Z} dx \, dy \, dz = a \int_{x_0}^{X} \int_{y_0}^{Y} (Z - z_0) \, dx \, dy,$$

$$M = a \int_{x_0}^{X} \int_{y_0}^{Y} \int_{z_0}^{Z} \rho \, dx \, dy \, dz.$$

Concevons maintenant que la position du point dans l'espace se trouve déterminée par le moyen des coordonnées polaires

$$x = \theta, \quad y = p, \quad z = r,$$

r désignant le rayon vecteur mené du point que l'on considère à un point fixe pris pour origine; θ l'angle que forme ce rayon vecteur avec un axe fixe, ou plutôt avec un demi-axe passant par l'origine, et p l'angle formé par un plan fixe qui renferme ce demi-axe, avec le plan qui passe par le même demi-axe et le rayon vecteur. Les surfaces de première espèce, c'est-à-dire les surfaces représentées par des équations de la forme

$$\theta = \text{constante}, \quad \text{ou} \quad p = \text{constante}, \quad \text{ou} \quad r = \text{constante},$$

seront évidemment : les premières, des surfaces coniques droites à bases circulaires qui auront pour axe l'axe fixe; les secondes, des plans passant par l'axe fixe; les troisièmes, des surfaces sphériques qui auront pour centre l'origine.

Les équations

$$\theta = 0, \quad p = 0, \quad r = 0$$

appartiendront en particulier, la première au plan fixe, la seconde à l'axe fixe, la troisième au point unique pris pour origine.

Cela posé, le volume, représenté par

$$\psi(\theta, p, r),$$

se trouve terminé : 1° par deux plans qui renfermeront l'axe fixe, et comprendront entre eux un angle égal à p; 2° par une portion de surface conique dont la génératrice formera avec l'axe fixe l'angle θ; 3° par une portion de zone sphérique dont la hauteur est équivalente à

$$r(1 - \cos\theta),$$

et l'aire, au produit

$$2\pi r[r(1 - \cos\theta)] = 2\pi r^2(1 - \cos\theta).$$

Le volume sera donc une portion de secteur sphérique

I.   9

qui a pour base cette zone et dont le volume est, en conséquence,

$$\frac{1}{3}\, r\, 2\,\pi\, r^2\left(1-\cos\theta\right)=\frac{2}{3}\,\pi\, r^3\left(1-\cos\theta\right).$$

Ajoutons que le volume $\psi\,(\theta, p, r)$ sera au secteur sphérique dans le rapport de p à $2\,\pi$, d'où l'on conclura

$$\psi\,(\theta, p, r)=\frac{p}{2\,\pi}\,\frac{2\,\pi}{3}\,r^3\left(1-\cos\theta\right),$$

ou, ce qui revient au même,

$$\psi\,(\theta, p, r)=\frac{r^3}{3}\left(1-\cos\theta\right)p.$$

On aura d'ailleurs, en remplaçant, dans la formule
$w=\mathrm{D}^3_{xyz}\psi(x, y, z)$, x, y, z, par θ, p, r,

$$w=\mathrm{D}^3_{\theta pr}\psi(\theta, p, r)=r^2\sin\theta,\quad\text{ou}\quad w=r^2\sin\theta.$$

La valeur de w étant ainsi trouvée, on tirera des équations (1) et (2), en écrivant θ, p, r au lieu de x, y, z,
θ_0, p_0, r_0 au lieu de x_0, y_0, z_0, et Θ, P, R au lieu de X,
Y, Z,.

$$\mathrm{V}=\int_{\theta_0}^{\Theta}\int_{p_0}^{\mathrm{P}}\int_{r_0}^{\mathrm{R}}r^2\sin\theta\,d\theta\,dp\,dr,$$

$$\mathrm{M}=\int_{\theta_0}^{\Theta}\int_{p_0}^{\mathrm{P}}\int_{r_0}^{\mathrm{R}}p\,r^2\sin\theta\,d\theta\,dp\,dr.$$

Dans ces dernières équations, r_0 et R sont des fonctions
des variables θ et p; p_0 et P des fonctions de la seule variable θ, et θ_0, Θ des quantités constantes.

70. Après avoir appris à déterminer les masses comprises sous un volume donné, considérons des masses concentrées sur des surfaces ou sur des lignes. La masse d'un
corps sous un volume donné est évidemment d'autant
plus grande que sa densité en chaque point est plus considérable; et, si l'on vient à diminuer le volume, il suf-

fira, pour que la masse demeure constante, d'augmenter partout la densité. On peut même, en faisant croître indéfiniment la densité, renfermer une masse donnée sous un volume dont les dimensions soient aussi petites qu'on le voudra. Si les trois dimensions viennent à décroître simultanément, la masse finira par être concentrée sensiblement en un seul point. Si deux dimensions seulement viennent à décroître, la masse finira par être sensiblement concentrée sur une ligne; enfin si une seule dimension vient à décroître, la masse finira par être concentrée sur une surface. C'est de cette manière que l'on arrive à la notion des *points matériels*, des *lignes matérielles*, des *surfaces matérielles*.

Concevons, par exemple, que l'on considère un cylindre d'une longueur constante et d'un diamètre variable; on pourra, sans changer la masse du cylindre, diminuer indéfiniment son diamètre, pourvu que l'on augmente indéfiniment sa densité, et toute la masse finira par se trouver sensiblement concentrée sur l'axe du cylindre qui, par ce moyen, deviendra une droite matérielle. Quoique les concentrations de cette espèce ne puissent jamais s'effectuer entièrement, néanmoins dans la mécanique analytique on les regarde comme achevées.

Lorsqu'une masse donnée a été concentrée sur une ligne ou sur une surface, le rapport de cette masse à la ligne ou à la surface en question est ce qu'on appelle la *densité moyenne* de cette ligne ou de cette surface. Si l'on considère en particulier une portion de la même ligne ou de la même surface qui renferme un point déterminé, la densité moyenne de cette portion, tandis que ses éléments diminuent, s'approche indéfiniment d'une certaine limite. Cette limite est ce qu'on appelle la *densité de la ligne* ou *de la surface au point dont il s'agit*.

Considérons, pour fixer les idées, une surface plane ou

courbe sur laquelle on fixe la position d'un point au moyen de ses coordonnées x et y. Désignons par A une portion de cette surface courbe renfermée : 1° entre les lignes de deuxième espèce qui ont pour équations

$$y = y_0, \quad y = Y,$$

y_0 et Y étant deux fonctions de X ; 2° entre les lignes de première espèce qui ont pour équations

$$x = x_0, \quad x = X,$$

x_0 et X étant des quantités constantes. Enfin, supposons qu'une certaine masse M ait été concentrée sur la surface A, de telle manière que la densité de cette surface, au point qui a pour coordonnées x, y, soit une fonction de ces coordonnées représentée par ρ. Si l'on désigne par a un tout petit élément de surface qui renferme le point dont il s'agit, et par m la masse concentrée sur l'élément a, on aura

$$\frac{m}{a} = \rho(1 + \varepsilon), \quad m = a\rho(1 + \varepsilon),$$

ε étant une quantité très-petite. De plus, si on suppose l'élément a terminé par les quatre lignes de première espèce qui correspondent aux coordonnées

$$x, \quad x + \Delta x, \quad y, \quad y + \Delta y,$$

a sera de la forme

$$a = (1 + \varepsilon)u\,\Delta x\,\Delta y,$$

et par suite la valeur de m sera de la forme

$$m = (1 + \varepsilon')\rho u\,\Delta x\,\Delta y.$$

Ajoutons qu'en vertu des principes établis n° 64 la masse M se déduira de son élément m, comme la surface A se déduit de son élément a, et puisque l'on a

$$A = \int_{x_0}^{X} \int_{y_0}^{Y} u\,dx\,dy,$$

on aura

$$M = \int_{x_0}^{X} \int_{y_0}^{Y} \rho\, u dx dy.$$

71. Concevons maintenant que chaque point de l'espace étant déterminé par le moyen des trois coordonnées x, y, z, on substitue à la surface coordonnée des xy une surface quelconque, et soit B la portion de cette dernière surface comprise entre les quatre lignes suivant lesquelles elle se trouve coupée par les surfaces de première et de deuxième espèce qui ont pour équations

$$x = x_0, \quad x = X, \quad y = y_0, \quad y = Y.$$

Soient en outre :

M une certaine masse concentrée sur la surface B ;

ρ la densité de la surface B au point qui a pour coordonnées x, y ;

b l'élément de la surface B compris entre les quatre surfaces de première espèce qui répondent aux coordonnées x, $x + \Delta x$, y, $y + \Delta y$;

m l'élément de masse concentré sur la surface b.

L'élément de la surface b sera déterminé par une équation de la forme

$$b = (1 + \varepsilon)\, u \Delta x\, \Delta y,$$

u désignant une certaine fonction des variables x, y, et ε une quantité très-petite. De plus, le rapport $\dfrac{m}{b}$ devant être très-peu différent de ρ, la masse élémentaire m sera de la forme

$$m = (1 + \varepsilon')\rho\, u\, \Delta x\, \Delta y.$$

Cela posé, en raisonnant comme ci-dessus, on trouvera

$$B = \int_{x_0}^{X} \int_{y_0}^{Y} u dx dy ; \qquad M = \int_{x_0}^{X} \int_{y_0}^{Y} \rho\, u dx dy.$$

Supposons que l'aire B soit une portion de la surface courbe qui a pour équation

$$z = f(x,\ y),$$

et soit θ l'inclinaison de cette surface courbe par rapport au plan des xy, au point qui a pour coordonnées x et y. On aura

$$\sec \theta = \left[1 + \left(\frac{dz}{dx} \right)^2 + \left(\frac{dz}{dy} \right)^2 \right]^{\frac{1}{2}},$$

$$b = (1 + \varepsilon) \sec \theta \, \Delta x \, \Delta y,$$

et par suite

$$u = \sec \theta.$$

Cela posé, les valeurs de B et de M seront

$$\mathrm{B} = \int_{x_0}^{X} \int_{y_0}^{Y} \sec \theta \, dx dy, \quad \mathrm{M} = \int_{x_0}^{X} \int_{y_0}^{Y} \rho \sec \theta \, dx dy.$$

Si l'on appelle a et A les projections des surfaces b et B sur le plan des xy, on trouvera

$$a = \Delta x \, \Delta y,$$

et par suite

$$\mathrm{A} = \int_{x_0}^{X} \int_{y_0}^{Y} dx dy.$$

On arriverait encore à cette dernière formule, en supposant que l'équation $z = f(x,\ y)$ se réduit à $z = 0$, c'est-à-dire en supposant que la surface B est une portion du plan des zy. Dans cette hypothèse, en effet, $\sec \theta = 1$, et les équations qui donnent B et M se réduiront, comme cela devait être, à

$$\mathrm{A} = \int_{x_0}^{X} \int_{y_0}^{Y} dx dy, \quad \mathrm{M} = \int_{x_0}^{X} \int_{y_0}^{Y} \rho \, dx dy.$$

Concevons que la position d'un point dans un plan se trouve déterminée par le moyen de deux coordonnées polaires

$$x = p, \quad y = r,$$

r désignant le rayon vecteur mené du point que l'on considère à un point fixe pris pour origine, et p l'angle que forme ce rayon vecteur avec un axe fixe ou plutôt avec un demi-axe passant par l'origine. Les lignes de première espèce, représentées par des équations de la forme

$$p = \text{constante}, \quad \text{ou} \quad r = \text{constante},$$

seront des droites passant par l'origine, ou des arcs de cercle qui auront l'origine pour centre. Les équations

$$p = 0, \quad r = 0,$$

appartiendront en particulier, la première au demi-axe fixe et la deuxième à l'orgine elle-même. Cela posé, soit

$$\chi(p, \ r)$$

la surface plane comprise entre les lignes de première espèce qui répondent aux coordonnées

$$0, \quad 0, \quad p, \quad r.$$

Cette surface plane n'étant autre chose qu'un secteur circulaire décrit du rayon r et correspondant à l'angle p, on aura

$$\chi(p, \ r) = \frac{1}{2} \, rrp = \frac{r^2}{2} \, p.$$

Soit de plus $a = (1 + \varepsilon) u \Delta p \, \Delta r$ l'élément de surface compris entre les lignes de première espèce qui répondent aux coordonnées

$$p, \quad r, \quad p + \Delta p, \quad r + \Delta r.$$

On aura, en vertu des principes établis ci-dessus,

$$u = \frac{d^2 \chi(p, \ r)}{dp\,dr} = r,$$

et l'on en conclura

$$a = (1 + \varepsilon)\, r \Delta p \, \Delta r.$$

Par suite, si A représente la surface comprise 1° entre les lignes de première espèce qui ont pour équations $p = p_0,$. $p = \mathrm{P}$, p_0, P étant deux quantités constantes; 2° entre les lignes de deuxième espèce qui ont pour équations $r = r_0$, $r = \mathrm{R}$, r_0 et R étant deux fonctions de p, on aura

$$\mathrm{A} = \int_{p_0}^{\mathrm{P}} \int_{r_0}^{\mathrm{R}} r\, dp\, dr = \frac{1}{2} \int_{p_0}^{\mathrm{P}} (\mathrm{R}^2 - r_0^2)\, dp.$$

Supposons en outre une certaine masse M concentrée sur la surface A, de manière que ρ soit la densité de cette surface au point qui a pour coordonnées p et r, on aura encore

$$\mathrm{M} = \int_{p_0}^{\mathrm{P}} \int_{r_0}^{\mathrm{R}} \rho\, r dp dr.$$

72. Considérons maintenant une masse concentrée sur une ligne donnée, et supposons chaque point de l'espace déterminé par le moyen de coordonnées quelconques x, y, z.

Désignons par S la ligne donnée, par x_0, X les abscisses des points extrêmes, par $\varphi(x)$ la portion de la longueur S comprise entre les points x_0, x, par s un élément de S compris entre les points qui répondent aux abscisses x et $x + \Delta x$, enfin par M la masse concentrée sur la longueur donnée S, et par m la masse élémentaire concentrée sur l'élément s.

L'élément s sera donné par l'équation

$$s = (1 + \varepsilon)\, u\, \Delta x,$$

u étant la limite du rapport de s à Δx; et si on appelle ρ la densité de la ligne S au point dont l'abscisse est x,

on aura

$$\frac{m}{s} = \rho\,(1 + \varepsilon'), \quad m = (1 + \varepsilon'')\rho\,u\,\Delta x.$$

Cela posé, on trouvera

$$\Delta\varphi(x) = s = (1 + \varepsilon)\,u\,\Delta x, \quad \frac{\Delta\varphi(x)}{\Delta x} = (1 + \varepsilon)\,u,$$

$$\frac{d\varphi(x)}{dx} = \mathbf{D}_x\,\varphi(x) = u,$$

et par suite

$$d\varphi(x) = u\,dx\,;$$

puis, en intégrant les deux membres entre les limites x_0, X, et ayant égard aux équations

$$\varphi(\mathbf{X}) = \mathbf{S}, \quad \varphi(x_0) = 0,$$

on aura

$$\mathbf{S} = \int_{x_0}^{\mathbf{X}} u\,dx.$$

En opérant de la même manière sur l'équation $m = (1 + \varepsilon)\rho\,u\,dx$, on passera de m à M, et on trouvera

$$\mathbf{M} = \int_{x_0}^{\mathbf{X}} \rho\,u\,dx.$$

73. En résumant ce qui précède et remplaçant dans les calculs relatifs aux volumes la lettre w par la lettre u, on arrive aux conclusions suivantes.

Supposons chaque point de l'espace déterminé par le moyen de trois coordonnées x, y, z. Soient z_0, Z deux fonctions des variables x, y; y_0, Y deux fonctions de la seule variable x; x_0, X deux quantités constantes.

1° Si l'on désigne par $(1 + \varepsilon)\,u\,\Delta x\,\Delta y\,\Delta z$ l'élément de volume v compris entre les surfaces de première espèce qui répondent aux coordonnées

$$(x, \quad y, \quad z), \quad (x + \Delta x, \quad y + \Delta y, \quad z + \Delta z),$$

u étant la limite du rapport du volume v au produit $\Delta x \, \Delta y \, \Delta z$; par V le volume compris entre les surfaces de première, deuxième et troisième espèce, qui ont pour équations

$$x = x_0, \quad x = X, \quad y = y_0, \quad y = Y, \quad z = z_0, \quad z = Z;$$

par M la masse comprise sous ce volume et par ρ la densité au point qui a pour coordonnées x, y, z, on aura

$$(a) \qquad V = \int_{x_0}^{X} \int_{y_0}^{Y} \int_{z_0}^{Z} u \, dx \, dy \, dz,$$

$$(a') \qquad M = \int_{x_0}^{X} \int_{y_0}^{Y} \int_{z_0}^{Z} \rho \, u \, dx \, dy \, dz.$$

2° Si l'on désigne par $(1 + \varepsilon) u \, \Delta x \, \Delta y$ l'élément a d'une surface courbe compris entre les lignes d'intersection de cette surface courbe avec les surfaces de première espèce qui correspondent aux coordonnées

$$x, \quad y, \quad x + \Delta x, \quad y + \Delta y,$$

u étant la limite du rapport de a au produit $\Delta x \, \Delta y$, par A la portion de la même surface courbe comprise entre les surfaces de première et de seconde espèce ayant pour équations

$$x = x_0, \quad x = X, \quad y = y_0, \quad y = Y,$$

par M la masse concentrée sur la surface A et par ρ la densité de la surface A au point qui a pour coordonnées x, y, on aura

$$(b) \qquad A = \int_{x_0}^{X} \int_{y_0}^{Y} u \, dx \, dy,$$

$$(b') \qquad M = \int_{x_0}^{X} \int_{y_0}^{Y} \rho \, u \, dx \, dy.$$

3° Si l'on désigne par $(1 + \varepsilon)\, u\, \Delta x$ l'élément s d'une ligne comprise entre les points d'intersection de cette ligne avec les surfaces de première espèce qui répondent aux coordonnées x, $x + \Delta x$; u étant la limite du rapport de s à Δx; par S la longueur de cette ligne entre les points qui répondent aux abscisses x_0, X; par M la masse concentrée sur la ligne S, et par ρ la densité de la ligne S au point dont l'abscisse est x, on aura

$$(c) \qquad S = \int_{x_0}^{X} u\,dx,$$

$$(c') \qquad M = \int_{y_0}^{Y} \rho\, u\,dx.$$

HUITIÈME LEÇON.

Centres de gravité. — Proposition générale relative à la décomposition en éléments, infiniment petits des volumes, des surfaces et des lignes. — Application à la détermination des masses et des coordonnées du centre de gravité. — Détermination approchée. — Centre de gravité des volumes. — Centre de gravité des surfaces. — Centre de gravité des courbes. — Applications. — Théorèmes de Guldin.

---

74. Nous commencerons par démontrer quelques propositions dont la connaissance nous sera fort utile pour la détermination des centres de gravité.

THÉORÈME. — Supposons que A représente une longueur, une surface, ou un volume, et que l'on divise A en éléments a_1, a_2, ..., a_n dont toutes les dimensions soient fort petites, de sorte que l'on ait

$$A = a_1 + a_2 + \ldots + a_n.$$

Désignons par (x, y, z), (x_1, y_1, z_1), ..., (x_n, y_n, z_n), les coordonnées de points situés dans les éléments a_1, a_2, ..., a_n, ou très-voisins de ces éléments, et désignons par u_1, u_2, ..., u_n les valeurs correspondantes d'une fonction $u = f(x, y, z)$; enfin, soient ε_1, ε_2, ..., ε_n des quantités positives ou négatives qui deviennent infiniment petites, en même temps que les éléments a_1, a_2, ..., a_n; et faisons

$$(1) \quad S = (u_1 + \varepsilon_1)a_1 + (u_2 + \varepsilon_2)a_2 + \ldots + (u_n + \varepsilon_n)a_n,$$

la somme S conservera sensiblement la même valeur quel que soit le mode adopté pour la division de A en éléments très-petits, et quelles que soient les valeurs supposées très-petites des quantités ε_1, ε_2, ..., ε_n.

Démonstration. — On tirera de l'équation qui définit S :

$$S = u_1 a_1 + u_2 a_2 + \ldots + u_n a_n + A\, M(\varepsilon_1, \varepsilon_2, \ldots, \varepsilon_n),$$

$M(\varepsilon_1, \varepsilon_2, \ldots, \varepsilon_n)$ désignant une moyenne entre la plus grande et la plus petite des quantités $\varepsilon_1, \varepsilon_2, \ldots, \varepsilon_n$; et comme le dernier terme de cette équation sera toujours infiniment petit, il est clair que les valeurs de $\varepsilon_1, \varepsilon_2, \ldots, \varepsilon_n$ n'auront pas d'influence sensible sur la valeur de S. De plus, si la fonction u se réduit à une quantité constante, on aura

$$u_1 a_1 + u_2 a_2 + \ldots + u_n a_n = u A,$$

et par suite S différera très-peu du produit $u A$.

Supposons maintenant que la fonction u ne se réduise pas à une quantité constante, et concevons que du mode de division adopté l'on passe à un nouveau mode tellement choisi, que chacun des éléments du premier mode soit formé par la réunion de plusieurs éléments du second.

Soient a', a'', ..., les éléments du nouveau mode qui résultent de la subdivision de l'élément a_1. Dans le passage du premier mode au second, on devra remplacer le produit $(u_1 + \varepsilon_1) a_1$ par une somme de la forme

$$(u' + \varepsilon') a' + (u'' + \varepsilon'') a'' + \ldots$$
$$= (a' + a'' + \ldots)\, M(u' + \varepsilon', u'' + \varepsilon'' \ldots)$$
$$= a_1 M(u' + \varepsilon', u'' + \varepsilon'' \ldots),$$

ε', ε'', ... désignant des nombres très-petits, et u', u'', ..., les valeurs de u correspondantes à des points situés dans les éléments a', a'', ..., ou très-voisins de ces éléments, c'est-à-dire des valeurs de u correspondantes à des points très-rapprochés du point (x, y, z). En conséquence

$$u' + \varepsilon', \quad u'' + \varepsilon'', \ldots$$

et même la moyenne

$$M(u' + \varepsilon', u'' + \varepsilon'', \ldots)$$

diffèrent très-peu de u, et l'expression $(u' + \varepsilon') a'$ pourra être présentée sous la forme $(u_1 + \varepsilon_1)a_1$; le nombre ε_1 étant toujours très-petit, mais pouvant différer de celui que renfermait le produit $(u_1 + \varepsilon_1)a_1$ dans le second membre de l'équation qui définit S. On prouvera de même que la subdivision des éléments $a_2, a_3, \ldots$, n'aura d'autre effet que de convertir les produits

$$(u_2 + \varepsilon_2)a_2, \quad (u_3 + \varepsilon_3)a_3, \ldots,$$

en des sommes équivalentes à des produits de même forme, dans lesquels les nombres $\varepsilon_2, \varepsilon_3, \ldots$, auront des valeurs différentes, mais toujours très-petites. Par suite, le passage du premier mode au second ne faisant varier que les nombres $\varepsilon_1, \varepsilon_2, \ldots, \varepsilon_n$ ne changera pas sensiblement la valeur de S.

Reste le cas où l'on passe d'un premier mode, dans lequel les éléments de a seront très-petits, à un second dans lequel les éléments soient encore très-petits, mais ne résultent pas de la subdivision des éléments du premier. Pour prouver que la valeur de S n'est pas sensiblement altérée dans le passage du premier mode au second, il suffira d'observer qu'elle ne varierait pas d'une manière sensible dans le passage du premier ou du second mode à un troisième tellement choisi, que chaque élément du premier ou du second mode se trouve formé par la réunion de plusieurs éléments du troisième.

Dans toute cette discussion, dont nous aurions pu nous dispenser, en renvoyant à la première de nos leçons de calcul intégral, on pourrait supposer S déterminée par une équation plus générale, ou de la forme

$$S = (1 + \varepsilon_1)u_1 a_1 + (1 + \varepsilon_2)u_2 a_2 + \ldots + (1 + \varepsilon_n)u_n a_n.$$

75. Soit M une masse comprise sous un volume donné ou concentrée sur une surface ou sur une ligne donnée; désignons par A ce volume, cette surface ou cette ligne,

par a un de ses éléments, par m la masse correspondante à l'élément a.

Divisons la masse M en éléments $m_1, m_2, \ldots, m_n$, désignons par $a_1, a_2, \ldots, a_n$ les éléments correspondants de la quantité A, et par $(x_1, y_1, z_1), (x_2, y_2, z_2), \ldots, (x_n, y_n, z_n)$ les coordonnées des points d'application des forces parallèles qui représentent les poids de ces divers éléments. Enfin, soit g le poids de l'unité de masse et ξ, η, ζ, les coordonnées du centre des forces parallèles dont il s'agit; ces forces étant respectivement

$$gm_1, \quad gm_2, \ldots, \quad gm_n,$$

on aura

$$g\,M = gm_1 + gm_2 + \ldots + gm_n,$$
$$g\,M\xi = gm_1 x_1 + gm_2 x_2 + \ldots + gm_n x_n,$$
$$g\,M\eta = gm_1 y_1 + gm_2 y_2 + \ldots + gm_n y_n,$$
$$g\,M\zeta = gm_1 z_1 + gm_2 z_2 + \ldots + gm_n z_n.$$

et, par suite,

$$M = m_1 + m_2 + \ldots + m_n,$$
$$M\xi = m_1 x_1 + m_2 x_2 + \ldots + m_n x_n,$$
$$M\eta = m_1 y_1 + m_2 y_2 + \ldots + m_n y_n,$$
$$M\zeta = m_1 z_1 + m_2 z_2 + \ldots + m_n z_n.$$

De plus, en supposant les dimensions de l'élément a très-petites, et désignant par ε une quantité très-rapprochée de zéro, de l'équation

$$\rho = \lim \frac{m}{a},$$

qui définit la densité ∂, on tirera

$$\frac{m}{a} = \rho\,(1 + \varepsilon),$$

et, par conséquent,

$$\frac{m_1}{a_1} = \rho_1\,(1 + \varepsilon_1), \quad \frac{m_2}{a_2} = \rho_2\,(1 + \varepsilon_2), \ldots, \quad \frac{m_n}{a_n} = \rho_n\,(1 + \varepsilon_n),$$

$\varepsilon_1, \varepsilon_2, \ldots, \varepsilon_n$, désignant des quantités très-petites, et ρ_1,

$\rho_2, \ldots, \rho_n$ les densités correspondantes aux points $(x_1, y_1, z_1), (x_2, y_2, z_2), \ldots, (x_n, y_n, z_n)$.

Cela posé, les formules qui donnent les valeurs de M et de ξ, η, ζ, pourront être remplacées par les suivantes :

$$M = (1 + \varepsilon_1)\rho_1 a_1 + (1 + \varepsilon_2)\rho_2 a_2 + \ldots \quad + (1 + \varepsilon_n)\rho_n a_n,$$

$$M\xi = (1 + \varepsilon_1)\rho_1 x_1 a_1 + (1 + \varepsilon_2)\rho_2 x_2 a_2 + \ldots + (1 + \varepsilon_n)\rho_n x_n a_n,$$

$$M\eta = (1 + \varepsilon_1)\rho_1 y_1 a_1 + (1 + \varepsilon_2)\rho_2 y_2 a_2 + \ldots + (1 + \varepsilon_n)\rho_n y_n a_n,$$

$$M\zeta = (1 + \varepsilon_1)\rho_1 z_1 a_1 + (1 + \varepsilon_2)\rho_2 z_2 a_2 + \ldots + (1 + \varepsilon_n)\rho_n z_n a_n.$$

Pour déduire de ces équations les valeurs de M, ξ, η, ζ, il suffit de chercher les valeurs que prennent les seconds membres quand les éléments a_1, $a_2, \ldots, a_n$ deviennent infiniment petits. On obtiendra de cette manière : 1° la masse M; 2° les coordonnées ξ, η, ζ de son centre de gravité. Cette masse et cette densité sont ainsi données par les quatre équations

$$M = \lim \Sigma \rho a,$$

$$\xi = \frac{\lim \Sigma \rho \, xa}{\lim \Sigma \rho a}, \quad \eta = \frac{\lim \Sigma \rho \, ya}{\lim \Sigma \rho a}, \quad \zeta = \frac{\lim \Sigma \rho \, za}{\lim \Sigma \rho a},$$

et ces limites, suivant qu'il s'agit d'un volume, d'une surface ou d'une ligne, seront évidemment, comme nous l'avons longuement exposé dans le calcul intégral et dans la leçon qui précède des intégrales triples, doubles ou simples, prises entre des limites qui embrassent le volume entier, la surface entière ou la ligne entière. Ce centre de gravité, évidemment, ne changera pas de place si le corps vient à tourner sur lui-même; en effet, les valeurs de ξ, η, ζ ne varient pas si l'on conçoit que les plans coordonnés tournent avec le corps.

76. Considérons un corps terminé par deux surfaces courbes, par deux cylindres perpendiculaires au plan des

xy et par deux plans parallèles au plan des zy. Désignons par $z = z_0$ et $z = Z$ les deux surfaces courbes, z_0 et Z étant fonctions de x et de y; désignons encore par $y = 0$, $y = Y$ les équations des deux cylindres perpendiculaires au plan des xy, y_0 et Y étant fonctions de la seule variable x; enfin désignons par $x = x_0$, $x = X$ les équations de deux plans perpendiculaires à l'axe des x; X et x_0 seront des constantes. On pourra prendre $a = k\,\Delta x\,\Delta y\,\Delta z$, k devenant égal à 1 quand les coordonnées sont rectangulaires, et l'on aura, en vertu de ce qui précède,

$$M = \lim \Sigma \rho\, a = k \int_{x_0}^{X} \int_{y_0}^{Y} \int_{z_0}^{Z} \rho\, dz\, dy\, dx,$$

et, par conséquent,

$$(1) \qquad \xi = \frac{\displaystyle\int_{x_0}^{X} \int_{y_0}^{Y} \int_{z_0}^{Z} \rho\, x\, dz\, dy\, dx}{\displaystyle\int_{x_0}^{X} \int_{y_0}^{Y} \int_{z_0}^{Z} \rho\, dz\, dy\, dx};$$

on aura de même

$$(2) \qquad \eta = \frac{\displaystyle\int_{x_0}^{X} \int_{y_0}^{Y} \int_{z_0}^{Z} \rho\, y\, dz\, dy\, dx}{\displaystyle\int_{x_0}^{X} \int_{y_0}^{Y} \int_{z_0}^{Z} \rho\, dz\, dy\, dx},$$

$$(3) \qquad \zeta = \frac{\displaystyle\int_{x_0}^{X} \int_{y_0}^{Y} \int_{z_0}^{Z} \rho\, z\, dz\, dy\, dx}{\displaystyle\int_{x_0}^{X} \int_{y_0}^{Y} \int_{x_0}^{Z} \rho\, dz\, dy\, dx}.$$

Supposons que la densité ρ soit constante, et posons

$$\int_{y_0}^{Y} \int_{z_0}^{Z} dz\, dy = U,$$

I.

la valeur de ξ deviendra dans cette hypothèse

$$(4) \qquad \xi = \frac{\displaystyle\int_{x_0}^{X} U\, x\, dx}{\displaystyle\int_{x_0}^{X} U\, dx}.$$

Voyons ce que signifie la quantité U.

Coupons le corps par un plan parallèle au plan des zy. Les courbes d'intersection de ce plan avec les surfaces $z = z_0$, $z = Z$ auront pour projection sur le plan des zy deux courbes dont les coordonnées seront z_0 et Z; l'aire du segment compris entre ces deux courbes et l'axe des y sera

$$\int_{Y_0}^{Y} Z\, dy - \int_{Y_0}^{Y} z_0\, dy = \int_{Y_0}^{Y} (Z - z_0)\, dy = \int_{Y_0}^{Y} \int_{z_0}^{Z} dz\, dy,$$

par conséquent U représente la section faite dans le corps par un plan perpendiculaire à l'axe des x.

Quand le corps sera de révolution autour de l'axe des x, on aura $U = \pi y^2$, y étant l'ordonnée de la courbe génératrice qu'on suppose située dans le plan des xy et représentée par l'équation $y = f(x)$. Lorsque le corps sera terminé par deux surfaces de révolution, la quantité y^2 signifiera la différence entre les carrés des coordonnées des deux courbes génératrices.

La valeur de ξ sera donc donnée par l'équation

$$(5) \qquad \xi = \frac{\displaystyle\int_{x_0}^{X} y^2 x\, dx}{\displaystyle\int_{x_0}^{X} y^2\, dx}.$$

EXEMPLES. — I. Soit donné un cône oblique ou une pyramide à base plane quelconque; toutes les sections parallèles à la base seront semblables entre elles, et, par conséquent, leurs aires seront dans le rapport des carrés

de leurs distances au sommet. Si l'on prend ce dernier
point pour origine des coordonnées, et pour plan des yz
un plan parallèle à la base du solide, l'aire U sera égale au
produit de x^2 par une constante, et la formule (4) donnera

$$\xi = \frac{\displaystyle\int_{x_0}^{X} x^3\,dx}{\displaystyle\int_{x_0}^{X} x^2\,dx} = \frac{3}{4}\frac{X^4 - x_0^4}{X^3 - x_0^3}.$$

En supposant $x_0 = 0$, pour aller de la base au sommet,
on trouve

$$\xi = \frac{3}{4}X,$$

c'est-à-dire que le centre de gravité d'un cône ou d'une
pyramide entière est à une distance de la base égale au
quart de la hauteur. Comme les formules (1), (2), (3) subsistent également pour des coordonnées obliques, on peut
prendre pour axe des x la ligne qui passe par le sommet
et par le centre de gravité de la base ; cet axe alors passe
par les centres de gravité de toutes les sections, parallèles,
et, par suite, semblables à la base. Dans cette hypothèse
les deux intégrales

$$\int\int y\,dy\,dz \quad \text{et} \quad \int\int z\,dz\,dy$$

s'évanouiront pour une valeur quelconque de x, et
il s'ensuit que les deux coordonnées η et ζ seront égales
à zéro, en vertu des formules (2) et (3). Le centre de
gravité du cône ou de la pyramide, soit entière, soit tron-
quée parallèlement à la base, est donc situé sur la droite
qui joint le sommet au centre de gravité de la base.

II. Cherchons maintenant le centre de gravité d'un
octant de la sphère. Soit a son rayon, et plaçons l'origine
des coordonnées au centre de la sphère. On trouve alors

$$U = \frac{1}{4}\pi\left(a^2 - x^2\right),$$

par suite

$$\xi = \frac{\displaystyle\int_0^a (a^2 - x^2)\, x\,dx}{\displaystyle\int_0^a (a^2 - x^2)\, dx} = \frac{3}{8}\, a.$$

Comme on peut indifféremment choisir pour axe des x l'une quelconque des trois arêtes de l'octant, il est évident qu'on aura aussi

$$\eta = \frac{3}{8}\, a, \qquad \zeta = \frac{3}{8}\, a.$$

III. Soit $y = ax^m$ l'équation de la génératrice d'une surface de révolution. La formule (5) donnera

$$\xi = \frac{\displaystyle\int_0^X x^{2m+1}\, dx}{\displaystyle\int_0^X x^{2m}\, dx} = \frac{2m+1}{2m+2} \cdot \frac{X^{2m+2}}{X^{2m+1}} = \frac{2m+1}{2m+2}\, X.$$

Pour $m = 2$, on aurait

$$\xi = \frac{5}{6}\, X.$$

C'est le centre de gravité d'un solide en forme d'entonnoir qui est engendré par la révolution d'un arc de parabole autour de la tangente au sommet. S'il s'agit du volume compris entre la surface parabolique et le plan de rotation de l'axe de la parabole, il faudra prendre pour y^2 la différence $Y^2 - y^2$ laquelle, multipliée par π, représente l'aire d'un anneau circulaire. Dans ce cas, on aurait

$$\xi = \frac{\displaystyle\int_0^X (Y^2 - y^2)\, x\,dx}{\displaystyle\int_0^X (Y^2 - y^2)\, dx} = \frac{\displaystyle\int_0^X (X^4 - x^4)\, x\,dx}{\displaystyle\int_0^X (X^4 - x^4)\, dx} = \frac{\frac{1}{3}\, X^6}{\frac{4}{5}\, X^5} = \frac{5}{12}\, X.$$

IV. Prenons pour équation de la courbe génératrice $y^2 = ax$; le centre de gravité du paraboloïde sera déterminé par son abscisse

$$\xi = \frac{\displaystyle\int_0^X x^2\,dx}{\displaystyle\int_0^X x\,dx} = \frac{2}{3}\,X.$$

V. Considérons un tétraèdre aux arêtes a, b, c, l'équation de sa base, en coordonnées rectangulaires ou obliques, étant

$$\frac{x}{a} + \frac{y}{b} + \frac{z}{c} - 1 = 0.$$

Nous aurons

$$\xi = \frac{\displaystyle\int_0^a \int_0^{b\left(1-\frac{x}{a}\right)} \int_0^{c\left(1-\frac{x}{a}-\frac{y}{b}\right)} x\,dx\,dy\,dz}{\displaystyle\int_0^a \int_0^{b\left(1-\frac{x}{a}\right)} \int_0^{c\left(1-\frac{x}{a}-\frac{y}{b}\right)} dx\,dy\,dz}$$

$$= \frac{\displaystyle\int_0^a \int_0^{b\left(1-\frac{x}{a}\right)} x\,dx\,dy\left(1-\frac{x}{a}-\frac{y}{b}\right)}{\displaystyle\int_0^a \int_0^{b\left(1-\frac{x}{a}\right)} dx\,dy\left(1-\frac{x}{a}-\frac{y}{b}\right)}.$$

Intégrant par rapport à y, on aura

$$\xi = \frac{\displaystyle\int_0^a x\,dx\left(1-\frac{x}{a}\right)^2}{\displaystyle\int_0^a dx\left(1-\frac{x}{a}\right)^2}$$

et enfin

$$\xi = \frac{1}{4}\,a.$$

On trouvera de la même manière

$$\eta = \frac{1}{4}\,b, \quad \zeta = \frac{1}{4}\,c.$$

Un plan parallèle à la base aura pour équation

$$\frac{x}{a} + \frac{y}{b} + \frac{z}{c} - m = 0,$$

et s'il passe par le centre de gravité, on pourra faire

$$x = \frac{1}{4}\,a, \quad y = \frac{1}{4}\,b, \quad z = \frac{1}{4}\,c,$$

ce qui donne

$$m = \frac{3}{4}.$$

La distance de ce plan au sommet du tétraèdre est donc égale aux trois quarts de la hauteur.

VI. Appliquons encore la formule (5) à un ellipsoïde de révolution. L'équation de l'ellipse génératrice sera

$$\frac{x^2}{a^2} + \frac{y^2}{b^2} = 1,$$

par suite

$$\xi = \frac{\displaystyle\int_{x_0}^{X} \left(1 - \frac{x^2}{a^2}\right) x\,dx}{\displaystyle\int_{x_0}^{X} \left(1 - \frac{x^2}{a^2}\right) dx} = \frac{1}{2} \cdot \frac{a^2\left(X^2 - x_0^2\right) - \frac{1}{2}\left(X^4 - x_0^4\right)}{a^2\left(X - x_0\right) - \frac{1}{3}\left(X^3 - x_0^3\right)},$$

valeur indépendante de la grandeur du petit axe, et qui sera la même pour tous les ellipsoïdes qui auront le même grand axe. On la retrouve d'ailleurs encore pour un ellipsoïde à trois axes. Dans le cas d'un demi-sphéroïde, on aura

$$x_0 = 0, \quad X = a,$$

et par suite

$$\xi = \frac{3}{8}\,a.$$

Cette expression s'applique évidemment aussi à un hémisphère.

Dans le cas d'un solide de révolution, on peut prendre l'axe de révolution pour axe des x, et, en appelant r la distance d'un point quelconque M à cet axe, α l'angle de rotation, on aura

$$y = r\cos\alpha, \quad z = r\sin\alpha, \quad dx\,dy\,dz = r\,dr\,dx\,d\alpha;$$

par suite, les formules (1), (2), (3), p. 145, donneront

$$(6) \qquad \xi = \frac{\displaystyle\int_{x_0}^{X}\int_{r_0}^{R}\int_{\alpha_0}^{A} rx\,dr\,dx\,d\alpha}{\displaystyle\int_{x_0}^{X}\int_{r_0}^{R}\int_{\alpha_0}^{A} r\,dr\,dx\,d\alpha},$$

$$(7) \qquad \eta = \frac{\displaystyle\int_{x_0}^{X}\int_{r_0}^{R}\int_{\alpha_0}^{A} r^2\cos\alpha\,dr\,dx\,d\alpha}{\displaystyle\int_{x_0}^{X}\int_{r_0}^{R}\int_{\alpha_0}^{A} r\,dr\,dx\,d\alpha},$$

$$(8) \qquad \zeta = \frac{\displaystyle\int_{x_0}^{X}\int_{r_0}^{R}\int_{\alpha_0}^{A} r^2\sin\alpha\,dr\,dx\,d\alpha}{\displaystyle\int_{x_0}^{X}\int_{r_0}^{R}\int_{\alpha_0}^{A} r\,dr\,dx\,d\alpha}.$$

En désignant par l la distance à l'origine des coordonnées, on aura

$$l^2 = r^2 + x^2, \quad dx\,dy\,dz = \frac{l}{x}\,dr\,r\,d\alpha\,dl = \frac{r\,l\,dl\,d\alpha\,dz}{\sqrt{l^2 - r^2}},$$

par conséquent

$$(9) \qquad \xi = \dfrac{\displaystyle\int_{l_0}^{L}\int_{r_0}^{R}\int_{\alpha_0}^{A} r\,l\,dr\,dl\,d\alpha}{\displaystyle\int_{l_0}^{L}\int_{r_0}^{R}\int_{\alpha_0}^{A} \dfrac{r\,l\,dr\,dl\,d\alpha}{\sqrt{l^2 - r^2}}}.$$

EXEMPLES. — I. Soit donné un segment de sphère compris entre deux plans qui passent par l'axe des x, et terminé par un fuseau sphérique. Les limites des intégrations seront, par rapport à α, $\alpha = 0$ et $\alpha = A$; par rapport à r, $r = 0$ et $r = \sqrt{a^2 - x^2}$; par rapport à x, $x = -a$ et $x = +a$. De cette manière on obtient pour la valeur du dénominateur de ξ, η, ζ, dans (6), (7) et (8),

$$\frac{1}{2}\,A_0 \int_{-a}^{+a} (a^2 - x^2)\,dx = \frac{2}{3}\,A_0 a^3.$$

Le numérateur de ξ s'évanouit, nous avons par conséquent $\xi = 0$. Les numérateurs de η, ζ deviennent respectivement

$$\frac{1}{3}\sin A \int_{-a}^{+a} (a^2 - x^2)^{\frac{3}{2}}\,dx = \frac{\pi}{8}\sin A\, a^4$$

et

$$\frac{1}{3}(1 - \cos A) \int_{-a}^{+a} (a^2 - x^2)^{\frac{3}{2}}\,dx = \frac{\pi}{8}(1 - \cos A)\,a^4;$$

par conséquent

$$\eta = \frac{3}{16}\pi a\,\frac{\sin A}{A}, \qquad \zeta = \frac{3}{16}\pi a\,\frac{1 - \cos A}{A}.$$

II. Cherchons en second lieu le centre de gravité d'une pyramide triangulaire, terminée par une surface sphérique ayant le sommet pour centre et R_0 pour rayon.

Soient donc A, B, C les trois angles du triangle sphérique donné ou de sa projection sur une sphère concentrique; a, b, c les côtés opposés aux angles A, B, C; le centre sera l'origine des coordonnées, l'axe des x passera par le sommet A, et le plan des xz par le côté c. Nous nous servirons, cette fois, de la valeur exprimée par la formule (9), p. 152, pour l'ordonnée ξ, et nous désignerons par φ l'arc compris entre le sommet A et un point quelconque du côté opposé a, de manière que, le long de ce côté, on ait $r = R = l \sin \varphi$. Alors il s'agit d'intégrer d'abord sur une sphère du rayon l, entre les limites $\alpha = 0$ et $\alpha = A$, $r = 0$ et $r = l \sin \varphi$, et d'étendre ensuite la troisième intégration depuis $l = 0$ jusqu'à $l = R_0$. L'intégration relative à r donnera premièrement

$$\xi = \frac{\dfrac{1}{2} \displaystyle\int_0^{R_0} l^3\, dl \int_0^A \sin^2 \varphi\, d\alpha}{\displaystyle\int_0^{R_0} l^2\, dl \int_0^A (1 - \cos \varphi)\, d\alpha}.$$

Maintenant il est facile de voir que les trois arcs différentiels $r d\alpha$, $l da$ et $l d\varphi$ forment un petit triangle rectangle dont le côté $r d\alpha$ est opposé à l'angle β compris entre les arcs φ et a. On aura donc $r d\alpha = l da \sin \beta$; or $r = l \sin \varphi$, et $\sin \varphi \sin \beta = \sin b \sin C$, par suite, $\sin^2 \varphi\, d\alpha = \sin b \sin C\, da$. D'un autre côté, la formule

$$\cos \beta = -\cos \alpha \cos B + \sin \alpha \sin B \cos c$$

donne facilement $-\cos \varphi\, d\alpha = d\beta$; et les limites $\alpha = 0$, $\alpha = A$ se changent, pour a, en $a = 0$ et $a = a$; pour β, en $\beta = \pi - B$ et $\beta = C$; par conséquent

$$\int_0^A \sin^2 \varphi\, d\alpha = a \sin b \sin C$$

et

$$\int_0^A (1 - \cos \varphi)\, d\alpha = A + \int_{\pi - B}^C d\beta = A + B + C - \pi.$$

De cette manière, et en exécutant la dernière intégration par rapport à l, on obtient

$$\xi = \frac{3}{8}\, R_0 \cdot \frac{a \sin b \, \sin C}{A + B + C - \pi}.$$

C'est la distance, au sommet de la pyramide, de la projection de son centre de gravité sur l'arête qui passe par le point A. On trouverait des expressions analogues pour les deux autres coordonnées.

77. *Centre de gravité des surfaces.* — Supposons maintenant que la masse est concentrée sur une surface courbe; soient $b_1, b_2, \ldots, b_n$ les éléments de cette surface, $a_1, a_2, \ldots, a_n$ leurs projections sur le plan des xy, $\theta_1, \theta_2, \ldots, \theta_n$, les angles qu'ils forment avec le plan des xy : on aura

$$M = \lim \Sigma m = \lim \Sigma b \rho = \lim \Sigma \rho\, a \sec \theta,$$

ou, puisque $a = \Delta x\, \Delta y$,

$$M = \int_{x_0}^X \int_{y_0}^Y \rho \sec \theta \, dy\, dx\,;$$

et, par suite,

$$M \xi = \lim \Sigma m x = \lim \Sigma \rho\, b x = \lim \Sigma \rho\, x a \sec \theta,$$

on en conclura

$$(1) \qquad \xi = \frac{\displaystyle\int_{x_0}^X \int_{y_0}^Y \rho\, x \sec \theta \, dy\, dx}{\displaystyle\int_{x_0}^X \int_{y_0}^Y \rho \sec \theta \, dy\, dx}\,;$$

on aura de même

$$(2) \qquad \eta = \frac{\displaystyle\int_{x_0}^{X}\int_{y_0}^{Y} \rho \, \mathrm{séc}\,\theta \, y\,dy\,dx}{\displaystyle\int_{x_0}^{X}\int_{y_0}^{Y} \rho \, \mathrm{séc}\,\theta \, dy\,dx},$$

$$(3) \qquad \zeta = \frac{\displaystyle\int_{x_0}^{X}\int_{y_0}^{Y} \rho \, \mathrm{séc}\,\theta \, z\,dy\,dx}{\displaystyle\int_{x_0}^{X}\int_{y_0}^{Y} \rho \, \mathrm{séc}\,\theta \, dy\,dx},$$

équations dans lesquelles

$$\mathrm{séc}\,\theta = \sqrt{1 + \frac{dz^2}{dx^2} + \frac{dz^2}{dy^2}} = \sqrt{1 + (D_x z)^2 + (D_y z)^2}.$$

Si la surface est plane, la valeur de ζ sera inutile et les deux premières formules suffiront; alors aussi

$$\theta = 0, \quad \mathrm{séc}\,\theta = 1,$$

$$(4) \qquad \xi = \frac{\displaystyle\int_{x_0}^{X}\int_{y_0}^{Y} \rho \, x\,dy\,dx}{\displaystyle\int_{x_0}^{X}\int_{y_0}^{Y} \rho \, dy\,dx},$$

$$(5) \qquad \eta = \frac{\displaystyle\int_{x_0}^{X}\int_{y_0}^{Y} \rho \, y\,dy\,dx}{\displaystyle\int_{x_0}^{X}\int_{y_0}^{Y} \rho \, dy\,dx}.$$

En supposant la densité ρ constante et $\displaystyle\int_{y_0}^{Y} dy = l,$

on aura

$$(6) \qquad \xi = \frac{\displaystyle\int_{x_0}^{X} l\,x\,dx}{\displaystyle\int_{x_0}^{X} l\,dx};$$

l est la longueur de la ligne d'intersection de l'aire plane par une parallèle à l'axe des y. Les mêmes formules subsistent d'ailleurs pour des coordonnées obliques.

Si séc θ est constant comme pour un cône ou pour un cylindre droit dont les axes seraient parallèles à l'axe des z, les formules ci-dessus deviennent

$$\xi = \frac{\displaystyle\int_{x_0}^{X}\int_{y_0}^{Y} \rho\,x\,dy\,dx}{\displaystyle\int_{x_0}^{X}\int_{y_0}^{Y} \rho\,dy\,dx},$$

$$\eta = \frac{\displaystyle\int_{x_0}^{X}\int_{y_0}^{Y} \rho\,y\,dy\,dx}{\displaystyle\int_{x_0}^{X}\int_{y_0}^{Y} \rho\,dy\,dx},$$

$$\zeta = \frac{\displaystyle\int_{x_0}^{X}\int_{y_0}^{Y} \rho\,z\,dy\,dx}{\displaystyle\int_{x_0}^{X}\int_{y_0}^{Y} \rho\,dy\,dx}.$$

Dans ce cas, ξ et η ont les mêmes valeurs que les coordonnées du centre de gravité de la projection de la surface sur le plan des xy, et par conséquent le centre de gravité de la surface se trouve sur la perpendiculaire au plan des xy, menée par le centre de gravité de la projection. Alors en désignant par V le volume du corps, par B sa projection, on a

$$\zeta = \frac{V}{B}.$$

Dans un cône droit dont l'axe coïnciderait avec l'axe des z, on aura

$$\zeta = \frac{h}{3}.$$

Si la surface est de révolution autour de l'axe des z, on aura, en introduisant les coordonnées semi-polaires, ou faisant $x = r\sin\alpha$, $y = r\cos\alpha$,

$$\sec\theta = \sqrt{1 + (D_r z)^2}, \quad dx\,dy = r\,dr\,d\alpha,$$

$$(7) \qquad \xi = \frac{\displaystyle\int_{r_0}^{R}\int_{\alpha_0}^{A} \rho\, r^2 \sin\alpha \sec\theta\, dr\, d\alpha}{\displaystyle\int_{r_0}^{R}\int_{\alpha_0}^{A} \rho\, r \sec\theta\, dr\, d\alpha},$$

$$(8) \qquad \eta = \frac{\displaystyle\int_{r_0}^{R}\int_{\alpha_0}^{A} \rho\, r^2 \cos\alpha \sec\theta\, dr\, d\alpha}{\displaystyle\int_{r_0}^{R}\int_{\alpha_0}^{A} \rho\, r \sec\theta\, dr\, d\alpha},$$

$$(9) \qquad \zeta = \frac{\displaystyle\int_{r_0}^{R}\int_{\alpha_0}^{A} \rho\, r z \sec\theta\, dr\, d\alpha}{\displaystyle\int_{r_0}^{R}\int_{\alpha_0}^{A} \rho\, r \sec\theta\, dr\, d\alpha}.$$

Pour une surface plane,

$$\xi = \frac{\displaystyle\int_{r_0}^{R}\int_{\alpha_0}^{A} \rho\, r^2 \sin\alpha\, dr\, d\alpha}{\displaystyle\int_{r_0}^{R}\int_{\alpha_0}^{A} \rho\, r\, dr\, d\alpha}, \qquad \eta = \frac{\displaystyle\int_{r_0}^{R}\int_{\alpha_0}^{A} \rho\, r^2 \cos\alpha\, dr\, d\alpha}{\displaystyle\int_{r_0}^{R}\int_{\alpha_0}^{A} \rho\, r\, dr\, d\alpha},$$

EXEMPLES. — I. Cherchons d'abord le centre de gravité de la demi-surface d'un ellipsoïde à trois axes inégaux. Son équation sera

$$\frac{x^2}{a^2} + \frac{y^2}{b^2} + \frac{z^2}{c^2} - 1 = 0;$$

d'où

$$D_x z = - \frac{c^2}{a^2}\frac{x}{z}, \quad D_y z = - \frac{c^2}{b^2}\frac{y}{z},$$

$$\sec \theta = \frac{c^2}{z} \sqrt{\frac{1}{c^2} + \frac{x^2}{a^2}\left(\frac{1}{a^2} - \frac{1}{c^2}\right) + \frac{y^2}{b^2}\left(\frac{1}{b^2} - \frac{1}{c^2}\right)};$$

par conséquent, en vertu de la formule (3),

$$\zeta = \frac{\displaystyle\int_{-a}^{+a}\int_{-b}^{+b} dy\, dx \sqrt{\frac{1}{c^2} + \frac{x^2}{a^2}\left(\frac{1}{a^2} - \frac{1}{c^2}\right) + \frac{y^2}{b^2}\left(\frac{1}{b^2} - \frac{1}{c^2}\right)}}{\displaystyle\int_{-a}^{+a}\int_{-b}^{+b} \frac{1}{z}\, dy\, dx \sqrt{\frac{1}{c^2} + \frac{x^2}{a^2}\left(\frac{1}{a^2} - \frac{1}{c^2}\right) + \frac{y^2}{b^2}\left(\frac{1}{b^2} - \frac{1}{c^2}\right)}}.$$

Quant à ξ, η, il est facile de voir que ces coordonnées seront égales à zéro. En effet, $\sec\theta$ et z sont fonctions de x^2 et de y^2; par conséquent

$$\int_{-a}^{+a}\int_{-b}^{+b} \frac{x\,dx\,dy \cdot \sec\theta}{z} = \int_{0}^{a}\int_{-b}^{+b} \frac{x\,dx\,dy \cdot \sec\theta}{z}$$
$$+ \int_{a}^{0}\int_{-b}^{+b} \frac{x\,dx\,dy \cdot \sec\theta}{z} = 0,$$

puisque l'intégrale se décompose en deux parties égales, mais de signe contraire; on trouve également

$$\int_{-b}^{+b}\int_{-a}^{+a} \frac{y\,dy\,dx \sec\theta}{z} = 0.$$

Il s'agit donc seulement de déterminer ζ.

En posant

$$\frac{x}{a} = r \sin\alpha, \quad \frac{y}{b} = r\cos\alpha,$$

on obtient la transformation suivante :

$$\frac{\xi}{c} = \frac{\displaystyle\int_0^{2\pi}\int_0^1 r\,dr\,d\alpha \sqrt{1 + r^2\left(\frac{c^2}{a^2}\sin^2\alpha + \frac{c^2}{b^2}\cos^2\alpha - 1\right)}}{\displaystyle\int_0^{2\pi}\int_0^1 \frac{r\,dr}{\sqrt{1-r^2}}\,d\alpha \sqrt{1 + r^2\left(\frac{c^2}{a^2}\sin^2\alpha + \frac{c^2}{b^2}\cos^2\alpha - 1\right)}}.$$

en faisant

$$A = \frac{c^2}{a^2}\sin^2\alpha + \frac{c^2}{b^2}\cos^2\alpha - 1,$$

$$\sqrt{\frac{A}{1+A}(1 - r^2)} = \sin\varphi,$$

le numérateur devient

$$\frac{1}{3}\int_0^{2\pi} d\alpha \, \frac{(1+A)^{\frac{3}{2}} - 1}{A}.$$

et le dénominateur

$$\int_0^{2\pi} d\alpha \, \frac{1+A}{\sqrt{A}} \int_0^{\mathrm{arc\,tang}\sqrt{A}} \cos^2\varphi\,d\varphi$$

$$= \int_0^{\pi} d\alpha\left(1 + \frac{1+A}{\sqrt{A}}\,\mathrm{arc\,tang}\,\sqrt{A}\right)$$

$$= \pi + \int_0^{\pi} d\alpha\,\frac{A+1}{\sqrt{A}}\,\mathrm{arc\,tang}\,\sqrt{A},$$

et par conséquent

$$\zeta = \frac{\dfrac{1}{3}\displaystyle\int_0^{2\pi} \frac{(A+1)^{\frac{3}{2}}}{A}\,d\alpha}{\pi + \dfrac{1}{2}\displaystyle\int_0^{2\pi} \frac{A+1}{\sqrt{A}}\,\mathrm{arc\,tang}\,\sqrt{A}\,d\alpha}.$$

Il serait inutile, ici, d'aller plus loin, parce que ces intégrales dépassent déjà les fonctions elliptiques.

II. Considérons maintenant quelques surfaces planes. Prenons d'abord un triangle dont la base serait parallèle à l'axe des y et le sommet à l'origine ; nous désignerons la base par b, et la hauteur du triangle par h. La formule

$$\xi = \frac{\displaystyle\int_{x_0}^{X} lx\,dx}{\displaystyle\int_{x_0}^{X} l\,dx}$$

donnera alors, puisque $\dfrac{l}{x} = \dfrac{b}{h}$,

$$\xi = \frac{\displaystyle\int_{x_0}^{X} x^2\,dx}{\displaystyle\int_{x_0}^{X} x\,dx} = \frac{2}{3}\,\frac{X^3 - x_0^3}{X^1 - x_0^2},$$

telle serait l'abscisse du centre de gravité d'un trapèze ou triangle tronqué. Pour le triangle entier on fera $x_0 = 0$, $X = h$, ce qui donne

$$\xi = \frac{2}{3}X = \frac{2}{3}h.$$

Le centre de gravité d'un triangle se trouve donc à une distance de la base égale au tiers de la hauteur ; et cette remarque s'appliquant aux trois côtés également, on en déduit sans peine ce théorème que le centre de gravité du triangle est à l'intersection des trois lignes droites qui joignent chaque sommet au centre du côté opposé.

III. Cherchons à présent le centre de gravité de l'aire d'une branche de cycloïde, et celui de sa moitié. L'équation de la cycloïde peut être mise sous cette forme :

$$x = a\,(1 - \cos\omega), \quad y = a\,(\omega + \sin\omega),$$

d'où

$$dx = a\sin\omega\,d\omega, \quad dy = a\,(1 + \cos\omega)\,d\omega, \quad x\,dy = a^2\sin^2\omega\,d\omega.$$

Nous avons à déterminer les trois intégrales

$$\int_0^X y\,dx, \qquad \int_0^X yx\,dx, \qquad \frac{1}{2}\int_0^X y^2 dx.$$

La première devient

$$\int_0^X y\,dx = XY - \int_0^Y x\,dy = XY - a^2 \int_0^\Omega \sin^2\omega\,d\omega$$

$$= XY - \frac{1}{2}a^2\left(\Omega - \frac{1}{2}\sin 2\,\Omega\right).$$

La deuxième sera

$$\int_0^X yx\,dx = \frac{1}{2}X^2 Y - \frac{1}{2}\int_0^Y x^2\,dy$$

$$= \frac{1}{2}X^2 Y - \frac{1}{2}a^3\int_0^\Omega (1 - \cos\omega)\sin^2\omega\,d\omega$$

$$= \frac{1}{2}X^2 Y - \frac{1}{2}a^3\left(\frac{1}{2}\Omega - \frac{1}{4}\sin 2\,\Omega - \frac{1}{2}\sin^3\Omega\right).$$

Enfin la troisième

$$\frac{1}{2}\int_0^X y^2\,dx = \frac{1}{2}Y^2 X - \int_0^Y xy\,dy$$

$$= \frac{1}{2}XY^2 - a^3\int_0^\Omega (\omega + \sin\omega)\sin^2\omega\,d\omega = \frac{1}{2}XY^2$$

$$- a^3\left(\frac{\Omega}{4}(\Omega - \sin 2\,\Omega) + \frac{19}{24} - \frac{3}{4}\cos\Omega - \frac{1}{8}\cos 2\,\Omega + \frac{1}{12}\cos 3\,\Omega\right).$$

On obtient ξ, η en divisant la deuxième et la troisième intégrale par la première des trois. Pour l'aire totale de la cycloïde, on aura $X = 0$, $Y = 2a\pi$, $\Omega = 2\pi$, ce qui donne

$$\xi = \frac{1}{2}a, \quad \eta = a\pi.$$

Pour la moitié de la branche, on a $\mathrm{X} = 2a$, $\mathrm{Y} = a\pi$, $\Omega = \pi$, et l'on trouve

$$\xi = \frac{7}{6}\,a, \quad \eta = \frac{1}{2}\,a\left(\pi - \frac{16}{9\pi}\right).$$

IV. Soit donnée une zone sphérique de hauteur h.

Nous nous servons des formules (7), (8), (9). L'intégration relative à α, depuis $\alpha = 0$ jusqu'à $\alpha = 2\pi$, donne d'abord

$$\xi = \eta = 0, \quad \text{et} \quad \zeta = \frac{\displaystyle\int_{r_0}^{\mathrm{R}} rz\sqrt{1 + (\mathrm{D}_r z)^2}\,dr}{\displaystyle\int_{r_0}^{\mathrm{R}} r\sqrt{1 + (\mathrm{D}_r z)^2}\,dr}.$$

Mais

$$\mathrm{D}_r z = -\frac{r}{z}, \quad \sqrt{1 + (\mathrm{D}_r z)^2} = \frac{\sqrt{z^2 + r^2}}{z} = \frac{\mathrm{R}}{z},$$

et

$$r\,dr = -z\,dz,$$

par conséquent,

$$\zeta = \frac{\displaystyle\int_z^{z+h} z\,dz}{\displaystyle\int_z^{z+h} dz} = \frac{1}{2}\frac{(z+h)^2 - z^2}{h} = z + \frac{1}{2}h.$$

Le centre de gravité d'une zone est donc situé à moitié de la hauteur.

V. Centre de gravité d'un triangle sphérique.

En adoptant les notations dont nous avons fait usage pour déterminer le centre de gravité d'une pyramide à base sphérique, nous aurons, puisque

$$l = R_0 \quad \text{et} \quad \sqrt{1 + (D_r z)^2} = \frac{R_0}{z},$$

$$\xi = \frac{\displaystyle\int_0^{R_0 \sin\varphi} \int_0^A r\,dr\,d\alpha}{\displaystyle\int_0^{R_0 \sin\varphi} \int_0^A \frac{r\,dr\,d\alpha}{\sqrt{R_0^2 - r^2}}} = \frac{1}{2} R_0 \frac{\displaystyle\int_0^A \sin^2\varphi\,d\alpha}{\displaystyle\int_0^A (1 - \cos\varphi)\,d\alpha},$$

donc enfin, en procédant comme p. 153,

$$\xi = \frac{R_0}{2} \frac{a \sin b \sin C}{A + B + C - \pi}.$$

Si l'on projette le centre de gravité sur les trois arêtes, ou rayons extrêmes du triangle sphérique, les distances des trois projections au centre de la sphère seront ξ et deux autres expressions analogues; et ces distances seront proportionnelles aux cosinus des angles que le rayon passant par le centre de gravité forme avec les trois arêtes. On voit aisément que ces distances et ces cosinus sont dans les rapports $\dfrac{a}{\sin a} : \dfrac{b}{\sin b} : \dfrac{c}{\sin c}$. Les distances au centre de la sphère, des deux centres de gravité de la pyramide et de sa base sphérique, sont entre elles comme $3 : 4$.

VI. Centre de gravité de la surface d'un hémisphère dont la densité est proportionnelle à la distance à la base.

En supposant, dans la formule (7), ρ proportionnel à z, on obtiendra

$$\zeta = \frac{\displaystyle\int_0^R \int_0^{2\pi} z r\,dr\,d\alpha}{\displaystyle\int_0^{R_0} \int_0^{2\pi} r\,dr\,dz} = \frac{\displaystyle\int_0^{R_0} r\,dr\,\sqrt{R_0^2 - r^2}}{\displaystyle\int_0^{R_0} r\,dr},$$

donc enfin

$$\zeta = \frac{2}{3} \, R_0,$$

R_0 étant le demi-diamètre de la sphère.

78. *Centre de gravité des lignes.* — Supposons maintenant que la masse est concentrée sur une ligne; soient $s_1, s_2, s_3, \ldots$, les éléments de la longueur de la ligne s, $t_1, t_2, t_3, \ldots$, les angles de ces éléments avec l'axe des x, on aura

$$M = \lim \Sigma\, m = \lim \Sigma \rho s = \int_{x_0}^{X} \rho \, \sec t \, dx,$$

$$M\xi = \lim \Sigma \rho s x, \quad M\eta = \lim \Sigma \rho s y, \quad M\zeta = \lim \Sigma \rho s z,$$

par suite

$$(10) \qquad \xi = \frac{\displaystyle\int_{x_0}^{X} \rho \, \sec t \, x \, dx}{\displaystyle\int_{x_0}^{X} \rho \, \sec t \, dx},$$

$$(11) \qquad \eta = \frac{\displaystyle\int_{x_0}^{X} \rho \, \sec t \, y \, dx}{\displaystyle\int_{x_0}^{X} \rho \, \sec t \, dx},$$

$$(12) \qquad \zeta = \frac{\displaystyle\int_{x_0}^{X} \rho \, \sec t \, z \, dx}{\displaystyle\int_{x_0}^{X} \rho \, \sec t \, dx}.$$

Si la courbe était une hélice, alors séc t devenant une

quantité constante, on aurait

$$\xi = \frac{\displaystyle\int_{x_0}^{X} x\,dx}{\displaystyle\int_{x_0}^{X} dx} = \frac{X + x_0}{2}.$$

Si la courbe est plane, alors

$$\operatorname{tang} t = \frac{dy}{dx}, \quad \sec t = \sqrt{1 + \left(\frac{dy}{dx}\right)^2};$$

et l'on peut supprimer ζ.

Si la courbe est à double courbure,

$$\sec t = \sqrt{1 + \left(\frac{dy}{dx}\right)^2 + \left(\frac{dz}{dx}\right)^2}.$$

EXEMPLES. — I. *Centre de gravité d'un polygone.* — Soient $x_1, y_1, x_2, y_2, \ldots$, les coordonnées des sommets du polygone. Les intégrales

$$\int_{x_0}^{X} \sec t \, dx, \quad \int_{x_0}^{X} \sec t \, x\,dx, \quad \int_{x_0}^{X} \sec t \, y\,dx,$$

se décomposent en sommes d'intégrales pour chacune desquelles $\sec t$ sera constant; on trouvera donc

$$\xi = \frac{\Sigma \sec t \displaystyle\int_{x_0}^{X} x\,dx}{\Sigma \sec t \displaystyle\int_{x_0}^{X} dx} = \frac{1}{2} \frac{\Sigma (X^2 - x_0^2) \sec t}{\Sigma (X - x_0) \sec t};$$

or, en désignant par $l_{12}, l_{23}, \ldots$, les longueurs des côtés, on aura $(X - x_0) \sec t = l$, et par conséquent

$$\xi = \frac{1}{2} \frac{\Sigma (X + x_0) l}{\Sigma l} = \frac{(x_1 + x_2) l_{12} + (x_2 + x_3) l_{23} + \ldots}{2 (l_{12} + l_{23} + \ldots)}.$$

De même

$$\eta = \frac{\Sigma \sec t \int_{x_0}^{X} y\,dx}{\Sigma \sec t \int_{x_0}^{X} dx} = \frac{\Sigma \sec t \, \tan g\, t \int_{x_0}^{X} x\,dx}{\Sigma l}$$

$$= \frac{1}{2} \frac{\Sigma(X^2 - x_0^2)\sec t \, \tan g\, t}{\Sigma l} = \frac{(y_1 + y_2)\,l_{12} + (y_2 + y_3)\,l_{23} + \dots}{2(l_{12} + l_{23} + \dots)}.$$

II. Trouver le centre de gravité d'un arc d'hélice.
Prenons pour équations de la courbe

$$x = b \arccos \frac{z}{a},$$

$$z^2 + y^2 = a^2.$$

En faisant $x_0 = 0$, nous avons d'abord

$$\xi = \frac{1}{2}\,X,$$

ensuite

$$\eta = \frac{1}{X}\int_0^{X} y\,dx, \quad \zeta = \frac{1}{X}\int_0^{X} z\,dx.$$

Comme on a $dx = -b\,\dfrac{dz}{\sqrt{a^2 - z^2}}$, il vient

$$\zeta = -\frac{b}{X}\int_a^{Z} \frac{z\,dz}{\sqrt{a^2 - z^2}} = \frac{b}{X}\,Y.$$

De même

$$\eta = -\frac{b}{X}\int_a^{Z} dz = \frac{b}{X}\,(a - Z).$$

79. $1°$ L'élément d'une surface de révolution est $2\pi y\,ds$
ou bien $2\pi y \sec t\,dx$, en supposant que l'axe des x est

l'axe de révolution, sa surface sera

$$B = 2\pi \int_{x_0}^{X} y \sec t\, dx;$$

mais $\eta = \dfrac{\displaystyle\int_{x_0}^{X} \sec t\, y\, dx}{\displaystyle\int_{x_0}^{X} \sec t\, dx}$, η étant l'ordonnée du centre de gravité, et si nous appelons s la longueur de l'arc générateur, $s = \displaystyle\int_{x_0}^{X} \sec t\, dx$. On a donc

$$B = 2\pi\eta s,$$

c'est-à-dire que *l'aire de la surface de révolution est égale au produit de l'arc générateur par la circonférence que décrit le centre de gravité de cet arc.*

Exemple. Pour trouver le centre de gravité d'un arc de cercle, supposons que sa corde c soit parallèle à l'axe des x, on aura pour la surface de la zone sphérique

$$B = 2\pi r c = 2\pi\eta s, \quad \text{d'où} \quad \eta = \frac{rc}{s}.$$

2° L'élément du volume d'un corps de révolution est $2\pi(Y^2 - y_0^2)\, dx$, et par suite

$$V = 2\pi \int_{x_0}^{X} \int_{y_0}^{Y} y\, dy\, dx;$$

mais comme, en désignant par η l'ordonnée du centre de gravité de la surface génératrice, on a

$$\eta = \frac{\displaystyle\int_{x_0}^{X}\int_{y_0}^{Y} y\, dy\, dx}{\displaystyle\int_{x_0}^{X}\int_{y_0}^{Y} dy\, dx},$$

on aura

$$V = 2\pi\eta\, B.$$

Le volume engendré est égal au produit de la surface génératrice par la circonférence que décrit le centre de gravité de cette surface. Ces deux propositions sont connues sous le nom de Théorèmes de Guldin, qui les formula le premier.

80. Nous ne terminerons pas cette leçon sans signaler deux propriétés élémentaires, mais remarquables, du centre de gravité d'un système quelconque de corps ou de points.

I. Soient A, A',... les centres de gravité de plusieurs corps dont les poids sont respectivement p, p',..., et soit A_1 le centre de gravité commun du système de ces corps; appelons r, r',..., les distances $A_1 A$, $A_1 A'$,...; si l'on applique au point A_1 suivant $A_1 A$, $A_1 A'$,... des forces pr, $p'r'$,... proportionnelles à la fois au poids et à la distance au centre de gravité commun, ces forces se feront nécessairement équilibre. En effet, menons par le point A_1 trois axes rectangulaires que nous prendrons pour axes des coordonnées, et soient (x, y, z), (x', y', z'),... les coordonnées des points A, A',...; puisque le centre de gravité commun $A_1 (x_1, y_1, z_1)$ est à l'origine des coordonnées, on aura nécessairement

$$x_1 = \frac{\Sigma px}{\Sigma p} = 0, \quad y_1 = \frac{\Sigma py}{\Sigma p} = 0, \quad z_1 = \frac{\Sigma pz}{\Sigma p} = 0,$$

ou simplement

$$\Sigma px = 0, \quad \Sigma py = 0, \quad \Sigma pz = 0.$$

Mais en appelant $(\alpha, \mathrm{6}, \gamma)$, $(\alpha', \mathrm{6}', \gamma')$,... les angles que les lignes $A_1 A$, $A_1 A'$,... font avec les axes, on aura

$$x = r\cos\alpha, \quad y = r\cos\mathrm{6}, \quad z = r\cos\gamma; \quad x' = r'\cos\alpha',\ldots$$

et en substituant

$$\Sigma pr\cos\alpha = 0, \quad \Sigma pr\cos\delta = 0, \quad \Sigma pr\cos\gamma = 0.$$

Mais les trois sommes des premiers membres de ces équations sont les composantes de la résultante des forces pr, $p'r'$,...; ces trois composantes sont donc nulles; la résultante est nulle aussi, par conséquent, et les forces pr, $p'r'$,... se font nécessairement équilibre.

Si les poids p, p',... sont égaux, les équations qui précèdent deviennent

$$\Sigma r\cos\alpha = 0, \quad \Sigma r\cos\delta = 0, \quad \Sigma r\cos\gamma = 0,$$

et l'on en conclut que des forces représentées en grandeur et en direction par les lignes $A_1 A$, $A_1 A'$,... se feraient équilibre.

Réciproquement, si des forces appliquées au point A_1, et représentées en grandeur et en direction par les lignes $A_1 A = r$, $A_1 A' = r'$,... se font équilibre, des corps également pesants et ayant respectivement leurs centres de gravité en A, A',..., formeront un système dont le centre de gravité commun sera en A_1. En effet, si l'on conserve les mêmes notations, les équations

$$\Sigma r\cos\alpha = 0, \quad \Sigma r\cos\delta = 0, \quad \Sigma r\cos\gamma = 0,$$

entraîneront les suivantes :

$$\Sigma px = 0, \quad \Sigma py = 0, \quad \Sigma pz = 0,$$
$$x_1 = 0, \quad y_1 = 0, \quad z_1 = 0.$$

II. Cessons de prendre le centre de gravité commun A_1 pour origine des coordonnées, plaçons cette origine en un point quelconque O; soient toujours p, p',... les poids des corps ayant leurs centres de gravité en A, A',...; (x, y, z), (x', y', z'),... les coordonnées rectangulaires de ces points; r, r',... les distances de ces points à l'origine; x_1, y_1, z_1 les coordonnées du centre de gravité commun, r_1 sa distance au point O, et faisons

$$p + p' + \ldots = P.$$

On aura nécessairement

$$P x_1 = p x + p' x' + \ldots,$$
$$P y_1 = p y + p' y' + \ldots,$$
$$P z_1 = p z + p' z' + \ldots;$$

carrant et ajoutant, il viendra

$$P^2 r_1^2 = p^2 r^2 + p' r'^2 + \ldots + 2 p p' (x x' + y y' + z z') + \ldots.$$

Or

$$\overline{AA'}^2 = (x - x')^2 + (y - y')^2 + (z - z')^2$$
$$= r^2 + r'^2 - 2 (x x' + y y' + z z'),$$

et, par conséquent,

$$2 (x x' + y y' + z z') = r^2 + r'^2 - \overline{AA'}^2,$$

on aurait de même

$$2 (x x'' + y y'' + z z'') = r^2 + r''^2 - \overline{AA''}^2;$$

$$\ldots\ldots\ldots\ldots\ldots\ldots\ldots\ldots\ldots\ldots$$

$$2 (x' x'' + y' y'' + z' z'') = r'^2 + r''^2 - \overline{A'A''}^2,$$

$$\ldots\ldots\ldots\ldots\ldots\ldots\ldots\ldots\ldots\ldots$$

En substituant, il viendra

$$P^2 r_1^2 = p^2 r^2 + p'^2 r'^2 + p''^2 r''^2$$
$$+ p p' \left(r^2 + r'^2 - \overline{AA'}^2\right) + p p'' \left(r^2 + r''^2 - \overline{AA''}^2\right) + \ldots,$$

ou, à cause de $p + p' + p'' + \ldots = P$,

$$P^2 r_1^2 = P \left(p r^2 + p' r'^2 + \ldots\right) - \left(p p' \overline{AA'}^2 + p p'' \overline{AA''}^2 + \ldots\right).$$

Cette équation donne la distance r_1 du centre commun

de gravité à un point quelconque O, en fonction des distances des points A, A',... à ce même point, et des distances mutuelles des centres partiels de gravité. On en tire

$$pr^2 + p'r'^2 + \ldots = \mathrm{P}\,r_1^2 + \frac{1}{\mathrm{P}}\left(pp'\overline{\mathrm{AA}'}^2 + pp''\overline{\mathrm{AA}''}^2 + \ldots\right).$$

Quand le point O se déplace, le premier terme $\mathrm{P}\,r_1^2$ varie
seul dans le second membre ; et comme la somme qui forme
le second terme est essentiellement positive, on en conclut
que l'expression

$$pr^2 + p'r'^2 + p''r''^2 + \ldots$$

atteint sa plus petite valeur quand $r_1 = 0$, c'est-à-dire
quand l'origine O coïncide avec le centre de gravité commun du système. On en conclut encore que la somme
des poids appliqués aux points A, A',..., respectivement
multipliés par les carrés de leur distance à un même point,
sera la même, quelque part que soit placé ce point sur la
surface d'une sphère dont le centre de gravité commun
occuperait le centre.

NEUVIÈME LEÇON.

Des grandeurs coexistantes et des rapports différentiels. — Masses. — Densités. — Masses et densités des volumes, des surfaces, des lignes droites ou courbes.

81. Nous croyons utile de résumer la question intéressante du calcul des volumes, des masses et des coordonnées des centres de gravité, par quelques considérations générales et élémentaires auxquelles M. Cauchy attachait une grande importance, sur lesquelles il est souvent revenu, qu'il a développées une dernière fois dans le second volume de ses *Exercices d'analyse et de physique mathématique*, pages 188 et suivantes.

Nous appelons *grandeurs* ou *quantités coexistantes* deux grandeurs, ou quantités qui existent ensemble, et varient simultanément, de telle sorte que les éléments de l'une existent, varient et s'évanouissent, en même temps que les éléments de l'autre. Tels sont, par exemple, le volume d'un corps et la masse ou le poids de ce corps ; le temps pendant lequel un point se meut et l'espace parcouru par ce point ; le rayon d'un cercle et sa surface ; le rayon d'une sphère et son volume ; la hauteur et la surface d'un triangle ou d'un parallélogramme ; la hauteur et le volume d'un prisme ou d'une pyramide ; la base et le volume d'un cylindre, etc.

Des grandeurs ou quantités coexistantes peuvent d'ailleurs varier simultanément dans un ou plusieurs sens divers. Ainsi, par exemple, le volume d'un prisme ou d'un cylindre dont la base est constante, varie avec la hauteur dans un seul sens ; mais si l'on suppose la hauteur constante et la base variable, le volume pourra varier avec cette base dans deux sens différents. De même encore la masse d'un parallélipipède, ou généralement d'un corps quelconque, pourra varier avec le volume de ce corps dans trois sens correspondants aux trois dimensions de l'espace, etc.

Cela posé, soient A et B deux grandeurs ou quantités coexistantes qui varient simultanément dans un ou plusieurs sens divers. Concevons d'ailleurs que la grandeur B soit décomposée en éléments

$$b_1, \quad b_2, \ldots, \quad b_n,$$

dont les valeurs numériques soient très-petites, et nommons

$$a_1, \quad a_2, \ldots, \quad a_n,$$

les éléments correspondants de la grandeur A. Enfin supposons que, l'un quelconque des éléments de la grandeur B étant représenté par b, et l'élément correspondant de la grandeur A par a, la valeur numérique de l'élément b vienne à décroître indéfiniment dans un ou plusieurs sens ; l'élément a s'approchera lui-même indéfiniment de zéro ; mais on ne pourra pas en dire autant du rapport $\frac{a}{b}$, qui convergera en général vers une limite finie différente de zéro.

Cette limite est ce que nous appellerons le *rapport différentiel* de la grandeur A à la grandeur B. Ce rapport différentiel sera d'ailleurs du *premier ordre*, ou du *second*, ou du *troisième*, etc., suivant que pour l'obtenir on aura fait décroître l'élément b dans un, ou deux, ou trois,... sens différents.

Concevons que l'on indique, à l'aide de la lettre M placée devant plusieurs quantités, une moyenne entre ces quantités, c'est-à-dire une quantité nouvelle comprise entre la plus petite et la plus grande de celles que l'on considérait d'abord : si les éléments

$$b_1, \quad b_2, \ldots, \quad b_n,$$

de la grandeur ou quantité désignée par B sont positifs, les éléments

$$a_1, \quad a_2, \ldots, \quad a_n,$$

de la grandeur ou quantité désignée par A pouvant être affectés de signes quelconques, on aura, en vertu d'un théorème connu,

$$\frac{a_1 + a_2 + \ldots + a_n}{b_1 + b_2 + \ldots + b_n} = M\left(\frac{a_1}{b_1}, \frac{a_2}{b_2}, \ldots, \frac{a_n}{b_n}\right),$$

et par suite les deux équations

$$A = a_1 + a_2 + \ldots + a_n,$$
$$B = b_1 + b_2 + \ldots + b_n,$$

entraîneront la suivante :

$$(1) \qquad \frac{A}{B} = M\left(\frac{a_1}{b_1}, \frac{a_2}{b_2}, \ldots, \frac{a_n}{b_n}\right).$$

D'ailleurs cette dernière équation continuera de subsister, si, le nombre n devenant de plus en plus grand, chacun des éléments

$$b_1, \quad b_2, \ldots, \quad b_n,$$

devient de plus en plus petit, et alors chacun des rapports

$$\frac{a_1}{b_1}, \quad \frac{a_2}{b_2}, \ldots, \quad \frac{a_n}{b_n},$$

finira par différer aussi peu que l'on voudra d'une certaine valeur du rapport différentiel. On peut donc énoncer le théorème suivant :

Théorème I. — Le rapport entre deux grandeurs ou

quantités coexistantes A et B, dont la première varie dans un ou plusieurs sens avec la seconde supposée toujours positive, est une moyenne entre les diverses valeurs de leur rapport différentiel.

Corollaire. — Le théorème I s'étend évidemment, avec la formule (1), au cas même où la seconde quantité B serait toujours négative.

82. Lorsque deux grandeurs coexistantes varient proportionnellement l'une à l'autre, leur rapport est constant, aussi bien que le rapport de leurs éléments, et la limite de ce dernier rapport, ou le rapport différentiel. On peut donc énoncer encore la proposition suivante :

Théorème II. — Si deux grandeurs ou quantités coexistantes A et B sont entre elles dans un rapport constant, ce rapport constant sera aussi leur rapport différentiel. La proposition inverse peut s'énoncer comme il suit :

Théorème III. — Si le rapport différentiel de la grandeur ou quantité A à la grandeur ou quantité constante B est constant, ce rapport constant sera aussi celui des grandeurs ou quantités elles-mêmes.

Démonstration. — Supposons d'abord que la grandeur B, étant positive, puisse être considérée comme uniquement formée d'éléments positifs. Alors le théorème III sera une conséquence immédiate du théorème I; et par suite, si l'on nomme ρ le rapport différentiel des grandeurs A et B, on aura

$$(2) \qquad \frac{A}{B} = \rho.$$

Ajoutons qu'en vertu du corollaire du théorème I l'équation (2) subsistera encore, si la quantité B, étant négative, peut être considérée comme uniquement composée d'éléments négatifs.

Supposons, en second lieu, la grandeur ou quantité B formée d'éléments dont les uns soient positifs, les autres négatifs. On pourra la décomposer en diverses parties

$$B',\quad B'',\quad B''',\ldots,$$

dont chacune soit considérée comme uniquement formée d'éléments affectés du même signe ; et, en nommant

$$A',\quad A'',\quad A''',\ldots,$$

les parties correspondantes de la grandeur ou quantité A, on aura, en vertu de l'équation (2),

$$\frac{A'}{B'}=\rho,\quad \frac{A''}{B''}=\rho,\quad \frac{A'''}{B'''}=\rho,\ldots,$$

par conséquent,

$$A'=\rho B',\quad A''=\rho B'',\quad A'''=\rho B''',\ldots,$$

et

$$A'+A''+A'''+\ldots=\rho\,(B'+B''+B'''+\ldots),$$

ou, ce qui revient au même,

$$(3)\qquad\qquad A=\rho B.$$

Or cette dernière formule entraîne évidemment l'équation (2).

Corollaire.—Si le coefficient différentiel ρ est constamment nul, l'équation (3) donnera simplement

$$(4)\qquad\qquad A=0.$$

On peut donc énoncer encore la proposition suivante:

Théorème IV. — Une grandeur ou quantité s'évanouit toujours, lorsque le rapport différentiel de cette

grandeur ou quantité à une autre grandeur ou quantité
coexistante est constamment nul.

83. Le rapport différentiel de deux grandeurs, constant ou variable, reçoit souvent divers noms particuliers relatifs à la nature même de ces grandeurs. Donnons à ce sujet quelques exemples.

Considérons d'abord une certaine masse ou quantité de matière M, renfermée dans un solide dont le volume est V, ou concentrée sur une surface dont l'aire est A, ou enfin concentrée sur une ligne dont la longueur est S. Si M varie proportionnellement à la quantité V, ou A, ou S, le rapport constant $\frac{M}{V}$, ou $\frac{M}{A}$, ou $\frac{M}{S}$, sera la densité constante du corps, ou de la surface, ou de la ligne donnée.

Soient, dans la même hypothèse, m l'élément de la masse M, et v, ou a, ou s, l'élément correspondant de la quantité V, ou A, ou S. La densité constante du corps, ou de la surface, ou de la ligne donnée, pourra encore être représentée par le rapport $\frac{m}{v}$, ou $\frac{m}{a}$, ou $\frac{m}{s}$, ainsi que par la limite de ce rapport. Cette densité constante sera donc le rapport différentiel de la masse M à la quantité V, ou A, ou S.

Supposons maintenant que la masse M varie, par exemple, avec le volume V, mais sans lui être proportionnelle. Alors les rapports $\frac{M}{V}$ et $\frac{m}{v}$ pourront différer l'un de l'autre et représenteront ce qu'on nomme la *densité moyenne* du corps sous le volume V ou sous le volume v. Si d'ailleurs le volume élémentaire v change graduellement de forme, sans jamais cesser de renfermer un certain point P du corps que l'on considère, et si, en vertu de ce changement de forme, les trois dimensions du volume viennent à décroître indéfiniment, la masse élémentaire m décroîtra indéfiniment avec le volume élémentaire v; mais le rapport $\frac{m}{v}$, ou la densité moyenne du corps sous le volume v, convergera en général vers une certaine limite différente de zéro. Or cette limite, qu'on nomme la *densité du corps au point* P, représentera évidemment pour le même point le rapport différentiel de la masse au volume. En d'autres termes, ce rapport différentiel est la limite vers laquelle converge la densité moyenne d'un élément infiniment petit, appartenant au corps que l'on considère et renfermant le point P.

Pareillement, si la masse M ou m, concentrée sur une surface ou sur un élément de surface, varie avec l'aire A ou a de cette surface ou de cet élément, sans être proportionnelle à cette aire, le rapport $\frac{M}{A}$ ou $\frac{m}{a}$ représentera ce qu'on nomme la *densité moyenne* de la surface ou de l'élément dont il s'agit. Soit maintenant P un point renfermé dans la surface élémentaire a; et concevons que les deux dimensions de cette surface élémentaire décroissent indéfiniment sans qu'elle cesse jamais de renfermer le point P. La masse élémentaire m décroîtra indéfiniment avec a; mais le rapport $\frac{m}{a}$, ou la densité moyenne de l'élément de surface, convergera en général vers une certaine limite différente de zéro. Cette limite, qu'on nomme la *densité de la surface au point* P, ne sera autre chose que le rapport différentiel de la masse M à l'aire A, calculé pour le point P.

Pareillement encore, si la masse M ou m, concentrée sur une ligne ou sur un élément de cette ligne, varie avec la longueur S ou s de cette ligne ou de cet élément, sans être proportionnelle à cette longueur, le rapport $\frac{m}{S}$ ou $\frac{m}{s}$ représentera ce qu'on nomme la *densité moyenne* de la ligne ou de l'élément dont il s'agit. Soit maintenant P un point situé sur la ligne élémentaire s; et concevons que cette ligne décroisse en longueur sans cesser jamais de renfermer le point P. La masse élémentaire m décroîtra indéfiniment avec s; mais le rapport $\frac{m}{s}$ ou la densité moyenne de la ligne élémentaire convergera en général vers une certaine limite différente de zéro. Cette limite, qu'on nomme la *densité de la ligne au point* P, ne sera autre chose que le rapport différentiel de la masse M à la longueur S, mesuré au point P.

Si l'on applique successivement le théorème I aux masses, aux vitesses, aux pressions hydrostatiques, etc., on obtiendra les propositions suivantes :

Le rapport de la masse d'un corps à son volume est une moyenne entre les densités correspondantes aux divers points de ce volume.

Lorsqu'une masse est concentrée sur une surface ou sur une ligne, le rapport entre cette masse et l'aire de la surface ou la longueur de la ligne est une moyenne entre les densités correspondantes aux divers points de cette surface ou de cette ligne.

Lorsqu'un point mobile parcourt une ligne droite ou courbe, le rapport de l'espace au temps est une moyenne entre les vitesses que le point mobile acquiert successivement dans ses diverses positions sur cette ligne.

Lorsqu'une surface est pressée par un liquide pesant, le rapport entre la pression totale et l'aire de cette surface est une moyenne entre les diverses valeurs de la pression hydrostatique correspondantes aux divers points de la surface.

Ces diverses propositions justifient les noms de *densité moyenne,* de *vitesse moyenne,* de *pression hydrosta-*

tique moyenne, précédemment donnés aux divers rapports qui s'y trouvent mentionnés.

84. Le rapport différentiel d'une grandeur à une autre n'est un rapport constant que dans le cas où ces deux grandeurs sont proportionnelles l'une à l'autre. Dans le cas contraire, non-seulement le rapport différentiel des deux grandeurs est variable, mais il peut varier dans un ou dans plusieurs sens suivant que la seconde grandeur peut varier elle-même dans un seul sens ou dans plusieurs sens divers. Il en résulte qu'un rapport différentiel peut être fonction d'une ou de plusieurs variables indépendantes. Ainsi en particulier, si la seconde grandeur est une ligne, ou une surface, ou un volume, le rapport différentiel sera généralement déterminé pour chaque point de la ligne donnée, de la surface donnée, ou du volume donné. Mais il pourra varier d'un point à l'autre et dépendre des coordonnées de ce point, savoir : d'une seule coordonnée si la seconde grandeur est une ligne, de deux coordonnées si la seconde grandeur est une surface, de trois coordonnées si elle est un volume.

Concevons maintenant que les deux grandeurs coexistantes A et B puissent varier simultanément dans deux, trois,... sens divers. On pourra en dire autant de leurs éléments correspondants; et l'on obtiendra pour limite du rapport entre ces éléments un rapport différentiel ρ, du premier, du second, du troisième,... ordre, qui sera une fonction de une, deux, trois,... variables indépendantes. Dans un grand nombre de cas, le rapport différentiel ρ est une fonction continue des variables dont il dépend, c'est-à-dire une fonction qui prend une valeur unique et déterminée pour chaque système de valeurs attribuées à ces variables, et qui varie avec elles par degrés insensibles. Dans cette hypothèse, si un élément b

de la grandeur B devient infiniment petit dans tous les sens, on pourra dire en quelque sorte qu'à cet élément b correspond un seul système de valeurs des variables indépendantes, et par suite une seule valeur de ρ. Mais aux diverses parties de la grandeur B, ou plutôt à ses divers éléments infiniment petits, correspondront divers systèmes de valeurs des variables indépendantes, et par conséquent en général diverses valeurs de ρ. Les limites, entre lesquelles les variables devront rester comprises dans ces divers systèmes, dépendront de la valeur attribuée à la grandeur B; et, si la grandeur B est toujours positive, ces limites s'étendront de plus en plus avec cette valeur même.

Supposons, pour fixer les idées, que la seconde grandeur soit une aire ou un volume, et nommons P un point quelconque de cette aire ou de ce volume. La position du point P se trouvera déterminée par deux ou trois coordonnées qui seront les variables indépendantes. Cela posé, prenons, dans la seconde grandeur, un élément infiniment petit qui renferme le point P, et divisons par cet élément l'élément correspondant de la première. Le quotient obtenu différera généralement très-peu de sa limite, qui sera le rapport différentiel de la première grandeur à la seconde, correspondant au point P. Ajoutons que ce rapport différentiel, variable avec les coordonnées du point P, en sera, dans beaucoup de cas, une fonction continue. D'ailleurs les divers systèmes de valeurs de ces coordonnées, correspondants aux divers éléments de l'aire ou du volume que l'on considère, devront être censés connus dès que l'on connaîtra cette aire ou ce volume; et les limites, entre lesquelles resteront comprises les valeurs des coordonnées dans ces divers systèmes, seront évidemment déterminées par les équations des lignes qui envelopperont cette aire ou de la surface qui enveloppera ce volume.

Lorsque, la seconde grandeur étant toujours positive, le rapport différentiel ρ est une fonction continue des variables dont il dépend, et par suite varie avec elles par degrés insensibles, une moyenne entre les diverses valeurs de ρ correspondantes aux divers éléments de la seconde grandeur est encore nécessairement l'une de ces valeurs. Donc le théorème I entraîne la proposition suivante :

Théorème V. — Si le rapport différentiel d'une première grandeur à une grandeur coexistante et toujours positive est une fonction continue de la variable ou des variables dont il dépend, une des valeurs de ce rapport différentiel correspondantes à la seconde grandeur représentera le rapport qu'on obtient en divisant la première grandeur par la seconde.

Corollaire I. —Concevons, pour fixer les idées, que la seconde grandeur se réduise à une longueur S mesurée sur une certaine ligne droite ou courbe, et la première grandeur à une masse M concentrée sur cette ligne. Les diverses valeurs du rapport différentiel ρ correspondantes aux divers éléments infiniment petits de la longueur S ne seront autre chose que les diverses valeurs de la densité dans les divers points que renferme cette longueur. D'ailleurs la position de chaque point P, sur la ligne que l'on considère, pourra être déterminée à l'aide d'une seule coordonnée x; et la densité ρ sera fonction continue de x, lorsque, étant complétement déterminée pour un point donné P, elle variera, avec la position du point P, par degrés insensibles. Donc le théorème V entraîne la proposition suivante :

S désignant la longueur d'une ligne droite ou courbe sur laquelle se trouve concentrée une masse M, *si la densité* ρ, *étant complétement déterminée en chaque point* P *de la longueur* S, *varie avec la position du point* P *par degrés insensibles, le rapport de* M *à* S, *ou, en d'autres termes, la densité moyenne de la ligne, sera l'une des valeurs de* ρ *correspondantes aux divers points que renferme la longueur* S.

Corollaire II. — Concevons que la seconde grandeur se réduise à une aire A, mesurée sur une certaine surface plane ou courbe, et la première grandeur à une masse M concentrée sur cette surface. Les diverses valeurs du rapport différentiel ρ, correspondantes aux divers éléments infiniment petits de l'aire A, ne seront autre chose que les diverses valeurs de la densité relatives aux divers points que renferme cette aire. D'ailleurs la position de chaque point P sur la surface que l'on considère pourra être déterminée à l'aide de deux coordonnées rectangulaires x, y, ou de deux coordonnées polaires r, α, ou même à l'aide de deux coordonnées quelconques ; et la densité ρ sera une fonction continue de ces coordonnées, lorsque, étant complétement déterminée pour un point donné P, elle variera avec la position du point P par degrés insensibles. Donc le théorème V entraîne la proposition suivante :

A *désignant l'aire d'une surface plane ou courbe sur laquelle se trouve concentrée une masse* M, *si la densité* ρ, *étant complétement déterminée en chaque point* P *de l'aire* A, *varie avec la position du point* P *par degrés insensibles, le rapport de* M *à* A, *ou, en d'autres termes, la densité moyenne de la surface, sera l'une des valeurs de* ρ *correspondantes aux divers points que renferme l'aire* A.

Corollaire III. — Concevons que la seconde grandeur se réduise au volume V d'un solide dont la masse soit M. Les diverses valeurs du rapport différentiel ρ, correspondantes aux divers éléments infiniment petits du volume V, ne seront autre chose que les diverses valeurs de la densité relatives aux divers points que renferme ce volume. D'ailleurs la position de chaque point P, dans ce volume, pourra être déterminée à l'aide de trois coordonnées rectangulaires x, y, z, ou de trois coordonnées polaires r, θ, u, ou généralement à l'aide de trois coordonnées quelconques; et la densité ρ sera fonction continue de ces coordonnées, lorsque, étant complétement déterminée en un point quelconque P, elle variera, avec la position du point P, par degrés insensibles. Donc le théorème V entraîne la proposition suivante :

V désignant le volume d'un solide dont la masse est M, si la densité ρ de ce solide, étant complétement déterminée en chaque point quelconque P du volume V, varie avec la position du point P par degrés insensibles, le rapport de M à V, ou, en d'autres termes, la densité moyenne du solide, sera l'une des valeurs de ρ correspondantes aux divers points que renferme le volume V.

85. La comparaison des éléments correspondants

$$a \quad \text{et} \quad b$$

de deux grandeurs coexistantes

$$A \quad \text{et} \quad B$$

peut donner lieu à la formation de l'un ou l'autre des deux rapports

$$\frac{a}{b}, \quad \frac{b}{a},$$

suivant que l'on divise le premier élément par le second, ou le second par le premier. Or ces deux rapports, inverses l'un de l'autre, auront pour limites, si les éléments a et b viennent à décroître indéfiniment, deux quantités inverses aussi l'une de l'autre, c'est-à-dire deux quantités dont le produit sera l'unité. On peut donc aux propositions précédemment énoncées joindre la suivante :

THÉORÈME VI. — Si deux grandeurs ou quantités coexistent et varient simultanément, le rapport différentiel de la première à la seconde sera l'inverse du rapport différentiel de la seconde à la première.

Observons encore que si l'on désigne par λ, μ deux facteurs ou coefficients constants, et par a, b les éléments de deux grandeurs ou quantités coexistantes A, B, les produits λa, μb, représenteront les éléments des grandeurs exprimées par les produits λA, μB. Cela posé, soit α la limite du rapport $\dfrac{a}{b}$, ou, ce qui revient au même, le rapport différentiel de A à B. Le rapport différentiel de λA à μB sera évidemment la limite du rapport

$$\frac{\lambda a}{\mu b} = \frac{\lambda}{\mu}\frac{a}{b} = \frac{\lambda}{\mu}\alpha.$$

Si l'un des facteurs μ, λ est l'unité, le même produit, réduit à

$$\lambda\alpha \quad \text{ou} \quad \frac{\alpha}{\mu},$$

représentera le rapport différentiel de λA à B, ou de A à μB. On peut donc énoncer encore le théorème suivant :

THÉORÈME VII. — Soient λ, μ deux facteurs constants, et α le rapport différentiel de deux grandeurs ou quantités coexistantes

$$\text{A}, \quad \text{B}.$$

Les rapports différentiels

$$\text{de } \lambda\text{A à B}, \quad \text{de A à } \mu\text{B}, \quad \text{de } \lambda\text{A à } \mu\text{B}$$

seront respectivement

$$\lambda\alpha, \quad \frac{\alpha}{\mu}, \quad \frac{\lambda}{\mu}\alpha.$$

86. Jusqu'ici nous nous sommes bornés à comparer deux grandeurs entre elles. Si les grandeurs que l'on compare l'une à l'autre sont au nombre de trois, de quatre, ou même en nombre quelconque, on obtiendra sur les rapports différentiels de nouvelles propositions que nous allons successivement établir.

Observons d'abord que, si

$$A, \quad B, \quad C,$$

désignent trois grandeurs coexistantes, et

$$a, \quad b, \quad c,$$

trois éléments correspondants de ces grandeurs, on aura identiquement

$$(5) \qquad \frac{a}{c} = \frac{a}{b} \times \frac{b}{c},$$

or en supposant que dans cette équation les éléments a, b, c, deviennent infiniment petits, on obtiendra la proposition suivante :

Théorème VIII. — Si trois grandeurs ou quantités coexistent et varient simultanément, le rapport différentiel de la première à la seconde, multiplié par le rapport différentiel de la seconde à la troisième, donnera pour produit le rapport différentiel de la première à la troisième.

On démontrerait de la même manière le théorème que nous allons énoncer.

Théorème IX. — Si plusieurs grandeurs ou quantités coexistent et varient simultanément, le rapport différentiel de la première à la dernière sera le produit des rapports différentiels de la première à la seconde, de la seconde à la troisième, de la troisième à la quatrième,... enfin de l'avant-dernière à la dernière.

Le théorème VIII entraîne évidemment le suivant :

Théorème X. — Lorsque trois grandeurs coexistent et varient simultanément, si l'on divise le rapport différentiel de la première à la troisième par le rapport différentiel de la seconde à la troisième, on obtiendra pour quotient le rapport différentiel de la première à la seconde

Nota. En vertu des théorèmes II et III, si le rapport de la première grandeur à la seconde est constant, ce rapport constant sera en même temps leur rapport différentiel ; et réciproquement, si le rapport différentiel de la première grandeur à la seconde est constant, ce rapport différentiel constant sera le rapport des grandeurs elles-mêmes. Cela posé, il est clair que le théorème X entraîne encore les deux propositions suivantes.

Théorème XI. — Supposons que deux grandeurs ou quantités coexistantes A et B soient entre elles, tandis qu'elles varient, dans un rapport constant μ, les rapports différentiels α et $\mathfrak{b}$ de ces deux grandeurs A et B à une troisième grandeur ou quantité coexistante C, seront entre eux dans le même rapport constant ; en d'autres termes, l'équation

$$(6) \qquad A = \mu B$$

entraînera la suivante

$$(7) \qquad \alpha = \mu \mathfrak{b}.$$

Théorème XII. — Réciproquement si les rapports différentiels α, $\mathfrak{b}$ de deux grandeurs ou quantités coexistantes A et B successivement comparées à une troisième grandeur ou quantité C sont entre eux dans un rapport constant μ, ce rapport constant sera aussi celui de A à B ; en d'autres termes, l'équation (7) entraînera toujours l'équation (6).

Corollaire. — En supposant dans le théorème XII le nombre μ réduit à l'unité, on obtient la proposition suivante :

Théorème XIII. — Si les rapports différentiels de deux grandeurs ou quantités A et B, successivement comparées à une troisième grandeur ou quantité C, sont égaux, les grandeurs ou quantités A, B seront égales entre elles.

Considérons maintenant la somme de plusieurs grandeurs ou quantités coexistantes

$$A, \quad B, \quad C, \ldots$$

Nommons S cette somme, et

$$a, \quad b, \quad c, \ldots, \quad s,$$

les éléments correspondants des grandeurs ou quantités

$$A, \quad B, \quad C, \ldots, \quad S.$$

Enfin comparons celles-ci à une nouvelle grandeur ou quantité K, dont l'élément soit k ; on aura non-seulement

$$(8) \qquad S = A + B + C + \ldots,$$

mais aussi

$$(9) \qquad s = a + b + c + \ldots,$$

et par suite

$$(10) \qquad \frac{s}{k} = \frac{a}{k} + \frac{b}{k} + \frac{c}{k} + \ldots.$$

Or, si l'on conçoit que, dans cette dernière équation, les éléments

$$a, \quad b, \quad c, \ldots, \quad s, \quad k,$$

deviennent infiniment petits, on obtiendra, en passant aux limites, la proposition suivante :

Théorème XIV. — Si l'on calcule non-seulement les

rapports différentiels

$$\alpha, \quad 6, \quad \gamma, \dots,$$

de plusieurs grandeurs ou quantités coexistantes

$$A, \quad B, \quad C, \dots,$$

mais aussi le rapport différentiel ς de la somme

$$A + B + C + \dots,$$

à une nouvelle grandeur ou quantité K, le dernier rapport ς, ou le rapport différentiel de la somme

$$A + B + C + \dots \text{ à } K,$$

sera en même temps la somme des autres rapports différentiels, en sorte qu'on aura

$$(11) \qquad \varsigma = \alpha + 6 + \gamma + \dots.$$

Supposons à présent que, dans la somme S, les grandeurs ou quantités

$$A, \quad B, \quad C, \dots,$$

se trouvent respectivement multipliées par des facteurs constants

$$\lambda, \quad \mu, \quad \nu, \dots,$$

en d'autres termes, supposons que la grandeur ou quantité S représente une fonction linéaire des grandeurs ou quantités

$$A, \quad B, \quad C, \dots,$$

déterminée par la formule

$$(12) \qquad S = \lambda A + \mu B + \nu C + \dots.$$

Si l'on nomme toujours

$$a, \quad b, \quad c, \dots, \quad s$$

les éléments des grandeurs

$$A, \quad B, \quad C, \dots, \quad S,$$

et si l'on compare encore ces diverses grandeurs ou quantités à une nouvelle grandeur ou quantité K dont l'élément soit k, on trouvera, eu égard à la formule (12), non-seulement

$$(13) \qquad s = \lambda a + \mu b + \nu c + \ldots,$$

mais aussi

$$(14) \qquad \frac{s}{k} = \lambda \frac{a}{k} + \mu \frac{b}{k} + \nu \frac{c}{k} + \ldots;$$

puis en supposant que, dans cette dernière équation, les éléments

$$a, \quad b, \quad c, \ldots, \quad s, \quad k,$$

s'approchent indéfiniment de la limite zéro, on se trouvera conduit à la proposition suivante :

THÉORÈME XV. — Si l'on calcule, non-seulement les rapports différentiels

$$\alpha, \quad \mathfrak{b}, \quad \gamma, \ldots,$$

de plusieurs grandeurs ou quantités coexistantes

$$A, \quad B, \quad C, \ldots,$$

mais aussi le rapport différentiel ς d'une autre grandeur ou quantité

$$\lambda A + \mu B + \nu C + \ldots,$$

représentée par une fonction linéaire des premières, à une nouvelle grandeur, ou quantité coexistante K, le dernier rapport ς sera exprimé en fonction linéaire de tous les autres, tout comme S s'exprime en fonction linéaire de A, B, C, ... ; en sorte qu'on aura

$$(15) \qquad \varsigma = \lambda \alpha + \mu \mathfrak{b} + \nu \gamma + \ldots$$

Il est bon d'observer que, dans le théorème XV, les coefficients

$$\lambda, \quad \mu, \quad \nu, \ldots,$$

peuvent être ou positifs, ou négatifs. Si, pour fixer les idées, on supposait

$$\lambda = 1, \quad \mu = -1, \quad \nu = 0, \quad \text{etc.} \ldots,$$

le théorème XV pourrait être énoncé comme il suit :

THÉORÈME XVI. — Si l'on calcule non-seulement les rapports différentiels

$$\alpha, \quad \mathfrak{b},$$

de deux grandeurs ou quantités coexistantes

$$A, \quad B,$$

mais aussi le rapport différentiel de leur différence

$$(16) \qquad S = A - B,$$

à une nouvelle grandeur ou quantité coexistante K, le dernier rapport ς, ou le rapport différentiel de la différence A — B à K, sera en même temps la différence des deux autres rapports différentiels α, $\mathfrak{b}$, en sorte qu'on aura

$$(17) \qquad s = \alpha - \mathfrak{b}.$$

Observons aussi que le rapport différentiel, désigné par ς dans le théorème XIII, s'évanouira toujours avec la somme **S**, et que réciproquement en vertu du théorème XIV, cette somme s'évanouira toujours avec le rapport différentiel ς. Donc l'équation

$$(18) \qquad \lambda A + \mu B + \nu C + \ldots = 0$$

entraînera toujours la formule

$$(19) \qquad \lambda \alpha + \mu \mathfrak{b} + \nu \gamma \ldots = 0,$$

et réciproquement cette formule entraînera toujours l'équation (18). On peut donc énoncer encore la proposition suivante :

THÉORÈME XVII. — Si plusieurs grandeurs ou quantités coexistantes sont liées entre elles par une équation linéaire quelconque, la même équation linéaire existera entre les rapports différentiels de ces grandeurs ou quantités à une autre; et réciproquement, si ces coefficients différentiels sont liés entre eux par une équation linéaire, la même équation linéaire existera entre les grandeurs données.

Remarquons encore que les formules (8), (12), (16), et les formules (11), (15), (17), sont, tout comme les formules (18) et (19), des équations linéaires qui lient entre elles, d'une part les grandeurs ou quantités coexistantes

$$A, \quad B, \quad C, \ldots \quad \text{et} \quad S,$$

d'autre part les rapports différentiels

$$\alpha, \quad 6, \quad \gamma, \ldots, \quad \text{et} \quad \varsigma,$$

des grandeurs ou quantités dont il s'agit à une nouvelle grandeur ou quantité K. Par suite, on pourra remonter de la formule (11), (15) ou (17) à la formule (8), (12) ou (16), tout comme on remonte de la formule (19) à la formule (18).

Donc aux théorèmes XIV, XV, XVI, on pourra joindre les théorèmes inverses qui sont compris, comme eux, dans le théorème XVII, et que nous allons énoncer.

Théorème XVIII. — Soient

$$A, \quad B, \quad C, \ldots, \quad S,$$

plusieurs grandeurs ou quantités coexistantes, et

$$\alpha, \quad 6, \quad \gamma, \ldots, \quad \varsigma,$$

les rapports différentiels de ces mêmes grandeurs ou quantités comparées à une nouvelle grandeur ou quantité coexistante K. Si le rapport différentiel ς est la somme de tous les autres $\alpha, 6, \gamma, \ldots$, la grandeur ou quantité S sera pareillement la somme des grandeurs ou quantités A, B, C, … En d'autres termes, l'équation

$$\varsigma = \alpha + 6 + \gamma + \ldots$$

entraînera l'équation

$$S = A + B + C + \ldots$$

THÉORÈME XIX. — Les mêmes choses étant posées que dans le théorème précédent, si le rapport différentiel ς s'exprime en fonction linéaire de tous les autres, la grandeur ou quantité S s'exprimera de la même manière en fonction linéaire des quantités A, B, C, ... En d'autres termes, la formule

$$\varsigma = \lambda \alpha + \mu \beta + \nu \gamma + \ldots$$

entraînera la suivante

$$S = \lambda A + \mu B + \nu C + \ldots$$

THÉORÈME XX. — Soient

$$A, \quad B, \quad S,$$

trois grandeurs ou quantités coexistantes, et

$$\alpha, \quad \beta, \quad \varsigma,$$

les rapports différentiels de ces mêmes grandeurs ou quantités, comparées à une grandeur ou quantité coexistante K. Si le rapport différentiel ς est la différence des deux autres α et β, la grandeur ou quantité S sera pareillement la différence des grandeurs ou quantités A et B. En d'autres termes, l'équation

$$\varsigma = \alpha - \beta$$

entraînera l'équation

$$S = A - B.$$

Lorsque deux grandeurs ou quantités coexistantes se réduisent à une variable x et à une fonction y de cette variable, le rapport différentiel de la fonction à la variable est précisément ce qu'on nomme la *dérivée* de la fonction, ou le *coefficient différentiel*.

I.   13

Lorsque deux grandeurs ou quantités coexistantes se réduisent au produit de n variables $x, y, z, \ldots$, et à une fonction φ de ces variables, le rapport différentiel de la fonction φ au produit $xyz\ldots$, est précisément ce qu'on nomme la *dérivée de l'ordre n* de la fonction φ, prise par rapport à toutes ces variables.

D'ailleurs, pour que la variable x, ou le produit $xyz\ldots$, et la fonction φ de x, ou de x, y, z,..., représentent deux grandeurs coexistantes, il suffit que la fonction φ s'évanouisse avec la variable x, ou avec les variables x, y, z,....

87. **Problème.**—Soit K une grandeur toujours positive, dont chaque élément varie dans un ou plusieurs sens avec une ou plusieurs variables indépendantes ; et supposons que, pour chaque système de valeurs attribuées à ces variables, le rapport différentiel ρ d'une seconde grandeur ou quantité S à la première ait une valeur connue et déterminée qui varie avec elles par degrés insensibles. On demande une méthode qui puisse servir à calculer la grandeur S, avec un degré d'approximation aussi grand que l'on voudra.

Solution. — En vertu du théorème V, le rapport

$$\frac{S}{K}$$

sera, dans l'hypothèse admise, une des valeurs du rapport différentiel ρ correspondantes à la grandeur K. On aura donc, pour l'une de ces valeurs de ρ,

$$\frac{S}{K} = \rho,$$

ou, ce qui revient au même,

$$(20) \qquad\qquad S = \rho K.$$

Pareillement, si l'on nomme k un élément de K, et s l'élément correspondant de S, l'une des valeurs du rapport différentiel ρ correspondantes à l'élément k vérifiera la formule

$$(21) \qquad s = \rho k.$$

Mais si l'élément k décroît indéfiniment dans tous les sens, les diverses valeurs de ρ correspondantes à cet élément se déduiront les unes des autres par des variations de plus en plus petites des variables indépendantes, et, en conséquence, ces diverses valeurs finiront par différer entre elles de quantités inférieures à tout nombre donné ε. Donc alors, en prenant l'une quelconque d'entre elles pour la valeur de ρ qui devra satisfaire à la formule (21), on commettra sur la valeur de s une erreur dont la valeur numérique ne surpassera pas le produit

$$\varepsilon k.$$

Cela posé, divisons la grandeur K en éléments

$$k_1, \quad k_2, \ldots, \quad k_n,$$

dont chacun soit assez petit pour que les valeurs correspondantes de ρ diffèrent entre elles de quantités inférieures au nombre ε. Multiplions ensuite chacun de ces éléments k par l'une quelconque des valeurs de ρ correspondantes à ce même élément, et considérons le produit obtenu comme représentant une valeur approchée de l'élément s de la grandeur S correspondant à l'élément k de la grandeur K. La somme des produits ainsi calculés, représentée par un polynôme de la forme

$$\rho_1 k_1 + \rho_2 k_2 + \ldots + \rho_n k_n,$$

représentera une valeur approchée de S, et en posant

$$(22) \qquad S = \rho_1 k_1 + \rho_2 k_2 + \ldots + \rho_n k_n,$$

13.

on commettra une erreur qui ne pourra dépasser la somme des produits de la forme

$$\varepsilon k,$$

c'est-à-dire le produit

$$\varepsilon (k_1 + k_2 + \ldots + k_n) = \varepsilon K.$$

Donc l'équation (22), qui fournirait la valeur exacte de S si l'on pouvait choisir convenablement les coefficients

$$\rho_1, \quad \rho_2, \ldots, \quad \rho_n,$$

fournira seulement une valeur approchée de S, si l'on prend pour ρ_1 l'une quelconque des valeurs de ρ correspondantes à l'élément k_1, pour ρ_2 l'une quelconque des valeurs de ρ correspondantes à l'élément $k_2, \ldots$, pour ρ_n l'une quelconque des valeurs de ρ correspondantes à l'élément k_n. Mais, en prenant pour n un nombre suffisamment grand, et pour

$$k_1, \quad k_2, \ldots, \quad k_n,$$

des éléments suffisamment petits, on fera décroître autant que l'on voudra le nombre ε, et avec lui la limite εK de l'erreur commise; et par suite on rendra le degré d'approximation aussi grand que l'on voudra.

Corollaire I. — La formule (22) fournirait encore une valeur très-approchée de la somme S, pour de très-petites valeurs des éléments.

$$k_1, \quad k_2, \ldots, \quad k_n,$$

si l'on prenait pour coefficient de chaque élément k, non plus l'une des valeurs de ρ correspondantes à cet élément, mais une quantité très-peu différente de ces mêmes valeurs, la différence étant assujettie à décroître indéfiniment avec l'élément k. En effet, si les coefficients désignés dans la formule (22) par

$$\rho_1, \quad \rho_2, \ldots, \quad \rho_n,$$

sont altérés de telle sorte que, pour des valeurs de

$$k_1, \quad k_2, \ldots, \quad k_n,$$

suffisamment petites, la variation de chaque coefficient devienne inférieure à un très-petit nombre ε, la valeur de S, déterminée par la formule (22), se trouvera elle-même altérée, mais de manière que sa variation soit inférieure au produit

$$\varepsilon(k_1 + k_2 + \ldots + k_n) = \varepsilon K.$$

Or cette dernière variation deviendra évidemment très-petite quand le nombre ε sera lui-même très-petit.

Corollaire II.—La formule (22) fournirait encore une valeur très-approchée de la grandeur S pour de très-petites valeurs des éléments

$$k_1, \quad k_2, \ldots, \quad k_n,$$

si, dans le calcul de cette somme, on faisait abstraction de quelques-uns des éléments dont il s'agit, pourvu que la somme des éléments omis s'approchât indéfiniment de zéro pour des valeurs croissantes du nombre n. En effet, nommons

$$k', \quad k'', \ldots,$$

les éléments omis et $\varkappa$ leur somme. La somme des termes omis dans la valeur de S fournie par l'équation (22) sera de la forme

$$\rho' k' + \rho'' k'' + \ldots,$$

et pourra être représentée par le produit

$$(k' + k'' + \ldots)\, \mathrm{M}(\rho',\ \rho'', \ldots) = \varkappa\, \mathrm{M}(\rho',\ \rho'', \ldots).$$

Or ce produit décroîtra indéfiniment pour des valeurs décroissantes du facteur $\varkappa$, ou, ce qui revient au même, pour des valeurs croissantes du nombre n.

Corollaire III.—D'après ce qui a été dit dans les corollaires précédents, on peut énoncer la proposition suivante :

THÉORÈME XXI. — Étant donnée une grandeur K toujours positive, dont chaque élément varie dans un ou plusieurs sens, avec une ou plusieurs variables indépendantes, si, pour chaque système de valeurs attribuées à ces variables, le rapport différentiel ρ d'une seconde grandeur ou quantité S à la première obtient une valeur déterminée qui varie avec elles par degrés insensibles, alors, pour calculer S avec un degré d'approximation aussi grand que l'on voudra, on pourra se contenter de partager la grandeur positive K en éléments suffisamment petits

$$k_1, \quad k_2, \ldots, \quad k_n,$$

puis de recourir à la formule

$$(22) \qquad S = \rho_1 k_1 + \rho_2 k_2 + \ldots + \rho_n k_n,$$

dans laquelle chaque élément k aura pour coefficient ou l'une des valeurs de ρ correspondantes à cet élément, ou du moins une quantité très-peu différente de l'une de ces valeurs, la différence étant assujettie à décroître indéfiniment avec l'élément k. Ajoutons que, dans le calcul de la grandeur S, on pourra faire abstraction de quelques-uns des éléments

$$k_1, \quad k_2, \ldots, \quad k_n,$$

pourvu que la somme $\varkappa$ des éléments omis décroisse indéfiniment avec $\dfrac{1}{n}$.

Corollaire I. — Si tous les éléments

$$k_1, \quad k_2, \ldots, \quad k_n,$$

ou du moins ceux dont on ne fait pas abstraction, deviennent égaux, en désignant par k leur valeur commune, on aura

$$k = \frac{1}{n}\,\mathrm{K},$$

ou du moins

$$k = \frac{1}{n}\,(\mathrm{K} - \varkappa),$$

$\varkappa$ désignant la somme des éléments omis; et par suite la formule (22) donnera

$$(23) \qquad \mathrm{S} = \rho\mathrm{K},$$

ou du moins

$$(24) \qquad \mathrm{S} = \rho\,(\mathrm{K} - \varkappa) = \rho\mathrm{K} - \rho\varkappa,$$

la valeur de ρ étant celle que détermine l'équation

$$(25) \qquad \rho = \frac{1}{n}\,(\rho_1 + \rho_2 + \ldots + \rho_n).$$

Or, en vertu de l'équation (25), la valeur de ρ sera la somme des rapports différentiels

$$\rho_1, \quad \rho_2, \ldots, \quad \rho_n,$$

divisée par leur nombre, ou ce qu'on nomme la moyenne arithmétique entre ces rapports. Elle sera donc inférieure au plus grand de ces rapports, et si x décroît indéfiniment pour des valeurs croissantes de n, on pourra en dire autant du produit $\rho\varkappa$. Donc alors, pour des grandes valeurs de n, la formule (24) se réduira sensiblement à la formule (23). On peut donc énoncer encore la proposition suivante :

THÉORÈME XXII. — Les mêmes choses étant posées que dans le théorème XXI pour obtenir S avec un degré d'approximation aussi grand que l'on voudra, on pourra se contenter de partager la grandeur K en éléments suffisamment petits, qui seront tous égaux entre eux, à l'exception de quelques-uns dont la somme x décroisse indéfiniment, tandis que le nombre total n des éléments égaux devient de plus en plus considérable, puis de calculer n valeurs

$$\rho_1, \quad \rho_2, \ldots, \quad \rho_n,$$

du rapport différentiel ρ, qui correspondent respectivement aux n éléments égaux, ou qui du moins diffèrent très-peu de n valeurs respectivement correspondantes à ces mêmes éléments, les différences étant assujetties à décroître indéfiniment avec $\dfrac{1}{n}$, et enfin de multiplier la grandeur K par la moyenne arithmétique entre les quantités

$$\rho_1, \quad \rho_2, \ldots, \quad \rho_n.$$

Pour montrer une application des théorèmes XXII ou XXIII, considérons une droite matérielle dont la longueur soit désignée par H, et sur laquelle on ait concentré une certaine masse M. Soit d'ailleurs ρ le rapport différentiel de M à H, ou, en d'autres termes, la densité de la droite matérielle pour le point P dont l'abscisse est n, et supposons que la densité ρ, étant fonction continue de cette abscisse, varie en conséquence avec elle par degrés insensibles.

Les quantités désignées par

$$\rho_1, \quad \rho_2, \ldots, \quad \rho_n,$$

dans les formules (22) et (25), devront représenter rigoureusement, ou à très-peu près, les valeurs de la densité correspondantes à divers points

$$P_1, \quad P_2, \ldots, \quad P_n,$$

respectivement situés sur des éléments égaux ou inégaux, mais toujours très-petits, de la longueur H. Cela posé, le théorème **XXI** entraînera évidemment la proposition suivante :

H *étant la longueur d'une droite matérielle sur laquelle se trouve concentrée une certaine masse* M, *si la densité* ρ *de cette droite est connue et déterminée en chaque point* P *de la longueur* H, *et varie avec la position du point* P *par degrés insensibles, alors pour obtenir la valeur de la masse* M *avec un degré d'approximation aussi grand que l'on voudra, on pourra se contenter de partager la longueur* H *en éléments suffisamment petits*

$$h_1, \quad h_2, \ldots, \quad h_n,$$

puis de recourir à la formule

$$M = \rho_1 h_1 + \rho_2 h_2 + \ldots + \rho_n h_n,$$

dans laquelle chaque élément h *aura pour coefficient ou la densité correspondante à l'un quelconque des points de cet élément, ou une quantité très-peu différente de cette densité, la différence étant assujettie à décroître indéfiniment avec l'élément lui-même. Ajoutons que dans le calcul de la masse* M *on pourra faire abstraction de quelques-uns des éléments*

$$h_1, \quad h_2, \ldots, \quad h_n,$$

pourvu que la somme $\varkappa$ *des éléments omis décroisse indéfiniment avec* $\dfrac{1}{n}$.

Si les éléments de la longueur H, ou du moins ceux de ces éléments que l'on n'omet pas, deviennent égaux entre eux, on pourra faire coïncider

$$\rho_1, \quad \rho_2, \ldots, \quad \rho_n,$$

avec les valeurs de la densité correspondantes aux points

$$P_1, \quad P_2, \ldots, \quad P_n,$$

qui représentent les origines ou les extrémités des éléments égaux, c'est-à-dire à des points équidistants, mais très-rapprochés les uns des autres, et situés sur la longueur H. D'ailleurs si entre les extrémités de la longueur H on place des points équidistants, cette ligne pourra être par ce moyen divisée en éléments qui soient tous égaux entre eux, ou tous égaux à l'exception des deux extrêmes, qui pourront être supposés inférieurs aux autres ; et comme, dans cette dernière supposition, les éléments extrêmes pourront être évidemment omis, leur somme étant très-petite, aussi bien que chacun d'eux, il est clair que le théorème XXII entraînera la proposition suivante :

H étant la longueur d'une droite matérielle sur laquelle se trouve concentrée une certaine masse M, *si la densité* ρ *de cette droite est connue et déterminée en chaque point* P *de la longueur* H, *et varie avec la position du point* P *par degrés insensibles, pour obtenir la masse* M *avec un degré d'approximation aussi grand que l'on voudra, il suffira de partager la longueur* H *par des points équidistants en éléments qui soient tous égaux entre eux, ou du moins tous égaux à l'exception des éléments extrémes, que l'on pourra supposer inférieurs aux autres, puis de multiplier la longueur* H *par la moyenne arithmétique entre les valeurs de la densité correspondantes aux origines ou aux extrémités des éléments égaux.*

Les théorèmes XXI et XXII s'appliqueraient encore immédiatement à la détermination des masses concentrées sur des lignes courbes, ou sur des surfaces planes ou courbes, ou même des masses comprises sous des volumes donnés. Cette détermination se trouverait ainsi ramenée à celle des longueurs, des surfaces et des volumes.

88. *Nota.* Dans le Mémoire que nous venons d'analyser, M. Cauchy étend les principes posés par lui, relative-

ment aux grandeurs coexistantes et aux rapports différentiels, à la définition et à la recherche du rapport des
grandeurs proportionnelles. Après avoir établi ce théorème fondamental : *Deux grandeurs coexistantes sont
certainement proportionnelles l'une à l'autre, lorsqu'à
des éléments égaux de l'une correspondent des éléments
égaux de l'autre*, il montre par un très-grand nombre
d'exemples et d'applications à la géométrie élémentaire
ou analytique, comment, en s'appuyant sur ce théorème,
on peut aisément démontrer la proportionnalité d'une
multitude de grandeurs diverses. Qu'il nous soit permis à
cette occasion de revendiquer pour l'illustre Ampère et pour
nous une priorité à laquelle nous attachons quelque prix.

Ampère a protesté le premier contre une lacune
incroyable des livres élémentaires d'algèbre et de géométrie, l'absence complète d'une définition de l'égalité de
deux rapports commensurables ou incommensurables. Le
premier aussi, dans ses leçons du Collége de France, en
1827 et 1828, il énonça cette définition ou formula ce
caractère distinctif : *Deux rapports commensurables ou
incommensurables sont égaux, lorsque, pratiquant sur
chacun d'eux l'opération du plus grand commun diviseur, les quotients successifs que l'on obtient de l'un sont
respectivement égaux aux quotients successifs que l'on
obtient de l'autre, soit que l'opération se termine, soit
qu'elle ne se termine pas.* D'où l'on tirait cette conclusion :
*Lorsque en exécutant sur deux grandeurs A et B, ainsi
que sur deux autres grandeurs C, D, l'opération du plus
grand commun diviseur, on a de part et d'autre les mêmes
quotients, on peut remplacer le rapport des deux grandeurs A et B par le rapport des deux grandeurs C et D.*

Nous avons publié le premier la démonstration donnée
par Ampère, de ce théorème dans le *Traité de Géométrie*
de Nicollet, imprimé en 1830 chez Bachelier, et les appli-

cations que nous en fîmes prouvaient surabondamment son utilité et sa fécondité. Mais cette démonstration, quoique très-simple au fond, exigeait un appareil de notations · et de formules qui effrayait par trop les commençants. Deux années plus tard, nous fûmes heureux de pouvoir substituer à la définition d'Ampère un autre caractère distinctif incomparablement plus accessible de deux rapports égaux. *Deux rapports commensurables ou incommensurables* $\frac{A}{B}$, $\frac{C}{D}$ *sont égaux lorsque la* $m^{ième}$ *partie* b *de* B *est, quel que soit* m, *contenue autant de fois dans* A *que la* $m^{ième}$ *partie* d *de* D *est contenue dans* C. C'est presque l'énoncé de Cauchy, mais sans le mot trop vague d'éléments. Cette fois la démonstration est d'une simplicité extrême. En effet on a, par la supposition même,

$$B = mb, \quad C = md, \quad A = nd + r, \quad C = nd + r',$$

les restes r, r' étant plus petits que b ou d, et décroissant indéfiniment avec m. Or de ces équations on tire

$$\frac{A}{B} = \frac{nb + r}{mb} = \frac{n}{m} + \frac{r}{mb} = \frac{n}{m} + \frac{r}{B},$$

$$\frac{C}{D} = \frac{nd + r'}{md} = \frac{n}{m} + \frac{r'}{md} = \frac{n}{m} + \frac{r'}{D};$$

donc, puisque $\frac{r}{B}$, $\frac{r'}{D}$, plus petits encore que r ou r', décroîtront de plus en plus, et autant qu'on voudra à mesure que m sera plus grand, la grandeur variable $\frac{n}{m}$ peut approcher autant que l'on veut des deux grandeurs constantes $\frac{A}{B}$, $\frac{C}{D}$, et par conséquent ces deux grandeurs constantes ou ces deux rapports commensurables ou incommensurables sont égaux. Ce théorème a été publié par le R. P. David, de la Société de Jésus, notre élève, dans un programme intitulé : *Positiones ex physicâ et mathesi selectæ*, imprimé à Sion (Suisse), en août 1832 : si d'autres géomètres l'ont publié avant cette époque, nous sommes tout prêt à reconnaître leur droit de priorité.

Notre démonstration, comme celle d'Ampère, s'appuyait sur un lemme que nous énoncions comme il suit : *Si une même grandeur variable* X *peut approcher autant que l'on veut de deux grandeurs constantes* A *et* B, *ces deux grandeurs constantes sont nécessairement égales entre elles*. Depuis, nous énonçons plus simplement, il nous semble, ce lemme tout à fait fondamental en mathématiques et dont il est absolument impossible de se passer : *Démontrer que la différence entre deux quantités constantes* A *et* B *est plus petite que toute grandeur assignable, c'est démontrer que ces deux quantités constantes sont égales entre elles*. En effet, si les deux quantités constantes ne sont pas égales, leur différence est elle-même une grandeur constante et il est impossible qu'on puisse prouver qu'elle est plus petite que toute grandeur assignable. Une grandeur constante et une grandeur qui peut devenir aussi petite qu'on voudra, sont contradictoires dans les termes. S'il s'agit, par exemple, des deux rapports $\frac{A}{B}$, $\frac{C}{D}$, satisfaisant à la condition énoncée, puisque leur différence

$$\frac{A}{B} - \frac{C}{D} = \frac{r}{B} - \frac{r'}{D}$$

est plus petite que $\frac{r}{B}$ ou $\frac{r'}{D}$, qui peuvent devenir à leur tour aussi petits que l'on voudra, cette différence est nécessairement nulle et les deux rapports sont égaux.

On nous pardonnera cette digression, que nous avons crue utile et légitime.

DIXIÈME LEÇON.

Conditions d'équilibre d'un système de forces agissant sur un corps ou ensemble de points liés invariablement entre eux, avec des intensités et dans des directions toujours les mêmes, quelle que soit la position occupée par le corps. — Point central. — Ligne centrale. — Plan central du système. — Cas où le corps est assujetti à tourner autour d'un point ou d'un axe fixe. — Application de la théorie aux corps à la fois pesants et magnétiques.

89. Dans tout ce qui précède, nous avons supposé que le système de points liés invariablement entre eux était absolument fixe dans l'espace ; nous admettrons actuellement qu'il se meut sans cesser d'être soumis à l'action des forces toujours les mêmes en intensité et en direction qui le sollicitent. Il s'agit de trouver les conditions nécessaires pour que les forces emportées avec le corps ne cessent pas de se faire équilibre, et de mettre en évidence quelques propriétés générales très-dignes d'attention d'un semblable système.

Tant que le corps se meut parallèlement à lui-même, il n'y a rien de changé dans la situation relative du corps et des forces qui le sollicitent ; il ne peut donc être question que d'un mouvement de rotation autour d'un point que nous prendrons pour origine des coordonnées. Pour mettre cette rotation en équations menons dans le corps, par l'origine des coordonnées, trois axes rectangulaires absolument fixes dans le corps, mais qui se meuvent avec lui dans l'espace. Soient : P l'une quelconque des forces données ; x, y, z les coordonnées de son point d'application ; ξ, η, ζ les coordonnées de ce même point d'application par rapport à trois axes fixes dans l'espace. Appelons ψ l'angle que l'intersection du plan des $\xi\eta$ avec le plan des xy fait avec l'axe des x, φ l'angle que cette même intersection fait avec l'axe des ξ, θ l'angle que les axes des z et des ζ font entre eux; on aura, comme on sait,

$$x = \zeta(-\sin\psi\sin\theta) + \eta(-\sin\varphi\cos\psi + \cos\varphi\sin\psi\cos\theta)$$
$$+ \xi(\cos\varphi\cos\psi + \sin\varphi\sin\psi\cos\theta),$$
$$y = \zeta(-\cos\psi\sin\theta) + \eta(\sin\varphi\sin\psi + \cos\varphi\cos\psi\cos\theta)$$
$$+ \xi(-\cos\varphi\sin\psi + \sin\varphi\cos\psi\cos\theta),$$
$$z = \zeta(\cos\theta) + \eta(\cos\varphi\sin\theta) + \xi(\sin\varphi\sin\theta).$$

Les conditions d'équilibre d'un corps solide sont d'ailleurs

$$\Sigma X = 0, \quad \Sigma Y = 0, \quad \Sigma Z = 0,$$
$$\Sigma(Yz - Zy) = 0, \quad \Sigma(Zx - Xz) = 0, \quad \Sigma(Xy - Yx) = 0.$$

Si l'on substitue dans ces équations à x, y, z leurs valeurs en ξ, η, ζ, et si l'on remarque d'ailleurs qu'elles doivent avoir lieu pour toutes les valeurs possibles de ψ, φ, θ, on aura

$$\Sigma X = 0, \quad \Sigma Y = 0, \quad \Sigma Z = 0,$$
$$\Sigma X\xi = 0, \quad \Sigma X\eta = 0, \quad \Sigma X\zeta = 0,$$
$$\Sigma Y\xi = 0, \quad \Sigma Y\eta = 0, \quad \Sigma Y\zeta = 0,$$
$$\Sigma Z\xi = 0, \quad \Sigma Z\eta = 0, \quad \Sigma Z\zeta = 0.$$

Si l'on fait coïncider les axes arbitraires des ξ, η, ζ avec les axes des x, y, z, on aura $x = \xi$, $y = \eta$, $z = \zeta$; les équations de condition de l'équilibre d'un corps solide pour toutes les positions qu'il peut occuper, lorsque les forces qui agissent sur lui ont constamment la même intensité et la même direction, sont donc

$$(1) \quad \begin{cases} \Sigma X = 0, & \Sigma Y = 0, & \Sigma Z = 0, \\ \Sigma Xx = 0, & \Sigma Xy = 0, & \Sigma Xz = 0, \\ \Sigma Yx = 0, & \Sigma Yy = 0, & \Sigma Yz = 0, \\ \Sigma Zx = 0, & \Sigma Zy = 0, & \Sigma Zz = 0. \end{cases}$$

Si ces conditions sont remplies pour l'une des positions
du corps, elles le seront pour toutes les autres, et le corps
sera en équilibre dans tous les lieux qu'il occupera, c'est-
à-dire qu'il sera *astatique*.

90. S'il arrive, au contraire, que toutes ces équations
ne soient pas satisfaites, on pourra toujours introduire
dans le système une ou plusieurs forces qui fassent que le
corps soit en équilibre dans toutes ses positions, pourvu
que les nouvelles forces, comme les premières, conservent aussi dans toutes les positions du corps les mêmes
intensités, les mêmes directions, et les mêmes points d'application. Ces nouvelles forces, appliquées en sens contraire aux mêmes points d'application, formeraient nécessairement un système équivalent au système des forces
primitives, et pourraient le remplacer dans toutes les positions du corps.

Considérons d'abord le cas où, pour rétablir l'équilibre,
il suffit d'introduire une seule force $- R_0$, appliquée au
point x_0, y_0, z_0, et dont les composantes soient $- X_0$,
$- Y_0$, $- Z_0$. Prise positivement, cette force équivaudra
au système donné ; les conditions d'équilibre (1) sont
alors remplacées par les suivantes :

$$\Sigma X - X_0 = 0, \quad \Sigma Y - Y_0 = 0, \quad \Sigma Z - Z_0 = 0,$$

$$\Sigma X x - X_0 x_0 = 0, \quad \Sigma Y x - Y_0 x_0 = 0, \quad \Sigma Z x - Z_0 x_0 = 0,$$

$$\Sigma X y - X_0 y_0 = 0, \quad \Sigma Y y - Y_0 y_0 = 0, \quad \Sigma Z y - Z_0 y_0 = 0,$$

$$\Sigma X z - X_0 z_0 = 0, \quad \Sigma Y z - Y_0 z_0 = 0, \quad \Sigma Z z - Z_0 z_0 = 0.$$

Si la force principale du système donné n'est pas nulle,
c'est-à-dire si l'on n'a pas à la fois $\Sigma X = 0$, $\Sigma Y = 0$,
$\Sigma Z = 0$, on pourra éliminer entre les équations qui pré-

cèdent x_0, y_0, z_0; X_0, Y_0, Z_0, et l'on trouvera

$$\frac{\Sigma X x}{\Sigma X} = \frac{\Sigma Y x}{\Sigma Y} = \frac{\Sigma Z x}{\Sigma Z}, \quad \frac{\Sigma X y}{\Sigma X} = \frac{\Sigma Y y}{\Sigma Y} = \frac{\Sigma Z y}{\Sigma Z},$$

$$\frac{\Sigma X z}{\Sigma X} = \frac{\Sigma Y z}{\Sigma Y} = \frac{\Sigma Z z}{\Sigma Z}.$$

On aura en outre

$$X_0 = \Sigma X, \quad Y_0 = \Sigma Y; \quad Z_0 = \Sigma Z,$$
$$R_0 = \sqrt{(\Sigma X)^2 + (\Sigma Y)^2 + (\Sigma Z)^2},$$

$$(2) \qquad x_0 = \frac{\Sigma X x}{\Sigma X}, \quad y_0 = \frac{\Sigma Y y}{\Sigma Y}, \quad z_0 = \frac{\Sigma Z z}{\Sigma Z}.$$

Le point x_0, y_0, z_0 d'application de la force R_0 qui suffit à rendre le corps astatique, prend le nom de *point central* du système des forces données.

S'il s'agit d'un système de forces parallèles, et que leur somme ne soit pas nulle, en désignant par α, 6, γ les angles que la direction commune fait avec les axes, on aura

$$\Sigma X = \cos \alpha \, \Sigma P, \quad \Sigma Y = \cos 6 \, \Sigma P, \quad \Sigma Z = \cos \gamma \, \Sigma P,$$
$$\Sigma X x = \cos \alpha \, \Sigma P x, \quad \Sigma Y y = \cos 6 \, \Sigma P y, \quad \Sigma Z z = \cos \gamma \, \Sigma P z,$$

$$\frac{\Sigma X x}{\Sigma X} = \frac{\Sigma P x}{\Sigma P}, \quad \frac{\Sigma Y y}{\Sigma Y} = \frac{\Sigma P y}{\Sigma P}, \ldots, \quad R_0 = \Sigma P,$$

$$x_0 = \frac{\Sigma P x}{\Sigma P}, \quad y_0 = \frac{\Sigma P y}{\Sigma P}, \quad z_0 = \frac{\Sigma P z}{\Sigma P};$$

or ces valeurs de x_0, y_0, z_0, sont les coordonnées du point que nous avons déjà nommé centre des forces parallèles, et qui devient ainsi le point central.

91. Si les relations ou conditions du numéro qui précède ne sont pas remplies, les forces du système ne pourront plus être remplacées par une force unique; mais on pourra essayer de leur substituer deux forces, ou, ce qui revient au même, une force et un couple. Désignons par R_0 la force isolée, par X_0, Y_0, Z_0 ses composantes, par x_0, y_0, z_0 les coordonnées de son point d'application,

J.   14

par $R_1 - R_1$ les deux forces du couple, par X_1, Y_1, Z_1 les composantes de R_1, par $x_1, y_1, z_1, x'_1, y'_1, z'_1$ les coordonnées des points d'application de R_1 et $-R_1$, par p_1, q_1, r_1 les projections du bras du couple K_1 sur les trois axes, projections égales aux différences des coordonnées des points d'application, de sorte que l'on a

$$p_1 = x_1 - x'_1, \quad q_1 = y_1 - y'_1, \quad r_1 = z_1 - z'_1.$$

Appliquées à ce cas particulier, les équations (1) donneront, pour conditions d'équilibre entre les forces données, et les forces R_0, $+ R_1$, $- R_1$:

$$\Sigma X = X_0, \quad \Sigma Y = Y_0, \quad \Sigma Z = Z_0,$$
$$\Sigma X x = X_0 x_0 + X_1 p_1, \quad \Sigma X y = X_0 y_0 + X_1 q_1,$$
$$\Sigma Y x = Y_0 x_0 + Y_1 p_1, \quad \Sigma Y y = Y_0 y_0 + Y_1 q_1,$$
$$\Sigma Z x = Z_0 y_0 + Z_1 p_1, \quad \Sigma Z y = Z_0 y_0 + Z_1 q_1,$$
$$\Sigma X z = X_0 z_0 + X_1 r_1,$$
$$\Sigma Y z = Y_0 z_0 + Y_1 r_1,$$
$$\Sigma Z z = Z_0 z_0 + Z_1 r_1.$$

Si entre ces équations on élimine d'abord X_0, Y_0, Z_0, X_1, Y_1, Z_1, on trouve

$$(3) \quad \begin{cases} q_1 \Sigma X x - p_1 \Sigma X y - (q_1 x_0 - p_1 y_0) \Sigma X = 0, \\ q_1 \Sigma Y x - p_1 \Sigma Y y - (q_1 x_0 - p_1 y_0) \Sigma Y = 0, \\ q_1 \Sigma Z x - p_1 \Sigma Z y - (q_1 x_0 - p_1 y_0) \Sigma Z = 0, \\ r_1 \Sigma X x - p_1 \Sigma X z - (r_1 x_0 - p_1 z_0) \Sigma X = 0, \\ r_1 \Sigma Y x - p_1 \Sigma Y z - (r_1 x_0 - p_1 z_0) \Sigma Y = 0, \\ r_1 \Sigma Z x - p_1 \Sigma Z z - (r_1 x_0 - p_1 z_0) \Sigma Z = 0. \end{cases}$$

Si la force principale n'est pas nulle, ou si l'on n'a pas $\Sigma X = \Sigma Y = \Sigma Z = 0$, on pourra éliminer encore $q_1 x_0 - p_1 y_0$, $r_1 x_0 - p_1 x_0$, et l'on aura

$$q_1 [\Sigma Y \Sigma X x - \Sigma X \Sigma Y x] = p_1 [\Sigma Y \Sigma X y - \Sigma X \Sigma Y y],$$
$$q_1 [\Sigma Z \Sigma X x - \Sigma X \Sigma Z x] = p_1 [\Sigma Z \Sigma X y - \Sigma X \Sigma Z y],$$
$$r_1 [\Sigma Y \Sigma X x - \Sigma X \Sigma Y x] = p_1 [\Sigma Y \Sigma X z - \Sigma X \Sigma Y z],$$
$$r_1 [\Sigma Z \Sigma X x - \Sigma X \Sigma Z z] = p_1 [\Sigma Z \Sigma X z - \Sigma X \Sigma Z z].$$

Éliminant enfin p_1, r_1, q_1 ou divisant membre à membre les deux premières et les deux dernières équations, on arrive enfin aux deux équations de condition

$$(4)\quad
\begin{cases}
\ \ \Sigma X\left(\Sigma Y\,x\,\Sigma Z\,y - \Sigma Z\,x\,\Sigma Y\,y\right)\\
+\,\Sigma Y\left(\Sigma X\,y\,\Sigma Z\,x - \Sigma Z\,y\,\Sigma X\,x\right)\\
+\,\Sigma Z\left(\Sigma Y\,y\,\Sigma X\,x - \Sigma X\,y\,\Sigma Y\,x\right)=0,\\[4pt]
\ \ \Sigma X\left(\Sigma Y\,x\,\Sigma Z\,z - \Sigma Z\,x\,\Sigma Y\,z\right)\\
+\,\Sigma Y\left(\Sigma X\,z\,\Sigma Z\,x - \Sigma Z\,z\,\Sigma X\,x\right)\\
+\,\Sigma Z\left(\Sigma Y\,z\,\Sigma X\,x - \Sigma X\,z\,\Sigma Y\,x\right)=0.
\end{cases}$$

Si ces conditions sont satisfaites, et si en même temps on n'a pas $\Sigma X = 0$, $\Sigma Y = 0$, $\Sigma Z = 0$, c'est-à-dire si la force principale du système des forces données n'est pas nulle; et si l'on fait, pour abréger,

$$\Sigma Y\,\Sigma X\,x - \Sigma X\,\Sigma Y\,x = S_x,$$
$$\Sigma Y\,\Sigma X\,y - \Sigma X\,\Sigma Y\,y = S_y,$$
$$\Sigma Y\,\Sigma X\,z - \Sigma X\,\Sigma Y\,z = S_z,$$

en se donnant arbitrairement p_1, on trouvera

$$q_1 = p_1\frac{S_y}{S_x}, \quad r_1 = p_1\frac{S_z}{S_x}.$$

Par conséquent, en appelant λ, μ, ν les angles que le bras du couple K_1 fait avec les axes, on aura

$$\cos\lambda = \frac{S_x}{\sqrt{(S_x)^2 + (S_y)^2 + (S_z)^2}},$$
$$\cos\mu = \frac{S_y}{\sqrt{(S_x)^2 + (S_y)^2 + (S_z)^2}},$$
$$\cos\nu = \frac{S_z}{\sqrt{(S_x)^2 + (S_y)^2 + (S_z)^2}};$$

sa direction est donc complétement déterminée et indépendante de la valeur arbitraire attribuée à p_1. Si, pour abréger plus encore, on pose

$$\Sigma Y\,y\,\Sigma X\,x - \Sigma X\,y\,\Sigma Y\,x = T_y, \quad \Sigma Y\,z\,\Sigma X\,x - \Sigma X\,z\,\Sigma Y\,x = T_z,$$

on tirera des équations (2)

$$y_0 = x_0 \frac{S_y}{S_x} + \frac{T_y}{S_x}, \quad z_0 = x_0 \frac{S_z}{S_x} + \frac{T_z}{S_x},$$

c'est-à-dire que le point d'application de la force R_0 pourra être un point quelconque de la droite

$$(5) \qquad y = x\frac{S_y}{S_x} + \frac{T_y}{S_x}, \quad z = x\frac{S_z}{S_x} + \frac{T_z}{S_x},$$

parallèle à l'axe du couple ; cette ligne invariable dans le corps a reçu le nom de *ligne centrale du système*. Les composantes X_0, Y_0, Z_0, X_1, Y_1, Z_1, sont d'ailleurs déterminées par les équations

$$X_0 = \Sigma X, \quad Y_0 = \Sigma Y, \quad Z_0 = \Sigma Z,$$

$$X_1 = \frac{\Sigma X x - x_0 \Sigma X}{p_1},$$

$$Y_1 = \frac{\Sigma Y x - x_0 \Sigma Y}{p_1},$$

$$Z_1 = \frac{\Sigma Z x - x_0 \Sigma Z}{p_1}.$$

En résumé, lorsque les deux équations de condition (4) sont satisfaites, on peut réduire le système donné à une force et à un couple. Le point d'application de la force, égale et parallèle à la force principale du système, peut être choisi arbitrairement sur la ligne centrale. Le bras du couple pourra être pris arbitrairement sur une ligne quelconque parallèle à la ligne centrale, la force du couple dépendra à la fois et de la longueur arbitraire attribuée au bras, et des coordonnées du point d'application de la force égale et parallèle à la force principale. A la force R_0 et au couple $(R_1 - R_1)$ on pourra substituer deux forces appliquées à deux points de la ligne centrale ; les composantes de ces forces et les coordonnées de leurs points d'application seront

$$X_0 - X_1, \quad Y_0 - Y_1, \quad Z_0 - Z_1, \quad x_0, \quad y_0, \quad z_0,$$
$$X_1, \quad Y_1, \quad Z_1, \quad x_0 + p_1, \quad y_0 + q_1, \quad z_0 + r_1.$$

Les équations de condition (4) sont toujours satisfaites, lorsque toutes les forces du système sont dans un même plan, qu'on peut supposer parallèle au plan des xy, parce qu'alors tous les z sont nuls.

92. Lorsque la force principale est nulle, ou lorsque l'on a

$$\Sigma X = 0, \quad \Sigma Y = 0, \quad \Sigma Z = 0,$$

les équations (3) donnent

$$(6) \quad \frac{\Sigma X x}{\Sigma X y} = \frac{\Sigma Y x}{\Sigma Y y} = \frac{\Sigma Z x}{\Sigma Z y}, \quad \frac{\Sigma X x}{\Sigma X z} = \frac{\Sigma Y x}{\Sigma Y z} = \frac{\Sigma Z x}{\Sigma Z z}.$$

Ces conditions remplies, l'une des projections du bras du couple, p_1, par exemple, pourra être prise arbitrairement, et l'on aura pour déterminer les deux autres,

$$q_1 = p_1 \frac{\Sigma X y}{\Sigma X x}, \quad r_1 = p_1 \frac{\Sigma X z}{\Sigma X x}.$$

On aura, en outre,

$$X_0 = 0, \quad Y_0 = 0, \quad Z_0 = 0,$$
$$X_1 = \frac{\Sigma X x}{p_1}, \quad Y_1 = \frac{\Sigma Y x}{p_1}, \quad Z_1 = \frac{\Sigma X z}{p_1}.$$

Les forces données se réduiront donc à un couple dont le bras aura une longueur et un point d'application arbitraires, mais une direction déterminée.

Soient λ, μ, ν les angles que cette direction fait avec les axes, on aura

$$\cos \lambda = \frac{\Sigma X x}{\sqrt{(\Sigma X x)^2 + (\Sigma X y)^2 + (\Sigma X z)^2}},$$

$$\cos \mu = \frac{\Sigma X y}{\sqrt{(\Sigma X x)^2 + (\Sigma X y)^2 + (\Sigma X z)^2}},$$

$$\cos \nu = \frac{\Sigma X z}{\sqrt{(\Sigma X x)^2 + (\Sigma X y)^2 + (\Sigma X z)^2}}.$$

Les conditions (6) sont toujours remplies d'elles-mêmes lorsque toutes les forces du système sont parallèles, sans résultante, mais non pas en équilibre.

93. Si l'une des conditions (6) n'est pas remplie, les forces données pourront cependant être toujours remplacées par trois forces, ou, ce qui revient au même, par une force et deux couples, à moins toutefois que la force principale ne s'évanouisse. Désignons, en conservant toujours les mêmes notations, par R_2 l'une des forces du second couple $R_2 - R_2$, par X_2, Y_2, Z_2 ses composantes, par p_2, q_2, r_2 les projections de son bras. Il faudra, dans les équations n° 91, remplacer $X_1 p_1$ par $X_1 p_1 + X_2 p_2$, $Y_1 p_1$ par $Y_1 p_1 + Y_2 p_2$, etc. Si l'on fait, pour abréger,

$$u = q_1 r_2 - r_1 q_2, \quad v = r_1 p_2 - p_1 r_2, \quad w = p_1 q_2 - q_1 p_2,$$
$$s = u x_0 + v y_0 + w z_0,$$

$$\Sigma X(\Sigma Z z\, \Sigma Y y - \Sigma Y z\, \Sigma Z y) + \Sigma Y(\Sigma Z y\, \Sigma X z - \Sigma Z z\, \Sigma X y)$$
$$+ \Sigma Z(\Sigma Y z\, \Sigma X y - \Sigma Y y\, \Sigma X z) = U,$$

$$\Sigma X(\Sigma Y z\, \Sigma Z x - \Sigma Z z\, \Sigma Y x) + \Sigma Y(\Sigma Z z\, \Sigma X x - \Sigma Z x\, \Sigma X z)$$
$$+ \Sigma Z(\Sigma Y x\, \Sigma X z - \Sigma Y z\, \Sigma X x) = V,$$

$$\Sigma X(\Sigma Y x\, \Sigma Z y - \Sigma Z x\, \Sigma Y y) + \Sigma Y(\Sigma Z x\, \Sigma X y - \Sigma Z y\, \Sigma X x)$$
$$+ \Sigma Z(\Sigma Y y\, \Sigma X x - \Sigma Y x\, \Sigma X y) = W,$$

$$\Sigma X x(\Sigma Z z\, \Sigma Y y - \Sigma Y z\, \Sigma Z y) + \Sigma Y x(\Sigma Z y\, \Sigma X z - \Sigma Z z\, \Sigma X y)$$
$$+ \Sigma Z x(\Sigma Y z\, \Sigma X y - \Sigma Y y\, \Sigma X z) = S,$$

l'élimination des neuf quantités X_0, Y_0, Z_0, X_1, Y_1, Z_1, X_2, Y_2, Z_2, si l'on n'a pas $\Sigma X = \Sigma Y = \Sigma Z = 0$, donnera

$$\frac{u}{s} = \frac{U}{S}, \quad \frac{v}{s} = \frac{V}{S}, \quad \frac{w}{s} = \frac{W}{S}.$$

En choisissant arbitrairement les six quantités x_0, y_0, p_1, q_1, p_2, q_2 on déterminera les trois autres par les équations

$$z_0 = \frac{S - U x_0 - V y_0}{W},$$

$$r_1 = - \frac{U p_1 + V q_1}{W},$$

$$r_2 = - \frac{U p_2 + V q_2}{W}.$$

Il en résulte : $1°$ que le point (x_0, y_0, z_0) d'application de la force principale pourra être choisi arbitrairement dans le plan

$$U x + V y + W z = S \,;$$

$2°$ Que les bras des deux couples devront être parallèles à ce plan, auquel on donne le nom de *plan central du système,* et qui est entièrement fixe dans le corps ou ensemble de points invariablement liés entre eux.

Les composantes de la force principale et des forces des couples sont d'ailleurs

$$X_0 = \Sigma X, \quad Y_0 = \Sigma Y, \quad Z_0 = \Sigma Z \,;$$

$$X_1 = \frac{q_2 \Sigma X x - p_2 \Sigma X y - (q_2 x_0 - p_2 y_0) \Sigma X}{p_1 q_2 - q_1 p_2},$$

$$Y_1 = \frac{q_2 \Sigma Y x - p_2 \Sigma Y y - (q_2 x_0 - p_2 y_0) \Sigma Y}{p_1 q_2 - q_1 p_2},$$

$$Z_1 = \frac{q_2 \Sigma Z x - p_2 \Sigma Z y - (q_2 x_0 - p_2 y_0) \Sigma Z}{p_1 q_2 - q_1 p_2},$$

$$X_2 = \frac{p_1 \Sigma X y - q_1 \Sigma Y x - (p_1 y_0 - q_1 x_0) \Sigma X}{p_1 q_2 - q_1 p_2},$$

$$Y_2 = \frac{p_1 \Sigma Y y - q_1 \Sigma Y x - (p_1 y_0 - q_1 x_0) \Sigma Y}{p_1 q_2 - q_1 p_2},$$

$$Z_2 = \frac{p_1 \Sigma Z y - q_1 \Sigma Z x - (p_1 y_0 - q_1 x_0) \Sigma Z}{p_1 q_2 - q_1 p_2}.$$

En résumé, tant que la force principale n'est pas nulle,

le système est toujours réductible à une force unique et
à deux couples. Le point d'application de la force unique,
égale et parallèle à la force principale, peut être un quelconque des points du plan central. Les bras des deux couples doivent être pris sur deux lignes parallèles à ce plan;
leur longueur est arbitraire, mais les forces des couples
dépendent à la fois de la longueur et de la position arbitraire des bras, ainsi que des coordonnées du point d'application de la force unique. A la force unique et aux
deux couples on pourra substituer trois forces appliquées
à trois points quelconques du plan central; les composantes et les coordonnées des points d'application de ces
forces sont

$$X_0 - X_1 - X_2, \quad Y_0 - Y_1 - Y_2, \quad Z_0 - Z_1 - Z_2, \quad x_0, \; y_0, \; z_0,$$
$$X_1, \; Y_1, \; Z_1, \quad x_0 + p_1, \quad y_0 + q_1, \quad z_0 + r_1,$$
$$X_2, \; Y_2, \; Z_2, \quad x_0 + p_2, \quad y_0 + q_2, \quad z_0 + r_2.$$

94. Parmi les diverses positions qu'on peut assigner au
point d'application de la force unique et aux bras des
deux couples, il en est qui conduisent à quelques propriétés remarquables. Ce sont celles tellement choisies que
des trois forces R_0, R_1, R_2 chacune soit perpendiculaire
aux deux autres, et que les deux bras des couples soient
aussi perpendiculaires entre eux. Pour que ces conditions
soient remplies, les quantités $x_0, y_0, p_1, q_1, p_2, q_2$ doivent
être tellement choisies que l'on ait

$$X_0 X_1 + Y_0 Y_1 + Z_0 Z_1 = 0,$$
$$X_0 X_2 + Y_0 Y_2 + Z_0 Z_2 = 0,$$
$$X_1 X_2 + Y_1 Y_2 + Z_1 Z_2 = 0,$$
$$p_1 p_2 + q_1 q_2 + r_1 r_2 = 0.$$

Si dans les deux premières de ces équations on substitue
les valeurs trouvées précédemment pour X_0, Y_0, Z_0, X_1,

Y_1, Z_1, X_2, Y_2, Z_2, on aura

$$q_2 (\Sigma X \Sigma X x + \Sigma Y \Sigma Y x + \Sigma Z \Sigma Z x)$$
$$- p_2 (\Sigma X \Sigma X y + \Sigma Y \Sigma Y y + \Sigma Z \Sigma Z y)$$
$$- (q_2 x_0 - p_2 y_0) \left\{ (\Sigma X)^2 + (\Sigma Y)^2 + (\Sigma Z)^2 \right\} = 0,$$
$$q_1 (\Sigma X \Sigma X x + \Sigma Y \Sigma Y x + \Sigma Z \Sigma Z x)$$
$$- p_1 (\Sigma X \Sigma X y + \Sigma Y \Sigma Y y + \Sigma Z \Sigma Z y)$$
$$- (q_1 x_0 - p_1 y_0) \left\{ (\Sigma X)^2 + (\Sigma Y)^2 + (\Sigma Z)^2 \right\} = 0;$$

et on en tirera

$$x_0 = \frac{\Sigma X \Sigma X x + \Sigma Y \Sigma Y x + \Sigma Z \Sigma Z x}{(\Sigma X)^2 + (\Sigma Y)^2 + (\Sigma Z)^2},$$

$$y_0 = \frac{\Sigma X \Sigma X y + \Sigma Y \Sigma Y y + \Sigma Z \Sigma Z y}{(\Sigma X)^2 + (\Sigma Y)^2 + (\Sigma Z)^2},$$

$$z_0 = \frac{S - U x_0 - Y y_0}{W} = \frac{\Sigma X \Sigma X z + \Sigma Y \Sigma Y z + \Sigma Z \Sigma Z z}{(\Sigma X)^2 + (\Sigma Y)^2 + (\Sigma Z)^2}.$$

Ce point x_0, y_0, z_0 est actuellement le centre de toutes les composantes des forces données suivant la direction de la force principale R_0. En effet une quelconque de ces composantes a pour expression

$$\frac{X \Sigma X + Y \Sigma Y + Z \Sigma Z}{(\Sigma X)^2 + (\Sigma Y)^2 + (\Sigma Z)^2},$$

et les coordonnées du centre de ce système de forces parallèles seraient évidemment données par des équations identiques avec celles qui donnent x_0, y_0, z_0.

Le point x_0, y_0, z_0 a reçu le nom de *centre du plan central*. Nous le prendrons désormais pour origine des coordonnées, et nous supposerons le corps ou système invariable amené à une position telle, que le plan des xy coïncide avec le plan central; nous placerons en outre les bras des deux couples dans ce même plan central, et comme nous admettons qu'ils sont perpendiculaires entre eux, ils feront avec l'axe des x des angles u, $\frac{\pi}{2}+u$, et il faudra déterminer u par la condition que les forces R_1, R_2 soient perpendiculaires, ou que l'on ait $X_1 X_2 + Y_1 Y_2 + Z_1 Z_2 = 0$. Or puisque x_0, y_0, z_0 sont nuls, les valeurs de X_1, Y_1, Z_1, X_2, Y_2, Z_2 deviennent

$$X_1 = \frac{q_2 \Sigma X x - p_2 \Sigma X y}{p_1 q_2 - q_1 p_2},$$

$$Y_1 = \frac{q_2 \Sigma Y x - p_2 \Sigma Y y}{p_1 q_2 - q_1 p_2},$$

$$Z_1 = \frac{q_2 \Sigma Z x - p_2 \Sigma Z y}{p_1 q_2 - q_1 p_2},$$

$$X_2 = \frac{p_1 \Sigma X y - q_1 \Sigma X x}{p_1 q_2 - q_1 p_2},$$

$$Y_2 = \frac{p_1 \Sigma X y - q_1 \Sigma Y x}{p_1 q_2 - q_1 p_2},$$

$$Z_2 = \frac{p_1 \Sigma Z y - q_1 \Sigma Z x}{p_1 q_2 - q_1 p_2};$$

substituant ces valeurs dans $X_1 X_2 + Y_1 Y_2 + Z_1 Z_2 = 0$, on trouve

$$\left. \begin{aligned} & \frac{p_1 q_2 + q_1 p_2}{(p_1 q_2 - q_1 p_2)^2} \left(\Sigma X x \Sigma X y + \Sigma Y x \Sigma Y y + \Sigma Z x \Sigma Z y \right) \\ & -\frac{p_1 p_2 [(\Sigma X x)^2 + (\Sigma Y x)^2 + (\Sigma Z x)^2] + q_1 q_2 [(\Sigma X y)^2 + (\Sigma Y y)^2 + (\Sigma Z y)^2]}{(p_1 q_2 - q_1 p_2)^2} \end{aligned} \right\} = 0.$$

Mais, dans le cas actuel,

$$q_1 = p_1 \tan u, \quad q_2 = -p_2 \cot u,$$

et, par suite,

$$p_1 q_2 + q_1 p_2 = -2 p_1 p_2 \cot 2 u, \quad q_1 q_2 = -p_1 p_2,$$

substituant, effaçant le facteur commun $\dfrac{p_1 p_2}{(p_1 q_2 - q_1 p_2)^2}$, et transposant, il viendra

$$2\cot 2u = \frac{(\Sigma Xx)^2 + (\Sigma Yx)^2 + (\Sigma Zx)^2 - (\Sigma Xy)^2 - (\Sigma Yy)^2 - (\Sigma Zy)^2}{\Sigma Xx\,\Sigma Xy + \Sigma Yx\,\Sigma Yy + \Sigma Zx\,\Sigma Zy}.$$

Deux droites menées par le centre du plan central parallèlement aux directions des deux bras des couples, déterminées par les valeurs de u et de $\frac{\pi}{2} + u$ ainsi trouvées, s'appelleront les *lignes centrales du plan central*.

95. Lorsque la force centrale est nulle, ou lorsque l'on a $\Sigma X = 0$, $\Sigma Y = 0$, $\Sigma Z = 0$, U, V, W sont aussi nuls, et pour que l'on ait $x_0 = y_0 = z_0 = 0$, c'est-à-dire pour que l'origine coïncide, comme nous le supposons, avec le centre du plan central, et que le plan central coïncide avec le plan des xy, on devra nécessairement avoir (n° 93) $S = 0$; si cette condition est satisfaite, on trouvera

$$\frac{u}{w} = \frac{\Sigma Xy\,\Sigma Yz - \Sigma Xz\,\Sigma Yy}{\Sigma Xx\,\Sigma Yy - \Sigma Xy\,\Sigma Yx},$$

$$\frac{v}{w} = \frac{\Sigma Xz\,\Sigma Yx - \Sigma Xx\,\Sigma Yz}{\Sigma Xx\,\Sigma Yy - \Sigma Xy\,\Sigma Yx}.$$

Les six projections p_1, q_1, r_1, p_2, q_2, r_2 ne sont plus liées entre elles que par deux équations; si l'on se donne p_1, q_1, p_2, q_2, les valeurs de r_1, r_2 seront

$$r_1 = -p_1\frac{u}{w} - q_1\frac{v}{w}, \qquad r_2 = -p_2\frac{u}{w} - q_2\frac{v}{w};$$

c'est-à-dire que les bras des couples devront être parallèles au plan

$$\mathrm{x}\,(\Sigma Xy\,\Sigma Yz - \Sigma Xz\,\Sigma Yy)$$
$$+\ \mathrm{y}\,(\Sigma Xz\,\Sigma Yx - \Sigma Xx\,\Sigma Yz)$$
$$+\ \mathrm{z}\,(\Sigma Xx\,\Sigma Yy - \Sigma Xy\,\Sigma Yx) = 0.$$

Leur grandeur et leur direction dans le plan restent com-

plétement arbitraires ; les composantes de la force unique
et des forces des deux couples sont d'ailleurs

$$X_0 = 0, \quad Y_0 = 0, \quad Z_0 = 0,$$

$$X_1 = \frac{q_2 \,\Sigma X x - p_2 \,\Sigma X y}{p_1 q_2 - q_1 p_2},$$

$$Y_1 = \frac{q_2 \,\Sigma Y x - p_2 \,\Sigma Y y}{p_1 q_2 - q_1 p_2},$$

$$Z_1 = \frac{q_2 \,\Sigma Z x - p_2 \,\Sigma Z y}{p_1 q_2 - q_1 p_2},$$

$$X_2 = \frac{p_1 \,\Sigma X y - q_1 \,\Sigma X x}{p_1 q_2 - q_1 p_2},$$

$$Y_2 = \frac{p_1 \,\Sigma Y y - q_1 \,\Sigma Y x}{p_1 q_2 - q_1 p_2},$$

$$Z_2 = \frac{p_1 \,\Sigma Z y - q_1 \,\Sigma Z x}{p_1 q_2 - q_1 p_2}.$$

96. Enfin lorsque la force principale sera nulle sans
que S le soit, le système pourra toujours être remplacé
par trois couples ou réduit à trois couples. Soient X_1, Y_1,
Z_1, X_2, Y_2, Z_2, X_3, Y_3, Z_3 les composantes des forces des
trois couples, p_1, q_1, r_1, p_2, q_2, r_2, p_3, q_3, r_3 les projections de leurs bras sur les trois axes, les conditions géné-
rales d'équilibre ou les équations (1) (n° 89) deviendront

$$\Sigma X x = X_1 p_1 + X_2 p_2 + X_3 p_3,$$
$$\Sigma X y = X_1 q_1 + X_2 q_2 + X_3 q_3,$$
$$\Sigma X z = X_1 r_1 + X_2 r_2 + X_3 r_3,$$

$$\Sigma Y x = Y_1 p_1 + Y_2 p_2 + Y_3 p_3,$$
$$\Sigma Y y = Y_1 q_1 + Y_2 q_2 + Y_3 q_3,$$
$$\Sigma Y z = Y_1 r_1 + Y_2 r_2 + Y_3 r_3,$$

$$\Sigma Z x = Z_1 p_1 + Z_2 p_2 + Z_3 p_3,$$
$$\Sigma Z y = Z_1 q_1 + Z_2 q_2 + Z_3 q_3,$$
$$\Sigma Z z = Z_1 r_1 + Z_2 r_2 + Z_3 r_3.$$

Les quantités p_1, q_1, r_1, p_2, q_2, r_2, p_3, q_3, r_3 qui déterminent la longueur et la position des bras des couples, peuvent être prises tout à fait arbitrairement; les composantes X_1, Y_1, Z_1, X_2, ... des forces seront alors déterminées par les équations

$$X_1 = \frac{\Sigma X x \, (r_3 q_2 - q_3 r_2) + \Sigma X y \, (r_2 p_3 - p_2 r_3) + \Sigma X z \, (p_2 q_3 - q_2 p_3)}{p_1 \, (r_3 q_2 - q_3 r_2) + q_1 \, (r_2 p_3 - p_2 r_3) + r_1 \, (p_2 q_3 - q_2 p_3)},$$

$$Y_1 = \frac{\Sigma Y x \, (r_3 q_2 - q_3 r_2) + \Sigma Y y \, (r_2 p_3 - p_2 r_3) + \Sigma Y z \, (p_2 q_3 - q_2 p_3)}{p_1 \, (r_3 q_2 - q_3 r_2) + q_1 \, (r_2 p_3 - p_2 r_3) + r_1 \, (p_2 q_3 - q_2 p_3)}.$$

. . . .

97. Nous venons de voir qu'un système de forces de direction et d'intensité invariables, sollicitant toujours les mêmes points d'un corps donné, dans toutes les positions de ce dernier, se réduit à une force unique et à deux couples, à moins que la force principale du système ne soit nulle. La force unique, égale et parallèle à la force principale, peut être appliquée à un point quelconque du plan central. Les bras des deux couples, de longueurs arbitraires, peuvent être pris parallèles aux lignes centrales; les forces du couple seront alors perpendiculaires, entre elles et à la force principale. Dans chaque position du corps, ces deux couples pourront être composés en un seul; et (n° 38) par le transport de la force unique en un point quelconque de l'axe central correspondant à cette position, le couple résultant et le couple né du transport pourront se composer en un couple unique, perpendiculaire à l'axe central. Ce couple alors sera minimum ou le plus petit possible pour la position actuelle du corps, et égal à la projection du premier couple résultant sur un plan perpendiculaire à la direction de la force principale (n° 38). Si cette position du corps vient à changer, la position dans le corps de l'axe principal changera aussi; il en sera de même du moment du couple résultant minimum,

et il est intéressant de chercher quelle doit être la position de l'axe central pour que le couple minimum soit nul, ou pour que le système des forces données se réduise à la force ou résultante unique. C'est ce que nous allons faire, mais, au lieu de tout rapporter à des axes fixes dans l'espace, ou de considérer les directions des forces comme invariables dans toutes les positions mobiles du corps, nous supposerons au contraire que c'est le corps qui reste fixe, et que ce sont les directions des forces qui varient, en continuant néanmoins de faire les mêmes angles entre elles, et avec trois plans coordonnés mobiles dans l'espace. Nous prendrons comme origine des coordonnées pour les trois axes fixes dans le corps le centre du plan central, devenu plan des xy, et pour axes des x et des y les deux lignes centrales, en sorte que l'on ait

$$x_0 = 0, \quad y_0 = 0, \quad z_0 = 0; \quad q_1 = 0, \quad r_1 = 0, \quad p_2 = 0, \quad r_2 = 0.$$

Les composantes X_1, Y_1, Z_1, X_2, Y_2, Z_2 ont alors pour valeurs

$$X_1 = \frac{1}{p_1}\Sigma Xx, \quad Y_1 = \frac{1}{p_1}\Sigma Yx, \quad Z_1 = \frac{1}{p_1}\Sigma Zx,$$

$$X_2 = \frac{1}{q_2}\Sigma Xy, \quad Y_2 = \frac{1}{q_2}\Sigma Yy, \quad Z_2 = \frac{1}{q_2}\Sigma Zy.$$

Si l'on calcule les composantes L, M, N du moment linéaire résultant de ces deux couples, on trouvera

$$L = Y_1 r_1 + Y_2 r_2 - Z_1 q_1 - Z_2 q_2 = -Z_2 q_2,$$
$$M = Z_1 p_1 + Z_2 p_2 - X_1 r_1 - X_2 r_2 = Z_1 p_1,$$
$$N = X_1 q_1 + X_2 q_2 - Y_1 p_1 - Y_2 p_2 = X_2 q_2 - Y_1 p_1.$$

Pour avoir le couple minimum, il faut, n° 38, projeter le moment linéaire résultant sur la force principale qui fait avec les axes des angles dont les cosinus sont $\dfrac{X_0}{R_0}$,

$\dfrac{Y_0}{R_0}$, $\dfrac{Z_0}{R_0}$; ce couple minimum, que nous appellerons K, sera donc

$$K = \frac{X_0 L + Y_0 M + Z_0 N}{R_0}$$
$$= \frac{q_2 (Z_0 X_2 - X_0 Z_2) + p_1 (Y_0 Z_1 - Z_0 Y_1)}{R_0}.$$

Si maintenant on rapproche les deux identités

$$(Z_0 Y_2 - Y_0 Z_2) X_2 + (X_0 Z_2 - Z_0 X_2) Y_2 + (Y_0 X_2 - X_0 Y_2) Z_2 = 0,$$
$$(Z_0 Y_2 - Y_0 Z_2) X_0 + (X_0 Z_2 - Z_0 X_2) Y_0 + (Y_0 X_2 - X_0 Y_2) Z_0 = 0,$$

des deux équations

$$X_1 X_2 + Y_1 Y_2 + Z_1 Z_2 = 0,$$
$$X_1 X_0 + Y_1 Y_0 + Z_1 Z_0 = 0,$$

on en conclura

$$\frac{Z_0 Y_2 - Y_0 Z_2}{X_1} = \frac{X_0 Z_2 - Z_0 X_2}{Y_1} = \frac{Y_0 X_2 - X_0 Y_2}{Z_1}$$
$$= \frac{\sqrt{(Z_0 Y_2 - Y_0 Z_2)^2 + (X_0 Z_2 - Z_0 X_2)^2 + (Y_0 X_2 - X_0 Y_2)^2}}{R_1}$$
$$= \frac{\sqrt{R_0^2 R_2^2 - (X_0 X_2 + Y_0 Y_2 + Z_0 Z_2)}}{R_1} = \frac{R_0 R_2}{R_1},$$
$$Z_0 Y_2 - Y_0 Z_2 = \frac{R_0 R_2}{R_1} X_1,$$
$$X_0 Z_2 - Z_0 X_2 = \frac{R_0 R_2}{R_1} Y_1,$$
$$Y_0 X_2 - X_0 Y_2 = \frac{R_0 R_2}{R_1} Z_1,$$

on trouverait de même

$$Z_1 Y_0 - Y_1 Z_0 = \frac{R_0 R_1}{R_2} X_2,$$
$$X_1 Z_0 - Z_1 X_0 = \frac{R_0 R_1}{R_2} Y_2,$$
$$Y_1 X_0 - X_1 Y_0 = \frac{R_0 R_1}{R_2} Z_2,$$

et, par conséquent,

$$K = p_1 X_2 \frac{R_1}{R_2} - q_2 Y_1 \frac{R_2}{R_1}.$$

Il s'agit maintenant de trouver les conditions qu'il faut remplir pour que ce couple minimum soit nul. Si l'on désigne par ξ, η, ζ les coordonnées de l'un quelconque des points de l'axe principal ou central, on aura (n° 38)

$$Y_0 \zeta - Z_0 \eta = L - \frac{X_0 K}{R_0}, \quad Z_0 \xi - X_0 \eta = M - \frac{Y_0 K}{R_0},$$
$$X_0 \eta - Y_0 \xi = N - \frac{Z_0 K}{R_0},$$

et si le couple minimum K doit être nul,

$$Y_0 \zeta - Z_0 \eta = L = - Z_2 q_2, \quad Z_0 \xi - X_0 \zeta = M = Z_1 p_1,$$
$$X_0 \eta - Y_0 \xi = N = X_2 q_2 - Y_1 p_1;$$

ces trois équations se réduisent réellement à deux, c'est-à-dire que l'une quelconque d'entre elles se déduit des deux autres, parce que la condition $K = 0$ entraîne l'équation suivante :

$$LX_0 + MY_0 + NZ_0 = 0.$$

Il reste à voir comment on pourra y satisfaire indépendamment de la direction des forces, ou quelle que soit cette direction. Si l'on fait d'abord $\xi = 0$, on aura

$$X_0 \zeta = - Z_1 p_1, \quad X_0 \eta = X_2 q_2 - Y_1 p_1;$$

carrant ces deux équations, divisant la première par $p_1^2 R_1^2$, la seconde par $p_1^2 R_1^2 - q_2^2 R_2^2$, et ajoutant, on trouve

$$X_0^2 \left(\frac{\eta^2}{p_1^2 R_1^2 - q_2^2 R_2^2} + \frac{\zeta^2}{p_1^2 R_2} \right)$$
$$= \frac{p_1^2 (Y_1^2 + Z_1^2) - 2 p_1 q_2 X_2 Y_1 + q_2^2 \left(\dfrac{X_1^2}{R_2^2} - \dfrac{Z_1^2}{R_1^2} \right) R_2^2}{p_2 R_1^2 - q_2 R_2^2}.$$

Mais puisque les trois forces R_0, R_1, R_2 sont toujours perpendiculaires entre elles, la somme des carrés des cosinus des angles qu'elles font avec l'axe des x est égale à l'unité; on a donc

$$\left(\frac{X_0}{R_0}\right)^2 + \left(\frac{X_1}{R_1}\right)^2 + \left(\frac{X_2}{R_2}\right)^2 = 1,$$

on a aussi

$$\left(\frac{X_1}{R_1}\right)^2 + \left(\frac{Y_1}{R_1}\right)^2 + \left(\frac{Z_1}{R_1}\right)^2 = 1,$$

et, par conséquent,

$$\frac{Y_1^2}{R_1^2} + \frac{Z_1^2}{R_1^2} = \frac{X_0^2}{R_0^2} + \frac{X_2^2}{R_2^2}, \quad \frac{X_2^2}{R_2^2} - \frac{Z_1^2}{R_1^2} = \frac{Y_1^2}{R_1^2} - \frac{X_0^2}{R_0^2}.$$

Substituant ces valeurs et ayant égard à l'équation

$$K^2 = p_1^2 R_1^2 \frac{X_2^2}{R_2^2} - 2p_1 q_2 X_2 Y_1 + q_2^2 R_2^2 \frac{Y_1^2}{R_1^2} = 0,$$

on trouve

$$\frac{\eta^2}{p_1^2 R_1^2 - q_2^2 R_2^2} + \frac{\zeta^2}{p_1^2 R_1^2} = \frac{1}{R_0^2}, \quad \text{pendant que} \quad \xi = 0.$$

Si, au lieu de faire $\xi = 0$, on avait fait $\eta = 0$, on aurait trouvé

$$\frac{\xi^2}{q_2^2 R_2^2 - p_1^2 R_1^2} + \frac{\zeta^2}{q_2^2 R_2^2} = \frac{1}{R_0^2}, \quad \text{avec} \quad \eta = 0.$$

Ces deux équations représentent deux courbes du second degré situées dans deux plans perpendiculaires au plan central; l'une est une ellipse, l'autre une hyperbole, parce que des deux différences $q_2^2 R_2^2 - p_1^2 R_1^2$, $p_1^2 R_1^2 - q_2^2 R_2^2$, l'une est nécessairement positive et l'autre négative. Le grand axe de l'ellipse et l'axe réel de l'hyperbole coïncident avec l'axe des ζ, et le centre des deux courbes est à l'origine des coordonnées. Les foyers de l'une coïncident en outre avec les sommets de l'autre. Si, par exemple, $q_2 R_2$ est

I.   15

plus grand que $p_1 R_1$, l'ellipse sera dans le plan des $\xi\zeta$, et l'hyperbole dans le plan des $\eta\zeta$, on aura pour le sommet de l'ellipse

$$\xi = 0, \qquad \zeta = \pm\, q_2\, \frac{R_2}{R_0},$$

et pour son foyer

$$\xi = 0, \qquad \zeta = \pm\, p_1\, \frac{R_1}{R_0};$$

pour le sommet de l'hyperbole

$$\eta = 0, \qquad \zeta = \pm\, p_1\, \frac{R_1}{R_0},$$

et pour son foyer

$$\eta = 0, \qquad \zeta = \pm\, q_2\, \frac{R_2}{R_0}.$$

Les plans de l'hyperbole et de l'ellipse, ou les plans menés par les deux lignes centrales perpendiculairement au plan central, s'appelleront les *plans milieux du système*. Le théorème renfermé dans ces prémisses et qui a été découvert d'abord par M. Minding, peut s'énoncer comme il suit :

THÉORÈME DE MINDING. — *Lorsque les forces qui sollicitent un corps ou un système de points liés invariablement entre eux conservent dans toutes les positions du corps les mêmes intensités, les mêmes directions et les mêmes points d'application, et que, comme on peut le faire d'un nombre infini de manières, on a amené le corps dans une position telle, que toutes les forces puissent être remplacées par une résultante unique, ce qui suppose nécessairement que la force principale du système n'est pas nulle; la direction de la résultante unique sera telle, qu'elle rencontrera toujours dans le corps une même ellipse et une même hyperbole qui ont pour centre commun le centre du plan central, qui sont situées l'une dans l'un, l'autre dans l'autre des deux plans milieux du système, perpendiculaires entre eux et au plan central, et qui sont liées l'une à l'autre de telle sorte que le sommet de l'une coïncide avec le foyer de l'autre.*

98. Supposons maintenant que le corps ou système de points auquel sont appliquées des forces ayant toujours la même intensité, la même direction et les mêmes points d'application ne soit plus mobile qu'autour d'un axe donné, et cherchons dans ce cas les conditions d'équilibre et de réduction du système de forces au plus petit nombre possible d'éléments. Si l'on prend l'axe fixe pour axe des z, on démontrera, comme au n° 89, que les conditions d'équilibre sont :

$$\Sigma X = 0, \quad \Sigma Y = 0, \quad \Sigma Z = 0,$$
$$\Sigma Xz = 0, \quad \Sigma Yz = 0, \quad \Sigma Zx = 0, \quad \Sigma Zy = 0,$$
$$\Sigma Xx + \Sigma Yy = 0, \quad \Sigma Xy - \Sigma Yx = 0.$$

Si ces conditions sont remplies, le corps sera en équilibre quelle que soit la position qu'il occupe dans sa rotation autour de l'axe des z.

99. Si toutes ces conditions ne sont pas remplies, les forces du système pourront au moins être réduites à une, deux ou trois forces. Cherchons d'abord les conditions de leur réduction à une force unique. Soient X_0, Y_0, Z_0 les composantes de cette résultante unique, et x_0, y_0, z_0 les coordonnées de son point d'application, on aura

$$X_0 = \Sigma X, \quad Y_0 = \Sigma Y, \quad Z_0 = \Sigma Z,$$
$$\Sigma Xz = X_0 z_0, \quad \Sigma Zx = Z_0 x_0, \quad \Sigma Yz = Y_0 z_0, \quad \Sigma Zy = Z_0 y_0,$$
$$\Sigma Xx + \Sigma Yy = X_0 x_0 + Y_0 y_0, \quad \Sigma Xy - \Sigma Yx = X_0 y_0 - Y_0 x_0.$$

En supposant que la force principale du système ne soit pas nulle ou que l'on n'ait pas à la fois $\Sigma X = 0$, $\Sigma Y = 0$,

15.

$\Sigma Z = 0$, l'élimination de X_0, Y_0, Z_0, x_0, y_0, z_0 donnera

$$\Sigma Y \Sigma X z - \Sigma X \Sigma Y z = 0,$$
$$(\Sigma Z \Sigma X x - \Sigma X \Sigma Z x) - (\Sigma Z \Sigma Y y - \Sigma Y \Sigma Z y) = 0,$$
$$(\Sigma Z \Sigma X y - \Sigma X \Sigma Z y) + (\Sigma Z \Sigma Y x - \Sigma Y \Sigma Z x) = 0.$$

Si la force principale était parallèle à l'axe des z, on aurait en outre $\Sigma X z = 0$, $\Sigma Y z = 0$.

Si ces diverses conditions sont satisfaites, on trouvera

$$x_0 = \frac{\Sigma Z x}{\Sigma Z} = \frac{\Sigma X (\Sigma X x + \Sigma Y y) - \Sigma Y (\Sigma X y - \Sigma Y x)}{(\Sigma X)^2 + (\Sigma Y)^2},$$
$$y_0 = \frac{\Sigma Z y}{\Sigma Z} = \frac{\Sigma Y (\Sigma X x + \Sigma Y y) + \Sigma X (\Sigma X y - \Sigma Y x)}{(\Sigma X)^2 + (\Sigma Y)^2},$$
$$z_0 = \frac{\Sigma X z}{\Sigma X} = \frac{\Sigma Y z}{\Sigma Y};$$

les forces données ont toujours une résultante unique, laquelle dans toutes les positions du corps passe par le point x_0, y_0, z_0, que l'on appelle le *point central des forces données relativement à l'axe des z*.

Lorsque les forces données sont toutes dans le plan des xy, les équations de condition sont nécessairement remplies, car on a alors $Z = 0$, $z = 0$. Dans ce cas particulier, le point central peut être obtenu au moyen d'une construction géométrique très-simple. Soient P et Q deux forces appliquées, l'une en A, l'autre en B (*fig.* 22), et R leur résultante passant par le point d'intersection C de leurs deux directions; par les trois points A, B, C menons un cercle; le point D, où le cercle viendra couper la direction de la résultante R, sera le point central cherché. Pour le démontrer, concevons qu'au lieu de faire tourner les trois points A, B, D on fasse tourner les trois forces P, Q, R de telle sorte qu'elles fassent toujours entre elles les mêmes angles; soit EP′ la nouvelle direction de la force P, celle de la force Q sera nécessairement EQ′ et celle de

R, ER'; car on a ACD $=$ AED, DCB $=$ DEB, ACB $=$ AEB. D est donc bien réellement le point central des deux forces P et Q. S'il y avait une troisième force, on la composerait de la même manière avec la résultante R pour obtenir le nouveau point central. On pourrait aussi remplacer chaque force par ses deux composantes suivant les axes des x et des y, réunir en une seule les forces parallèles à chacun des axes et chercher, comme on vient de le faire, le point central des deux résultantes partielles.

100. Si les conditions de réduction à une force unique ne sont pas satisfaites, on pourra essayer de ramener le système à une force et à un couple. Soient toujours X_0, Y_0, Z_0 les composantes de la force isolée; x_0, y_0, z_0 les coordonnées de son point d'application; X_1, Y_1, Z_1 les composantes de la force R_1 du couple $(R_1 - R_1)$; p_1, q_1, r_1 les projections de son bras, on aura

$$\Sigma X = X_0, \quad \Sigma Y = Y_0, \quad \Sigma Z = Z_0,$$
$$\Sigma X z = X_0 z_0 + X_1 r_1, \quad \Sigma Y z = Y_0 z_0 + Y_1 r_1,$$
$$\Sigma Z x = Z_0 x_0 + Z_1 p_1, \quad \Sigma Z y = Z_0 y_0 + Z_1 q_1,$$
$$\Sigma X x + \Sigma Y y = X_0 x_0 + Y_0 y_0 + X_1 p_1 + Y_1 q_1,$$
$$\Sigma X y - \Sigma Y x = X_0 y_0 - Y_0 x_0 + X_1 q_1 - Y_1 p_1.$$

Éliminant
$$X_0, \quad Y_0, \quad Z_0, \quad X_1, \quad Y_1, \quad Z_1,$$
on trouvera

$$(1) \quad \begin{cases} p_1(z_0 \Sigma X - \Sigma X z) + q_1(z_0 \Sigma Y - \Sigma Y z) \\ \quad + r_1(\Sigma X x + \Sigma Y y - x_0 \Sigma X - y_0 \Sigma Y) = 0, \\ p_1(\Sigma Y z - z_0 \Sigma Y) + q_1(z_0 \Sigma X - \Sigma X z) \\ \quad + r_1(\Sigma X y - \Sigma Y x - y_0 \Sigma X + x_0 \Sigma Y) = 0, \\ p_1(y_0 \Sigma Z - \Sigma Z y) + q_1(\Sigma Z x - x_0 \Sigma Z) = 0. \end{cases}$$

Tant que la force principale ne sera pas nulle ou que

l'on n'aura pas à la fois $\Sigma X = \Sigma Y = \Sigma Z = 0$, ces conditions pourront toujours être remplies, et on pourra se donner arbitrairement deux des coordonnées du point d'application de la force isolée avec l'une des projections du bras du couple. Si entre ces trois équations on élimine p_1, q_1, r_1 et qu'on pose, pour abréger,

$$A = \Sigma Z(\Sigma Y \Sigma X z - \Sigma X \Sigma Y z),$$

$$B = \Sigma Z[\Sigma X(\Sigma X x + \Sigma Y y) + \Sigma Y(\Sigma Y x - \Sigma X y)]$$
$$- \Sigma Z x[(\Sigma X)^2 + (\Sigma Y)^2],$$

$$C = \Sigma Z[\Sigma X(\Sigma Y x - \Sigma X y) - \Sigma Y(\Sigma X x + \Sigma Y y)]$$
$$+ \Sigma Z y[(\Sigma X)^2 + (\Sigma Y)^2],$$

$$D = \Sigma Z[\Sigma Y z(\Sigma X x + \Sigma Y y) - \Sigma X z(\Sigma Y x - \Sigma X y)]$$
$$- \Sigma X z(\Sigma Y \Sigma Z x + \Sigma X \Sigma Z y) + \Sigma Y z(\Sigma X \Sigma Z x - \Sigma Y \Sigma Z y),$$

$$E = - \Sigma Z[\Sigma X z(\Sigma X x + \Sigma Y y) + \Sigma Y z(\Sigma Y x - \Sigma X y)$$
$$+ \Sigma X z(\Sigma X \Sigma Z x - \Sigma Y \Sigma Z y) + \Sigma Y z(\Sigma X \Sigma Z y + \Sigma Y \Sigma Z x),$$

$$F = (\Sigma X x + \Sigma Y y)(\Sigma X \Sigma Z y - \Sigma Y \Sigma Z x)$$
$$+ (\Sigma Y x - \Sigma X y)(\Sigma X \Sigma Z x + \Sigma Y \Sigma Z y),$$

$$G = (\Sigma X x + \Sigma Y y)(\Sigma X z \Sigma Z y - \Sigma Y z \Sigma Z x)$$
$$- (\Sigma X y - \Sigma Y x)(\Sigma Y z \Sigma Z y + \Sigma X z \Sigma Z x),$$

on obtient

$$(2) \quad A(x_0^2 + y_0^2) + B y_0 z_0 + C x_0 z_0 + D x_0 + E y_0 - F z_0 + G = 0.$$

Si dans cette équation on remplace x_0, y_0, z_0 par des coordonnées courantes x, y, z, elle représentera une surface du second degré sur laquelle le point d'application x_0, y_0, z_0 de la force unique pourra être pris à volonté. Cette surface a un centre dont les coordonnées x_0, y_0, z_0 sont

$$= \frac{2ACF - DB^2 + BCE}{2A(B^2 + C^2)}, \qquad y_0 = \frac{2ABF - C^2 E + BCD}{2A(B^2 + C^2)},$$

$$z_0 = - \frac{2AF + CD + BE}{B^2 + C^2}.$$

Puisqu'on peut prendre arbitrairement une des projections p_1, q_1, r_1 du bras du couple, on pourra le faire commencer où l'on voudra et lui donner une longueur arbitraire; choisissons pour point de départ de ce bras le point x_0, y_0, z_0, et appelons x_1, y_1, z_1 les coordonnées de la seconde extrémité, on aura

$$p_1 = x_1 - x_0, \quad q_1 = y_1 - y_0, \quad r_1 = z_1 - z_0,$$

et, en substituant pour p_1, q_1, r_1 ces valeurs dans les équations (1), on verra qu'elles sont composées absolument de la même manière en x_0, y_0, z_0, x_1, y_1, z_1; le point x_1, y_1, z_1 ou la seconde extrémité du bras est donc lui-même sur la surface (2), et puisque, la longueur du bras étant complétement arbitraire, cette seconde extrémité est l'un quelconque des points du bras, le bras tout entier est situé sur la surface qui ne peut être qu'un hyperboloïde à une nappe et de révolution. Le point d'application de la force résultante peut être un point quelconque de cet hyperboloïde, et le bras de longueur arbitraire du couple résultant sera parallèle à l'une des droites du paraboloïde menée par le point d'application de la force. Cette force d'ailleurs et la force R_1 du couple sont déterminées par les équations

$$X_0 = \Sigma X, \quad Y_0 = \Sigma Y, \quad Z_0 = \Sigma Z,$$

$$X_1 = \frac{\Sigma X z - z_0 \Sigma X}{r_1}, \quad Y_1 = \frac{\Sigma Y z - z_0 \Sigma Y}{q_1},$$

$$Z_1 = \frac{\Sigma Z x - x_0 \Sigma Z}{p_1}.$$

Au lieu d'une force et d'un couple, on pourra substituer au système donné deux forces dont les points d'application seront, dans toutes les positions du corps, sur l'une quelconque des génératrices de l'hyperboloïde.

Si $\Sigma X = 0$ et $\Sigma Y = 0$, c'est-à-dire si la force principale est parallèle à l'axe des z, les coefficients A, B, C, F sont nuls et la surface (2) se réduit à un plan parallèle au plan des xy.

101. Si la force principale est nulle, c'est-à-dire si $\Sigma X = \Sigma Y = \Sigma Z = o$, les équations qui donnent p_1, q_1, r_1 deviennent

$$\Sigma X x + \Sigma Y y = X_1 p_1 + Y_1 q_1, \quad \Sigma X y - \Sigma Y x = X_1 q_1 - Y_1 p_1,$$

$$\Sigma X z = X_1 r_1, \quad \Sigma Y z = Y_1 r_1, \quad \Sigma Z x = Z_1 p_1, \quad \Sigma Z y = Z_1 q_1,$$

et, en éliminant X_1, Y_1, Z_1, p_1, q_1, r_1, on trouve

$$(\Sigma X x + \Sigma Y y)(\Sigma X z \Sigma Z y - \Sigma Y z \Sigma Z x)$$
$$- (\Sigma X y - \Sigma Y x)(\Sigma Y z \Sigma Z y + \Sigma X z \Sigma Z x) = G = o.$$

Si cette condition se trouve remplie, on aura

$$p_1 = r_1 \frac{\Sigma X z (\Sigma X x + \Sigma Y y) - \Sigma Y z (\Sigma X y - \Sigma Y x)}{(\Sigma X z)^2 + (\Sigma Y z)^2},$$

$$q_1 = r_1 \frac{\Sigma Y z (\Sigma X x + \Sigma Y y) + \Sigma X z (\Sigma X y - \Sigma Y x)}{(\Sigma X z)^2 + (\Sigma Y z)^2},$$

$$X_1 = \frac{\Sigma X z}{r_1}, \quad Y_1 = \frac{\Sigma Y z}{r_1}, \quad Z_1 = \frac{\Sigma Z x}{p_1} = \frac{\Sigma Z y}{q_1};$$

le système des forces données sera donc réductible au seul couple $(R_1 - R_1)$.

102. Si la force principale est nulle sans que la condition $G = o$ soit satisfaite, les forces du système pourront néanmoins être toujours remplacées par deux couples. Soient X_1, Y_1, Z_1 les composantes de la force R_1 du premier couple, p_1, q_1, r_1 les projections de son bras; X_2, Y_2, Z_2 les composantes de la force R_2 du second couple, p_2, q_2, r_2 les projections de son bras; les conditions d'équilibre seront

$$\Sigma X\,x + \Sigma Y\,y = X_1 p_1 + Y_1 q_1 + X_2 p_2 + Y_2 q_2,$$
$$\Sigma X\,y - \Sigma Y\,x = X_1 q_1 - Y_1 p_1 + X_2 q_2 - Y_2 p_2,$$
$$\Sigma X\,z = X_1 r_1 + X_2 r_2, \quad \Sigma Y\,z = Y_1 r_1 + Y_2 r_2,$$
$$\Sigma Z\,x = Z_1 p_1 + Z_2 p_2, \quad \Sigma Z\,y = Z_1 q_1 + Z_2 q_2.$$

Toutes les projections p_1, q_1, r_1, p_2, q_2, r_2, et par consé-quent les directions et les longueurs des deux bras des couples peuvent être prises arbitrairement; on détermi-nera ensuite facilement par les équations qui précèdent les composantes X_1, Y_1, Z_1, X_2, Y_2, Z_2 des forces R_1 et R_2 des couples.

103. On dit qu'un corps est astatique lorsqu'il est tel-lement fixé qu'il reste en équilibre dans toutes les posi-tions qu'on lui fait prendre. Les conditions nécessaires pour qu'un corps entièrement libre et soumis à l'action des forces d'intensité et de direction invariables, toujours appliquées au même point, soit astatique, ont déjà été éta-blies à la fin du n° 89; nous rechercherons actuellement ces mêmes conditions pour un corps assujetti à tourner autour d'un point ou d'un axe fixe.

S'il existe dans le corps un point fixe autour duquel il puisse tourner librement, il ne pourra être astatique qu'au-tant que le système de forces données aura un point cen-tral, et que ce point central sera le point fixe du corps. S'il existe dans le corps un axe fixe, autour duquel il puisse tourner librement, il ne pourra être astatique qu'autant que le point central des projections des forces données sur un plan perpendiculaire à l'axe fixe sera lui-même situé sur cet axe, ou qu'autant que ces projections se feront mutuellement équilibre (n° 98). Alors toutes les composantes des forces parallèles à l'axe et tous les cou-ples résultant du transport des composantes situées dans

un plan perpendiculaire à l'axe sont détruits par la résistance ou la fixité de cet axe.

104. Cherchons quelle position particulière il faut
donner au corps pour que, sans être astatique, il soit en
équilibre autour du point ou de l'axe fixe, en commençant d'abord par le cas où il est assujetti à tourner autour d'un point fixe. La position à donner au corps doit
être telle, que le système des forces données ait une résultante unique passant par le point fixe. Si le système des
forces données a un point central, il faudra faire tourner
le corps autour du point fixe jusqu'à ce que ce point central
arrive à se trouver sur la direction de la force principale
menée par le point fixe; cette condition détermine deux
positions opposées ou renversées du corps dont il s'agit.
Si le système des forces données a une ligne centrale, on
peut toujours (n° 91) réduire les forces données à deux
forces ayant pour points d'application deux points quelconques de cette ligne. Cela posé, si la force principale
n'est pas nulle, il faudra, pour obtenir l'équilibre, faire
tourner le corps autour du point fixe jusqu'à ce que la
ligne centrale soit dans un plan passant par le point fixe
et parallèle au plan des deux forces; alors, en effet, les
deux forces seront, elles aussi, dans ce plan, et on pourra
leur substituer une résultante passant par le point fixe.
Le corps pourra encore tourner autour d'un axe perpendiculaire à ce plan ; mais, par rapport à cet axe, les deux
forces situées dans un plan qui lui est perpendiculaire
auront (n° 99) un point central par lequel la résultante
des deux forces doit toujours passer, et, pour que l'équilibre ait lieu, il suffira de faire tourner le corps jusqu'à
ce que ce point central se trouve sur la direction de la
force principale menée par le point fixe, direction qui
coïncide nécessairement avec le plan des deux forces.

Cette série de conditions conduit encore à deux positions du corps opposées ou inverses.

Si la force principale est nulle, et si, par conséquent, les forces données (92) peuvent être remplacées par un couple dont le bras a une longueur arbitraire, mais doit être pris parallèle à la ligne centrale, il faudra, pour obtenir l'équilibre, faire tourner le corps autour du point fixe jusqu'à ce que la ligne centrale soit parallèle aux forces du couple; alors, en effet, le bras et les forces du couple formeront une seule ligne droite et le moment du couple sera nul. Cette condition fournit encore deux positions opposées du corps. Le point considéré jusqu'ici comme fixe n'a plus besoin de l'être, puisqu'il n'a plus aucune pression à supporter.

Admettons, enfin, que le corps ait seulement un plan central et que la force principale ne soit pas nulle. Nous avons vu (n° 97) que, dans ce cas, aussi souvent que les forces données peuvent être remplacées par une résultante unique, cette résultante doit rencontrer deux courbes du second degré, une ellipse et une hyperbole tracées dans les deux plans milieux du système. Cela posé, menons par le point fixe une droite parallèle à la droite qui couperait les deux sections coniques, et faisons tourner le corps jusqu'à ce que cette droite coïncide en direction avec la force principale; on obtiendra ensuite la position cherchée d'équilibre en faisant tourner le corps autour de cette ligne droite. En effet, l'équilibre aura lieu lorsque le moment K du couple minimum qui s'ajoute à la force principale sera nul. Or nous avons trouvé (n° 97)

$$K = p_1 X_2 \frac{R_1}{R_2} - q_2 Y_1 \frac{R_2}{R_1};$$

équation dans laquelle p_1 est la longueur du bras d'un couple coïncidant avec une des lignes moyennes, q_1 la longueur du bras d'un second couple coïncidant avec l'autre ligne moyenne, R_1 la force du premier couple, R_2 la force du second couple, perpendiculaires toutes deux l'une à l'autre et à la force principale, Y_1 la composante de la force R_1 parallèle au bras q_2, X_2 la composante de la force R_2 parallèle au bras p_1. Si maintenant on mène un plan perpendiculaire à la force principale passant par le point fixe et autour de laquelle le corps peut tourner dans la position d'équilibre comme autour d'un axe de rotation, les deux forces R_1 et R_2 seront parallèles à ce plan. Menons dans ce plan, par l'axe de rotation, deux lignes parallèles à ces deux forces et que nous appellerons A, B; désignons de plus par C l'intersection de ce plan avec le plan central, par φ l'angle que les deux lignes A, C font entre elles, par

$\varphi + \dfrac{\pi}{2}$ l'angle de B avec C, par θ l'angle du bras p_1 du

premier couple avec C, par $\theta + \dfrac{\pi}{2}$ l'angle du second bras

q_2 avec C, par ψ l'angle du plan central avec le plan des lignes A et B, par λ l'angle du bras p_1 avec la ligne B, par μ enfin l'angle du bras q_2 avec la ligne A, on aura

$$\cos\mu = \cos\varphi\cos\left(\theta+\frac{\pi}{2}\right) - \sin\varphi\sin\left(\theta+\frac{\pi}{2}\right)\cos\psi$$
$$= -\cos\varphi\sin\theta - \sin\varphi\cos\theta\cos\psi,$$
$$\cos\lambda = \cos\left(\varphi+\frac{\pi}{2}\right)\cos\theta - \sin\left(\varphi+\frac{\pi}{2}\right)\sin\theta\cos\psi$$
$$= -\sin\varphi\cos\theta - \cos\varphi\sin\theta\cos\psi,$$
$$X_2 = R_2\cos\lambda = -R_2(\sin\varphi\cos\theta + \cos\varphi\sin\theta\cos\psi),$$
$$Y_1 = R_1\cos\mu = -R_1(\cos\varphi\sin\theta + \sin\varphi\cos\theta\cos\psi),$$
$$K = p_1 X_2\frac{R_1}{R_2} - q_2 Y_1\frac{R_2}{R_1} = \sin\varphi(q_2 R_2\cos\theta\cos\psi - p_1 R_1\cos\theta)$$
$$+ \cos\varphi(q_2 R_2\sin\theta - p_1 R_1\sin\theta\cos\psi).$$

Pendant la rotation autour de la direction de la force

principale menée par le point fixe, l'angle φ changera; et la valeur de φ correspondante à l'état d'équilibre du corps devra être celle qui rend K nul, ou qui sera donnée par l'équation

$$\operatorname{tang} \varphi = \operatorname{tang} \theta \frac{p_1 R_1 \cos \psi - q_2 R_2}{q_2 R_2 \cos \psi - p_1 R_1},$$

dans laquelle θ et ψ ne varient pas. Le moment du couple étant nul et le système des forces données pouvant être remplacé par une force unique passant par le point fixe, le corps sera nécessairement en équilibre dans la position que lui assigne l'angle φ.

Si la force principale est nulle en même temps que le système conserve un plan central, les forces données pourront (n° 95) être remplacées par deux couples dont les bras seront parallèles au plan central. Dans ce cas, pour amener le corps à la position d'équilibre, il faudra d'abord le faire tourner jusqu'à ce que le plan central devienne parallèle au plan des forces des deux couples. Les deux couples alors seront dans deux plans parallèles entre eux, et, en faisant tourner de nouveau le corps autour d'un axe perpendiculaire à ces plans, on pourra (n° 101) composer les deux couples en un seul. Il ne restera plus qu'à faire tourner une seconde fois le corps autour de cet axe jusqu'à ce que les deux forces du couple résultant soient dans le prolongement l'une de l'autre.

Si enfin, la force principale étant toujours nulle, le système (96) n'a plus de plan central, on pourra mener par le point autour duquel le corps peut tourner et qui n'a plus besoin d'être fixé, deux forces égales et de sens contraires $+ \mathrm{P}$, $- \mathrm{P}$. La force P et le système des forces données auront alors un plan central; et, en faisant tourner le corps autour de ce point de la manière qui a été décrite, on pourra l'amener dans une position telle, que ces forces se réduisent à une seule passant par le point fixe; cette force alors sera détruite par la force — P, et le corps, par conséquent, sera en équilibre.

105. Arrivons au cas où le corps, ou ensemble de points liés invariablement entre eux, est assujetti à tourner autour d'un axe fixe. Menons un plan perpendiculaire à l'axe fixe et décomposons chacune des forces données en deux autres, l'une parallèle à l'axe, l'autre parallèle au plan. Projetons, en outre, tous les points d'application des forces sur le plan et menons par la projection de chaque point d'application deux forces égales et parallèles à la composante parallèle au plan. De cette manière nous aurons : un ensemble de forces parallèles à l'axe; un ensemble de couples, dont les bras seront tous parallèles à l'axe fixe, et qui donneront, par conséquent, un couple résultant dont le bras coïncidera avec l'axe; enfin un système de forces situées dans un plan perpendiculaire à l'axe. L'effet de toutes les forces parallèles à l'axe et de tous les couples sera détruit par la résistance de l'axe, et on n'aura plus à tenir compte que des forces contenues dans le plan perpendiculaire à l'axe. Si leur force principale n'est pas nulle, elles auront (n° 99) un point central relatif à l'axe fixe; et, pour que le corps soit en équilibre, il suffira de le faire tourner jusqu'à ce que le point central se trouve dans le prolongement de la direction parallèle à la force principale menée par l'axe fixe. Si, au contraire, la force principale est nulle, les forces (n° 101) pourront être remplacées par un couple, et, pour procurer l'équilibre, il suffira de faire tourner le corps autour de l'axe fixe jusqu'à ce que le bras et les forces de ce couple fassent une seule et même ligne droite.

106. Il n'est pas sans intérêt de faire l'application des théories qui précèdent aux corps à la fois pesants et magnétiques, ou sollicités à la fois par les forces du magnétisme et de la pesanteur. Le magnétisme terrestre fait naître dans chaque élément des corps sensibles à son action un couple ; la position du bras de ce couple dépend de la distribution du magnétisme dans le corps, mais les forces des couples sont toutes parallèles entre elles, et leur direction est celle de la force magnétique. Cette direction est déterminée par deux angles : 1° l'angle qu'elle fait avec le plan horizontal ; 2° l'angle que le plan vertical mené par la direction de la force, ou ce qu'on nomme le *méridien magnétique,* fait avec le méridien astronomique ; le premier de ces angles est l'*inclinaison,* le second la *déclinaison magnétique.* Tous deux sont variables en un même lieu de la terre, en ce sens qu'ils sont soumis à des variations en partie régulières, en partie irrégulières ; mais, dans ce qui va suivre, nous ne tiendrons pas compte de ces variations et nous regarderons ces deux angles comme constants en un même lieu.

Un corps à la fois pesant et magnétique est sollicité par deux systèmes de forces parallèles, mais ces deux systèmes agissent parallèlement à un même plan, le plan du méridien magnétique, et, par conséquent (n° 91), ils ont toujours une ligne centrale. Si l'on prend pour origine des coordonnées du système le centre de gravité du corps, si l'on désigne par Σ les sommes relatives aux forces de la pesanteur, par Σ' les sommes relatives aux forces magnétiques, par P l'une des forces du couple magnétique agissant sur un des éléments du corps, par α, β, γ les angles que cette force fait avec les axes coordonnés, on aura

$$\Sigma X x = 0, \quad \Sigma X y = 0, \quad \Sigma X z = 0,$$
$$\Sigma Y x = 0, \quad \Sigma Y y = 0, \quad \Sigma Y z = 0,$$
$$\Sigma Z x = 0, \quad \Sigma Z y = 0, \quad \Sigma Z z = 0,$$

parce que les coordonnées du centre de gravité sont nulles,

et

$$\Sigma' \mathbf{Y} x \, \Sigma' \mathbf{X} y - \Sigma' \mathbf{X} x \, \Sigma' \mathbf{Y} y$$
$$= \cos 6 \Sigma' \mathbf{P} x . \cos \alpha \Sigma' \mathbf{P} y - \cos \alpha \Sigma' \mathbf{P} x . \cos 6 \Sigma' \mathbf{P} y = 0,$$

$$\Sigma' \mathbf{Y} x \, \Sigma' \mathbf{X} z - \Sigma' \mathbf{X} x \, \Sigma' \mathbf{Y} z$$
$$= \cos 6 \Sigma' \mathbf{P} x . \cos \alpha \Sigma' \mathbf{P} z - \cos \alpha \Sigma' \mathbf{P} x . \cos 6 \Sigma' \mathbf{P} z = 0,$$

ces valeurs, substituées dans les équations de la ligne centrale (n° **90**) donnent

$$y = \frac{\Sigma \mathbf{Y} \Sigma' \mathbf{X} y - \Sigma \mathbf{X} \Sigma' \mathbf{Y} y}{\Sigma \mathbf{Y} \Sigma' \mathbf{X} x - \Sigma \mathbf{X} \Sigma' \mathbf{Y} x} \, x = \frac{\Sigma' \mathbf{P} y}{\Sigma' \mathbf{P} x} \, x,$$

$$z = \frac{\Sigma \mathbf{Y} \Sigma' \mathbf{X} z - \Sigma \mathbf{X} \Sigma' \mathbf{Y} z}{\Sigma \mathbf{Y} \Sigma' \mathbf{X} x - \Sigma \mathbf{X} \Sigma' \mathbf{Y} x} \, x = \frac{\Sigma' \mathbf{P} z}{\Sigma' \mathbf{P} x} \, x;$$

la ligne centrale passe donc par l'origine ou par le centre de gravité du corps. Sa direction, indépendante de la position du centre de gravité, et qui ne sera pas changée si l'on ajoute au corps des parties non magnétiques, pourra être déterminée par l'observation, lorsqu'on aura donné le centre de gravité du corps et la direction de la force magnétique. En effet, si l'on dispose un corps magnétique de telle sorte qu'il puisse tourner librement autour de son centre de gravité immobile, et qu'on l'amène à la position d'équilibre, le couple magnétique résultant devra alors être nul, et par conséquent la ligne centrale pour cette position coïncidera avec la direction de la force magnétique menée par le centre de gravité.

107. Si l'on fait tourner le corps jusqu'à ce que la ligne centrale se trouve dans le plan mené par les deux directions de la force magnétique et de la pesanteur, c'est-à-dire dans le méridien magnétique, les forces, lorsque le corps ne fera plus que tourner autour d'un axe perpendiculaire à ce plan, auront, par rapport à cet axe, un point central. En effet, si l'on continue à prendre le

centre de gravité pour origine des coordonnées, si, en outre, on prend pour axe des z une ligne menée par ce centre parallèlement à l'axe de rotation, perpendiculaire, par conséquent, à la direction de la pesanteur et de la force magnétique, tous les Z seront nuls ; et parce que l'axe des Z est aussi perpendiculaire à la ligne centrale, on devra avoir $z = 0$, et, n° 106, $\Sigma' P z = 0$. Les conditions du n° 99 seront alors satisfaites. Si l'on prend pour axe des x la verticale, ΣY sera nul, ΣX sera égal au poids du corps, et parce que $6 = \dfrac{\pi}{2} - \alpha$, les coordonnées du point central deviendront

$$x_0 = \frac{\cos\alpha\,\Sigma' P.x + \sin\alpha\,\Sigma' Py}{\Sigma X}, \quad y_0 = \frac{\cos\alpha\,\Sigma' Py - \sin\alpha\,\Sigma' P.x}{\Sigma X}, \quad z_0 = 0;$$

la quantité $\cos\alpha\,\Sigma' Py - \sin\alpha\,\Sigma' P x = \Sigma' Xy - \Sigma' Yx$ est d'ailleurs le moment du couple magnétique dans la position actuelle du corps.

Désignons par I l'inclinaison de la force magnétique ; par M le moment du couple magnétique, lorsque le corps a été amené dans une position telle, que la ligne centrale soit perpendiculaire à la force magnétique, et qu'en même temps le couple ait son moment maximum ; par I' l'angle que la ligne centrale fait avec l'axe horizontal des y, ou l'inclinaison de la ligne centrale ; par S le poids du corps : on aura

$$\Sigma' Py = M\cos I', \quad \Sigma' P x = M\sin I', \quad \alpha = \frac{\pi}{2} - I, \quad S = \Sigma X,$$

et les coordonnées du point central seront

$$x_0 = \frac{M\cos(I - I')}{S}, \quad y_0 = \frac{M\sin(I - I')}{S},$$

et, par suite,

$$\frac{y_0}{x_0} = \tan(I - I').$$

1.

Mais 1 — l' est l'angle que la direction de la ligne centrale ou le bras du couple magnétique fait avec la force magnétique, et cet angle à son tour est égal à celui que la ligne unissant le centre de gravité avec le point central de toutes les forces fait avec l'axe des x ou avec la direction de la pesanteur.

108. Si un corps à la fois pesant et magnétique est fixé en l'un de ses points, il faudra, pour que l'équilibre ait lieu, amener le corps à une position telle, que son centre de gravité soit sur la verticale menée par le point fixe, et que la ligne centrale soit parallèle à la direction de la force magnétique. Si le corps magnétique ne peut que tourner autour d'un axe fixe horizontal, perpendiculaire à la fois à la ligne centrale et à la direction de la pesanteur, on trouvera sa position d'équilibre de la manière suivante. Prenons (*fig.* 23) pour origine O des coordonnées le point d'intersection de l'axe fixe par un plan vertical mené par la ligne centrale, pour axe des z l'axe fixe, pour axe des x la verticale, pour axe des y la ligne horizontale menée dans le plan vertical passant par la ligne centrale; appelons μ l'angle du plan des xy avec le méridien magnétique, r la distance OB du centre de gravité à l'origine des coordonnées, φ l'angle ABO de la ligne OB avec la ligne centrale, x_0, y_0 les coordonnées du centre de gravité parallèles aux axes des x et des y. Alors (n° 105), pour trouver la position d'équilibre, il faudra projeter toutes les forces sur le plan des xy, ce qui laissera intact le poids S du corps appliqué au centre de gravité B, et ne conservera des forces magnétiques que les composantes parallèles aux axes des x et des y. Le point central des nouvelles forces situées dans le plan des xy devra, dans la position d'équilibre, tomber sur l'axe des x; ou, puisque y_0 est son ordonnée parallèle à l'axe des y, on devra avoir

$y_0 = 0$. Cela posé, en remontant aux équations du n° 99 et remarquant que l'on a

$$\Sigma Y = 0, \quad \Sigma' Y = 0, \quad \Sigma X = S, \quad \Sigma' X = 0,$$

$$\Sigma X y = S y_0, \quad \Sigma Y x = 0, \quad \Sigma X x = S x_0, \quad \Sigma Y y = 0,$$

$$\Sigma' X x = \cos\alpha \, \Sigma' P x = M \cos\alpha \sin I' = M \sin I \sin I',$$

$$\Sigma' X y = \cos\alpha \, \Sigma' P y = M \cos\alpha \cos I' = M \sin I \cos I',$$

$$\Sigma' Y y = \cos 6 \, \Sigma' P y = M \cos 6 \cos I' = M \cos\mu \cos I \cos I',$$

$$\Sigma' Y x = \cos 6 \, \Sigma' P x = M \cos 6 \sin I' = M \cos\mu \cos I \sin I',$$

on trouvera

$$x_0 = \frac{S x_0 + M \left(\sin I \sin I' + \cos\mu \cos I \cos I' \right)}{S}$$

$$y_0 = \frac{S y_0 + M \left(\sin I \cos I' - \cos\mu \cos I \sin I' \right)}{S},$$

et, par conséquent, la condition d'équilibre, $y_0 = 0$, deviendra

$$S y_0 + M \left(\sin I \cos I' - \cos\mu \cos I \sin I' \right) = 0 ;$$

mais

$$y_0 = - r \cos (\psi - I'),$$

on aura donc, en substituant,

$$M \left(\sin I \cos I' - \cos\mu \cos I \sin I' \right) - S r \cos (\psi - I') = 0$$

et

$$\operatorname{tang} I' = \frac{M \sin I - S r \cos\psi}{M \cos\mu \cos I + S r \sin\psi},$$

$$M = \frac{S r \cos(\psi - I')}{\sin I \cos I' - \cos\mu \cos I \sin I'},$$

$$y_0 = \frac{M \left(\cos\mu \cos I \sin I' - \sin I \cos I' \right)}{S}.$$

Lorsque μ sera nul, c'est-à-dire lorsque le plan de rotation du corps coïncidera avec le méridien magnétique, on

16.

aura

$$\tan I' = \frac{M \sin I - S r \cos \psi}{M \cos I + S r \sin \psi}, \quad M = \frac{S r \cos (\psi - I')}{\sin (I - I')},$$

$$y_0 = \frac{M \sin (I - I')}{S}.$$

Si l'axe fixe passe par le point central, ou si l'on a aussi $x_0 = 0$, le corps sera astatique. En outre des équations qui précèdent, et qui résultent de $\gamma_0 = 0$, on a encore

$$S x_0 + M (\sin I \sin I' + \cos \mu \cos I \cos I') = 0$$

ou, parce que $x_0 = r \sin (\psi - I')$,

$$M (\sin I \sin I' + \cos \mu \cos I \cos I') + S r \sin (\psi - I') = 0$$

et, par suite,

$$\tan (\psi - I') = - \frac{\sin I \sin I' + \cos \mu \cos I \cos I'}{\sin I \cos I' - \cos \mu \cos I \sin I'},$$

$$r^2 = \frac{M^2}{S^2} (\sin^2 I + \cos^2 \mu \cos^2 I),$$

équations qui fixent la position du centre de gravité du corps. Si par l'addition de parties non magnétiques on arrive à faire coïncider le centre de gravité avec le point ainsi déterminé, le corps deviendra astatique par rapport à l'axe fixe. Si μ est nul, les équations qui précèdent donnent

$$\tan (\psi - I') = \cot (I' - I), \quad \psi = \frac{\pi}{2} + I, \quad r = \frac{M}{S}.$$

Si l'axe fixe passe par le centre de gravité du corps, r sera nul et la condition d'équilibre, réduite à $\tan I' = \dfrac{\tan I}{\cos \mu}$, sera indépendante du moment magnétique. Si, de plus, $\mu = \dfrac{\pi}{2}$, on aura aussi $I' = \dfrac{\pi}{2}$, la ligne centrale sera verticale ; si au contraire $\mu = 0$, on aura $I' = I$, la ligne centrale coïncidera en direction avec la force magnétique. Si l'on désigne par D la déclinaison de la force magnétique et par A l'azimut astronomique de la ligne centrale, on aura

$$\mu = A - D,$$

et dans la position d'équilibre, lorsque l'axe fixe passera par le centre de gravité,

$$\operatorname{tang} I' = \frac{\operatorname{tang} I}{\cos (A - D)}.$$

En appelant I'' la valeur de I' correspondante à une nouvelle valeur A' de l'azimut de la ligne centrale, on aura

$$\operatorname{tang} I'' = \frac{\operatorname{tang} I}{\cos (A' - D)}$$

et par conséquent

$$\operatorname{tang} D = - \frac{\cos A' \operatorname{tang} I'' - \cos A \operatorname{tang} I'}{\sin A' \operatorname{tang} I'' - \sin A \operatorname{tang} I'},$$
$$\operatorname{tang} I = \operatorname{tang} I' \cos (A - D) = \operatorname{tang} I'' \cos (A' - D).$$

Ces deux équations pourront servir à déterminer par deux observations la déclinaison et l'inclinaison magnétiques.

ONZIÈME LEÇON.

Conditions d'équilibre d'un système de forces appliquées à des points liés entre eux par des lignes inflexibles mais mobiles, ou flexibles mais inextensibles. — Équilibre du polygone funiculaire. — Équilibre d'un cordon flexible et inextensible.

109. Considérons plusieurs forces appliquées aux différents sommets d'une portion de polygone dont les différents côtés sont des droites inflexibles mais mobiles autour de leurs points de jonction, et cherchons les conditions de leur équilibre, en admettant que les sommets du polygone soient libres, même ceux des extrémités.

Soit ABCDEFG (*fig.* 24) le polygone dont il s'agit. Désignons les différents sommets B, C, D,..., par les numéros

$$(1)\ (2)\ (3),\ \ldots,\ (n-1),\ (n),$$

les forces qui leur sont appliquées par

$$P_1,\ P_2,\ P_3,\ \ldots, P_n$$

et les angles qu'elles font avec les axes par

$$
\left\{
\begin{array}{l}
\lambda_1,\ \lambda_2,\ \ldots\ \lambda_n, \\
\mu_1,\ \mu_2,\ \ldots\ \mu_n, \\
\nu_1,\ \nu_2,\ \ldots\ \nu_n.
\end{array}
\right.
$$

Si les extrémités A et G ne sont pas fixes, il faudra, pour que le polygone reste en équilibre, appliquer au point B une force dans la direction BA, et au point F une force dans la direction FG ; ces deux forces seront respectivement ce qu'on appelle les tensions des côtés AB, FG ; nous les désignerons par T_0 et T_n. Chaque côté inflexible du polygone ne pourra évidemment rester en équilibre qu'autant qu'il sera sollicité à ses deux extrémités par deux forces égales et dirigées en sens contraires. Chacune de ces deux forces est ce qu'on appelle la tension du côté dont il s'agit; soient T_1 cette même tension pour le côté situé entre les sommets (1) et (2), T_2 la tension du côté situé entre les sommets (2) et (3), etc., enfin T_{n-1} la tension du côté situé entre les sommets $(n-1)$ et (n). Désignons en outre par

$$\alpha_0,\ \alpha_1,\ \ldots\ \alpha_{n-1},\ \alpha_n,\quad \beta_0,\ \beta_1,\ \ldots\ \beta_{n-1},\ \beta_n,\quad \gamma_0,\ \gamma_1,\ \ldots\ \gamma_{n-1},\ \gamma_n,$$

les angles que font avec les axes les directions des côtés du polygone auxquels sont appliquées les tensions T_0, T_1, ..., T_{n-1}, T_n, ces directions étant comptées pour chaque côté à partir du sommet le plus voisin de l'extrémité A. Il devra évidemment y avoir équilibre à chaque sommet entre les forces appliquées à ce sommet et les tensions qui sollicitent les côtés voisins. On aura par suite au sommet (1)

$$- T_0\cos\alpha_0 + P_1\cos\lambda_1 + T_1\cos\alpha_1 = 0,$$
$$- T_0\cos\beta_0 + P_1\cos\mu_1 + T_1\cos\beta_1 = 0,$$
$$- T_0\cos\gamma_0 + P_1\cos\nu_1 + T_1\cos\gamma_1 = 0;$$

au sommet (2)

$$- T_1\cos\alpha_1 + P_2\cos\lambda_2 + T_2\cos\alpha_2 = 0,$$
$$- T_1\cos\beta_1 + P_2\cos\mu_2 + T_2\cos\beta_2 = 0,$$
$$- T_1\cos\gamma_1 + P_2\cos\nu_2 + T_2\cos\gamma_2 = 0;$$

de même pour le sommet (3), etc. En faisant la somme de toutes ces équations, on éliminera les tensions intermédiaires inconnues, et l'on trouvera pour les équations d'équilibre :

$$(1)\ \begin{cases} - T_0\cos\alpha_0 + P_1\cos\lambda_1 + P_2\cos\lambda_2 + \ldots + T_n\cos\alpha_n = 0, \\ - T_0\cos\beta_0 + P_1\cos\mu_1 + P_2\cos\mu_2 + \ldots + T_n\cos\beta_n = 0, \\ - T_0\cos\gamma_0 + P_1\cos\nu_1 + P_2\cos\nu_2 + \ldots + T_n\cos\gamma_n = 0. \end{cases}$$

Les équations (1) expriment évidemment que, pour l'équilibre du polygone funiculaire, il faut, dans tous les cas, que toutes les forces du système, c'est-à-dire les tensions des deux cordons extrêmes, et les forces appliquées aux sommets, transportées parallèlement à elles-mêmes en un point quelconque de l'espace, se fassent équilibre, ce que l'on démontrerait facilement à l'aide du simple raisonnement. Quand cette condition sera remplie, on pourra toujours donner au polygone une forme telle, que l'équilibre existe, en supposant, comme nous le faisons, que les côtés sont inflexibles. En effet, soit $n - 1$ le nombre des sommets du polygone, n le nombre de ses côtés, on aura à déterminer $n - 1$ sommets, $3n - 3$ angles, $n - 1$ tensions, c'est-à-dire $5n - 5$ quantités. Or nous avons vu que chaque sommet donnait 3 équations de condition, ce qui fait $3n - 3$ équations ; de plus, les $3n - 3$ angles sont liés entre eux par $n - 1$ équations de la forme

$$\cos^2 \lambda_m + \cos^2 \mu_m + \cos^2 \nu_m = 1 ;$$

enfin, $n - 1$ équations exprimeront l'inextensibilité des cordons ou des côtés du polygone ; nous aurons donc aussi $5n - 5$ équations, c'est-à-dire autant d'équations que d'inconnues. Donc, etc.

Si P_1, P_2, ... sont des poids, et qu'on suppose l'axe des x horizontal, l'axe des y vertical ; si, de plus, tous les côtés du polygone sont compris dans un plan vertical, $\cos \gamma_0$, $\cos \gamma_1$, ..., $\cos \gamma_n$ seront nuls ; on aura

$$\cos \theta_0 = \sin \alpha_0, \dots, \quad \cos \theta_n = \sin \alpha_n,$$
$$\cos \lambda_1 = 0, \quad \cos \lambda_2 = 0, \dots, \quad \cos \lambda_n = 0,$$

la troisième des équations (1) disparaît nécessairement, et les deux autres deviennent

$$- T_0 \cos \alpha_0 + T_m \cos \alpha_m = 0$$

et

$$- T_0 \sin \alpha_0 + (P_1 + P_2 + \ldots) + T_m \sin \alpha_m = 0.$$

Admettons que ces poids se réduisent aux poids, p_1, p_2, p_3, ... p_n des côtés pesants du polygone ; on aura

$$P_1 = \frac{1}{2}(p_1 + p_2), \quad P_2 = \frac{1}{2}(p_2 + p_3), \ldots, \quad P_{n-1} = \frac{1}{2}(p_{n-1} + p_n);$$

et les conditions d'équilibre seront

$$T_m \cos \alpha_m = T_0 \cos \alpha_0,$$

$$T_m \sin \alpha_m = -\frac{1}{2}(p_1 + 2p_2 + 2p_3 + \ldots + p_n) + T_0 \sin \alpha_0.$$

110. Passons à la recherche des conditions d'équilibre d'une corde flexible et inextensible AA' (*fig.* 25) sollicitée en ses différents points par des forces données. Le principe qui nous guidera dans cette recherche est très-simple et très-fécond ; on peut le formuler comme il suit :

Concevons que l'on solidifie un élément mm' de la corde : il est évident que par là on ne troublera pas l'équilibre, s'il existait auparavant ; il faut donc que cet élément considéré isolément se trouve être en équilibre sous l'action des forces qui le sollicitent. Réciproquement, si les divers éléments sont en équilibre sous l'action des forces qui les sollicitent, il est incontestable qu'il en sera de même du système entier.

Soient X, Y, Z les forces qui sollicitent l'élément mm' en chacun de ses points. Cet élément sera en outre soumis à l'action de deux tensions T, T' inégales et contraires, qui s'exerceront suivant les tangentes aux points m, m'. Pour se faire des tensions T, T' une idée nette, il faut concevoir qu'en m et m' on coupe tout à coup la corde, puis qu'on remplace l'action des portions $m A$ et $m'A'$ sur l'élément mm' par deux forces convenables ou équivalentes ; ces deux forces seront les deux tensions T, T'.

Dans toute la longueur de l'élément infiniment petit

$mm' = ds$, on peut supposer la corde homogène; la densité de l'élément sera alors constante et sa masse sera proportionnelle à sa longueur. En désignant par ρ la densité qui dans tout l'élément reste constante, la masse sera représentée par $\rho\,ds$; et comme elle se réduit presque à un point, que les forces données qui la sollicitent peuvent être supposées parallèles, l'action totale de ces forces, proportionnelle à la masse, aura pour composantes $\rho X\,ds$, $\rho Y\,ds$, $\rho Z\,ds$, auxquelles il faudra ajouter les tensions T, T', dirigées suivant les tangentes aux extrémités de l'élément. L'équilibre devra donc exister entre ces cinq forces, qui peuvent être censées appliquées en un même point; et en nommant (x, y, z), (x', y', z') les coordonnées des points m, m', les trois équations d'équilibre seront

$$(2)\quad \begin{cases} \left(T'\dfrac{dx'}{ds'} - T\dfrac{dx}{ds}\right) + \rho X\,ds = 0, \\[2mm] \left(T'\dfrac{dy'}{ds'} - T\dfrac{dy}{ds}\right) + \rho Y\,ds = 0, \\[2mm] \left(T'\dfrac{dz'}{ds'} - T\dfrac{dz}{ds}\right) + \rho Z\,ds = 0. \end{cases}$$

Il importe de faire remarquer que la tension varie en passant d'un point de la corde à l'autre, ou doit être représentée par une fonction de x, y, z que nous nommerons $f(x, y, z)$.

Puisque la longueur de l'élément mm', ou la distance des deux points m, m', est infiniment petite, les trois différences

$$T'\frac{dx'}{ds'} - T\frac{dx}{ds}, \quad T'\frac{dy'}{ds'} - T\frac{dy}{ds}, \quad T'\frac{dz'}{ds'} - T\frac{dz}{ds},$$

peuvent être remplacées par les différentielles

$$d\left(T\frac{dx}{ds}\right), \quad d\left(T\frac{dy}{ds}\right), \quad d\left(T\frac{dz}{ds}\right),$$

et les équations (2) deviennent

$$(3) \quad \begin{cases} d\left(T\dfrac{dx}{ds}\right) + \rho\, X\, ds = 0, \\[2mm] d\left(T\dfrac{dy}{ds}\right) + \rho\, Y\, ds = 0, \\[2mm] d\left(T\dfrac{dz}{ds}\right) + \rho\, Z\, ds = 0. \end{cases}$$

Telles sont donc les équations de l'équilibre de la corde flexible et inextensible.

111. Pour calculer la valeur de la tension T, mettons-les sous la forme

$$\frac{dx}{ds}\,dT + T\,d\frac{dx}{ds} + \rho\, X\, ds = 0,$$

$$\frac{dy}{ds}\,dT + T\,d\frac{dy}{ds} + \rho\, Y\, ds = 0,$$

$$\frac{dz}{ds}\,dT + T\,d\frac{dz}{ds} + \rho\, Z\, ds = 0;$$

multiplions-les respectivement par $\dfrac{dx}{ds}$, $\dfrac{dy}{ds}$, $\dfrac{dz}{ds}$ et ajoutons, il viendra

$$\left[\left(\frac{dx}{ds}\right)^2 + \left(\frac{dy}{ds}\right)^2 + \left(\frac{dz}{ds}\right)^2\right] dT + T\left(\frac{dx}{ds}\,d\frac{dx}{ds} + \frac{dy}{ds}\,d\frac{dy}{ds} + \frac{dz}{ds}\,d\frac{dz}{ds}\right)$$
$$+ \rho\,(X\,dx + Y\,dy + Z\,dz) = 0.$$

On a toujours

$$\left(\frac{dx}{ds}\right)^2 + \left(\frac{dy}{ds}\right)^2 + \left(\frac{dz}{ds}\right)^2 = 1,$$

puisque $ds^2 = dx^2 + dy^2 + dz^2$, et, en différentiant,

$$\frac{dx}{ds}\,d\frac{dx}{ds} + \frac{dy}{ds}\,d\frac{dy}{ds} + \frac{dz}{ds}\,d\frac{dz}{ds} = 0.$$

Par là même, l'équation qui donne T se réduit à

$$dT + \rho\,(X\,dx + Y\,dy + Z\,dz) = 0.$$

Si la quantité $\rho\,(X\,dx + Y\,dy + Z\,dz)$ est une diffé-rentielle exacte, on pourra intégrer, et l'on aura

$$T = c - \int \rho\,(X\,dx + Y\,dy + Z\,dz),$$

ou, en posant $\int \rho\,(X\,dx + Y\,dy + Z\,dz) = \varphi\,(x, y, z)$,

$$T = c - \varphi\,(x, y, z).$$

Soient x_0, y_0, z_0 les coordonnées d'un des points de la corde, et T_0 la tension correspondante ; on aura aussi

$$T_0 = c - \varphi\,(x_0, y_0, z_0),$$

et par conséquent

$$T - T_0 = \varphi\,(x_0, y_0, z_0) - \varphi\,(x, y, z),$$
$$T = T_0 - \left\{ \varphi\,(x, y, z) - \varphi\,(x_0, y_0, z_0) \right\}.$$

Il en résulte que, *connaissant la tension en un point quelconque de la corde en équilibre, on pourra la cal-culer immédiatement pour tous les autres points.*

Si la corde est homogène sur toute sa longueur, ρ est constant, et pour que l'on puisse calculer directement la tension T, il suffira que $X\,dx + Y\,dy + Z\,dz$ soit une différentielle exacte.

La tension T sera constante dans les deux circonstan-ces suivantes, que la corde soit ou ne soit pas homogène :

1° Dans le cas particulier où $X = 0$, $Y = 0$, $Z = 0$; mais alors la corde n'étant sollicitée par aucune force est nécessairement en équilibre et la tension est nulle.

2° Si la résultante des forces X, Y, Z est en chaque point perpendiculaire à la tangente. En effet, en appelant

R cette résultante, on aura, dans l'hypothèse admise,

$$\frac{X}{R}\cdot\frac{dx}{ds}+\frac{Y}{R}\cdot\frac{dy}{ds}+\frac{Z}{R}\cdot\frac{dz}{ds}=0 \quad \text{ou} \quad X\,dx+Y\,dy+Z\,dz=0,$$

et par suite $\varphi(x,y,z)=0$,
$$T=T_{\bullet}.$$

112. La particularité la plus intéressante du problème que nous discutons consiste à déterminer la forme que la corde doit prendre dans le cas d'équilibre, et nous allons montrer comment on peut y parvenir.

On pourrait reprendre les équations

$$\frac{dx}{ds}\,dT+T\,d\frac{dx}{ds}+\rho X\,ds=0,$$

$$\frac{dy}{ds}\,dT+T\,d\frac{dy}{ds}+\rho Y\,ds=0,$$

$$\frac{dz}{ds}\,dT+T\,d\frac{dz}{ds}+\rho Z\,ds=0,$$

et éliminer entre elles T et dT, ce qui se ferait aisément, puisque nous avons trouvé déjà

$$dT=-\rho(X\,dx+Y\,dy+Z\,dz),$$
$$T=c-\int\rho(X\,dx+Y\,dy+Z\,dz).$$

On obtiendrait ainsi deux équations différentielles, et, en les intégrant, on trouverait que les coordonnées x, y, z d'un point quelconque de la courbe sont liées entre elles par deux équations finies de la forme

$$F(x,y,z)=0, \quad f(x,y,z)=0,$$

qui seraient les équations de la courbe que le cordon devra nécessairement former pour être à l'état d'équilibre.

On peut aussi éliminer d'abord dT entre les équations (3) prises deux à deux, et mettre pour T sa valeur dans les équations résultantes.

L'élimination de dT donne

$$(4) \begin{cases} \text{T}\left(\dfrac{dy}{ds}\, d\dfrac{dx}{ds} - \dfrac{dx}{ds}\, d\dfrac{dy}{ds}\right) + \rho\, ds\left(\text{X}\dfrac{dy}{ds} - \text{Y}\dfrac{dx}{ds}\right) = 0, \\[2ex] \text{T}\left(\dfrac{dz}{ds}\, d\dfrac{dy}{ds} - \dfrac{dy}{ds}\, d\dfrac{dz}{ds}\right) + \rho\, ds\left(\text{Y}\dfrac{dz}{ds} - \text{Z}\dfrac{dy}{ds}\right) = 0, \\[2ex] \text{T}\left(\dfrac{dx}{ds}\, d\dfrac{dz}{ds} - \dfrac{dz}{ds}\, d\dfrac{dx}{ds}\right) + \rho\, ds\left(\text{Z}\dfrac{dx}{ds} - \text{X}\dfrac{dz}{ds}\right) = 0; \end{cases}$$

ces trois équations ne sont distinctes qu'en apparence; car, à cause de la relation $d\text{T} = \rho\,(\text{X}\,dx + \text{Y}\,dy + \text{Z}\,dz)$, chacune se déduit des deux autres.

En mettant pour T sa valeur dans deux d'entre elles, prises à volonté, et intégrant, on retomberait encore sur les équations

$$\text{F}(x,\, y,\, z) = 0, \quad f(x,\, y,\, z) = 0.$$

C'est tout ce qu'on peut dire en général et quand on ne définit ni la densité ρ ni les composantes X, Y, Z.

Dans le cas particulier où, en chacun des points du cordon, la résultante R des forces X, Y, Z est dirigée suivant la tangente, le fil se tend en ligne droite. Alors, en effet, on a

$$\frac{\text{X}}{\dfrac{dx}{ds}} = \frac{\text{Y}}{\dfrac{dy}{ds}} = \frac{\text{Z}}{\dfrac{dz}{ds}};$$

par conséquent,

$$\text{X}\frac{dy}{ds} - \text{Y}\frac{dx}{ds} = 0, \quad \text{Y}\frac{dz}{ds} - \text{Z}\frac{dy}{ds} = 0, \quad \text{Z}\frac{dx}{ds} - \text{X}\frac{dz}{ds} = 0;$$

et les deux dernières, par exemple, des équations (4) deviennent

$$\frac{dz}{ds}\, d\frac{dy}{ds} - \frac{dy}{ds}\, d\frac{dz}{ds} = 0, \quad \frac{dx}{ds}\, d\frac{dz}{ds} - \frac{dz}{ds}\, d\frac{dx}{ds} = 0;$$

d'où l'on déduit par l'intégration

$$y = c_1 z + c_2, \quad x = c'_1 z + c'_2,$$

équations d'une ligne droite. Ainsi, dans ce cas, le cordon se tend en ligne droite; ce que, d'ailleurs, on pouvait prévoir immédiatement et sans calcul.

La réciproque est vraie, c'est-à-dire que si le fil se tend en ligne droite, c'est que la force qui le sollicite en chacun de ses points est dirigée suivant cette même droite; voilà pourquoi le fil à plomb donne la direction de la pesanteur, comme nous l'avons affirmé n° 59.

113. Les principes que nous venons d'exposer donnent la solution d'un problème qui a longtemps occupé les géomètres, le problème de la *chaînette*.

On déduirait sans trop de peine l'équation de cette courbe des formules générales que nous venons d'établir; mais il sera plus simple de résoudre directement le problème.

La chaînette est la courbe suivant laquelle s'arrondit une chaîne pesante et parfaitement flexible, lorsque, suspendue à deux points fixes par ses deux extrémités, elle est abandonnée à elle-même sous l'action de la pesanteur. Pour ne pas compliquer inutilement la question, nous admettrons que la chaîne est homogène sur toute sa longueur. Toutes les forces qui la sollicitent étant verticales, la courbe qu'elle dessinera sera évidemment comprise dans le plan vertical passant par les deux points fixes. Prenons dans ce plan pour axes coordonnés deux axes rectangulaires, l'un horizontal OX, l'autre vertical OY. En solidifiant, comme nous l'avons fait dans le cas général, un élément mm', et répétant le raisonnement connu, on arrive immédiatement aux deux équations

$$(5) \qquad \left(d\,\mathrm{T}\, \frac{dx}{ds} \right) = 0, \quad d\left(\mathrm{T}\, \frac{dy}{ds} \right) = \rho\,ds,$$

et cette fois ρ est une quantité constante sur toute la longueur de la courbe, puisqu'on suppose la chaîne homogène. Intégrée, la première de ces équations donne

$$T \frac{dx}{ds} = c.$$

Au point le plus bas, la tangente est nécessairement horizontale ou parallèle à l'axe des x, ce qui entraîne $\frac{dx}{ds} = 1$; et, en appelant T_0 la tension en ce même point, on aura $T_0 = c$; la constante c représente donc la tension au point le plus bas. Posons

$$T_0 = c = a\rho,$$

a étant une constante que nous apprendrons plus tard à déterminer ; nous aurons

$$T \frac{dx}{ds} = a\rho, \quad \text{d'où} \quad T = \frac{a\rho\,ds}{dx},$$

substituant cette valeur de T dans la seconde équation (5), il viendra

$$d\left(a\rho \frac{dy}{dx}\right) = \rho\,ds \quad \text{ou} \quad \rho\,ad\frac{dy}{dx} = \rho\,ds, \quad ad\frac{dy}{dx} = ds.$$

En représentant la dérivée $\frac{dy}{dx}$ par y', ou posant $\frac{dy}{dx} = y'$, on a $ds = dx\sqrt{1 + y'^2}$; on aura donc

$$ady' = dx\sqrt{1 + y'^2}, \quad \text{d'où} \quad dx = \frac{ady'}{\sqrt{1 + y'^2}},$$

et en remplaçant dx par $\frac{dy}{y'}$,

$$dy = \frac{ay'\,dy'}{\sqrt{1 + y'^2}}.$$

Intégrées, les deux équations

$$dx = \frac{a\,dy'}{\sqrt{1 + y'^2}}, \quad dy = \frac{a y'\,dy'}{\sqrt{1 + y'^2}}$$

donnent

$$x = al\left(y' + \sqrt{1 + y'^2}\right) + c_1, \quad y = a\sqrt{1 + y'^2} + c_2,$$

et comme on a en outre

$$a\,dy' = ds,$$

on trouvera de même

$$ay' = s + c_3.$$

Admettons qu'en choisissant convenablement l'origine des coordonnées, ou en la plaçant en un point O que nous apprendrons bientôt à déterminer, on ait fait disparaître les constantes c_1, c_2, et ramené les équations qui expriment x et y en fonction de y' à la forme plus simple

$$(6) \qquad \begin{cases} x = al\left(y' + \sqrt{1 + y'^2}\right) \\ y = a\sqrt{1 + y'^2}. \end{cases}$$

Pour trouver le point où la courbe rencontre le nouvel axe des y, il faudra faire $x = 0$, ce qui donne $y' = 0$, $y = a$; ce point sera donc celui où la tangente à la courbe est horizontale, ou le point le plus bas. Si l'on convient, en outre, de compter les arcs à partir de ce point, s devra être nul pour $x = 0$, $y = a$; comme alors $y' = 0$, la constante c_3 sera nulle à son tour, et l'on aura

$$(7) \qquad s = ay'.$$

En éliminant y' entre les deux équations (6), on obtient

$$x = al\left(\frac{y + \sqrt{y^2 - a^2}}{a}\right),$$

d'où

$$y + \sqrt{y^2 - a^2} = ae^{\frac{x}{a}}, \quad y - \sqrt{y^2 - a^2} = \frac{a^2}{y + \sqrt{y^2 - a^2}} = ae^{-\frac{x}{a}},$$

et enfin

$$(8) \qquad y = \frac{a}{2}\left(e^{\frac{x}{a}} + e^{-\frac{x}{a}}\right).$$

Telle est donc l'équation de la chaînette, sous sa forme finie la plus simple. Si l'on prenait pour origine le point le plus bas, cette équation deviendrait

$$(9) \qquad y = -a + \frac{a}{2}\left(e^{\frac{x}{a}} + e^{-\frac{x}{a}}\right).$$

De la relation $y = a\sqrt{1 + y'^2}$, on tire

$$y' = \frac{\sqrt{y^2 - a^2}}{a}, \quad s = ay' = \sqrt{y^2 - a^2},$$

équation qui renferme un théorème remarquable qu'on peut énoncer comme il suit :

L'arc de la chaînette compté à partir du point le plus bas est le côté d'un triangle rectangle dont l'ordonnée de l'extrémité de l'arc serait l'hypoténuse, et qui aurait pour second côté l'ordonnée du point le plus bas.

114. Il nous reste à montrer comment, étant donnés les deux points de suspension A, A′ (*fig.* 26) de la chaîne et leur distance mesurée sur la courbe, c'est-à-dire la longueur de la chaîne ou de l'arc AA′, on pourra : 1° déterminer la valeur de la constante a, qui entre dans l'équation de la chaînette; 2° fixer la position de l'origine O par rapport à laquelle l'équation de la chaînette est

$$y = \frac{a}{2}\left(e^{\frac{x}{a}} + e^{-\frac{x}{a}}\right).$$

Les données de la question sont donc la longueur l de l'arc AA', la différence $A'F = h$ de hauteur des points A, A', et la différence $AF = 2b$ de leurs abscisses, en sorte que si l'on nomme (x, y), (x', y') les coordonnées des points A et A', on ait

$$y' - y = h, \quad x' - x = 2b.$$

Puisque ces deux points se trouvent sur la chaînette, on a

$$y = \frac{a}{2}\left(e^{\frac{x}{a}} + e^{-\frac{x}{a}} \right), \quad y + h = \frac{a}{2}\left(e^{\frac{x+2b}{a}} + e^{-\frac{x+2b}{a}} \right),$$

donc

$$h = \frac{a}{2}\left\{ e^{\frac{x+2b}{a}} + e^{-\frac{x+2b}{a}} - e^{\frac{x}{a}} - e^{-\frac{x}{a}} \right\};$$

d'un autre côté, en nommant B le point le plus bas, on a

$$\text{arc } BA = \sqrt{y^2 - a^2} = \frac{a}{2}\left(e^{\frac{x}{a}} - e^{-\frac{x}{a}} \right),$$

$$\text{arc } BA' = \frac{a}{2}\left(e^{\frac{x+2b}{a}} - e^{-\frac{x+2b}{a}} \right).$$

Donc, puisque arc BA' — arc BA = arc AA' = l, on aura

$$l = \frac{a}{2}\left\{ e^{\frac{x+2b}{a}} - e^{-\frac{x+2b}{a}} - e^{\frac{x}{a}} + e^{-\frac{x}{a}} \right\}.$$

Ajoutées et retranchées tour à tour, les deux équations qui expriment l et h, donnent

$$(a) \qquad\qquad a e^{\frac{x}{a}}\left(e^{\frac{2b}{a}} - 1 \right) = l + h,$$

$$(b) \qquad\qquad a e^{-\frac{x}{a}}\left(1 - e^{-\frac{2b}{a}} \right) = l - h;$$

et, en multipliant membre à membre ces deux dernières
équations pour éliminer x, on aura

$$a^2\left(e^{\frac{2b}{a}} + e^{-\frac{2b}{a}} - 2\right) = l^2 - h^2, \quad a\left(e^{\frac{b}{a}} - e^{-\frac{b}{a}}\right) = \sqrt{l^2 - h^2},$$

et l'on pourra calculer a, au moins par approximation,
quand b, l et h seront donnés en nombres.

En élevant au carré les deux membres de la dernière
équation, ajoutant $4\,a^2$ et extrayant la racine carrée, nous
avons

$$a\left(e^{\frac{b}{a}} + e^{-\frac{b}{a}}\right) = \sqrt{l^2 - h^2 + 4\,a^2};$$

nous prenons le second membre avec le signe $+$, parce
que le premier est toujours positif. Si l'on ajoute ensuite
la somme et la différence des exponentielles, il vient

$$2\,a e^{\frac{b}{a}} = \sqrt{l^2 - h^2} + \sqrt{l^2 - h^2 + 4\,a^2},$$

ou bien, en faisant $\dfrac{2\,a}{\sqrt{l^2 - h^2}} = \operatorname{tang}\mu$,

$$e^{\frac{2b\cot\mu}{\sqrt{l^2 - h^2}}} = \frac{1 + \cos\mu}{\sin\mu} = \cot\tfrac{1}{2}\mu,$$

d'où l'on tire

$$\frac{2\,b}{\sqrt{l^2 - h^2}} = \operatorname{tang}\mu\,.\,\mathrm{l}\cot\tfrac{1}{2}\mu;$$

équation dans laquelle $\dfrac{2\,b}{\sqrt{l^2 - h^2}}$ est toujours plus petit
que 1. Pour faciliter le calcul de μ, M. Broch a dressé la
Table suivante, qui donne de degré en degré la valeur de
$\operatorname{tang}\mu\,\mathrm{l}\cot\tfrac{1}{2}\mu$.

μ	tang μ l cot $\frac{1}{2}\mu$.	μ	tang μ l cot $\frac{1}{2}\mu$.	μ	tang μ l cot $\frac{1}{2}\mu$.
0°	0,000 0000				
1	0,082 7605	31°	0,770 6440	61°	0,954 7970
2	0,141 3637	32	0,780 5621	62	0,958 0277
3	0,190 8971	33	0,790 1180	63	0,961 1207
4	0,234 5816	34	0,799 3269	64	0,964 0789
5	0,273 9534	35	0,808 1834	65	0,966 9054
6	0,309 9209	36	0,816 7626	66	0,969 6020
7	0,343 0870	37	0,825 0162	67	0,972 1722
8	0,373 8817	38	0,832 9766	68	0,974 6174
9	0,402 6276	39	0,840 6560	69	0,976 9402
10	0 424 5760	40	0,848 0640	70	0,979 1419
11	0,454 9278	41	0,855 2110	71	0,981 2250
12	0,478 8481	42	0,862 1070	72	0,983 1919
13	0,501 4738	43	0,868 7606	73	0,985 0420
14	0,522 9216	44	0,875 1800	74	0,986 7800
15	0,543 2910	45	0,881 3736	75	0,988 4044
16	0,562 6683	46	0,887 3486	76	0,989 9190
17	0,581 1289	47	0,893 1120	77	0,991 3230
18	0,598 7393	48	0,898 6714	78	0,992 6192
19	0,615 5587	49	0,904 0318	79	0,993 8070
20	0,631 6396	50	0,909 2008	80	0,994 8897
21	0,647 0293	51	0,914 1824	81	0,995 8632
22	0,661 7701	52	0,918 9828	82	0,996 7367
23	0,675 9013	53	0,923 6072	83	0,997 5047
24	0,689 4576	54	0,928 0606	84	0,998 1689
25	0,702 4710	55	0,932 3472	85	0,998 7277
26	0,714 9713	56	0,936 4720	86	0,999 1860
27	0,726 9850	57	0,940 4379	87	0,999 5426
28	0,738 5717	58	0,944 2500	88	0,999 7957
29	0,749 6504	59	0,947 9120	89	0,999 9552
30	0,760 3460	60	0,951 4259	90	1,000 0000

Quand on aura trouvé μ par interpolation avec une approximation suffisante, on calculera a à l'aide de l'équation

$$a = \frac{1}{2}\,\tang\,\mu\,\sqrt{l^2 - h^2}.$$

Enfin, pour déterminer la position de l'origine O, il nous suffira de calculer, par rapport à cette origine, les coordonnées $x + b,\, y + \frac{1}{2}h$ du milieu D de la corde ADA'.

Reprenons les équations

$$ae^{\frac{x}{a}}\left(e^{\frac{2b}{a}} - 1\right) = l + h, \qquad ae^{-\frac{x}{a}}\left(1 - e^{-\frac{2b}{a}}\right) = l - h.$$

Si l'on multiplie la seconde par $e^{\frac{2b}{a}}$ elles deviendront

$$ae^{\frac{x}{a}}\left(e^{\frac{2b}{a}} - 1\right) = l + h, \qquad ae^{-\frac{x}{a}}\left(e^{\frac{2b}{a}} - 1\right) = (l - h)\,e^{\frac{2b}{a}},$$

et, divisées membre à membre, elles donneront

$$e^{\frac{2x}{a}} = \frac{l + h}{l - h}\,e^{-\frac{2b}{a}} \qquad \text{ou} \qquad e^{\frac{2x+2b}{a}} = \frac{l + h}{l - h},$$

et enfin

$$x + b = \frac{a}{2}\,l\,\frac{l + h}{l - h}.$$

Si, au lieu de les diviser l'une par l'autre, on les ajoute, il viendra

$$a\left(e^{\frac{x}{a}} + e^{-\frac{x}{a}}\right) = \frac{(l + h) + (l - h)\,e^{\frac{2b}{a}}}{e^{\frac{2b}{a}} - 1},$$

$$a\left(e^{\frac{x}{a}} + e^{-\frac{x}{a}}\right) = \frac{l\left(1 + e^{\frac{2b}{a}}\right)}{e^{\frac{2b}{a}} - 1} - h;$$

d'ailleurs

$$a\left(e^{\frac{x}{a}} + e^{-\frac{x}{a}}\right) = 2y,$$

donc

$$y + \frac{1}{2}h = \frac{1}{2}\,l\,\frac{1 + e^{\frac{2b}{a}}}{e^{\frac{2b}{a}} - 1}.$$

Connaissant les coordonnées $x + b$ et $y + \frac{1}{2}h$ du point milieu D, on en déduira l'origine O, en menant par le milieu D la verticale DE $= y + \frac{1}{2}h$, et par le point E l'horizontale EO $= x + b$.

115. La chaînette jouit d'un grand nombre de propriétés qui ont été successivement mises en évidence par les géomètres. Nous pouvons à peine en indiquer quelques-unes.

1° Nous avons déjà vu qu'elle est rectifiable, ou que

$$s = \sqrt{y^2 - a^2}.$$

2° L'aire ou la surface A du segment BOPM (*fig.* 27) est $\int y\,dx$; or l'équation différentielle de la chaînette est

$$y' = \frac{\sqrt{y^2 - a^2}}{a}, \quad \text{ou} \quad dx = \frac{a\,dy}{\sqrt{y^2 - a^2}},$$

et l'on a, par conséquent,

$$\int y\,dx = A = \int \frac{a\,y\,dy}{\sqrt{y^2 - a^2}} = a\sqrt{y^2 - a^2} = as.$$

On ne met pas de constante arbitraire, parce que l'aire BOPM, comptée à partir de OB, s'évanouit pour $y = a$; on a donc $A = $ BOPM $= $ OB.BM, c'est-à-dire que l'aire A est égale au rectangle construit sur l'ordonnée constante OB et sur l'arc BM.

3° Le volume V de révolution engendré par le segment BOPM est $\pi \int y^2 dx$; or

$$\int y dx = as, \qquad y dx = ads;$$

donc

$$V = \pi \int y^2 dx = 2\pi \frac{a}{2} \int y ds.$$

Mais $2\pi \int y ds$ est l'aire de la surface de révolution engendrée par l'arc BM ; en la nommant S, on aura

$$V = \frac{a}{2} S,$$

ce qui établit entre la surface et le volume de révolution une relation analogue à la relation $A = as$ qui existe entre l'arc générateur et l'aire plane correspondante.

4° Dans la chaînette, le rayon de courbure R est partout égal à la normale N. En effet, d'une part la normale N a pour valeur

$$N = y \sqrt{1 + \left(\frac{dy}{dx}\right)^2} = y \sqrt{1 + \frac{y^2 - a^2}{a^2}} = \frac{y^2}{a},$$

de l'autre le rayon de courbure R est donné par l'équation

$$R = \frac{(1 + y'^2)^{\frac{3}{2}}}{y''} = a \frac{\left(1 + \frac{y^2 - a^2}{a^2}\right)^{\frac{3}{2}}}{y} = \frac{y^2}{a} = N; \quad \text{donc} \quad R = N.$$

5° La chaînette se construit sans peine par points, au moyen de deux logarithmiques. Construisons en effet les deux logarithmiques ayant pour équations

$$y = ae^{\frac{x}{a}}, \qquad y = ae^{-\frac{x}{a}}.$$

Prenons le milieu m de la droite MM' (*fig.* 28) qui passe par deux points des logarithmiques situés sur une même parallèle MP à l'axe OY, le point m sera un point de la chaînette; car on a

$$\mathrm{P}m = \mathrm{PM}' + \mathrm{M}'m = \mathrm{M}'\mathrm{P} + \frac{1}{2}(\mathrm{MP} - \mathrm{M}'\mathrm{P}) = \frac{1}{2}(\mathrm{M}'\mathrm{P} + \mathrm{MP})$$

$$= \frac{a}{2}\left(e^{\frac{x}{a}} + e^{-\frac{x}{a}} \right),$$

ce qui est bien l'ordonnée d'un point de la chaînette.

6° Cherchons enfin le centre de gravité d'un arc et d'un segment de chaînette. En prenant pour origine le point le plus bas, B (*fig.* 27), l'équation de la courbe sera

$$y = -a + \frac{a}{2}\left(e^{\frac{x}{a}} + e^{-\frac{x}{a}} \right),$$

et en comptant les arcs à partir de ce même point B, les coordonnées ξ, η du centre de gravité de l'arc compris entre le point B et le point M qui a pour coordonnées x, y, seront données par les équations

$$\xi = \frac{\displaystyle\int_0^x x\,ds}{\displaystyle\int_0^x ds} = \frac{\displaystyle\int_0^x x\left(e^{\frac{x}{a}} + e^{-\frac{x}{a}} \right)dx}{\displaystyle\int_0^x \left(e^{\frac{x}{a}} + e^{-\frac{x}{a}} \right)dx},$$

$$\eta = \frac{\displaystyle\int_0^x y\,ds}{\displaystyle\int_0^x ds} = \frac{\displaystyle\int_0^x y\left(e^{\frac{x}{a}} + e^{-\frac{x}{a}} \right)dx}{\displaystyle\int_0^x \left(e^{\frac{x}{a}} + e^{-\frac{x}{a}} \right)dx}.$$

Or

$$\int_0^x x\left(e^{\frac{x}{a}} + e^{-\frac{x}{a}} \right)dx = ax\left(e^{\frac{x}{a}} - e^{-\frac{x}{a}} \right) - a^2\left(e^{\frac{x}{a}} - 2 + e^{-\frac{x}{a}} \right)$$

$$= 2x\sqrt{y^2 + 2ay} + 2ay,$$

$$\int_0^x y \left(e^{\frac{x}{a}} + e^{-\frac{x}{a}} \right) dx = - a \int_0^x \left(e^{\frac{x}{a}} + e^{-\frac{x}{a}} \right) dx$$

$$+ \frac{1}{2} a \int_0^x \left(e^{\frac{2x}{a}} + 2 + e^{-\frac{2x}{a}} \right) dx$$

$$= - 2 a \sqrt{y^2 + 2ay}$$

$$+ \frac{1}{4} a^2 \left(e^{\frac{2x}{a}} - e^{-\frac{2x}{a}} \right) + ax$$

$$= - 2a \sqrt{y^2 + 2ay}$$

$$+ (y + a) \sqrt{y^2 + 2ay} + ax$$

$$= (y - a) \sqrt{y^2 + 2ay} + ax,$$

$$\int_0^x \left(e^{\frac{x}{a}} + e^{-\frac{x}{a}} \right) dx = 2 \sqrt{y^2 + 2ay} = 2s;$$

on aura, par conséquent,

$$\xi = x - \frac{ay}{\sqrt{y^2 + 2ay}} = x - \frac{ay}{s},$$

$$\eta = \frac{1}{2} y - \frac{a}{2} + \frac{ax}{2\sqrt{y^2 + 2ay}} = \frac{y}{2} - \frac{a}{2} + \frac{ax}{2s}.$$

Pour le segment M′ BM, on a

$$\xi = \frac{\int\int x\, dx\, dy}{\int\int dx\, dy} = \frac{\int_0^y dy \int_{-x}^{+x} x\, dx}{\int_0^y dy \int_{-x}^{+x} dx},$$

$$\eta = \frac{\int\int y\, dx\, dy}{\int\int dx\, dy} = \frac{\int_{-x}^{+x} dx \int_0^y y\, dy}{\int_0^y dy \int_{-x}^{+x} dx};$$

mais

$$\int_0^y dy \int_{-x}^{+x} x\,dx = 0,$$

$$\int_0^y y\,dy \int_{-x}^{+x} dx = 2\int_0^y xy\,dy$$

$$= y^2 x - \int_{-x}^{+x}\left[\frac{3}{2}a^2 - a^2\left(e^{\frac{x}{a}} + e^{\frac{-x}{a}}\right) + \frac{1}{4}a^2\left(e^{\frac{2x}{a}} + e^{\frac{-2x}{a}}\right)\right]dx$$

$$= y^2 x - \frac{3}{2}a^2 x - \frac{1}{2}a\,(y-3a)\sqrt{y^2+2ay},$$

$$\int_0^y dy \int_{-x}^{+x} dx = 2\int_0^x x\,dy = 2xy - a\int_0^x\left[-2 + e^{\frac{x}{a}} + e^{\frac{-x}{a}}\right]dx$$

$$= 2xy + 2ax - 2a\sqrt{y^2+2ay},$$

et, par conséquent,

$$\xi = 0, \qquad \eta = \frac{y^2 x - \dfrac{3}{2}a^2 x - \dfrac{1}{2}(y-3a)\sqrt{y^2+2ay}}{2xy + 2ax - 2a\sqrt{y^2+2ay}}.$$

Dans nos leçons de calcul des variations, nous établissons d'autres propriétés intéressantes de la chaînette. On tombe, en effet, sur son équation quand on cherche : 1° page 204, quelle est la courbe plane par laquelle il faut unir deux points donnés, pour que la surface engendrée par sa révolution autour d'un axe donné soit un minimum; 2° page 214, entre toutes les courbes de même longueur, quelle est celle qui par sa révolution autour d'un axe donné engendre la plus grande ou la plus petite surface; 3° page 257, de toutes les courbes menées entre deux points donnés, quelle est celle dont le centre de gravité est le plus bas possible, etc.

116. Coriolis a considéré le premier le cas où l'épaisseur de la chaîne pesante et parfaitement flexible varie

d'un point à l'autre proportionnellement à la tension, ce qui est le cas d'une chaînette d'égale résistance n'offrant pas plus de chance de rupture en un point qu'en un autre.

Désignons par p le rapport entre le poids d'un élément ds et sa longueur, par T la tension, dont la valeur au point le plus bas B (*fig.* 29) sera T_0. Représentons par x et y des coordonnées horizontale et verticale. On aura pour l'équilibre en un point M quelconque de la courbe

$$T\,\frac{dx}{ds} = T_0, \quad T\,\frac{dy}{ds} = \int p\,ds,$$

l'intégrale commençant au point le plus bas de la courbe où l'on a $dy = 0$. Ces deux équations donnent

$$\frac{dy}{dx} = \int \frac{p\,ds}{T_0}, \quad \frac{d^2y}{dx^2} = \frac{p}{T_0}\frac{ds}{dx}.$$

Par la condition d'égale résistance, on doit avoir

$$T = ap,$$

a étant une constante; l'équation de la courbe sera donc

$$\frac{d^2y}{dx^2} = \frac{T}{T_0\,a}\frac{ds}{dx}.$$

Remettant pour T sa valeur tirée de la première des équations qui précèdent, on aura

$$a\,\frac{d^2y}{dx^2} = \frac{ds^2}{dx^2},$$

ou bien, en posant $\frac{dy}{dx} = y'$,

$$a\,\frac{dy'}{dx} = 1 + y'^2, \quad \frac{dx}{a} = \frac{dy'}{1 + y'^2}.$$

En prenant pour origine des x le point le plus bas de la

courbe, et en intégrant à partir de ce point pour lequel $x = 0$, $y' = 0$, on trouve

$$\frac{x}{a} = \text{arc tang } y', \quad y' = \frac{dy}{dx} = \text{tang } \frac{x}{a}.$$

Intégrant encore à partir du point le plus bas que l'on prendra pour origine des y, on obtiendra

$$\frac{y}{a} = 1 - \frac{1}{\cos \frac{x}{a}}, \quad \text{ou bien} \quad e^{\frac{y}{a}} \cos \left(\frac{x}{a} \right) = 1.$$

Telle est l'équation de la chaînette d'égale résistance, rapportée à son point le plus bas pris pour origine des coordonnées. La valeur de la constante a résultera de la relation $T = ap$. En l'appliquant au point le plus bas, on a $T_0 = ap_0$. Ainsi, en concevant une portion de chaîne ayant l'épaisseur constante qui existe au point le plus bas, a sera la longueur qu'il faudra donner à cette portion de chaîne pour que son poids ap_0 soit égal à la tension T_0 au point le plus bas, ou, ce qui revient au même, à la composante horizontale de la tension aux points d'attache A ou A'. La plus grande abscisse de cette courbe répond à $y' = \frac{1}{0}$, ou, puisque

$$y' = \text{tang } \frac{x}{a}, \quad \text{à} \quad \frac{x}{a} = \frac{\pi}{2},$$

donc la limite X de x ou la demi-largeur de la courbe sera

$$X = a \frac{\pi}{2} = \frac{T_0}{p_0} \frac{\pi}{2}.$$

Cette limite est telle, qu'une chaîne ayant cette demi-largeur pour longueur et la même force qu'au point le plus bas aurait pour poids $\frac{\pi}{2} T_0$; la hauteur correspondante est $y = \infty$. Donc la courbe, quelle que soit la longueur de la chaîne, n'atteindra jamais la largeur πa, qui est ainsi une limite. Si l'on veut avoir l'épaisseur p de la chaîne en fonction de l'abscisse, on trouve

$$p = \frac{T}{a} = \frac{T_0}{a} \frac{ds}{dx} = \frac{T_0}{a} \sqrt{1 + y'^2} = \frac{T_0}{a \cos \frac{x}{a}}.$$

On peut remarquer qu'en appelant α l'angle que fait la tangente à la courbe avec l'axe des x ou arc tang y', on a l'équation

$$a\alpha = x.$$

Par conséquent l'arc de cercle décrit du point C comme centre avec le rayon a, et compris entre l'axe des x et une parallèle CN à la tangente au point M, sera égal à l'abscisse de ce point M.

DOUZIÈME LEÇON.

Recherche des équations générales d'équilibre d'un système de points matériels assujettis à des liaisons quelconques et sollicités par des forces aussi quelconques — Cas où il n'existe entre les points qu'une seule liaison. — Cas où le nombre des liaisons est quelconque. — Principe des vitesses virtuelles.

117. Considérons un système de points matériels $A, A', A'', \ldots$ sollicités par certaines forces ; si ces points matériels sont libres et indépendants les uns des autres, il sera nécessaire, pour l'équilibre, qu'après avoir réduit à une résultante unique toutes les forces appliquées à chaque point, on trouve chaque résultante égale à 0 ; mais si les mêmes points sont assujettis à certaines liaisons, comme ces liaisons opposeront au mouvement du système certaines résistances, il ne sera plus nécessaire pour l'équilibre que la résultante des forces appliquées à chaque point s'évanouisse.

Il s'agit ici de faire voir comment on peut déduire les formules d'équilibre de la nature des liaisons supposées connues. Nous examinerons d'abord le cas particulier où il n'existe qu'une seule liaison représentée par une seule équation entre les coordonnées des différents points ; nous traiterons ensuite le cas général où les liaisons sont en nombre quelconque.

Supposons donc que les différents points se trouvent assujettis à une seule liaison. Soient dans cette hypothèse x, y, z, x', y', z', etc., les coordonnées rectangulaires des différents points $A, A', A'' \ldots, P, P', P''$ les

forces qui leur sont appliquées, réduites pour chaque
point à une résultante unique ; et enfin

(1) $$L = 0$$

l'équation de condition qui exprime la liaison donnée,
L étant une fonction des variables x, y, z, x', y', z', etc.
Nous disons que l'équilibre pourra s'établir au moyen de
la liaison, sans que la force P s'évanouisse, et même en
général quelle que soit l'intensité de cette force. Pour le
démontrer, commençons par imaginer que l'on fixe tous
les points du système, à l'exception du point A qui a pour
coordonnées x, y, z, et qu'en même temps on supprime
les forces P', P''..., appliquées aux points A', A''....Les
coordonnées x, y, z demeurant seules variables dans l'é-
quation $L = 0$, la liaison exprimée par cette équation
n'aura plus d'autre effet que d'assujettir le point A à
rester constamment sur une certaine surface courbe ; et si
cette surface présente une résistance indéfinie , comme la
résistance a lieu suivant la normale, il suffira, pour que
la force P ne trouble pas l'équilibre, qu'elle soit elle-
même dirigée perpendiculairement à cette surface.

Supposons maintenant que l'on restitue au second
point A' sa mobilité primitive. L'équilibre sera troublé
en général, et le système des deux points se mettra en
mouvement. Mais il est clair qu'on pourra toujours empêcher ce mouvement par le moyen d'une nouvelle force P'
appliquée au point A' dans une certaine direction. La
force P' étant choisie comme on vient de le dire, resti-
tuons encore au point A'' sa mobilité primitive. Pour retenir ce troisième point à sa place, il suffira évidemment
de lui appliquer une troisième force P'' dans une direction déterminée. En continuant de même, on conclura
définitivement que tous les points redevenus mobiles et
liés seulement par l'équation $L = 0$ pourront être main-

tenus en équilibre à l'aide de certaines forces P, P′, P″...
appliquées à ces mêmes points suivant des directions
données. Dans ce cas, la direction de chaque force sera
perpendiculaire à la surface que son point d'application
est obligé de décrire en vertu de l'équation L = o, lorsqu'on fixe tous les autres points du système. De plus,
l'intensité d'une force P pourra être choisie arbitrairement, mais les intensités de toutes les autres forces
dépendront nécessairement de l'intensité de la première.

Pour appliquer ces principes à un exemple, concevons
que le système donné se compose seulement de deux
points A, A′ sollicités par les forces P, P′, et liés par une
droite AA′ de longueur invariable; auquel cas l'équation
L = o sera de la forme

$$(x - x')^2 + (y - y')^2 + (z - z')^2 = \text{constante}.$$

Alors si l'on vient à fixer le point A′, le point A ne pourra
plus se mouvoir que sur la surface d'une sphère décrite
du point A′ comme centre avec AA′ pour rayon; par
suite, pour que le point A demeure en repos, la force P
devra être perpendiculaire à la surface de la sphère, et
par conséquent dirigée suivant le rayon AA′, ou suivant
son prolongement. Comme on peut faire un raisonnement
semblable à l'égard de la force P′, il est permis de conclure que, dans le cas d'équilibre, chacune des forces P, P′
agira suivant la droite AA′ prolongée dans un sens ou
dans un autre. De plus, afin que la tendance de cette
droite au mouvement reste la même dans les deux sens,
il sera évidemment nécessaire que les deux forces P et P′
aient les mêmes intensités et agissent en sens contraires.
Réciproquement, si les forces P, P′ sont égales et agissent
en sens contraires, suivant la droite AA′, il est clair
qu'elles se feront équilibre aux extrémités de cette ligne.

118. Revenons maintenant au cas où plusieurs points A, A, A″,..., se trouvent assujettis à une liaison représentée par l'équation L = o. Soient toujours x, y, z, x', y', z',... les coordonnées de ces points, P, P′, P″,... les forces qui leur sont appliquées, et désignons par X, Y, Z, X′, Y′, Z′, etc., les projections algébriques des forces P, P′, P″,... sur les axes des x, des y et des z. Chaque force devant être perpendiculaire à la surface que son point d'application doit décrire, en vertu de la liaison L = o, lorsque tous les autres points deviennent fixes, on aura nécessairement

$$(2) \quad \begin{cases} \dfrac{X}{\left(\dfrac{d\,L}{dx}\right)} = \dfrac{Y}{\left(\dfrac{d\,L}{dy}\right)} = \dfrac{Z}{\left(\dfrac{d\,L}{dz}\right)}, \\[3ex] \dfrac{X'}{\left(\dfrac{d\,L}{dx'}\right)} = \dfrac{Y'}{\left(\dfrac{d\,L}{dy'}\right)} = \dfrac{Z'}{\left(\dfrac{d\,L}{dz'}\right)}, \\[2ex] \cdots\cdots\cdots\cdots\cdots\cdots\cdots \end{cases}$$

et par suite

$$(3) \quad \begin{cases} X = \lambda \dfrac{d\,L}{dx}, \quad Y = \lambda \dfrac{d\,L}{dy}, \quad Z = \lambda \dfrac{d\,L}{dz}, \\[3ex] X' = \lambda' \dfrac{d\,L}{dx'}, \quad Y' = \lambda' \dfrac{d\,L}{dy'}, \quad Z' = \lambda' \dfrac{d\,L}{dz'}, \\[2ex] \cdots\cdots\cdots\cdots\cdots\cdots\cdots\cdots \end{cases}$$

λ, λ', etc., désignant des coefficients dont le premier dépendra de l'intensité de la force P, le second de l'intensité de P′, etc. De plus, comme l'intensité de la force P est une quantité arbitraire, mais de laquelle dépendent nécessairement les intensités des forces P′, P″,..., il est clair qu'on pourra choisir à volonté la valeur du coefficient λ, mais que la valeur de λ étant donnée, celles de λ', λ'',... devront s'en déduire immédiatement. Pour découvrir la relation qui existe entre λ' et λ, supposons que

tous les points deviennent fixes, à l'exception des deux
points A et A'; alors ces deux points restant seuls mobiles,
si la liaison L $=$ o a pour effet de les maintenir constamment à la même distance l'un de l'autre, il faudra que les
forces P, P' soient égales et dirigées en sens contraires,
ou, en d'autres termes, que l'on ait

$$(4) \qquad \mathrm{X}' = -\,\mathrm{X}, \quad \mathrm{Y}' = -\,\mathrm{Y}, \quad \mathrm{Z}' = -\,\mathrm{Z}.$$

Or, dans la même hypothèse, l'équation L $=$ o se réduisant à la forme

$$(x - x')^2 + (y - y')^2 + (z - z')^2 = \text{constante},$$

on en conclura

$$(5) \qquad \frac{d\mathrm{L}}{dx'} = -\,\frac{d\mathrm{L}}{dx}, \quad \frac{d\mathrm{L}}{dy'} = -\,\frac{d\mathrm{L}}{dy}, \quad \frac{d\mathrm{L}}{dz'} = -\,\frac{d\mathrm{L}}{dz}.$$

Par suite, les formules (3) donneront

$$(6) \quad \begin{cases} \mathrm{X} = \lambda\,\dfrac{d\mathrm{L}}{dx}, & \mathrm{Y} = \lambda\,\dfrac{d\mathrm{L}}{dy}, & \mathrm{Z} = \lambda\,\dfrac{d\mathrm{L}}{dz}, \\[2ex] \mathrm{X}' = -\,\lambda'\,\dfrac{d\mathrm{L}}{dx}, & \mathrm{Y}' = -\,\lambda'\,\dfrac{d\mathrm{L}}{dy}, & \mathrm{Z}' = -\,\lambda'\,\dfrac{d\mathrm{L}}{dz}, \end{cases}$$

et les valeurs de X, Y, Z, X', Y', Z', vérifieront les équations (4) si l'on a

$$\lambda' = \lambda.$$

Supposons maintenant que dans le cas où les points A,
A' restent seuls mobiles, la liaison L $=$ o n'oblige plus
ces deux points à rester constamment à la même distance
l'un de l'autre, on pourra joindre à la liaison L $=$ o celles
qu'on établit entre les deux points, en les unissant par
une droite invariable, et fixant le milieu de cette droite.
Cela posé, si l'on désigne par a, b, c les coordonnées du
point milieu et par D la longueur de la droite, on aura

18.

entre les six variables x, y, z, x', y', z' les cinq équations

$$ L = 0, \quad x + x' = 2a, \quad y + y' = 2b, \quad z + z' = 2c, $$
$$ (x - x')^2 + (y - y')^2 + (z - z')^2 = D^2, $$

dont la dernière peut être remplacée par la suivante :

$$ (a - x)^2 + (b - y)^2 + (c - z)^2 = \frac{D^2}{4}. $$

En vertu de ces équations au nombre de cinq, les positions des points A, A' ne seront pas complétement déterminées ; mais ces points devront décrire deux courbes correspondantes tracées sur la surface d'une même sphère, de manière à se trouver situées aux extrémités d'un même diamètre ; et sur ces courbes, les cordes correspondantes, et par suite les tangentes menées par des points correspondants, seront évidemment parallèles. Si l'on suppose

$$ L = f(x, y, z, x', y', z', \ldots), $$

la courbe décrite par le point A en particulier sera déterminée par le système des deux équations

$$ (7) \quad \begin{cases} f(x, y, z, 2a - x, 2b - y, 2c - z, \ldots) = 0, \\ (a - x)^2 + (b - y)^2 + (c - z)^2 = \dfrac{D^2}{4}. \end{cases} $$

De plus, si l'on décompose la force P en deux autres, l'une perpendiculaire à la courbe que peut décrire le point A, l'autre dirigée suivant la tangente à cette courbe, la force perpendiculaire étant incapable de produire aucun effet, on pourra en faire abstraction, et ne considérer que la force dirigée suivant la tangente. On pourra de même remplacer la force P' par sa composante suivant la tangente à la courbe que peut décrire le point A'. Cela posé, comme les points A, A' sont situés à l'extrémité d'une même droite invariable dont le milieu est fixe, et que les tangentes menées par ces points aux courbes qu'ils peuvent décrire sont parallèles, il est clair que les forces dirigées suivant ces tangentes, pour maintenir en équilibre les points A, A', doivent être égales et agir dans le même sens; ce qui exige que les forces P, P' respectivement multipliées par les cosinus des angles que forment leurs directions avec la direction de l'une des tangentes prolongée dans un sens déterminé, fournissent des produits égaux et de même signe. Or la tangente à la courbe que peut décrire le point A, prolongée dans un certain sens, forme avec les axes des angles qui ont pour cosinus

$$\frac{dx}{\sqrt{dx^2 + dy^2 + dz^2}}, \quad \frac{dy}{\sqrt{dx^2 + dy^2 + dz^2}}, \quad \frac{dz}{\sqrt{dx^2 + dy^2 + dz^2}},$$

tandis que les cosinus des angles formés avec les mêmes axes par les directions des forces P, P' sont respectivement

$$\frac{X}{P}, \quad \frac{Y}{P}, \quad \frac{Z}{P}, \qquad \frac{X'}{P'}, \quad \frac{Y'}{P'}, \quad \frac{Z'}{P'};$$

par suite, les cosinus des angles compris entre la direction de la tangente et celles des forces P, P' seront respectivement égaux, le premier à

$$\frac{X\,dx + Y\,dy + Z\,dz}{P\,\sqrt{dx^2 + dy^2 + dz^2}},$$

et le second à

$$\frac{X'\,dx + Y'\,dy + Z'\,dz}{P'\,\sqrt{dx^2 + dy^2 + dz^2}}.$$

En multipliant le premier par P, le second par P', et égalant les produits, on trouvera

$$\frac{X\,dx + Y\,dy + Z\,dz}{\sqrt{dx^2 + dy^2 + dz^2}} = \frac{X'\,dx + Y'\,dy + Z'\,dz}{\sqrt{dx^2 + dy^2 + dz^2}},$$

$$X\,dx + Y\,dy + Z\,dz = X'\,dx + Y'\,dy + Z'\,dz.$$

Si dans cette dernière équation on remet pour X, Y, Z, X', Y', Z' leurs valeurs tirées des formules (3), elle deviendra

$$\lambda \left\{ \frac{d\mathrm{L}}{dx}\,dx + \frac{d\mathrm{L}}{dy}\,dy + \frac{d\mathrm{L}}{dz}\,dz \right\} = \lambda' \left\{ \frac{d\mathrm{L}}{dx'}\,dx + \frac{d\mathrm{L}}{dy'}\,dy + \frac{d\mathrm{L}}{dz'}\,dz \right\}.$$

D'ailleurs, en différentiant la première des équations (7), on en conclut

$$\frac{d\mathrm{L}}{dx}\,dx + \frac{d\mathrm{L}}{dy}\,dy + \frac{d\mathrm{L}}{dz}\,dz = \frac{d\mathrm{L}}{dx'}\,dx + \frac{d\mathrm{L}}{dy'}\,dy + \frac{d\mathrm{L}}{dz'}\,dz;$$

donc, par suite, on aura généralement

$$\lambda = \lambda'.$$

On trouvera de même $\lambda = \lambda''$, $\lambda = \lambda'''$, ... Cela posé, les équations (3) prendront la forme

$$(8) \quad \left\{ \begin{array}{lll} X = \lambda \dfrac{d\mathrm{L}}{dx}, & Y = \lambda \dfrac{d\mathrm{L}}{dy}, & Z = \lambda \dfrac{d\mathrm{L}}{dz}, \\[2ex] X' = \lambda \dfrac{d\mathrm{L}}{dx'}, & Y' = \lambda \dfrac{d\mathrm{L}}{dy'}, & Z' = \lambda \dfrac{d\mathrm{L}}{dz'}, \ldots, \end{array} \right.$$

et l'on en conclura

$$(9) \quad \left\{ \begin{array}{l} \dfrac{X}{\left(\dfrac{d\mathrm{L}}{dx}\right)} = \dfrac{Y}{\left(\dfrac{d\mathrm{L}}{dy}\right)} = \dfrac{Z}{\left(\dfrac{d\mathrm{L}}{dz}\right)} \\[3ex] = \dfrac{X'}{\left(\dfrac{d\mathrm{L}}{dx'}\right)} = \dfrac{Y'}{\left(\dfrac{d\mathrm{L}}{dy'}\right)} = \dfrac{Z'}{\left(\dfrac{d\mathrm{L}}{dz'}\right)} = \ldots \end{array} \right.$$

Donc, pour qu'il y ait équilibre entre les forces P, P',

P″,..., dans le cas où leurs points d'application A, A′, A″,... se trouvent assujettis à la seule liaison L = o, il est nécessaire et il suffit que les projections algébriques de ces forces sur les axes des coordonnées soient respectivement proportionnelles aux dérivées de la fonction L, prises par rapport aux variables x, y, z, x', y', z',.... Alors, si l'on désigne par n le nombre des points A, A′, A″,..., la formule (9) fournira $3n - 1$ équations distinctes, qui seront précisément les équations d'équilibre. Ajoutons que les résistances opposées par la liaison L = o aux mouvements des points A, A′, A″,... seront employées à détruire les forces P, P′, P″,.... Donc ces résistances seront égales et directement opposées aux forces dont il s'agit. Donc les projections algébriques de ces résistances sur les axes coordonnés seront respectivement égales aux seconds membres des équations (8) prises avec le signe —, c'est-à-dire aux quantités

$$(10) \quad -\lambda\frac{d\mathrm{L}}{dx}, \quad -\lambda\frac{d\mathrm{L}}{dy}, \quad -\lambda\frac{d\mathrm{L}}{dz}; \quad -\lambda\frac{d\mathrm{L}}{dx'}, \quad -\lambda\frac{d\mathrm{L}}{dy'}, \quad -\lambda\frac{d\mathrm{L}}{dz'};\cdots$$

119. Pour montrer une application des principes que nous venons d'établir, supposons qu'en vertu de l'équation L = o la somme des distances AA′, A′A″, A″A‴,..., respectivement comprises entre les points A, A′, A″,..., rangés dans un certain ordre, doive demeurer constante. Dans cette hypothèse, l'équation L = o pourra être représentée sous la forme

$$\sqrt{(x'-x)^2+(y'-y)^2+(z'-z)^2}$$
$$+\sqrt{(x''-x')^2+(y''-y')^2+(z''-z')^2}+\ldots=\text{constante};$$

et si l'on fait, pour abréger,

$$r'=\sqrt{(x'-x)^2+(y'-y)^2+(z'-z)^2},$$
$$r''=\sqrt{(x''-x')^2+(y''-y')^2+(z''-z')^2},$$
$$\ldots\ldots\ldots\ldots\ldots\ldots\ldots\ldots\ldots\ldots$$

la formule (9) deviendra

$$\frac{X}{\dfrac{x-x'}{r'}} = \frac{Y}{\dfrac{y-y'}{r'}} = \frac{Z}{\dfrac{z-z'}{r'}}$$

$$= \frac{X'}{\dfrac{x'-x}{r'}+\dfrac{x'-x''}{r''}} = \frac{Y'}{\dfrac{y'-y}{r'}+\dfrac{y'-y''}{r''}} = \frac{Z'}{\dfrac{z'-z}{r'}+\dfrac{z'-z''}{r''}} = \ldots$$

En égalant les trois premières fractions entre elles, on trouve

$$\frac{X}{x-x'} = \frac{Y}{y-y'} = \frac{Z}{z-z'},$$

et l'on en conclut que dans le cas d'équilibre la force P est nécessairement dirigée suivant la droite AA'. En égalant les trois fractions suivantes, on trouve

$$\frac{X'}{\dfrac{x'-x}{r'}+\dfrac{x'-x''}{r''}} = \frac{Y'}{\dfrac{y'-y}{r'}+\dfrac{y'-y''}{r''}} = \frac{Z'}{\dfrac{z'-z}{r'}+\dfrac{z'-z''}{r''}}$$

$$= \frac{X'\left(\dfrac{x'-x}{r'}-\dfrac{x'-x''}{r''}\right)+Y'\left(\dfrac{y'-y}{r'}-\dfrac{y'-y''}{r''}\right)+Z'\left(\dfrac{z'-z}{r'}-\dfrac{z'-z''}{r''}\right)}{\dfrac{(x'-x)^2+(y'-y)^2+(z'-z)^2}{r'^2} - \dfrac{(x''-x')^2+(y''-y')^2+(z''-z')^2}{r''^2}},$$

et comme on a nécessairement

$$\frac{(x'-x)^2+(y'-y)^2+(z'-z)^2}{r'^2}$$

$$-\frac{(x''-x)^2+(y''-y')^2+(z''-z')^2}{r''^2} = 1-1 = 0,$$

on devra avoir évidemment

$$\left.\begin{array}{c} X'\left(\dfrac{x'-x}{r'}-\dfrac{x'-x''}{r''}\right)+Y'\left(\dfrac{y'-y}{r'}-\dfrac{y'-y''}{r''}\right) \\[2ex] +Z'\left(\dfrac{z'-z}{r'}-\dfrac{z'-z''}{r''}\right) \end{array}\right\} = 0,$$

ou, ce qui revient au même,

$$\frac{X'}{P'}\left(\frac{x'-x}{r'}\right) + \frac{Y'}{P'}\left(\frac{y'-y}{r'}\right) + \frac{Z'}{P'}\left(\frac{z'-z}{r'}\right)$$

$$= \frac{X'}{P'}\cdot\frac{x''-x'}{r''} + \frac{Y'}{P'}\cdot\frac{y''-y'}{r''} + \frac{Z'}{P'}\cdot\frac{z''-z'}{r''}.$$

Cette dernière équation exprime que la force P′ forme avec les deux droites AA′, A′A″ des angles égaux. De plus, comme en prenant pour plan des xy celui qui renferme ces deux lignes, on a $z=0$, $z'=0$, $z''=0,\ldots$, et par conséquent $Z'=0$, il est clair que la direction de la force P est comprise dans le plan de ces mêmes droites, elle est donc dirigée de manière à diviser l'angle des droites AA′, A′A″ en deux parties égales.

On se trouverait conduit aux mêmes conclusions par la géométrie, en observant que la force P′ doit être perpendiculaire à la surface que le point A′ est obligé de décrire quand il demeure seul mobile. En effet, dans cette hypothèse, il ne reste de variable que les longueurs AA′, A′A″, dont la somme doit être constante. Le point A′ décrit donc alors un ellipsoïde de révolution dont les points fixes A′, A″ sont précisément les deux foyers; et la force P′, devant être normale à l'ellipsoïde, et par conséquent à l'ellipse génératrice, divisera nécessairement l'angle formé par les rayons vecteurs menés aux foyers en deux parties égales.

120. Considérons actuellement des forces P, P′, P″,... dont les points d'application A, A′, A″,... soient assujettis à des liaisons quelconques. Soient toujours x, y, z, $x', y', z',\ldots$ les coordonnées de ces points; X, Y, Z, X′, Y′, Z′,... les projections algébriques des forces P, P′,... sur les axes coordonnés, et supposons que les diverses liaisons soient exprimées par les équations

$$(11) \qquad\qquad L=0,\quad M=0,\quad N=0,\ldots,$$

L, M, N, ... désignant des fonctions des variables x, y, z, x', y', z' .... Si l'équilibre a lieu en vertu des liaisons données entre les forces P, P', P'',..., on pourra, sans troubler cet équilibre, substituer à la première liaison L = o le système des résistances qu'elle oppose au mouvement des différents points, c'est-à-dire un système de forces dont les projections algébriques sur les axes seraient (n° 118) des quantités de la forme

$$ -\lambda \frac{d\,\mathrm{L}}{dx}, \quad -\lambda \frac{d\,\mathrm{L}}{dy}, \quad -\lambda \frac{d\,\mathrm{L}}{dz}, $$

$$ -\lambda \frac{d\,\mathrm{L}}{dx'}, \quad -\lambda \frac{d\,\mathrm{L}}{dy'}, \quad -\lambda \frac{d\,\mathrm{L}}{dz'}, \dots $$

On pourra ensuite supprimer la seconde liaison, pourvu qu'on la remplace par un système équivalent de forces dont les projections algébriques sur les axes seraient de la forme

$$ -\mu \frac{d\,\mathrm{M}}{dx}, \quad -\mu \frac{d\,\mathrm{M}}{dy}, \quad -\mu \frac{d\,\mathrm{M}}{dz}; \quad -\mu \frac{d\,\mathrm{M}}{dx'}, \quad -\mu \frac{d\,\mathrm{M}}{dy'}, \dots $$

En continuant de même, on finira par supprimer toutes les liaisons dont chacune se trouvera remplacée par le système des résistances qu'elle oppose au mouvement des différents points. Alors ces points étant devenus libres et indépendants les uns des autres, il devra y avoir séparément équilibre entre la force et les résistances appliquées à chacun d'eux. Or, l'équilibre entre la force et les résistances appliquées au point A fournira les équations

$$ \mathrm{X} - \lambda \frac{d\,\mathrm{L}}{dx} - \mu \frac{d\,\mathrm{M}}{dx} - \nu \frac{d\,\mathrm{N}}{dx} - \dots = \mathrm{o}, $$

$$ \mathrm{Y} - \lambda \frac{d\,\mathrm{L}}{dy} - \mu \frac{d\,\mathrm{M}}{dy} - \nu \frac{d\,\mathrm{N}}{dy} - \dots = \mathrm{o}, $$

$$ \mathrm{Z} - \lambda \frac{d\,\mathrm{L}}{dz} - \mu \frac{d\,\mathrm{M}}{dz} - \nu \frac{d\,\mathrm{N}}{dz} - \dots = \mathrm{o}, $$

ou, ce qui revient au même,

$$(12)\quad\begin{cases} \mathrm{X} = \lambda\,\dfrac{d\mathrm{L}}{dx} + \mu\,\dfrac{d\mathrm{M}}{dx} + \nu\,\dfrac{d\mathrm{N}}{dx} + \ldots, \\[2mm] \mathrm{Y} = \lambda\,\dfrac{d\mathrm{L}}{dy} + \mu\,\dfrac{d\mathrm{M}}{dy} + \nu\,\dfrac{d\mathrm{N}}{dy} + \ldots, \\[2mm] \mathrm{Z} = \lambda\,\dfrac{d\mathrm{L}}{dz} + \mu\,\dfrac{d\mathrm{M}}{dz} + \nu\,\dfrac{d\mathrm{N}}{dz} + \ldots. \end{cases}$$

On trouvera pareillement, en considérant l'équilibre des forces appliquées au point A',

$$(12')\quad\begin{cases} \mathrm{X}' = \lambda\,\dfrac{d\mathrm{L}}{dx'} + \mu\,\dfrac{d\mathrm{M}}{dx'} + \nu\,\dfrac{d\mathrm{N}}{dx'} + \ldots, \\[2mm] \mathrm{Y}' = \lambda\,\dfrac{d\mathrm{L}}{dy'} + \mu\,\dfrac{d\mathrm{M}}{dy'} + \nu\,\dfrac{d\mathrm{N}}{dy'} + \ldots, \\[2mm] \mathrm{Z}' = \lambda\,\dfrac{d\mathrm{L}}{dz'} + \mu\,\dfrac{d\mathrm{M}}{dz'} + \nu\,\dfrac{d\mathrm{N}}{dz'} + \ldots. \end{cases}$$

$$\ldots\ldots\ldots\ldots\ldots\ldots\ldots\ldots\ldots\ldots$$

Si n désigne le nombre des points A, A', A'',$\ldots$ et m le nombre des liaisons $\mathrm{L} = 0$, $\mathrm{M} = 0$, $\mathrm{N} = 0$,$\ldots$, $3n$ sera le nombre des équations (12), $(12')$,$\ldots$, et lorsqu'on aura éliminé entre ces équations λ, μ, ν,$\ldots$ il restera $3n - m$ équations d'équilibre. Les variables x, y, z, x', y', z',$\ldots$ étant elles-mêmes au nombre de $3n$ et liées par m équations, $3n - m$ sera aussi le nombre des variables indépendantes.

Les $3n - m$ équations indiquées, nécessaires dans le cas d'équilibre, suffisent évidemment pour l'assurer. En effet ces $3n - m$ équations expriment qu'on peut satisfaire simultanément par des valeurs convenables de λ, μ, ν,$\ldots$ aux formules (12), $(12')\ldots$. Or, dans cette hypothèse, la force P pourra être remplacée par des forces P_l, P_m,$\ldots$ dont les projections sur les axes soient respectivement

$$\lambda\,\frac{d\mathrm{L}}{dx},\quad \lambda\,\frac{d\mathrm{L}}{dy},\quad \lambda\,\frac{d\mathrm{L}}{dz},\quad \mu\,\frac{d\mathrm{M}}{dx},\quad \mu\,\frac{d\mathrm{M}}{dy},\quad \mu\,\frac{d\mathrm{M}}{dz},\ldots$$

la force P' par des forces P'_l, P'_m, ... dont les projections
algébriques sur les axes soient respectivement

$$\lambda\,\frac{d\,L}{dx'},\quad \lambda\,\frac{d\,L}{dy'},\quad \lambda\,\frac{d\,L}{dz'},\quad \mu\,\frac{d\,M}{dx'},\quad \mu\,\frac{d\,M}{dy'},\quad \mu\,\frac{d\,M}{dz'},\ \ldots$$

En conséquence, au système des forces P, P',... on
pourra en substituer plusieurs autres, savoir : 1° le système des forces P_l, P'_l,... qui seront détruites par la
liaison $L = 0$; 2° le système des forces P_m, P'_m,... qui seront détruites par la liaison $M = 0$, etc. Donc le système
des points A, A',... sera dans le même cas que s'il n'é-
tait sollicité par aucune force. Donc il y aura équilibre.

121. La recherche des équations d'équilibre de plusieurs forces P, P', P'',... dont les points d'application
(x, y, z), (x', y', z'),... sont assujettis à des liaisons représentées par les équations $L = 0$, $M = 0$,... peut être
réduite, comme on l'a vu précédemment, à l'élimination
des inconnues λ, μ, ν,... entre les équations (12), $(12')$....
Or un moyen fort simple d'effectuer cette élimination est
de recourir à la considération des vitesses virtuelles.

Lorsqu'un point matériel se meut sur un plan ou dans
l'espace, les coordonnées x, y, z ainsi que l'arc s de la
courbe décrite varient avec le temps t; et si l'on suppose
cet arc compté de manière à prendre un accroissement positif Δs, dans le cas où l'on attribue au temps t un
accroissement positif Δt, la limite vers laquelle convergera le rapport $\dfrac{\Delta s}{\Delta t}$, tandis que ses deux termes convergent
vers zéro, ou, ce qui revient au même, le rapport entre
les accroissements infiniment petits et simultanés de
l'arc s et du temps t, sera ce qu'on nomme la vitesse du
point matériel à la fin du temps t. Donc si l'on désigne

par ω cette vitesse, on aura

$$\omega = \frac{ds}{dt} = \frac{\sqrt{dx^2 + dy^2 + dz^2}}{dt}.$$

De plus la *direction* de cette vitesse ne sera autre chose que la direction de la tangente menée par l'extrémité de l'arc s à la courbe décrite, prolongée dans le sens du mouvement; d'où il résulte que les cosinus des angles α, β, γ, formés par cette direction avec les demi-axes des coordonnées positives seront représentés par

$$\cos\alpha = \frac{dx}{ds}, \quad \cos\beta = \frac{dy}{ds}, \quad \cos\gamma = \frac{dz}{ds}.$$

Cela posé, si l'on imagine que la vitesse ω soit représentée par une longueur portée sur sa direction à partir de l'extrémité de l'arc s, les trois produits

$$\omega\cos\alpha, \quad \omega\cos\beta, \quad \omega\cos\gamma,$$

exprimeront ce qu'on doit appeler les projections algébriques de la vitesse sur les axes des x, y, z, et se trouveront déterminées par les équations

$$\omega\cos\alpha = \frac{dx}{dt}, \quad \omega\cos\beta = \frac{dy}{dt}, \quad \omega\cos\gamma = \frac{dz}{dt}.$$

122. Supposons maintenant que plusieurs points A, A', A'',... soient assujettis à certaines liaisons

$$(11) \qquad L = 0, \quad M = 0, \quad N = 0,...,$$

L, M, N,... étant fonctions des seules coordonnées x, y, z, x', y', z',.... Tous les mouvements que le système de ces points pourra prendre par l'effet d'une cause quelconque, sans que les liaisons soient troublées, seront ce qu'on appelle des *mouvements virtuels*, et les vitesses des différents points dans un mouvement virtuel quelconque seront ce qu'on nomme des *vitesses virtuelles*. Or comme il suffira de connaître les valeurs de $x, y, z, x', y', z', \ldots$ exprimées en fonction de t, pour en déduire immédiatement celle des quantités

$$(13) \qquad \frac{dx}{dt}, \quad \frac{dy}{dt}, \quad \frac{dz}{dt}, \quad \frac{dx'}{dt}, \quad \frac{dy'}{dt}, \quad \frac{dz'}{dt}, \ldots,$$

il est clair que les projections algébriques des vitesses virtuelles seront liées entre elles par autant d'équations que les coordonnées des différents points. En effet on aura dans tout mouvement compatible avec les liaisons données

$$(14) \quad \left\{ \begin{aligned} \frac{dL}{dx}\frac{dx}{dt} + \frac{dL}{dy}\frac{dy}{dt} + \frac{dL}{dz}\frac{dz}{dt} + \frac{dL}{dx'}\frac{dx'}{dt} + \ldots = 0, \\ \frac{dM}{dx}\frac{dx}{dt} + \frac{dM}{dy}\frac{dy}{dt} + \frac{dM}{dz}\frac{dz}{dt} + \frac{dM}{dx'}\frac{dx'}{dt} + \ldots = 0, \\ \ldots\ldots\ldots\ldots\ldots\ldots\ldots\ldots\ldots\ldots\ldots\ldots\ldots\ldots\ldots \end{aligned} \right.$$

Cela posé, concevons que les différents points étant parvenus au bout du temps t dans de certaines positions, puissent y être maintenus en équilibre par le moyen de forces P, P', P'', \ldots, dont les projections algébriques sur les axes des x, y, z soient respectivement X, Y, Z, X', Y', Z', etc. Alors, pour obtenir les équations d'équilibre, il suffira d'éliminer les inconnues λ, μ, ν, \ldots entre les formules (12), $(12')$ du n° 120. Or on y parviendra évidemment si l'on ajoute ces formules, après avoir multiplié la première par $\dfrac{dx}{dt}$, la deuxième par $\dfrac{dy}{dt}$, la troisième par $\dfrac{dz}{dt}$, la quatrième par $\dfrac{dx'}{dt}$, etc.; car on trouve ainsi

$$X\frac{dx}{dt} + Y\frac{dy}{dt} + Z\frac{dz}{dt} + X'\frac{dx'}{dt} + \ldots = 0.$$

Donc, lorsqu'il y a équilibre, on doit avoir dans un moment virtuel quelconque,

$$(15) \qquad \Sigma\left(X\frac{dx}{dt} + Y\frac{dy}{dt} + Z\frac{dz}{dt} \right) = 0.$$

123. Réciproquement, si l'équation (15) subsiste dans un mouvement virtuel quelconque, il est certain qu'il y aura équilibre. En effet, dans cette hypothèse, l'équation (15) sera satisfaite par tout système de valeurs des quantités

$$\frac{dx}{dt}, \quad \frac{dy}{dt}, \quad \frac{dz}{dt}, \quad \frac{dx'}{dt}, \dots,$$

qui seront propres à vérifier les équations (14). Par suite, si au moyen de ces équations (14) on élimine de la formule (15) m de ces quantités, toutes les autres pouvant être choisies arbitrairement, leurs coefficients devront se réduire à zéro. Or, pour effectuer l'élimination, il suffira d'ajouter à la formule (15) les équations (14) respectivement multipliées par des facteurs indéterminés

$$-\lambda, \quad -\mu, \quad -\nu, \dots,$$

et d'égaler ensuite à zéro les m premiers coefficients de

$$\frac{dx}{dt}, \quad \frac{dy}{dt}, \quad \frac{dz}{dt}, \quad \frac{dx'}{dt}, \dots.$$

Les facteurs $\lambda, \mu, \nu, \dots$ étant choisis de manière à remplir ces conditions, c'est-à-dire de manière à faire disparaître les m premiers termes de l'équation

$$\left(X - \lambda \frac{d\mathrm{L}}{dx} - \mu \frac{d\mathrm{M}}{dx} - \nu \frac{d\mathrm{N}}{dx} - \dots \right) \frac{dx}{dt}$$
$$+ \left(Y - \lambda \frac{d\mathrm{L}}{dy} - \mu \frac{d\mathrm{M}}{dy} - \nu \frac{d\mathrm{N}}{dy} - \dots \right) \frac{dy}{dt}$$
$$+ \left(Z - \lambda \frac{d\mathrm{L}}{dz} - \mu \frac{d\mathrm{M}}{dz} - \nu \frac{d\mathrm{N}}{dz} - \dots \right) \frac{dz}{dt}$$
$$+ \left(X' - \lambda \frac{d\mathrm{L}}{dx'} - \mu \frac{d\mathrm{M}}{dx'} - \nu \frac{d\mathrm{N}}{dx'} - \dots \right) \frac{dx'}{dt} + \dots$$
$$+ \dots \dots \dots \dots \dots \dots \dots \dots \dots = 0,$$

les coefficients des $3n - m$ derniers termes devront être encore séparément nuls. En conséquence, on pourra réduire à zéro les coefficients de tous les termes, c'est-à-dire satisfaire aux équations (12), $(12')$... du n° **120**, par des valeurs convenables des facteurs λ, μ, ν,... D'où il résulte qu'il y aura équilibre dans le système des points A, A′, A″,....

124. Dans ce qui précède, nous avons admis que les résistances opposées aux mouvements des divers points par les liaisons établies entre eux pouvaient croître indéfiniment, et au delà de toute limite. Concevons maintenant que ces résistances ne puissent dépasser certaines limites sans que les liaisons se trouvent rompues; alors il ne suffira plus pour l'équilibre que l'on puisse déterminer les coefficients λ, μ, ν,... de manière à vérifier les équations (12), $(12')$,... du n° **120**, il faudra encore que les valeurs de λ, μ, ν,..., tirées de ces équations et substituées dans les produits

$$\lambda^2 \left\{ \left(\frac{d\mathrm{L}}{dx} \right)^2 + \left(\frac{d\mathrm{L}}{dy} \right)^2 + \left(\frac{d\mathrm{L}}{dz} \right)^2 \right\},$$

$$\mu^2 \left\{ \left(\frac{d\mathrm{M}}{dx} \right)^2 + \left(\frac{d\mathrm{M}}{dy} \right)^2 + \left(\frac{d\mathrm{M}}{dz} \right)^2 \right\},$$

$$\nu^2 \left\{ \left(\frac{d\mathrm{N}}{dx} \right)^2 + \left(\frac{d\mathrm{N}}{dy} \right)^2 + \left(\frac{d\mathrm{N}}{dz} \right)^2 \right\},$$

fournissent des nombres dont les racines carrées ne dépassent pas les limites des résistances que la première, la deuxième, la troisième,... liaison peuvent opposer sans se rompre au mouvement du premier point. Il sera de même nécessaire que les racines carrées des produits

$$\lambda^2 \left\{ \left(\frac{d\mathrm{L}}{dx'} \right)^2 + \left(\frac{d\mathrm{L}}{dy'} \right)^2 + \left(\frac{d\mathrm{L}}{dz'} \right)^2 \right\},$$

$$\mu^2 \left\{ \left(\frac{d\mathrm{M}}{dx'} \right)^2 + \left(\frac{d\mathrm{M}}{dy'} \right)^2 + \left(\frac{d\mathrm{M}}{dz'} \right)^2 \right\},$$

$$\nu^2 \left\{ \left(\frac{d\mathrm{N}}{dx'} \right)^2 + \left(\frac{d\mathrm{N}}{dy'} \right)^2 + \left(\frac{d\mathrm{N}}{dz'} \right)^2 \right\},$$

ne dépassent pas les limites des résistances que les diverses liaisons peuvent opposer au mouvement du deuxième point, et ainsi de suite.

125. On nous saura gré de donner de l'équation fondamentale du principe des vitesses virtuelles une démonstration, sinon plus générale, plus élégante et plus simple que celle donnée par Cauchy, et que nous venons de développer longuement, du moins plus directe, moins abstraite, et à ce point de vue plus élémentaire. Nous l'avons rédigée sur les indications qui nous furent données par Ampère, à qui la gloire en revient.

Définitions. — Soient P, P′, P″, ... des forces appliquées à des points M, M′, M″,... liés entre eux d'une manière quelconque; supposons que l'on communique à ce système de points un mouvement infiniment petit et compatible avec la liaison du système, de manière que les points M, M′, M″,..., soient transportés en N, N′, N″,... : les droites infiniment petites MN, M′N′, M″N″,..., décrites par les points M, M′, M″,..., sont ce qu'on nomme les *vitesses virtuelles* de ces points. Les projections p, p', p'',... des droites MN, M′N′, M″N″,..., sur les directions des forces P, P′, P″,..., sont les vitesses virtuelles des points M, M′, M″,... estimées suivant les directions de ces forces. Enfin, en multipliant respectivement les forces P, P′, P″,... par les projections p, p', p'',..., on forme les produits Pp, $P'p'$, $P''p''$,... qui sont ce qu'on nomme les *moments virtuels* des forces P, P′, P″,.... *Ainsi, le moment virtuel d'une force P est le produit de cette force par la vitesse virtuelle de son point d'application estimée suivant la direction de la force.*

Si l'on nomme ds le petit arc MN parcouru par le point d'application de la force P, (P, s) l'angle de la force avec la tangente à ce petit arc, p sera égal à $ds \cos$ (P, s), et le moment virtuel Pp de la force P sera $P\,ds \cos$ (P, s). Mais

P cos (P, *s*) est aussi la projection de la force P sur la tangente à l'arc *s*, ou sur la direction de la vitesse virtuelle, donc *le moment virtuel* P*p* *d'une force est encore égal au produit de la vitesse virtuelle de son point d'application par la projection de la force sur la direction de cette vitesse.* Il s'agit maintenant de prouver que lorsque des forces P, P′, P″,..., appliquées à des points M, M′, M″,... liés entre eux d'une manière quelconque se font équilibre, la somme de leurs moments virtuels P*p*, P′*p*′, P″*p*″,... est nulle; et, réciproquement, que les forces P, P′, P‴,... sont en équilibre lorsque la somme de leurs moments virtuels est nulle pour tous les mouvements que le système peut prendre.

126. Considérons d'abord le cas de deux points M, M′ liés entre eux de telle sorte que le mouvement de l'un des points détermine celui de l'autre; désignons par P, P′ les résultantes des forces appliquées à chacun des points; nous disons que si les deux forces se font équilibre, la somme P*p* + P′*p*′ sera nulle. En effet, unissons les points M, M′ par des droites inflexibles AM, AM′, à un troisième point A, qu'ils entraîneront dans leurs mouvements; appliquons aux points A, M d'une part, A, M′ de l'autre, suivant les droites AM, AM′, deux forces égales et directement opposées + R, — R, + R′, — R′ : ces forces, évidemment, ne troubleront pas l'équilibre, s'il existait, et ne changeront rien à la somme des moments virtuels, puisque les moments virtuels égaux et opposés des forces introduites se détruisent. Si donc la somme des moments virtuels était nulle avant l'introduction des forces, elle le sera encore; et si elle est nulle après l'introduction des forces, c'est qu'elle l'était auparavant. Comme les forces introduites sont arbitraires, on pourra choisir la force R de manière à faire équilibre à la force P, et la force R′ de manière à équilibrer la force P′; or, ce choix fait, il devient très-facile de prouver que la somme des moments virtuels des six forces, et par conséquent la somme des moments virtuels des deux forces P, P′ est nulle. En effet, appelons t, $t′$ les angles que les forces P, P′ font avec les tangentes aux arcs décrits par les mobiles M, M′; τ, $\tau′$ les angles que font avec ces mêmes tangentes les forces auxiliaires R et R′; enfin, θ, $\theta′$ les angles que font les forces —R, —R′ avec la tangente à l'arc suivi par le point mobile auxiliaire A. Pour que la force R fasse équilibre à la force P, il faudra et il suffira que la résultante de ces deux forces soit perpendiculaire à la courbe décrite par le mobile M, ou, ce qui revient au même, que la composante de cette résultante suivant la tangente soit nulle, ou enfin que la somme $P\cos t + R\cos\tau$ soit nulle; on devra donc avoir

$$P \cos t + R \cos \tau = 0.$$

On aura de même pour l'équilibre des deux forces P′ et R′

$$P′ \cos t′ + R′ \cos \tau′ = 0,$$

et enfin pour l'équilibre des deux forces —R, —R′

$$R \cos \theta + R′ \cos \theta′ = 0.$$

Ajoutons ces trois équations, après les avoir respectivement multipliées par les différentielles ds, $ds′$, $d\sigma$ des arcs décrits par les mobiles M, M′, A; il viendra

$$(16) \quad \left\{ \begin{aligned} &P\,ds \cos t + P′\,ds′ \cos t′ + R (\cos\tau\,ds + \cos\theta\,d\sigma) \\ &+ R′ (\cos\tau′\,ds′ + \cos\theta′\,d\sigma) = 0; \end{aligned} \right.$$

mais les droites MA, M′A sont invariables; et, par conséquent, si l'on appelle x, y, z, $x′$, $y′$, $z′$, ξ, n, ζ les coordonnées des points M, M′, A, et c, $c′$ deux quantités constantes, on aura

$$(x - \xi)^2 + (y - n)^2 + (z - \zeta)^2 = c^2,$$
$$(x′ - \xi)^2 + (y′ - n)^2 + (z′ - \zeta)^2 = c′^2,$$

et, en différentiant,

$$(x-\xi)(dx-d\xi)+(y-\eta)(dy-d\eta)+(z-\zeta)(dz-d\zeta)=0,$$
$$(x'-\xi)(dx'-d\xi)+(y'-\eta)(dy'-d\eta)+(z'-\zeta)(dz'-d\zeta)=0,$$

ou, ce qui revient au même,

$$ds\left(\frac{x-\xi}{c}\frac{dx}{ds}+\frac{y-\eta}{c}\frac{dy}{ds}+\frac{z-\zeta}{c}\frac{dz}{ds}\right)$$
$$+d\sigma\left(\frac{\xi-x}{c}\frac{d\xi}{d\sigma}+\frac{\eta-y}{c}\frac{d\eta}{d\sigma}+\frac{\zeta-z}{c}\frac{d\zeta}{d\sigma}\right)=0,$$
$$ds'\left(\frac{x'-\xi}{c'}\frac{dx'}{ds'}+\frac{y'-\eta}{c'}\frac{dy'}{ds'}+\frac{z'-\zeta}{c'}\frac{dz'}{ds'}\right)$$
$$+d\sigma\left(\frac{\xi-x'}{c'}\frac{d\xi}{d\sigma}+\frac{\eta-y'}{c'}\frac{d\eta}{d\sigma}+\frac{\zeta-z'}{c'}\frac{d\zeta}{d\sigma}\right)=0.$$

Mais on a évidemment

$$\cos\tau=\pm\left(\frac{x-\xi}{c}\frac{dx}{ds}+\frac{y-\eta}{c}\frac{dy}{ds}+\frac{z-\zeta}{c}\frac{dz}{ds}\right),$$
$$\cos\tau'=\pm\left(\frac{x'-\xi}{c'}\frac{dx'}{ds'}+\frac{y'-\eta}{c'}\frac{dy'}{ds'}+\frac{z'-\zeta}{c'}\frac{dz'}{ds'}\right),$$
$$\cos\theta=\pm\left(\frac{\xi-x}{c}\frac{d\xi}{d\sigma}+\frac{\eta-y}{c}\frac{d\eta}{d\sigma}+\frac{\zeta-z}{c}\frac{d\zeta}{d\sigma}\right),$$
$$\cos\theta'=\pm\left(\frac{\xi-x'}{c'}\frac{d\xi}{d\sigma}+\frac{\eta-y'}{c'}\frac{d\eta}{d\sigma}+\frac{\zeta-z'}{c'}\frac{d\zeta}{d\sigma}\right),$$

donc

$$\pm(\cos\tau\,ds+\cos\theta\,d\sigma)=0,$$
$$\pm(\cos\tau'\,ds'+\cos\theta'\,d\sigma)=0,$$

ou enfin

$$\cos\tau\,ds+\cos\theta\,d\sigma=0,$$
$$\cos\tau'\,ds'+\cos\theta'\,d\sigma=0,$$

et, par conséquent, en remontant à l'équation (16),

$$P\,ds\cos t+P'\,ds'\cos t'=0,$$

et, parce que

$$P\,ds\cos t = Pp, \quad P'\,ds'\cos t' = P'p',$$

on aura nécessairement dans le cas d'équilibre

$$Pp + P'p' = 0.$$

127. Réciproquement, si l'équation $Pp + P'p' = 0$ est satisfaite, il y aura équilibre. En effet, si l'on a

$$Pp + P'p' = 0, \quad \text{ou} \quad P\,ds\cos t + P'\,ds'\cos t' = 0,$$

et si, après avoir lié les points M et M' par des droites invariables AM, AM' on applique encore aux points M et M' quatre forces R, — R, R', — R' égales deux à deux et opposées, choisies de manière à mettre en équilibre les forces P et P', on aura toujours

$$P\cos t + R\cos \tau = 0, \quad P'\cos t' + R'\cos \tau' = 0.$$

Et si, après avoir posé

$$R\cos \theta + R'\cos \theta' = k,$$

on ajoute ces trois équations après avoir multiplié la première par ds, la seconde par ds', la troisième par $d\sigma$, on aura

$$P\,ds\cos t + P'\,ds'\cos t' + R\,(\cos \tau\,ds + \cos \theta\,d\sigma)$$
$$+ R'(\cos \tau'\,ds' + \cos \theta'\,d\sigma) = k\,d\sigma.$$

Mais l'invariabilité des droites AM, AM' entraînera toujours les équations

$$\cos \tau\,ds + \cos \theta\,d\sigma = 0, \quad \cos \tau'\,ds' + \cos \theta'\,d\sigma = 0;$$

on a d'ailleurs, par hypothèse,

$$P\cos t\,ds + P'\cos t'\,ds' = 0;$$

donc

$$k\,d\sigma = 0,$$

et, par suite,

$$d\sigma = 0, \quad \text{ou} \quad k = \mathrm{R}\cos\theta + \mathrm{R}'\cos\theta' = 0.$$

Mais, d'une part, $d\sigma$, l'arc que A est censé décrire, ne peut pas être nul, ou la somme k des composantes des forces qui sollicitent le point A suivant la tangente à la courbe qu'il décrit, ne peut pas s'évanouir sans que ce point soit en équilibre ; de l'autre, l'équilibre du point A entraîne évidemment celui des points M et M' qui-lui sont liés invariablement et ne sont plus sollicités par aucune force ; donc on ne peut pas avoir $\mathrm{P}p + \mathrm{P}'p' = 0$ sans que les forces qui sollicitent les points M et M' se fassent équilibre.

128. Plus généralement, soient : M, M', M″,... des points en nombre quelconque, liés entre eux d'une manière *complète*, c'est-à-dire telle, que le mouvement de l'un d'eux détermine celui de tous les autres et qu'il n'y ait pour tout le système qu'un seul mouvement possible ; P, P', P″,..., les forces appliquées à ces points ; s'il y a équilibre dans le système, la somme des moments virtuels

$$\mathrm{P}p + \mathrm{P}'p' + \mathrm{P}''p'' + \ldots = 0$$

sera nulle. Cette proposition ayant été démontrée pour un système de deux points, il suffit de prouver que si elle est vraie pour m points, elle sera encore vraie pour $m + 1$ points. Cela posé, désignons par M, M', M″,...., les $(m + 1)$ points considérés, et par P, P', P″,..., les forces qui agissent sur eux ; on pourra appliquer à l'un de ces points, à M', par exemple, deux forces égales et opposées, R, — R, et déterminées de telle sorte, que l'une d'elles, R, fasse équilibre à la force P, appliquée en un autre point M du système : il suffira pour cela que la somme $\mathrm{P}p + \mathrm{R}r$ des moments virtuels des deux forces P, R, soit nulle. On pourra alors supprimer les deux forces P, R et ne plus tenir compte du point M; ainsi il ne restera plus que les m points M′, M″,..., soumis à l'action des $(m+1)$ forces, — R, P′, P″, ...; or la proposition étant supposée vraie pour m points, l'équilibre donnera

$$- R\,r + P'p' + P''p'' + \ldots = 0;$$

mais on a aussi

$$R\,r + P\,p = 0.$$

Ajoutant cette dernière équation à la précédente, il en résultera

$$P\,p + P'p' + P''p'' + \ldots = 0.$$

Réciproquement, si l'équation

$$P\,p + P'p' + P''p'' + \ldots = 0$$

est satisfaite, l'équilibre existera. La démonstration de cette proposition réciproque est entièrement semblable à celle qu'on a déjà donnée pour un système composé de deux points.

129. Enfin lorsque, la liaison des points considérés M, M′, M″,... n'étant pas complète, le mouvement de l'un d'eux ne détermine plus celui de tous les autres, il faut encore, s'il y a équilibre, que la somme des moments virtuels $P\,p, P'p',\ldots$, soit nulle pour tous les mouvements que le système peut prendre. En effet, supposons qu'il y ait équilibre, et que, pour un certain mouvement, la somme des moments virtuels ne soit pas nulle. En rendant ce mouvement seul possible par de nouvelles liaisons, on ne détruira pas l'équilibre préexistant; mais, puisque la liaison du système sera alors *complète*, l'équilibre ne pourra avoir lieu qu'autant que la somme des moments virtuels sera nulle; donc l'équation

$$(17) \qquad P\,p + P'p' + P''p'' + \ldots = \Sigma P\,p = 0$$

doit être satisfaite, lorsqu'il y a équilibre, quelles que soient les liaisons du système.

Réciproquement, si la somme $\mathrm{P}p + \mathrm{P}'p' + \mathrm{P}''p'' + \ldots$ des moments virtuels est nulle pour tous les mouvements possibles, il y aura équilibre ; car si le mouvement avait lieu, on ne l'empêcherait pas en liant les points de telle manière que ce mouvement fût seul possible ; et il en résulterait que dans un système dont la liaison serait complète, la somme des moments virtuels pourrait être nulle sans qu'il y eût équilibre, ce qui est contraire à ce qu'on a déjà démontré.

En résumé, quel que soit le système de points que l'on considère, on aura toutes les conditions de l'équilibre en égalant à zéro la somme des moments virtuels des forces pour tous les mouvements possibles ou compatibles avec les liaisons du système ; c'est ce qu'il fallait prouver.

130. L'équation générale d'équilibre ou du principe des vitesses virtuelles n° **122**

$$(15) \qquad \Sigma\left(\mathrm{X}\frac{dx}{dt} + \mathrm{Y}\frac{dy}{dt} + \mathrm{Z}\frac{dz}{dt} \right) = 0$$

prend une forme très-simple, lorsque l'intensité et la direction de la force qui agit sur chaque point sont seulement fonctions des coordonnées de ce point, et indépendantes des coordonnées des autres points. Désignons, en effet, par P la force dont X, Y, Z sont les composantes, qui agit sur l'un quelconque des points (x, y, z) du système, et qui, par hypothèse, est fonction des seules coordonnées de ce point. Par tous les points de la ligne droite ou courbe que le point M décrirait sous l'influence des liaisons du système, menons une série de lignes représentant les directions successives de la force P, et construisons ou concevons une surface orthogonale ou normale à toutes ces directions. Appelons M (*fig.* 3o) le point dont il s'agit, ou dont les coordonnées sont x, y, z ; M_1 une seconde position de ce point dont les coordonnées sont $x + \Delta x$, $y + \Delta y$, $z + \Delta z$; m, m_1 les points correspondants de la surface orthogonale, p la distance Mm, $p + \Delta p$ la distance $M_1 m_1$; menons par M_1 un plan parallèle à la ligne mm_1 et soit N le point d'intersection de ce plan avec celle des lignes P qui passe par le point M; l'angle $M_1 NM$ sera un angle droit, et l'on aura par conséquent $\cos M_1 MN = \dfrac{MN}{MM_1} = \dfrac{\Delta p}{\Delta s} \cdot$ D'ailleurs les cosinus des angles que les lignes MN, MM_1 font avec les trois axes coordonnés sont : pour la première $\dfrac{X}{P}$, $\dfrac{Y}{P}$, $\dfrac{Z}{P}$, pour la seconde $\dfrac{\Delta x}{\Delta s}$, $\dfrac{\Delta y}{\Delta s}$, $\dfrac{\Delta z}{\Delta s}$; on aura donc aussi

$$\cos M_1 MN = \pm \left(\frac{X}{P} \frac{\Delta x}{\Delta s} + \frac{Y}{P} \frac{\Delta y}{\Delta s} + \frac{Z}{P} \frac{\Delta z}{\Delta s} \right);$$

par conséquent,

$$\frac{\Delta p}{\Delta s} = \pm \left(\frac{X}{P} \frac{\Delta x}{\Delta s} + \frac{Y}{P} \frac{\Delta y}{\Delta s} + \frac{Z}{P} \frac{\Delta z}{\Delta s} \right).$$

et en passant aux limites,

$$X\,dx + Y\,dy + Z\,dz = \pm P\,dp.$$

Ce raisonnement et cette transformation s'appliquant évidemment à tous les points du système, l'équation générale d'équilibre deviendra

$$\Sigma\,(X\,dx + Y\,dy + Z\,dz) = \Sigma(\pm P\,dp) = 0.$$

Si chaque longueur p, ou ce qu'on pourrait appeler le rayon de la surface orthogonale, est lui-même, comme P, une fonction des seules coordonnées x, y, z, chaque produit $P\,dp$ et par suite la somme $\Sigma \pm (P\,dp)$ sera une différentielle exacte, et on pourra l'intégrer. C'est ce qui arrivera, par exemple, si chacune des forces du système émane d'un centre fixe et est fonction de la distance de son point d'application au centre fixe.

Dans ce cas, en effet, soient a, b, c les coordonnées du centre fixe, d'où émane la force P, r la distance du point d'application de la force P à ce centre, on aura

$$r^2 = (x - a)^2 + (y - b^2) + (z - c)^2,$$
$$r\,dr = (x - a)\,dx + (y - b)\,dy + (z - c)\,dz,$$
$$\mathrm{X} = \mathrm{P}\,\frac{x - a}{r}, \quad \mathrm{Y} = \mathrm{P}\,\frac{y - b}{r}, \quad \mathrm{Z} = \mathrm{P}\,\frac{z - c}{r},$$
$$\mathrm{X}\,dx + \mathrm{Y}\,dy + \mathrm{Z}\,dz = \frac{\mathrm{P}}{r}[(x - a)\,dx + (y - b)\,dy + (z - c)\,dz] = \mathrm{P}\,dr.$$

Donc, en effet, si P est fonction de r, le binôme sera une différentielle exacte.

La même chose arrivera encore si les forces du système se réduisent à des attractions ou à des répulsions réciproques, fonctions de leurs distances mutuelles. Soient, en effet, x, y, z, x', y', z' les coordonnées de deux des points qui s'attirent ou se repoussent, r leur distance, et $f(r)$ la fonction de r qui exprime l'intensité de l'attraction ou de la répulsion ; si l'on a

$$\mathrm{X} = f(r)\,\frac{x - x'}{r}, \quad \mathrm{Y} = f(r)\,\frac{y - y'}{r}, \quad \mathrm{Z} = f(r)\,\frac{z - z'}{r},$$

on aura

$$\mathrm{X}' = f(r)\,\frac{x' - x}{r}, \quad \mathrm{Y}' = f(r)\,\frac{y' - y}{r}, \quad \mathrm{Z}' = f(r)\,\frac{z' - z}{r},$$

et par suite

$$\mathrm{X}\,dx + \mathrm{Y}\,dy + \mathrm{Z}\,dz + \mathrm{X}'\,dx' + \mathrm{Y}'\,dy' + \mathrm{Z}'\,dz'$$
$$= \frac{f(r)}{r}[(x - x')(dx - dx') + (y - y')(dy - dy') + (z - z')(dz - dz')]$$
$$= \frac{f(r)}{r}\,r\,dr = f(r)\,dr,$$

puisque

$$r^2 = (x - x')^2 + (y - y')^2 + (z - z')^2,$$
$$r\,dr = (x - x')(dx - dx') + (y - y')(dy - dy') + (z - z')(dz - dz');$$

Donc, en groupant les trinômes deux à deux, on les transforme en une différentielle exacte, et l'on aura évidemment

$$\Sigma\,(\mathrm{X}\,dx + \mathrm{Y}\,dy + \mathrm{Z}\,dz) = \Sigma\,\mathrm{f}\,(r)\,dr.$$

En général, lorsque la somme $\Sigma\,(\mathrm{X}\,dx + \mathrm{Y}\,dy + \mathrm{Z}\,dz)$ est une différentielle exacte, si nous représentons son intégrale par U, U devra être une fonction des coordonnées $x, y, z, \ldots$, dont les dérivées partielles seront

$$\frac{d\mathrm{U}}{dx} = \mathrm{X}, \quad \frac{d\mathrm{U}}{dy} = \mathrm{Y}, \quad \frac{d\mathrm{U}}{dz} = \mathrm{Z}, \quad \frac{d\mathrm{U}}{dx'} = \mathrm{X}', \quad \frac{d\mathrm{U}}{dy'} = \mathrm{Y}', \ldots,$$

et l'équation générale d'équilibre ou du principe des vitesses virtuelles

$$\Sigma\,(\mathrm{X}\,dx + \mathrm{Y}\,dy + \mathrm{Z}\,dz) = 0,$$

deviendra

$$\Sigma\left(\frac{d\mathrm{U}}{dx}\,dx + \frac{d\mathrm{U}}{dy}\,dy + \frac{d\mathrm{U}}{dz}\,dz \right) = d\mathrm{U} = 0.$$

Cette fonction U est ce qu'on appelle la fonction des forces; et il résulte de l'équation $d\mathrm{U} = 0$, que dans le cas d'équilibre cette fonction doit être en général un maximum ou un minimum.

131. L'équation

$$(15) \qquad \Sigma\left(\mathrm{X}\,\frac{dx}{dt} + \mathrm{Y}\,\frac{dy}{dt} + \mathrm{Z}\,\frac{dz}{dt} \right) = 0,$$

qui subsiste lorsqu'il y a équilibre pour tous les mouvements compatibles avec les liaisons du système, et qui renferme le principe des vitesses virtuelles, reprend très-facilement la forme sous laquelle ce même principe se présente dans la démonstration d'Ampère. Soient $\omega = \dfrac{ds}{dt}$ la vitesse virtuelle du point (x, y, z), (P, ω) l'angle compris entre la direction de cette vitesse et celle de la force P. Comme les cosinus des angles formés par les deux directions sont respectivement pour la vitesse

$$\frac{dx}{ds} = \frac{dx}{dt}\frac{dt}{ds} = \frac{1}{\omega}\frac{dx}{dt}, \quad \frac{dy}{ds} = \frac{1}{\omega}\frac{dy}{dt}, \quad \frac{dz}{ds} = \frac{1}{\omega}\frac{dz}{dt},$$

pour la force

$$\frac{X}{P}, \quad \frac{Y}{P}, \quad \frac{Z}{P},$$

on aura

$$\cos(P,\omega) = \frac{1}{P\omega}\left(X\frac{dx}{dt} + Y\frac{dy}{dt} + Z\frac{dz}{dt}\right),$$

$$X\frac{dx}{dt} + Y\frac{dy}{dt} + Z\frac{dz}{dt} = P\omega\cos(P,\omega);$$

on trouverait de même, en désignant par ω' la vitesse virtuelle du point (x', y', z'),

$$X'\frac{dx'}{dt} + Y'\frac{dy'}{dt} + Z'\frac{dz'}{dt} = P'\omega'\cos(P,\omega'),\ldots,$$

et l'équation (15) deviendra

$$(17) \qquad \Sigma\, P\,\omega\cos(P,\omega) = \Sigma\, Pp = o.$$

On appelle quelquefois *tension* d'une force la composante $P\cos(P,\omega)$ de la force suivant la tangente à la courbe que son point d'application tend à décrire, et *travail virtuel* de la force le produit $P\omega\cos\omega$ de la tension par la vitesse virtuelle. Le théorème renfermé dans l'équation $P\omega\cos(P,\omega)$ peut alors s'énoncer comme il suit : pour que les forces qui agissent sur un système de points liés entre eux d'une manière quelconque se fassent équilibre, il faut que la somme de leurs travaux virtuels soit nulle dans tous les mouvements que le système peut prendre, ou qui sont compatibles avec ses liaisons.

132. Si la somme des moments virtuels est nulle, c'est nécessairement parce que quelques-uns des moments virtuels sont positifs et les autres négatifs. Lorsque l'angle de la force avec la vitesse virtuelle est aigu, ou lorsque la composante de la force suivant la direction de la vitesse est dirigée dans le sens de la vitesse, le produit $P \cos (P, \omega)$ et le moment virtuel $P \omega \cos (P, \omega)$ sont positifs, la force P alors tend à produire cette vitesse, on peut dire qu'elle joue le rôle de *puissance*. Au contraire, si l'angle (P, ω) est obtus, si la composante est dirigée en sens contraire de la vitesse virtuelle, le produit $P \cos (P, \omega)$ et le moment virtuel $P \omega \cos (P, \omega)$ sont négatifs, la force tend à empêcher le point de se mouvoir et joue le rôle de *résistance*. Désignons par P les projections ou *tensions* des forces puissances, par R les projections ou *tensions* des forces résistances, ces projections étant prises en valeur absolue; appelons $\dfrac{dp}{dt}$, $\dfrac{dr}{dt}$ les vitesses virtuelles des points d'application des puissances et des résistances, l'équation des vitesses virtuelles pourra se mettre sous la forme

$$\Sigma P \frac{dp}{dt} - \Sigma R \frac{dr}{dt} = 0.$$

Il devient alors facile de prouver que si cette équation est satisfaite, l'équilibre aura nécessairement lieu. En effet, si quelques-uns des points du système, dont nous désignerons les vitesses virtuelles par $\dfrac{ds}{dt}$, avaient encore un mouvement, on pourrait les empêcher de se mouvoir, ou rétablir l'équilibre en introduisant des forces S d'intensité convenable, appliquées en sens contraire du mouvement; et puisqu'alors il y aurait équilibre, on aurait

$$\Sigma P \frac{dp}{dt} - \Sigma R \frac{dr}{dt} - \Sigma S \frac{ds}{dt} = 0,$$

ou bien, puisque par hypothèse $\Sigma P \dfrac{dp}{dt} - \Sigma R \dfrac{dr}{dt} = 0$,

$$- \Sigma S \frac{ds}{dt} = 0.$$

Or, puisque tous les termes de la somme qui compose le premier membre sont de même signe et négatifs, chaque terme devra être séparément nul ; c'est-à-dire qu'on devra avoir généralement, soit $S = 0$, soit $\dfrac{ds}{dt} = 0$; mais par là même, et quelle que soit celle des deux hypothèses que l'on adopte, le point auquel la force S est appliquée sera en repos ; puisque $S = 0$ signifierait que pour le mettre en repos il suffit d'appliquer une force nulle, et $\dfrac{ds}{dt} = 0$ exprimerait que sa vitesse est nulle. Donc l'équation

$$\Sigma P \frac{dp}{dt} - \Sigma R \frac{dr}{dt} = 0$$

entraîne nécessairement l'équilibre du système, et nous retrouvons cette proposition fondamentale : *Les conditions d'équilibre d'un système quelconque de points dont les liaisons indépendantes du temps peuvent être exprimées par des fonctions de leurs coordonnées, seront toutes données par la condition que la somme des moments ou travaux virtuels sera nulle dans tous les mouvements compatibles avec les liaisons du système.*

TREIZIÈME LEÇON.

Applications des équations générales d'équilibre sous leurs deux formes principales. — Applications des équations primitives. — Équilibre d'un point. — Équilibre d'un corps solide. — Équilibre d'un polygone funiculaire. — Forme d'équilibre de la chaînette. — Chaînette des ponts suspendus. — Cordon sans pesanteur enroulé sur une surface. — Applications de l'équation des vitesses virtuelles. — Nombre des équations d'équilibre. — Cas d'un corps solide.

133. La théorie que nous venons de développer est si importante, que nous croyons devoir nous étendre sur ses applications aux divers cas de la statique, et présenter ces applications sous deux formes, en faisant servir à la recherche des conditions d'équilibre et les équations primitives avec les indéterminées λ, μ, ν,..., que nous remplacerons pour plus de symétrie par λ_1, λ_2, λ_3,..., et les équations transformées par la considération des vitesses virtuelles.

Premier cas. — *Équilibre d'un point* M_1. — Si le point est libre dans l'espace, l'équation $L_1 = o$ est une équation identique $o = o$, et l'on doit avoir nécessairement

$$X_1 = o, \quad Y_1 = o, \quad Z_1 = o.$$

Si le point est assujetti à rester sur une surface dont l'équation est $L_1 = o$, on devra avoir

$$X_1 = \lambda_1 D_{x_1} L_1, \quad Y_1 = \lambda_1 D_{y_1} L_1, \quad Z_1 = \lambda_1 D_{z_1} L_1,$$

et les équations d'équilibre seront

$$\frac{X_1}{D_{x_1} L_1} = \frac{Y_1}{D_{y_1} L_1} = \frac{Z_1}{D_{z_1} L_1} = \frac{\sqrt{X_1^2 + Y_1^2 + Z_1^2}}{\sqrt{(D_{x_1} L_1)^2 + (D_{y_1} L_1)^2 + (D_{z_1} L_1)^2}},$$

et elles expriment, comme on le savait déjà, que la force P_1 est normale à la surface $L_1 = o$.

Si le point est assujetti à rester à la fois sur deux surfaces $L_1 = 0$, $L_2 = 0$, ces deux surfaces seront les liaisons du système ; une seule des coordonnées reste indépendante ou arbitraire, il n'y aura plus qu'une équation d'équilibre, et cette équation sera

$$ X_1 \frac{dx_1}{dt} + Y_1 \frac{dy_1}{dt} + Z_1 \frac{dz_1}{dt} = 0, $$

ou, en multipliant par $\dfrac{ds_1}{dt}$,

$$ X_1 \frac{dx_1}{ds} + Y_1 \frac{dy_1}{ds} + Z_1 \frac{dz_1}{ds}, $$

et elle exprime que la direction de la force P_1 est située dans le plan normal à la courbe que le point mobile peut décrire.

134. Deuxième cas. — *Équilibre d'un corps solide.* — Si tous les points du système sont liés invariablement entre eux, les équations qui établissent les liaisons sont celles qui expriment que les distances mutuelles de trois des points du système sont invariables, et que les autres points sont toujours à la même distance des trois premiers. Soient (x_1, y_1, z_1), (x_2, y_2, z_2), (x_3, y_3, z_3) les trois points auxquels on rapporte tous les autres, les $3n - 6$ liaisons seront

$$ L_1 = (x_1 - x_2)^2 + (y_1 - y_2)^2 + (z_1 - z_2)^2 - c_1^2 = 0, $$

$$ L_2 = (x_1 - x_3)^2 + (y_1 - y_3)^2 + (z_1 - z_3)^2 - c_2^2 = 0, $$

$$ L_3 = (x_2 - x_3)^2 + (y_2 - y_3)^2 + (z_2 - z_3)^2 - c_3^2 = 0, $$

$$ L_4 = (x_1 - x_4)^2 + (y_1 - y_4)^2 + (z_1 - z_4)^2 - c_4^2 = 0, $$

$$ L_5 = (x_2 - x_4)^2 + (y_2 - y_4)^2 + (z_2 - z_4)^2 - c_5^2 = 0, $$

. . . .

$$L_{3n-8} = (x_1 - x_n)^2 + (y_1 - y_n)^2 + (z_1 - z_n)^2 - c^2_{3n-8} = 0,$$

$$L_{3n-7} = (x_2 - x_n)^2 + (y_2 - y_n)^2 + (z_2 - z_n)^2 - c^2_{3n-7} = 0,$$

$$L_{3n-6} = (x_3 - x_n)^2 + (y_3 - y_n)^2 + (z_3 - z_n)^2 - c^2_{3n-6} = 0.$$

On aura donc

$$X_1 = 2\lambda_1(x_1 - x_2) + 2\lambda_2(x_1 - x_3) + 2\lambda_4(x_1 - x_4)$$
$$+ 2\lambda_7(x_1 - x_5) + \ldots + 2\lambda_{3n-8}(x_1 - x_n),$$

$$Y_1 = 2\lambda_1(y_1 - y_2) + 2\lambda_2(y_1 - y_3) + 2\lambda_4(y_1 - y_4)$$
$$+ 2\lambda_7(y_1 - y_5) + \ldots + 2\lambda_{3n-8}(y_1 - y_n),$$

$$Z_1 = 2\lambda_1(z_1 - z_2) + 2\lambda_2(z_1 - z_3) + 2\lambda_4(z_1 - z_4)$$
$$+ 2\lambda_7(z_1 - z_5) + \ldots + 2\lambda_{3n-8}(z_1 - z_n),$$

$$X_2 = - 2\lambda_1(x_1 - x_2) + 2\lambda_3(x_2 - x_3) + 2\lambda_5(x_2 - x_4)$$
$$+ 2\lambda_8(x_2 - x_5) + \ldots + 2\lambda_{3n-7}(x_2 - x_n),$$

$$\ldots\ldots\ldots\ldots\ldots\ldots\ldots\ldots\ldots\ldots\ldots\ldots\ldots\ldots$$

$$X_3 = - 2\lambda_2(x_1 - x_3) - 2\lambda_3(x_2 - x_3) + 2\lambda_6(x_3 - x_4)$$
$$+ 2\lambda_9(x_3 - x_5) + \ldots + 2\lambda_{3n-6}(x_3 - x_n)$$

$$\ldots\ldots\ldots\ldots\ldots\ldots\ldots\ldots\ldots\ldots\ldots\ldots\ldots\ldots$$

$$X_4 = - 2\lambda_4(x_1 - x_4) - 2\lambda_5(x_2 - x_4) - 2\lambda_6(x_3 - x_4),$$

$$\ldots\ldots\ldots\ldots\ldots\ldots\ldots\ldots\ldots\ldots\ldots\ldots\ldots\ldots$$

$$X_n = - 2\lambda_{3n-8}(x_1 - x_n) - 2\lambda_{3n-7}(x_2 - x_n) - 2\lambda_{3n-6}(x_3 - x_n),$$
$$Y_n = - 2\lambda_{3n-8}(y_1 - y_n) - 2\lambda_{3n-7}(y_2 - y_n) - 2\lambda_{3n-6}(y_3 - y_n),$$
$$Z_n = - 2\lambda_{3n-8}(z_1 - z_n) - 2\lambda_{3n-7}(z_2 - z_n) - 2\lambda_{3n-6}(z_3 - z_n).$$

Or si entre ces $3n$ équations on élimine les $3n - 6$ indéterminées $\lambda_1, \lambda_2, \ldots, \lambda_{3n-6}$, on trouvera

$$X_1 + X_2 + \ldots + X_n = \Sigma X = 0,$$
$$Y_1 + Y_2 + \ldots + Y_n = \Sigma Y = 0,$$
$$Z_1 + Z_2 + \ldots + Z_n = \Sigma Z = 0,$$

$$(Y_1 z_1 - Z_1 y_1) + \ldots + (Y_n z_n - Z_n y_n) = \Sigma(Yz - Zy) = 0,$$
$$(Z_1 x_1 - X_1 z_1) + \ldots + (Z_n x_n - X_n z_n) = \Sigma(Zx - Xz) = 0,$$
$$(X_1 y_1 - Y_1 x_1) + \ldots + (X_n y_n - Y_n y_n) = \Sigma(Xy - Yx) = 0.$$

I.

Telles sont donc les équations d'équilibre, et ce sont bien celles que nous avons déjà établies.

135. Si l'un des points du système invariable est fixe, et qu'on le prenne pour origine des coordonnées, les $3n-3$ liaisons seront

$$L_1 = x_1 = 0,$$
$$L_2 = y_1 = 0,$$
$$L_3 = z_1 = 0,$$
$$L_4 = x_2^2 + y_2^2 + z_2^2 - c_4^2 = 0,$$
$$L_5 = x_3^2 + y_3^2 + z_3^2 - c_5^2 = 0,$$
$$L_6 = (x_2 - x_3)^2 + (y_2 - y_3)^2 + (z_2 - z_3)^2 - c_6^2 = 0,$$
$$L_7 = x_4^2 + y_4^2 + z_4^2 - c_7^2 = 0,$$
$$L_8 = (x_2 - x_4)^2 + (y_2 - y_4)^2 + (z_2 - z_4)^2 - c_8^2 = 0,$$
$$L_9 = (x_3 - x_4)^2 + (y_3 - y_4)^2 + (z_3 - z_4)^2 - c_9^2 = 0,$$
$$\dots\dots\dots\dots\dots\dots\dots\dots\dots\dots$$
$$L_{3n-3} = (x_3 - x_n)^2 + (y_3 - y_n)^2 + (z_3 - z_n)^2 - c_{3n-3}^2 = 0,$$

on aura donc

$$X_1 = \lambda_1,$$
$$Y_1 = \lambda_2,$$
$$Z_1 = \lambda_3;$$
$$X_2 = 2\lambda_4 x_2 + 2\lambda_6 (x_2 - x_3) + 2\lambda_8 (x_2 - x_4) + \dots + 2\lambda_{3n-4}(x_2 - x_n),$$
$$Y_2 = 2\lambda_4 y_2 + 2\lambda_6 (y_2 - y_3) + 2\lambda_8 (y_2 - y_4) + \dots + 2\lambda_{3n-4}(y_2 - y_n),$$
$$Z_2 = 2\lambda_4 z_2 + 2\lambda_6 (z_2 - z_3) + 2\lambda_8 (z_2 - z_4) + \dots + 2\lambda_{3n-4}(z_2 - z_n),$$
$$X_3 = 2\lambda_5 x_3 - 2\lambda_6 (x_2 - x_3) + 2\lambda_9 (x_3 - x_4) + \dots + 2\lambda_{3n-3}(x_2 - x_n),$$
$$\dots\dots\dots\dots\dots\dots\dots\dots\dots\dots$$
$$X_4 = 2\lambda_7 x_4 - 2\lambda_8 (x_2 - x_4) - 2\lambda_9 (x_3 - x_4),$$
$$\dots\dots\dots\dots\dots\dots\dots\dots\dots\dots$$
$$Z_n = 2\lambda_{3n-5} z_n - 2\lambda_{3n-4}(z_2 - z_n) - 2\lambda_{3n-3}(z_3 - z_n).$$

Si entre ces $3n$ équations on élimine les $3n-3$ constantes indéterminées $\lambda_1, \lambda_2, \ldots, \lambda_{3n-3}$, on aura les trois équations suivantes qui seront les équations d'équilibre :

$$(Y_1 z_1 - Z_1 y_1) + \ldots + (Y_n z_n - Z_n y_n) = \Sigma(Y z - z Y) = 0,$$
$$(Z_1 x_1 - X_1 z_1) + \ldots + (Z_n x_n - X_n z_n) = \Sigma(Z x - x Z) = 0,$$
$$(X_1 y_1 - Y_1 x_1) + \ldots + (X_n y_n - Y_n x_n) = \Sigma(X y - Y x) = 0.$$

La pression exercée sur le point fixe (x_1, y_1, z_1) est au point (x_2, y_2, z_2) normale à la surface $L_4 = 0$, c'est-à-dire qu'elle s'exerce suivant la ligne c_4, ses composantes suivant les trois axes coordonnés sont

$$\lambda_4 D_{x_2} L_4 = 2\lambda_4 x_2, \quad \lambda_4 D_{y_2} L_4 = 2\lambda_4 y_2, \quad \lambda_4 D_{z_2} L_4 = 2\lambda_4 z_2;$$

la pression au point (x_3, y_3, z_3), exercée suivant la ligne c_6, est de même

$$\lambda_5 D_{x_3} L_5 = 2\lambda_5 x_3, \quad \lambda_5 D_{y_3} L_5 = 2\lambda_5 y_3, \quad \lambda_5 D_{z_3} L_5 = 2\lambda_5 z_3,$$

celle au point (x_4, y_4, z_4), suivant c_7

$$\lambda_7 D_{x_4} L_7 = 2\lambda_7 x_4, \quad \lambda_7 D_{y_4} L_7 = 2\lambda_7 y_4, \quad \lambda_7 D_{z_4} L_7 = 2\lambda_7 z_4,$$

$$\ldots\ldots\ldots\ldots\ldots\ldots\ldots\ldots\ldots\ldots\ldots$$

celle enfin au point (x_n, y_n, z_n) le long de la ligne c_{3n-5}

$$\lambda_{3n-3} D_{x_n} L_{3n-3} = 2\lambda_{3n-3} x_n, \quad \lambda_{3n-3} D_{y_n} L_{3n-3} = 2\lambda_{3n-3} y_n,$$
$$\lambda_{3n-3} D_{z_n} L_{3n-3} = 2\lambda_{3n-3} z_n.$$

Les trois composantes $\lambda_1, \lambda_2, \lambda_3$ exercent d'ailleurs immédiatement leur action sur le point fixe. Il en résulte que les trois composantes suivant les trois axes de la pression totale exercée sur le point fixe, sont

$$\lambda_1 + 2\lambda_4 x_2 + 2\lambda_5 x_3 + \ldots + 2\lambda_{3n-3} x_n = X_1 + X_2 + \ldots + X_n = \Sigma X,$$
$$\lambda_2 + 2\lambda_4 y_2 + 2\lambda_5 y_3 + \ldots + 2\lambda_{3n-3} y_n = Y_1 + Y_2 + \ldots + Y_n = \Sigma Y,$$
$$\lambda_3 + 2\lambda_4 z_2 + 2\lambda_5 z_3 + \ldots + 2\lambda_{3n-3} z_n = Z_1 + Z_2 + \ldots + Z_n = \Sigma Z.$$

136. Si le système a deux points fixes (x_1, y_1, z_1), (x_2, y_2, z_2), et qu'on prenne pour axe des z la ligne passant par ces deux points, les $3n-1$ liaisons seront

$$L_1 = x_1 = 0, \quad L_2 = y_1 = 0, \quad L_3 = z_1 - c_3 = 0,$$
$$L_4 = x_2 = 0, \quad L_5 = y_2 = 0, \quad L_6 = z_2 - c_6 = 0,$$
$$L_7 = x_3^2 + y_3^2 + (z_1 - z_3)^2 - c_7^2 = 0,$$
$$L_8 = x_3^2 + y_3^2 + (z_2 - z_3)^2 - c_8^2 = 0,$$
$$L_9 = x_4^2 + y_4^2 + (z_1 - z_4)^2 - c_9^2 = 0,$$
$$L_{10} = x_4^2 + y_4^2 + (z_2 - z_4)^2 - c_{10}^2 = 0,$$
$$L_{11} = (x_3 - x_4)^2 + (y_3 - y_4) + (z_3 - z_4)^2 - c_{11}^2 = 0,$$
$$\cdots\cdots\cdots\cdots\cdots\cdots\cdots\cdots\cdots\cdots\cdots\cdots$$
$$L_{3n-3} = x_n^2 + y_n^2 + (z_1 - z_n)^2 - c_{3n-3}^2 = 0,$$
$$L_{3n-2} = x_n^2 + y_n^2 + (z_2 - z_n)^2 - c_{3n-2}^2 = 0,$$
$$L_{3n-1} = (x_3 - x_n)^2 + (y_3 - y_n)^2 + (z_3 - z_n)^2 - c_{3n-1} = 0.$$

On aura donc

$$X_1 = \lambda_1, \quad Y_1 = \lambda_2, \quad X_2 = \lambda_4, \quad Y_2 = \lambda_5,$$
$$Z_1 = \lambda_3 + 2\lambda_7(z_1 - z_3) + 2\lambda_9(z_1 - z_4) + \ldots + 2\lambda_{3n-3}(z_1 - z_n),$$
$$Z_2 = \lambda_6 + 2\lambda_8(z_2 - z_3) + 2\lambda_{10}(z_2 - z_4) + \ldots + 2\lambda_{3n-2}(z_2 - z_n),$$
$$X_3 = 2\lambda_7 x_3 + 2\lambda_8 x_3 + 2\lambda_{11}(x_3 - x_4) + \ldots + 2\lambda_{3n-1}(x_3 - x_n),$$
$$Y_3 = 2\lambda_7 y_3 + 2\lambda_8 y_3 + 2\lambda_{11}(y_3 - y_4) + \ldots + 2\lambda_{3n-1}(y_3 - y_n),$$
$$Z_3 = -2\lambda_7(z_1 - z_3) - 2\lambda_8(z_2 - z_3) + 2\lambda_{11}(z_3 - z_4) + \cdots$$
$$+ 2\lambda_{3n-1}(z_3 - z_n),$$
$$X_4 = 2\lambda_9 x_4 + 2\lambda_{10} x_4 - 2\lambda_{11}(x_3 - x_4),$$
$$\cdots\cdots\cdots\cdots\cdots\cdots\cdots\cdots\cdots\cdots$$
$$X_n = 2\lambda_{3n-3} x_n + 2\lambda_{3n-2} x_n - 2\lambda_{3n-1}(x_3 - x_n),$$
$$Y_n = 2\lambda_{3n-3} y_n + 2\lambda_{3n-2} y_n - 2\lambda_{3n-1}(y_3 - y_n),$$
$$Z_n = 2\lambda_{3n-3}(z_1 - z_n) - 2\lambda_{3n-2}(z_2 - z_n) - 2\lambda_{3n-1}(z_3 - z_n).$$

Si entre ces $3n$ équations on élimine les $3n-1$ indéterminées $\lambda_1, \lambda_2, \ldots, \lambda_{3n-1}$, on trouvera pour l'équation nécessaire et suffisante d'équilibre,

$$(X_1 y_1 - Y_1 x_1) + (X_2 y_2 - Y_2 x_2) + \ldots + (X_n y_n - Y_n x_n)$$
$$= \Sigma(X y - Y x) = 0.$$

Les composantes suivant les axes des x et des y de la pression exercée sur le point fixe (x_1, y_1, z_1) sont à ce point immédiatement

$$\lambda_1 \mathrm{D}_{x_1} \mathrm{L}_1 = \lambda_1, \quad \lambda_2 \mathrm{D}_{y_1} \mathrm{L}_2 = \lambda_2,$$

au point (x_3, y_3, z_3) suivant la ligne c_7,

$$\lambda_7 \mathrm{D}_{x_3} \mathrm{L}_7 = 2\lambda_7 x_3, \quad \lambda_7 \mathrm{D}_{y_3} \mathrm{L}_7 = 2\lambda_7 y_3,$$

au point (x_4, y_4, z_4) suivant la ligne c_9,

$$\lambda_9 \mathrm{D}_{x_4} \mathrm{L}_9 = 2\lambda_9 x_4, \quad \lambda_9 \mathrm{D}_{y_4} \mathrm{L}_9 = 2\lambda_9 y_4,$$

$$\cdots \cdots \cdots \cdots \cdots \cdots \cdots \cdots$$

Les composantes de la pression totale sur le point x_1, y_1, z_1, suivant les axes des x et des y, seront donc

$$\lambda_1 + 2\lambda_7 x_3 + 2\lambda_9 x_4 + \ldots + 2\lambda_{3n-3} x_n = X_1,$$
$$\lambda_2 + 2\lambda_7 y_3 + 2\lambda_9 y_4 + \ldots + 2\lambda_{3n-3} y_n = Y_1.$$

On trouverait de même pour les composantes suivant les axes des x et des y de la pression exercée sur le point (x_2, y_2, z_2),

$$\lambda_4 + 2\lambda_8 x_3 + 2\lambda_{10} x_4 + \ldots + 2\lambda_{3n-2} x_n = X_2,$$
$$\lambda_5 + 2\lambda_8 y_3 + 2\lambda_{10} y_4 + \ldots + 2\lambda_{3n-2} y_n = Y_2,$$

et l'on en déduit

$$\mathrm{X}_1 + \mathrm{X}_2 + \ldots + \mathrm{X}_n = \Sigma \mathrm{X} = X_1 + X_2,$$
$$\mathrm{Y}_1 + \mathrm{Y}_2 + \ldots + \mathrm{Y}_n = \Sigma \mathrm{Y} = Y_1 + Y_2,$$
$$(\mathrm{Y}_1 z_1 - \mathrm{Z}_1 y_1) + (\mathrm{Y}_2 z_2 - \mathrm{Z}_2 y_2) + \ldots + (\mathrm{Y}_n z_n - \mathrm{Z}_n y_n)$$
$$= \Sigma(\mathrm{Y}z - \mathrm{Z}y) = Y_1 z_1 + Y_2 z_2,$$
$$(\mathrm{Z}_1 x_1 - \mathrm{X}_1 z_1) + (\mathrm{Z}_2 x_2 - \mathrm{X}_2 z_2) + \ldots + (\mathrm{Z}_n x_n - \mathrm{X}_n z_n)$$
$$= \Sigma(\mathrm{Z}x - \mathrm{X}z) = -(X_1 z_1 + X_2 z_2).$$

Nous écrivons dans ces équations, par raison de symétrie, x_1, y_1, x_2, y_2, quoique ces coordonnées soient identiquement nulles. On tire de ces équations

$$X_1 = \frac{\Sigma(Zx - Xz) + z_2 \Sigma X}{z_2 - z_1},$$

$$X_2 = \frac{\Sigma(Zx - Xz) + z_1 \Sigma X}{z_1 - z_2},$$

$$Y_1 = \frac{\Sigma(Yz - Zy) - z_2 \Sigma Y}{z_1 - z_2},$$

$$Y_2 = \frac{\Sigma(Yz - Zy) - z_1 \Sigma Y}{z_2 - z_1}.$$

Enfin la pression commune aux deux points (x_1, y_1, z_1), (x_2, y_2, z_2) le long de la ligne qui les unit ou le long de l'axe des z, est

$$\lambda_3 D_{z_1} L_3 + \lambda_6 D_{z_1} L_6 + \lambda_7 D_{z_1} L_7 + \lambda_7 D_{z_2} L_7 + \lambda_8 D_{z_2} L_8 + \lambda_8 D_{z_3} L_8 + \ldots$$
$$+ \lambda_{3n-1} D_{z_{n-1}} L_{3n-1} + \lambda_{3n-1} D_{z_n} L_{3n-1}$$
$$= Z_1 + Z_2 + \ldots Z_n = \Sigma Z.$$

137. Si le corps solide est appuyé contre plusieurs plans ou contre plusieurs surfaces courbes, il ne pourra rester en équilibre qu'autant qu'aux points de contact la pression exercée par lui sera normale au plan ou à la surface. Si l'on désigne par $(\alpha', \beta', \gamma')$, $(\alpha'', \beta'', \gamma'') \ldots$, les angles que les normales au point de contact (x', y', z'), $(x'', y'', z''), \ldots$ font avec les axes coordonnés, les trois composantes des pressions seront

$$\lambda' \cos\alpha', \quad \lambda' \cos\beta', \quad \lambda' \cos\gamma';$$
$$\lambda'' \cos\alpha'', \quad \lambda'' \cos\beta'', \quad \lambda'' \cos\gamma'' \ldots,$$

$\lambda', \lambda'' \ldots$, étant des constantes indéterminées dont on choisira le signe de telle sorte que la pression qu'elles expriment ait pour effet d'appuyer le corps contre la sur-face. On peut évidemment remplacer les surfaces appuyantes par les pressions prises en signes contraires et considérer de nouveau le système comme libre. Les conditions d'équilibre sont alors

$$\Sigma X - \Sigma\lambda'\cos\alpha' = 0, \quad \Sigma Y - \Sigma\lambda'\cos\theta' = 0, \quad \Sigma Z - \Sigma\lambda'\cos\gamma' = 0,$$
$$\Sigma(Yz - Zy) - \Sigma\lambda'(z\cos\theta' - y\cos\gamma') = 0,$$
$$\Sigma(Zx - Xz) - \Sigma\lambda'(x\cos\gamma' - z\cos\alpha') = 0,$$
$$\Sigma(Xy - Yx) - \Sigma\lambda'(y\cos\alpha' - z\cos\theta') = 0.$$

S'il n'y a qu'un seul plan appuyant, que nous prendrons pour plan des xy, on aura

$$\cos\gamma' = \cos\gamma'' = 1; \quad \cos\alpha' = \cos\alpha''\ldots = \cos\theta' = \cos\theta''\ldots = 0;$$

et les équations d'équilibre deviendront

$$\Sigma X = 0, \quad \Sigma Y = 0, \quad \Sigma Z = \Sigma\lambda',$$
$$\Sigma(Yz - Zy) = -\Sigma\lambda'y, \quad \Sigma(Zx - Xz) = \Sigma\lambda'x, \quad \Sigma(Xy - Yx) = 0.$$

Les indéterminées λ', λ'',..., qui expriment les pressions aux points de contact, doivent avoir le même signe, le signe positif si le corps est situé du côté des z négatifs, le signe négatif si le corps est situé du côté des z positifs. Dans la première hypothèse, les conditions d'équilibre sont d'abord que l'on ait

$$\Sigma X = 0, \quad \Sigma Y = 0, \quad \Sigma(Xy - Yx) = 0;$$

en second lieu, que les valeurs de λ', $\lambda''\ldots$, déterminées par les équations

$$\Sigma Z = \Sigma\lambda', \quad \Sigma(Yz - Zy) = -\Sigma\lambda'y, \quad \Sigma(Zx - Xz) = \Sigma\lambda'x,$$

soient toutes positives. Si le nombre des points d'appui est de plus de trois, ou si les trois points d'appui sont situés sur une même ligne droite, trois seulement des constantes λ', λ'',..., dans le premier cas, deux seulement dans le second, sont déterminées par les équations qui précèdent; les autres resteront indéterminées ou arbitraires.

138. Troisième cas.—*Équilibre d'un système flexible.*
— Soient $M_1 M_2$, $M_2 M_3$, $M_3 M_4$,..., (*fig.* 3ı) des lignes
droites de longueur invariable qui peuvent tourner librement autour de leurs extrémités, de manière à former un
polygone flexible ou mobile autour de ses angles; on applique aux points M_1, M_2, M_3..., des forces P_1, P_2,
P_3...; et l'on demande les conditions de leur équilibre.
Les liaisons sont ici

$$L_1 = (x_1 - x_2)^2 + (y_1 - y_2)^2 + (z_1 - z_2)^2 - r_1^2 = 0,$$

$$L_2 = (x_2 - x_3)^2 + (y_2 - y_3)^2 + (z_2 - z_3)^2 - r_2^2 = 0,$$

$$\dotfill$$

$$L_{n-1} = (x_{n-1} - x_n)^2 + (y_{n-1} - y_n)^2 + (z_{n-1} - z_n)^2 - r_{n-1}^2 = 0.$$

Les composantes des forces P_1, P_2, ... suivant les axes
des coordonnées seront donc

$$X_1 = 2\lambda_1(x_1 - x_2),$$
$$X_2 = -2\lambda_1(x_1 - x_2) + 2\lambda_2(x_2 - x_3),$$
$$\dotfill$$
$$X_{n-1} = -2\lambda_{n-2}(x_{n-2} - x_{n-1}) + 2\lambda_{n-1}(x_{n-1} - x_n),$$
$$X_n = -2\lambda_{n-1}(x_{n-1} - x_n),$$

$$Y_1 = 2\lambda_1(y_1 - y_2),$$
$$Y_2 = -2\lambda_1(y_1 - y_2) + 2\lambda_2(y_2 - y_3),$$
$$Y_3 = -2\lambda_2(y_2 - y_3) + 2\lambda_3(y_3 - y_4),$$
$$\dotfill$$
$$Y_{n-1} = -2\lambda_{n-2}(y_{n-2} - y_{n-1}) + 2\lambda_{n-1}(y_{n-1} - y_n),$$
$$Y_n = -2\lambda_{n-1}(y_{n-1} - y_n),$$

$$Z_1 = 2\lambda_1(z_1 - z_2).$$
$$Z_2 = -2\lambda_1(z_1 - z_2) + 2\lambda_2(z_2 - z_3),$$
$$Z_3 = -2\lambda_2(z_2 - z_3) + 2\lambda_3(z_3 - z_4),$$
$$\dotfill$$
$$Z_{n-1} = -2\lambda_{n-2}(z_{n-2} - z_{n-1}) + 2\lambda_{n-1}(z_{n-1} - z_n),$$
$$Z_n = -2\lambda_{n-1}(z_{n-1} - z_n).$$

Si entre ces $3n$ équations on élimine les $n-1$ indéterminées $\lambda_1, \lambda_2, \lambda_3, \ldots, \lambda_{n-1}$ on obtient les $2n+1$ équations d'équilibre

$$X_1 + X_2 + \ldots + X_n = \Sigma X = 0, \quad \Sigma Y = 0, \quad \Sigma Z = 0,$$

$$\frac{X_1}{x_1 - x_2} = \frac{Y_1}{y_1 - y_2} = \frac{Z_1}{z_1 - z_2},$$

$$\frac{X_1 + X_2}{x_2 - x_3} = \frac{Y_1 + Y_2}{y_2 - y_3} = \frac{Z_1 + Z_2}{z_2 - z_3},$$

$$\frac{X_1 + X_2 + X_3}{x_3 - x_4} = \frac{Y_1 + Y_2 + Y_3}{y_3 - y_4} = \frac{Z_1 + Z_2 + Z_3}{z_3 - z_4},$$

$$\cdots\cdots\cdots\cdots\cdots\cdots\cdots\cdots\cdots$$

$$\frac{X_1 + X_2 + \ldots + X_{n-1}}{x_{n-1} - x_n} = \frac{Y_1 + Y_2 + \ldots + Y_{n-1}}{y_{n-1} - y_n}$$

$$= \frac{Z_1 + Z_2 + \ldots + Z_{n-1}}{z_{n-1} - z_n}.$$

Les trois premières équations expriment évidemment que les forces du système transportées en un même point de l'espace doivent se faire équilibre.

Les normales aux surfaces $L_1 = 0, L_2 = 0, \ldots, L_{n-1} = 0$, ou les tensions effectives le long des lignes ou côtés $r_1, r_2, \ldots, r_{n-1}$, sont, d'après les principes déjà établis :
Au point (x_1, y_1, z_1) suivant r_1,

$$\lambda'_1 = \lambda_1 \sqrt{(D_{x_1} L_1)^2 + (D_{y_1} L_1)^2 + (D_{z_1} L_1)^2}$$
$$= 2\lambda_1 r_1 = \sqrt{X_1^2 + Y_1^2 + Z_1^2} = T_1,$$

au point (x_2, y_2, z_2) suivant r_1,

$$\lambda'_2 = \lambda_1 \sqrt{(D_{x_2} L_1)^2 + (D_{y_2} L_1)^2 + (D_{z_2} L_1)^2}$$
$$= -2\lambda_1 r_1 = -\sqrt{X_1^2 + Y_1^2 + Z_1^2} = -T_1,$$

au point (x_2, y_2, z_2) suivant r_2,

$$\lambda''_2 = \lambda_2 \sqrt{(D_{x_2} L_2)^2 + (D_{y_2} L_2)^2 + (D_{z_2} L_2)^2} = 2\lambda_2 r_2$$
$$= \sqrt{(X_1 + X_2)^2 + (Y_1 + Y_2)^2 + (Z_1 + Z_2)^2} = T_2,$$

au point (x_3, y_3, z_3) suivant r_2,

$$\lambda_3'' = \lambda_3 \sqrt{(D_{x_3} L_2)^2 + (D_{y_3} L_2)^2 + (D_{z_3} L_2)^2} = -2\lambda_2 r_2$$

$$= -\sqrt{(X_1 + X_2)^2 + (Y_1 + Y_2)^2 + (Z_1 + Z_2)^2} = -T_2,$$

au point (x_3, y_3, z_3) suivant r_3,

$$\lambda_3''' = \lambda_3 \sqrt{(D_{x_3} L_3)^2 + (D_{y_3} L_3)^2 + (D_{z_3} L_3)^2} = 2\lambda_3 r_3$$

$$= \sqrt{(X_1 + X_2 + X_3)^2 + (Y_1 + Y_2 + Y_3)^2 + (Z_1 + Z_2 + Z_3)^2} = T_3,$$

$$\ldots \ldots \ldots \ldots \ldots \ldots \ldots \ldots \ldots \ldots \ldots \ldots$$

au point (x_n, y_n, z_n) suivant r_{n-1},

$$\lambda_n^{(n-1)} = \lambda_{n-1} \sqrt{(D_{x_n} L_{n-1})^2 + (D_{y_n} L_{n-1})^2 + (D_{z_n} L_{n-1})^2} = -2\lambda_{n-1} r_{n-1}$$

$$= -\sqrt{(X_1 + X_2 + \ldots + X_{n-1})^2 + (Y_1 + Y_2 + \ldots + Y_{n-1})^2 + (Z_1 + Z_2 + \ldots + Z_{n-1})^2}$$

$$= -\sqrt{X_n^2 + Y_n^2 + Z_n^2} = -T_n.$$

La tension T_{m-1} en un point quelconque de jonction des côtés ou en un sommet quelconque (x_m, y_m, z_m) du polygone, le long de la ligne r_{m-1}, sera par conséquent la résultante de toutes les forces $P_1, P_2, \ldots, P_{m-1}$ transportées parallèlement à elles-mêmes au point (x_m, y_m, z_m), mais appliquées en sens contraire; la tension T_m suivant r_m sera la résultante des forces $P_1, P_2, \ldots, P_m$ transportées parallèlement à elles-mêmes à ce même point (x_m, y_m, z_m). Les tensions T_m et T_{m-1} exercées au point (x_m, y_m, z_m) auront donc toujours pour résultante la force P_m, c'est-à-dire que la force P_m sera en équilibre avec les tensions $-T_m$ et $-T_{m-1}$.

139. Désignons par $\alpha_1, \beta_1, \gamma_1, \alpha_2, \beta_2, \gamma_2, \ldots, \alpha_{n-1}, \beta_{n-1}, \gamma_{n-1}$ les angles que les lignes $r_1, r_2, \ldots, r_{n-1}$ font

avec les axes coordonnés; on aura

$$x_1 - x_2 = r_1 \cos \alpha_1, \quad y_1 - y_2 = r_1 \cos \beta_1, \quad z_1 - z_2 = r_1 \cos \gamma_1,$$
$$x_2 - x_3 = r_2 \cos \alpha_2, \quad y_2 - y_3 = r_2 \cos \beta_2, \quad z_2 - z_3 = r_2 \cos \gamma_2,$$
$$\cdots \cdots \cdots \cdots \cdots \cdots \cdots$$
$$x_{n-1} - x_n = r_{n-1} \cos \alpha_{n-1}, \quad y_{n-1} - y_n = r_{n-1} \cos \beta_{n-1}, \quad z_{n-1} - z_n = r_{n-1} \cos \gamma_{n-1}.$$

Ces valeurs, substituées dans les équations des paragraphes précédents, donnent

$$X_1 = 2\lambda_1 (x_1 - x_2) = 2\lambda_1 r_1 \cos \alpha_1 = T_1 \cos \alpha_1,$$
$$X_2 = -2\lambda_1 (x_1 - x_2) + 2\lambda_2 (x_2 - x_3) = -T_1 \cos \alpha_1 + T_2 \cos \alpha_2,$$
$$X_3 = -2\lambda_2 (x_2 - x_3) + 2\lambda_3 (x_3 - x_4) = -T_2 \cos \alpha_2 + T_3 \cos \alpha_3,$$
$$\cdots \cdots \cdots \cdots \cdots \cdots \cdots$$
$$X_n = -2\lambda_{n-1} (x_{n-1} - x_n) = -T_{n-1} \cos \alpha_{n-1},$$

$$Y_1 = 2\lambda_1 (y_1 - y_2) = 2\lambda_1 r_1 \cos \beta_1 = T_1 \cos \beta_1,$$
$$Y_2 = -2\lambda_1 (y_1 - y_2) + 2\lambda_2 (y_2 - y_3) = -T_1 \cos \beta_1 + T_2 \cos \beta_2,$$
$$Y_3 = -2\lambda_2 (y_2 - y_3) + 2\lambda_3 (y_3 - y_4) = -T_2 \cos \beta_2 + T_3 \cos \beta_3,$$
$$\cdots \cdots \cdots \cdots \cdots \cdots \cdots$$
$$Y_n = -2\lambda_{n-1} (y_{n-1} - y_n) = -T_{n-1} \cos \beta_{n-1},$$

$$Z_1 = 2\lambda_1 (z_1 - z_2) = 2\lambda_1 r_1 \cos \gamma_1 = T_1 \cos \gamma_1,$$
$$Z_2 = -2\lambda_1 (z_1 - z_2) + 2\lambda_2 (z_2 - z_3) = -T_1 \cos \gamma_1 + T_2 \cos \gamma_2,$$
$$Z_3 = -2\lambda_2 (z_2 - z_3) + 2\lambda_3 (z_3 - z_4) = -T_2 \cos \gamma_2 + T_3 \cos \gamma_3,$$
$$\cdots \cdots \cdots \cdots \cdots \cdots \cdots$$
$$Z_n = -2\lambda_n (z_{n-1} - z_n) = -T_{n-1} \cos \gamma_{n-1}.$$

Les angles α_1, β_1, γ_1, ..., α_{n-1}, β_{n-1}, γ_{n-1}, sont d'abord liés entre eux par les équations connues

$$\cos^2 \alpha_1 + \cos^2 \beta_1 + \cos^2 \gamma_1 = 1,$$
$$\cdots \cdots \cdots \cdots \cdots \cdots \cdots$$
$$\cos^2 \alpha_{n-1} + \cos^2 \beta_{n-1} + \cos^2 \gamma_{n-1} = 1,$$

et l'on a trouvé précédemment

$$T_1 = \sqrt{X_1^2 + Y_1^2 + Z_1^2},$$
$$T_2 = \sqrt{(X_1 + X_2)^2 + (Y_1 + Y_2)^2 + (Z_1 + Z_2)^2},$$
$$\dotfill$$
$$T_{n-1} = \sqrt{(X_1 + X_2 + \ldots + X_{n-1})^2 + \ldots +} = \sqrt{X_n^2 + Y_n^2 + Z_n^2};$$

on aura donc

$$\cos\alpha_1 = \frac{X_1}{T_1} = \frac{X_1}{\sqrt{X_1^2 + Y_1^2 + Z_1^2}} = \frac{X_1}{P_1},$$
$$\cos\delta_1 = \frac{Y_1}{T_1} = \frac{Y_1}{\sqrt{X_1^2 + Y_1^2 + Z_1^2}} = \frac{Y_1}{P_1},$$
$$\cos\gamma_1 = \frac{Z_1}{T_1} = \frac{Z_1}{\sqrt{X_1^2 + Y_1^2 + Z_1^2}} = \frac{Z_1}{P_1},$$
$$\cos\alpha_2 = \frac{X_1 + X_2}{T_2} = \frac{X_1 + X_2}{\sqrt{(X_1 + X_2)^2 + (Y_1 + Y_2)^2 + (Z_1 + Z_2)^2}},$$
$$\cos\delta_2 = \frac{Y_1 + Y_2}{T_2} = \frac{Y_1 + Y_2}{\sqrt{(X_1 + X_2)^2 + (Y_1 + Y_2)^2 + (Z_1 + Z_2)^2}},$$
$$\dotfill$$
$$X_1 = -(X_2 + X_3 \ldots + X_n), \quad Y_1 = -(Y_2 + Y_3 + \ldots + Y_n),$$
$$Z_1 = -(Z_2 + Z_3 + \ldots + Z_n).$$

L'ensemble de toutes ces équations suffit à déterminer les directions des lignes de jonction ou des côtés $r_1, r_2, \ldots, r_{n-1}$, ainsi que les forces X_1, Y_1, Z_1 qui mesurent la résistance du point initial de la portion de polygone, quand les autres forces sont connues. Si l'on assigne en outre les longueurs des côtés et les coordonnées x_1, y_1, z_1 du point initial, on déterminera les coordonnées des autres points à l'aide des équations suivantes, qui sont une conséquence du principe des projections :

$$x_2 = x_1 - r_1 \cos\alpha_1, \quad y_2 = y_1 - r_1 \cos\delta_1, \quad z_2 = z_1 - r_1 \cos\gamma_1,$$

$$x_3 = x_1 - r_1\cos\alpha_1 - r_2\cos\alpha_2, \quad y_3 = y_1 - r_1\cos\delta_1 - r_2\cos\delta_2, \quad z_3 = .. ,$$

$$\cdots\cdots\cdots\cdots\cdots\cdots\cdots\cdots\cdots$$

$$x_n = x_1 - r_1\cos\alpha_1 - r_2\cos\alpha_2 - \ldots - r_{n-1}\cos\alpha_{n-1}, \quad y_n = \ldots, \quad z_n = \ldots.$$

Si les deux extrémités sont fixes ou si leurs coordonnées (x_1, y_1, z_1), (x_2, y_2, z_2) sont données et constantes, les deux forces P_1, P_n appliquées à ces extrémités, ou leurs composantes X_1, Y_1, Z_1, X_n, Y_n, Z_n qui mesurent les résistances des deux extrémités fixes, devront être comptées parmi les inconnues du problème ; on n'a plus à déterminer les inconnues x_n, y_n, z_n qui sont alors données, mais elles sont remplacées par les trois inconnues X_n, Y_n, Z_n. On a alors, toujours en vertu du principe que la projection algébrique de la somme est égale à la somme algébrique des projections,

$$x_1 - x_n = r_1\cos\alpha_1 + r_2\cos\alpha_2 + \ldots + r_{n-1}\cos\alpha_{n-1},$$

$$y_1 - y_n = r_1\cos\delta_1 + r_2\cos\delta_2 + \ldots + r_{n-1}\cos\delta_{n-1},$$

$$z_1 - z_n = r_1\cos\gamma_1 + r_2\cos\gamma_2 + \ldots + r_{n-1}\cos\gamma_{n-1},$$

et en substituant pour $\cos\alpha_1$, $\cos\delta_1$, $\cos\gamma_1$, $\cos\alpha_2$, $\cos\delta_2$,... leurs valeurs, on a pour déterminer X_1, Y_1, Z_1 les équations

$$\frac{r_1 X_1}{\sqrt{X_1^2 + Y_1^2 + Z_1^2}} + \frac{r_2(X_1 + X_2)}{\sqrt{(X_1 + X_2)^2 + (Y_1 + Y_2)^2 + (Z_1 + Z_2)^2}} + \ldots$$
$$+ \frac{r_{n-1}(X_1 + X_2 + \ldots + X_{n-1})}{\sqrt{(X_1 + \ldots + X_{n-1})^2 + (Y_1 + \ldots + Y_{n-1})^2 + (Z_1 + \ldots + Z_{n-1})^2}} = x_1 - x_n,$$

$$\frac{r_1 Y_1}{\sqrt{X_1^2 + Y_1^2 + Z_1^2}} + \frac{r_2(Y_1 + Y_2)}{\sqrt{(X_1 + X_2)^2 + (Y_1 + Y_2)^2 + (Z_1 + Z_2)^2}} + \ldots$$
$$+ \frac{r_{n-1}(Y_1 + Y_2 + \ldots + Y_{n-1})}{\sqrt{(X_1 + \ldots + X_{n-1})^2 + (Y_1 + \ldots + Y_{n-1})^2 + (Z_1 + \ldots + Z_{n-1})^2}} = y_1 - y_n,$$

$$\frac{r_1 Z_1}{\sqrt{X_1^2 + Y_1^2 + Z_1^2}} + \frac{r_2(Z_1 + Z_2)}{\sqrt{(X_1 + X_2)^2 + (Y_1 + Y_2)^2 + (Z_1 + Z_2)^2}} + \dots$$
$$+ \frac{r_{n-1}(Z_1 + Z_2 + \dots + Z_{n-1})}{\sqrt{(X_1 + \dots + X_{n-1})^2 + (Y_1 + \dots + Y_{n-1})^2 + (Z_1 + \dots + Z_{n-1})^2}} = z_1 - z_n.$$

X_n, Y_n, Z_n, seront données par les équations

$$X_n = -(X_1 + X_2 + \dots + X_{n-1}),$$
$$Y_n = -(Y_1 + Y_2 + \dots + Y_{n-1}),$$
$$Z_n = -(Z_1 + Y_2 + \dots + Z_{n-1});$$

les angles α_1, $\mathcal{C}_1$, γ_1, α_2,..., seront exprimés comme précédemment au moyen des forces X_1, Y_1, Z_1, X_2, ...

Si le polygone est fermé, il faudra faire dans les équations qui précèdent

$$x_1 - x_n = 0, \quad y_1 - y_n = 0, \quad z_1 - z_n = 0,$$

et l'on en déduira les valeurs de X_1, Y_1, Z_1, ainsi que les angles α_1, $\mathcal{C}_1$, γ_1, α_2, ... γ_{n-1}. Les composantes de la force exercée au point de jonction des lignes r_1 et r_n seront

$$X_1 + X_n = -(X_2 + X_3 + \dots + X_{n-1}),$$
$$Y_1 + Y_n = -(Y_2 + Y_3 + \dots + Y_{n-1}),$$
$$Z_1 + Z_n = -(Z_2 + Z_3 + \dots + Z_{n-1}).$$

140. Si les directions de toutes les forces, à l'exception de celles exercées aux deux extrémités du polygone, sont parallèles, et qu'on prenne pour axe des z une ligne parallèle à la direction commune, on aura

$$X_2 = X_3 = \dots = X_{n-1} = 0, \quad Y_2 = Y_3 = \dots = Y_{n-1} = 0.$$

Ces valeurs, substituées dans les équations du n° 138,

ramènent les équations d'équilibre aux suivantes :

$$\frac{x_1 - x_2}{y_1 - y_2} = \frac{x_2 - x_3}{y_2 - y_3} = \ldots = \frac{x_{n-1} - x_n}{y_{n-1} - y_n} = \frac{X_1}{Y_1} = \frac{X_n}{Y_n},$$

$$\frac{X_1}{x_1 - x_2} = \frac{Z_1}{z_1 - z_2},$$

$$\frac{X_1}{x_2 - x_3} = \frac{Z_1 + Z_2}{z_2 - z_3},$$

$$\frac{X_1}{x_3 - x_4} = \frac{Z_1 + Z_2 + Z_3}{z_3 - z_4},$$

$$\ldots\ldots\ldots\ldots\ldots\ldots$$

$$\frac{X_1}{x_{n-1} - x_n} = \frac{Z_1 + Z_2 + \ldots + Z_{n-1}}{z_{n-1} - z_n},$$

$$X_1 + X_n = 0, \quad Y_1 + Y_n = 0, \quad Z_1 + Z_2 + \ldots + Z_n = 0.$$

Il résulte des premières équations que tous les points du système doivent être situés dans un même plan vertical. Si l'on prend ce plan pour plan des zx, on aura

$$y_1 = y_2 = \ldots = y_n = 0, \quad Y_1 = Y_n = 0 ;$$

si l'on désigne en outre par $\gamma_1, \gamma_2, \ldots, \gamma_{n-1}$, les angles que les lignes $r_1, r_2, \ldots, r_{n-1}$ font avec l'axe des z, on aura

$$x_1 - x_2 = r_1 \sin \gamma_1, \quad x_2 - x_3 = r_2 \sin \gamma_2, \ldots,$$
$$x_{n-1} - x_n = r_{n-1} \sin \gamma_{n-1},$$
$$z_1 - z_2 = r_1 \cos \gamma_1, \quad z_2 - z_3 = r_2 \cos \gamma_2 \ldots,$$
$$z_{n-1} - z_n = r_{n-1} \cos \gamma_{n-1}.$$

Les équations d'équilibre deviendront alors

$$\frac{X_1}{\sin \gamma_1} = \frac{Z_1}{\cos \gamma_1},$$

$$\frac{X_1}{\sin \gamma_2} = \frac{Z_1 + Z_2}{\cos \gamma_2},$$

$$\frac{X_1}{\sin \gamma_3} = \frac{Z_1 + Z_2 + Z_3}{\cos \gamma_3},$$

$$\ldots\ldots\ldots\ldots$$

$$\frac{X_1}{\sin \gamma_{n-1}} = \frac{Z_1 + Z_2 + \ldots + Z_{n-1}}{\cos \gamma_{n-1}},$$

$$X_1 + X_n = 0, \quad Z_1 + Z_2 + \ldots + Z_n = 0 ;$$

et si l'on se rappelle que lorsque deux fractions sont égale[s]
elles sont aussi égales à la troisième fraction que l'on o[b]
tient en divisant la différence des numérateurs par la d[if]
férence des dénominateurs, on aura

$$X_1 = \frac{Z_1}{\cot\gamma_1} = \frac{Z_2}{\cot\gamma_2 - \cot\gamma_1} = \frac{Z_3}{\cot\gamma_3 - \cot\gamma_2} = \ldots$$

$$= \frac{Z_{n-1}}{\cot\gamma_{n-1} - \cot\gamma_{n-2}} = \frac{-Z_n}{\cot\gamma_{n-1}} = -X_n.$$

Si dans ces fractions on multiplie à la fois et respecti[ve]
ment les numérateurs et les dénominateurs par $\sin$ [,]
$\sin\gamma_1\sin\gamma_2$, $\sin\gamma_2\sin\gamma_3$, $\ldots$, $\sin\gamma_{n-1}$, on pourra don[ner]
aux équations d'équilibre cette nouvelle forme

$$X_1 = Z_1\frac{\sin\gamma_1}{\sin\left(\frac{\pi}{2} - \gamma_1\right)} = Z_2\frac{\sin\gamma_1\sin\gamma_2}{\sin(\gamma_1 - \gamma_2)} = Z_3\frac{\sin\gamma_2\sin\gamma_3}{\sin(\gamma_2 - \gamma_3)} =$$

$$= Z_{n-1}\frac{\sin\gamma_{n-2}\sin\gamma_{n-1}}{\sin(\gamma_{n-2} - \gamma_{n-1})} = Z_n\frac{\sin\gamma_{n-1}}{\sin\left(\gamma_{n-1} - \frac{\pi}{2}\right)} = -X_n.$$

La tension T_m en chacune des extrémités de l'un qu[el]
conque des côtés r_m sera (n° 138) la résultante d'[une]
force horizontale $\pm X_1$ et des forces verticales [Z_1,]
$Z_2, \ldots$, Z_n transportées à ces extrémités. On a ainsi

$$T_m = \pm\sqrt{X_1^2 + (Z_1 + Z_2 + \ldots + Z_m)^2}$$

$$= \pm\sqrt{X_1^2 + \frac{X_1^2\cos^2\gamma_m}{\sin^2\gamma_m}} = \pm\frac{X_1}{\sin\gamma_m}.$$

La composante horizontale de la tension sera donc [par]
tout égale à $\pm X_1 = \pm X_n$.

Si l'une des extrémités du polygone est fixée, c'es[t à]
dire si x_1 et z_1 ont des valeurs fixes déterminées; s[i de]
plus les lignes de jonction ou les côtés r_1, $r_2, \ldots$, r_n a[vec]

que les forces Z_1, Z_2,..., Z_n, X_n sont données, les angles γ_1, γ_2,..., γ_n, ainsi que les forces X_1 et Z_1 qui représentent la résultante du point fixe, seront déterminées par les équations suivantes,

$$X_1 = - X_n, \quad Z_1 = -(Z_2 + Z_3 + \ldots Z_n);$$

$$\cot \gamma_{n-1} = \frac{Z_n}{X_n},$$

$$\cot \gamma_{n-2} = \frac{Z_n + Z_{n-1}}{X_n},$$

$$\cdots\cdots\cdots\cdots\cdots\cdots$$

$$\cot \gamma_1 = \frac{Z_n + Z_{n-1} + \ldots + Z_2}{X_n} = - \frac{Z_1}{X_n} = \frac{Z_1}{X_1};$$

et les coordonnées des points de jonction ou des sommets du polygone par les équations

$$x_2 = x_1 - r_1 \sin \gamma_1, \quad z_2 = z_1 - r_1 \cos \gamma_1,$$

$$x_3 = x_1 - r_1 \sin \gamma_1 - r_2 \sin \gamma_2, \quad z_3 = r_1 - r_1 \cos \gamma_1 - r_2 \cos \gamma_2 \ldots$$

Si les deux extrémités du polygone sont fixes, si par conséquent x_1, z_1, x_n, z_n sont des quantités données, X_1 et Z_1, X_n et Z_n deviennent des grandeurs inconnues, représentant les pressions supportées par les deux points fixes, et l'on déterminera leurs valeurs par les équations

$$X_1 + X_n = 0, \quad Z_1 + Z_2 + \ldots + Z_n = 0,$$

$$\frac{r_1 X_1}{\sqrt{X_1^2 + Y_1^2}} + \frac{r_2(X_1 + X_2)}{\sqrt{X_1^2 + (Z_1 + Z_2)^2}} + \ldots$$

$$+ \frac{r_{n-1}(X_1 + X_2 + \ldots + X_{n-1})}{\sqrt{X_1^2 + (Z_1 + Z_2 + \ldots + Z_{n-1})^2}} = x_1 - x_n,$$

$$\frac{r_1 Z_1}{\sqrt{X_1^2 + Z_1^2}} + \frac{r_2(Z_1 + Z_2)^2}{\sqrt{X_1^2 + (Z_1 + Z_2)^2}} + \ldots$$

$$+ \frac{r_{n-1}(Z_1 + Z_2 + \ldots + Z_{n-1})}{\sqrt{X_1^2 + (Z_1 + Z_2 + \ldots + Z_{n-1})^2}} = z_1 - z_n.$$

Les angles γ_1, γ_2,..., γ_n et les coordonnées des points de jonction seront d'ailleurs déterminés comme précédemment.

141. Si le système donné de points est un cordon parfaitement flexible, de poids uniforme et de longueur invariable, la courbe suivant laquelle il s'arrondit dans le cas d'équilibre, ses deux extrémités étant fixes, prend, comme nous l'avons déjà dit, le nom de *chaînette*.

Appelons s la longueur d'un arc de chaînette, k le poids de l'unité de longueur, θ l'angle que la tangente au point (x, z) fait avec l'axe des z, on aura

$$r_m = ds, \quad Z_m = k ds, \quad \gamma_m = 0, \quad \gamma_{m-1} = \theta - d\theta;$$

les équations d'équilibre établies dans les numéros qui précèdent

$$\mathbf{X}_1 = \frac{Z_m \sin \gamma_{m-1} \sin \gamma_m}{\sin (\gamma_{m-1} - \gamma_m)} = - \mathbf{X}_n$$

deviendron

$$\mathbf{X}_1 = - \mathbf{X}_n = - \frac{k \sin^2 \theta \, ds}{d\theta},$$

et l'on en tirera

$$ds = - \frac{\mathbf{X}_1}{k} \frac{d\theta}{\sin^2 \theta}, \quad dx = \sin \theta \, ds = - \frac{\mathbf{X}_1}{k} \frac{d\theta}{\sin \theta},$$

$$dz = \cos \theta \, ds = - \frac{\mathbf{X}_1}{k} \frac{\cos \theta \, d\theta}{\sin^2 \theta}.$$

Si l'on prend le point le plus bas de la chaînette pour origine des coordonnées, on aura en ce point $\theta = \dfrac{\pi}{2}$; et si l'on intègre les équations qui précèdent par rapport à θ depuis $\dfrac{\pi}{2}$ jusqu'à θ, on aura

$$s = \frac{\mathbf{X}_1}{k} \cot \theta, \quad x = \frac{\mathbf{X}_1}{k} l \cot \tfrac{1}{2} \theta, \quad z = \frac{\mathbf{X}_1}{k} \left(\frac{1}{\sin \theta} - 1 \right).$$

On en tirera encore

$$\sin\theta = \frac{X_1}{X_1 + kz}, \quad \cos\theta = \frac{\sqrt{2kX_1 z + k^2 z^2}}{X_1 + kz},$$

$$\cot\frac{\theta}{2} = \frac{1 + \cos\theta}{\sin\theta} = \frac{X_1 + kz + \sqrt{2kX_1 z + k^2 z^2}}{X_1}$$

$$= \frac{X_1}{X_1 + kz - \sqrt{2kX_1 z + k^2 z^2}},$$

et par conséquent, en posant $\dfrac{X_1}{k} = a$,

$$s = \sqrt{2az + z^2},$$

$$x = a\,l\left(1 + \frac{z}{a} + \sqrt{\frac{2z}{a} + \frac{z^2}{a^2}}\right)$$

$$= -a\,l\left(1 + \frac{z}{a} - \sqrt{\frac{2z}{a} + \frac{z^2}{a^2}}\right),$$

et en passant aux nombres

$$e^{\frac{x}{a}} = 1 + \frac{z}{a} + \sqrt{\frac{2z}{a} + \frac{z^2}{a^2}}, \quad e^{-\frac{x}{a}} = 1 + \frac{z}{a} - \sqrt{\frac{2z}{a} + \frac{z^2}{a^2}},$$

$$s = \sqrt{2az + z^2}, \quad s = \frac{1}{2}a\left(e^{\frac{x}{a}} - e^{-\frac{x}{a}}\right),$$

$$z = -a + \frac{1}{2}a\left(e^{\frac{x}{a}} + e^{-\frac{x}{a}}\right),$$

et nous retrouvons l'équation de la chaînette sous sa forme habituelle.

Si l'on désigne par T la tension au point quelconque (x, z), puisque la composante horizontale de cette tension est partout égale à X_1, on aura

$$T\sin\theta = X_1, \quad T = \frac{X_1}{\sin\theta} = X_1\sqrt{1 + \cot^2\theta},$$

et, parce que $s = \dfrac{X_1}{k} \cot \theta$,

$$T = \sqrt{X_1^2 + k^2 s^2} = k \sqrt{s^2 + a^2}.$$

Il en résulte que la composante verticale de la tension est égale à ks, comme on pouvait le conclure du n° 140, c'est-à-dire qu'il est égal au poids de la portion du cordon comprise entre le point (x, y) et le point le plus bas. Si l'on appelle ρ le rayon de courbure de la chaînette au point (x, y), on aura, comme on sait,

$$\rho = \frac{-\left(1 + \dfrac{dx^2}{dz^2}\right)^{\frac{3}{2}}}{\dfrac{d^2 x}{dz^2}} = -\frac{\dfrac{ds^3}{dz^3}}{\dfrac{d^2 x}{dz^2}},$$

mais on a pour la chaînette

$$s = a \cot \theta = \frac{a}{\dfrac{dx}{dz}}, \qquad s \frac{dx}{dz} = a,$$

et en différentiant

$$\frac{ds}{dz} \frac{dx}{dz} + s \frac{d^2 x}{dz^2} = 0,$$

ou en substituant pour s sa valeur

$$\frac{ds}{dz} \frac{dx^2}{dz^2} + a \frac{d^2 x}{dz^2} = 0,$$

mais

$$\frac{dx}{dz} = \frac{ds}{dz} \sin \theta,$$

et, par suite,

$$T \frac{dx}{dz} = \frac{ds}{dz} T \sin \theta = ak \frac{ds}{dz}, \qquad \frac{dx}{dz} = \frac{ak}{T} \frac{ds}{dz},$$

on aura donc, en substituant cette valeur de $\dfrac{dx}{ds}$,

$$\frac{a^2 k^2}{T^2}\frac{ds^3}{dz^3} + a\frac{d^2 x}{dz^2} = 0, \quad \text{ou} \quad -\frac{\left(\dfrac{ds}{dz}\right)^3}{\dfrac{d^2 x}{ds^2}} = \frac{T^2}{k^2 a},$$

et, par conséquent, ρ étant le rayon de courbure de la chaînette, on aura

$$\rho = \frac{T^2}{k^2 a} = \frac{a}{\sin^2\theta}, \quad T^2 = k^2\rho a.$$

Au point le plus bas, $\theta = \dfrac{\pi}{2}$; donc

$$\rho = a = \frac{X_1}{k} \quad \text{et} \quad X_1 = \rho k,$$

c'est-à-dire que la tension horizontale de la chaînette est égale au poids d'une portion de la courbe dont la longueur serait égale au rayon de courbure du point le plus bas.

Si, reprenant l'équation

$$z = -a + \frac{1}{2}a\left(c^{\frac{x}{a}} + c^{-\frac{x}{a}}\right),$$

on développe les exponentielles en série, on aura

$$z = -a + a\left(1 + \frac{1}{1.2}\frac{x^2}{a^2} + \frac{1}{1.2\ 3.4}\frac{x^4}{a^4} + \ldots\right)$$

$$= a\left(\frac{1}{1.2}\frac{x^2}{a^2} + \frac{1}{1.2.3.4}\frac{x^4}{a^4} + \ldots\right).$$

Pour de très-petites valeurs de z, c'est-à-dire tout près du sommet ou du point le plus bas, on aura

$$z = \frac{1}{2}\frac{x^2}{a}, \quad x^2 = 2az,$$

Près de ce point la chaînette se confond donc avec une parabole dont le paramètre est a.

142. Il est intéressant de chercher les conditions d'équilibre d'une chaînette liée à un pont horizontal qui lui est suspendu par des tirants verticaux très-rapprochés l'un de l'autre. On peut communément négliger le poids de la chaîne et des tirants, et ne tenir compte que du poids beaucoup plus considérable du pont. Appelons k le poids d'une longueur du pont égale à l'unité, on aura

$$r_m = ds, \quad Z_m = k\,dx, \quad \gamma_m = \theta, \quad \gamma_{m-1} = \theta - d\theta.$$

Si l'on substitue ces valeurs dans l'équation d'équilibre (n° 140)

$$X_1 = Z_m \frac{\sin \gamma_{m-1} \sin \gamma_m}{\sin(\gamma_{m-1} - \gamma_m)} = - X_n,$$

on aura

$$X_1 = - X_n = - \frac{k \sin^2 \theta \, dx}{d\theta} \,;$$

d'où, en posant toujours $\dfrac{X_1}{k} = a$,

$$dx = - a \frac{d\theta}{\sin^2\theta}, \quad dz = dx \cot \theta = - a \frac{\cot \theta \, d\theta}{\sin^2 \theta}.$$

Si l'on prend pour origine des coordonnées le point le plus bas A (*fig.* 32) de la chaînette pour lequel $\theta = \dfrac{\pi}{2}$, et que l'on intègre par rapport à θ depuis $\dfrac{\pi}{2}$ jusqu'à θ, on aura

$$x = a \cot \theta, \quad z = \frac{a}{2} \cot^2 \theta,$$

et, en éliminant θ,

$$x^2 = 2az,$$

équation d'une parabole. Ainsi donc *la chaînette d'un*

pont suspendu, lorsqu'on néglige le poids de la chaîne et des tirants, est une parabole dont le paramètre est $2a$.

Soient x_1, z_1, $-x_2$, z_2 les coordonnées des deux points de suspension; on pourra regarder z_1, z_2 et $x_1 + x_2$ comme des grandeurs connues; et l'on aura, pour déterminer les trois inconnues x_1, x_2, X_1 les trois équations

$$x_1^2 = 2az_1, \quad x_2^2 = 2az_2, \quad x_1 + x_2 = l, \quad \frac{x_1}{x_2} = \sqrt{\frac{z_1}{z_2}},$$

l étant la longueur du pont comprise entre les points de suspension. On trouve alors

$$x_1 = \frac{l\sqrt{z_1}}{\sqrt{z_1} + \sqrt{z_2}}, \quad x_2 = \frac{l\sqrt{z_2}}{\sqrt{z_1} + \sqrt{z_2}}, \quad X_1 = \frac{l^2}{(\sqrt{z_1} + \sqrt{z_2})^2},$$

$$x^2 = \frac{l^2}{(\sqrt{z_1} + \sqrt{z_2})^2} z, \quad z = \left[\frac{x(\sqrt{z_1} + \sqrt{z_2})}{l} \right]^2 ;$$

ces équations serviront à déterminer les longueurs des tirants, la position du point le plus bas, et la composante horizontale de la tension de la chaîne. La tension au point (x, z) sera donnée par l'équation

$$T = \frac{X_1}{\sin\theta} = X_1 \sqrt{1 + \cot^2\theta} = k\sqrt{a^2 + x^2}.$$

La composante verticale de la tension sera égale, comme on l'a déjà vu, au poids de la portion de chaîne comprise entre le point (x, z) et le point le plus bas de la chaîne.

143. Reprenons les formules des n°ˢ 138 et 139 qui expriment les conditions d'équilibre d'un système quelconque de forces appliquées aux sommets d'un polygone funiculaire, et appliquons-les au cas où toutes les forces P_2, P_3, ..., P_{n-1} partagent en deux parties égales les angles du polygone. Puisqu'à chaque point ou sommet (x_m, y_m, z_m) la force P_m est la résultante des deux ten-

sions T_{m-1}, T_m, et qu'ici la force P_m fait des angles égaux avec les deux cordons, on devra avoir

$$T_m = T_{m-1}.$$

La tension sera donc la même à tous les sommets du polygone, et égale à celle que les deux forces égales P_1 et P_n exercent à ses deux extrémités.

Si l'on désigne par α_m l'angle du polygone au point (x_m, y_m, z_m), on aura, puisque P_m est la résultante des tensions T_m et T_{m-1},

$$\frac{P_m}{\sin \alpha} = \frac{T_m}{\sin \frac{1}{2}\alpha}, \quad P_m = \frac{T_m \sin \alpha}{\sin \frac{1}{2}\alpha} = 2 T_m \cos \frac{1}{2}\alpha.$$

Si les deux côtés r_m et r_{m-1} sont égaux, et qu'on appelle ρ_m le rayon du cercle qui passerait par le point (x_m, y_m, z_m) et les deux sommets les plus voisins du polygone, à droite et à gauche, on aura

$$r_m = 2\rho_m \cos \frac{1}{2}\alpha, \quad \text{et par suite} \quad P_m = \frac{T_m r_m}{\rho_m} = \frac{P_1 r_m}{\rho_m}.$$

144. Considérons encore le cas où les points de jonction, les sommets du polygone, sont assujettis à rester sur une surface dont l'équation serait $L = 0$; c'est comme une liaison nouvelle ou une nouvelle condition d'équilibre. Dans les équations déjà établies, il faudra remplacer les composantes X_m, Y_m, Z_m par les quantités

$$X_m - \lambda_m D_{x_m} L, \quad Y_m - \lambda_m D_{y_m} L, \quad Z_m - \lambda_m D_{z_m} L..$$

En outre des tensions subies par les côtés du polygone, et qui ont la même valeur qu'auparavant, il faudra tenir compte en chaque point x_m, y_m, z_m d'une pression normale à la surface $L = 0$. Si l'on désigne cette pression par N_m, on aura

$$N_m = \lambda_m \sqrt{(D_{x_m} L)^2 + (D_{y_m} L)^2 + (D_{z_m} L)^2},$$

et, si l'on appelle a_m, b_m, c_m les angles que la normale fait avec les axes coordonnés,

$$\cos a_m = \frac{D_{x_m}L}{\sqrt{(D_{x_m}L)^2 + (D_{y_m}L)^2 + (D_{z_m}L)^2}},$$

$$\cos b_m = \frac{D_{y_m}L}{\sqrt{(D_{x_m}L)^2 + (D_{y_m}L)^2 + (D_{z_m}L)^2}},$$

$$\cos c_m = \frac{D_{z_m}L}{\sqrt{(D_{x_m}L)^2 + (D_{y_m}L)^2 + (D_{z_m}L)^2}},$$

$$\lambda_m D_{x_m}L = N_m \cos a_m, \quad \lambda_m D_{y_m}L = N_m \cos b_m, \quad \lambda_m D_{z_m}L = N_m \cos c_m.$$

Il faudra donc dans les équations des n°s 139, 140, 141, remplacer X_m, Y_m, Z_m par

$$X_m - N_m \cos a_m, \quad Y_m - N_m \cos b_m, \quad Z_m - N_m \cos c_m.$$

Les mêmes modifications s'appliqueront au cas d'un cordon pesant, parfaitement flexible et de longueur invariable, qui serait assujetti à s'appuyer sur une surface $L = 0$. Si l'on fait la substitution relative à X_m, Y_m, Z_m dans les équations du n° 139, on aura pour les équations d'équilibre :

$$X_1 - N_1 \cos a_1 = T_1 \cos \alpha_1,$$
$$X_2 - N_2 \cos a_2 = - T_1 \cos \alpha_1 + T_2 \cos \alpha_2,$$
$$X_3 - N_3 \cos a_3 = - T_2 \cos \alpha_2 + T_3 \cos \alpha_3,$$
$$\cdots\cdots\cdots\cdots\cdots\cdots$$
$$X_n - N_n \cos a_1 = - T_{n-1} \cos \alpha_{n-1},$$
$$Y_1 - N_1 \cos b_1 = T_1 \cos \delta_1,$$
$$Y_2 - N_2 \cos b_2 = - T_1 \cos \delta_1 + T_2 \cos \delta_2,$$
$$Y_3 - N_3 \cos b_3 = - T_2 \cos \delta_2 + T_3 \cos \delta_3,$$
$$\cdots\cdots\cdots\cdots\cdots\cdots$$
$$Y_n - N_n \cos b_n = - T_{n-1} \cos \delta_{n-1},$$
$$Z_1 - N_1 \cos c_1 = T_1 \cos \gamma_1,$$
$$Z_2 - N_2 \cos c_2 = - T_1 \cos \gamma_1 + T_2 \cos \gamma_2,$$
$$Z_3 - N_3 \cos c_3 = - T_2 \cos \gamma_2 + T_3 \cos \gamma_3,$$
$$\cdots\cdots\cdots\cdots\cdots\cdots$$
$$Z_n - N_n \cos c_n = - T_{n-1} \cos \gamma_{n-1}.$$

On tire de ces équations

$$T_m \cos \alpha_m = (X_1 + X_2 + \ldots + X_m) - (N_1 \cos a_1 + \ldots + N_m \cos a_m),$$
$$T_m \cos \epsilon_m = (Y_1 + Y_2 + \ldots + Y_m) - (N_1 \cos b_1 + \ldots + N_m \cos b_m),$$
$$T_m \cos \gamma_m = (Z_1 + Z_2 + \ldots + Z_m) - (N_1 \cos c_1 + \ldots + N_m \cos c_m).$$

145. Pour trouver les équations d'équilibre d'une chaînette assujettie à reposer sur une surface donnée, il faudra dans les équations qui précèdent, en désignant par k le poids de l'unité de longueur de la courbe, faire

$$X_m = o, \quad Y_m = o, \quad Z_m = kds,$$
$$\cos \alpha_m = \frac{dx}{ds}, \quad \cos \epsilon_m = \frac{dy}{ds}, \quad \cos \gamma_m = \frac{dz}{ds}, \quad N_m = N ds,$$

N étant la pression supportée par une longueur de la courbe égale à l'unité, dans la supposition que cette pression est partout égale à celle qui s'exerce au point (x, y, z). Les équations du numéro qui précède deviennent alors

$$T \frac{dx}{ds} = X_1 - \int N \cos a \, ds, \quad T \frac{dy}{ds} = Y_1 - \int N \cos b \, ds,$$
$$T \frac{dz}{ds} = Z_1 + k \int ds - \int N \cos c \, ds,$$
$$X_1 = T_1 \frac{dx_1}{ds_1}, \quad Y_1 = T_1 \frac{dy_1}{ds_1}, \quad Z_1 = T_1 \frac{dz_1}{ds_1},$$
$$X_1 + X_n - \int N \cos a \, ds = o,$$
$$Y_1 + Y_n - \int N \cos b \, ds = o,$$
$$Z_1 + Z_n - \int N \cos c \, ds = o.$$

Différentiées par rapport à s, les trois premières équations donnent

$$\frac{dT}{ds} \frac{dx}{ds} + T \frac{d^2 x}{ds^2} = - N \cos a, \quad \frac{dT}{ds} \frac{dy}{ds} + T \frac{d^2 y}{ds^2} = - N \cos b,$$
$$\frac{dT}{ds} \frac{dz}{ds} + T \frac{d^2 z}{ds^2} = k - N \cos c.$$

Si l'on multiplie respectivement ces équations par $\frac{dx}{ds}$, $\frac{dy}{ds}$, $\frac{dz}{ds}$, et qu'on les ajoute en ayant égard aux équations

$$\left(\frac{dx}{ds}\right)^2 + \left(\frac{dy}{ds}\right)^2 + \left(\frac{dz}{ds}\right)^2 = 1, \quad \frac{dx}{ds}\frac{d^2x}{ds^2} + \frac{dy}{ds}\frac{d^2y}{ds^2} + \frac{dz}{ds}\frac{d^2z}{ds^2} = 0,$$

on aura

$$\frac{ds}{dt} = k\,\frac{dz}{ds} - N\left(\cos a\,\frac{dx}{ds} + \cos b\,\frac{dy}{ds} + \cos c\,\frac{dz}{ds}\right) = 0.$$

Mais puisque a, b, c sont les angles que la normale fait avec les axes, on a

$$\cos a\,\frac{dx}{ds} + \cos b\,\frac{dy}{ds} + \cos c\,\frac{dz}{ds} = 0,$$

on aura donc

$$\frac{dT}{ds} = k\,\frac{dz}{ds}.$$

Si l'on prend pour origine des coordonnées le point de la chaînette où la tangente est horizontale, et si l'on appelle T_0 la tension en ce point, l'intégration donnera

$$T = kz + T_0.$$

146. Si le cordon est sans pesanteur et étendu sur une surface courbe de forme telle que le fil puisse la suivre partout ou la toucher en tous ses points, il faudra dans les équations du paragraphe précédent faire $k = 0$, ce qui donnera $T = T_0$, c'est-à-dire que la tension sera la même en tous les points; on a en outre

$$\left(\frac{dx}{ds}\right)^2 + \left(\frac{dy}{ds}\right)^2 + \left(\frac{dz}{ds}\right)^2 = 1, \quad T = \sqrt{X_i^2 + Y_i^2 + Z_i^2},$$

et, parce que $\dfrac{dT}{ds} = 0$,

$$T\frac{d^2x}{ds^2} + N\cos a = 0, \quad T\frac{d^2y}{ds^2} + N\cos b = 0, \quad T\frac{d^2z}{ds^2} + N\cos c = 0,$$

$$\frac{\dfrac{d^2x}{ds^2}}{\cos a} = \frac{\dfrac{d^2y}{ds^2}}{\cos b} = \frac{\dfrac{d^2z}{ds^2}}{\cos c},$$

c'est-à-dire que le rayon de courbure coïncide avec la normale à la surface. On aura enfin, puisque

$$\cos^2 a + \cos^2 b + \cos^2 c = 1,$$

$$T^2\left[\left(\frac{d^2x}{ds^2}\right)^2 + \left(\frac{d^2y}{ds^2}\right)^2 + \left(\frac{d^2z}{ds^2}\right)^2\right] = N^2;$$

et, comme en appelant ρ le rayon de courbure de la courbe,

$$\rho^2 = \frac{1}{\left(\dfrac{d^2x}{ds^2}\right)^2 + \left(\dfrac{d^2y}{ds^2}\right)^2 + \left(\dfrac{d^2z}{ds^2}\right)^2},$$

il viendra

$$N = \frac{T}{\rho};$$

la pression normale N est donc inversement proportionnelle au rayon de courbure, ce qui s'accorde avec le résultat déjà obtenu n° 143.

147. Nous nous arrêterons moins longtemps aux applications du principe ou de l'équation des vitesses virtuelles, parce qu'elles sont beaucoup plus connues.

Nous avons vu que pour un système donné de points matériels soumis à l'action de certaines forces, le nombre des équations d'équilibre est nécessairement égal au nombre des variables indépendantes, c'est-à-dire au nombre des coordonnées variables dont il faudrait déterminer la valeur pour rendre chaque point entièrement fixe.

Considérons d'abord un point isolé : s'il est libre, ses trois coordonnées pourront varier indépendamment l'une de l'autre, il y aura donc trois équations d'équilibre. Si le point est assujetti à rester sur une surface, l'une des coordonnées sera fonction des deux autres, et le nombre des variables indépendantes se trouvant réduit alors à deux, il n'y aura plus que deux équations d'équilibre. Enfin si le point est assujetti à rester sur une courbe, deux coordonnées seront fonctions de la troisième, qui pourra être regardée comme seule variable indépendante, et il n'y aura qu'une équation d'équilibre.

Considérons encore un système de forme invariable, et du reste libre dans l'espace, on fixera tous ses points en en fixant trois pris à volonté. Les positions absolues de ces trois points dépendront de neuf coordonnées ou variables liées entre elles par trois équations de condition exprimant l'invariabilité de leurs distances mutuelles. Il restera donc en tout six variables indépendantes, et, par suite, il n'y aura pour un système de forme invariable, mais libre dans l'espace, que six équations d'équilibre.

Si l'un de ces trois points devient fixe, ses trois coordonnées deviennent constantes, les six variables indépendantes se réduisent à trois; par suite il n'existe que trois équations d'équilibre pour un système de forme invariable assujetti à tourner autour d'un point fixe.

Enfin si le système est assujetti à tourner autour d'un axe fixe, il n'y aura plus qu'une seule variable indépendante, et par suite qu'une équation d'équilibre.

Après avoir déterminé quel est, pour un système donné, le nombre des équations d'équilibre nécessaires et suffisantes, nous allons montrer comment on peut déduire toutes ces équations du principe des vitesses virtuelles.

Lorsqu'on connaîtra un mouvement compatible avec les liaisons du système ou que le système puisse prendre, il suffira évidemment de calculer les valeurs particulières des composantes $\frac{dx}{dt}$, $\frac{dy}{dt}$, $\frac{dz}{dt}$, des vitesses virtuelles relatives au mouvement en question, et de les substituer dans la formule

$$(1) \qquad \Sigma(X\,dx + Y\,dy + Z\,dz) = 0$$

pour obtenir une équation d'équilibre. Si donc l'on connaît d'avance autant de mouvements distincts compatibles avec les liaisons du système qu'il y a de variables indépendantes, on en déduira immédiatement toutes les équations d'équilibre dont on a besoin.

Le nombre de ces mouvements virtuels devra évidemment être $3n - m$, si n désigne le nombre des points donnés et m le nombre des liaisons auxquelles on les suppose assujettis.

148. Pour montrer une application de la formule (1), concevons que les liaisons établies entre différents points M, M', M'',... permettent d'imprimer à ces mêmes points un mouvement commun de translation parallèlement à l'axe des x. Ce mouvement de translation sera un mouvement virtuel, dans lequel les vitesses virtuelles ω, ω', ω'',... seront égales entre elles ; et si, pour fixer les idées, on suppose le mouvement dirigé dans le sens des x positifs, on aura évidemment

$$\frac{dx}{dt} = \frac{dx'}{dt} = \frac{dx''}{dt} = \ldots = \omega, \qquad \frac{dy}{dt} = \frac{dy'}{dt} = \frac{dy''}{dt} = \ldots = 0,$$

$$\frac{dz}{dt} = \frac{dz'}{dt} = \frac{dz''}{dt} = \ldots = 0,.$$

par suite, la formule (1) donnera

$$(2) \qquad (X + X' + X'' + \ldots)\omega = 0,$$

et comme, par hypothèse, la vitesse commune ω n'est pas nulle, on tirera de l'équation (2)

$$(3) \qquad X + X' + X'' + \ldots = \Sigma X = 0.$$

De même, si un mouvement commun de translation, en vertu duquel les différents points acquerraient simultanément des vitesses égales et parallèles à l'axe des y, ou à l'axe des z, est virtuel, c'est-à-dire compatible avec les liaisons données, la formule (1) entraînera l'équation

$$(4) \qquad Y + Y' + Y'' + \ldots = \Sigma Y = 0$$

ou la suivante

$$(5) \qquad Z + Z' + Z'' + \ldots = \Sigma Z = 0.$$

Concevons maintenant que, sans troubler les liaisons établies, on puisse imprimer au système des points A', A'', A''',... un mouvement général de rotation autour de l'axe des x; et supposons, pour fixer les idées, que ce mouvement soit direct : la courbe décrite par le point (x, y, z), dans le mouvement virtuel dont il s'agit, sera un cercle dont nous désignerons le rayon par r, et dont les équations seront

$$(6) \qquad x = \text{constante}, \quad z^2 + y^2 = r^2.$$

Or, si l'on différentie ces équations par rapport au temps, on trouvera

$$(7) \qquad \frac{dx}{dt} = 0, \quad y\frac{dy}{dt} + z\frac{dz}{dt} = 0.$$

D'ailleurs, dans un mouvement de rotation direct autour de l'axe des x, le point (x, y, z) sera porté du côté des z positifs ou du côté des z négatifs, suivant que l'ordonnée y sera elle-même positive ou négative, et par conséquent le coefficient différentiel $\frac{dz}{dt}$ sera une quantité de même signe que y. Cela posé, on tirera de la seconde équation (7)

$$(8) \qquad \frac{\left(\frac{dz}{dt}\right)}{y} = \frac{\left(\frac{dy}{dt}\right)}{-z} = \frac{\sqrt{\left(\frac{dy}{dt}\right)^2 + \left(\frac{dz}{dt}\right)^2}}{\sqrt{y^2 + z^2}} = \frac{\omega}{r}.$$

Ajoutons que si l'on nomme s, s', ... les arcs de cercle décrits par les différents points à la fin du temps t; r, r', ... les rayons de ces mêmes cercles, et Δs, $\Delta s'$, ... les accroissements infiniment petits que prennent les arcs s, s', ... pendant l'instant Δt, on aura évidemment

$$\frac{\Delta s}{r} = \frac{\Delta s'}{r'} = \ldots, \quad \text{ou} \quad \frac{1}{r}\frac{\Delta s}{\Delta t} = \frac{1}{r'}\frac{\Delta s'}{\Delta t} = \ldots,$$

et par suite

$$\frac{1}{r}\frac{ds}{dt} = \frac{1}{r'}\frac{ds'}{dt} = \ldots,$$

ou plus simplement

$$(9) \qquad\qquad \frac{\omega}{r} = \frac{\omega'}{r'} = \frac{\omega''}{r''} = \ldots;$$

donc les vitesses virtuelles des différents points seront proportionnelles aux rayons des cercles décrits. Si l'on appelle ϑ la vitesse du point situé à l'unité de distance, pour lequel $r = 1$, ϑ sera la vitesse angulaire du système, et l'on aura

$$\frac{\omega}{r} = \frac{\omega'}{r'} = \frac{\omega''}{r''} = \ldots = \vartheta,$$

$$(10) \qquad \omega = \vartheta r, \quad \omega' = \vartheta r', \quad \omega'' = \vartheta r'', \ldots .$$

Cela posé, les équations (7) et (8) donneront

$$\frac{dx}{dt} = 0, \quad \frac{dy}{dt} = -\vartheta z, \quad \frac{dz}{dt} = \vartheta y, \ldots,$$

on trouvera pareillement

$$\frac{dx'}{dt} = 0, \quad \frac{dy'}{dt} = -\vartheta z', \quad \frac{dz'}{dt} = \vartheta y', \ldots,$$

puis on tirera de la formule (1)

$$[(yZ - zY) + (y'Z' - z'Y') + \ldots]\vartheta = 0,$$

et comme, par hypothèse, la quantité ϑ n'est pas nulle, on trouvera définitivement

$$(11) \quad (yZ - zY) + (y'Z' - z'Y') + \ldots = \Sigma(Zy - Yz) = 0.$$

De même, si un mouvement général de rotation en vertu duquel chacun des points M, M', M'',..., décrirait autour de l'axe des y ou des z un arc de cercle proportionnel à sa distance à cet axe était virtuel, c'est-à-dire compatible avec les liaisons données, la formule (1) entraînerait l'équation

$$(12) \quad (zX - xZ) + (z'X' - x'Z') + \ldots = \Sigma(Xz - Zx) = 0,$$

ou la suivante

$$(13) \quad (xY - yX) + (x'Y' - y'X') + \ldots = \Sigma(Yx - Xy) = 0.$$

Les équations d'équilibre ainsi trouvées, (3), (4), (5), (11), (12), (13) sont précisément, comme on devait s'y attendre, celles qu'on obtient en égalant à zéro les sommes des projections algébriques des forces P, P', P'',..., ou de leurs moments linéaires sur les axes des x, y, z. Ajoutons que chacune des sommes ainsi calculées coïncide avec l'une des projections algébriques de la force principale ou du moment linéaire principal.

149. Lorsque les points M, M', M'',..., composent un système invariable de forme, mais entièrement libre dans l'espace, les six mouvements généraux de translation parallèlement aux axes coordonnés et de rotation autour de ces axes sont compatibles avec les liaisons de ce système. Par suite la formule (1) entraîne les six équations (3), (4), (5), (11), (12), (13). D'ailleurs, dans la même hypothèse, celles des variables $x, y, z, x', y', z', x'', y'', z'', x''', y''', z''',\ldots,$ que l'on peut considérer comme indépendantes, se réduisent évidemment à six. En effet, puisqu'on suppose les points M, M', M'',..., liés invariablement les uns aux

J.   22

autres, la position de chacun d'eux sera complétement déterminée dans l'espace, si l'on connaît la position des trois premiers, c'est-à-dire les coordonnées x, y, z, x', y', z', x'', y'', z''. De plus les trois points M, M', M'' étant liés eux-mêmes par trois droites invariables, les neuf coordonnées dont il s'agit seront assujetties à trois équations de condition, en vertu desquelles trois de ces coordonnées deviendront fonction des six autres. Donc il n'y aura effectivement que six variables indépendantes ; et les six équations qu'on obtient en égalant à zéro les sommes des projections algébriques des forces données ou de leurs moments linéaires sur les axes des x, y, z suffiront pour assurer l'équilibre. En d'autres termes, il suffira pour l'équilibre que la force principale et le moment linéaire principal s'évanouissent : ce que nous savions déjà.

Si un système invariable de forme était retenu par un point fixe, les mouvements de translation dirigés parallèlement aux axes cesseraient d'être des mouvements virtuels, puisqu'ils ne pourraient avoir lieu sans rompre les liaisons établies. Mais, en prenant le point fixe pour origine des coordonnées, on pourrait encore imprimer au système des points M, M', M'',..., un mouvement de rotation autour de l'un quelconque des axes coordonnés. Par suite, la formule (7) entraînerait toujours les trois équations (11), (12), (13) ; et ces équations, dont le nombre serait précisément égal à celui des variables indépendantes, suffiraient pour assurer l'équilibre.

Si le système invariable était retenu par deux points fixes, un mouvement virtuel ne pourrait être qu'un mouvement de rotation autour de l'axe fixe passant par ces deux points, et la formule (1) ne fournirait plus qu'une seule équation d'équilibre relative à ce mouvement virtuel. Si l'on prenait l'axe fixe pour axe des z, l'équation unique d'équilibre serait celle qu'on obtient en ajoutant

les projections algébriques des moments linéaires des
forces sur cet axe, et égalant la somme à zéro, c'est-à-
dire l'équation (13). Il est d'ailleurs facile de voir qu'il
n'existe dans le cas présent qu'une seule variable indépendante.

Si le système invariable pouvait recevoir, non-seulement
un mouvement de rotation autour de l'axe des z, mais
encore un mouvement de translation parallèlement à cet
axe, ces deux mouvements virtuels fourniraient les équations (5) et (13), qui suffiraient pour assurer l'équilibre.

Enfin si les points renfermés dans le plan des xy sont
assujettis à n'en jamais sortir, le mouvement de rotation
autour de l'axe des z et les mouvements de translation
dirigés parallèlement aux axes des x, y fourniront pour
le système invariable trois équations d'équilibre, savoir
les formules (3), (4), (13). Comme dans la même hypothèse le nombre des variables indépendantes sera égal
à trois, les équations dont il s'agit suffiront pour exprimer
les conditions d'équilibre.

Les conséquences que nous venons de déduire du principe des vitesses virtuelles s'accordent donc évidemment
avec les résultats auxquels nous étions déjà parvenus par
la considération directe des projections algébriques des
forces et de leurs moments linéaires.

150. Concevons maintenant que les points M, M′, M″
étant assujettis à des liaisons quelconques, les forces
P, P′, P″ qui sollicitent ces mêmes points, se réduisent à
des poids. Admettons en outre que l'axe des x soit vertical
et que les x positives se comptent dans le sens de la pesanteur, on aura dans ce cas

$$X = P, \ X' = P', \ X'' = P'', \ldots,$$
$$Y = o, \ Y' = o, \ Y'' = o, \ldots, \ Z = o, \ Z' = o, \ Z'' = o,$$

et la formule (1) donnera

$$(14) \qquad \mathrm{P}\frac{dx}{dt} + \mathrm{P}'\frac{dx'}{dt} + \mathrm{P}''\frac{dx''}{dt} + \ldots = 0.$$

D'ailleurs si l'on nomme ξ l'abscisse du centre des forces parallèles P, P', P'' respectivement appliquées aux points M, M', M'',..., c'est-à-dire, en d'autres termes, l'abscisse du centre de gravité du système, on aura

$$\mathrm{P}x + \mathrm{P}'x' + \mathrm{P}''x'' + \ldots = (\mathrm{P} + \mathrm{P}' + \mathrm{P}'' + \ldots)\xi,$$

et par suite

$$\mathrm{P}\frac{dx}{dt} + \mathrm{P}'\frac{dx'}{dt} + \ldots = (\mathrm{P} + \mathrm{P}' + \ldots)\frac{d\xi}{dt}.$$

Donc la formule (14) pourra être réduite à

$$(15) \qquad \frac{d\xi}{dt} = 0.$$

Or il résulte de cette dernière équation que dans tout mouvement compatible avec les liaisons du système, la vitesse virtuelle du centre de gravité, étant projetée sur l'axe des x, donnera une projection nulle. Donc pour qu'il y ait équilibre entre différents poids, il est nécessaire et il suffit que dans chaque mouvement virtuel la direction primitive de la vitesse du centre de gravité soit horizontale, ou, ce qui revient au même, que l'ordonnée du centre de gravité soit un maximum ou un minimum.

151. Nous avons vu que dans le cas où toutes les forces du système sont soit des attractions ou des répulsions émanant d'un centre fixe, soit des attractions ou des répulsions matérielles exercées entre les divers points du système, la somme $\Sigma\,(\mathrm{X}\,dx + \mathrm{Y}\,dy + \mathrm{Z}\,dz)$ était la différentielle $d\mathrm{U}$ d'une fonction U des coordonnées de ces

points; comme dans le cas d'équilibre on doit avoir

$$\Sigma\,(\mathrm{X}\,dx + \mathrm{Y}\,dy + \mathrm{Z}\,dz) = 0,$$

on devra avoir aussi

$$(16) \qquad\qquad d\mathrm{U} = 0,$$

et il résulte de cette dernière équation que l'équilibre correspond à une valeur maximum ou minimum de la fonction U. Mais il y a entre le maximum et le minimum de cette fonction une différence essentielle sur laquelle il importe d'appeler l'attention.

On dit que l'équilibre d'un corps ou d'un système de points est *stable* lorsque, en écartant tant soit peu les points de leur position d'équilibre, ils tendent à y revenir. On dit au contraire que l'équilibre, est *instable*, lorsque écartés de leurs positions d'équilibre les points non-seulement ne tendent pas à y revenir, mais tendent à s'en écarter de plus en plus, de sorte que le corps finisse par chavirer. Enfin l'équilibre est *indifférent*, le corps est *astatique*, si, lorsqu'on écarte les points de leurs positions d'équilibre, ils ne tendent ni à y revenir, ni à s'en éloigner davantage. Cela posé, les équations fournies par le principe des vitesses virtuelles, ou, ce qui est la même chose, par la condition du maximum ou du minimum de la fonction U, sont communes aux deux états d'équilibre; mais le maximum convient à la stabilité et le minimum à l'instabilité, comme on le prouve en dynamique par le calcul des variations. Dans le cas de la pesanteur ou des corps pesants, l'ordonnée du centre de gravité est, comme on l'a vu plus haut, la quantité qui devra être un maximum ou un minimum lorsque le système sera en équilibre, et réciproquement; de plus, le maximum de l'ordonnée répondra au cas de l'équilibre stable, son minimum à l'équilibre instable ou instantané. En résumé, la condition d'équilibre d'un système quelconque de corps pesants consiste en ce que le centre de gravité du système entier soit le plus bas ou le plus haut possible : s'il est le plus bas possible, l'équilibre est stable ; s'il est le plus haut possible, l'équilibre est instable. En d'autres termes, si, quand on écarte infiniment peu le corps de sa position d'équilibre, le centre de gravité monte, l'équilibre est stable, le corps y reviendra ; si le centre de gravité descend, l'équilibre est instable, le corps s'en écartera de plus en plus ; si le centre de gravité ne monte ni ne descend, le corps restera dans la seconde position qu'on lui a donnée, il est astatique.

152. Appliquons enfin le principe des vitesses virtuelles au cas où des forces invariables de direction comme d'intensité, et toujours appliquées aux mêmes points, agissent sur un système de points assujetti à des liaisons quelconques et mobile dans l'espace. L'équation générale d'équilibre

$$\frac{d\mathrm{U}}{dt} = \sum \left(\mathrm{X}\frac{dx}{dt} + \mathrm{Y}\frac{dy}{dt} + \mathrm{Z}\frac{dz}{dt} \right) = 0$$

devra encore être vérifiée pour tous les mouvements possibles du système. Mais puisque dans tous ces mouvements les forces exercent leur action avec les mêmes intensités et dans les mêmes directions, X, Y, Z peuvent être regardées comme des constantes, la somme sous le signe Σ s'intègre immédiatement, on a

$$\mathrm{U} = \Sigma\,(\mathrm{X}x + \mathrm{Y}y + \mathrm{Z}z);$$

telle est donc ici la fonction qui dans le cas d'équilibre devra être un maximum ou un minimum.

Si toutes les forces sont parallèles, qu'on prenne la direction commune pour axe des x, et qu'on admette que la force centrale du système n'est pas nulle, on a

$$\mathrm{Y} = 0, \quad \mathrm{Z} = 0, \quad \mathrm{U} = \Sigma\mathrm{X}x;$$

et $\Sigma \mathrm{X} x$ est la quantité qui dans le cas d'équilibre doit être un maximum ou un minimum. Mais comme en appelant ξ l'ordonnée du centre des forces parallèles on a

$$\xi = \frac{\Sigma \mathrm{X} x}{\Sigma \mathrm{X}},$$

ξ devra être à son tour un maximum ou un minimum; c'est-à-dire que *dans l'état d'équilibre d'un système soumis à des forces parallèles, le centre de ces forces parallèles, compté à partir d'un plan perpendiculaire à la direction des forces, devra être le plus bas ou le plus haut possible ;* c'est ce qui a lieu, par exemple, pour la chaînette.

Si toutes les forces sont parallèles à un même plan, au plan des xy par exemple, on aura $\mathrm{Z}=0$, et, sous la condition que la force centrale ne sera pas nulle, $\mathrm{U} = \Sigma\,(\mathrm{X} x + \mathrm{Y} y)$ devra être un maximum ou un minimum. Si l'on projette toutes les forces sur le plan des xy, et qu'on appelle x_0, y_0 les coordonnées du point central des projections dans ce plan, on aura (n° 99)

$$x_0 = \frac{\Sigma \mathrm{X}\,(\Sigma \mathrm{X} x + \Sigma \mathrm{Y} y) - \Sigma \mathrm{Y}\,(\Sigma \mathrm{X} y - \Sigma \mathrm{Y} x)}{(\Sigma \mathrm{X})^2 + (\Sigma \mathrm{Y})^2},$$

$$y_0 = \frac{\Sigma \mathrm{Y}\,(\Sigma \mathrm{X} x + \Sigma \mathrm{Y} y) - \Sigma \mathrm{X}\,(\Sigma \mathrm{X} y - \Sigma \mathrm{Y} x)}{(\Sigma \mathrm{X})^2 + (\Sigma \mathrm{Y})^2}.$$

Si maintenant on choisit le système des coordonnées de telle sorte que l'axe des x devienne parallèle à la direction de la force principale ou centrale du système, $\mathrm{R} = \sqrt{(\Sigma \mathrm{X})^2 + (\Sigma \mathrm{Y})^2}$, on aura

$$\Sigma \mathrm{Y} = 0, \quad x_0 = \frac{\Sigma\,(\mathrm{X} x + \mathrm{Y} y)}{\Sigma \mathrm{X}} = \frac{\mathrm{U}}{\Sigma \mathrm{X}};$$

et puisque dans le cas d'équilibre U doit être maximum ou minimum, il en sera de même de x_0. Ainsi *dans le cas d'équilibre de plusieurs forces parallèles à un plan, la distance du point central des projections des forces sur ce plan à un second plan invariable perpendiculaire à la direction de la force principale, devra être un maximum ou un minimum.*

Continuons de prendre pour axe des x une ligne parallèle à la direction de la force principale, que nous supposons n'être pas nulle, et désignons par x_0, y_0 les coordonnées du point central des forces projetées sur le plan des xy; puisque $\Sigma Y = o$, $R = \Sigma X$, on aura

$$x_0 = \frac{\Sigma(Xx + Yy)}{R}, \quad y_0 = \frac{\Sigma(Xy - Yx)}{R}.$$

Si l'on appelle x'_0, z'_0 les coordonnées du point central des forces projetées sur le plan des zx, on aura de même

$$x'_0 = \frac{\Sigma(Xx + Zz)}{R}, \quad z'_0 = \frac{\Sigma(Xz - Zx)}{R}.$$

Désignons enfin par x''_0, y''_0, z''_0 les coordonnées du point central de toutes les composantes des forces données parallèles à la résultante principale R, on aura

$$x''_0 = \frac{\Sigma Xx}{R},$$

et, par suite,

$$U = \Sigma(Xx + Yy + Zz) = R(x_0 + x'_0 - x''_0) = R\,x_1,$$

x_1 étant l'abscisse du point central de trois forces égales et parallèles appliquées aux points (x_0, y_0, o), (x'_0, o, z'_0), (x''_0, y''_0, z''_0), les deux premières dans le même sens, la troisième en sens contraire. Il en résulte que *la distance de ce point central à un plan perpendiculaire à la direction de la force principale sera, dans le cas d'équilibre, un maximum ou un minimum.*

Comme on a

$$\Sigma P p = \frac{dU}{dt} = R \frac{dx_1}{dt},$$

on en conclut que si l'on applique la force principale du système au point central dont l'abscisse est x_1, le *moment virtuel de cette force centrale sera égal à la somme des moments virtuels des forces données, et sera nul comme elle dans le cas d'équilibre.*

QUATORZIÈME LEÇON.

Du changement de coordonnées dans les questions de mécanique. — Transformation des coordonnées rectilignes et rectangulaires en coordonnées rectilignes et rectangulaires — Expressions diverses qui ne varient pas dans le passage d'un système à l'autre. — Paramètres différentiels du premier et du second ordre. — Conditions que doit remplir une fonction de deux ou trois coordonnées rectangulaires pour devenir indépendante de la direction des coordonnées. — Expression du paramètre du second ordre en coordonnées polaires. — Coordonnées curvilignes de M. Lamé. — Fonctions-de-point. — Conditions d'orthogonalité. — Constance des paramètres. — Lignes et rayons de courbure des surfaces orthogonales.

---

153. Soient x, y, z les coordonnées rectilignes d'un point M relatives à trois axes rectangulaires; x', y', z' ce que deviennent ces coordonnées quand on fait tourner d'une manière quelconque le système de ces trois axes autour de l'origine; (a, b, c), (a', b', c'), (a'', b'', c''), les cosinus des angles que les nouveaux axes font avec les anciens; et par conséquent (a, a', a''), (b, b', b''), (c, c', c'') les cosinus des angles que les anciens axes font avec les nouveaux; on aura

$$(1) \quad \begin{cases} x' = ax + by + cz, \\ y' = a'x + b'y + c'z, \\ z' = a''x + b''y + c''z, \\ x = ax' + a'y' + a''z', \\ y = bx' + b'y' + b''z', \\ z = cx' + c'y' + c''z', \\ x^2 + y^2 + z^2 = x'^2 + y'^2 + z'^2, \end{cases}$$

et les neuf cosinus seront liés entre eux par les équations

$$(2)\quad\begin{cases} a^2 + b^2 + c^2 = 1,\\ a'^2 + b'^2 + c'^2 = 1,\\ a''^2 + b''^2 + c''^2 = 1,\\ a^2 + a'^2 + a''^2 = 1,\\ b^2 + b'^2 + b''^2 = 1,\\ c^2 + c'^2 + c''^2 = 1, \end{cases}$$

$$(3)\quad\begin{cases} ab + a'b' + a''b'' = 0,\\ ac + a'c' + a''c'' = 0,\\ bc + b'c' + b''c'' = 0,\\ aa' + bb' + cc' = 0,\\ aa'' + bb'' + cc'' = 0,\\ a'a'' + b'b'' + c'c'' = 0. \end{cases}$$

154. Si l'on nomme (x_1, y_1, z_1), (x'_1, y'_1, z'_1) les coordonnées d'un nouveau point M_1 relatives au premier et au second système des coordonnées, on aura

$$\begin{aligned} x'_1 &= ax_1 + by_1 + cz_1,\\ y'_1 &= a'x_1 + b'y_1 + c'z_1,\\ z'_1 &= a''x_1 + b''y_1 + c''z_1, \end{aligned}$$

et par suite

$$x_1 x'_1 + y_1 y'_1 + z_1 z'_1 = xx' + yy' + zz';$$

donc la transformation des coordonnées n'altère point la valeur de la somme $xx' + yy' + zz'$. Et en effet cette somme représente le produit des rayons vecteurs menés de l'origine aux points M, M_1 par le cosinus de l'angle que ces rayons vecteurs comprennent entre eux, quantité indépendante de la direction des axes coordonnés.

155. Soit maintenant F une fonction quelconque des coordonnées primitives x, y, z; si l'on passe du cas où ces coordonnées sont prises pour variables indépendentes au cas où l'on prend pour variables indépendantes les coordonnées x', y', z', on aura, en vertu des équations qui lient les anciennes coordonnées aux nouvelles :

$$D_{x'} F = a\, D_x F + b\, D_y F + c\, D_z F = (a\, D_x + b\, D_y + c\, D_z) F,$$
$$D_{y'} F = a'\, D_x F + b'\, D_y F + c'\, D_z F = (a'\, D_x + b'\, D_y + c'\, D_z) F,$$
$$D_{z'} F = a''\, D_x F + b''\, D_y F + c''\, D_z F = (a''\, D_x + b''\, D_y + c''\, D_z) F.$$

Réciproquement, on aura

$$D_x F = a\, D_{x'} F + a'\, D_{y'} F + a''\, D_{z'} F = (a\, D_{x'} + a'\, D_{y'} + a''\, D_{z'}) F,$$
$$D_y F = b\, D_{x'} F + b'\, D_{y'} F + b''\, D_{z'} F = (b\, D_{x'} + b'\, D_{y'} + b''\, D_{z'}) F,$$
$$D_z F = c\, D_{x'} F + c'\, D_{y'} F + c''\, D_{z'} F = (c\, D_{x'} + c'\, D_{y'} + c''\, D_{z'}) F,$$

et l'on en conclura

$$(D_{x'} F)^2 + (D_{y'} F)^2 + (D_{z'} F)^2 = (D_x F)^2 + (D_y F)^2 + (D_z F)^2.$$

On peut écrire plus simplement ces équations sous la forme symbolique

$$D_{x'} = a\, D_x + b\, D_y + c\, D_z,$$
$$D_{y'} = a'\, D_x + b'\, D_y + c'\, D_z,$$
$$D_{z'} = a''\, D_x + b''\, D_y + c''\, D_z,$$
$$D_x = a\, D_{x'} + a'\, D_{y'} + a''\, D_{z'},$$
$$D_y = b\, D_{x'} + b'\, D_{y'} + b''\, D_{z'},$$
$$D_z = c\, D_{x'} + c'\, D_{y'} + c''\, D_{z'},$$
$$(D_{x'})^2 + (D_{y'})^2 + (D_{z'})^2 = (D_x)^2 + (D_y)^2 + (D_z)^2.$$

Donc *dans les transformations des coordonnées rectangulaires, les relations qui existent entre les anciennes coordonnées x, y, z et les nouvelles x', y', z', existent pareillement entre les caractéristiques D_x, D_y, D_z, $D_{x'}$, $D_{y'}$, $D_{z'}$, qui indiquent des différentiations effectuées par rapport aux coordonnées anciennes et nouvelles, considérées tour à tour comme variables indépendantes.*

Si l'on différentie respectivement par rapport à x', y', z' les équations qui donnent $D_{x'}F$, $D_{y'}F$, $D_{z'}F$ en fonction de D_xF, D_yF, D_zF, en tenant compte du principe qu'on peut intervertir l'ordre des différentiations, on aura

$$D_{x'}^2 F = a\,D_x D_{x'}F + b\,D_y D_{x'}F + c\,D_z D_{x'}F,$$

$$D_{y'}^2 F = a'\,D_x D_{y'}F + b'\,D_y D_{y'}F + c'\,D_z D_{y'}F,$$

$$D_{z'}^2 F = a''\,D_x D_{z'}F + b''\,D_y D_{z'}F + c''\,D_z D_{z'}F;$$

ajoutant membre à membre, il viendra

$$D_{x'}^2 F + D_{y'}^2 F + D_{z'}^2 F = D_x(a\,D_{x'}F + a'\,D_{y'}F + a''\,D_{z'}F)$$
$$+ D_y(b\,D_{x'}F + b'\,D_{y'}F + b''\,D_{z'}F) + D_z(c\,D_{x'}F + c'\,D_{y'}F + c''\,D_{z'}F),$$

et en substituant aux trois trinômes du second membre leurs valeurs D_xF, D_yF, D_zF,

$$D_{x'}^2 F + D_{y'}^2 F + D_{z'}^2 F = D_x^2 F + D_y^2 F + D_z^2 F,$$

ou simplement, en négligeant F et ramenant l'équation à la forme symbolique,

$$D_{x'}^2 + D_{y'}^2 + D_{z'}^2 = D_x^2 + D_y^2 + D_z^2 \cdot$$

Donc *si une fonction des trois coordonnées rectangulaires x, y, z est différentiée deux fois de suite par rapport à chacune de ces coordonnées, la somme des carrés des trois dérivées du premier ordre et la somme des trois dérivées du second ordre, c'est-à-dire les deux sommes*

$$(D_xF)^2 + (D_yF)^2 + (D_zF)^2, \quad D_x^2 F + D_y^2 F + D_z^2 F$$

offriront des valeurs indépendantes de la direction des axes coordonnés. La racine carrée du premier trinôme et le second trinôme sont ce que M. Lamé appelle les paramètres différentiels du premier et du second ordre de la fonction F, et qu'il désigne par les caractéristiques Δ_1, Δ_2, que nous remplacerons par $\Delta^{(1)}$, $\Delta^{(2)}$.

156. Des équations qui expriment x'_1, y'_1, z'_1 en x_1, y_1, z_1 et $D_{x'}$, $D_{y'}$, $D_{z'}$ en fonction de D_x, D_y, D_z, on tire

$$x'_1 D_{x'} F + y'_1 D_{y'} F + z'_1 D_{z'} F = x_1 D_x F + y_1 D_y F + z_1 D_z F;$$

donc une transformation des coordonnées rectangulaires n'altérera pas le produit symbolique,

$$x_1 D_x + y_1 D_y + z_1 D_z.$$

L'équation précédente subsistera encore, si en nommant toujours x, y, z ou x', y', z' les coordonnées du point M, on désigne celles du point M_1, non plus par x_1, y_1, z_1, ou x'_1, y'_1, z'_1, mais par $x + x_1$, $y + y_1$, $z + z_1$ ou $x' + x'_1$, $y' + y'_1$, $z' + z'_1$. Alors si ΔF est l'accroissement que reçoit la fonction F quand on passe du point M au point M_1, on aura, en vertu du théorème de Taylor ramené à une forme symbolique

$$F + \Delta F = e^{x_1 D_x + y_1 D_y + z_1 D_z} F = e^{x'_1 D_{x'} + y'_1 D_{y'} + z'_1 D_{z'}} F,$$

$$1 + \Delta = e^{x_1 D_x + y_1 D_y + z_1 D_z} = e^{x'_1 D_{x'} + y'_1 D_{y'} + z'_1 D_{z'}},$$

$$\Delta = e^{x_1 D_x + y_1 D_y + z_1 D_z} - 1 = e^{x'_1 D_{x'} + y'_1 D_{y'} + z'_1 D_{z'}} - 1.$$

Donc la caractéristique Δ, considérée successivement comme fonction des caractéristiques D_x, D_y, D_z, $D_{x'}$, $D_{y'}$, $D_{z'}$, sera représentée tour à tour par les deux expressions symboliques qui précèdent, et pour passer de la première expression à la seconde, il suffira de chercher ce que devient la première quand on opère la transformation des coordonnées: nous avons d'ailleurs prouvé que le trinôme exposant de e ne change pas de valeur dans le passage d'un système à l'autre.

Ces formules s'étendent évidemment au cas particulier où l'on passerait d'un premier système de coordonnées au second, en faisant tourner seulement dans leur plan les axes des x et des y autour de l'axe des z; alors c, c' seraient nuls, ainsi que a'', b'', et les équations qui lient x', y' à x, y et réciproquement, pourraient s'écrire comme il suit :

$$x' = x \cos\alpha + y \sin\alpha, \quad y' = y \cos\alpha - x\sin\alpha,$$
$$x = x' \cos\alpha - y' \sin\alpha, \quad y = y' \cos\alpha + x'\sin\alpha,$$
$$x'^2 + y'^2 = x^2 + y^2, \quad x' x'_1 + y' y'_1 = xx_1 + yy_1,$$
$$D_{x'} = \cos\alpha\, D_x + \sin\alpha\, D_y, \quad D_{y'} = \cos\alpha\, D_y - \sin\alpha\, D_x,$$
$$D_x = \cos\alpha\, D_{x'} - \sin\alpha\, D_{y'}, \quad D_y = \cos\alpha\, D_{y'} + \sin\alpha\, D_{x'},$$
$$(D_{x'})^2 + (D_{y'})^2 = (D_x)^2 + (D_y)^2, \quad D_{x'}^2 + D_{y'}^2 = D_x^2 + D_y^2.$$

157. Ces préliminaires posés, on déterminera sans peine les conditions que doit remplir une fonction de deux ou de trois coordonnées rectangulaires, pour devenir indépendante de la direction des axes coordonnés. Il suffira pour cela de prendre pour point de départ une proposition évidente par elle-même et dont voici l'énoncé.

Lemme. — Si une équation entre plusieurs variables indépendantes x, y, z, et plusieurs paramètres ou constantes arbitraires a, b, c,..., doit subsister quelles que soient les valeurs réelles attribuées à ces variables et à ces paramètres, elle continuera de subsister, quelles que soient les variables x, y, z,..., quand on établira des relations entre ces variables et les paramètres a, b, c,..., en transformant ces paramètres ou quelques-uns d'entre eux en fonction de x, y, z. On conçoit, en effet, qu'une équation qui se vérifie indépendamment des valeurs attribuées à diverses quantités, subsiste par cela même dans le cas où l'on établit entre ces quantités des relations quelconques. Cette proposition entraîne le théorème suivant :

Théorème I. — Soient x, y, z plusieurs variables indépendantes, et x', y', z',..., des fonctions qui, renfermant avec ces variables certains paramètres a, b, c,..., se réduisent à x, y, z,... pour des valeurs particulières de ces paramètres; puis, supposons que des relations convenables établies entre les paramètres a, b, c, et les variables indépendantes x, y, z,... puissent faire évanouir toutes les fonctions x', y', z',..., à l'exception d'une seule, de x' par exemple, en réduisant celle-ci à une fonction déterminée R de x, y, z,...; si l'expression $f(x', y', z',...)$ considérée comme fonction de x, y, z,..., conserve la même forme, quelles que soient les valeurs attribuées aux paramètres a, b, c,..., en sorte que l'équation

$$f(x', y', z',...) = f(x, y, z,...),$$

soit identique, on aura encore identiquement

$$f(x, y, z,...) = f(\mathrm{R}, \mathrm{o}, \mathrm{o},...).$$

Cela posé, les différents points de l'espace étant rapportés à trois axes rectangulaires x, y, z, considérons l'un des points auxquels appartiennent les deux coordonnées x, y, et concevons que l'on fasse tourner les axes des x, y autour de l'axe des z; les deux coordonnées x, y se trouveront remplacées par deux coordonnées nouvelles x', y' liées aux premières par deux équations linéaires et de la forme

$$x' = x \cos \alpha + y \sin \alpha, \quad y' = y \cos \alpha - x \sin \alpha;$$

pour qu'une expression de la forme $f(x', y')$ devienne indépendante de la direction des axes mobiles, il faudra que l'on ait constamment

$$f(x', y') = f(x, y),$$

ou

$$f(x \cos \alpha + y \sin \alpha, y \cos \alpha - x \sin \alpha) = f(x, y),$$

quelles que soient les valeurs non-seulement de x et de y, mais encore de l'angle α. D'ailleurs pour faire évanouir y', il suffira d'admettre entre α, x et y, la relation exprimée par l'équation

$$y \cos \alpha - x \sin \alpha = 0,$$

d'où l'on tire

$$\frac{\cos \alpha}{x} = \frac{\sin \alpha}{y} = \pm \frac{1}{\sqrt{x^2 + y^2}} = \pm \frac{1}{r};$$

donc, lorsque l'on aura, quel que soit x, y,

$$f(x', y') = f(x, y),$$

on aura aussi

$$f(x, y) = f(\pm r, 0),$$

et, par suite,

$$f(x, y) = f(r, 0), \quad f(r, 0) = f(-r, 0).$$

On arrive ainsi au théorème suivant :

Théorème II. — Pour qu'une fonction $f(x, y)$ de deux coordonnées x, y d'un même point M, relatives à deux axes rectangulaires, conserve la même valeur, tandis que l'on fait varier les coordonnées, non en changeant la position du point M, mais en faisant tourner les deux axes dans leur plan autour de l'origine, il est nécessaire que $f(x, y)$ se réduise à une fonction du rayon r mené de l'origine à la projection du point donné M sur le plan des xy, et même à une fonction de r qui ne varie pas quand on y remplace r par $-r$.

On démontrera encore facilement le théorème qui précède en substituant aux coordonnées rectangulaires x, y ou x', y' deux coordonnées polaires r, u ou r', u', dont la première r serait toujours le rayon vecteur mené de l'origine à la projection, la seconde u ou u' désignant

I.   23

l'angle formé par ce rayon vecteur avec le demi-axe des x ou des x' positives. Alors, en effet, on aurait entre x, y et r, u ou x', y' et r', u' les équations

$$x = r\cos u, \quad y = r\sin u, \quad x' = r\cos u', \quad y' = r\sin u';$$

en outre,

$$u' = u - \alpha,$$

α ayant la même signification que ci-dessus, et, par suite,

$$f(r\cos u', \ r\sin u') = f(r\cos u, \ r\sin u),$$

d'où il résulte que la fonction $f(x, y) = f(r\cos u, r\sin u)$, ne varie pas quand on fait varier u, et se réduit, par conséquent, à la fonction $f(\pm r, 0)$ dans laquelle elle se transforme quand on fait $u = 0$, ou $u = \pi$, le double signe pouvant être réduit arbitrairement au signe $+$ ou au signe $-$.

Supposons maintenant que l'on fasse tourner autour de l'origine, d'une manière quelconque, les trois axes rectangulaires des x, des y et des z : les trois coordonnées x, y, z d'un point M se trouveront remplacées par trois coordonnées nouvelles x', y', z', exprimées au moyen des premières par les équations

$$x' = ax + by + cz,$$
$$y' = a'x + b'y + c'z,$$
$$z' = a''x + b''y + c''z,$$
$$x'^2 + y'^2 + z'^2 = x^2 + y^2 + z^2,$$

dans lesquelles les neuf coefficients a, b, c, a', b', c', a'', b'', c'' sont liés entre eux par six équations, de sorte que, trois étant donnés, on puisse calculer les six autres. Pour qu'une expression de la forme $f(x', y', z')$ devienne indépendante de la direction des axes mobiles, il faudra que l'on ait constamment

$$f(x', y', z') = f(x, y, z),$$

quelles que soient les valeurs non-seulement de x, y, z, mais encore de trois des neuf coefficients a, b, c, a', b', c', a'', b'', c'', dont on pourra disposer de manière à faire évanouir y', z'. D'ailleurs, si l'on nomme r le rayon vecteur mené de l'origine au point donné M (x, y, z), on aura

$$r^2 = x^2 + y^2 + z^2 = x'^2 + y'^2 + z'^2.$$

Or dans le cas de $y' = 0$, $z' = 0$, cette dernière équation donne

$$x' = \pm r,$$

l'égalité $f(x, y, z) = f(x', y', z')$ entraîne donc les suivantes :

$$f(x, y, z) = f(\pm r, 0, 0), \quad f(x, y, z) = f(r, 0, 0),$$
$$f(r, 0, 0) = f(-r, 0, 0),$$

et l'on arrive ainsi au théorème suivant :

Théorème III. — Pour qu'une fonction des trois coordonnées x, y, z d'un même point M, relatives à trois axes rectangulaires, ne change point de valeur, tandis que l'on fait varier ces coordonnées, non en changeant la position du point, mais en faisant tourner le système des trois axes rectangulaires autour de l'origine, il est nécessaire que $f(x, y, z)$ se réduise à une fonction du rayon vecteur r mené de l'origine au point donné, et même à une fonction de r qui ne change pas de signe quand on y remplace r par $-r$.

On démontrera facilement et immédiatement le théorème qui précède, en substituant aux coordonnées rectangulaires x, y, z ou x', y', z' des coordonnées polaires

356

r, u, v ou r, u', v' liées aux premières par les équations

$$x = r\cos u, \quad y = r\sin u \cos v, \quad z = r\sin u \sin v,$$
$$x' = r\cos u', \quad y' = r\sin u' \cos v', \quad z' = r\sin u' \sin v'.$$

En effet, l'équation

$$f(x', y', z') = f(x, y, z)$$

deviendrait alors

$$f(r\cos u', \quad r\sin u' \cos v', \quad r\sin u' \sin v')$$
$$= f(r\cos u, \quad r\sin u \cos v, \quad r\sin u \sin v);$$

et comme, la direction des nouveaux axes étant complétement arbitraire, on peut en dire autant des variables ou angles u', v', la fonction $f(x, y, z)$ ne devra pas varier avec u' et v' ou avec u et v, et devra, par conséquent, conserver la valeur $f(\pm r, 0, 0)$ qu'elle prend quand on fait $u = 0$ ou $u = \pi$.

Lorsque les fonctions de x, y ou de x, y, z désignées par $f(x, y)$, $f(x, y, z)$ sont des fonctions entières composées d'un nombre fini ou infini de termes, les fonctions $f(r, 0)$, $f(r, 0, 0)$ sont elles-mêmes des fonctions entières de r, et même des fonctions entières de r^2, c'est-à-dire de $x^2 + y^2$, ou $x^2 + y^2 + z^2$, on peut donc encore énoncer les théorèmes suivants :

Théorème IV.—Pour qu'une fonction entière $f(x, y)$ des deux coordonnées x, y d'un même point relatives à deux axes rectangulaires, ne change point de valeur, tandis que l'on fait varier ces coordonnées, non en changeant la position du point, mais en faisant tourner les deux axes dans leur plan autour de l'origine, il est nécessaire et il suffit que $f(x, y)$ se réduise à une fonction entière de $r^2 = x^2 + y^2$.

Théorème V.—Pour qu'une fonction entière $f(x, y, z)$

des trois coordonnées x, y, z d'un même point relatives
à trois axes rectangulaires, ne change point de valeur,
tandis que l'on fait varier ces coordonnées, non en changeant la position du point, mais en faisant tourner le
système des trois axes coordonnés autour de l'origine, il
est nécessaire et il suffit que $f(x, y, z)$ se réduise à une
fonction entière de $x^2 + y^2 + z^2$.

Nous avons vu que si l'on nomme x, y, z ou x', y', z'
les coordonnées d'un même point relatives à un premier
et à un second système d'axes rectangulaires, les caractéristiques $D_{x'}, D_{y'}, D_{z'}$ s'expriment en fonction des caractéristiques D_x, D_y, D_z de la même manière que les nouvelles coordonnées x', y', z' s'expriment en fonction des
anciennes x, y, z, on pourra donc, dans les théorèmes qui
précèdent, remplacer les coordonnées x, y, z par les caractéristiques D_x, D_y, D_z, et énoncer le théorème suivant :

Théorème VI. — x, y ou x, y, z étant deux ou trois
coordonnées rectangulaires et D_x, D_y ou D_x, D_y, D_z, les
caractéristiques qui indiquent des différentiations relatives à ces coordonnées, pour qu'une fonction entière de
ces caractéristiques ne change point de valeur, tandis que
l'on fait tourner les deux axes des x et des y dans leur
plan, ou les trois axes des x, des y, et des z dans l'espace,
autour de leur origine, il est nécessaire et il suffit que
cette fonction se réduise à une fonction entière de

$$(D_x)^2 + (D_y)^2 \quad \text{ou de} \quad (D_x)^2 + (D_y)^2 + (D_z)^2.$$

158. Reprenons les équations

$$a^2 + b^2 + c^2 = 1, \quad a'^2 + b'^2 + c'^2 = 1, \quad a''^2 + b''^2 + c''^2 = 1,$$
$$a'a'' + b'b'' + c'c'' = 0, \quad aa'' + bb'' + cc'' = 0, \quad aa' + bb' + cc' = 0,$$

les deux dernières donnent

$$\frac{b'c'' - b''c'}{a} = \frac{c'a'' - c''a'}{b} = \frac{a'b'' - a''b'}{c}$$

$$= \frac{ab'c'' - ab''c' + bc'a'' - bc''a' + ca'b'' - ca''b'}{a^2 + b^2 + c^2}$$

$$= \pm \frac{[(b'c'' - b''c')^2 + (c'a'' - c''a')^2 + (a'b'' - a''b')^2]^{\frac{1}{2}}}{(a^2 + b^2 + c^2)^{\frac{1}{2}}};$$

mais on a d'une part

$$a^2 + b^2 + c^2 = 1,$$

de l'autre

$$(b'c'' - b''c')^2 + (c'a'' - c''a')^2 + (a'b'' - a''b')^2$$
$$= (a'^2 + b'^2 + c'^2)(a''^2 + b''^2 + c''^2) - (a'a'' + b'b'' + c'c'')^2 = 1,$$

donc

$$ab'c'' - ab''c' + a'b''c - a'bc'' + a''bc' - a''b'c = \pm 1.$$

On arriverait encore à ce résultat, en observant que les neuf quantités a, b, c, a', b', c', a'', b'', c'' représentent les projections algébriques de trois longueurs égales à l'unité, mesurées sur les axes des x, y, z, et projetées sur les axes des x', y', z'. En effet, le volume qui a pour côté ces trois longueurs se réduira simplement à l'unité, et l'on sait que ce volume est représenté au signe près par la somme ou résultante

$$ab'c'' - ab''c' + a'b''c - a'bc'' + a''bc' - a''b'c.$$

Ajoutons que le double signe $\pm$ devra se réduire à $+$, ou que l'on aura

$$ab'c'' - ab''c' + a'b''c - a'bc'' + a''bc' - a''b'c = 1,$$

si l'on admet que pour obtenir le second système d'axes

coordonnés, en faisant tourner le premier autour de l'origine, les mouvements de rotation exécutés de droite à gauche dans les plans coordonnés autour des demi-axes des coordonnées positives, seront pour l'un et l'autre système d'axes des mouvements *directs*, ou pour l'un et pour l'autre des mouvements rétrogrades. Cette somme ou résultante étant égale à 1, on aura

$$a = b'c'' - b''c', \quad b = c'a'' - c''a', \quad c = a'b'' - a''b'.$$

Ces équations devant évidemment rester vraies quand on remplace a, b, c par a', b', c', ou par a'', b'', c'', on aura de même

$$a' = b''c - bc'', \quad b' = c''a - ca'', \quad c' = a''b - ab'',$$
$$a'' = bc' - b'c, \quad b'' = ca' - c'a, \quad c'' = ab' - a'b.$$

159. Soient maintenant x_1, y_1, z_1, x'_1, y'_1, z'_1 les coordonnées d'un nouveau point M_1, relatives au premier et au second système d'axes coordonnés, on aura

$$x'_1 = ax_1 + by_1 + cz_1,$$
$$y'_1 = a'x_1 + b'y_1 + c'z_1,$$
$$z'_1 = a''x_1 + b''y_1 + c''z_1,$$

d'où l'on conclut, comme nous l'avons déjà vu,

$$x'x'_1 + y'y'_1 + z'z'_1 = xx_1 + yy_1 + zz_1,$$

c'est-à-dire que la transformation des coordonnées n'altère pas la valeur de la somme $xx_1 + yy_1 + zz_1$. Dans le cas particulier où les deux points M, M_1 se confondent, la somme des produits devient une somme de carrés, et l'on a, comme nous le savions,

$$x'^2 + y'^2 + z'^2 = x^2 + y^2 + z^2.$$

On tire encore des équations qui donnent les valeurs

de x_1, y_1, z_1, x'_1, y'_1, z'_1 jointes aux valeurs précédentes de a, b, c, a', b', c',

$$y'z'_1 - y'_1z' = a(yz_1 - y_1z) + b(zx_1 - z_1x) + c(xy_1 - x_1y),$$
$$z'x'_1 - z'_1x' = a'(yz_1 - y_1z) + b'(zx_1 - z_1x) + c'(xy_1 - x_1y),$$
$$x'y'_1 - x'_1y' = a''(yz_1 - y_1z) + b''(zx_1 - z_1x) + c''(xy_1 - x_1y),$$

d'où l'on conclut

$$(y'z'_1 - y'_1z')^2 + (z'x'_1 - z'_1x')^2 + (x'y'_1 - x'_1y')^2$$
$$= (yz_1 - y_1z)^2 + (zx_1 - z_1x)^2 + (xy_1 - x_1y)^2;$$

donc la transformation des coordonnées n'altère pas la valeur de la somme

$$(yz_1 - y_1z)^2 + (zx_1 - z_1x)^2 + (xy_1 - x_1y)^2.$$

Cette somme, en effet, représente une quantité indépendante de la direction des axes coordonnés, savoir le carré de la surface du parallélogramme qui a pour côtés les rayons vecteurs OM, OM$_1$. On arriverait immédiatement à l'équation qui exprime l'invariabilité de cette somme, en combinant les deux équations

$$x'^2 + y'^2 + z'^2 = x^2 + y^2 + z^2, \quad x'x'_1 + y'y'_1 + z'z'_1 = xx_1 + yy_1 + zz_1$$

avec l'équation identique

$$(yz_1 - y_1z)^2 + (zx_1 - z_1x)^2 + (xy_1 - x_1y)^2$$
$$= (x^2 + y^2 + z^2)(x_1^2 + y_1^2 + z_1^2) - (xx_1 + yy_1 + zz_1)^2.$$

Quant aux trois binômes $zy_1 - z_1y$, $xz_1 - x_1z$, $yz_1 - y_1x$, ils représentent les projections algébriques de l'aire du parallélogramme dont il s'agit, successivement projetée sur les trois plans coordonnés des yz, des zx et des xy, ou, ce qui revient au même, les projections algébriques d'une longueur mesurée sur une perpendiculaire au plan du parallélogramme, égale à l'aire de ce parallélogramme, et successivement projetée sur les axes des x, des y et des z. Ajoutons qu'en partant de cette simple remarque on pourrait déduire immédiatement les équations qui expriment les différences $y'z'_1 - y'_1 z'_1,\ldots$, en fonction des différences $yz_1 - z_1 y,\ldots$ des équations qui lient les nouvelles coordonnées x', y', z' aux anciennes x, y, z.

Concevons que l'on considère, en outre des points M, M_1, un troisième point M_2 dont les coordonnées relatives aux deux systèmes d'axes rectangulaires soient respectivement x_2, y_2, z_2, x'_2, y'_2, z'_2, on aura encore

$$x'_2 = ax_2 + by_2 + cz_2,$$
$$y'_2 = a'x_2 + b'y_2 + c'z_2,$$
$$z'_2 = a''x_2 + b''y_2 + c''z_2,$$

et de ces équations jointes à l'équation

$$x'^2 + y'^2 + z'^2 = x^2 + y^2 + z^2,$$

et à celles qui donnent la valeur des différences $y'z'_1 - y'_1 z',\ldots$ en fonction des différences $yz_1 - z_1 y,\ldots$ on tirera

$$x'y'_1 z'_2 - x'y'_2 z'_1 + x'_1 y'_2 z' - x'_1 y' z'_2 + x'_2 y' z'_1 - x'_2 y'_1 z'$$
$$= xy_1 z_2 - xy_2 z_1 + x_1 y_2 z - x_1 y z_2 + x_2 y z_1 - x_2 y_1 z;$$

donc la transformation des coordonnées ne change pas la valeur de la somme

$$xy_1 z_2 - xy_2 z_1 + x_1 y_2 z - x_1 y z_2 + x_2 y z_1 - x_2 y_1 z.$$

Cette somme représente effectivement, au signe près, le volume du parallélipipède construit sur les trois rayons OM, OM_1, OM_2; et d'ailleurs son signe dépend uniquement des positions respectives des trois demi-axes OM, OM_1, OM_2. Elle sera positive, si le mouvement de rotation exécuté autour du demi-axe OM_2 par un rayon mobile passant de la position OM à la position OM_1 est un mouvement direct ou de droite à gauche, tel que nous l'avons déjà défini.

160. Considérons une grandeur qui puisse être représentée par une droite, une force par exemple, ou le moment linéaire de cette force. Les projections algébriques de cette grandeur sur trois axes rectangulaires dépendront uniquement de la longueur de la droite, et de sa direction; et si la grandeur en question se confond avec un rayon vecteur r mené de l'origine des coordonnées à un certain point M, les projections algébriques de cette grandeur seront précisément les coordonnées du point M. Donc les relations qui subsistent entre les coordonnées rectangulaires d'un ou de plusieurs points rapportés à un ou à plusieurs systèmes d'axes coordonnés, subsisteront aussi entre les projections algébriques d'une ou de plusieurs grandeurs diverses projetées sur ces mêmes axes. Ainsi, en particulier, si l'on nomme X, Y, Z les projections algébriques d'une certaine force P sur trois axes rectangulaires x, y, z, et X′, Y′, Z′ les projections algébriques de la même force sur trois autres axes rectangulaires des x', y', z'; si d'ailleurs les neuf coefficients a, b, c, a', b', c', a'', b'', c'' représentent les cosinus des angles formés par les demi-axes des coordonnées positives x', y', z' avec les demi-axes des coordonnées positives x, y, z, on aura

$$X' = aX + bY + cZ,$$
$$Y' = a'X + b'Y + c'Z,$$
$$Z' = a''X + b''Y + c''Z,$$
$$X'^2 + Y'^2 + Z'^2 = X^2 + Y^2 + Z^2,$$
$$X = aX' + a'Y' + a''Z',$$
$$Y = bX' + b'Y' + b''Z',$$
$$Z = cX' + c'Y' + c''Z'.$$

Il y a plus : si, en supposant la force P appliquée au point M dont les coordonnées sont x, y, z, ou x', y', z', on nomme L, M, N, L', M', N' les projections algébriques du moment linéaire de la force P successivement projeté sur les axes des x, y, z et sur les axes des x', y', z', on aura encore

$$L' = a L + b M + c N,$$
$$M' = a' L + b' M + c' N,$$
$$N' = a'' L + b'' M + c'' N,$$
$$L'^2 + M'^2 + N'^2 = L^2 + M^2 + N^2,$$
$$L = a L' + a' M' + a'' N',$$
$$M = b L' + b' M' + b'' N',$$
$$N = c L' + c' M' + c'' N'.$$

Ces équations pourraient se déduire directement de celles qui donnent les différences $y'z'_1 - y'_1 z'\ldots$; en effet, pour obtenir les valeurs de L', M', N', il suffit de remplacer dans ces équations les projections algébriques x'_1, y'_1, z'_1 ou x_1, y_1, z_1 de la distance r_1 comprise entre l'origine des coordonnées et un certain point M_1, par les projections algébriques X', Y', Z', ou X, Y, Z de la force P, et d'avoir égard aux valeurs connues des projections du moment linéaire

$$L = y Z - z Y, \quad M = z X - x Z, \quad N = x Y - y X,$$
$$L' = y' Z' - z' Y', \quad M' = z' X' - x' Z', \quad N' = x' Y' - y' X'.$$

L'équation $L'^2 + M'^2 + N'^2 = L^2 + M^2 + N^2$, quand on y substitue pour L', M',... leurs valeurs, devient

$$(y' Z' - z' Y')^2 + (z' X' - x' Z')^2 + (x' Y' - y' X')^2$$
$$= (y Z - z Y)^2 + (z X - x Z)^2 + (x Y - y X)^2,$$

ou, ce qui revient au même,

$$(x'^2 + y'^2 + z'^2)(X'^2 + Y'^2 + Z'^2) - (x' X' + y' Y' + z' Z')^2$$
$$= (x^2 + y^2 + z^2)(X^2 + Y^2 + Z^2) - (X x + Y y + Z z)^2.$$

Cette dernière équation, et par suite celle qui précède, pourra être écrite à priori quand on a établi l'égalité

$$X'x' + Y'y' + Z'z' = Xx + Yy + Zz,$$

à laquelle on parvient immédiatement en remplaçant les projections algébriques de la distance r_1 par les projections algébriques de la force P dans l'équation

$$x'x'_1 + y'y'_1 + z'z'_1 = xx_1 + yy_1 + zz_1.$$

161. Supposons maintenant que le point matériel M ayant reçu un mouvement virtuel, on désigne par u, v, w, u', v', w' les projections algébriques de la vitesse virtuelle ω de ce point sur les deux systèmes d'axes x, y, z, x', y', z'. Il y aura entre ces projections la même relation qu'entre les coordonnées et qu'entre les projections X, Y, Z de la force R, c'est-à-dire que l'on aura

$$u' = au + bv + cw,$$
$$v' = a'u + b'v + c'w,$$
$$w' = a''u + b''v + c''w,$$
$$u'^2 + v'^2 + w'^2 = u^2 + v^2 + w^2,$$
$$u = au' + a'v' + a''w',$$
$$v = bu' + b'v' + b''w',$$
$$w = cu' + c'v' + c''w'.$$

Les projections algébriques du moment linéaire de la vitesse ω sur les deux systèmes d'axes sont d'ailleurs

$$yw - zv, \quad zu - xw, \quad xv - yu;$$
$$y'w' - z'v', \quad z'u' - x'w', \quad x'v' - y'u',$$

et l'on aura encore

$$y'w' - z'v' = a(yw - zv) + b(zu - xw) + c(xv - yu),$$
$$z'u' - x'w' = a'(yw - zv) + b'(zu - xw) + c'(xv - yu),$$
$$x'v' - y'u' = a''(yw - zv) + b''(zu - xw) + c''(xv - yu),$$
$$(y'w' - z'v')^2 + (z'u' - x'w')^2 + (x'v' - y'u')^2$$
$$= (yw - zv)^2 + (zu - xw)^2 + (xv - yu)^2,$$
$$x'u' + y'v' + z'w' = xu + yv + zw.$$

Les projections algébriques de la vitesse du point M peuvent être regardées comme des fonctions des trois coordonnées x, y, z ou x', y', z' de ce même point, et différentiées par rapport à ces coordonnées; or, ainsi que nous l'avons vu, il existe entre les caractéristiques D_x, D_y, D_z, $D_{x'}$, $D_{y'}$, $D_{z'}$, les mêmes relations qu'entre les coordonnées x, y, z, x', y', z', et par conséquent dans les équations qui lient les projections u, v, w, u', v', w', de la vitesse ω aux coordonnées, on pourra substituer les caractéristiques aux coordonnées. On aura donc

$$D_{y'}w' - D_{z'}v' = a\,(D_y w - D_z v) + b\,(D_z u - D_x w)$$
$$+ c\,(D_x v - D_y u),$$
$$D_{z'}u' - D_{x'}w' = a'\,(D_y w - D_z v) + b'\,(D_z u - D_x w)$$
$$+ c'\,(D_x v - D_y u),$$
$$D_{x'}v' - D_{y'}v' = a''\,(D_y w - D_z v) + b''\,(D_z u - D_x w)$$
$$+ c''\,(D_x u - D_y v),$$
$$(D_{y'}w' - D_{z'}v')^2 + (D_{z'}u' - D_{x'}w')^2 + (D_{x'}v' - D_{y'}u')^2$$
$$= (D_y w - D_z v)^2 + (D_z u - D_x w)^2 + (D_x v - D_y u)^2,$$
$$D_{x'}u' + D_{y'}v' + D_{z'}w' = D_x u + D_y v + D_z w.$$

Ces mêmes équations subsisteraient encore si l'on y remplaçait les projections algébriques u, v, w, ou u', v', w' de la vitesse ω d'un point matériel, par les projections algébriques d'une autre grandeur relative au même point, et représentée par une portion de ligne droite, par exemple, les projections algébriques du déplacement absolu de ce point sur les deux systèmes d'axes. Appelons ξ, η, ζ, ξ', η', ζ' les projections de ce déplacement absolu sur les axes des x, y, z; négligeant les équations qui donneraient les relations entre les deux valeurs successives des différences,

$$D_y \zeta - D_z \eta, \quad D_z \xi - D_x \zeta, \quad D_x \eta - D_y \xi,$$

on aura

$$D_{x'}\xi + D_{y'}\eta + D_{z'}\zeta = D_x \xi + D_y \eta + D_z \zeta;$$

or le trinôme $D_x \xi + D_y \eta + D_z \zeta$, somme des trois dilatations linéaires, est ce que l'on appelle la dilatation v du volume $\xi\eta\zeta$, et l'équation qui précède prouve que cette dilatation, comme le déplacement absolu $\sqrt{\xi^2 + \eta^2 + \zeta^2}$, conserve une valeur indépendante de la direction des axes coordonnés.

162. Soient x, y, z les coordonnées rectangulaires d'un point matériel, u une fonction quelconque des coordonnées x, y, z, et $\Delta^{(2)} u$ le paramètre différentiel de la fonction u défini par l'équation

$$\Delta^{(2)} u = D_x^2 u + D_y^2 u + D_z^2 u.$$

Si l'on substitue aux coordonnées rectangulaires des coordonnées polaires liées aux premières par les trois équations

$$x = r \cos p, \quad y = r \sin p \cos q, \quad z = r \sin p \sin q,$$

et qu'on fasse $\cos p = \varphi$, on trouvera

$$\Delta^{(2)} u = \frac{1}{r} D_r^2 (ru) + \frac{1}{z^2} \left\{ \frac{1}{1-\varphi^2} D_q^2 u + D_\varphi [(1-\varphi^2) D_\varphi u] \right\},$$

puis si l'on pose $\tang \dfrac{p}{2} = c^\psi$, ou $\psi = l\,\tang \dfrac{\varphi}{2}$, il viendra

$$\Delta^{(2)} u = \frac{1}{r} D_r^2 (ru) + \left(\frac{c^\psi + c^{-\psi}}{2r} \right)^2 \left(D_q^2 u + D_\psi^2 u \right),$$

équation qu'on peut encore écrire comme il suit,

$$r \Delta^{(2)} u = D_z^2 (ru) + \left(\frac{c^\psi + c^{-\psi}}{2r} \right)^2 \left[D_q^2 (ru) + D_\psi^2 (ru) \right].$$

163. Nous terminerons cette leçon par une courte revue des coordonnées curvilignes de M. Lamé, qui ont l'avantage considérable de généraliser et de simplifier un

très-grand nombre des formules et des équations fondamentales de la Mécanique.

M. Lamé donne le nom de *fonction-de-point* à toute
quantité qui a une valeur déterminée et particulière en
chaque point d'un espace limité ou indéfini, et change de
valeur d'un point à un autre. Cette quantité ou cette
fonction-de-point est évidemment exprimable à l'aide
d'un système de coordonnées quelconques, rectilignes ou
curvilignes. On admet qu'elle varie d'une manière continue, lors même qu'elle n'aurait de valeurs assignables
que pour des points disséminés, et non contigus, tels que
l'on imagine que doivent être les molécules matérielles
des corps pondérables. On conçoit, en effet, que l'interpolation puisse déterminer une fonction qui reproduise
pour chacun des points matériels la valeur qui leur appartient. Ce sera alors cette fonction interpolaire qui représentera la fonction-de-point, et qui, parce qu'elle est
nécessairement continue, donnera des valeurs nulles pour
les points géométriques intermédiaires. D'ailleurs, quand
on l'introduira dans les sommations de la physique mathématique, elle s'y trouvera toujours multipliée par un
facteur analogue à la masse ou la densité, ce qui écartera
l'influence des points géométriques pour lesquels ce facteur sera nul.

Une fonction-de-point égalée à une constante peut représenter une famille de surfaces dont cette constante
sera le *paramètre;* réciproquement le paramètre de toute
famille de surfaces est une fonction-de-point. Dans l'un
ou l'autre cas, chaque surface individuelle est le lieu géométrique des points de l'espace pour lesquels la fonction
a une même valeur.

Une fonction de trois coordonnées et du temps *t* donne
à chaque instant une nouvelle famille de surfaces, ou une
fonction-de-point nouvelle, que l'on peut étudier isolé-

ment en regardant t comme constant. Mais une équation entre les coordonnées et le temps a une tout autre signification ; elle représente une famille de surfaces d'onde, dont t est le paramètre ; alors le temps lui-même est une fonction-de-point fixe et déterminée.

Au point de vue de la géométrie, une certaine fonction-de-point particularise l'étendue à trois dimensions, comme une certaine surface ou comme une certaine courbe particularisent l'étendue à deux ou à une seule dimension. De même que la surface, de même que la courbe, la fonction-de-point peut être indifféremment rapportée à une infinité de systèmes coordonnés différents. Mais en chaque point de la courbe, la direction de la tangente et la grandeur de la courbure simple ou double ; en chaque point de la surface, l'orientation du plan tangent, les directions des lignes de courbure et la grandeur de la courbure sphérique, sont complétement indépendantes du système de coordonnées auquel la surface et la courbe sont rapportées. Ces divers éléments caractéristiques restent invariables, lorsqu'on passe d'un système à un autre. A la fonction-de-point doivent correspondre des éléments tout aussi caractéristiques qui partagent la même indépendance ; et nous en avons déjà indiqué plusieurs dans les paragraphes précédents.

164. Une fonction-de-point étant exprimée successivement à l'aide de deux systèmes de coordonnées rectilignes et orthogonales, nous avons prouvé que les premières dérivées partielles de F, $D_{x'}F$, $D_{y'}F$, $D_{z'}F$ relatives aux nouvelles coordonnées x', y', z' sont liées aux dérivées partielles D_x, D_y, D_z relatives aux premières variables, comme les coordonnées nouvelles x', y', z' sont liées aux coordonnées anciennes x, y, z ; de sorte que dans les équations linéaires qui lient entre elles les anciennes et

les nouvelles coordonnées, on peut substituer à chaque
coordonnée la dérivée de F par rapport à cette coordonnée, nous en avons conclu que l'on avait :

$1°\quad (D_{x'}F)^2 + (D_{y'}F)^2 + (D_{z'}F)^2 = (D_x F)^2 + (D_y F)^2 + (D_z F)^2,$

et, en effet, on déduirait immédiatement cette équation
de l'identité $x'^2 + y'^2 + z'^2 = x^2 + y^2 + z^2$, en remplaçant chaque ordonnée par la dérivée de F relative à cette
ordonnée;

$$2°\qquad D_{x'}^2 F + D_{y'}^2 F + D_{z'}^2 F = D_x^2 F + D_y^2 F + D_z^2 F.$$

Ainsi toute fonction-de-point jouit de la double propriété
que les deux expressions différentielles

$$\sqrt{(D_x F)^2 + (D_y F)^2 + (D_z F)^2} = \Delta^{(1)}F, \quad D_x^2 F + D_y^2 F + D_z^2 F = \Delta^{(2)} F,$$

que l'on nomme les paramètres différentiels du premier
et du second ordre de la fonction-de-point F, conservent
les mêmes formes et reproduisent les mêmes valeurs numériques en chaque point, quel que soit le système de
coordonnées rectilignes orthogonales que l'on ait employé.
Ajoutons que toute fonction F qui contient trois coordonnées parmi ses variables peut être traitée comme une
fonction-de-point; les expressions $\Delta^{(1)}F$, $\Delta^{(2)}F$ que l'on
calcule alors en laissant constantes les autres variables,
sont partielles comme les dérivées qui les composent.

165. On conçoit que trois familles de surfaces représentées par des équations de la forme

$$f_1(x, y, z) = \rho_1, \quad f_2(x, y, z) = \rho_2, \quad f_3(x, y, z) = \rho_3,$$

puissent se rencontrer à angles droits et découper l'espace
en prismes rectangles élémentaires qu'on peut supposer
réduits à des points dont ρ_1, ρ_2, ρ_3, ou f_1, f_2, f_3 seraient
les coordonnées curvilignes orthogonales. Ces systèmes

I.   24

orthogonaux jouissent de propriétés très-remarquables que nous allons établir le plus brièvement possible, en suivant M. Lamé pas à pas dans ses *Leçons sur les coordonnées curvilignes*, page 7 et suivantes. Mais avant tout, et pour n'avoir à manier que des formules simples, symétriques et courtes, nous ferons avec l'illustre géomètre les conventions suivantes : La lettre u ou v désigne une quelconque des trois coordonnées rectilignes x, y, z; quand x, y, z seront les coordonnées courantes, u, v désigneront l'une quelconque d'entre elles. Avec l'indice i ou j, ρ_i ou ρ_j désigne l'une quelconque des trois fonctions ρ_1, ρ_2, ρ_3. La lettre S, placée devant une expression contenant u, indique la somme de trois expressions semblables dans lesquelles u est successivement remplacée par x, y, z. La lettre Σ, placée devant une expression contenant l'indice i, représente la somme de trois expressions semblables dans lesquelles l'indice i est successivement égal à 1, 2, 3. Lorsque les deux lettres u, v, existent dans une expression précédée du signe S, elles désignent deux coordonnées quelconques x, y, z, mais différentes l'une de l'autre. Lorsque les deux indices i, j existent dans une expression précédée du signe Σ, ils désignent deux quelconques des indices 1, 2, 3, mais différents l'un de l'autre.

166. Revenons maintenant aux conditions d'orthogonalité des trois surfaces,

$$(1) \qquad f_1(x,y,z) = \rho_1, \quad f_2(x,y,z) = \rho_2, \quad f_3(x,y,z) = \rho_3,$$

et aux relations qui en résultent. Le plan tangent à la surface ρ_i a pour équation

$$S\, D_u\, \rho_i\, (u - u) = 0,$$

et si l'on désigne par h_i le paramètre différentiel $\Delta^{(1)} \rho_i$

du premier ordre de la fonction ρ_i, ou si l'on pose

$$S\,(D_u\rho_i)^2 = (D_x\rho_i)^2 + (D_y\rho_i)^2 + (D_z\rho_i)^2 = h_i^2,$$

la normale à la surface fera avec les axes des x, y, z des angles dont les cosinus seront $\dfrac{1}{h_i}\dfrac{d\rho_i}{du} = \dfrac{1}{h_i}\,D_u\rho_i$. D'ailleurs les normales aux trois surfaces orthogonales pouvant être considérées comme trois nouveaux axes coordonnés rectangulaires, les neuf cosinus des angles qu'elles font avec les axes satisferont aux conditions des n°s 153 et 158; on aura, par exemple,

$$S\,D_u\rho_i\,D_u\rho_j = 0, \quad \Sigma\,\frac{1}{h_i^2}(D_u\rho_i)^2 = 1, \quad \Sigma\,\frac{1}{h_i^2}\,D_u\rho_i\,D_v\rho_i = 0.$$

Si l'on désigne par dn_i l'élément de la normale à la surface ρ_i, et collectivement par du les trois projections de cet élément sur les trois axes, on a

$$\frac{du}{dn_i} = \frac{1}{h_i}\frac{d\rho_i}{du}, \quad \text{ou} \quad D_{n_i}u = \frac{1}{h_i}\,D_u\rho_i;$$

multipliant par du, faisant la sommation S et observant que

$$S\,(du)^2 = dn_i^2, \quad S\,\frac{d\rho_i}{du}\,du = d\rho_i,$$

on obtient la relation fondamentale

$$dn_i = \frac{d\rho_i}{h_i}, \quad h_i = \frac{d\rho_i}{dn_i}.$$

On peut donc dire qu'en tout point d'une surface ρ_i *la fonction h_i donne la limite du rapport de l'accroissement du paramètre ρ_i, quand on marche vers la surface infiniment voisine, à l'épaisseur dn_i de la couche traversée.* Ce rapport varie généralement, non-seulement

24.

d'une surface à une autre, mais aussi sur toute l'étendue d'une même surface.

167. Si l'on substitue la valeur de dn_i dans l'équation $\frac{du}{dn_i} = \frac{1}{h_i} \frac{d\rho_i}{du}$, on obtient

$$\frac{du}{d\rho_i} = \frac{1}{h_i^2} \frac{d\rho_i}{du}, \quad \frac{d\rho_i}{du} = h_i^2 \frac{du}{d\rho_i},$$

ou

$$D_{\rho_i} u = \frac{1}{h_i^2} D_u \rho_i, \quad D_u \rho_i = h_i^2 D_{\rho_i} u.$$

Si l'on désigne par F une fonction-de-point que l'on peut concevoir exprimée soit en coordonnées rectilignes x, y, z, soit en coordonnées curvilignes ρ_1, ρ_2, ρ_3, on conclura de la seconde des deux équations qui précèdent,

$$S\, D_u \rho_i\, D_u F = h_i^2\, S\, D_u F\, D_{\rho_i} u = h_i^2\, D_{\rho_i} F ;$$

en même temps, l'équation

$$D_{\rho_i} u = \frac{1}{h_i^2} D_u \rho_i ,$$

combinée avec l'équation identique

$$D_{\rho_j} \left(D_{\rho_i} u \right) = D_{\rho_i} \left(D_{\rho_j} u \right),$$

donne

$$D_{\rho_j} \left(\frac{1}{h_i^2} D_u \rho_i \right) = D_{\rho_i} \left(\frac{1}{h_j^2} D_u \rho_j \right).$$

Si l'on différentie par rapport à u, c'est-à-dire par rapport à x, ou y, ou z, l'équation

$$S\, D_u \rho_i\, D_u \rho_j = 0 ,$$

on a

$$S\, (D_u \rho_i\, D_u^2 \rho_j + D_u \rho_j\, D_u^2 \rho_i) = 0 ;$$

mais en faisant tour à tour, dans l'équation

$$S\, D_u\, \rho_i\, D_u\, F = h_i^2\, D_{\rho_i}\, F,$$

$F = D_u\, \rho_j$, $F = D_u\, \rho_i$, on trouve

$$S D_u \rho_i D_u^2 \rho_j = h_i^2 D_{\rho_i}(D_u \rho_j), \qquad S\, D_u\, \rho_j\, D_u^2 \rho_i = h_j^2 D_{\rho_j}(D_u \rho_i),$$

et, par conséquent, en substituant,

$$h_i^2\, D_{\rho_i}(D_u\, \rho_j) + h_j^2\, D_{\rho_j}(D_u\, \rho_i) = 0.$$

Si l'on développe la relation

$$D_{\rho_j}\left(\frac{1}{h_i^2}\, D_u\, \rho_i\right) = D_{\rho_i}\left(\frac{1}{h_j^2}\, D_u\, \rho_j\right),$$

on aura

$$\frac{1}{h_i^2}\, D_{\rho_j}(D_u \rho_i) - \frac{1}{h_j^2}\, D_{\rho_i}(D_u \rho_j) = \frac{2}{h_i^3}\, D_{\rho_j} h_i\, D_u \rho_i - \frac{2}{h_j^3}\, D_{\rho_i} h_j\, D_u \rho_j,$$

et, en éliminant $D_{\rho_i}(D_u \rho_j)$ au moyen de l'équation

$$h_i^2\, D_{\rho_i}(D_u\, \rho_j) + h_j^2\, D_{\rho_j}(D_u\, \rho_i) = 0,$$

$$D_{\rho_j}(D_u\, \rho_i) = \frac{1}{h_i}\, D_{\rho_j} h_i D_u \rho_i - \frac{h_i^2}{h_j^3}\, D_{\rho_i}\, h_i D_u \rho_j,$$

équation dans laquelle les indices i et j sont essentiellement différents, et qui donnera les dérivées par rapport aux ρ_j des fonctions $D_u \rho_i$.

Si, désignant momentanément par v une quelconque des coordonnées x, y, z, on différentie par rapport à v l'équation

$$S(D_u\, \rho_i)^2 = h_i^2,$$

on trouvera

$$S\, D_u\, \rho_i\, D_u(D_v\, \rho_i) = h_i\, D_v\, h_i,$$

ν restant le même dans les trois termes du premier membre ; or l'équation

$$\mathrm{S}\mathrm{D}_u\rho_i\,\mathrm{D}_u\mathrm{F} = h_i^2\,\mathrm{D}_{\rho_i}\mathrm{F}$$

donne généralement

$$\mathrm{D}_{\rho_i}\mathrm{F} = \frac{1}{h_i^2}\,\mathrm{S}\mathrm{D}_u\rho_i\,\mathrm{D}_u\mathrm{F},$$

et, par suite, en faisant $\mathrm{F} = \mathrm{D}_\nu\rho_i$,

$$\mathrm{S}\mathrm{D}_u\rho_i\,\mathrm{D}_u(\mathrm{D}_\nu\rho_i) = \mathrm{D}_{\rho_i}(\mathrm{D}_\nu\rho_i)\,;$$

on aura donc

$$\mathrm{D}_{\rho_i}(\mathrm{D}_\nu\rho_i) = \frac{1}{h_i}\,\mathrm{D}_\nu h_i,$$

ou bien en remplaçant ν par u, et développant le second membre,

$$\mathrm{D}_{\rho_i}(\mathrm{D}_u\rho_i) = \frac{1}{h_i}\left(\mathrm{D}_{\rho_1}h_i\mathrm{D}_u\rho_1 + \mathrm{D}_{\rho_2}h_i\mathrm{D}_u\rho_2 + \mathrm{D}_{\rho_3}h_i\mathrm{D}_u\rho_3\right).$$

Cette équation, jointe à celle qui exprime $\mathrm{D}_{\rho_j}(\mathrm{D}_u\rho_i)$ donnera toutes les premières dérivées des quantités $\mathrm{D}_u\rho_i$ considérées comme fonctions des coordonnées ρ_1, ρ_2, ρ_3.

Reprenons l'équation

$$\mathrm{D}_{\rho_j}(\mathrm{D}_u\rho_i) = \frac{1}{h_i}\,\mathrm{D}_{\rho_j}h_i\,\mathrm{D}_u\rho_i - \frac{h_i^2}{h_j^3}\,\mathrm{D}_{\rho_i}h_i\mathrm{D}_u\rho_j.$$

Si on la multiplie successivement par $\mathrm{D}_u\rho_i$, $\mathrm{D}_{\rho_j}u$, $\mathrm{D}_{\rho_k}u$, et qu'on fasse, après chaque multiplication, la sommation indiquée par S, en ayant égard aux relations

$$\mathrm{S}(\mathrm{D}_u\rho_i)^2 = h_i^2,\quad \mathrm{S}\mathrm{D}_u\rho_i\mathrm{D}_u\rho_j = 0,$$

on trouvera

$$\mathrm{S}\mathrm{D}_u\rho_i\,\mathrm{D}_{\rho_j}(\mathrm{D}_u\rho_i) = h_i\mathrm{D}_{\rho_j}h_i,$$

$$\mathrm{S}\mathrm{D}_u\rho_i\mathrm{D}_{\rho_j}(\mathrm{D}_u\rho_i) = -\frac{h_i^2}{h_j^3}\mathrm{D}_{\rho_i}h_j,$$

$$\mathrm{S}\mathrm{D}_u\rho_k\mathrm{D}_{\rho_j}(\mathrm{D}_u\rho_i) = 0.$$

Dans cette dernière équation, les trois indices i, j, k sont essentiellement différents et reproduisent dans tous les ordres possibles le groupe $(1, 2, 3)$.

168. Il s'agit maintenant d'évaluer les paramètres différentiels du second ordre des fonctions-de-point ou coordonnées ρ_i. Nous avons déjà dit que les neuf cosinus $\frac{1}{h_i} D_u \rho_i$ des normales aux trois surfaces orthogonales devaient satisfaire à toutes les équations de condition qui lient entre eux deux systèmes d'axes rectilignes et rectangulaires ; ils devront donc, en particulier, vérifier les deux équations (n° **158**)

$$a = b' c'' - b'' c', \quad b = c' a'' - c'' a',$$

et l'on aura, par exemple,

$$D_x \rho_1 = \frac{h_1}{h_2 h_3} (D_z \rho_2 D_y \rho_3 - D_y \rho_2 D_z \rho_3),$$

$$D_y \rho_1 = \frac{h_1}{h_2 h_3} (D_x \rho_2 D_z \rho_3 - D_z \rho_2 D_x \rho_3).$$

Égalant la dérivée par rapport à y de la première de ces équations à la dérivée par rapport à x de la seconde, on a

$$(D_z \rho_2 D_y \rho_3 - D_y \rho_2 D_z \rho_3) D_y \frac{h_1}{h_2 h_3}$$

$$+ \frac{h_1}{h_2 h_3} (D_{zy}^2 \rho_2 D_y \rho_3 + D_z \rho_2 D_y^2 \rho_3 - D_y^2 \rho_2 D_z \rho_3 - D_y \rho_2 D_{zy}^2 \rho_3)$$

$$= (D_x \rho_2 D_z \rho_3 - D_z \rho_2 D_x \rho_3) D_x \frac{h_1}{h_2 h_3}$$

$$+ \frac{h_1}{h_2 h_3} (D_x^2 \rho_2 D_z \rho_3 + D_x \rho_2 D_{zx}^2 \rho_3 - D_{zx}^2 \rho_2 D_x \rho_3 - D_z \rho_2 D_x^2 \rho_3).$$

Ajoutant et retranchant le terme

$$D_z \rho_2 D_z \rho_3 D_z \frac{h_1}{h_2 h_3};$$

appliquant quatre fois l'équation

$$\mathrm{SD}_u\, \rho_i\, \mathrm{D}_u \mathrm{F} = h_i^2\, \mathrm{D}_{\rho_i} \mathrm{F},$$

dans laquelle on fera tour à tour

$$\mathrm{F} = \frac{h_1}{h_2\, h_3}, \quad \mathrm{F} = \mathrm{D}_z\, \rho_1, \quad \mathrm{F} = \mathrm{D}_z\, \rho_2, \quad \mathrm{F} = \mathrm{D}_z\, \rho_3,$$

pour ramener quatre trinômes à la forme d'un monôme, et remplaçant la somme des dérivées secondes par le symbole $\Delta^{(2)}$, on trouvera

$$\frac{h_1}{h_2\, h_3}\left[\mathrm{D}_z\, \rho_2\, \Delta^{(2)} \rho_3 + h_3^2\, \mathrm{D}_{\rho_3}(\mathrm{D}_z\, \rho_2) \right] + \mathrm{D}_z\, \rho_2 h_3^2\, \mathrm{D}_{\rho_3}\, \frac{h_1}{h_2\, h_3}$$
$$= \frac{h_1}{h_2 h_3}\left[\mathrm{D}_z\, \rho_3\, \Delta^{(2)} \rho_2 + h_2^2\, \mathrm{D}_{\rho_2}(\mathrm{D}_z \rho_3) \right] + \mathrm{D}_z\, \rho_3 h_2^2\, \mathrm{D}_{\rho_2}\, \frac{h_1}{h_2\, h_3}.$$

Divisant enfin par le produit $h_1 h_2 h_3$, substituant au quotient de la différentielle d'une quantité par cette quantité la différentielle du logarithme népérien de cette même quantité, et remplaçant z par u, car évidemment en prenant pour point de départ un autre couple d'équation, on serait arrivé à des équations toutes semblables en y ou en x, on a

$$\frac{1}{h_2^2}\, \mathrm{D}_u\, \rho_2\, \frac{\Delta^{(2)}\rho_3}{h_3^2} + \frac{1}{h_2^2}\, \mathrm{D}_{\rho_3}(\mathrm{D}_u\, \rho_2) + \frac{1}{h_2^2}\, \mathrm{D}_u \rho_2 \mathrm{D}_{\rho_3}\left(1\, \frac{h_1}{h_2\, h_3}\right)$$
$$= \frac{1}{h_3^2}\, \mathrm{D}_u\rho_3\, \frac{\Delta^{(2)}\rho_2}{h_2^2} + \frac{1}{h_3^2}\, \mathrm{D}_{\rho_2}(\mathrm{D}_u\rho_3) + \frac{1}{h_3^2}\, \mathrm{D}_u\rho_3\, \mathrm{D}_{\rho_2}\left(1\, \frac{h_1}{h_2\, h_3}\right).$$

Or parmi les neuf relations

$$h_i^2\, \mathrm{D}_{\rho_i}(\mathrm{D}_u\, \rho_j) + h_j^2\, \mathrm{D}_{\rho_j}(\mathrm{D}_u\, \rho_i) = 0,$$

il en est une qu'on peut mettre sous la forme

$$\frac{1}{h_2^2}\, \mathrm{D}_{\rho_3}(\mathrm{D}_u\rho_2) + \frac{1}{h_3^2}\, \mathrm{D}_{\rho_2}(\mathrm{D}_u\rho_3) = 0;$$

donc, dans l'équation à six termes, en ne considérant que

les seconds termes, on peut, en vertu de cette dernière
relation, supprimer l'un et doubler l'autre; doublons
celui du premier membre, en supprimant celui du second,
multiplions par $D_u \rho_2$ et faisons la sommation S, il restera,
après les réductions que les équations $S(D_u \rho_i)^2 = h_i^2$,
$SD_u \rho_j D_u \rho_j = 0$, $SD_u \rho_i D_{\rho_j}(D_u \rho_i) = h_i D_{\rho_j} h_i$ permettent
d'opérer,

$$\frac{\Delta^{(2)} \rho_3}{h_3^2} + D_{\rho_3}(1 h_2^2) = D_{\rho_3}\left(1 \frac{h_2 h_3}{h_1}\right),$$

ou

$$\frac{\Delta^{(2)} \rho_3}{h_3^2} = D_{\rho_3}\left(1 \frac{h_3}{h_1 h_2}\right).$$

Pareillement si l'on double le deuxième terme du second membre de l'équation à six termes, en supprimant
celui du premier, que l'on multiplie par $D_u \rho_3$, et qu'on
fasse la sommation S, on arrive à

$$\frac{\Delta^{(2)} \rho_2}{h_2^2} = D_{\rho_2}\left(1 \frac{h_2}{h_3 h_1}\right).$$

Avec un autre couple d'équations au départ, on aurait
trouvé de même

$$\frac{\Delta^{(2)} \rho_1}{h_1^2} = D_{\rho_1}\left(1 \frac{h_1}{h_2 h_3}\right).$$

Ces trois équations, qu'on peut mettre sous la forme

$$\Delta^{(2)} \rho_1 = h_1 h_2 h_3 D_{\rho_1} \frac{h_1}{h_2 h_3},$$

$$\Delta^{(2)} \rho_2 = h_1 h_2 h_3 D_{\rho_2} \frac{h_2}{h_3 h_1},$$

$$\Delta^{(2)} \rho_3 = h_1 h_2 h_3 D_{\rho_3} \frac{h_3}{h_1 h_2},$$

donnent les paramètres différentiels du second ordre des

fonctions ρ_1, ρ_2, ρ_3, à l'aide de ceux du premier ordre et de leurs dérivées.

169. Soit maintenant une fonction-de-point F exprimée à l'aide des coordonnées curvilignes ρ_1, ρ_2, ρ_3, et cherchons comment s'expriment ses paramètres différentiels à l'aide des mêmes coordonnées. En désignant toujours par u l'une quelconque des coordonnées rectilignes, on aura

$$D_u F = \Sigma D_{\rho_i} F\, D_u \rho_i ;$$

élevant au carré, faisant la sommation S, et réduisant à l'aide des relations souvent rappelées, $S(D_u \rho_i)^2 = h_i^2$, $S D_u \rho_i D_u \rho_j = 0$, il viendra

$$[\Delta^{(1)} F]^2 = \Sigma h_i^2 \left(D_{\rho_i} F\right)^2 .$$

En différentiant $D_u F$ par rapport à u, on aura

$$D_u^2 F = \Sigma \left[D_{\rho_i}^2 F.(D_u \rho_i)^2 + D_{\rho_i} F D_u^2 \rho_i \right]$$

$$+ 2 \left(D_{\rho_2 \rho_3}^2 F\, D_u \rho_2 D_u \rho_3 + D_{\rho_3 \rho_1}^2 F\, D_u \rho_3 D_u \rho_1 + D_{\rho_1 \rho_2}^2 F\, D_u \rho_1 D_u \rho_2 \right).$$

Toutes réductions faites, la sommation S des deux membres de cette dernière équation donnera

$$\Delta^{(2)} F = \Sigma \left(h_i^2 D_{\rho_i}^2 F + D_{\rho_i} F \Delta^{(2)} \rho_i \right),$$

ou bien, en développant le Σ, mettant $h_1 h_2 h_3$ en facteur commun, remplaçant les fractions $\dfrac{\Delta^{(2)} \rho_i}{h_1 h_2 h_3}$ par leurs valeurs déjà trouvées,

$$\Delta^{(2)}\mathbf{F} =$$

$$h_1 h_2 h_3 \left[\mathbf{D}_{\rho_i}\left(\frac{h_1}{h_2 h_3} \mathbf{D}_{\rho_1}\mathbf{F} \right) + \mathbf{D}_{\rho_2}\left(\frac{h_2}{h_3 h_1} \mathbf{D}_{\rho_2}\mathbf{F} \right) + \mathbf{D}_{\rho_3}\left(\frac{h_3}{h_1 h_2} \mathbf{D}_{\rho_3}\mathbf{F} \right) \right].$$

Si l'on pose $h_1 h_2 h_3 = \varpi$, les équations qui donnent les paramètres différentiels du premier et du second ordre des fonctions ρ et de F, prennent la forme plus simple

$$\Delta_1^{(1)}\rho_i = h_i, \qquad \Delta^{(2)}\rho_i = \varpi\, \mathbf{D}_{\rho_i} \frac{h_i^2}{\varpi}.$$

$$[\Delta^{(1)}\mathbf{F}]^2 = \Sigma h_i^2 (\mathbf{D}_{\rho_i}\mathbf{F})^2, \qquad \Delta^{(2)}\mathbf{F} = \varpi\, \Sigma \mathbf{D}_{\rho_i}\left(\frac{h_i^2}{\varpi} \mathbf{D}_{\rho_i}\mathbf{F} \right).$$

170. Nous avions déjà constaté que les deux paramètres différentiels définis par les coordonnées rectilignes conservent leur même forme et leur même valeur dans tous les changements possibles de coordonnées ; or les formules qui précèdent montrent que cette invariabilité de forme et de valeur se maintient dans le cas de coordonnées curvilignes orthogonales.

Ne faut-il pas en conclure que les deux paramètres $\Delta^{(1)}$ et $\Delta^{(2)}$ sont, en quelque sorte, les éléments caractéristiques des fonctions-de-point, indépendants du système des coordonnées, et ayant toujours la même valeur au même point de l'espace.

En effet, lorsqu'une classe de phénomènes physiques dépend des variations d'une certaine fonction-de-point, c'est presque toujours par le paramètre de second ordre $\Delta^{(2)}$ que s'expriment les équations aux dérivées partielles dont les problèmes dépendent. Le potentiel de l'attraction proportionnelle aux masses et en raison inverse du carré des distances, la température, la dilatation cubique, etc., sont des fonctions-de-point dont le paramètre second $\Delta^{(2)}$ s'évanouit dans l'état d'équilibre ; les projections des dépla-

cements moléculaires et les composantes des forces élas-
tiques vérifient de même l'équation $\Delta^{(2)} (\Delta^{(2)} F) = 0, \ldots$;
$\Delta^{(2)}$ semble donc être une sorte de dérivée naturelle plus
essentielle et plus complète que toutes les dérivées partielles ordinaires.

Dans l'état variable des températures V, on a

$$\Delta^{(2)} V = K D_t V,$$

et, en supposant $K = 1$,

$$\Delta^{(2)} V = D_t V;$$

et comme dans la dynamique on appelle *accélération* la
limite du rapport de l'accroissement de la vitesse à celui
du temps, M. Lamé propose d'appeler *accélération calo-
rifique*, ou plus simplement *augment*, la limite du rapport de l'accroissement de la température à celui du
temps, et, par suite, le paramètre différentiel du second
ordre. Il propose aussi d'appeler le paramètre premier
$\Delta^{(1)}$ *force de la fonction-de-point*, parce que, lorsque
P est le potentiel défini par le paramètre du second ordre,
$\Delta_1 P$ représente la résultante des forces $D_u P$, en ce sens
que l'on a

$$\Delta^{(1)} P = \sqrt{\Sigma(D_u P)^2};$$

et que les cosinus des angles de direction de ces forces
fictives ont pour expressions $\dfrac{1}{\Delta^{(1)} P} D_u P$.

Dans le cas particulier où les familles de surfaces conjuguées sont trois familles de plans parallèles, les h_i ou
les paramètres différentiels du premier ordre des ρ sont
tous égaux à l'unité; et l'équation qui donne le paramètre
devient, comme cela devait être,

$$\Delta^{(2)} F = S D_u^2 F.$$

Lorsqu'il arrive que le système orthogonal est formé de
trois familles de surfaces pour lesquelles on a $\Delta^{(2)} \rho = 0$,

le paramètre différentiel du second ordre de la fonction-
de-point devient

$$\Delta^2 F = \Sigma h_i^2 D_{\rho_i}^2 F.$$

Lorsqu'une des trois familles de surfaces orthogonales ρ
se compose de plans parallèles au paramètre $\rho_3 = z$,
on a

$$h_3 = 1, \quad \Delta^{(2)} \rho_3 = 0;$$

les deux autres familles de surfaces sont cylindriques;
les fonctions-de-point ρ_1, ρ_2 donnent un système de
courbes orthogonales sur le plan des bases de ces cylindres; leurs paramètres différentiels du premier ordre,
h_1, h_2, sont indépendants de ρ_3 ou de z; et ceux du second
ordre sont donnés par les équations

$$\frac{\Delta^{(2)} \rho_1}{h_1^2} = D_{\rho_1} l \frac{h_1}{h_2}, \quad \frac{\Delta^{(2)} \rho_2}{h_2^2} = D_{\rho_1} l \frac{h_2}{h_1}:$$

et ces relations conduisent, par différentiation, à l'équation

$$D_{\rho_2} \frac{\Delta^{(2)} \rho_1}{h_1^2} + D_{\rho_1} \frac{\Delta^{(2)} \rho_2}{h_2^2} = 0.$$

171. Pour nous faire une idée plus parfaite des coordonnées curvilignes ou surfaces orthogonales, considérons
un instant leurs lignes et leurs rayons de courbure. Soient
ρ_1 une quelconque de ces surfaces; (x, y, z) les coordonnées d'un de ses points M; (x', y', z') celles du point
M' située sur la normale en M et centre d'une des courbures dont le rayon est R_1, on aura

$$\frac{D_x \rho_1}{x' - x} = \frac{D_y \rho_1}{y' - y} = \frac{D_z \rho_1}{z' - z} = \frac{h_1}{R_1}.$$

Soit M_1 un point infiniment voisin de M, situé sur la

ligne de courbure correspondante au rayon R_1; et soient
$x + d_1x$, $y + d_1y$, $z + d_1z$ ses coordonnées; les quantités x', y', z', R_1 ne devront pas changer lorsque dans les
équations qui précèdent on substituera les coordonnées
de M_1 à celles de M; c'est-à-dire qu'on pourra regarder
x', y', z', R_1 comme des constantes quand on différentiera
en d_1 ces rapports égaux ou mieux les logarithmes népé-
riens de ces rapports, ce qui donnera

$$\frac{d_1(D_x\rho_1)}{D_x\rho_1} + \frac{d_1 x}{x' - x} = \frac{d_1(D_y\rho_1)}{D_y\rho_1} + \frac{d_1 y}{y' - y}$$

$$= \frac{d_1(D_z\rho_1)}{D_z\rho_1} + \frac{d_1 z}{z' - z} = \frac{d_1 h_1}{h_1}\frac{1}{R_1},$$

ou, ce qui revient au même,

$$d_1(D_x\rho_1) = \frac{d_1 h_1}{h_1} D_x\rho_1 - \frac{h_1}{R_1} d_1 x,$$

$$d_1(D_y\rho_1) = \frac{d_1 h_1}{h_1} D_y\rho_1 - \frac{h_1}{R_1} d_1 y,$$

$$d_1(D_z\rho_1) = \frac{d_1 h_1}{h_1} D_z\rho_1 - \frac{h_1}{R_1} d_1 z.$$

En multipliant respectivement ces équations par les facteurs binômes

$$D_z\rho_1 d_1 y - D_y\rho_1 d_1 z,$$

$$D_x\rho_1 d_1 z - D_z\rho_1 d_1 x,$$

$$D_y\rho_1 d_1 x - D_x\rho_1 d_1 y,$$

et les ajoutant on ferait disparaître les coefficients $\dfrac{d_1 h_1}{h_1}$
et $\dfrac{h_1}{R_1}$. Rien n'empêche, en outre, de poser

$$D_z\rho_1 d_1 y - D_y\rho_1 d_1 z = \lambda\, d_2 x,$$

$$D_x\rho_1 d_1 z - D_z\rho_1 d_1 x = \lambda\, d_2 y,$$

$$D_y\rho_1 d_1 x - D_x\rho_1 d_1 y = \lambda\, d_2 z;$$

$x + d_2 x, y + d_2 y, z + d_2 z$ étant les coordonnées d'un second point M_2 très-voisin de M, et qui servirait en quelque sorte d'intermédiaire entre M et M_1. Ces dernières équations, additionnées deux fois après avoir été multipliées la première fois par $D_x \rho_1$, $D_y \rho_1$, $D_z \rho_1$, la seconde fois par $d_1 x, d_1 y, d_1 z$, donnent

$$D_x \rho_1 d_2 x + D_y \rho_1 d_2 y + D_z \rho_1 d_2 z = 0,$$

$$d_1 x d_2 x + d_1 y d_2 y + d_1 z d_2 z = 0.$$

La première de ces nouvelles équations montre que le point M_2 est situé sur le plan tangent à la surface ρ en M ; la seconde que les deux directions $\overline{MM_1}$, $\overline{MM_2}$ sont perpendiculaires entre elles ; donc si le point M_1 est situé sur une des deux lignes de courbure, le point M_2 se trouvera sur l'autre. D'un autre côté, si l'on effectue la multiplication indiquée par les facteurs binômes et l'addition consécutive, on trouvera, en remplaçant les facteurs binômes par leurs valeurs simplifiées, $\lambda d_2 x$, $\lambda d_2 y$, $\lambda d_2 z$,

$$d_2 x \, d_1 (D_x \rho_1) + d_2 y \, d_1 (D_y \rho_1) + d_2 z \, d_1 (D_z \rho_1) = 0,$$

relation qui exprime la condition nécessaire et suffisante pour que la direction correspondante à un déplacement tangentiel d_1 soit celle d'une ligne de courbure, le déplacement pareillement tangentiel d_2 s'opérant dans une direction perpendiculaire à la première. Les normales des surfaces ρ_1 et ρ_2 sont perpendiculaires entre elles et tangentes à la surface ρ_3 ; si donc d_1 correspond à $d\rho_1$, d_2 correspondra à $d\rho_2$, et l'on aura

$$d_1 (D_u \rho_1) = D_{\rho_2} (D_u \rho) \, d\rho_2, \qquad d_2 u = D_{\rho_3} u \, d\rho_3 = \frac{1}{h_3^2} D_u \rho_3 \, d\rho_3.$$

Les valeurs de $d_2 x$, $d_1 (D_x \rho_1)$, $d_2 y$, $d_1 (D_y \rho_1)$, etc., tirées de ces relations et substituées dans l'équation qui précède, conduisent à l'équation de condition

$$\frac{d\rho_2\, d\rho_3}{h_3^2}\, S\, D_u\rho_3\, D_{\rho_3}(D_u\rho_1) = 0.$$

Or nous avons vu n° 167, p. 374, que la somme S est identiquement nulle; donc les directions $d\rho_2$ et $d\rho_3$ sont celles des deux lignes de courbure de la surface ρ_1 en M; donc, et c'est le théorème important connu sous le nom de M. Dupin: *Dans tout système orthogonal les surfaces de deux des familles conjuguées tracent, sur une surface de la troisième famille, toutes ses lignes de courbure.*

Dans l'ordre de différentiation que nous représentons par d_1, et qui a lieu suivant la direction $d\rho_1$ on a

$$d_1 h_1 = \frac{dh_1}{d\rho_2}\, d\rho_2, \quad d_1 u = \frac{du}{d\rho_2}\, d\rho_2 = \frac{1}{h_2^2}\frac{d\rho_2}{du}\, d\rho_2;$$

la substitution de ces trois valeurs dans les trois équations qui donnent $d_1\,(D_x\rho_1)$, $d_1\,(D_y\rho_1)$, $d_1\,(D_z\rho_1)$, les fait rentrer dans la formule unique

$$D_{\rho_2}\,(D_u\rho_1) = \frac{1}{h_1}\, D_{\rho_2}\, h_1\, D_u\rho_1 - \frac{1}{R_1}\frac{h_1}{h_2^2}\, D_u\rho_1.$$

Or l'équation

$$D_{\rho_j}\,(D_u\rho_i) = \frac{1}{h_i}\, D_{\rho_j}\, h_i\, D_u\rho_i - \frac{h_i^2}{h_j^3}\, D_{\rho_i}\, h_j\, D_u\rho_j$$

donne

$$D_{\rho_2}\,(D_u\rho_1) = \frac{1}{h_1}\, D_{\rho_2}\, h_1\, D_u\rho_1 - \frac{h_1}{h_2}\, D_{\rho_1}\, h_2\, \frac{h_1}{h_2^2}\, D_u\rho_1.$$

Égalant les deux valeurs trouvées de $D_{\rho_2}\,(D_u\rho_1)$, on a

$$\frac{1}{R_1} = \frac{h_1}{h_2}\, D_{\rho_1}\, h_2 :$$

telle est donc la valeur de la courbure cherchée. Si l'on désigne par R_1 le rayon de courbure de la surface ρ_1 qui correspond à la seconde direction $d\rho_2$, on aura de la même manière

$$\frac{1}{R_1} = \frac{h_1}{h_3} D_{\rho_1} h_3.$$

L'équation

$$\frac{\Delta^2 \rho_1}{h_1^2} = D_{\rho_1} 1 \frac{h_1}{h_2 h_3},$$

que l'on peut mettre sous la forme

$$\frac{h_1}{h_2} D_{\rho_1} h_2 + \frac{h_1}{h_3} D_{\rho_1} h_3 = D_{\rho_1} h_1 - \frac{\Delta^{(2)} \rho_1}{h_1};$$

devient, quand on y substitue pour $\dfrac{h_1}{h_2} D_{\rho_1} h_2$, $\dfrac{h_1}{h_3} D_{\rho_1} h_3$,

leurs valeurs $\dfrac{1}{R_1}$, $\dfrac{1}{R_1}$,

$$\frac{1}{R_1} + \frac{1}{R_1} = D_{\rho_1} h_1 - \frac{\Delta^{(2)} \rho_1}{h_1},$$

expression remarquable de la somme des deux courbures de la surface ρ_1, ou de ce que Gauss a appelé sa courbure sphérique.

On trouvera dans les Leçons de M. Lamé et dans le tome II de nos *Leçons de calcul différentiel et intégral* divers exemples de systèmes de surfaces orthogonales.

QUINZIÈME LEÇON.

Moments d'inertie d'un système de points. — Définition. — Ellipsoïde des moments d'inertie. — Axes principaux et moments principaux d'inertie. — Moments d'inertie maxima et minima. — Moments d'inertie calculés successivement par rapport à divers axes. — Moments d'inertie d'un corps continu. — Cas où le corps est de révolution. — Applications diverses.

172. Au premier rang des quantités dépendantes du choix des axes coordonnés, et qui jouent un rôle important dans les questions statiques de l'élasticité comme dans les questions dynamiques du mouvement d'un corps solide autour d'un axe ou d'un point fixes, il faut placer la quantité qu'on a désignée du nom de *moment d'inertie*, et que nous allons apprendre à calculer. Soient M, M',... un ensemble de points matériels dont les masses soient m, m'...; concevons qu'après avoir multiplié chaque masse m par le carré d^2 de sa distance à un axe ou droite quelconque OA, on fasse la somme Σmd^2 de tous ces produits : cette somme est précisément le moment d'inertie du système de points matériels donnés. Ce moment varie nécessairement avec l'axe par rapport auquel il est déterminé, mais il varie suivant des lois générales faciles à établir.

Pour plus de simplicité, prenons pour origine des coordonnées le point O, c'est-à-dire un des points de l'axe fixe; désignons par x, y, z les coordonnées d'un point quelconque M, par d la distance MP, par r le rayon vecteur OM mené de l'origine au point M ; par λ, μ, ν, δ

les angles que fait l'axe OA avec les axes coordonnés et le rayon vecteur r; on aura évidemment

$$d = r\sin\delta, \quad r^2 = x^2 + y^2 + z^2,$$

$$\cos\lambda = \frac{x}{r}, \quad \cos\mu = \frac{y}{r}, \quad \cos\nu = \frac{z}{r},$$

$$\cos\delta = \frac{x\cos\lambda + y\cos\mu + z\cos\nu}{r},$$

$$r\cos\delta = x\cos\lambda + y\cos\mu + z\cos\nu,$$

$$d^2 = r^2\sin^2\delta = r^2(1 - \cos^2\delta) = x^2 + y^2 + z^2$$
$$- (x\cos\lambda + y\cos\mu + z\cos\nu)^2,$$

$$d^2 = x^2(1 - \cos^2\lambda) + y^2(1 - \cos^2\mu) + z^2(1 - \cos^2\nu)$$
$$- 2xy\cos\lambda\cos\mu - 2xz\cos\lambda\cos\nu - 2zy\cos\mu\cos\nu,$$

$$d^2 = x^2\sin^2\lambda + y^2\sin^2\mu + z^2\sin^2\nu$$
$$- 2xy\cos\lambda\cos\mu - 2zx\cos\lambda\cos\nu - 2zy\cos\mu\cos\nu,$$

ou enfin, en vertu des équations connues,

$$\cos^2\lambda + \cos^2\mu + \cos^2\nu = 1, \quad \sin^2\lambda = \cos^2\mu + \cos^2\nu,$$

$$\sin^2\mu = \cos^2\lambda + \cos^2\nu, \quad \sin^2\nu = \cos^2\lambda + \cos^2\mu,$$

$$d^2 = (y^2 + z^2)\cos^2\lambda + (z^2 + x^2)\cos^2\mu + (x^2 + y^2)\cos^2\nu$$
$$- 2xy\cos\lambda\cos\mu - 2zx\cos\lambda\cos\nu - 2zy\cos\mu\cos\nu.$$

Cela posé, si l'on fait, pour abréger,

$$A = \Sigma m(y^2 + z^2), \quad B = \Sigma m(z^2 + x^2), \quad C = \Sigma m(x^2 + y^2),$$

$$D = \Sigma myz, \quad E = \Sigma mzx, \quad F = \Sigma mxy,$$

$$G = \Sigma mx^2, \quad H = \Sigma my^2, \quad I = \Sigma mz^2,$$

on trouvera

$$\Sigma md^2 = K = A\cos^2\lambda + B\cos^2\mu + C\cos^2\nu$$
$$- 2D\cos\mu\cos\nu - 2E\cos\lambda\cos\nu - 2F\cos\lambda\cos\mu,$$

25.

ou

$$K = G \sin^2 \lambda + H \sin^2 \mu + I \sin^2 \nu$$
$$- 2D \cos \mu \cos \nu - 2E \cos \lambda \cos \nu - 2F \cos \lambda \cos \mu.$$

Les quantités A, B, C étant ce que devient K quand on fait tour à tour

$$\cos \lambda = 1, \quad \cos \mu = 0, \quad \cos \nu = 0,$$
$$\cos \lambda = 0, \quad \cos \mu = 1, \quad \cos \nu = 0,$$
$$\cos \lambda = 0, \quad \cos \mu = 0, \quad \cos \nu = 1,$$

sont précisément les moments d'inertie relatifs aux trois axes des x, des y et des z.

173. Concevons maintenant que par l'origine on mène divers axes analogues à OA, et que sur chacun de ces axes on porte une longueur $k = \dfrac{1}{\sqrt{K}}$, K étant le moment d'inertie correspondant ; on aura, en appelant ξ, η, ζ les coordonnées de l'extrémité de l'une quelconque de ces longueurs k,

$$k = \sqrt{\xi^2 + \eta^2 + \zeta^2}, \quad \cos \lambda = \frac{\xi}{k}, \quad \cos \mu = \frac{\eta}{k}, \quad \cos \nu = \frac{\zeta}{k}.$$

En substituant ces valeurs de $\cos \lambda$, $\cos \mu$, $\cos \nu$ dans la première des équations qui donnent le moment d'inertie K, on trouve

$$A\xi^2 + B\eta^2 + C\zeta^2 - 2D\zeta\eta - 2E\zeta\xi - 2F\xi\eta = 1.$$

Les coefficients A, B, C étant essentiellement positifs, de plus le moment d'inertie K, et par suite le rayon vecteur k, étant toujours une quantité finie, la surface représentée par la dernière équation est nécessairement un ellipsoïde qui a pour centre l'origine des coordonnées, et l'on arrive ainsi au théorème suivant :

Théorème Ier. — *Considérons un système de points*

matériels M, M′, M″,..., *et supposons qu'après avoir mené par un point* O *pris à volonté dans l'espace une infinité d'axes on détermine les moments d'inertie du système par rapport à ces mêmes axes; si à partir du point* O *on porte sur chaque axe une longueur numériquement équivalente à l'unité divisée par la racine carrée du moment d'inertie correspondant, les extrémités de ces diverses longueurs feront partie de la surface d'un ellipsoïde dont le point* O *sera le centre.*

Si tous les points matériels du système étaient situés sur un même axe, le moment d'inertie relatif à cet axe deviendrait nul, et la longueur correspondante serait infinie, d'où il résulte que l'ellipsoïde se transformerait en une surface cylindrique.

174. La direction des axes coordonnés étant arbitraire, on pourra toujours faire coïncider ces axes avec ceux de l'ellipsoïde dont nous venons de parler. L'équation de cet ellipsoïde ne devra plus dès lors renfermer les doubles produits xy, xz, yz, de sorte que l'on aura

$$D = 0, \quad E = 0, \quad F = 0,$$

et, par suite,

$$\Sigma\, myz = 0, \quad \Sigma\, mzx = 0, \quad \Sigma\, mxy = 0.$$

On arrive alors à cette importante conclusion :

Théorème II. — *On peut toujours faire passer par un point donné* O *trois axes rectangulaires tellement choisis, qu'en les prenant pour axes coordonnés on fasse évanouir les sommes que l'on obtient en multipliant la masse de chaque point matériel par les doubles produits des coordonnées de ces points. Ces trois axes sont ceux qu'on a nommés les axes principaux du système relatifs*

au point O. On appelle *moments d'inertie principaux*
ceux qui se rapportent à ces mêmes axes.

Lorsque l'ellipsoïde est de révolution, il existe une infinité de systèmes d'axes rectangulaires propres à faire disparaître de son équation les doubles produits, et propres,
par conséquent, à faire évanouir les trois sommes

$$\Sigma myz, \quad \Sigma mzx, \quad \Sigma mxy;$$

en d'autres termes, il existe une infinité de systèmes d'axes
principaux. Chacun de ces systèmes se compose : 1° de
l'axe de révolution; 2° de deux autres axes passant par
le centre de l'ellipsoïde et se coupant à angle droit dans
le plan de son équateur.

Si l'ellipsoïde se réduit à une sphère, tout système de
trois axes rectangulaires passant par l'origine fait disparaître les doubles produits, et forme par conséquent un
système d'axes principaux.

175. Il existe, comme nous venons de le prouver, des
relations nécessaires entre les moments d'inertie pris par
rapport à divers axes passant par le point O et les rayons
vecteurs d'un certain ellipsoïde. Dès lors toute propriété
de ces rayons vecteurs, toute relation qui les fera dépendre l'un de l'autre entraînera nécessairement une propriété correspondante des moments d'inertie, et établira
entre eux des relations plus ou moins importantes, qui
dans un grand nombre de cas permettront de les déduire
les uns des autres.

Ainsi : 1° comme en vertu de l'équation

$$k = \frac{1}{\sqrt{k}} \quad K = \frac{1}{k^2} \quad k^2 K = 1,$$

la valeur du moment d'inertie k augmente tandis que le
rayon vecteur k diminue, et réciproquement, il est clair

que l'un des moments d'inertie, celui qui correspondra au grand axe de l'ellipsoïde sera le moment d'inertie minimum; tandis qu'un autre, celui qui correspondra au petit axe de l'ellipsoïde, sera le moment d'inertie maximum.

2° Quand l'ellipsoïde est de révolution, les rayons vecteurs qui font le même angle avec l'axe de révolution sont égaux; il en sera donc aussi de même des moments d'inertie par rapport à des axes qui formeront des angles égaux avec ce même axe de révolution.

3° Si l'ellipsoïde devient une sphère, tous les moments d'inertie seront égaux.

4° Si l'on fait coïncider les axes coordonnés avec les axes principaux, l'équation de l'ellipsoïde et celles qui donnent la valeur d'un moment d'inertie quelconque deviennent

$$A x^2 + B y^2 + C z^2 = 1,$$
$$K = A \cos^2 \lambda + B \cos^2 \mu + C \cos^2 \nu,$$
$$K = G \sin^2 \lambda + H \sin^2 \mu + I \sin^2 \nu.$$

En désignant par K', K'', K''', les trois moments d'inertie principaux, ou les moments d'inertie relatifs aux axes actuels des x, y, z, nous aurons

$$K' = A, \quad K'' = B, \quad K''' = C,$$

et, par suite,

$$K = K' \cos^2 \lambda + K'' \cos^2 \mu + K''' \cos^2 \nu;$$

cette dernière formule donne un moyen très-facile de calculer les moments d'inertie relatifs à un axe quelconque, quand on connaît les moments d'inertie principaux et les angles que forme l'axe dont il s'agit avec les axes principaux.

5° Considérons un système de trois axes rectangulaires

quelconques, et désignons par K_1, K_2, K_3 les moments d'inertie relatifs à ces trois axes; par λ_1, μ_1, ν_1, λ_2, μ_2, ν_2, λ_3, μ_3, ν_3, les angles que ces mêmes axes font avec les axes principaux; on aura

$$\cos^2\lambda_1 + \cos^2\lambda_2 + \cos^2\lambda_3 = 1,$$
$$\cos^2\mu_1 + \cos^2\mu_2 + \cos^2\mu_3 = 1,$$
$$\cos^2\nu_1 + \cos^2\nu_2 + \cos^2\nu_3 = 1,$$
$$K_1 = K'\cos^2\lambda_1 + K''\cos^2\mu_1 + K'''\cos^2\nu_1,$$
$$K_2 = K'\cos^2\lambda_2 + K''\cos^2\mu_2 + K'''\cos^2\nu_2,$$
$$K_3 = K'\cos^2\lambda_3 + K''\cos^2\mu_3 + K'''\cos^2\nu_3,$$
$$K_1 + K_2 + K_3 = K' + K'' + K''',$$

de sorte que la somme des moments d'inertie relatifs à ces trois axes rectangulaires est constante et égale à la somme des moments d'inertie principaux.

176. On détermine les axes et les moments principaux d'inertie en déterminant en grandeur et en direction les axes principaux de l'ellipsoïde. En effet, le rayon mené du centre de l'ellipsoïde au point ξ, η, ζ, situé sur la surface sera un axe principal s'il devient perpendiculaire au plan tangent, c'est-à-dire s'il vient à coïncider avec la normale. Or l'équation de l'ellipsoïde étant

$$u = A\xi^2 + B\eta^2 + C\zeta^2 - 2D\eta\zeta - 2E\xi\zeta - 2F\xi\eta - 1 = 0,$$

le rayon vecteur et la normale font avec les axes des angles dont les cosinus sont respectivement proportionnels aux quantités

$$\xi, \qquad \frac{du}{d\xi} = 2(A\xi - F\eta - E\zeta),$$

$$\eta, \qquad \frac{du}{d\eta} = 2(-F\xi + B\eta - D\zeta),$$

$$\zeta, \qquad \frac{du}{d\zeta} = 2(-E\xi - D\eta + C\zeta).$$

Dès lors, pour que le rayon vecteur coïncide avec la normale et devienne un axe principal, il faudra que l'on ait

$$\frac{A\xi - F\eta - E\zeta}{\xi} = \frac{-F\xi + B\eta - D\zeta}{\eta} = \frac{-E\xi - D\eta + C\zeta}{\zeta};$$

mais ξ, η, ζ sont aussi proportionnels à $\cos\lambda$, $\cos\mu$, $\cos\nu$, on aura donc

$$\frac{A\cos\lambda - F\cos\mu - E\cos\nu}{\cos\lambda} = \frac{-F\cos\lambda + B\cos\mu - D\cos\nu}{\cos\mu}$$

$$= \frac{-E\cos\lambda - D\cos\mu + C\cos\nu}{\cos\nu}$$

$$= \frac{A\cos^2\lambda + B\cos^2\mu + C\cos^2\nu - 2D\cos\mu\cos\nu - 2E\cos\lambda\cos\nu - 2F\cos\lambda\cos\mu}{\cos^2\lambda + \cos^2\mu + \cos^2\nu} = K,$$

K étant le moment d'inertie correspondant au rayon vecteur devenu axe principal, et, par conséquent, un des moments principaux. On tire des équations qui précèdent :

$$(K - A)\cos\lambda + F\cos\mu + E\cos\nu = 0,$$
$$F\cos\lambda + (K - B)\cos\mu + D\cos\nu = 0,$$
$$E\cos\lambda + D\cos\mu + (K - C)\cos\nu = 0.$$

L'élimination de λ, μ, ν, entre ces trois équations conduit à l'équation du troisième degré

$$(K - A)(K - B)(K - C) - D^2(K - A) - E^2(K - B)$$
$$- C^2(K - C) + 2DEF = 0,$$

qui aura trois racines réelles et finies ; ces racines seront précisément les valeurs des moments d'inertie principaux. A ces moments correspondront trois systèmes de valeurs des angles λ, μ, ν déterminées par les équations qui précèdent, d'où l'on tire

$$\frac{\cos\lambda}{(K-B)(K-C)-D^2} = \frac{\cos\mu}{(K-C)(K-A)-E^2} = \frac{\cos\nu}{(K-A)(K-B)-F^2}$$

$$= \pm\frac{1}{\sqrt{[(K-B)(K-C)-D^2]^2 + [(K-C)(K-A)-E^2]^2 + [(K-A)(K-B)-F^2]^2}};$$

ces trois systèmes de valeurs déterminent la direction des trois axes principaux.

177. L'équation du troisième degré à laquelle nous sommes parvenus se présente dans un grand nombre de questions importantes. M. Binet a démontré le premier que ses racines représentaient les moments d'inertie principaux; on peut lui donner une autre forme qui fasse apercevoir immédiatement la réalité de ces racines.

L'équation

$$(K - A) \cos \lambda + F \cos \mu + E \cos \nu = 0$$

donne

$$F \cos \mu + E \cos \nu = (A - K) \cos \lambda,$$

ou, en divisant par EF et ajoutant aux deux membres $\dfrac{\cos \lambda}{D}$,

$$\frac{\cos \lambda}{D} + \frac{\cos \mu}{E} + \frac{\cos \nu}{F} = \frac{\cos \lambda}{EF} \left(A + \frac{EF}{D} - K \right).$$

On trouverait de même

$$\frac{\cos \lambda}{D} + \frac{\cos \mu}{E} + \frac{\cos \nu}{F} = \frac{\cos \mu}{DF} \left(B + \frac{DF}{E} - K \right),$$

$$\frac{\cos \lambda}{D} + \frac{\cos \mu}{E} + \frac{\cos \nu}{F} = \frac{\cos \nu}{DE} \left(C + \frac{DE}{F} - K \right);$$

et en posant

$$A + \frac{EF}{D} = L, \quad B + \frac{DF}{E} = M, \quad C + \frac{DE}{F} = N,$$

l'on aura par conséquent

$$\frac{\cos \lambda}{D} + \frac{\cos \mu}{E} + \frac{\cos \nu}{F} = \frac{\cos \lambda}{EF} (L - K) = \frac{\cos \mu}{DF} (M - K) = \frac{\cos \nu}{DE} (N - K)$$

$$= \frac{\dfrac{\cos \lambda}{D}}{\dfrac{DEF}{D^2 (L - K)}} = \frac{\dfrac{\cos \mu}{E}}{\dfrac{DEF}{E^2 (M - K)}} = \frac{\dfrac{\cos \nu}{F}}{\dfrac{DEF}{F^2 (N - K)}} = \frac{\dfrac{\cos \lambda}{D} + \dfrac{\cos \mu}{E} + \dfrac{\cos \nu}{F}}{\dfrac{DEF}{D^2 (L - K)} + \dfrac{DEF}{E^2 (M - K)} + \dfrac{DEF}{F^2 (N - K)}}$$

En égalant le premier et le dernier membre de cette équation, on trouve

$$\frac{DEF}{D^2(L-K)} + \frac{DEF}{E^2(M-K)} + \frac{DEF}{F^2(N-K)} = 1,$$

$$\frac{\dfrac{1}{D^2}}{K-L} + \frac{\dfrac{1}{E^2}}{K-M} + \frac{\dfrac{1}{F^2}}{K-N} + \frac{1}{DEF} = 0.$$

On voit facilement sous cette forme très-simple que
l'équation du troisième degré, en supposant les quantités
L, M, N rangées par ordre de grandeur, a trois racines
réelles, comprises entre les quantités $-\infty$, L, M, N;
ou les quantités $L, M, N, +\infty$, suivant que le produit
DEF est positif ou négatif.

Pour que l'ellipsoïde des moments d'inertie

$$A\xi^2 + B\eta^2 + C\zeta^2 - 2D\eta\zeta - 2E\xi\zeta - 2F\xi\eta = 1$$

soit de révolution, il faut que l'équation

$$\frac{\dfrac{1}{D^2}}{K-L} + \frac{\dfrac{1}{E^2}}{K-M} + \frac{\dfrac{1}{F^2}}{K-N} + \frac{1}{DEF} = 0$$

ait deux racines égales. Or chacune de ces deux racines
égales devra annuler à la fois et le premier membre de
l'équation primitive et son polynôme dérivé

$$\frac{\dfrac{1}{D^2}}{(K-L)^2} + \frac{\dfrac{1}{E^2}}{(K-M)^2} + \frac{\dfrac{1}{F^2}}{(K-N)^2} = 0,$$

après toutefois qu'en chassant les dénominateurs on les
aura écrits sous formes finies.

$$\frac{1}{D^2}(K-M)(K-N) + \frac{1}{E^2}(K-L)(K-N)$$
$$+ \frac{1}{F^2}(K-L)(K-M) + \frac{1}{DEF}(K-L)(K-M)(K-N) = 0,$$

et

$$\frac{1}{D^2}(K-M)^2(K-N)^2 + \frac{1}{E^2}(K-L)^2(K-N)^2$$
$$+ \frac{1}{F^2}(K-L)^2(K-M)^2 = 0.$$

Or cette condition ne sera remplie qu'autant que l'on aura

$$L = M = N.$$

En effet, la valeur $K = L = M$ vérifie en apparence les deux équations; mais si avant de faire $K = L = M$, et si, pour faire disparaître les facteurs communs, on divise la première par $K - L = K - M$, la seconde par $(K - L)^2 = (K - M)^2$, elles deviennent

$$\left(\frac{1}{D^2}+\frac{1}{E^2}\right)(K-N) + \frac{1}{F^2}(K-L) + \frac{1}{DEF}(K-L)(K-N)=0,$$
$$\left(\frac{1}{D^2}+\frac{1}{E^2}\right)(K-N)^2 + \frac{1}{F^2}(K-M)^2 = 0;$$

et l'on ne pourra vérifier ces dernières qu'autant que l'on fera aussi $K = N$, et que l'on aura, par conséquent,

$$L = M = N.$$

Donc pour que l'équation des moments d'inertie principaux ait deux racines égales, il ne suffit pas, comme on l'a souvent affirmé, que l'une des conditions

$$L = M, \quad M = N, \quad N = L,$$

soit vérifiée; il faut encore que l'on ait

$$L = M = N.$$

Pour que les trois racines fussent égales ou que l'ellipsoïde fût une sphère, il faudrait, en outre de

$$L = M = N,$$

que l'on eût

$$\mathrm{DEF}\left(\frac{1}{\mathrm{D}^2} + \frac{1}{\mathrm{E}^2} + \frac{1}{\mathrm{F}^2}\right) = 0,$$

et, par conséquent,

$$\mathrm{D} = 0, \quad \mathrm{E} = 0, \quad \mathrm{F} = 0.$$

178. Supposons maintenant qu'on veuille déterminer le moment d'inertie du système des points matériels M, M',... par rapport à un axe qui forme toujours avec ceux des x, y, z, les angles λ, μ, ν, mais qui passe par un point O' distinct de l'origine. Soit toujours K le moment d'inertie relatif à l'axe parallèle passant par l'origine, K' ce même moment relatif à l'axe passant par le point O'; a, b, c, les coordonnées de ce point; d_0 et d' les distances de l'origine O et du point M au nouvel axe; μ la somme Σm des masses m, m',...; et enfin x_1, y_1, z_1, les coordonnées du centre de gravité du système des points M, M'...; on aura

$$\mathrm{K}' = \Sigma m d'^2.$$

De plus, pour déduire la distance d' de la distance d déterminée par l'équation

$$d^2 = x^2 + y^2 + z^2 - (x\cos\lambda + y\cos\mu + z\cos\nu)^2,$$

il suffira évidemment de transporter l'origine au point O' dont les coordonnées sont a, b, c, en changeant x, y, z en $x - a$, $y - b$, $z - c$, on aura donc

$$d'^2 = (x - a)^2 + (y - b)^2 + (z - c)^2$$
$$- [(x\cos\lambda + y\cos\mu + z\cos\nu) - (a\cos\lambda + b\cos\mu + c\cos\nu)]^2.$$

En faisant dans cette dernière équation

$$x = 0, \quad y = 0, \quad z = 0,$$

on aura la distance d_0 de l'origine au nouvel axe, distance déterminée par l'équation

$$d_0^2 = a^2 + b^2 + c^2 - (a \cos \lambda + b \cos \mu + c \cos \nu)^2,$$

on trouvera par suite

$$d'^2 = d^2 + d_0^2 - 2(ax + by + cz)$$
$$+ 2(a \cos \lambda + b \cos \mu + c \cos \nu)(x \cos \lambda + y \cos \mu + z \cos \nu);$$

puis en ayant égard aux équations

$$\Sigma m d'^2 = \mathrm{K}', \quad \Sigma m d^2 = \mathrm{K}, \quad \Sigma m d_0^2 = \mu d_0^2,$$
$$\Sigma m x = \mu x_1, \quad \Sigma m y = \mu y_1, \quad \Sigma m z = \mu z_1,$$
$$\Sigma m d'^2 = \mathrm{K}' = \mathrm{K} + \mu d_0^2 - 2\mu(a x_1 + b y_1 + c z_1)$$
$$+ 2\mu(a \cos \lambda + b \cos \mu + c \cos \nu)(x_1 \cos \lambda + y_1 \cos \mu + z_1 \cos \nu).$$

Si l'on fait coïncider l'origine avec le centre de gravité du système des points M, M',..., x_1, y_1, z_1, s'évanouiront et l'équation qui précède donnera

$$\mathrm{K}' = \mathrm{K} + \mu d_0^2 ;$$

cette dernière formule comprend le théorème suivant :

THÉORÈME III. — *Pour obtenir le moment d'inertie d'un système de points matériels par rapport à un axe quelconque, il suffit d'ajouter au moment d'inertie relatif à un axe parallèle passant par le centre de gravité la somme des masses des différents points multipliée par le carré de la distance entre les deux axes.*

Il en résulte que le moment d'inertie relatif à un axe quelconque est toujours plus grand que le moment relatif à un axe parallèle mené par le centre de gravité; et, par conséquent, que le plus petit des moments d'inertie relatifs à des axes passant par le centre de gravité est *minimum minimorum*, ou le plus petit possible de tous les moments d'inertie du système.

179. Les théorèmes ci-dessus démontrés s'étendent au

cas même où le nombre des points matériels M, M′, . . .
devient infini, et où le système de ces points se transforme
en un corps solide.

Lorsque le corps est homogène, et qu'un plan mené
par l'origine ou par le point commun à tous les axes que
nous avons considérés dans le premier théorème, divise
le corps en deux parties symétriques, ce plan renferme
évidemment deux axes de l'ellipsoïde des moments
d'inertie, et par conséquent deux des axes principaux
relatifs au point commun à tous les axes. De cette remarque on tire immédiatement la proposition suivante :

Théorème IV. — *Lorsque par le centre de gravité
d'un corps solide homogène on peut mener trois plans
dont chacun divise le corps en deux parties symétriques,
les droites d'insersection de ces mêmes plans sont précisément les axes principaux relatifs au centre de gravité.*

Ainsi, par exemple, dans un parallélipipède rectangle
et dans un ellipsoïde homogènes les axes principaux relatifs au centre coïncident avec les droites menées par le
centre parallèlement aux arêtes du parallélipipède ou aux
axes de l'ellipsoïde.

180. On peut résoudre d'une autre manière, et plus
analytiquement, le problème relatif à la détermination des
positions des trois axes d'inertie principaux et rectangulaires. En effet, soient x, y, z, les coordonnées relatives
aux axes actuels, x, y, z les coordonnées relatives au
système cherché de trois axes principaux rectangulaires,
l'origine restant la même, et posons, comme nous l'avons
déjà fait,

$$\Sigma mx^2 = G, \quad \Sigma my^2 = H, \quad \Sigma mz^2 = I,$$
$$\Sigma myz = D, \quad \Sigma mxz = E, \quad \Sigma mxy = F.$$

(Dans tout ce qui va suivre, si, au lieu d'un système de

points matériels on considérait un corps solide, les sommes

$$\Sigma m x^2, \quad \Sigma m y^2, \quad \Sigma m z^2,$$
$$\Sigma m xy, \quad \Sigma m xz, \quad \Sigma m zy,$$

seraient remplacées par les intégrales définies

$$\int x^2\, d\mu, \quad \int y^2 d\mu, \quad \int z^2\, d\mu,$$
$$\int xy\, d\mu, \quad \int xz\, d\mu, \quad \int zy\, d\mu.)$$

Appelons $(\alpha, \mathcal{6}, \gamma)$, $(\alpha', \mathcal{6}', \gamma')$, $(\alpha'', \mathcal{6}'', \gamma'')$ les angles que les trois axes principaux des x, des y, des z font avec les axes des x, y, z; et posons encore

$$\Sigma m \mathrm{x}^2 = \mathrm{X}, \quad \Sigma m \mathrm{y}^2 = \mathrm{Y}, \quad \Sigma m \mathrm{z}^2 = \mathrm{Z}.$$

Puisque par hypothèse les trois axes des x, y, z sont des axes principaux, on aura

$$\Sigma m\, \mathrm{yz} = 0, \quad \Sigma m \mathrm{zx} = 0, \quad \Sigma m\, \mathrm{yx} = 0.$$

Comme on a, d'ailleurs,

$$\mathrm{x} = x\cos\alpha + y\cos\mathcal{6} + z\cos\gamma, \quad x = \mathrm{x}\cos\alpha + \mathrm{y}\cos\alpha' + \mathrm{z}\cos\alpha'',$$

on aura

$$\mathrm{x} x = x\,(x\cos\alpha + y\cos\mathcal{6} + z\cos\gamma)$$
$$= \mathrm{x}\,(\mathrm{x}\cos\alpha + \mathrm{y}\cos\alpha' + \mathrm{z}\cos\alpha''),$$

et, parce que

$$\Sigma m\, \mathrm{yx} = 0, \quad \Sigma m \mathrm{xz} = 0,$$
$$\cos\alpha\, \Sigma m x^2 + \cos\mathcal{6}\, \Sigma m xy + \cos\gamma\, \Sigma m xz = \cos\alpha\, \Sigma m\, \mathrm{x}^2,$$

ou

$$(\mathrm{G} - \mathrm{X})\cos\alpha + \mathrm{F}\cos\mathcal{6} + \mathrm{E}\cos\gamma = 0;$$

on trouvera de même

$$\mathrm{F}\cos\alpha + (\mathrm{H} - \mathrm{X})\cos\mathcal{6} + \mathrm{D}\cos\gamma = 0,$$
$$\mathrm{E}\cos\alpha + \mathrm{D}\cos\mathcal{6} + (\mathrm{I} - \mathrm{X})\cos\gamma = 0.$$

Si entre ces équations on élimine $\cos\alpha$, $\cos\mathcal{6}$, $\cos\gamma$, on trouve

$$(G - X)(H - X)(I - X) - D^2(G - X) - E^2(H - X)$$
$$- F^2(I - X) + 2DEF = 0.$$

Si dans les développements qui précèdent on avait introduit y et z au lieu de x, on aurait obtenu deux équations tout à fait semblables, dans lesquelles Y et Z prendraient la place de X. Les trois grandeurs X, Y, Z, sont donc les trois racines de cette équation du troisième degré résolue par rapport à X. Pour prouver que ces trois racines sont réelles, posons, pour abréger,

$$G \cos \alpha + F \cos \varepsilon + E \cos \gamma = a,$$
$$F \cos \alpha + H \cos \varepsilon + D \cos \gamma = b,$$
$$E \cos \alpha + D \cos \varepsilon + I \cos \gamma = c.$$

Représentons toujours par X, Y, Z les trois racines de l'équation du troisième degré, et par a, b, c, a', b', c', a'', b'', c'' les valeurs de a, b, c respectivement correspondantes à X, Y, Z; on aura, en vertu de ce qui précède,

$$a = X \cos \alpha, \quad a' = Y \cos \alpha', \quad a'' = Z \cos \alpha'',$$
$$b = X \cos \varepsilon, \quad b' = Y \cos \varepsilon', \quad b'' = Z \cos \varepsilon'',$$
$$c = X \cos \gamma, \quad c' = Y \cos \gamma', \quad c'' = Z \cos \gamma''.$$

Si l'une des trois racines de l'équation, X par exemple, était imaginaire, comme tous ses coefficients sont réels, une autre des racines, Y par exemple, serait conjuguée de la première; et $\cos \alpha$, $\cos \alpha'$, $\cos \varepsilon$, $\cos \varepsilon'$, $\cos \gamma$, $\cos \gamma'$ seraient aussi des couples de racines imaginaires conjuguées; on pourrait donc poser

$$\cos \alpha = \lambda + \mu \sqrt{-1}, \quad \cos \alpha' = \lambda - \mu \sqrt{-1},$$
$$\cos \varepsilon = \lambda' + \mu' \sqrt{-1}, \quad \cos \varepsilon' = \lambda' - \mu' \sqrt{-1},$$
$$\cos \gamma = \lambda'' + \mu'' \sqrt{-1}, \quad \cos \gamma' = \lambda'' - \mu'' \sqrt{-1}.$$

1. 26

Mais on tire des équations qui définissent les quantités a, b, c, a', b', c',

$$\frac{a \cos\alpha' + b \cos 6' + c \cos\gamma'}{X} = \frac{a' \cos\alpha + b' \cos 6 + c' \cos\gamma}{Y}$$
$$= \cos\alpha \cos\alpha' + \cos 6 \cos 6' + \cos\gamma \cos\gamma'.$$

Les dénominateurs des deux fractions sont seuls inégaux, leurs numérateurs sont égaux entre eux et à

$$G \cos\alpha \cos\alpha' + H \cos 6 \cos 6' + I \cos\gamma \cos\gamma'$$
$$+ D (\cos 6 \cos\gamma' + \cos 6' \cos\gamma) + E (\cos\alpha \cos\gamma' + \cos\alpha' \cos\gamma)$$
$$+ F (\cos 6 \cos\alpha' + \cos 6' \cos\alpha) ;$$

il faut donc, pour que l'égalité subsiste, que les numérateurs soient nuls, et que l'on ait aussi, par conséquent,

$$\cos\alpha \cos\alpha' + \cos 6 \cos 6' + \cos\gamma \cos\gamma' = 0,$$

ou

$$\lambda^2 + \mu^2 + \lambda'^2 + \mu'^2 + \lambda''^2 + \mu''^2 = 0,$$

ce qui est absolument impossible. Les trois racines de l'équation du troisième degré en X sont donc réelles, et par conséquent on pourra toujours trouver des valeurs réelles pour les angles qui déterminent les directions des axes principaux. Des trois équations qui donnent les cosinus de ces angles, en supposant que les valeurs de X, Y, Z satisfassent à l'équation du troisième degré, on tire encore

$$\cos\alpha [EF - D (G - X)] = \cos 6 [DF - E (H - X)]$$
$$= \cos\gamma [DE - F (I - X)],$$

d'où, puisque

$$\cos^2\alpha + \cos^2 6 + \cos^2\gamma = 1,$$

et en faisant, pour abréger,

$$\frac{1}{l^2} = \frac{1}{[EF - D(G - X)]^2} + \frac{1}{[DF - E(H - X)]^2} + \frac{1}{[DE - F(I - X)]^2},$$

on tirera

$$\cos\alpha = \frac{l}{EF - D(G - X)}, \quad \cos 6 = \frac{l}{DF - E(H - X)},$$

$$\cos\gamma = \frac{l}{DE - F(I - X)}.$$

Si l'on pose de même

$$\frac{1}{l'^2} = \frac{1}{[EF - D(G - Y)]^2} + \frac{1}{[DF - E(H - Y)]^2} + \frac{1}{[DE - F(I - Y)]^2},$$

on aura

$$\cos\alpha' = \frac{l'}{EF - D(G - Y)}, \quad \cos 6' = \frac{l'}{DF - E(H - Y)},$$

$$\cos\gamma' = \frac{l'}{DE - F(I - Y)}.$$

Enfin si l'on pose

$$\frac{1}{l''^2} = \frac{1}{[EF - D(G - Z)]^2} + \frac{1}{[DF - E(H - Z)]^2} + \frac{1}{[DE - F(I - Y)]^2},$$

on trouvera

$$\cos\alpha'' = \frac{l''}{EF - D(G - Z)}, \quad \cos 6'' = \frac{l''}{DF - E(H - Z)},$$

$$\cos\gamma'' = \frac{l''}{DE - F(I - Z)}.$$

En outre, les moments **A**, **B**, **C** d'inertie relatifs aux trois axes principaux ainsi déterminés seront donnés par les

26.

équations

$$A = \Sigma m(y^2 + z^2) = Y + Z, \quad B = \Sigma m(x^2 + z^2) = X + Z,$$
$$C = \Sigma m(x^2 + y^2) = X + Y.$$

181. S'il s'agit d'un corps solide, et que dans ce corps il existe un point qui jouisse de cette propriété que les moments d'inertie relatifs aux axes principaux passant par ce point soient égaux, on déterminera sans peine, de la manière suivante, les coordonnées de ce point. Prenons pour origine des coordonnées x, y, z le centre de gravité, en sorte que l'on ait

$$\int x\,d\mu = 0, \quad \int y\,d\mu = 0, \quad \int z\,d\mu = 0,$$

et en outre, pour axes, les trois axes principaux relatifs au centre de gravité, afin que l'on ait aussi

$$\int yz\,d\mu = 0, \quad \int xz\,d\mu = 0, \quad \int xy\,d\mu = 0.$$

Concevons maintenant qu'on mène par le point cherché dont les coordonnées soient ξ, η, ζ, trois nouveaux axes des coordonnées x, y, z parallèles aux premières, on aura

$$\mathrm{x} = x - \xi, \quad \mathrm{y} = y - \eta, \quad \mathrm{z} = z - \zeta;$$

et pour que les nouveaux axes des x, y, z soient des axes principaux, il faudra que l'on ait

$$\int \mathrm{xy}\,d\mu = \int (x - \xi)(y - \eta)\,d\mu = \xi\eta \int d\mu = 0,$$
$$\int \mathrm{xz}\,d\mu = \int (x - \xi)(z - \zeta)\,d\mu = \xi\zeta \int d\mu = 0,$$
$$\int \mathrm{yz}\,d\mu = \int (y - \eta)(z - \zeta)\,d\mu = \eta\zeta \int d\mu = 0,$$

et, par conséquent,

$$\xi\eta = 0, \quad \xi\zeta = 0, \quad \eta\zeta = 0,$$

c'est-à-dire que le point cherché doit toujours être situé sur un des axes principaux passant par le centre de gra-vité. Si l'on appelle A′, B′, C′ les moments d'inertie principaux relatifs aux axes des x, y, z, on aura (n° 178)

$$A' = A + \mu(n^2 + \zeta^2), \quad B' = B + \mu(\xi^2 + \zeta^2),$$
$$C' = C + \mu(\xi^2 + n^2).$$

Si l'on doit avoir, comme nous le supposons, $A' = B' = C'$, on devra avoir aussi

$$A - \mu\xi^2 = B - \mu n^2 = C - \mu\zeta^2.$$

Si, par conséquent, on avait $\xi = 0$, $n = 0$, ou si le point cherché était situé sur l'axe principal des z, il faudrait que l'on eût

$$A = B \quad \text{et} \quad C > A,$$

et comme alors on aurait

$$\zeta = \pm \sqrt{\frac{C - A}{\mu}},$$

il existerait sur l'axe des z deux points jouissant de la propriété énoncée. Si le point ξ, n, ζ avait été sur l'axe des y, on aurait dû avoir

$$A = C, \quad B > A.$$

Si enfin il avait été sur l'axe des x, les deux conditions

$$B = C, \quad A > B$$

auraient dû être remplies. Donc pour qu'il existe dans un corps un point doué de cette propriété que tous les moments d'inertie relatifs à des axes principaux passant par ce point soient égaux, deux des moments d'inertie relatifs aux axes principaux passant par le centre de gravité doivent être égaux, et le moment relatif au troisième axe principal doit être plus grand que les deux moments égaux. Il existe alors sur le troisième axe, à égales distances du centre de gravité, deux points qui possèdent la propriété cherchée. Si les trois moments relatifs aux axes principaux passant par le centre de gravité sont égaux, il n'existe dans le corps aucun autre point pour lequel cette même égalité ait lieu.

182. Chaque axe principal passant par le centre de gravité est aussi un axe principal relativement à chacun de ses autres points. En effet, soient x, y, z les coordonnées relatives aux trois axes principaux passant par le centre de gravité, et O′ un point situé sur l'axe des x, à la distance a du centre de gravité; menons par ce point O′ deux nouveaux axes des y et des z, et appelons x, y, z les coordonnées relatives à la nouvelle origine; on aura

$$\mathrm{x} = x - a, \quad \mathrm{y} = y, \quad \mathrm{z} = z,$$

et, par suite,

$$\int \mathrm{xy}\,d\mu = \int xy\,d\mu - a \int y\,d\mu, \quad \int \mathrm{xz}\,d\mu = \int xy\,d\mu - a \int z\,d\mu.$$

Mais $\int xy\,d\mu = 0$, $\int xz\,d\mu = 0$, parce que l'axe des x est un axe principal, et

$$\int y\,d\mu = 0, \quad \int z\,d\mu = 0,$$

parce que l'origine est le centre de gravité du corps; donc

$$\int \mathrm{xy}\,d\mu = 0, \quad \int \mathrm{xz}\,d\mu = 0,$$

c'est-à-dire que l'axe des x est encore un axe principal relativement au point O′. Cette démonstration prouve en même temps qu'un axe qui ne passe pas par le centre de gravité n'est axe principal que relativement à un de ses points.

183. Si l'on appelle ρ la densité au point x, y, z, on aura $d\mu = \rho\,dx\,dy\,dz$, et, par conséquent, les moments d'inertie relatifs aux axes coordonnés, moments que nous désignerons par A, B, C, seront donnés par les équations

$$A = \int\int\int (y^2 + z^2)\,\rho\,dx\,dy\,dz, \quad B = \int\int\int (x^2 + z^2)\,\rho\,dx\,dy\,dz,$$
$$C = \int\int\int (x^2 + y^2)\,\rho\,dx\,dy\,dz.$$

Si le corps est homogène, ou s'il a partout la même densité, et que, pour abréger, on pose

$$\iiint x^2\, dx\, dy\, dz = G, \quad \iiint y^2\, dx\, dy\, dz = H, \quad \iiint z^2\, dx\, dy\, dz = I,$$

on a

$$A = \rho\,(H + I), \quad B = \rho\,(G + I), \quad C = \rho\,(G + H).$$

Les limites des intégrales doivent naturellement être prises de manière à embrasser le corps entier.

184. Faisons quelques applications de ces formules : 1° supposons que le corps est un prisme ou un cylindre droit de section quelconque; prenons le centre de gravité pour origine des coordonnées, et pour axe des x l'axe longitudinal du cylindre dont la longueur est égale à $2a$; après les intégrations relatives à x faites depuis $x = -a$ jusqu'à $x = +a$, on aura

$$G = \frac{2}{3}\,a^3 \iint dy\, dz, \quad H = 2a \iint y^2\, dy\, dz,$$

$$I = 2a \iint z^2\, dy\, dz.$$

L'axe des x sera toujours un axe principal, parce que, en vertu de l'équation $\displaystyle\int_{-a}^{+a} x\, dx = 0$, les deux intégrales

$$\iiint_{-a}^{+a} xy\, dx\, dy\, dz, \quad \iiint_{-a}^{+a} xz\, dx\, dy\, dz$$

sont identiquement nulles.

Admettons maintenant que le prisme est à base carrée, ou que la section normale à l'axe du prisme est un carré dont $2b$ et $2c$ soient les côtés parallèles aux axes des y et des z, les limites de y seront $-b$, $+b$, celles de z $-c$, $+c$, et l'on aura

$$\int_{-c}^{+c} \int_{-b}^{+b} dz\, dy = 4bc, \quad \int_{-c}^{+c} \int_{-b}^{+b} y^2\, dy\, dz = \frac{4}{3}\,b^3 c,$$

$$\int_{-c}^{+c} \int_{-b}^{+b} z^2\, dy\, dz = \frac{4}{3}\,bc^3,$$

et, par conséquent,

$$G = \frac{8}{3}\, a^3 bc, \qquad H = \frac{8}{3}\, ab^3 c, \qquad I = \frac{8}{3}\, abc^3.$$

Le volume du prisme est $8\,abc$, sa masse $8\rho\,abc$; en l'appelant μ, on aura définitivement

$$A = \frac{1}{3}(b^2 + c^2)\,\mu, \qquad B = \frac{1}{3}(a^2 + c^2)\,\mu, \qquad C = \frac{1}{3}(a^2 + b^2)\,\mu.$$

Les axes des y et des z sont, comme l'axe des x, des axes principaux, parce que

$$\int_{-b}^{+b} y\,dy = 0, \qquad \int_{-c}^{+c} z\,dz = 0.$$

Si les trois dimensions a, b, c sont rangées par ordre de grandeur, de telle sorte que $a > b > c$, on aura aussi

$$A > B > C;$$

si

$$a = b, \quad \text{on aura} \quad A = B,$$

si

$$a = b = c, \quad \text{on aura} \quad A = B = C.$$

Si la section du cylindre est une ellipse dont les demi-axes parallèles aux axes des y et des z soient b et c, on aura

$$y = \pm\, b\, \sqrt{1 - \frac{z^2}{c^2}},$$

$$\int_{-c}^{+c} \int_{-b}^{+b} dy\,dz = 2b \int_{-c}^{+c} \left(1 - \frac{z_2}{c^2}\right)^{\frac{1}{2}} dz = 2bc\,\frac{\pi}{2} = bc\,\pi,$$

$$\int_{-c}^{+c} \int_{-b}^{+b} y^2\,dy\,dz = \frac{2b^3}{3} \int_{-c}^{+c} \left(1 - \frac{z^2}{c^2}\right)^{\frac{3}{2}} dz$$

$$= \frac{2}{3}\, b^3 c \int_{-\frac{\pi}{2}}^{+\frac{\pi}{2}} \cos^4 \varphi\, d\varphi = \frac{4}{3}\, b^3 c \int_{0}^{\frac{\pi}{2}} \cos^4 \varphi\, d\varphi,$$

en posant
$$z = c \sin \varphi.$$

Mais
$$\int \cos^4 \varphi \, d\varphi = \int \left(\frac{\cos 4\varphi}{8} + \frac{\cos 2\varphi}{2} + \frac{3}{8} \right) d\varphi$$
$$= \frac{\sin 4\varphi}{32} + \frac{\sin 2\varphi}{4} + \frac{3}{8}\varphi,$$
$$\int_0^{\frac{\pi}{2}} \cos^4 \varphi \, d\varphi = \frac{3}{8}\frac{\pi}{2} = \frac{3\pi}{16},$$

et par suite
$$\int_{-c}^{+c} \int_{-b}^{+b} y^2 \, dy \, dz = \frac{1}{4} b^3 c \pi ;$$

on aura de même
$$\int_{-c}^{+c} \int_{-b}^{+b} z^2 \, dy \, dz = \frac{1}{4} b c^3 \pi ;$$

par conséquent,
$$G = \frac{2}{3} a^3 b c \pi, \quad H = \frac{1}{2} a b^3 c \pi, \quad I = \frac{1}{2} a b c^3 \pi.$$

Le volume du prisme est $2\pi abc$, sa masse $\mu = 2\pi \rho abc$, et l'on a définitivement
$$A = \frac{1}{4}(b^2 + c^2)\mu, \quad B = \left(\frac{1}{4}c^2 + \frac{1}{3}a^2 \right)\mu,$$
$$C = \left(\frac{1}{4}b^2 + \frac{1}{3}a^2 \right)\mu ;$$

les axes des x, y, z sont encore ici des axes principaux.

2° Considérons un ellipsoïde dont les trois demi-axes parallèles aux trois axes des coordonnées x, y, z sont a, b, c, ou dont l'équation est
$$\frac{x^2}{a^2} + \frac{y^2}{b^2} + \frac{z^2}{c^2} = 1.$$

En posant

$$\frac{b}{a}\sqrt{a^2 - x^2} = r;$$

on aura

$$G = \int\!\!\int\!\!\int x^2\, dx\,dy\,dz$$

$$= 2c \int_{-a}^{+a} x^2\,dx \int_{-r}^{+r} \left(1 - \frac{x^2}{a^2} - \frac{y^2}{b^2}\right)^{\frac{1}{2}} dy,$$

$$\int_{-r}^{+r} \left(1 - \frac{x^2}{a^2} - \frac{y^2}{b^2}\right)^{\frac{1}{2}} dy = \frac{1}{b} \int_{-r}^{+r} (r^2 - y^2)^{\frac{1}{2}}\, dy$$

$$= \frac{\pi r^2}{2b} = \frac{\pi b (a^2 - x^2)}{2a^2},$$

$$G = \frac{\pi bc}{a^2} \int_{-a}^{+a} x^2 (a^2 - x^2)\, dx = \frac{4}{15} \pi a^3 bc;$$

de même,

$$H = \frac{4}{15} \pi a b^3 c, \quad I = \frac{4}{15} \pi a bc^3.$$

Le volume de l'ellipsoïde est

$$\frac{4}{3} \pi abc,$$

sa masse

$$\mu = \frac{4}{3} \pi \rho abc,$$

et l'on a définitivement

$$A = \frac{1}{5} \mu (b^2 + c^2), \quad B = \frac{1}{5} \mu (a^2 + c^2), \quad C = \frac{1}{5} \mu (a^2 + b^2).$$

Les trois axes sont encore des axes principaux; et si l'on a $a > b > c$, on aura $C > B > A$. Si $a = b = c$, ou si l'ellipsoïde est une sphère, on a $A = B = C$, les trois moments d'inertie principaux sont égaux, et le moment d'inertie de la sphère relativement à un axe quelconque passant par le centre est $\frac{2}{5} \mu a^2$, a étant le rayon de la sphère.

185. Quand on se propose d'évaluer le moment d'i-
nertie d'un corps solide homogène, le moyen le plus
simple est d'employer la formule (n° 175)

$$K = G \sin^2 \lambda + H \sin^2 \mu + I \sin^2 \nu,$$

et de déterminer les constantes G, H, I à l'aide de la division du corps solide en tranches infiniment minces
comprises entre des plans parallèles aux plans coordonnés. Ainsi, en particulier, pour déterminer la constante

$$G = \Sigma m x^2,$$

ou (n° 172) le moment d'inertie du corps relatif au plan
des yz, on cherchera d'abord le moment d'inertie d'une
tranche très-mince du même corps, renfermée entre deux
plans perpendiculaires à l'axe des x et correspondants
aux deux abscisses x, $x + \Delta x$. Soit U l'aire de la section
faite par le premier de ces deux plans dans le corps solide et ρ la densité du corps. La masse de la tranche
dont il s'agit et son moment d'inertie par rapport au plan
des yz seront exprimés par deux produits de la forme

$$(1 + \varepsilon)\rho U \Delta x, \quad (1 + \varepsilon)\rho U x^2 \Delta x,$$

ε désignant une quantité qui s'évanouira avec Δx et qui
pourra changer de valeur quand on passera du premier
produit au second. Cela posé, si l'on divise le corps en
un très-grand nombre de tranches semblables à celles
que nous venons de considérer, on trouvera pour la
somme des moments d'inertie de toutes ces tranches

$$G = \Sigma (1 + \varepsilon)\rho U x^2 \Delta x,$$

le signe Σ se rapportant aux différentes valeurs de x
et de Δx; puis, en faisant converger Δx vers zéro, on

passant aux limites, on obtiendra l'équation

$$G = \int_{x_0}^{x_1} \rho\, U x^2\, dx,$$

x_0 et x_1 représentant la plus petite et la plus grande des valeurs de l'abscisse x.

Cette formule est relative au cas général où la densité ρ est variable avec l'abscisse x; et quand le corps est homogène, elle se réduit à

$$G = \rho \int_{x_0}^{x_1} U x^2\, dx;$$

on trouvera de la même manière

$$H = \rho \int_{y_0}^{y_1} V y^2\, dy, \quad I = \rho \int_{z_0}^{z_1} W z^2\, dz;$$

on aura donc définitivement, dans le cas général,

$$(1) \quad \begin{cases} G = \displaystyle\int_{x_0}^{x_1} \rho\, U x^2\, dx, \quad H = \displaystyle\int_{y_0}^{y_1} \rho\, V y^2\, dy, \\[2ex] I = \displaystyle\int_{z_0}^{z_1} \rho\, W z^2\, dz, \end{cases}$$

pourvu que l'on désigne par y_0 et y_1 la plus petite et la plus grande des valeurs de y relatives aux divers points du solide; par z_0 et z_1 la plus petite et la plus grande des valeurs de z; enfin par V et W les aires de deux sections faites dans le corps par des plans perpendiculaires aux axes des y et des z, correspondants le premier à l'ordonnée y, le second à l'ordonnée z.

186. Pour montrer une application de ces formules, concevons que le corps solide soit un parallélipipède rectangle et homogène, dont le centre coïncide avec l'o-

rigine et dont les arêtes soient parallèles aux axes des x, y, z. Si l'on désigne par a, b, c ces trois arêtes et par μ la masse du parallélipipède, on aura évidemment

$$U = bc, \quad x_0 = -\frac{1}{2}a, \quad x_1 = +\frac{1}{2}a, \quad \mu = \rho abc,$$

$$G = \rho bc \int_{-\frac{1}{2}a}^{+\frac{1}{2}a} x^2 dx = \frac{\mu}{a} \int_{-\frac{1}{2}a}^{+\frac{1}{2}a} x^2 dx = \frac{1}{12}\mu a^2.$$

On trouvera de même

$$H = \frac{1}{12}\mu b^2, \quad I = \frac{1}{12}\mu c^2,$$

et, par suite, l'on aura

$$K = \mu \frac{a^2 \sin^2\lambda + b^2\sin^2\mu + c^2\sin^2\nu}{12}.$$

Tel sera le moment d'inertie du parallélipipède relativement à un axe mené par le centre de figure de manière à former les angles λ, μ, ν avec les directions des trois arêtes.

Si le parallélipipède se transforme en un cube, la valeur de K deviendra indépendante des angles λ, μ, ν; car en ayant égard à la formule

$$\sin^2\lambda + \sin^2\mu + \sin^2\nu = 3 - (\cos^2\lambda + \cos^2\mu + \cos^2\nu) = 2,$$

on trouvera

$$K = \frac{1}{6}\mu a^2.$$

Considérons encore un ellipsoïde qui ait pour centre l'origine et qui soit représenté par l'équation

$$\frac{x^2}{a^2} + \frac{y^2}{b^2} + \frac{z^2}{c^2} = 1.$$

La section faite dans cet ellipsoïde par un plan perpendiculaire à l'axe des x et correspondant à l'abscisse x sera une ellipse qui, étant elle-même représentée par l'équation

$$\frac{y^2}{b^2\left(1-\dfrac{x^2}{a^2}\right)}+\frac{z^2}{c^2\left(1-\dfrac{x^2}{a^2}\right)}=1,$$

aura pour demi-axes deux longueurs mesurées par les produits

$$b\left(1-\frac{x^2}{a^2}\right)^{\frac{1}{2}},\qquad c\left(1-\frac{x^2}{a^2}\right)^{\frac{1}{2}}.$$

De plus, comme pour déterminer la surface U de cette ellipse, il suffira de multiplier le produit des deux demi-axes par le nombre π, on aura

$$U=\pi bc\left(1-\frac{x^2}{a^2}\right).$$

On trouvera d'ailleurs, en désignant par μ la masse de l'ellipsoïde,

$$x_1=-a,\quad x_1=+a,\quad \mu=\frac{4}{3}\pi\rho abc.$$

Cela posé, on tirera de la formule qui donne G

$$G=\pi\rho bc\int_{-a}^{+a}\left(1-\frac{x^2}{a^2}\right)x^2\,dx=\frac{3}{4}\frac{\mu}{a}\int_{-a}^{+a}\left(1-\frac{x^2}{a^2}\right)x^2\,dx$$

ou, en faisant $\dfrac{x}{a}=t$, $G=\dfrac{3}{2}\mu a^2\displaystyle\int_0^1 t^2(1-t^2)\,dt=\dfrac{1}{5}\mu a^2$.

On aura de même

$$H=\frac{1}{5}\mu b^2,\qquad I=\frac{1}{5}\mu c^2,$$

et par suite

$$K = \mu \, \frac{a^2 \sin^2\lambda + b^2 \sin^2\mu + c^2 \sin^2\nu}{5}.$$

Tel sera le moment d'inertie de l'ellipsoïde relativement à une droite menée par le centre de manière à former les angles λ, μ, ν avec les directions des trois axes.

Si l'ellipsoïde se transforme en une sphère, la valeur de K deviendra indépendante des angles λ, μ, ν et se réduira simplement à

$$K = \frac{2}{5}\mu a^2.$$

187. Le calcul du moment d'inertie d'un corps de révolution par rapport à son axe est très-simple.

En effet, prenons l'axe de révolution pour axe des x. Le moment d'inertie relatif à cet axe sera donné par l'équation

$$K = \Sigma m r^2,$$

r étant la distance d'un point quelconque à l'axe des x.

Soit AB (*fig.* 33) la courbe génératrice supposée plane, et partageons le volume du solide engendré en tranches infiniment minces par des plans perpendiculaires à l'axe des x. Le volume v de l'élément d'une de ces tranches engendré par la révolution du rectangle *mnpq* est la différence entre les volumes de deux cylindres dont la hauteur commune est Δx et les rayons des bases r et $r + \Delta r$. Donc

$$v = \pi \Delta x [(r + \Delta r)^2 - r^2] = \pi \Delta x \Delta r (2r + \Delta r),$$

ou, en négligeant Δr par rapport à $2r$,

$$v = 2\pi r\, dx\, dr.$$

La masse m de cet élément et son moment d'inertie k seront

$$m = 2\pi\rho\, r\, dx\, dr, \quad k = m r^2 = 2\pi\rho\, r^3\, dx\, dr.$$

La somme des moments d'inertie de toutes les tranches s'obtiendra évidemment en intégrant l'expression
$2\pi\rho\, r^3 dx dr$, 1° depuis $r = 0$ jusqu'à $r = y$; $y = f(x)$
étant l'ordonnée de la courbe génératrice; 2° depuis
$x = x_0$ jusqu'à $x = x$, $x = x_0$, $x = x$ étant les équations des plans qui terminent le corps de révolution, de
sorte que l'on aura

$$(2) \quad \begin{cases} K = 2\pi\rho \displaystyle\int_{x_0}^{x}\int_{0}^{y} r^3 dx dr \\[2ex] = 2\pi\rho \displaystyle\int_{x_0}^{x} dx \int_{0}^{y} r^3 dr = \frac{\pi\rho}{2}\int_{x_0}^{x} y^4 dx. \end{cases}$$

S'il s'agissait de trouver le moment d'inertie relativement à
un axe pris pour axe des x, et perpendiculaire à l'axe de révolution devenu axe des y, on mènerait, par le centre de
gravité du cylindre déterminé par deux plans perpendiculaires à l'axe des y, un second axe parallèle à l'axe des x,
et l'on chercherait d'abord le moment d'inertie du cylindre élémentaire par rapport à cet axe. Soient ABCEA
(*fig.* 34) le cylindre élémentaire, D son centre de figure,
DC l'axe parallèle à l'axe des x. Appelons φ l'angle ODC,
λ le rayon vecteur DO, la masse $d\mu$ du cylindre élémentaire ABCEA sera

$$d\mu = \rho\lambda\, d\lambda\, dy\, d\varphi,$$

sa distance r à l'axe DC sera

$$r = \lambda\sin\varphi,$$

et par conséquent le moment d'inertie du cylindre
ABCEA, par rapport à DC, sera

$$\rho\, dy \int_{0}^{2\pi}\int_{0}^{x} \lambda^3\sin^2\varphi\, d\lambda\, d\varphi = \pi\rho\, dy \int_{0}^{x} \lambda^3 d\lambda = \frac{1}{4}\pi\rho\, x^4 dy.$$

La masse du cylindre ABCEA est d'ailleurs

$$\pi \rho . x^2 dy,$$

son moment par rapport à l'axe des x sera donc

$$\pi \rho\, x^2 y^2 dy + \frac{1}{4}\, \pi \rho\, x^4\, dy.$$

Si $x = f(y)$ est l'équation de la génératrice, le moment d'inertie cherché K relatif à l'axe des x sera

$$(3) \qquad K = \pi \rho \int_{y_0}^{y_1} \left\{ y^2 [f(y)]^2 + \frac{1}{4} [f(y)]^4 \right\} dy.$$

Applications. Dans les cinq premières l'axe des moments est l'axe de révolution. 1° A la sphère. L'équation de la courbe génératrice est

$$y^2 + x^2 = a^2,$$

d'où

$$y^2 = a^2 - x^2, \quad y^4 = a^4 - 2a^2 x^2 + x^4,$$
$$x_0 = -a, \quad x_1 = a,$$

$$K = \frac{\pi \rho}{2} \int_{-a}^{+a} (a^4 - 2a^2 x^2 + x^4)\, dx = \pi \rho \left(a^5 - \frac{2a^5}{3} + \frac{a^5}{5} \right)$$
$$= \frac{8}{15} \pi \rho a^5.$$

Le volume de la sphère est

$$V = \frac{4}{3} \pi a^3,$$

sa masse

$$\mu = \frac{4}{3} \pi \rho a^3, \quad \text{d'où} \quad \pi \rho a^5 = \frac{3}{4} \mu a^2,$$

$$K = \frac{2}{5} \mu a^2.$$

2° Au cylindre engendré par la révolution d'une droite parallèle à l'axe. En appelant r le rayon du cylindre, h sa hauteur, on pourra prendre

$$y = r, \quad x_0 = 0, \quad x_1 = h,$$

I. 27

et l'on aura

$$\mathrm{K} = \frac{\pi\rho}{2}\, r^4 \int_0^h dx = \frac{\pi\rho}{2}\, r^4 h.$$

La masse $\mu = \pi\rho\, r^2 h$, d'où $\pi\rho\, r^4 h = \mu r^2$,

$$\mathrm{K} = \frac{\mu r^2}{2}.$$

3° A une portion de paraboloïde engendrée par la parabole $y^2 = px$, et terminée d'un côté par le plan yz, de l'autre par le plan $x = h$. On a

$$y^4 = p^2 x^2, \quad x_0 = 0, \quad x_1 = h,$$

$$\mathrm{K} = \frac{\pi\rho p^2}{2} \int_0^h x^2 dx = \frac{\pi\rho p^2 h^3}{2.3};$$

on a d'ailleurs

$$\mu = \frac{\rho\pi\, h^2 p}{2},$$

donc

$$\mathrm{K} = \frac{\mu r^2}{12}.$$

4° Au cône engendré par la droite $y = ax$, et terminé par le plan $x = h$. On aura

$$y^4 = a^4 x^4, \quad x_0 = 0, \quad x_1 = h, \quad a = \frac{r}{h},$$

$$\mathrm{K} = \frac{\pi\rho}{2}\, \frac{a^4 h^5}{5} = \frac{\pi\rho r^4 h}{10} = \frac{3}{10}\,\mu r^2.$$

5° A un cône tronqué par rapport à son axe. Soient (*fig.* 35) $OC = a$, $BA = b$ les deux rayons du tronc de cône, $BE = h$ sa hauteur, et posons

$$\text{tang ODC} = \theta,$$

on aura

$$y = b + \theta x, \quad dx = \frac{dy}{\theta},$$

$$K = \frac{\pi\rho}{2} \int_0^h y^4 dx = \frac{\pi\rho}{2\theta} \int_b^a y^4 dy = \frac{\pi\rho}{10\theta} (a^5 - b^5).$$

La masse μ du cône est d'ailleurs

$$\mu = \pi\rho \int_0^h y^2 dx = \frac{\pi\rho}{\theta} \int_b^a y^2 dy = \frac{\pi\rho}{3\theta} (a^3 - b^3),$$

donc

$$K = \frac{3}{10} \mu \frac{a^5 - b^5}{a^3 - b^3}.$$

6° A un tronc de cône par rapport à une ligne perpendiculaire à son axe. Soit (*fig.* 36) OX l'axe par rapport auquel on cherche le moment d'inertie; posons comme précédemment

$$OC = a, \quad BA = b, \quad BO = h, \quad \text{tang } ODC = \theta,$$

on a

$$y = \frac{a - x}{\theta}, \quad dy = -\frac{dx}{\theta},$$

$$K = \pi\rho \int_a^b \left(x^2 y^2 + \frac{1}{4} x^4 \right) dy$$

$$= -\frac{\pi\rho}{\theta} \int_a^b \left[x^2 \frac{(a - x)^2}{\theta^2} + \frac{1}{4} x^4 \right] dx$$

$$= \frac{\pi\rho}{\theta} \int_a^b \left[\frac{a^2 x^2}{\theta^2} - \frac{2 a x^3}{\theta^2} + \frac{(4 + \theta^2)}{4\theta^2} x^4 \right] dx$$

$$= \frac{\pi\rho}{2} \left[\frac{4 + \theta^2}{20\theta^2} (a^5 - b^5) - \frac{a}{2\theta^2} (a^4 - b^4) + \frac{1}{2} \frac{a^2}{\theta^2} (a^3 - b^3) \right].$$

La masse μ du tronc de cône est d'ailleurs

$$\mu = \frac{\pi\rho}{3\theta} (a^3 - b^3),$$

27.

donc

$$K = \frac{3\mu}{\theta^2}\left[\frac{4+\theta^2}{20}\left(\frac{a^5-b^5}{a^3-b^3}\right) - \frac{1}{2}a\left(\frac{a^4-b^4}{a^3-b^3}\right) + \frac{1}{3}a^2\right].$$

7° A un segment de sphère par rapport à un axe perpendiculaire au plan de la base. Soient (*fig.* 37) ABCD le segment sphérique, $r = $ CD son rayon, $h = $ DE sa hauteur, OX l'axe des x parallèle au rayon CD ou perpendiculaire à la base du segment et situé à une distance OE $= \delta$; on aura

$$EP = x, \quad \overline{PM}^2 = [2r-(h-x)](h-x).$$

Le moment d'inertie du segment relatif à l'axe DC sera

$$K' = \frac{\pi\rho}{2}\int_0^h [2r-(h-x)]^2 (h-x)^2\, dx$$

$$= \frac{-\pi\rho}{2}\int_0^h [4r^2(h-x)^2 - 4r(h-x)^3 + (h-x)^4]\, d(h-x)$$

$$= \pi\rho\left(\frac{2}{3}r^2 h^3 - \frac{1}{2}rh^4 + \frac{1}{10}h^5\right).$$

La masse μ du segment est d'ailleurs

$$\mu = \pi\rho\int_0^h [2r-(h-x)](h-x)\, dx = \pi\rho\left(rh^2 - \frac{1}{3}h^3\right),$$

on aura donc pour le moment K' relatif à l'axe DC

$$K' = \mu h\, \frac{\frac{2}{3}r^2 - \frac{1}{2}rh + \frac{1}{10}h^2}{r-\frac{1}{3}h},$$

et pour le moment K relatif à l'axe des x

$$K = \mu\left(h\,\frac{\frac{2}{3}r^2 - \frac{1}{2}rh + \frac{1}{10}h^2}{r-\frac{1}{3}h} + \delta^2\right).$$

8° **Avec M. Haton de la Goupillière, à un tore par rapport à un de ses rayons équatoriaux. Rapportons le tore à son axe de figure OZ et à deux rayons rectangulaires OX et OY. Le moment d'inertie par rapport à ce dernier axe OY est donné par l'équation

$$K = \Sigma m\,(x^2 + z^2) = \Sigma m x^2 + \Sigma m z^2.$$

En raison de la symétrie du corps autour de l'axe de figure, les deux sommes $\Sigma m x^2$, $\Sigma m y^2$ ont la même valeur, qui est aussi celle de leur demi-somme

$$\frac{1}{2}\,\Sigma m\,(x^2 + y^2) = \frac{1}{2}\,\Sigma m\,\delta^2,$$

δ étant la distance à l'axe de figure ; on a donc encore

$$K = \frac{1}{2}\,\Sigma m\,\delta^2 + \Sigma m\,z^2.$$

Pour trouver $\Sigma m z^2$, décomposons le tore en tranches horizontales ayant pour épaisseur dz (*fig.* 38). Chacune de ces tranches aura pour section verticale $2\xi\,dz$, ξ étant l'ordonnée horizontale du cercle générateur par rapport à des axes parallèles aux premiers, mais passant par le centre o de ce cercle générateur, dont r est le rayon. La distance du centre de gravité de la tranche à l'axe de révolution est égale à la distance à ce même axe du centre du cercle générateur, ou au rayon R du cercle décrit par ce centre. Le volume engendré par la tranche est donc

$$2\xi\,dz \times 2\pi R = 4\pi R\xi\,dz,$$

et la masse

$$4\pi\rho R\xi\,dz ;$$

on a donc

$$\Sigma m z^2 = \Sigma 4\pi\rho R\xi z^2\,dz$$

$$= 4\pi\rho R\,\Sigma\xi z^2\,dz = 4\pi\rho R \int_{-r}^{+r} z^2\,(r^2 - z^2)^{\frac{1}{2}}\,dz$$

$$= 4\pi\rho R \int_{-r}^{+r} \frac{z^2\,(r^2 - z^2)}{\sqrt{r^2 - z^2}} = 4\pi\rho\,[\,R r^2\,.f(2) - R\,.f(4)\,],$$

en faisant, pour abréger,

$$f(n) = \int_{-r}^{+r} \frac{z^n \, dz}{\sqrt{r^2 - z^2}}.$$

Pour trouver de même $\Sigma m \delta^2$, décomposons le tore en couronnes cylindriques d'épaisseur $d\delta$ (*fig.* 39), ayant chacune pour section verticale $2 z \, d\delta$, et comme la distance du centre de la section à l'axe de révolution est δ, le volume engendré par elle sera

$$2 z \, d\delta \cdot 2\pi\delta = 4\pi z \delta \, d\delta,$$

et la masse contenue sous ce volume

$$4\pi\rho z \delta \, d\delta,$$

on aura donc

$$\Sigma m \delta^2 = 4\pi\rho \, \Sigma z \delta^3 \, d\delta = 4\pi\rho \int_{-r}^{+r} (R + \xi)^3 (r^2 - \xi^2)^{\frac{1}{2}} \, d\xi$$

$$= 4\pi\rho \int_{-r}^{+r} \frac{(R + \xi)^3 (r^2 - \xi^2) \, d\xi}{\sqrt{r^2 - \xi^2}}$$

$$= 4\pi\rho \int_{-r}^{+r} \frac{-\xi^5 - 3R\xi^4 - (3R^2 - r^2)\xi^3 - R(R^2 - 3r^2)\xi^2 + 3R^2 r^2 \xi + r^2 R^3}{\sqrt{r^2 - \xi^2}} \, d\xi$$

$$= 4\pi\rho \left[-f(5) - 3R \cdot f(4) - (3R^2 - r^2) \cdot f(3) \right.$$
$$\left. - R(R^2 - 3r^2) \cdot f(2) + 3R^2 r^2 \, f(1) + r^2 R^3 \cdot f(0) \right].$$

Il est évident d'abord que $f(n)$ s'annule quand n est impair, puisque entre o et $-r$ on retrouve, avec un signe contraire, les mêmes éléments qu'entre o et $+r$. On peut donc supprimer dès à présent les termes en $f(1)$, $f(3), f(5)$. Il vient alors simplement

$$K = 2\pi\rho R \left[-5 \cdot f(4) + (5r^2 - R^2) \cdot f(2) + R^2 r^2 \cdot f(0) \right].$$

On a d'ailleurs $\displaystyle\int_0^r \frac{z^n \, dz}{\sqrt{r^2 - z^2}} = \frac{1 \cdot 3 \cdot 5 \cdot 7 \ldots (n-1)}{2 \cdot 2 \cdot 4 \cdot 6 \cdot 8 \ldots n} \pi r^n$, et pour étendre, dans le cas de n pair, l'intégrale de $-r$ à $+r$, ou pour obtenir $f(n)$, il suffit de doubler le résultat, car de $-r$ à o on retrouve les mêmes éléments que de o à r; on aura donc

$$f(n) = \frac{1.3.5.7\ldots(n-1)}{2.4.6.8\ldots\;\;n}\,\pi r'',$$

$$f(o) = \pi, \quad f(2) = \frac{\pi r^2}{2}, \quad f(4) = \frac{3\pi r^4}{8},$$

et par suite, tout calcul fait,

$$K = \pi^2\rho\,R\,r^2\left(R^2 + \frac{5}{4}\,r^2\right) = \mu\left(\frac{R^2}{2} + \frac{5}{8}\,r^2\right),$$

en introduisant la masse totale $\mu = 2\pi^2\rho R r^2$ du tore.

M. Haton de la Goupillière ajoute : 1° que le moment d'inertie du tore relatif à son axe de figure est

$$\mu\left(R^2 + \frac{3}{4}\,r^2\right);$$

2° que son moment d'inertie par rapport au centre est

$$\mu\left(R^2 + r^2\right).$$

188. Revenons à la définition du moment d'inertie d'un certain nombre de points matériels dont les masses sont m', m'', m''',..., et les distances à l'axe r', r'', r''',...; on aura, en vertu d'un théorème connu,

$$K = \Sigma m r^2 = m'\,r'^2 + m''\,r''^2 + m'''\,r'''^2 + \ldots$$
$$= (m' + m'' + m'''\ldots)\; \text{moyenne entre } (r'^2, r''^2, r'''^2, \ldots)$$
$$= \mu\,r_g^2,$$

en désignant par μ la masse totale du système, et par r_g^2 carré une quantité moyenne entre r'^2, r''^2, r'''^2,..., ou entre les carrés des distances des divers points matériels à l'axe. La distance moyenne r_g, racine carrée du quotient du moment d'inertie K par la masse μ du corps, prend quelquefois le nom de *rayon d'inertie* ou *de gyration* autour de l'axe que l'on considère ; et les rayons de gyration relatifs à divers axes ont entre eux les mêmes relations que les moments d'inertie. Si, par exemple, on appelle $r_g'^2$, r_g^2 les rayons de gyration pris par rapport à deux axes parallèles, dont le premier passe par le centre de gravité du corps et dont la distance est δ, on aura

$$r_g'^2 = r_g^2 + \delta^2.$$

189. Supposons, pour donner un exemple, qu'il s'agisse de trouver le rayon de gyration d'une lentille biconvexe homogène autour d'une parallèle à l'axe de révolution ; on suppose la lentille terminée par deux surfaces sphériques égales. Il suffira évidemment de considérer une seule des deux lentilles plan-convexes dont l'ensemble forme la lentille proposée. Soient r le rayon de la surface sphérique, a la flèche de la lentille plan-convexe, b le rayon de la base, μ la masse, ρ la densité, r_g', r_g les rayons de gyration autour de l'axe proposé et de l'axe de révolution, δ la distance des deux axes. Cherchons d'abord r_g^2. Pour cela, considérons une tranche infiniment mince et perpendiculaire à l'axe ; si nous nommons y le rayon de cette tranche et x la distance au sommet de la lentille, le moment d'inertie de la tranche autour de l'axe de révolution sera

$$\rho\, dx \int_0^{2\pi} \int_0^y y^2 . y\, d\theta\, dy = \frac{1}{2}\pi\rho\, y^4\, dx,$$

et par conséquent le moment d'inertie μr_g^2 de la demi-lentille sera

$$\mu r_g^2 = \frac{1}{2}\pi\rho \int_0^a y^4\, dx = \frac{1}{2}\pi\rho \int_0^a (2rx - x^2)^2\, dx$$

$$= \frac{1}{2}\pi\rho \left(\frac{4\, r^2 a^3}{3} - \frac{4\, ra^4}{4} + \frac{a^5}{5} \right);$$

or
$$r = \frac{a^2 + b^2}{2a},$$

donc
$$\mu\, r_g^2 = \frac{1}{2}\,\pi\rho \left[\frac{a\,(a^2 + b^2)^2}{3} - \frac{a^3\,(a^2 + b^2)}{2} + \frac{a^5}{5} \right]$$
$$= \frac{\pi\rho\,a}{6.10}\,(a^4 + 5a^2 b^2 + 10\,b^4),$$

et, puisque $\mu = \frac{1}{6}\,\pi\rho\,(a^3 + 3ab^2)$, on aura

$$r_g^2 = \frac{1}{10}\,\frac{a^4 + 5a^2 b^2 + 10\,b^4}{a^2 + 3b^2}, \quad \text{et} \quad r_g'^2 = r_g^2 + \delta^2.$$

190. On trouve énoncées dans les *Problèmes de Mécanique rationnelle* du R. P. Julien (t. II, p. 55) les propositions suivantes relatives aux rayons r_g de gyration de divers corps, lignes, surfaces ou volumes, supposés homogènes :

1° Pour une droite AB de longueur l autour d'un axe qui passe par l'extrémité A et fait un angle θ avec la droite : $r_g^2 = \frac{l^2 \sin^2 \theta}{3}$.

2° Pour une droite autour d'un axe perpendiculaire et non situé dans le même plan, $2a$ étant la longueur de la droite et b la perpendiculaire abaissée du milieu de la droite sur l'axe, $r_g^2 = \frac{1}{3}\,a^2 + b^2$.

3° Pour un arc de cercle autour d'un axe perpendiculaire à son plan et passant par son centre de gravité : R étant le rayon, c la corde et a la longueur de l'arc donné, $r_g^2 = \frac{R^2}{a^2}\,(a^2 - c^2)$.

4° Pour un arc de cercle autour d'un axe perpendiculaire à son plan et passant au milieu de l'arc, les notations restant les mêmes, $r_g^2 = \frac{2R^2}{a}\,(a - c)$.

5° Pour la surface d'une ellipse dont $2a$ est le grand axe et $2b$ le petit : autour du grand axe, $r_g^2 = \dfrac{b^2}{4}$; autour du petit axe, $r_g^2 = \dfrac{a^2}{4}$.

6° Pour la surface d'un triangle isocèle autour de la perpendiculaire abaissée du sommet sur la base $2b$,
$$r_g^2 = \frac{1}{6} b^2.$$

7° Pour la surface d'un triangle ABC autour d'un axe perpendiculaire passant par le sommet A, les côtés opposés aux sommets A, B, C étant respectivement a, b, c,
$$r_g^2 = \frac{1}{12} (3b^2 + 3c^2 - a^2).$$

8° Pour la surface d'un triangle autour d'un axe perpendiculaire passant par le centre de gravité, a, b, c étant les trois côtés du triangle, $r_g^2 = \dfrac{1}{36} (a^2 + b^2 + c^2)$.

9° Pour la surface d'une ellipse autour d'un axe perpendiculaire passant au centre, $2a$, $2b$ étant les axes de l'ellipse, $r_g^2 = \dfrac{1}{4} (a^2 + b^2)$.

10° Pour la surface d'un parallélogramme autour d'un axe perpendiculaire passant par le centre, $2a$, $2b$ étant les côtés, $r_g^2 = \dfrac{a^2 + b^2}{3}$.

11° Pour la surface d'un polygone régulier autour d'un axe passant par le centre de gravité, n étant le nombre des côtés et c leur longueur, $r_g^2 = \dfrac{c^2}{12} \cdot \dfrac{2 + \cos\frac{2\pi}{n}}{1 - \cos\frac{2\pi}{n}}$.

12° Pour une sphère creuse autour d'un diamètre, a

et b étant les rayons de la surface externe et de la surface interne, $r_g^2 = \dfrac{2}{5} \dfrac{a^5 - b^5}{a^3 - b^3}$.

13° Pour un cône droit autour de son axe, a étant le rayon de la base, $r_g^2 = \dfrac{3}{10} a^2$.

14° Pour un cylindre, le rayon de la base étant a, la longueur $2b$: autour de son axe, $r_g^2 = \dfrac{1}{2} a^2$; autour d'une perpendiculaire au milieu de l'axe, $r_g^2 = \dfrac{1}{4} a^2 + \dfrac{1}{3} b^2$.

15° Pour un cône droit autour d'une perpendiculaire à l'axe mené par le centre de gravité, a étant le rayon de la base et c la hauteur du cône, $r_g^2 = \dfrac{3}{80} (4 a^2 + c^2)$.

16° Pour une lentille biconvexe autour d'un diamètre de la base commune des deux lentilles plan-convexes qui la composent, les notations restant toujours les mêmes que n° 189, $r_g^2 = \dfrac{1}{20} \dfrac{7 a^4 + 15 a^2 b^2 + 10 b^4}{a^2 + 3 b^2}$.

191. Le tableau suivant dressé par M. Macquorn Rankine fournit le moment d'inertie et le rayon de gyration des corps qui se présentent le plus souvent dans les applications pratiques. La première colonne montre le nom du corps; la seconde définit l'axe pour lequel on prend le moment d'inertie; la troisième donne la valeur K de ce moment d'inertie; la quatrième le carré r_g^2 du rayon de gyration; ρ est la densité. En divisant le moment d'inertie par le carré du rayon de gyration, on aura la masse du corps; en divisant la masse par la densité on aura son volume.

CORPS.	AXE.	MOMENT D'INERTIE K.	CARRÉ DE L'AXE de gyration r_g^2.
1. Sphère de rayon r	Diamètre.	$\dfrac{8\pi\rho r^5}{15}$.	$\dfrac{2r^2}{5}$.
2. Sphéroïde de révolution, demi-axe polaire a, rayon équatorial r..	Axe polaire.	$\dfrac{8\pi\rho a r^4}{15}$.	$\dfrac{2r^2}{5}$.
3. Ellipsoïde, demi-axes a, b, c..............	Axe $2a$.	$\dfrac{4\pi\rho abc(b^2+c^2)}{15}$.	$\dfrac{b^2+c^2}{5}$.
4. Couche sphérique infiniment mince, rayon r, épaisseur dr..........	Diamètre.	$\dfrac{8\pi\rho r^4\,dr}{3}$.	$\dfrac{2r^2}{3}$.
5. Couche sphérique, rayon extérieur r, rayon intérieur r'.............	Diamètre.	$\dfrac{8\pi\rho(r^5-r'^5)}{15}$.	$\dfrac{2(r^5-r'^5)}{5(r^3-r'^3)}$.
6. Cylindre circulaire, longueur $2a$, rayon r.....	Axe longitudinal $2a$.	$\pi\rho a r^4$.	$\dfrac{r^2}{2}$.
7. Cylindre elliptique, longueur $2a$, demi-axes transversaux b, c	Axe longitudinal $2a$.	$\dfrac{\pi\rho abc(b^2+c^2)}{2}$.	$\dfrac{b^2+c^2}{4}$.
8. Cylindre circulaire creux, longueur $2a$, rayon extérieur r, rayon intérieur r'.....	Axe longitudinal $2a$.	$\pi\rho a(r^4-r'^4)$	$\dfrac{r^2+r'^2}{2}$.
9. Cylindre creux infiniment mince, longueur $2a$, rayon r, épaisseur dr..............	Axe longitudinal $2a$.	$4\pi\rho a r^3\,dr$	r^2.
10. Cylindre circulaire, longueur $2a$, rayon r.. ...	Diam. transversal.	$\dfrac{\pi\rho a r^2(3r^2+4a^2)}{6}$.	$\dfrac{r^2}{4}+\dfrac{a^2}{3}$
11. Cylindre elliptique, longueur $2a$, demi-axes transversaux b, c.....	Axe transversal $2b$.	$\dfrac{\pi\rho abc(3c^2+4a^2)}{6}$.	$\dfrac{c^2}{4}+\dfrac{a^2}{3}$.
12. Cylindre circulaire creux, longueur $2a$, rayon extérieur r, rayon intérieur r'.	Diam. transversal.	$\dfrac{\pi\rho a}{6}\left[3(r^4-r'^4)+4a^2(r^2-r'^2)\right]$	$\dfrac{r^2+r'^2}{4}+\dfrac{a^2}{3}$
13. Cylindre circulaire creux infiniment mince, rayon r, épaisseur dr..........	Diam. transversal.	$\pi\rho a\left(2r^3+\dfrac{4}{3}a^2r\right)dr$.	$\dfrac{r^2}{2}+\dfrac{a^2}{3}$.
14. Prisme rectangulaire, dimensions $2a$, $2b$, $2c$...	Axe $2a$.	$\dfrac{8\rho abc(b^2+c^2)}{3}$.	$\dfrac{b^2+c^2}{3}$.
15. Prisme rhombique, longueur $2a$, diagonales $2b$, $2c$.............	Axe $2a$.	$\dfrac{2\rho abc(b^2+c^2)}{3}$,	$\dfrac{b^2+c^2}{6}$.
16. Prisme rhombique, comme ci-dessus......	Diagonale $2b$	$\dfrac{2\rho abc(c^2+2a^2)}{3}$.	$\dfrac{c^2}{6}+\dfrac{a^2}{3}$.

SEIZIÈME LEÇON.

Moments d'inertie et rayons de gyration. — Autre moyen de trouver les axes principaux d'inertie. — Représentation géométrique des équations dont dépendent les axes principaux. — Directions des rayons principaux de gyration. — Valeurs de ces rayons, en fonction des paramètres des surfaces homofocales. — Lieu de tous les axes principaux d'inertie parallèles à une direction donnée. — Lieu des axes principaux passant par un point donné. — Lieu des points dont les axes d'inertie passent par un point donné. — Points pour lesquels deux des rayons de gyration principaux sont égaux. — Lieu de tous les points de l'espace pour lesquels un des rayons de gyration principaux conserve une valeur donnée. — Surface de l'onde lumineuse. — Moment de l'axe. — Paramètre du moment. — Influence de la rotation du plan sur la valeur du paramètre. — Plans nuls. — Paramètre principal. — Lieu géométrique des paramètres. — Moments parallèles. — Axe dont le moment parallèle a une valeur donnée. — Représentation géométrique des variations des moments parallèles. — Foyers. — Propriétés nouvelles des axes principaux d'inertie.

---

192. Considérons un premier axe passant par le centre de gravité et faisant les angles α, 6, γ avec les trois axes principaux d'inertie relatifs à ce centre ; puis un second axe mené par le point a, b, c parallèlement au premier ; appelons δ la distance des deux axes, et r_g, r_g', $\sqrt{A}$, $\sqrt{B}$, $\sqrt{C}$ les rayons de gyration correspondant aux deux axes parallèles et aux trois axes principaux d'inertie : il viendra (n°s 175, 178 et 188)

$$r_g'^2 = r_g^2 + \delta^2 = A \cos^2\alpha + B \cos^2 6 + C \cos^2\gamma + a^2 + b^2 + c^2$$
$$- (a \cos\alpha + b \cos 6 + c \cos\gamma)^2.$$

Comme aux extrémités des axes principaux de l'ellipsoïde qui sont en même temps les axes principaux d'inertie le plan tangent est perpendiculaire au rayon vecteur k de l'ellipsoïde, ces extrémités, et par conséquent les axes principaux, doivent vérifier l'équation $dk = o$, et par conséquent $\qquad dr_g = 0, \quad dr'_g = 0,$

puisque d'une part

$$k = \frac{1}{\sqrt{K}} = \frac{1}{r_g \sqrt{\mu}}, \qquad dk = -\frac{dr_g}{r_g^2 \sqrt{\mu}},$$

et de l'autre $\qquad r_g\, dr_g = r'_g\, dr'_g\,;$

c'est-à-dire que pour déterminer les axes principaux il suffit de trouver les valeurs de α, ε, γ qui rendent dr'_g nul. En différentiant l'équation qui précède, on trouve

$$r'_g\, dr'_g = \left[\, A\cos\alpha - a\,(a\cos\alpha + b\cos\varepsilon + c\cos\gamma)\,\right]d.\cos\alpha$$
$$+\left[\, B\cos\varepsilon - b\,(a\cos\alpha + b\cos\varepsilon + c\cos\gamma)\,\right]d.\cos\varepsilon$$
$$+\left[\, C\cos\gamma - c\,(a\cos\alpha + b\cos\varepsilon + c\cos\gamma)\,\right]d.\cos\gamma.$$

On a d'ailleurs,

$$\cos^2\alpha + \cos^2\varepsilon + \cos^2\gamma = 1,$$

et, par conséquent,

$$\cos\alpha\, d.\cos\alpha + \cos\varepsilon\, d.\cos\varepsilon + \cos\gamma\, d.\cos\gamma = 0.$$

Multipliant cette dernière équation par une indéterminée λ, et l'ajoutant à celle qui donne la valeur de $r'_g\, dr'_g$, on trouve

$$r'_g\, dr'_g = \left[(\lambda + A)\cos\alpha - a\,(a\cos\alpha + b\cos\varepsilon + c\cos\gamma)\right]d.\cos\alpha$$
$$+\left[(\lambda + B)\cos\varepsilon - b\,(a\cos\alpha + b\cos\varepsilon + c\cos\gamma)\right]d.\cos\varepsilon$$
$$+\left[(\lambda + C)\cos\gamma - c\,(a\cos\alpha + b\cos\varepsilon + c\cos\gamma)\right]d.\cos\gamma.$$

Admettons que dans cette équation α, ε, γ représentent les angles qui se rapportent à l'un des axes principaux d'inertie, et donnons à l'indéterminée λ la valeur déterminée par l'équation

$$(\lambda + A)\cos\alpha = a\,(a\cos\alpha + b\cos\varepsilon + c\cos\gamma);$$

alors la valeur de $r'_g\, dr'_g$ ne renfermera plus que deux différentielles complétement indépendantes $d.\cos\varepsilon$, $d.\cos\gamma$;

et comme elle devra être nulle quelles que soient ces différentielles, il faudra que les coefficients de $d.\cos 6$ et $d.\cos\gamma$ soient nuls séparément, ou que les quantités α, 6, γ, λ satisfassent aussi aux deux équations

$$(\lambda + B)\cos 6 = b\,(a\cos\alpha + b\cos 6 + c\cos\gamma),$$
$$(\lambda + C)\cos\gamma = c\,(a\cos\alpha + b\cos 6 + c\cos\gamma).$$

Les trois dernières équations, jointes à

$$\cos^2\alpha + \cos^2 6 + \cos^2\gamma = 1,$$

suffisent en général à la détermination des quatre quantités α, 6, γ et λ. Si nous posons

$$a\cos\alpha + b\cos 6 + c\cos\gamma = m,$$

m devenant une nouvelle inconnue auxiliaire, les équations qui expriment que l'axe que l'on considère est un axe principal d'inertie, prennent la forme suivante :

$$(1)\quad \cos\alpha = m\,\frac{a}{\lambda + A}, \quad \cos 6 = m\,\frac{b}{\lambda + B}, \quad \cos\gamma = m\,\frac{c}{\lambda + C}.$$

Substituant ces valeurs dans l'expression de m, et aussi dans l'équation de condition $\cos^2\alpha + \cos^2 6 + \cos^2\gamma = 1$, on trouve

$$(2)\qquad \frac{a^2}{\lambda + A} + \frac{b^2}{\lambda + B} + \frac{c^2}{\lambda + C} = 1,$$

$$(3)\qquad m^2\left[\frac{a^2}{(\lambda + A)^2} + \frac{b^2}{(\lambda + B)^2} + \frac{c^2}{(\lambda + C)^2}\right] = 1.$$

Les trois équations (1), (2), (3) renferment la solution cherchée du problème proposé ; on déterminera d'abord λ par l'équation (2), puis m par l'équation (3) ; les équations (1) donneront enfin α, 6, γ.

193. Les directions correspondantes aux valeurs ainsi calculées de α, 6, γ peuvent être représentées géométri-

quement d'une manière assez simple. Prenons l'ellipsoïde rapporté à ses axes principaux

$$\frac{x^2}{A} + \frac{y^2}{B} + \frac{z^2}{C} = 1,$$

toutes les surfaces du second degré homofocales à cet ellipsoïde seront comprises dans l'équation

$$(4) \qquad \frac{x^2}{\lambda + A} + \frac{y^2}{\lambda + B} + \frac{z^2}{\lambda + C} = 1.$$

Celles de ces surfaces homofocales qui passent par le point a, b, c sont au nombre de trois, et leurs paramètres λ sont donnés par l'équation du troisième degré

$$(2) \qquad \frac{a^2}{\lambda + A} + \frac{b^2}{\lambda + B} + \frac{c^2}{\lambda + C} = 1.$$

La quantité λ qui entre dans les équations (1), (2), (3), n'est donc qu'un des trois paramètres des surfaces du second degré homofocales à l'ellipsoïde (4) et passant par le point (a, b, c). Quant aux directions α, $\mathcal{6}$, γ, ce sont celles des normales aux trois surfaces homofocales. En effet, la droite déterminée par ces directions a pour équations

$$\frac{x - a}{\cos \alpha} = \frac{y - b}{\cos \mathcal{6}} = \frac{z - c}{\cos \gamma}.$$

ou, en substituant pour $\cos \alpha$, $\cos \mathcal{6}$, $\cos \gamma$ leurs valeurs tirées des équations (1), et multipliant par m,

$$\frac{x - a}{\dfrac{a}{\lambda + A}} = \frac{y - b}{\dfrac{b}{\lambda + B}} = \frac{z - c}{\dfrac{c}{\lambda + C}},$$

Or ces dernières équations sont précisément les équations de la normale au point (a, b, c) à la surface (4).

On sait que les trois surfaces homofocales d'espèce différente passant par le point (a, b, c) s'y coupent mutuellement à angle droit suivant leurs lignes de courbure ; les trois axes principaux d'inertie relatifs à ce point sont donc les trois normales à ces surfaces, ou les trois tangentes à leurs lignes d'intersection.

194. Pour trouver, non plus les directions, mais les valeurs des rayons de gyration principaux, reprenons les équations

$$(\lambda + A) \cos\alpha = a\,(a \cos\alpha + b \cos\beta + c \cos\gamma),$$
$$(\lambda + B) \cos\beta = b\,(a \cos\alpha + b \cos\beta + c \cos\gamma),$$
$$(\lambda + C) \cos\gamma = c\,(a \cos\alpha + b \cos\beta + c \cos\gamma);$$

multiplions la première par $\cos\alpha$, la seconde par $\cos\beta$, la troisième par $\cos\gamma$, et ajoutons-les, il vient

$$\lambda + A \cos^2\alpha + B \cos^2\beta + C \cos^2\gamma = (a \cos\alpha + b \cos\beta + c \cos\gamma)^2.$$

L'équation qui donne la valeur cherchée r'^2_g du carré du rayon principal de gyration se réduit alors à

$$r'^2_g = a^2 + b^2 + c^2 - \lambda = r^2 - \lambda,$$

r étant la distance du point a, b, c au centre de gravité du système. Le carré du rayon de gyration relatif à un des axes principaux d'inertie passant par un point quelconque M est donc égal au carré du rayon vecteur allant du centre de gravité à ce point M, diminué du paramètre de la surface homofocale à laquelle cet axe est normal. On peut déduire de ce théorème quelques conséquences remarquables.

195. Cherchons le lieu de tous les axes principaux d'inertie parallèles à une direction donnée α, β, γ. Considérons un quelconque de ces axes passant par le point

I.   28

$M(a, b, c)$; il aura pour équations

$$\frac{x-a}{\cos\alpha} = \frac{y-b}{\cos 6} = \frac{z-c}{\cos\gamma};$$

on aura d'ailleurs

$$\cos\alpha = m\,\frac{a}{\lambda+A}, \qquad \cos 6 = m\,\frac{b}{\lambda+B}, \qquad \cos\gamma = m\,\frac{c}{\lambda+C};$$

et, par conséquent,

$$\frac{x}{\cos\alpha} - \frac{\lambda}{m} - \frac{A}{m} = \frac{y}{\cos 6} - \frac{\lambda}{m} - \frac{B}{m} = \frac{z}{\cos\gamma} - \frac{\lambda}{m} - \frac{C}{m},$$

$$m = \frac{A-B}{\dfrac{x}{\cos\alpha} - \dfrac{y}{\cos 6}} = \frac{A-C}{\dfrac{x}{\cos\alpha} - \dfrac{z}{\cos\gamma}} = \frac{B-C}{\dfrac{y}{\cos 6} - \dfrac{z}{\cos\gamma}},$$

$$(5) \qquad \frac{x}{\cos\alpha}(B-C) + \frac{y}{\cos 6}(C-A) + \frac{z}{\cos\gamma}(A-B) = 0.$$

Cette équation, où n'entrent plus que les variables x, y, z, est l'équation du cylindre formé par tous les axes principaux d'inertie parallèles à la direction donnée; or on voit que ce cylindre se réduit à un plan passant par le centre de gravité et parallèle à la direction donnée. Voyons maintenant quel est dans ce plan le lieu des points $M(a, b, c)$ auxquels ces axes principaux d'inertie se rapportent. La quantité m dans les équations qui précèdent représente l'expression $a\cos\alpha + b\cos 6 + c\cos\gamma$, de sorte que pour les points a, b, c, en question, on aura

$$a\cos\alpha + b\cos 6 + c\cos\gamma = \frac{A-B}{\dfrac{a}{\cos\alpha} - \dfrac{b}{\cos 6}} = \frac{A-C}{\dfrac{a}{\cos\alpha} - \dfrac{c}{\cos\gamma}} = \frac{B-C}{\dfrac{b}{\cos 6} - \dfrac{c}{\cos\gamma}}.$$

Ainsi, outre l'équation du plan (5), on aura, par exemple,

$$(a\cos\alpha + b\cos 6 + c\cos\gamma)\left(\frac{a}{\cos\alpha} - \frac{b}{\cos 6}\right) = A - B.$$

Si de l'équation (5) on tire la valeur de z ou de c pour la reporter dans l'équation qui précède, on aura l'équation de la projection de la courbe cherchée sur le plan des x, y; et l'on voit que cette projection est une hyperbole ayant pour centre l'origine, et pour asymptotes les droites

$$\frac{a}{\cos \alpha} - \frac{b}{\cos 6} = 0, \quad a \cos \alpha + b \cos 6 + c \cos \gamma = 0.$$

Donc dans l'espace on a une hyperbole située dans le plan (5), et dont les asymptotes sont, l'une l'intersection du plan (5) avec le plan projetant, $\dfrac{a}{\cos \alpha} - \dfrac{b}{\cos 6} = 0$, c'est-à-dire la droite

$$\frac{x}{\cos \alpha} = \frac{y}{\cos 6} = \frac{z}{\cos \gamma};$$

et l'autre, l'intersection du même plan (5) avec le plan

$$x \cos \alpha + y \cos 6 + z \cos \gamma = 0.$$

Or ce dernier n'est autre que le plan mené par l'origine perpendiculairement à la direction donnée. La seconde asymptote, par conséquent, est perpendiculaire à la première, et l'hyperbole en question est équilatère. Pour la définir complétement, il suffit de constater que son paramètre p est donné par l'équation

$$p^4 = (A - B)^2 \cos^2 \alpha \cos^2 6 + (A - C)^2 \cos^2 \alpha \cos^4 \gamma + (B - C)^2 \cos^2 6 \cos^4 \gamma,$$

ou que son équation est $xy = p^2$.

196. Considérons encore les axes principaux d'inertie passant par un nouveau point (ξ, η, ζ). Les coordonnées x, y, z, d'un point quelconque de chacun de ces axes,

vérifieront encore les équations

$$m = \frac{A - B}{\dfrac{x}{\cos\alpha} - \dfrac{y}{\cos 6}} = \frac{A - C}{\dfrac{x}{\cos\alpha} - \dfrac{z}{\cos\gamma}} = \frac{B - C}{\dfrac{y}{\cos 6} - \dfrac{z}{\cos\gamma}};$$

et comme α, 6, γ sont les angles que l'axe d'inertie fait avec les axes coordonnés des x, y, z, on aura

$$\cos\alpha = \frac{x - \xi}{\sqrt{(x - \xi)^2 + (y - \eta)^2 + (z - \zeta)^2}},$$

$$\cos 6 = \frac{y - \eta}{\sqrt{(x - \xi)^2 + (y - \eta)^2 + (z - \zeta)^2}},$$

$$\cos\gamma = \frac{z - \zeta}{\sqrt{(x - \xi)^2 + (y - \eta)^2 + (z - \zeta)^2}}.$$

Substituant pour $\cos\alpha$, $\cos 6$, $\cos\gamma$, leurs valeurs, et multipliant par $\sqrt{(x - \xi)^2 + (y - \eta)^2 + (z - \zeta)^2}$, il viendra

$$m\sqrt{(x - \xi)^2 + (y - \eta)^2 + (z - \zeta)^2}$$

$$= \frac{A - B}{\dfrac{x}{x - \xi} - \dfrac{y}{y - \eta}} = \frac{A - C}{\dfrac{x}{x - \xi} - \dfrac{z}{z - \zeta}} = \frac{B - C}{\dfrac{y}{y - \eta} - \dfrac{z}{z - \zeta}};$$

ou bien, en remarquant que

$$\frac{x}{x - \xi} = 1 + \frac{\xi}{x - \xi}, \quad \frac{y}{y - \eta} = 1 + \frac{\eta}{y - \eta},$$

$$\frac{z}{z - \zeta} = 1 + \frac{\zeta}{z - \zeta},$$

$$(6) \qquad m\sqrt{(x - \xi)^2 + (y - \eta)^2 + (z - \zeta)^2}$$

$$= \frac{A - B}{\dfrac{\xi}{x - \xi} - \dfrac{\eta}{y - \eta}} = \frac{A - C}{\dfrac{\xi}{x - \xi} - \dfrac{\zeta}{z - \zeta}} = \frac{B - C}{\dfrac{\eta}{y - \eta} - \dfrac{\zeta}{z - \zeta}},$$

d'où l'on tire, pour l'équation du lieu cherché,

$$(7)\quad (B - C)\frac{\xi}{x - \xi} + (C - A)\frac{\eta}{y - \eta} + (A - C)\frac{\zeta}{z - \zeta} = 0.$$

Le lieu des axes principaux passant par le point ξ, η, ζ, est donc un cône du second degré dont l'équation sous forme entière est

$$(B - C)\xi(y - \eta)(z - \zeta) + (C - A)\eta(x - \xi)(z - \zeta)$$
$$+ (A - B)\zeta(x - \xi)(y - \eta) = 0.$$

Cette équation montre immédiatement que les trois parallèles aux axes coordonnés

$$x = \xi, \quad y = \eta; \quad x = \xi, \quad z = \zeta; \quad y = \eta, \quad z = \zeta,$$

sont trois génératrices du cône. La droite qui unit l'origine au point (ξ, η, ζ) est une quatrième génératrice, car l'équation (7) est évidemment vérifiée par $x = 0, y = 0, z = 0$. Pour définir complétement ce cône, il suffit de connaître en outre un de ses plans tangents; or on voit sans peine que le plan tangent au cône suivant l'arête qui va de l'origine au point (ξ, η, ζ), a pour équation

$$(B - C)\frac{x}{\xi} + (C - A)\frac{y}{\eta} + (A - C)\frac{z}{\zeta} = 0;$$

et que ce plan tangent est celui qui contient tous les axes principaux d'inertie parallèles à l'arête dont il s'agit. Un résultat digne encore d'attention est que, si le point ξ, η, ζ, varie en restant toujours sur cette même arête passant par l'origine, le cône ne change pas de forme, et se transporte parallèlement à lui-même. En effet, le cône (7), transporté parallèlement à lui-même de manière que son sommet vienne coïncider avec l'origine, a pour équation

$$(B - C)\frac{\xi}{x} + (C - A)\frac{\eta}{y} + (A - B)\frac{\zeta}{z} = 0,$$

et l'on voit que quand le point ξ, η, ζ, reste sur un même rayon passant par l'origine, ou quand les coordonnées ξ, η, ζ, conservent entre elles les mêmes rapports, l'équation du cône transporté parallèlement à lui-même ne change pas. Si l'on suppose que le point ξ, η, ζ, s'éloigne jusqu'à l'infini, en restant toujours sur la même droite passant par l'origine, le sommet du cône ira à l'infini; et la partie qui reste à une distance finie de l'origine se réduit au plan tangent suivant cette droite; on retrouve ainsi ce résultat que le plan tangent commun à tous les cônes ayant leurs sommets sur la ligne qui va de l'origine au point (ξ, η, ζ), est le lieu des axes principaux d'inertie parallèles à cette ligne.

197. Déterminons enfin le lieu des points dont les axes d'inertie principaux passent par le point (ξ, η, ζ). Soient a, b, c, les coordonnées d'un de ces points; substituées à x, y, z, elles vérifieront d'abord les équations (6), et comme on a, en outre, $m = a\cos\alpha + b\cos\beta + c\cos\gamma$, il viendra, en multipliant par $\sqrt{(a-\xi)^2 + (b-\eta)^2 + (c-\zeta)^2}$,

$$m\sqrt{(a-\xi)^2 + (b-\eta)^2 + (c-\zeta)^2}$$
$$= a(a-\xi) + b(b-\eta) + c(c-\zeta),$$

et, en substituant cette valeur du radical dans les équations (6) on trouvera enfin que les coordonnées a, b, c, satisfont aux relations

$$(8) \quad \left\{ \frac{a(a-\xi)+b(b-\eta)+c(c-\zeta)}{} = \frac{A-B}{\dfrac{\xi}{a-\xi} - \dfrac{\eta}{b-\eta}} = \frac{A-C}{\dfrac{\xi}{a-\xi} - \dfrac{\zeta}{c-\zeta}} = \frac{B-C}{\dfrac{\eta}{b-\eta} - \dfrac{\zeta}{c-\zeta}} ; \right.$$

ce sont les équations de la courbe cherchée; elles se réduisent réellement à deux. La première, celle que l'on obtient en égalant entre eux deux quelconques des trois, derniers membres de l'égalité, est l'équation du cône du second degré (7); la seconde, obtenue en égalant le premier membre de l'égalité à l'un des trois derniers, est l'équation d'une surface du troisième degré qui coupe le cône suivant la courbe cherchée. Chaque génératrice du cône doit rencontrer la surface du troisième degré en trois points ; mais il est facile de voir que deux de ces points se réunissent au sommet (ξ, η, ζ); et en négligeant cette solution étrangère, on ne trouve qu'un point sur chaque génératrice. Considérons une de ces génératrices faisant avec les axes des angles α, β, γ, et appelons r la distance du point inconnu (a, b, c), qui se trouve sur cette génératrice au sommet (ξ, η, ζ); on a

$$r = \sqrt{(a - \xi)^2 + (b - \eta)^2 + (c - \zeta)^2},$$

$$a - \xi = r\cos\alpha, \quad b - \eta = r\cos\beta, \quad c - \zeta = r\cos\gamma.$$

Substituant dans l'équation (8) et négligeant les valeurs $r = 0$, nous aurons

$$r + \xi\cos\alpha + \eta\cos\beta + \zeta\cos\gamma$$

$$= \frac{A - B}{\dfrac{\xi}{\cos\alpha} - \dfrac{\eta}{\cos\beta}} = \frac{A - C}{\dfrac{\xi}{\cos\alpha} - \dfrac{\zeta}{\cos\gamma}} = \frac{B - C}{\dfrac{\eta}{\cos\beta} - \dfrac{\zeta}{\cos\gamma}};$$

ce qui ne donne réellement qu'un point unique sur chaque génératrice; ce résultat était facile à prévoir, puisqu'une droite n'est axe principal d'inertie que pour un de ses points.

198. L'équation $r'^2_g = r^2 - \lambda$, qui donne la valeur des rayons de gyration principaux, conduit de même à quelques conséquences qui ne sont pas sans intérêt. Prenons un point (a, b, c) et concevons les trois surfaces homofocales du second degré qui passent par ce point. Soit λ' le paramètre de l'ellipse, λ'' celui de l'hyperboloïde à une nappe, λ''' celui de l'hyperboloïde à deux nappes. Soient r'_g, r''_g, r'''_g, les rayons de gyration pour les axes principaux normaux à ces surfaces ; en supposant $A > B > C$, nous aurons pour :

l'ellipsoïde

$$\lambda' + A > 0, \quad \lambda' + B > 0, \quad \lambda' + C > 0;$$

l'hyperboloïde à une nappe

$$\lambda'' + A > 0, \quad \lambda'' + B > 0, \quad \lambda'' + C < 0;$$

l'hyperboloïde à deux nappes

$$\lambda''' + A > 0, \quad \lambda''' + B < 0, \quad \lambda''' + C < 0;$$

d'où l'on déduit la série d'inégalités

$$-\lambda' < C < -\lambda'' < B < -\lambda''' < A,$$

et en ajoutant r^2 à tous les termes

$$r'^2_g < r^2 + C < r''^2_g < r^2 + B < r'''^2_g < r^2 + A.$$

Ainsi des trois rayons de gyration principaux, et par suite des trois moments d'inertie principaux, le plus petit correspond à l'axe normal à l'ellipsoïde, le moyen à l'axe normal à l'hyperboloïde à une nappe, le plus grand à l'axe normal à l'hyperboloïde à deux nappes.

L'équation qui détermine la valeur de λ est

$$\frac{a^2}{\lambda + A} + \frac{b^2}{\lambda + B} + \frac{c^2}{\lambda + C} = 1;$$

par suite l'équation qui donne les trois valeurs de r_g^2 est

$$\frac{a^2}{A + r^2 - r_g^2} + \frac{b^2}{B + r^2 - r_g^2} + \frac{c^2}{C + r^2 - r_g^2} = 1.$$

Si on la met sous forme entière, en faisant disparaître les dénominateurs, on trouve que la somme des racines, égale au coefficient du second terme pris en signe contraire, est

$$r'^2_g + r''^2_g + r'''^2_g = (r^2 + A) + (r^2 + B) + (r^2 + C) - a^2 - b^2 - c^2$$
$$= 2\,r^2 + A + B + C;$$

et l'on constate que la somme des carrés des trois rayons de gyration principaux reste la même pour tous les points de la sphère de rayon r. Il en est ainsi, par conséquent, de la somme des carrés de gyration relatifs à trois axes rectangulaires quelconques, passant par le point (a, b, c), puisque, comme on l'a vu, cette somme est égale à la somme des carrés des rayons de gyration principaux relatifs à ce même point.

199. S'il existe des points pour lesquels deux des rayons de gyration principaux, le plus petit, par exemple, et le moyen, deviennent égaux, et où, par conséquent, l'ellipsoïde des moments d'inertie soit de révolution, on devra avoir en ces points

$$r'_g = r''_g, \quad r^2 - \lambda' = r^2 - \lambda'', \quad - \lambda' = - \lambda'',$$

et, en vertu de l'inégalité $- \lambda' < C < - \lambda''$,

$$- \lambda' = C = - \lambda''.$$

Ces points se trouvent donc sur l'intersection de l'ellipsoïde $-\lambda' = C$, et de l'hyperboloïde à une nappe $-\lambda'' = C$. Mais ces deux surfaces limites se réduisent toutes deux au plan des x, y, et l'on ne voit pas bien quelle est leur intersection. Pour la découvrir, prenons d'abord deux surfaces très-voisines, l'ellipsoïde, $-\lambda' = C - \varepsilon'^2$, et l'hyperboloïde à une nappe, $-\lambda'' = C + \varepsilon''^2$, dont les équations sont

$$\frac{x^2}{(A - C) + \varepsilon'^2} + \frac{y^2}{(B - C) + \varepsilon'^2} + \frac{z^2}{\varepsilon'^2} = 1,$$

$$\frac{x^2}{(A - C) - \varepsilon''^2} + \frac{y^2}{(B - C) - \varepsilon''^2} - \frac{z^2}{\varepsilon''^2} = 1.$$

L'ellipsoïde qui a pour axe des z la longueur ε', est extrêmement aplati, et à mesure que ε' décroît, il tend à se
réduire aux points du plan des x, y compris dans l'intérieur de l'ellipse

$$\frac{x^2}{A - C} + \frac{y^2}{B - C} = 1.$$

Quant à l'hyperboloïde à une nappe qui a pour axe ima-
ginaire la longueur ε'', il tend, quand ε'' diminue, à se
réduire aux points du plan des x, y extérieurs à l'ellipse
limite

$$\frac{x^2}{A - C} + \frac{y^2}{B - C} = 1.$$

Donc l'intersection toujours réelle des deux surfaces a
pour limite l'ellipse

$$z = 0, \quad \frac{x^2}{A - C} + \frac{y^2}{B - C} = 1;$$

c'est le lieu des points cherchés. Il est facile de trouver
pour ces points les directions des axes principaux d'inertie et les grandeurs des rayons de gyration. En effet, les
axes du plus petit et du moyen moment d'inertie sont
deux axes quelconques rectangulaires entre eux, dans le
plan normal à l'ellipse qui précède; et pour tous les axes
compris dans ce plan normal, le rayon de gyration est

$$r'_g = r''_g = \sqrt{r^2 + C}.$$

L'axe du plus grand moment d'inertie est situé dans le
plan xy, tangentiellement à cette même ellipse, et son
rayon de gyration est donné par l'égalité

$$r'''^2_g = 2 r^2 + A + B + C - r''^2_g - r'^2_g = A + B + C;$$

il est constant pour tous les points de l'ellipse.

On trouvera de même que les points pour lesquels le

plus grand et le moyen moment d'inertie sont égaux, sont
donnés par l'égalité

$$-\lambda'' = B = -\lambda''',$$

et, par suite, qu'ils appartiennent à l'hyperbole située
dans le plan des x, z,

$$y = 0, \quad \frac{x^2}{A - B} - \frac{z^2}{B - C} = 1.$$

Pour tous ces points le plus grand et le moyen moment
d'inertie sont deux axes quelconques rectangulaires, dans
le plan normal à l'hyperboloïde qui précède. Les rayons
de gyration correspondants sont $r_g'''^2 = r_g''^2 = r^2 + B$. L'axe
du plus petit moment d'inertie est la tangente à l'hyperbole ; son rayon de gyration est $r_g'^2 = A + B + C$; il est par
conséquent constant pour tous les points de l'hyperbole.

L'ellipse et l'hyperbole sont situées dans des plans rectangulaires ; de plus, il est aisé de voir que les sommets
de l'une sont les foyers de l'autre, et réciproquement ; ce
sont donc les deux courbes focales conjuguées. Comme
ces deux courbes n'ont pas de point commun, il n'y a
pas de point dans l'espace pour lesquels les trois moments
principaux d'inertie deviennent égaux, et où l'ellipsoïde
des moments devienne une sphère.

200. On peut se proposer un dernier problème : Quel
est le lieu de tous les points de l'espace pour lesquels un
des rayons de gyration principaux conserve une valeur
donnée $r_g^2 = k$. Pour le résoudre, il suffit de reprendre
l'équation.

$$\frac{a^2}{A + r^2 - k} + \frac{b^2}{B + r^2 - k} + \frac{c^2}{C + r^2 - k} = 1,$$

qui donne les rayons de gyration principaux en fonction

de a, b, c; et de supposer que, k y conservant la valeur donnée, a, b, c et $r = \sqrt{a^2 + b^2 + c^2}$ varient de manière à satisfaire toujours à cette équation; le lieu cherché aura donc pour équation

$$\frac{x^2}{x^2+y^2+z^2+A-k} + \frac{y^2}{x^2+y^2+z^2+B-k} + \frac{z^2}{z^2+y^2+z^2+C-k} = 1.$$

C'est sa forme la plus simple; si pour la mettre sous forme entière on fait disparaître les dénominateurs, elle devient

$$\left.\begin{aligned}
(x^2+y^2+z^2)[x^2(k-A)+y^2(k-B)+z^2(k-C)]\\
-x^2(k-A)[k-B+k-C]-y^2(k-B)[k-A+k-C]\\
-z^2(k-C)[k-A+k-B]+(k-A)(k-B)(k-C)
\end{aligned}\right\} = 0.$$

Ce lieu est une surface du quatrième degré symétrique relativement aux plans coordonnés; ses intersections avec ces plans se décomposent en deux courbes du second degré dont une est un cercle réel ou imaginaire. Ce n'est pas autre chose que la surface des ondes de Fresnel, qui représente le mouvement du rayon lumineux dans les substances biréfringentes; M. Peslin, à qui nous avons emprunté cette théorie, l'a discutée complétement dans sa Thèse de Doctorat, soutenue en 1858, et imprimée chez M. Mallet-Bachelier.

201. Un jeune géomètre, M. Haton de la Goupillière, a étudié d'une manière toute particulière non plus les sommes Σmx et Σmx^2 relatives aux centres de gravité et aux moments d'inertie, mais la somme Σmxy, et cette étude l'a conduit à quelques résultats intéressants qu'il est utile de résumer ici.

Cette somme Σmxy, que nous appellerons le *moment de l'axe z*, peut être représentée par $\mu.XY$, μ étant la masse totale du système et X, Y deux quantités assujetties simplement à vérifier l'équation

$$XY = \frac{\Sigma m x y}{\mu}.$$

Cette équation ne suffit pas à déterminer ces deux quantités, et on peut prendre pour elle les deux coordonnées d'un point quelconque d'un cylindre à base d'hyperbole équilatère asymptotique aux plans coordonnés. Ce cylindre est tel, que le moment ne change pas lorsque l'on condense toute sa masse sur sa surface, en l'y répartissant du reste d'une manière quelconque. Mais une hyperbole dont on a les asymptotes est entièrement connue, et de la manière la plus nette, si l'on donne en outre son sommet ou son demi-axe transverse; en le désignant par λ, l'équation devra prendre la forme

$$XY = \frac{\lambda^2}{2}, \quad \text{d'où} \quad \lambda^2 = \frac{2\,\Sigma m x y}{\mu}.$$

Cette quantité λ, qui représente une longueur, est analogue au rayon de gyration; nous l'appellerons le *paramètre du moment*.

202. Considérons un second système de plans fixes (x', y') qui fasse avec le premier (x, y) un angle φ, on passera du premier système au second à l'aide des formules

$$x' = y \sin \varphi + x \cos \varphi, \quad y' = y \cos \varphi - x \sin \varphi,$$

d'où l'on tire

$$x' y' = (y^2 - x^2) \sin \varphi \cos \varphi + xy (\cos^2\varphi - \sin^2\varphi),$$
$$2 \Sigma m x' y' = \sin 2\varphi \, \Sigma m (y^2 - x^2) + 2 \Sigma m x y . \cos 2\varphi.$$

Si maintenant nous prenons sur l'axe une origine arbitraire O pour y rapporter des coordonnées z, nous aurons identiquement

$$\Sigma m (y^2 - x^2) = \Sigma m (y^2 + z^2) - \Sigma m (x^2 + z^2) = \mu (u^2 - v^2),$$

en désignant par u et v les rayons de gyration relatifs aux axes des x et des y. Cela posé, en divisant par μ et appelant λ', λ les paramètres des deux systèmes de plans, il viendra

$$\lambda'^2 = (u^2 - v^2) \sin 2\varphi + \lambda^2 \cos 2\varphi;$$

c'est la formule à l'aide de laquelle on déduira un paramètre quelconque des valeurs connues du paramètre et des rayons de gyration pour un système particulier de plans.

Cette valeur de λ' devient nulle quand on a

$$\tan 2\varphi = -\frac{\lambda^2}{u^2 - v^2},$$

il existe donc toujours pour un axe quelconque un système de plans et un seul qui donne un moment nul ; pour abréger, nous appellerons ces plans *plans nuls*.

203. Si l'on prend pour plans fixes (X, Y) les plans nuls, et qu'on désigne par U, V, Φ, ce que deviennent u, v, φ, λ sera nul, et l'on aura

$$\lambda'^2 = (U^2 - V^2) \sin 2\Phi.$$

La plus grande valeur de cette expression correspond à $\Phi = 45°$; si on l'appelle l, on aura

$$l^2 = U^2 - V^2.$$

Ce *paramètre principal* correspond aux plans bissecteurs des plans nuls, tandis que U, V sont les rayons de gyration des axes nuls eux-mêmes. Substituant pour $U^2 - V^2$ sa valeur l^2, on a

$$\lambda'^2 = l^2 \sin^2 \Phi;$$

et il en résulte que le *paramètre λ' varie comme le rayon vecteur d'une lemniscate équilatère qui aurait pour demi-*

axe transverse en grandeur et en direction le paramètre principal l (fig. 40).

M. Haton de la Goupillière appelle en général *lemniscate* la courbe telle, que le produit des distances ρ, ρ', de chacun de ses points à deux foyers fixes est égal à un carré donné a^2, et, en particulier, lemniscate équilatère celle où le côté du carré est la demi-distance focale. On a pour cette dernière, en posant (*fig.* 41)

$$\mathrm{FM} = \rho, \quad \mathrm{F'M} = \rho', \quad \mathrm{OM} = r, \quad \mathrm{MOF'} = \omega,$$

$$a^4 = \rho^2 \rho'^2 = (r^2 + a^2 - 2\,ar\cos\omega)(r^2 + a^2 + 2\,ar\cos\omega)$$

$$= (r^2 + a^2)^2 - 4\,a^2 r^2 \cos^2\omega = (r^2 + a^2)^2 - 2\,a^2 r^2 (1 + \cos 2\omega)$$

$$= r^4 - 2\,a^2 r^2 \cos 2\omega + a^4,$$

d'où $r^2 = 2\,a^2 \cos 2\omega$.

Si nous représentons par l le demi-axe $a\sqrt{2}$ et par θ l'azimut rapporté à la tangente au centre et non à l'axe, d'où $\omega = \theta - 45°$, l'équation qui précède devient $r^2 = l^2 \sin 2\theta$, identique quant au fond et à la représentation géométrique avec $\lambda^2 = l^2 \sin 2\Phi$.

204. Si pour représenter géométriquement les paramètres, comme on a représenté les moments d'inertie, on portait sur chaque bissectrice des longueurs inversement proportionnelles aux paramètres correspondants, la courbe lieu des extrémités de ces longueurs aurait pour équation

$$r = \frac{c}{\sqrt{\sin 2\theta}},$$

$$c^2 = r^2 \sin 2\theta = 2 r^2 \sin\theta \cos\theta = 2 r\sin\theta . r\cos\theta = 2\,xy,$$

et il en résulte que le *paramètre* varie en raison inverse du rayon vecteur d'une hyperbole équilatère qui a pour axes les axes nuls. La valeur de l'axe transverse de cette hyperbole reste indéterminée, et cela doit être, puisque toutes les hyperboles équilatères sont des courbes semblables.

205. Voyons maintenant de quelle manière le paramètre varie quand on passe de l'une à l'autre des droites qui forment un système ou faisceau de droites parallèles, ou quand l'axe des moments est transporté parallèlement à lui-même. Nous appellerons axe central celui qui passe par le centre de gravité G du système; pour simplifier, nous mènerons par ce point un plan perpendiculaire à tout le faisceau, et nous appellerons *pieds* des droites les points où elles rencontrent le plan perpendiculaire. Prenons pour origine le centre de gravité et pour axes des x, y, deux droites rectangulaires menées dans le plan perpendiculaire à l'axe central; soient O (ξ, η) le point où l'axe parallèle rencontre le plan x, y, et OX', OY', deux axes parallèles aux premiers, on a

$$x' = x - \xi, \quad y' = y - \eta,$$
$$x'y' = xy - \xi y - \eta x + \xi\eta$$
$$\Sigma m x'y' = \Sigma mxy - \xi\Sigma my - \eta\Sigma mx + \mu\xi\eta.$$

Mais comme le centre de gravité est situé à la fois sur les axes des x et des y, Σmx et Σmy sont nuls, et il reste

$$\Sigma m x'y' = \Sigma mxy + \mu\xi\eta;$$

c'est-à-dire qu'*on obtient un moment quelconque en ajoutant au moment central parallèle celui de la masse totale réunie au centre de gravité.*

Si l'on prenait pour plans fixes les plans centraux nuls, Σmxy s'évanouirait, et l'on en conclurait qu'*un moment quelconque parallèle aux plans centraux nuls est le même que si toute la masse était concentrée au centre de gravité.* Si au contraire on prenait pour l'un des plans fixes le plan qui réunit l'axe que l'on considère à l'axe central, ce sera le terme $\mu \xi \eta$ qui disparaîtra ; et l'on arrivera à cette proposition que *le moment ne change pas si l'axe central se déplace dans un de ses plans.* Enfin si l'axe considéré est situé dans un des plans centraux nuls, son moment sera nul, et l'on arrivera à ce nouveau théorème, que *les plans centraux nuls sont nuls en tous leurs points,* ce que l'on aurait pu conclure de la propriété bien connue qu'un axe principal est axe d'inertie en chacun de ses points.

206. On peut se proposer le problème inverse, ou chercher un axe dont le moment parallèle ait une valeur donnée. Ce problème est indéterminé, lors même que la direction des plans fixés est assignée, puisque pour déterminer ξ, η on n'a qu'une seule équation

$$\xi \eta = \frac{\Sigma m x' y' - \Sigma m x y}{\mu},$$

laquelle prouve au moins que *les axes de même moment parallèle forment un cylindre à base d'hyperbole équilatère asymptotique aux plans centraux adoptés.* Pour obtenir l'équation générale de ces courbes, rapportons-les à des coordonnées polaires, en prenant pour axe fixe l'axe nul central GX (*fig.* 42). On aura, en posant GM $= r$, PGX $= \varphi$, MGP $= \theta$,

$$\xi = GP = r\cos(\theta - \varphi),$$

$$\eta = MP = r\sin(\theta - \varphi) \quad \text{et} \quad \frac{2\,\Sigma m x y}{\mu} = \lambda^2 \sin 2\,\varphi,$$

en désignant par λ le paramètre principal de l'axe central ; il vient ainsi

$$r^2 \sin 2(\theta - \varphi) = \lambda'^2 - \lambda^2 \sin 2\,\varphi,$$

équation dans laquelle r et θ sont des coordonnées courantes, λ une constante fixe qui caractérise le faisceau parallèle, λ' et φ deux constantes arbitraires relatives, l'une λ' à la valeur du moment que l'on se donne, l'autre φ à la direction fixe que l'on adopte. Si l'on considère la direction des plans comme assignée, ou φ comme une constante, et qu'on porte sur chaque axe, à partir de son pied, une longueur égale à son paramètre, ce qui revient à considérer λ' comme une ordonnée, le lieu des extrémités formera une surface du second ordre qui ne peut être qu'un hyperboloïde équilatère de révolution à une nappe. En effet, $1°$ si pour avoir sa trace sur le plan perpendiculaire au faisceau on fait $\lambda' = 0$, on aura

$$r^2 \sin 2(\theta - \varphi) = -\lambda^2 \sin 2\varphi,$$

hyperbole équilatère entre les directions fixes; $2°$ si on la coupe par un plan perpendiculaire à la bissectrice des directions fixes, en faisant $\theta = \varphi + 135°$, il viendra

$$\lambda'^2 + r^2 = \lambda^2 \sin 2\varphi,$$

équation d'un cercle. Ainsi donc : *le paramètre des moments parallèles varie comme l'ordonnée d'un hyperboloïde équilatère de révolution à une nappe qui a pour axe la bissectrice des directions fixes et pour rayon de gorge le paramètre central qui leur correspond.*

Si dans l'équation

$$r^2 \sin 2(\theta - \varphi) = -\lambda^2 \sin 2\varphi,$$

on fait $\theta = 0$, il vient $r = \pm \lambda$; et si l'on porte sur l'axe GX de part et d'autre du centre la longueur λ, on obtiendra deux points F, F' que l'on peut appeler foyers et où se croisent toutes les hyperboles équilatères. Ces foyers sont uniques, car deux hyperboles de même centre ne peuvent se couper qu'en deux points symétriques. La propriété caractéristique de ces foyers est évidemment que la direction des plans nuls y est indéterminée, puisque, pour chaque point, elle est celle des asymptotes de l'hyperbole qui y passe. Ainsi donc, *il existe toujours dans un faisceau deux axes, et rien que deux, pour lesquels les plans nuls sont quelconques, de telle sorte que tous les paramètres, et parmi eux le paramètre principal, y sont nuls, ou que les rayons de gyration de toutes les droites menées par leur pied dans le plan sont égaux.* Ces axes sont situés de part et d'autre de l'axe central le long de celui des axes nuls qui a le plus grand rayon de gyration (pour que λ soit réel) et à une distance égale au paramètre central principal, de sorte que *les foyers sont précisément les sommets de la lemniscate équilatère* (n° 203).

207. On sait depuis longtemps qu'un axe principal est axe d'inertie en tous ses points : si l'on veut se représenter la série des autres axes sur tout son parcours, rien n'est plus facile, car ils sont respectivement parallèles aux deux axes principaux perpendiculaires ; ils forment donc par leur ensemble les deux plans principaux qui passent par l'axe considéré, et ils les décrivent en restant parallèles à eux-mêmes. On sait de plus qu'un plan principal est plan d'inertie dans toute son étendue, c'est-à-dire qu'en tous ses points l'un des axes d'inertie lui est perpendiculaire ; or les autres axes situés dans le plan principal peuvent être considérés comme les axes nuls de chaque point du plan, et, appliquant à ce cas particulier les résultats précédents, on arrive à cette conclusion : *La série des points d'un plan principal pour lesquels les axes d'inertie ont une direction fixe, forme une hyperbole équilatère qui a pour asymptotes les droites menées par le centre de gravité dans ces directions. Toutes ces hyperboles se croisent aux deux foyers principaux, et la série de leurs sommets forme une lemniscate équilatère qui a ses pro-*

pres sommets en ces deux foyers. Pour ces derniers, les deux axes d'inertie sont quelconques, et l'ellipsoïde d'inertie est de révolution.

Nous n'irons pas plus loin : ceux de nos lecteurs qui désireraient plus de détails *sur cette théorie de la géométrie des masses*, comme l'appelle M. Haton de la Goupillière, les trouveront dans sa Thèse pour le Doctorat, imprimée chez M. Mallet-Bachelier en 1857, et dans le trente-septième cahier du Journal de l'École Polytechnique.

DIX-SEPTIÈME LEÇON.

Théorie de l'attraction universelle, proportionnelle aux masses et en raison inverse du carré de la distance. — Attraction d'un point sur un point; ses composantes.— Composantes de l'attraction totale d'un corps sur un point. — Fonction des forces. — Paramètre différentiel du second ordre. — Sa valeur pour un point intérieur ou extérieur. — Cas où la distance du point attiré est très-grande par rapport aux dimensions du corps attirant. — Attraction d'une couche sphérique homogène et concentrique sur un point extérieur ou intérieur. — Attraction d'un corps formé de couches concentriques et homogènes; cas où la densité diminue proportionnellement à la distance au centre. — Attraction d'un ellipsoïde. — Composantes et résultante de l'attraction dans le cas d'un point intérieur et dans le cas d'un point extérieur. — Attractions égales des ellipsoïdes homofocaux. — Attraction d'un ellipsoïde de révolution. — Cas où l'excentricité est très-petite. — Composantes des attractions exercées parallèlement et perpendiculairement à l'axe de révolution, sur un point de la surface. — Application à la terre; calcul de son attraction sur un point extérieur.—Calcul de la pesanteur à l'équateur, à la latitude λ et la hauteur h au-dessus du sol. — Attraction des continents. —Attraction des masses sous volumes finis.

---

208. L'expérience montre que deux corps quelconques de la nature, mis en présence à des distances finies, semblent exercer l'un sur l'autre une attraction directement proportionnelle au produit des masses des deux corps, inversement proportionnelle au carré de leur distance; et nous avons à donner la théorie de cette attraction, à déterminer par l'analyse la résultante des actions mutuelles des éléments des deux corps, actions variables avec leurs formes et leurs dimensions.

Considérons d'abord un point matériel A attiré par un corps de forme quelconque; cette attraction est exercée par chacun des éléments du corps, et la résultante des attractions élémentaires constitue l'attraction totale exercée par le corps. Prenons pour origine O (*fig.* 43) un point quelconque fixe dans l'intérieur du corps, et pour axes coordonnés trois axes rectangulaires. OX, OY, OZ ; séparons par la pensée dans le corps attirant un élément infiniment petit dont la masse dm puisse être considérée comme concentrée en un point P de l'élément, ayant pour coordonnées x, y, z ; appelons x, y, z les coordonnées du point matériel attiré A, m sa masse et r la distance AP des deux points déterminée par l'équation

$$r^2 = (x - \mathrm{x}) + (y - \mathrm{y})^2 + (z - \mathrm{z})^2.$$

L'attraction exercée par l'élément P sur le point matériel A sera, en vertu même de la définition, $\dfrac{km d\mathrm{m}}{r^2}$, k étant une constante nécessairement égale à l'attraction de l'unité de masse sur l'unité de masse placée à l'unité de distance. Cette force d'attraction s'exerce par hypothèse dans la direction AP ; les cosinus des angles que sa direction fait avec les trois axes sont donc.

$$\frac{x - \mathrm{x}}{r}, \quad \frac{y - \mathrm{y}}{r}, \quad \frac{z - \mathrm{z}}{r},$$

et les trois composantes de l'attraction élémentaire suivant les trois axes sont

$$km d\mathrm{m}\,\frac{x - \mathrm{x}}{r^3}, \quad km d\mathrm{m}\,\frac{y - \mathrm{y}}{r^3}, \quad km d\mathrm{m}\,\frac{z - \mathrm{z}}{r^3}.$$

Si maintenant on désigne par X, Y, Z les trois composantes de l'attraction totale exercée sur le point A, on aura

$$\mathrm{X} = km \int \frac{x - \mathrm{x}}{r^3}\, d\mathrm{m},$$

$$\mathrm{Y} = km \int \frac{y - \mathrm{y}}{r^3}\, d\mathrm{m},$$

$$\mathrm{Z} = km \int \frac{z - \mathrm{z}}{r^3}\, d\mathrm{m} ;$$

l'intégration devant s'étendre à toute la masse du corps attirant. Si l'on désigne par U la fonction des forces, ou qu'on pose

$$U = \int (X\,dx + Y\,dy + Z\,dz) = -km \int \frac{d\,\mathrm{m}}{r},$$

les trois intégrales ou composantes X, Y, Z seront exprimées par la seule intégrale U, c'est-à-dire que l'on aura

$$X = D_x U, \quad Y = D_y U, \quad Z = D_z U.$$

Cette propriété remarquable subsiste même dans le cas où la densité du corps attirant est variable, et où l'attraction s'exerce suivant une fonction quelconque de la distance. Dans ce cas général, en effet, les composantes de l'attraction exercée par le corps sur le point matériel A seront, en appelant ρ la densité du corps au point P, et F (r) la fonction de la distance suivant laquelle s'exerce l'attraction,

$$X = m \int\int\int \rho\, \frac{x - \mathrm{x}}{r}\, \mathrm{F}\,(r)\, d\mathrm{x}\,dy\,dz,$$

$$Y = m \int\int\int \rho\, \frac{y - \mathrm{y}}{r}\, \mathrm{F}\,(r)\, d\mathrm{x}\,dy\,dz,$$

$$Z = m \int\int\int \rho\, \frac{z - \mathrm{z}}{r}\, \mathrm{F}\,(r)\, d\mathrm{x}\,dy\,dz:$$

on a d'une part

$$\frac{dr}{dx} = \frac{x - \mathrm{x}}{r}, \quad \frac{dr}{dy} = \frac{y - \mathrm{y}}{r}, \quad \frac{dr}{dz} = \frac{z - \mathrm{z}}{r},$$

et si, appelant $\varphi\,(r)$ la fonction dont la dérivée par rapport à r est F (r), on pose

$$m \int\int\int \rho\varphi\,(r)\, d\mathrm{x}\,dy\,dz = U,$$

on aura évidemment, en admettant toutefois que la fonction $\varphi\,(r)$ ne passe pas par l'infini entre les limites des intégrations,

$$U = \int (X\,dx + Y\,dy + Z\,dz),$$
$$X = D_x U, \quad Y = D_y U, \quad Z = D_z U.$$

209. Revenons au cas particulier de l'attraction en raison inverse du carré de la distance. La fonction des forces U et ses dérivées par rapport à x, y, z sont des fonctions finies et continues de ces variables, à la seule condition que la densité ne sera pas supposée infinie; c'est ce qui résulte immédiatement des équations qui expriment U, X, Y, Z, lorsqu'on admet que r est toujours plus grand que zéro, ou lorsque le point attiré est extérieur au corps attirant. Pour prouver qu'il en est encore de même lorsque le point attiré appartient au corps attirant, ou est situé dans l'intérieur du corps attirant, il suffira de remplacer les coordonnées rectangulaires par les coordonnées polaires en faisant

$$x = x + r\cos\varphi, \quad y = y + r\sin\varphi\cos\psi, \quad z = z + r\sin\varphi\sin\psi;$$

φ étant l'angle que la distance r fait avec l'axe des x et ψ l'angle que fait avec le plan xy le plan passant par la distance r et par l'axe des x. L'élément du volume sera alors

$$r^2\sin\varphi\,d\varphi\,d\psi\,dr,$$

et, par suite, en appelant ρ la densité au point P, on aura

$$d\mathrm{m} = \rho r^2 \sin\varphi\,d\varphi\,d\psi\,dr,$$
$$U = -km\iiint\rho\, r\sin\varphi\,d\varphi\,d\psi\,dr,$$
$$X = D_x U = -km\iiint\rho\sin\varphi\cos\varphi\,d\varphi\,d\psi\,dr,$$
$$Y = D_y U = -km\iiint\rho\sin^2\varphi\cos\psi\,d\varphi\,d\psi\,dr,$$
$$Z = D_z U = -km\iiint\rho\sin^2\varphi\sin\psi\,d\varphi\,d\psi\,dr.$$

Or ces valeurs montrent évidemment que la fonction des

forces et ses dérivées sont des quantités finies et continues.

Si l'on prend les dérivées secondes de la fonction U exprimée en coordonnées rectangulaires, on trouvera

$$D_x^2 U = D_x X = - km \int \left[\frac{3(x-\mathbf{x})^2}{r^5} - \frac{1}{r^3} \right] dm,$$

$$D_y^2 U = D_y Y = - km \int \left[\frac{3(y-\mathbf{y})^2}{r^5} - \frac{1}{r^3} \right] dm,$$

$$D_z^2 U = D_z Z = - km \int \left[\frac{3(z-\mathbf{z})^2}{r^5} - \frac{1}{r^3} \right] dm.$$

Dans le cas où r ne peut pas être nul, c'est-à-dire tant que le point attiré est en dehors du corps attirant, les seconds membres de ces équations restent finis, et, en les ajoutant membre à membre, on trouve

$$D_x^2 U + D_y^2 U + D_z^2 U = \Delta^{(2)} U = 0.$$

Le paramètre du second ordre de la fonction des forces U est donc alors identiquement nul.

Il n'en est plus ainsi lorsque le point matériel attiré fait lui-même partie du corps attirant. Pour savoir ce que devient alors le paramètre différentiel $\Delta^2 U$, concevons une sphère infiniment petite qui entoure et renferme le point matériel A; appelons U′ la fonction des forces pour toute l'étendue de cette petite sphère et U″ la fonction des forces pour tout le reste du corps; U″ satisfera à l'équation

$$D_x^2 U'' + D_y^2 U'' + D_z^2 U'' = 0.$$

Si l'on désigne par ξ, η, ζ les coordonnées du centre C de la petite sphère (*fig.* 44), par R son rayon, par ρ la densité au point attiré A devenu l'un des points du corps attirant et dans toute l'étendue de la petite sphère, par d

la distance CA du point attiré **A** au centre **C** de la petite
sphère, par r la distance PC de l'élément attirant ou du
point **P** au centre **C** de la petite sphère; par ψ l'angle PCA
de PC ou r avec CA ou d; enfin par φ l'angle que le plan
PCA fait avec un plan fixe mené par CA : on aura

$$PA = r = \sqrt{r^2 - 2rd\cos\psi + d^2},$$

$$dm = \rho r^2 \sin\psi \, d\varphi \, d\psi \, dr,$$

$$U' = -km\rho \iiint \frac{r^2 \sin\psi \, d\varphi \, d\psi \, dr}{\sqrt{r^2 - 2rd\cos\varphi + d^2}},$$

l'intégration devant s'étendre par rapport à r depuis $r = 0$
jusqu'à $r = R$; par rapport à ψ depuis $\psi = 0$ jusqu'à
$\psi = \pi$; par rapport à φ depuis $\varphi = 0$ jusqu'à $\varphi = 2\pi$. Une
double intégration par rapport à ψ et φ donne

$$U' = -2\pi km\rho \int_0^R [d + r - \sqrt{(r-d)^2}] \frac{r\,dr}{d},$$

équation dans laquelle il faudra toujours prendre pour
$\sqrt{(r-d)^2}$ la valeur positive du radical. Donc, puisque d est
toujours plus petit que **R**, on aura

$$\int_0^R [d + r - \sqrt{(r-d)^2}] \frac{r\,dr}{d} = \int_0^d [(d+r) - (d-r)] \frac{r\,dr}{d}$$

$$+ \int_d^R [(d+r) - (r-d)] \frac{r\,dr}{d}$$

$$= \int_0^d \frac{2r^2\,dr}{d} + \int_d^R 2r\,dr$$

$$= \frac{2}{3} d^2 + (R^2 - d^2) = R^2 - \frac{1}{3} d^2.$$

Substituant cette valeur, on trouve

$$U' = - 2\pi km\rho \left(R^2 - \frac{1}{3}d^2\right),$$

et parce que $d^2 = (x - \xi)^2 + (y - n)^2 + (z - \zeta)^2$,

$$U' = - 2\pi km\rho \left[R^2 - \frac{1}{3}(x - \xi)^2 - \frac{1}{3}(y - n)^2 - \frac{1}{3}(z - \zeta)^2\right];$$

d'où l'on tire, en différentiant,

$$D_x U' = \frac{4}{3}\pi km\rho (x - \xi), \qquad D_x^2 U' = \frac{4}{3}\pi km\rho,$$

$$D_y U' = \frac{4}{3}\pi km\rho (y - n), \qquad D_y^2 U' = \frac{4}{3}\pi km\rho,$$

$$D_z U' = \frac{4}{3}\pi km\rho (z - \zeta), \qquad D_z^2 U' = \frac{4}{3}\pi km\rho,$$

et, par conséquent,

$$D_x^2 U' + D_y^2 U' + D_z^2 U' = \Delta^{(2)} U' = 4\pi km\rho.$$

Pour le reste du corps attirant, on a, comme on l'a vu précédemment,

$$D_x^2 U'' + D_y^2 U'' + D_z^2 U'' = \Delta^{(2)} U'' = 0,$$

on aura donc, en ajoutant,

$$D_x^2 U + D_y^2 U + D_z^2 U = \Delta^{(2)} U = \Delta^{(2)} U' + \Delta^{(2)} U'' = 4\pi km\rho,$$

ρ étant à la fois la densité du corps attirant et du point matériel attiré qui, dans le cas que nous considérons, fait partie de ce corps. On peut regarder cette dernière formule comme générale, ou l'étendre aux deux cas du point attiré extérieur et du point attiré intérieur, en admettant que lorsqu'il s'agit d'un point situé à l'extérieur du corps attirant, la densité ρ est nulle. A la surface même du corps attirant $D_x^2 U$ aura deux valeurs égales à celles que

prend aux deux limites le rapport $\dfrac{\Delta(\mathbf{D}_x\mathbf{U})}{\Delta x}$ pour des valeurs infiniment petites positives ou négatives de Δx.
$\mathbf{D}_y^2\mathbf{U}$ et $\mathbf{D}_z^2\mathbf{U}$ auront de même en général deux valeurs,
de sorte que dans ce cas l'expression

$$\mathbf{D}_x^2\mathbf{U} + \mathbf{D}_y^2\mathbf{U} + \mathbf{D}_z^2\mathbf{U} = \Delta^{(2)}\mathbf{U}$$

aura en réalité huit valeurs distinctes.

210. Si la distance du point attiré au corps attirant est
très-grande par rapport aux dimensions de ce corps, on
peut dans le calcul de la fonction des forces U développer
la quantité $\dfrac{1}{r}$ en une série ordonnée suivant les puissances et les produits des coordonnées x, y, z. Si l'on fait

$$\mathbf{OA} = (x^2 + y^2 + z^2) = R,$$

on aura

$$\frac{1}{r} = \left[R^2 - 2(x\mathbf{x} + y\mathbf{y} + z\mathbf{z}) + (\mathbf{x}^2 + \mathbf{y}^2 + \mathbf{z}^2) \right]^{-\frac{1}{2}}$$

$$= \frac{1}{R} + \frac{x\mathbf{x} + y\mathbf{y} + z\mathbf{z}}{R^3}$$

$$+ \frac{3(x\mathbf{x} + y\mathbf{y} + z\mathbf{z})^2 - (\mathbf{x}^2 + \mathbf{y}^2 + \mathbf{z}^2)R^2}{2R^5} + \dots,$$

et, par suite,

$$\mathbf{U} = -km\int\frac{d\mathbf{m}}{r} =$$

$$-km\left[\frac{1}{R}\int d\mathbf{m} + \frac{x}{R^3}\int \mathbf{x}\,d\mathbf{m} + \frac{y}{R^3}\int \mathbf{y}\,d\mathbf{m} + \frac{z}{R^3}\int \mathbf{z}\,d\mathbf{m}\right.$$

$$+ \frac{3}{2R^5}\int(x\mathbf{x} + y\mathbf{y} + z\mathbf{z})^2\,d\mathbf{m} - \frac{1}{2R^3}\int(\mathbf{x}^2 + \mathbf{y}^2 + \mathbf{z}^2)\,d\mathbf{m}$$

$$\left.+ \dots\dots\dots\dots\dots\dots\dots\dots\dots\dots\dots\dots\dots\right].$$

Si maintenant on prend pour origine O des coordonnées

le centre de gravité G du corps attirant, et qu'on appelle μ la masse totale de ce corps, on aura

$$\int x\,dm = 0, \quad \int y\,dm = 0, \quad \int z\,dm = 0,$$

et, par suite,

$$U = -km\left[\frac{\mu}{R} + \frac{3}{2R^5}\int (x\mathbf{x} + y\mathbf{y} + z\mathbf{z})^2\,dm - \frac{1}{2R^3}\int (\mathbf{x}^2 + \mathbf{y}^2 + \mathbf{z}^2)\,dm + \ldots\right].$$

Or si la distance R est très-grande relativement aux coordonnées x, y, z, on pourra réduire cette valeur de la fonction des forces à son premier terme, et l'on aura, par conséquent,

$$U = -km\,\frac{\mu}{R}, \quad \mathbf{X} = km\,\frac{\mu\,x}{R^3}, \quad \mathbf{Y} = km\,\frac{\mu\,y}{R^3}, \quad \mathbf{Z} = km\,\frac{\mu\,z}{R^3}.$$

La résultante de ces trois composantes de l'attraction sera égale à $\dfrac{km\,\mu}{R^2}$, et elle s'exercera sur le point A dans la direction AO ou AG. On en conclut ce théorème fondamental : *Si la distance du point matériel attiré est très-grande par rapport aux dimensions du corps attirant, l'attraction exercée est sensiblement la même, en grandeur et en direction, que si la masse entière du corps attirant était réunie en son centre de gravité.*

211. Considérons le cas où le corps attirant est une couche sphérique concentrique et homogène dont nous prendrons le centre O pour origine des coordonnées. Appelons R la distance $OA = \sqrt{x^2 + y^2 + z^2}$ du point attiré au centre, P un élément de la couche sphérique sensiblement concentrée au point P ; $OP = r = \sqrt{x^2 + y^2 + z^2}$ la distance de l'élément au centre O ; φ l'angle que la droite OP fait avec OA ; ψ l'angle que le plan OPA fait

avec un plan fixe arbitraire passant par la droite OA ; R_i et R_e les diamètres intérieur et extérieur de la couche sphérique ; r la distance PA du point attirant P (x, y, z) au point attiré A (x, y, z) ; ρ enfin la densité uniforme de la couche sphérique homogène : on a dans le cas actuel

$$d\mathbf{m} = \rho\, \mathbf{r}^2 \sin\varphi\, d\varphi\, d\psi\, d\mathbf{r},$$

$$r^2 = R^2 - 2R\, r \cos\varphi + r^2,$$

et la fonction des forces U est donnée par l'équation

$$U = -km \int \frac{d\mathbf{m}}{r} = -km\rho \int\int\int \frac{r^2 \sin\varphi\, d\varphi\, d\psi\, dr}{\sqrt{R^2 - 2R\, r\cos\varphi + r^2}},$$

les intégrations ayant lieu par rapport à r depuis $r = R_i$ jusqu'à $r = R_e$; par rapport à φ depuis $\varphi = 0$ jusqu'à $\varphi = \pi$; enfin par rapport à ψ depuis $\psi = 0$ jusqu'à $\psi = 2\pi$. Intégrant d'abord par rapport à ψ, on trouve

$$U = -2\pi km\rho \int_{R_i}^{R_e} r\, dr \int_0^{\pi} \frac{r \sin\varphi\, d\varphi}{\sqrt{R^2 - 2R\, r\cos\varphi + r^2}}.$$

Mais on a

$$\int \frac{r \sin\varphi\, d\varphi}{\sqrt{R^2 - 2R\, r\cos\varphi + r^2}} = \frac{1}{R}\sqrt{R^2 - 2R\, r\cos\varphi + r^2} + \text{const.},$$

le radical devant toujours être pris avec sa valeur absolue positive. On aura donc, si R est plus grand que r ou égal à r,

$$\int_0^{\pi} \frac{r \sin\varphi\, d\varphi}{\sqrt{R^2 - 2R\, r\cos\varphi + r^2}} = \frac{1}{R}\left[(R+r) - (R-r)\right] = \frac{2r}{R},$$

et si au contraire R est plus petit que r,

$$\int_0^{\pi} \frac{r \sin\varphi\, d\varphi}{\sqrt{R^2 - 2R\, r\cos\varphi + r^2}} = \frac{1}{R}\left[(r+R) - (r-R)\right] = 2.$$

Substituant, on trouve :

1° Si le point attiré est extérieur à la couche sphérique, et par conséquent R toujours plus grand que r (*fig.* 45),

$$U = -2\pi km\rho \int_{R_i}^{R_e} \frac{2r^2\,dr}{R} = -\frac{4\pi km\rho\,(R_e^3 - R_i^3)}{3R} = -\frac{km\mu}{R},$$

μ étant la masse entière de la couche sphérique. Si, après avoir substitué pour R sa valeur $\sqrt{x^2 + y^2 + z^2}$, on différentie tour à tour par rapport à x, y, z, on trouvera

$$X = D_x U = \frac{km\mu x}{R^3}, \quad Y = D_y U = \frac{km\mu y}{R^3}, \quad Z = D_z U = \frac{km\mu z}{R^3}.$$

La résultante de ces trois composantes donne pour l'attraction de la couche sphérique

$$\frac{km\mu}{R^3}\sqrt{x^2 + y^2 + z^2} = \frac{km\mu}{R^2}.$$

Comme cette résultante agit en outre dans la direction du rayon de la couche, il en résulte que l'attraction d'une couche sphérique homogène et concentrique sur un point extérieur est absolument la même que si la masse tout entière de la couche était réunie ou condensée en son centre.

2° Si le point attiré est situé en dedans de la couche, si par conséquent R est toujours plus petit que r (*fig.* 46),

$$U = 2\pi km\rho \int_{R_i}^{R_e} 2r\,dr = -2\pi km\rho\left(R_e^2 - R_i^2\right).$$

Les composantes de l'attraction seront données par les équations

$$X = D_x U = 0, \quad Y = D_y U = 0, \quad Z = D_z U = 0;$$

l'attraction exercée par une couche sphérique homogène

et concentrique sur un point intérieur est donc absolument nulle.

3° Si le point attiré est situé dans la couche sphérique même, et que l'on ait, par conséquent, $R < R_e$, mais $R > R_i$ (*fig.* 47), on aura

$$U = -2\pi km\rho \int_R^{R_e} r\,dr \int_0^\pi \frac{r\sin\varphi\,d\varphi}{\sqrt{R^2 - 2Rr\cos\varphi + r^2}},$$

$$+ 2\pi km\rho \int_{R_i}^R r\,dr \int_0^\pi \frac{r\sin\varphi\,d\varphi}{\sqrt{R^2 - 2Rr\cos\varphi + r^2}}.$$

Comme R est toujours plus petit que r dans la première intégrale, toujours plus grand que r dans la seconde intégrale, on aura

$$U = -2\pi km\rho \left(\int_R^{R_e} 2r\,dr + \int_{R_i}^R \frac{2r^2\,dr}{R} \right)$$

$$= -2\pi km\rho \left[\left(R_e^2 - R^2 \right) + \frac{2}{3}\frac{R^3 - R_i^3}{R} \right]$$

$$= -2\pi km\rho \left(R_e^2 - \frac{R^3 + 2R_i^3}{3R} \right).$$

On en déduit pour les composantes de l'attraction

$$X = D_x U = \frac{4}{3}\pi km\rho \frac{\left(R^3 - R_i^3 \right)x}{R^3},$$

$$Y = D_y U = \frac{4}{3}\pi km\rho \frac{\left(R^3 - R_i^3 \right)y}{R^3},$$

$$Z = D_z U = \frac{4}{3}\pi km\rho \frac{\left(R^3 - R_i^3 \right)z}{R^3}.$$

La résultante ou l'attraction totale sera par conséquent

$$\frac{4}{3}\pi km\rho \frac{R^3 - R_i^3}{R^3}\sqrt{x^2 + y^2 + z^2} = \frac{4}{3}\pi km\rho \frac{R^3 - R_i^3}{R^2},$$

et elle s'exerce dans le sens du rayon de la couche sphérique.

On serait arrivé au même résultat si, par l'intermédiaire d'une troisième sphère ayant pour rayon la distance au centre du point attiré, on avait partagé la couche
sphérique en deux autres couches concentriques, l'une
extérieure, l'autre intérieure, par rapport au point attiré.
En effet, l'attraction exercée par la couche extérieure est
identiquement nulle, tandis que l'attraction de la couche
intérieure s'exerçant comme si sa masse $\frac{4}{3}\pi\rho\,(R^3 - R_i^3)$
était réunie en son centre de gravité, serait égale à

$$\frac{4}{3}\pi km\rho\,\frac{R^3 - R_i^3}{R^2}.$$

Si R_i est nul, c'est-à-dire si la couche sphérique se change
en une sphère pleine, la résultante devient

$$\frac{4}{3}\pi km\rho R,$$

et l'on en conclut que l'attraction exercée par une sphère
homogène sur un point situé dans son intérieur est directement proportionnelle à la distance au centre du point
attiré.

212. Les valeurs de la fonction des forces et de l'attraction auxquelles nous sommes arrivés dans les numéros
qui précèdent, peuvent se déduire sans peine des équations

$$D_x^2 U + D_y^2 U + D_z^2 U = 0,$$

ou

$$D_x^2 U + D_y^2 U + D_z^2 U = 4\pi km\rho,$$

qui ont lieu, la première quand le point est extérieur, la

I.   3o

seconde quand le point est intérieur au corps attirant ou en fait partie.

En effet, l'équation

$$R^2 = x^2 + y^2 + z^2$$

donne

$$D_x R = \frac{x}{R}, \quad D_y R = \frac{y}{R}, \quad D_z R = \frac{z}{R},$$

$$D_x^2 R = \frac{1}{R} - \frac{x^2}{R^3}, \quad D_y^2 R = \frac{1}{R} - \frac{y^2}{R^3}, \quad D_z^2 R = \frac{1}{R} - \frac{z^2}{R^3};$$

par conséquent

$$D_x^2 U = D_R^2 U (D_x R)^2 + D_R U\, D_x^2 R = \frac{x^2}{R^2} D_R^2 U + \frac{1}{R} D_R U - \frac{x^2}{R^3} D_R U,$$

$$D_y^2 U = D_R^2 U (D_y R)^2 + D_R U\, D_y^2 R = \frac{y^2}{R^2} D_R^2 U + \frac{1}{R} D_R U - \frac{y^2}{R^3} D_R U,$$

$$D_z^2 U = D_R^2 U (D_z R)^2 + D_R U\, D_z^2 R = \frac{z^2}{R^2} D_R^2 U + \frac{1}{R} D_R U - \frac{z^2}{R^3} D_R U,$$

et, en ajoutant membre à membre,

$$D_x^2 U + D_y^2 U + D_z^2 U = D_R^2 U + \frac{2}{R} D_R U.$$

On aura donc, pour un point extérieur au corps attirant,

$$D_R^2 U + \frac{2}{R} D_R U = 0;$$

pour un point extérieur ou adhérent au corps attirant

$$D_R^2 U + \frac{2}{R} D_R U = 4\pi k m \rho.$$

Puisque la couche ou anneau sphérique est complétement symétrique par rapport à la distance R du point attiré, la fonction des forces U doit être une fonction de R seul ; de plus, l'attraction de la couche doit nécessairement s'exercer dans la direction de la droite R et être égale à $D_R U$. Les premiers membres des équations qui précédent sont donc des différentielles exactes ou complètes. De fait, multipliées par R^2 et intégrées, elles donnent dans le cas où le point attiré ne fait pas partie du corps attirant,

$$R^2 D_R U = \text{constante,}$$

et quand ce point attiré fait partie du corps attirant

$$R^2 D_R U = 4\pi\, km\rho \int R^2 dR = \frac{4}{3}\pi\, km\rho\, R^3 + \text{constante.}$$

Admettons que le point attiré est tout à fait intérieur à la couche sphérique ou que R est toujours plus petit que R_i, on a alors

$$R^2 D_R U = \text{constante;}$$

et l'attraction $D_R U$ est donnée par l'équation

$$D_R U = \frac{\text{const.}}{R^2}.$$

Pour déterminer la constante, on peut remarquer que si R est nul, ou que si le point attiré est situé au centre de la couche, l'attraction $D_R U$ doit être nulle ; la constante est donc toujours égale à zéro, et par conséquent l'attraction est elle-même toujours nulle tant que le point est dans l'intérieur de la couche. Comme d'ailleurs cette attraction est une fonction continue de R, elle sera encore nulle lorsque R sera égal à R_i ou que le point attiré sera situé sur la surface intérieure de la couche sphérique.

Admettons en second lieu que le point attiré fait partie de la couche attirante, l'attraction sera dans ce cas

$$D_R U = \frac{4}{3}\pi\, km\rho\, \frac{R^3 + C}{R^2};$$

et comme, en raison de la continuité, elle devra approcher

30.

de zéro à mesure que R s'approchera de R_i, la constante C
devra être égale à $- R_i^3$, et l'on aura

$$D_R U = \frac{4}{3} \pi km \frac{R^3 - R_i^3}{R^2}.$$

Sur la surface extérieure, ou lorsque $R = R_e$, l'attraction
deviendra

$$\frac{4}{3} \pi km \rho \frac{R_e^3 - R_i^3}{R_e^2} = \frac{km \rho}{R_e^2}.$$

Supposons enfin que le point attiré est tout à fait extérieur à la couche sphérique attirante ou que R est toujours
plus grand que R_e; on a de nouveau

$$D_R U = \frac{C}{R^2}.$$

Lorsque R deviendra égal à R_e, cette équation doit donner pour $D_R U$ la valeur que nous avons trouvée lorsque
le point attirant était situé à la surface extérieure de la
couche sphérique; on devra donc avoir

$$\frac{C}{R_e^2} = \frac{km \rho}{R_e^2},$$

et par conséquent

$$C = km \rho, \quad D_R U = \frac{km \rho}{R^2}.$$

Les valeurs trouvées pour l'attraction par cette seconde
méthode coïncident pleinement, on le voit, avec celles des
numéros précédents.

213. Les mêmes théorèmes relatifs à l'attraction trouvent leur application lorsque, au lieu d'être entièrement
homogène, la sphère se compose de couches de densité

différente, mais uniforme pour chaque couche; puisque l'attraction totale est nécessairement égale à la somme des attractions des couches individuelles. Or si le point est extérieur à la sphère, il est attiré comme si la masse entière de la sphère était réunie en son centre; et la manière dont la densité varie d'une couche à l'autre est tout à fait sans influence sur l'attraction exercée. Si le point attiré est situé dans l'intérieur de la sphère, on peut concevoir une surface sphérique concentrique qui passe par ce point; l'attraction de la couche extérieure est nulle et l'on n'a plus à tenir compte que de celle de la sphère intérieure. Mais pour arriver dans ce cas à trouver l'expression générale de l'attraction exercée, il faudra nécessairement connaître la loi suivant laquelle la densité varie d'une couche à l'autre.

Admettons, par exemple, qu'à partir du centre elle diminue en progression arithmétique, qu'au centre elle est égale à ρ_0, et qu'à la distance r du centre elle devienne $\rho_0 - cr$. Appelons comme précédemment R_e le rayon extérieur de la sphère, R la distance au centre du point attiré, R étant plus petit que R_e. La masse du noyau sphérique sur lequel pose le point attiré sera alors égale à

$$4\pi \int_0^R r^2 (\rho_0 - cr)\, dr = \frac{4}{3}\pi R^3 \left(\rho_0 - \frac{3}{4} c R\right).$$

Cette masse concentrée au centre exercerait une attraction égale à

$$\frac{m}{R^2}\left[\frac{4}{3}\pi R^3 \left(\rho_0 - \frac{3}{4} c R\right) = \frac{4}{3}\pi k m R \left(\rho_0 - \frac{3}{4} c R\right)\right],$$

et cette attraction sera par conséquent celle exercée par la sphère entière. L'attraction sur un point intérieur dans l'hypothèse d'une densité uniformément décroissante à partir du centre est donc la différence de deux termes, dont l'un est simplement proportionnel à la distance au centre du point attiré, dont l'autre est directement proportionnel au carré de cette même distance.

214. Considérons le cas où le corps attirant est un ellipsoïde homogène dont la surface a pour équation

$$\frac{x^2}{a^2} + \frac{y^2}{b^2} + \frac{z^2}{c^2} = 1.$$

Conservons les mêmes notations que précédemment, et calculons d'abord la fonction des forces donnée par l'équation

$$U = -km \int \frac{dm}{r} = -km\rho \int\int\int \frac{dx\,dy\,dz}{r},$$

l'intégrale devant s'étendre à toutes les valeurs de x, y, z qui satisfont à la condition

$$\frac{x^2}{a^2} + \frac{y^2}{b^2} + \frac{z^2}{c^2} < 1.$$

Pour intégrer on peut, suivant une méthode proposée d'abord par Lejeune-Dirichlet, commencer par étendre les limites de l'intégrale, en multipliant l'expression à intégrer par le facteur

$$\frac{2}{\pi} \int_0^\infty \frac{\sin\varphi}{d\varphi} \cos\left[\left(\frac{x^2}{a^2} + \frac{y^2}{b^2} + \frac{z^2}{c^2}\right)\varphi\right] d\varphi,$$

qui est égal à l'unité aussi longtemps que le trinôme $\frac{x^2}{a^2} + \frac{y^2}{b^2} + \frac{z^2}{c^2}$ est plus petit que 1, et qui est nul quand ce facteur devient plus grand que l'unité (*voyez* nos *Leçons de Calcul intégral,* p. 269). On aura ainsi

$$U = -\frac{2\,km\rho}{\pi} \int_0^\infty \frac{\sin\varphi}{\varphi}\,d\varphi \int\int\int \cos\left[\left(\frac{x^2}{a^2}+\frac{y^2}{b^2}+\frac{z^2}{c^2}\right)\varphi\right]\frac{dx\,dy\,dz}{r},$$

les intégrales relatives à x, y, z s'étendant actuellement de $-\infty$ à $+\infty$. Pour simplifier le calcul on peut encore substituer à l'intégrale qui précède la suivante

$$U' = -\frac{2\,km\rho}{\pi} \int_0^\infty \frac{\sin\varphi}{\varphi}\,d\varphi \int\int\int e^{\left(\frac{x^2}{a^2}+\frac{y^2}{b^2}+\frac{z^2}{c^2}\right)\varphi\sqrt{-1}}\frac{dx\,dy\,dz}{r},$$

qui a la même partie réelle, ou qui n'en diffère que par un terme imaginaire. Pour faire passer aussi en exposant la quantité variable r, on peut recourir à l'intégrale définie (*Calcul intégral,* p. 309)

$$\int_0^\infty \frac{e^{r^2\psi\sqrt{-1}}}{\sqrt{\psi}}\,d\psi = \frac{e^{\frac{\pi}{4}\sqrt{-1}}}{r}\,\Gamma\left(\frac{1}{2}\right) = \frac{\sqrt{\pi}\left(1+\sqrt{-1}\right)}{r\sqrt{2}},$$

d'où l'on tire

$$\frac{1}{r} = \frac{\sqrt{2}}{\sqrt{\pi}\left(1+\sqrt{-1}\right)} \int_0^\infty \frac{e^{r^2\psi\sqrt{-1}}}{\sqrt{\psi}}\,d\psi;$$

substituant pour $\frac{1}{r}$ sa valeur, on trouve

$$U' = -\frac{2\sqrt{2}\,km\rho}{\pi\sqrt{\pi}\left(1+\sqrt{-1}\right)} \int_0^\infty \int_0^\infty \frac{\sin\varphi}{\varphi\sqrt{\psi}}\,d\varphi\,d\psi$$

$$\times \int_{-\infty}^{+\infty} \int_{-\infty}^{+\infty} \int_{-\infty}^{+\infty} e^{\left[\left(\frac{x^2}{a^2}+\frac{y^2}{b^2}+\frac{z^2}{c^2}\right)\varphi + r^2\psi\right]\sqrt{-1}}\,dx\,dy\,dz,$$

ou bien, en mettant pour r^2 sa valeur,

$$r^2 = (x - \mathrm{x})^2 + (y - \mathrm{y})^2 + (z - \mathrm{z})^2,$$

$$\mathrm{U}' = - \frac{2\sqrt{2}\,km\rho}{\pi\sqrt{\pi}\,(1 + \sqrt{-1})} \int_0^\infty \int_0^\infty \frac{\sin\varphi}{\varphi\sqrt{\psi}} d\varphi\, d\psi\, c^{(x^2+y^2+z^2)\psi\sqrt{-1}}$$

$$\times \int_{-\infty}^{+\infty} c^{\left[\left(\psi+\frac{\varphi}{a^2}\right)\mathrm{x}^2 - 2x\psi\mathrm{x}\right]\sqrt{-1}}\, d\mathrm{x}$$

$$\times \int_{-\infty}^{+\infty} c^{\left[\left(\psi+\frac{\varphi}{b^2}\right)\mathrm{y}^2 - 2y\psi\mathrm{y}\right]\sqrt{-1}}\, d\mathrm{y}$$

$$\times \int_{-\infty}^{+\infty} c^{\left[\left(\psi+\frac{\varphi}{c^2}\right)\mathrm{z}^2 - 2z\psi\mathrm{z}\right]\sqrt{-1}}\, d\mathrm{z}.$$

Or on a (*Calcul intégral*, p. 310)

$$\int_{-\infty}^{+\infty} c^{\left[\left(\psi+\frac{\varphi}{a^2}\right)\mathrm{x}^2 - 2x\psi\mathrm{x}\right]\sqrt{-1}}\, d\mathrm{x}$$

$$= \frac{1 + \sqrt{-1}}{\sqrt{2}} \frac{\sqrt{\pi}}{\sqrt{\psi + \frac{\varphi}{a^2}}} c^{\frac{-x^2\psi^2}{\psi+\frac{\varphi}{a^2}}\sqrt{-1}}$$

Les deux autres intégrales relatives à y et à z seraient données par des équations toutes semblables, et en substituant on trouvera

$$\mathrm{U}' = - 2km\rho\sqrt{-1}$$

$$\times \int_0^\infty \int_0^\infty \frac{\sin\varphi}{\varphi}\, \frac{c^{\left(\frac{x^2}{\varphi+a^2\psi}+\frac{y^2}{\varphi+b^2\psi}+\frac{z^2}{\varphi+c^2\psi}\right)\varphi\psi\sqrt{-1}}}{\sqrt{\psi\left(\psi+\frac{\varphi}{a^2}\right)\left(\psi+\frac{\varphi}{b^2}\right)\left(\psi+\frac{\varphi}{c^2}\right)}}\, d\varphi\, d\psi.$$

Cette intégrale se simplifiera beaucoup si l'on remplace ψ par une nouvelle variable χ définie par l'équation $\chi = \frac{\varphi}{\psi}$.

En posant, en effet, pour abréger,

$$\frac{x^2}{a^2 + \chi} + \frac{y^2}{b^2 + \chi} + \frac{z^2}{c^2 + \chi} = \sigma,$$

on trouvera par la substitution de χ à ψ

$$U' = -2\,km\rho\sqrt{-1}$$

$$\times \int_0^\infty \int_0^\infty \frac{\sin\varphi}{\varphi^2} \frac{e^{\sigma\varphi\sqrt{-1}}}{\sqrt{\left(1+\frac{\chi}{a^2}\right)\left(1+\frac{\chi}{b^2}\right)\left(1+\frac{\chi}{c^2}\right)}}\, d\varphi\, d\chi.$$

La partie réelle de cette intégrale donnera

$$U =$$

$$2\,km\rho \int_0^\infty \int_0^\infty \frac{\sin\varphi}{\varphi^2} \frac{\sin\sigma\varphi}{\sqrt{\left(1+\frac{\chi}{a^2}\right)\left(1+\frac{\chi}{b^2}\right)\left(1+\frac{\chi}{c^2}\right)}}\, d\varphi\, d\chi.$$

En différentiant par rapport à x, on aura la composante X de l'attraction suivant l'axe des x,

$$X = \frac{4\,km\rho x}{a^2} \int_0^\infty \frac{d\chi}{\sqrt{\left(1+\frac{\chi}{a^2}\right)^3\left(1+\frac{\chi}{b^2}\right)\left(1+\frac{\chi}{c^2}\right)}}$$

$$\times \int_0^\infty \frac{\cos\sigma\varphi\,\sin\varphi\,d\varphi}{\varphi}.$$

On a d'ailleurs (*Calcul intégral*, p. 269)

$$\int_0^\infty \frac{\cos\sigma\varphi\,\sin\varphi\,d\varphi}{\varphi} = \frac{\pi}{2}, \quad \text{si} \quad \sigma < 1,$$

$$\int_0^\infty \frac{\cos\sigma\varphi\,\sin\varphi\,d\varphi}{\varphi} = 0, \quad \text{si} \quad \sigma > 1.$$

Il se présente donc deux cas, suivant que le point attiré est intérieur ou extérieur à l'ellipsoïde. En effet :

1° Pour un point attiré intérieur, on a

$$\frac{x^2}{a^2} + \frac{y^2}{b^2} + \frac{z^2}{c^2} < 1,$$

et, par conséquent, aussi

$$\sigma = \frac{x^2}{a^2 + \chi} + \frac{y^2}{b^2 + \chi} + \frac{z^2}{c^2 + \chi} < 1,$$

$$\int_0^\infty \frac{\cos \sigma\varphi \sin \varphi \, d\varphi}{\varphi} = \frac{\pi}{2},$$

$$X = \frac{2\pi k m \rho x}{a^2} \int_0^\infty \frac{d\chi}{\sqrt{\left(1 + \frac{\chi}{a^2}\right)^3 \left(1 + \frac{\chi}{b^2}\right) \left(1 + \frac{\chi}{c^2}\right)}}.$$

2° Pour un point attiré extérieur, on a

$$\frac{x^2}{a^2} + \frac{y^2}{b^2} + \frac{z^2}{c^2} > 1,$$

et, par suite, $\sigma > 1$ pour $\chi = 0$, et tant que χ n'aura pas atteint la valeur correspondante à l'équation

$$\sigma = \frac{x^2}{a^2 + \chi} + \frac{y^2}{b^2 + \chi} + \frac{c^2}{c^2 + \chi} = 1;$$

à partir de cette valeur de χ jusqu'à l'infini, on aura au contraire $\sigma < 1$. Si nous représentons par χ_1 la racine positive unique de l'équation $\sigma = 1$, l'intégrale qui donne X pourra n'être prise par rapport à χ que depuis $\chi = \chi_1$ jusqu'à $\chi = \infty$; on aura donc dans ce cas

$$X = \frac{2\pi k m \rho x}{a^2} \int_{\chi_1}^\infty \frac{d\chi}{\sqrt{\left(1 + \frac{\chi}{a^2}\right)^3 \left(1 + \frac{\chi}{b^2}\right) \left(1 + \frac{\chi}{c^2}\right)}};$$

mais cette réduction est moins une question de mécanique qu'une question de calcul intégral et nous ne nous y arrêterons pas.

On trouvera de même pour les deux autres composantes de l'attraction

$$Y = \frac{2\pi\, km\rho y}{b^2} \int \frac{d\chi}{\sqrt{\left(1+\frac{\chi}{a^2}\right)\left(1+\frac{\chi}{b^2}\right)^3\left(1+\frac{\chi}{c^2}\right)}},$$

$$Z = \frac{2\pi\, km\rho z}{c^2} \int \frac{d\chi}{\sqrt{\left(1+\frac{\chi}{a^2}\right)\left(1+\frac{\chi}{b^2}\right)\left(1+\frac{\chi}{c^2}\right)^3}},$$

les intégrations devant s'étendre pour un point intérieur de o à ∞, pour un point extérieur de χ_1 jusqu'à ∞. Ces intégrales se ramènent par les méthodes ordinaires aux intégrales elliptiques de premier et de troisième ordre.

215. L'attraction d'un ellipsoïde sur un point intérieur ne change pas ou reste la même lorsque ses axes croissent ou décroissent ensemble dans le même rapport, ou tant que l'ellipsoïde reste semblable à lui-même. En effet, si l'on calcule au moyen des formules établies dans les paragraphes précédents l'attraction d'un ellipsoïde dont les demi-axes seraient $(1+\delta)\,a$, $(1+\delta)\,b$, $(1+\delta)\,c$ sur un point intérieur, on trouvera pour la composante suivant l'axe des x

$$X' = \frac{2\pi\, km\rho x}{(1+\delta)^2 a^2}$$

$$\times \int_0^\infty \frac{d\chi}{\sqrt{\left[1+\frac{\chi}{(1+\delta)^2 a^2}\right]^3\left[1+\frac{\chi}{(1+\delta)^2 b^2}\right]\left[1+\frac{\chi}{(1+\delta)^2 c^2}\right]}};$$

mais si l'on pose $\dfrac{\chi}{(1+\delta)^2} = \chi'$ et que l'on remarque que pour $\chi = 0$ on aura $\chi' = 0$, pour $\chi = \infty$, $\chi' = \infty$, on aura

$$\mathbf{X}' = \frac{2\pi k m \rho x}{a^2} \int_0^\infty \frac{d\chi'}{\sqrt{\left(1 + \frac{\chi'}{a^2}\right)^3 \left(1 + \frac{\chi'}{b^2}\right)\left(1 + \frac{\chi'}{c^2}\right)}},$$

c'est-à-dire qu'on retombe exactement sur la valeur de $\mathbf{X}$, ou sur la composante de l'attraction, exercée par l'ellipsoïde dont les demi-axes étaient a, b, c. Il en résulte évidemment qu'une couche ellipsoïdale homogène terminée par deux ellipsoïdes concentriques et semblables ou à axes proportionnels n'exerce aucune action sur un point situé dans son intérieur.

S'il s'agit au contraire de l'attraction exercée sur un point extérieur par l'ellipsoïde dont les demi-axes seraient $(1 + \delta) a$, $(1 + \delta) b$, $(1 + \delta) c$, on trouvera pour la composante suivant l'axe des x,

$$\mathbf{X}'' = \frac{2\pi k m \rho x}{(1 + \delta)^2 a^2}$$

$$\times \int_{\chi_1}^\infty \frac{d\chi}{\sqrt{\left[1 + \frac{\chi}{(1+\delta)^2 a^2}\right]^3 \left[1 + \frac{\chi}{(1+\delta)^2 b^2}\right]\left[1 + \frac{\chi}{(1+\delta)^2 c^2}\right]}},$$

χ_1 étant la racine réelle unique de l'équation

$$\frac{x^2}{(1+\delta)^2 a^2 + \chi} + \frac{y^2}{(1+\delta)^2 b^2 + \chi} + \frac{z^2}{(1+\delta)^2 c^2 + \chi} = 1.$$

Mais si l'on pose $\frac{\chi}{(1+\delta)^2} = \chi'$, on aura, pour $\chi = \infty$, $\chi' = \infty$; et pour $\chi = \chi_1$, $\chi' = \chi'_1$, χ'_1 étant la racine réelle de l'équation

$$\frac{x'^2}{a^2 + \chi'} + \frac{y'^2}{b^2 + \chi'} + \frac{z'^2}{c^2 + \chi'} = 1,$$

dans laquelle $x' = \dfrac{x}{1+\delta}$, $y' = \dfrac{y}{1+\delta}$, $z' = \dfrac{z}{1+\delta}$; on aura donc

$$X'' = 2\pi\, km\rho\,(1+\delta)\,x' \int_{\chi_1}^{\infty} \frac{d\chi'}{\sqrt{\left(1+\dfrac{\chi'}{a^2}\right)^3 \left(1+\dfrac{\chi'}{b^2}\right)\left(1+\dfrac{\chi'}{c^2}\right)}}$$

ou

$$X'' = (1+\delta)\,X,$$

en appelant X l'attraction exercée par un ellipsoïde dont les trois demi-axes seraient a, b, c, sur le point extérieur x', y', z'. On trouvera de même

$$Y'' = (1+\delta)\,Y, \quad Z'' = (1+\delta)\,Z,$$

et l'on en conclut que si les axes de l'ellipsoïde ainsi que la distance à son centre du point attiré croissent dans un certain rapport, en même temps que la droite qui va du centre au point attiré conserve toujours la même direction par rapport aux axes coordonnés, les composantes de l'attraction et par conséquent l'attraction elle-même croissent dans le même rapport.

216. Si l'ellipsoïde proposé devient un ellipsoïde de révolution, les intégrales elliptiques qui donnent l'attraction peuvent se réduire à des fonctions circulaires ou logarithmiques. Prenons pour axe des x l'axe de révolution, ce qui exige que l'on ait $b = c$, il viendra

$$X = \frac{2\pi\, km\rho\,x}{a^2} \int \frac{d\chi}{\sqrt{\left(1+\dfrac{\chi}{a^2}\right)^3 \left(1+\dfrac{\chi}{b^2}\right)^2}}$$

$$= \frac{2\pi\, km\rho\,x}{a^2} \int \frac{d\chi}{\left(1+\dfrac{\chi}{a^2}\right)\left(1+\dfrac{\chi}{b^2}\right)\sqrt{1+\dfrac{\chi}{a^2}}}.$$

L'intégration se fera différemment suivant que a sera plus grand ou plus petit que b. Supposons d'abord $a > b$; on aura alors

$$\int \frac{d\chi}{\left(1 + \frac{\chi}{a^2}\right)\left(1 + \frac{\chi}{b^2}\right)\sqrt{1 + \frac{\chi}{a^2}}}$$

$$= \frac{2a^3 b^2}{(a^2 - b^2)^{\frac{3}{2}}}\left(\frac{\sqrt{a^2 - b^2}}{\sqrt{a^2 + \chi}} - l\,\frac{\sqrt{a^2 + \chi} + \sqrt{a^2 - b^2}}{\sqrt{a^2 + \chi} - \sqrt{a^2 - b^2}}\right) + C.$$

Pour un point attiré intérieur, les limites sont 0 et ∞, on aura donc

$$X = \frac{4\pi km\rho b^2 x}{a^2 - b^2}\left(\frac{a}{2(a^2 - b^2)^{\frac{1}{2}}}\,l\,\frac{a + \sqrt{a^2 - b^2}}{a - \sqrt{a^2 - b^2}} - 1\right).$$

Pour un point attiré extérieur les limites de l'intégrale sont χ_1, ∞, et il vient

$$X = \frac{4\pi km\rho b^2 x}{a^2 - b^2}$$

$$\times\left[\frac{a}{2(a^2 - b^2)^{\frac{1}{2}}}\,l\,\frac{\sqrt{a^2 + \chi_1} + \sqrt{a^2 - b^2}}{\sqrt{a^2 + \chi_1} - \sqrt{a^2 - b^2}} - \frac{a}{\sqrt{a^2 + \chi_1}}\right],$$

χ_1 étant donné par l'équation du second degré

$$\frac{x^2}{a^2 + \chi_1} + \frac{y^2 + z^2}{b^2 + \chi_1} = 1.$$

Si a est plus petit que b, on aura

$$\int \frac{d\chi}{\left(1 + \frac{\chi}{a^2}\right)\left(1 + \frac{\chi}{b^2}\right)\sqrt{1 + \frac{\chi}{a^2}}}$$

$$= \frac{2a^3 b^2}{b^2 - a^2}\left(\frac{1}{\sqrt{b^2 - a^2}}\,\text{arc tang}\,\frac{\sqrt{b^2 - a^2}}{\sqrt{a^2 + \chi}} - \frac{1}{\sqrt{a^2 + \chi}}\right) + C,$$

on en conclura : dans le cas d'un point attiré intérieur

$$X = \frac{4\pi km\rho b^2 x}{b^2 - a^2}\left(1 - \frac{a}{\sqrt{b^2 - a^2}}\,\text{arc tang}\,\frac{\sqrt{b^2 - a^2}}{a}\right);$$

dans le cas d'un point extérieur

$$\mathbf{X} = \frac{4\pi k m \rho a b^2 x}{b^2 - a^2}$$

$$\times \left[\frac{1}{\sqrt{a^2 + \chi_i}} - \frac{1}{\sqrt{b^2 - a^2}} \text{ arc tang } \frac{\sqrt{b^2 - a^2}}{\sqrt{a^2 + \chi_i}} \right].$$

Les deux autres composantes de l'attraction exercée par l'ellipsoïde de révolution seront données par la formule

$$\frac{\mathbf{Y}}{y} = \frac{\mathbf{Z}}{z} = \frac{2\pi k m \rho}{b^2} \int \frac{d\chi}{\left(1 + \frac{\chi}{b^2}\right)^2 \sqrt{1 - \frac{\chi}{a^2}}}.$$

Or, si $a > b$,

$$\int \frac{d\chi}{\left(1 + \frac{\chi}{b^2}\right)^2 \sqrt{1 + \frac{\chi}{a^2}}} =$$

$$\frac{a b^4}{a^2 - b^2} \left[\frac{1}{2(a^2 - b^2)^{\frac{1}{2}}} \, l\, \frac{\sqrt{\chi + a^2} + \sqrt{a^2 - b^2}}{\sqrt{\chi + a^2} - \sqrt{a^2 - b^2}} - \frac{\sqrt{\chi + a^2}}{\sqrt{\chi + b^2}} \right] + \mathbf{C}.$$

On aura donc, dans ce cas, pour un point intérieur

$$\frac{\mathbf{Y}}{y} = \frac{\mathbf{Z}}{z} =$$

$$\frac{4\pi k m \rho a^2 b^2}{a^2 - b^2} \left[\frac{1}{2 b^2} - \frac{1}{4 a (a^2 - b^2)^2} \, l\, \frac{a + \sqrt{a^2 - b^2}}{a - \sqrt{a^2 - b^2}} \right];$$

et pour un point extérieur

$$\frac{\mathbf{X}}{y} = \frac{\mathbf{Z}}{z} =$$

$$\frac{2\pi k m \rho a b^2}{a^2 - b^2} \left[\frac{\sqrt{\chi_i + a^2}}{\chi_i + b^2} - \frac{1}{2(a^2 - b^2)^{\frac{1}{2}}} \, l\, \frac{\sqrt{\chi_i + a^2} + \sqrt{a^2 - b^2}}{\sqrt{\chi_i + a^2} - \sqrt{a^2 - b^2}} \right].$$

Si au contraire $a < b$, on aura

$$\int \frac{d\chi}{\left(1 + \frac{\chi}{b^2}\right)^2 \sqrt{1 - \frac{\chi}{a^2}}}$$

$$= \frac{ab^4}{b^2 - a^2}\left[\frac{\sqrt{\chi + a^2}}{\chi + b^2} - \frac{1}{(b^2 - a^2)^{\frac{1}{2}}} \text{ arc tang } \frac{\sqrt{b^2 - a^2}}{\sqrt{\chi + a^2}}\right] + C,$$

et, par conséquent, dans le cas du point attiré intérieur,

$$\frac{X}{y} = \frac{Z}{z} = \frac{2\pi\, km\rho\, a^2 b^2}{b^2 - a^2}\left[\frac{1}{a\,(b^2 - a^2)^{\frac{1}{2}}} \text{arc tang } \frac{\sqrt{b^2 - a^2}}{a} - \frac{1}{b^2}\right],$$

et dans le cas du point attiré extérieur,

$$\frac{Y}{y} = \frac{Z}{z} = \frac{2\pi\, km\rho\, ab^2}{b^2 - a^2}$$

$$\times \left[\frac{1}{(b^2 - a^2)^{\frac{1}{2}}} \text{arc tang } \frac{\sqrt{b^2 - a^2}}{\sqrt{a^2 + \chi_1}} - \frac{\sqrt{a^2 + \chi_1}}{b^2 + \chi_1}\right].$$

Les deux composantes Y et Z, par suite de l'égalité $\frac{Y}{y} = \frac{Z}{z}$, peuvent se composer en une force unique dirigée suivant la perpendiculaire abaissée du point attiré sur l'axe de révolution : si l'on appelle Y′ cette résultante et p la longueur de la perpendiculaire en question, on aura

$$Y' = \sqrt{Y^2 + Z^2} = \frac{Y}{y}\sqrt{y^2 + z^2} = \frac{Y}{y}\, p.$$

Admettons que l'excentricité de l'ellipse est très-petite ; et en supposant d'abord $a > b$, posons

$$\frac{\sqrt{a^2 - b^2}}{b} = c, \quad a^2 = b^2\,(1 + c^2),$$

e étant une quantité très-petite, on trouvera

$$= \frac{4\pi k m \rho x}{e^2}\left[\frac{\sqrt{1+e^2}}{2e}\, l\,\frac{\sqrt{b^2(1+e^2)+\chi_1}+be}{\sqrt{b^2(1+e^2)+\chi_1}-be}-\frac{b\sqrt{1+e^2}}{\sqrt{b^2(1+e^2)+\chi_1}}\right],$$

$$= \frac{4\pi k m \rho p}{e^2}\left[\frac{b\sqrt{1+e^2}\sqrt{b^2(1+e^2)+\chi_1}}{2(b^2+\chi_1)}-\frac{\sqrt{1+e^2}}{4e}\, l\,\frac{\sqrt{b^2(1+e^2)+\chi_1}+be}{\sqrt{b^2(1+e^2)+\chi_1}-be}\right],$$

formules dans lesquelles χ_1 est nul pour un point attiré intérieur, et se trouve donné pour un point attiré extérieur par l'équation

$$\frac{x^2}{b^2(1+e^2)+\chi_1}+\frac{p^2}{b^2+\chi_1}=1.$$

Si l'on développe suivant les puissances ascendantes de e^2 et qu'on néglige les quatrièmes puissances et au delà, on trouvera

$$\chi_1=(x^2+p^2-b^2)-\frac{b^2x^2e^2}{x^2+p^2},$$

ou, en posant $x^2+p^2=R^2$, R étant la distance du point attiré au centre de l'ellipsoïde,

$$\chi_1=R^2-b^2-\frac{b^2x^2e^2}{R^2}.$$

Si, revenant aux valeurs des composantes de l'attraction on les développe suivant les puissances ascendantes de e^2 en négligeant les termes en e^4, e^6, etc., on trouvera :

1° Pour un point attiré intérieur, cas pour lequel $\chi_1=0$,

$$X=\frac{4}{3}\pi k m \rho x\left(1-\frac{2}{5}e^2\right),\quad Y'=\frac{4}{3}\pi k m \rho p\left(1+\frac{1}{5}e^2\right).$$

2° Pour un point attiré extérieur, χ_1 ayant la valeur

précédemment déterminée,

$$X = \frac{4}{3}\pi km\rho\,\frac{b^3 x}{R^3}\left[1 + \left(\frac{1}{2} + \frac{3b^2}{5R^2} - \frac{3b^2 p^2}{2R^4}\right)e^2\right],$$

$$Y' = \frac{4}{3}\pi km\rho\,\frac{b^3 p}{R^3}\left[1 + \left(\frac{1}{2} + \frac{6b^2}{5R^2} - \frac{3b^2 p^2}{2R^4}\right)e^2\right].$$

Supposons en second lieu $a < b$, ou que l'ellipsoïde de révolution est un ellipsoïde aplati ; et posons

$$\frac{\sqrt{b^2 - a^2}}{a} = e, \quad b^2 = a^2(1 + e^2),$$

on trouvera

$$X = \frac{4\pi km\rho x(1 + e^2)}{e^2}\left(\frac{a}{\sqrt{a^2 + \chi_1}} - \frac{1}{e}\,\text{arc tang}\,\frac{ae}{\sqrt{a^2 + \chi_1}}\right),$$

$$Y' = \frac{2\pi km\rho p(1 + e^2)}{e^2}\left\{\frac{1}{e}\,\text{arc tang}\,\frac{ae}{\sqrt{a^2 + \chi_1}} - \frac{a\sqrt{a^2 + \chi_1}}{a^2(1 + e^2) + \chi_1}\right\};$$

formules dans lesquelles χ_1 est nul pour un point intérieur, et se trouve donné pour un point extérieur par l'équation

$$\frac{x^2}{a^2 + \chi_1} + \frac{p^2}{a^2(1 + e^2) + \chi_1} = 1.$$

On tire de cette dernière équation, en négligeant les puissances supérieures de e^2,

$$\chi_1 = (x^2 + p^2 - a^2) - \frac{a^2 p^2 e^2}{x^2 + p^2} = R^2 - a^2 - \frac{a^2 p^2 e^2}{R^2}.$$

Alors, en développant les valeurs des composantes X, Y' et négligeant les puissances supérieures de e^2, on trouvera :

1° Dans le cas d'un point intérieur et de $\chi_1 = 0$,

$$X = \frac{4}{3}\pi km\rho x\left(1 + \frac{2}{5}e^2\right), \quad Y' = \frac{4}{3}\pi km\rho p\left(1 - \frac{1}{5}e^2\right).$$

2° Dans le cas d'un point extérieur, χ_1 ayant la valeur qui précède,

$$X = \frac{4}{3}\pi k m \rho \, \frac{a^3 x}{R^3} \left[1 + \left(1 - \frac{3a^2}{5R^2} + \frac{3a^2 p^2}{2R^4} \right) e^2 \right],$$

$$Y' = \frac{4}{3}\pi k m \rho \, \frac{a^3 p}{R^3} \left[1 + \left(1 - \frac{6a^2}{5R^2} + \frac{3a^2 p^2}{2R^4} \right) e^2 \right].$$

217. Appliquons ces principes au calcul de l'attraction de la terre sur un point extérieur, en tenant compte de son mouvement de rotation autour de son axe. La forme de la terre a été partiellement déterminée par des mesures qui ont prouvé qu'elle diffère très-peu d'un ellipsoïde de révolution aplati dont l'axe de révolution a est 6 356 079; dont l'axe équatorial b est 6 377 398, dont

l'excentricité, par conséquent, $e = \dfrac{\sqrt{b^2 - a^2}}{a} = 0,082.$

Quand il est question de la forme de la terre, il est sous-entendu qu'il s'agit de la forme de la surface des mers et des continents ramenés par le nivellement à l'horizon des mers. Nous ne savons rien de la structure intérieure de la terre, si ce n'est que sa densité est bien plus grande au centre qu'à la surface ; il a été démontré en effet que la densité moyenne de notre globe est deux fois plus grande que celle des minéraux et des terres qu'on rencontre le plus fréquemment à la surface. L'hypothèse la plus naturelle relativement à la constitution intérieure du globe terrestre est d'admettre qu'il est formé d'ellipsoïdes de révolution concentriques, d'excentricités différentes, mais toujours très-petites.

Pour trouver l'attraction exercée par un semblable ellipsoïde, cherchons d'abord celle qui correspond à une couche ellipsoïdale infiniment petite dont a serait l'axe de révolution, da l'épaisseur, e l'excentricité, et ρ la densité. On trouvera les composantes de cette attraction en différentiant, par rapport à a et regardant ρ et e comme constants, les valeurs trouvées précédemment; c'est-à-dire que l'on aura

$$dX = \frac{4}{3}\frac{\pi\,km\rho\,x}{R^3}\left[3a^2 + \left(3a^2 - \frac{3a^4}{R^2} + \frac{15a^4p^2}{2R^4}\right)e^2\right]da,$$

$$dY' = \frac{4}{3}\frac{\pi\,km\,\rho p}{R^3}\left[3a^2 + \left(3a^2 - \frac{6a^4}{R^2} + \frac{15a^4p^2}{2R^4}\right)e^2\right]da.$$

Intégrant maintenant par rapport à a depuis $a = 0$ jusqu'à $a = \alpha$, α étant l'axe de révolution de la terre, mais en considérant cette fois la densité ρ et l'excentricité e comme des fonctions de a, on trouvera pour les composantes de l'attraction de la terre parallèles et perpendiculaires à l'axe de révolution

$$X = \frac{4}{3}\frac{\pi\,kmx}{R^3}\int_0^\alpha \rho\left[3a^2 + \left(3a^2 - \frac{3a^4}{R^2} + \frac{15a^4p^2}{2R^4}\right)e^2\right]da,$$

$$Y' = \frac{4}{3}\frac{\pi\,kmp}{R^3}\int_0^\alpha \rho\left[3a^2 + \left(3a^2 - \frac{6a^4}{R^2} + \frac{15a^4p^2}{2R^4}\right)e^2\right]da,$$

ou bien, en posant, pour abréger,

$$\int_0^\alpha \rho a^2(1 + e^2)\,da = \int_0^\alpha \rho b^2\,da = A,\quad \frac{1}{\alpha^2}\int_0^\alpha \rho a^4 e^2\,da = B,$$

B étant une quantité très-petite de même que e^2,

$$X = \frac{4\pi\,kmx}{R^3}\left[A - B\left(\frac{\alpha^2}{R^2} - \frac{5}{2}\frac{x^2p^2}{R^4}\right)\right],$$

$$Y' = \frac{4\pi\,kmp}{R^3}\left[A - B\left(\frac{2\alpha^2}{R^2} - \frac{5}{2}\frac{x^2p^2}{R^4}\right)\right].$$

Si l'on connaissait la loi suivant laquelle la densité et l'excentricité varient avec l'axe de révolution de la couche ellipsoïdale, on pourrait calculer les intégrales A, B, et par elles l'attraction totale de la terre. En l'absence de ces données fondamentales, on peut néanmoins obtenir approximativement les valeurs de ces intégrales quand on connaît la valeur de l'attraction terrestre en un lieu déterminé.

Admettons d'abord que le point attiré est situé à la surface de la terre; appelons λ la latitude géographique, c'est-à-dire l'angle que la normale en ce point fait avec l'équateur, et $\varepsilon = \dfrac{\sqrt{\vartheta^2 - \alpha^2}}{\alpha}$ l'excentricité à la surface de la terre; on aura

$$x = \frac{\alpha \sin \lambda}{\sqrt{1 + \varepsilon^2 \cos^2 \lambda}}, \qquad p = \frac{\alpha(1 + \varepsilon^2)\cos\lambda}{\sqrt{1 + \varepsilon^2 \cos^2 \lambda}},$$

$$R = \frac{\alpha \sqrt{1 + (2\varepsilon^2 + \varepsilon^4)\cos^2 \lambda}}{\sqrt{1 + \varepsilon^2 \cos^2 \lambda}};$$

ou bien, en développant suivant ε^2 et négligeant ses puissances supérieures,

$$x = a \sin\lambda \left(1 - \frac{1}{2}\varepsilon^2 \cos^2 \lambda\right),$$

$$p = \alpha \cos\lambda \left[1 + \varepsilon^2 \left(1 - \frac{1}{2}\cos^2 \lambda\right)\right], \qquad R = \alpha \left(1 + \frac{1}{2}\varepsilon^2 \cos^2 \lambda\right).$$

Substituant ces valeurs, et négligeant avec ε^4 les petites grandeurs $\varepsilon^2 B$ qui leur sont comparables, on trouvera

$$X = \frac{4\pi k m \sin\lambda}{\alpha^2}\left((A - B) + \cos^2 \lambda \left(\frac{5}{2}B - 2\varepsilon^2 A\right)\right],$$

$$Y' = \frac{4\pi k m \cos\lambda}{\alpha^2}\left[(A + \varepsilon^2 A - 2B) + \cos^2 \lambda \left(\frac{5}{2}B - 2\varepsilon^2 A\right)\right].$$

Le mouvement diurne de rotation de la terre autour de son axe fera naître une force centrifuge normale à cet axe et égale en intensité, comme on le prouve en dynamique, à $\dfrac{m v^2}{p}$, v étant la vitesse du point attiré. Si l'on prend pour unité de temps, la seconde de temps moyen, comme dans un jour stellaire, il y a 86164,09 secondes, on aura

$$v = \frac{2\pi p}{86164,09} = \omega p,$$

en appelant ω pour abréger la vitesse de rotation $\dfrac{2\pi}{86164,09}$.

Cela posé, la force centrifuge sera

$$\frac{mv^2}{p} = m\,\omega^2 p = m\,\omega^2 \alpha \cos\lambda \left[1 + \varepsilon^2 \left(1 - \frac{1}{2}\cos^2\lambda \right) \right].$$

La composante Y' de l'attraction normale à l'axe est diminuée de la force centrifuge, et devient, par conséquent, $Y' - m\omega^2 p$. La résultante de cette nouvelle force et de la composante X sera précisément le poids du point attiré, et l'angle θ que sa direction fera avec l'équateur sera donné par l'équation

$$\tan\theta = \frac{X}{Y' - m\omega^2 p}.$$

Mais la direction de la pesanteur doit, comme nous le prouverons dans l'hydrostatique, être normale à la surface des mers, on devra donc avoir $\theta = \lambda$ et, par conséquent,

$$\tan\lambda = \frac{X}{Y' - m\omega^2 p}, \quad \frac{Y' - m\omega^2 p}{\cos\lambda} = \frac{X}{\sin\lambda}.$$

Substituant dans cette équation les valeurs de X, de Y' et de $m\omega^2 p$, on arrive à l'équation de condition

$$\frac{4\pi km}{\alpha^2} \left[(A - B) + \cos^2\lambda \left(\frac{5}{2}A - 2\varepsilon^2 B \right) \right]$$

$$= \frac{4\pi km}{\alpha^2} \left[(A + \varepsilon^2 A - 2B) + \cos^2\lambda \left(\frac{5}{2}B - 2\varepsilon^2 A \right) \right]$$

$$- m\omega^2 \alpha \left[1 + \varepsilon^2 \left(1 - \frac{1}{2}\cos^2\lambda \right) \right],$$

ou, en réduisant,

$$\omega^2 \alpha \left[1 + \varepsilon^2 \left(1 - \frac{1}{2} \cos^2 \lambda \right) \right] = \frac{4 \pi k}{\alpha^2} \left(\varepsilon^2 A - B \right).$$

Comme cette équation doit subsister pour toutes les valeurs de λ, il faut nécessairement que $\omega^2 \alpha$ soit une quantité de même ordre que ε^2 ou comparable à ε^2, et cette remarque permet de réduire l'équation qui précède à

$$\omega^2 \alpha = \frac{4 \pi k}{\alpha^2} \left(\varepsilon^2 A - B \right).$$

La grandeur de la résultante des composantes de l'attraction diminuée de la force centrifuge, ou le poids P du point attiré est en outre donné par l'équation

$$P = \sqrt{X + (Y' - m \omega^2 p)^2} = \sqrt{X^2 \left(1 + \frac{1}{\operatorname{tang}^2 \lambda} \right)} = \frac{X}{\sin \lambda},$$

ou bien, en substituant pour X sa valeur,

$$P = \frac{4 \pi k m}{\alpha^2} \left[(A - B) + \cos^2 \lambda \left(\frac{5}{2} B - 2 \varepsilon^2 A \right) \right]$$

$$= \frac{4 \pi k m}{\alpha^2} \left(A + \frac{3}{2} B - 2 \varepsilon^2 A \right) + \frac{4 \pi k m}{\alpha^2} \left(2 \varepsilon^2 A - \frac{5}{2} B \right) \sin^2 \lambda$$

$$= \frac{4 \pi k m}{\alpha^2} \left(A + \frac{3}{2} B - 2 \varepsilon^2 A \right) + \frac{4 \pi k m}{\alpha^2} \left[\frac{5}{2} (\varepsilon^2 A - B) - \frac{1}{2} \varepsilon^2 A \right] \sin^2 \lambda,$$

et, en remplaçant $\varepsilon^2 A - B$ par sa valeur tirée de l'équation $\omega^2 \alpha = \frac{4 \pi k}{\alpha^2} \left(\varepsilon^2 A - B \right)$,

$$P = \frac{4 \pi k m}{\alpha^2} \left(A + \frac{3}{2} B - 2 \varepsilon^2 A \right)$$

$$+ m \left(\frac{5}{2} \omega^2 \alpha - \frac{1}{2} \varepsilon^2 \frac{4 \pi k A}{\alpha^2} \right) \sin^2 \lambda.$$

Mais, comme nous le verrons, la masse m est égale au poids P divisé par la pesanteur g_λ mesurée par la vitesse qu'un corps acquiert dans une seconde en tombant dans le vide; on aura donc, en substituant pour m sa valeur,

$$g_\lambda = \frac{4\pi k}{\alpha^2}\left(A + \frac{3}{2}A - 2\varepsilon^2 A\right) + \left(\frac{5}{2}\omega^2\alpha - \frac{1}{2}\varepsilon^2\frac{4\pi kA}{\alpha^2}\right)\sin^2\lambda.$$

Si l'on fait $\lambda = 0$, on aura pour la pesanteur g_0 à l'équateur

$$g_0 = \frac{4\pi k}{\alpha^2}\left(A + \frac{3}{2}B - 2\varepsilon^2 A\right),$$

d'où l'on tire

$$\frac{4\pi kA}{\alpha^2} = g_0 - \frac{4\pi k}{\alpha^2}\left(\frac{3}{2}B - 2\varepsilon^2 A\right);$$

substituant cette valeur dans l'expression de g_λ et négligeant avec ε^4 les grandeurs qui lui sont comparables $\varepsilon^2 B$, $\varepsilon^4 A$, on aura

$$g_\lambda = g_0 + \left(\frac{5}{2}\omega^2\alpha - \frac{1}{2}\varepsilon^2 g_0\right)\sin^2\lambda.$$

Comme $\omega^2\alpha$ est aussi une quantité comparable à ε^2, on peut à la place de $\omega^2\alpha$ prendre une grandeur qui n'en diffère que par une quantité de quatrième ordre comparable à ε^4, à savoir la force centrifuge à l'équateur $\omega^2 6$, déterminée par l'équation

$$\omega^2 6 = \omega^2\alpha\left(1 + \frac{1}{2}\varepsilon^2\right);$$

et en posant $n = \dfrac{\omega^2 6}{g_0}$ ou désignant par n le rapport entre la force centrifuge et la pesanteur à l'équateur, on aura définitivement

$$g_\lambda = g_0\left[1 + \left(\frac{5}{2}n - \frac{1}{2}\varepsilon^2\right)\sin^2\lambda\right].$$

Cette formule, qui exprime la pesanteur à la surface de la terre, a d'abord été donnée par Laplace, qui y est arrivé par une voie incomparablement plus longue et plus détournée.

Les observations du pendule faites sur un grand nombre de points de la surface de la terre ont permis de calculer avec assez d'approximation les valeurs de g_0 et de $\frac{5}{2} n - \frac{1}{2} \varepsilon^2$; on a trouvé ainsi

$$g_0 = 9^m,7803, \quad \frac{5}{2} n - \frac{1}{2} \varepsilon^2 = 0,0051757 ;$$

on aura donc

$$g_\lambda = 9^m,7803 \, (1 + 0,0051757 \sin^2\lambda)$$
$$= 9^m,8056 \, (1 - 0,002581 \cos 2\lambda).$$

Puisque l'axe équatorial de la terre a été trouvé égal à 6377398 mètres, on aura

$$n = \frac{\omega^2 6}{g_0} = \frac{4\pi^2}{(86164,09)^2} \frac{6}{g_0} = 0,00347, \quad \frac{5}{2} n = 0,00867 .$$

Et puisque par les observations du pendule on a trouvé

$$\frac{5}{2} n - \frac{1}{2} \varepsilon^2 = 0,00518,$$

on devra avoir

$$\frac{1}{2} \varepsilon^2 = 0,00349, \quad \varepsilon = 0,083,$$

valeur qui diffère en réalité très-peu de la valeur $0,082$ qui résultait des mesures prises et dont nous étions parti.

218. Des équations

$$g_0 = \frac{4\pi h}{\alpha^2} \left(A + \frac{3}{2} B - 2\varepsilon^2 A \right), \quad \omega^2 6 = \frac{4\pi h}{\alpha^2} \left(\varepsilon^2 A - B \right),$$

on tire

$$A = \frac{\alpha^2}{4\pi k}\left[g_0\left(1 + \frac{1}{2}\varepsilon^2\right) + \frac{3}{2}\omega^2 6\right] = \frac{\alpha^2 g_0}{4\pi k}\left[1 + \frac{1}{2}\varepsilon^2 + \frac{3}{2}n\right],$$

$$B = \frac{\alpha_2 g_0}{4\pi k}(\varepsilon^2 - n).$$

Substituées dans les équations qui donnent les composantes de l'attraction sur un point extérieur quelconque, ces valeurs de A et de B donnent

$$X = \frac{m g_0 \alpha^2 x}{R^2}\left\{1 + \left[\frac{1}{2}\varepsilon^2 + \frac{3}{2}n - (\varepsilon^2 - n)\left(\frac{\alpha^2}{R^2} - \frac{5}{2}\frac{\alpha^2 p^2}{R^4}\right)\right]\right\},$$

$$Y' = \frac{m g_0 \alpha^2 p}{R^2}\left\{1 + \left[\frac{1}{2}\varepsilon^2 + \frac{3}{2}n - (\varepsilon^2 - n)\left(\frac{2\alpha^2}{R^2} - \frac{5}{2}\frac{\alpha^2 p^2}{R^4}\right)\right]\right\}.$$

Appelons h l'altitude ou la hauteur du point attiré au-dessus de la surface de la terre, et λ, comme précédemment, la latitude géographique du point correspondant à la surface, on aura

$$x = \alpha \sin\lambda \left(1 - \frac{1}{2}\varepsilon^2\cos^2\lambda\right) + h\sin\lambda,$$

$$p = \alpha \cos\lambda \left[1 + \varepsilon^2\left(1 - \frac{1}{2}\cos^2\lambda\right)\right] + h\cos\lambda,$$

$$R = \alpha + h + \frac{1}{2}\varepsilon^2\cos^2\lambda . \frac{\alpha}{\alpha + h}(\alpha + 2h\cos^2\lambda);$$

ou, si la hauteur h est très-petite par rapport au rayon de la terre,

$$x = (\alpha + h)\sin\lambda\left(1 - \frac{1}{2}\varepsilon^2\cos^2\lambda\right),$$

$$p = (\alpha + h)\cos\lambda\left[1 + \varepsilon^2\left(1 - \frac{1}{2}\cos^2\lambda\right)\right],$$

$$R = (\alpha + h)\left(1 + \frac{1}{2}\varepsilon^2\cos^2\lambda\right),$$

et en substituant,

$$X = mg_0 \sin\lambda \, \frac{\alpha^2}{(\alpha + h)^2} \left(1 - 2\varepsilon^2 \cos^2\lambda\right)$$

$$\times \left\{ 1 + \left[\frac{1}{2}\varepsilon^2 + \frac{3}{2} n - (\varepsilon^2 - n)\left(1 - \frac{5}{2}\cos^2\lambda\right)\right]\right\}$$

$$= mg_0 \sin\lambda \left[\frac{\alpha^2}{(\alpha + h)^2} + \left(\frac{5}{2} n - \frac{1}{2}\varepsilon^2\right)\sin^2\lambda\right],$$

$$Y' = mg_0 \cos\lambda \, \frac{\alpha^2}{(\alpha + h)^2} \left[1 + \varepsilon^2\left(1 - 2\cos^2\lambda\right)\right]$$

$$\times \left\{ 1 + \left[\frac{1}{2}\varepsilon^2 + \frac{3}{2} n - (\varepsilon^2 - n)\left(2 - \frac{5}{2}\cos^2\lambda\right)\right]\right\}$$

$$= mg_0 \cos\lambda \left[\frac{\alpha^2}{(\alpha + h)^2} + n + \left(\frac{5}{2} n - \frac{1}{2}\varepsilon^2\right)\sin^2\lambda\right].$$

La force centrifuge agissant sur ce même point attiré a pour valeur

$$m\omega^2 p = m\omega^2 (\alpha + h) \cos\lambda = m\omega^2 \alpha \cos\lambda = mng_0 \cos\lambda,$$

parce que la petite quantité $m\omega^2 \dfrac{h}{\alpha}$ est de même ordre que ε^4 et peut être négligée. Il faudra diminuer de la force centrifuge la composante de l'attraction perpendiculaire à l'axe, et l'on aura

$$Y' - m\omega^2 p = mg_0 \cos\lambda \left[\frac{\alpha^2}{(\alpha + h)^2} + \left(\frac{5}{2} n - \frac{1}{2}\varepsilon^2\right)\sin^2\lambda\right].$$

On en conclut $\dfrac{X}{Y' - m\omega^2 p} = \tang\lambda$, et par conséquent la direction de la pesanteur à la hauteur h au-dessus de la surface de la terre est la même qu'au point situé sur la même verticale à la surface de la terre ; c'est-à-dire que, même en tenant compte de la force centrifuge, la direction de la pesanteur est celle de la verticale du lieu.

La résultante ou le poids du corps sera donné par

l'équation

$$P = \sqrt{X^2 + (Y' - m\omega^2 p)^2} = \frac{X}{\sin \lambda}$$

$$= mg_0 \left[\frac{\alpha^2}{(\alpha + h)^2} + \left(\frac{5}{2} n - \frac{1}{2} \varepsilon^2 \right) \sin^2 \lambda \right]$$

$$= mg_0 \frac{\alpha^2}{(\alpha + h)^2} \left[1 + \left(\frac{5}{2} n - \frac{1}{2} \varepsilon^2 \right) \sin^2 \lambda \right].$$

Si l'on représente par $g_{\lambda h}$ la vitesse acquise après une seconde par un corps qui tomberait librement dans le vide à la latitude λ et à l'altitude h, on aura

$$P = mg_{\lambda h},$$

et

$$g_{\lambda h} = g_0 \frac{\alpha^2}{(\alpha + h)^2} \left[1 + \left(\frac{5}{2} n - \frac{1}{2} \varepsilon^2 \right) \sin^2 \lambda \right] = g_\lambda \frac{\alpha^2}{(\alpha + h)^2} = g_\lambda \frac{6^2}{(6 + h)^2};$$

d'où il résulte que la pesanteur à une hauteur au-dessus de la surface des mers petite relativement au rayon de la terre est inversement proportionnelle au carré de la distance de ce point au centre de la terre.

219. Dans tout ce qui précède nous avons négligé l'attraction produite par les continents élevés au-dessus du niveau des mers. Soit AM′B (*fig.* 48) la surface du continent, DAMBE la surface limite de la mer prolongée au-dessous du continent. Soient en outre M′ le point attiré, M′M la normale à la surface de la mer prolongée, h la hauteur MM′, et admettons pour plus de simplicité, ce qui sera vrai avec une certaine approximation, que MM′ est aussi normale à la surface du continent. L'intensité de la pesanteur en M′, si le continent AM′B n'exerçait aucune attraction, serait, comme nous l'avons trouvé précédemment, $g_\lambda \dfrac{\alpha^2}{(\alpha + h)^2}$, g_λ étant la pesanteur

au point M ; il reste à ajouter à cette quantité l'attraction
du continent AM′B qui s'exerce, comme nous le verrons,
suivant MM′. Pour trouver cette attraction, désignons
par ρ' la densité du continent considéré comme une masse
homogène, par y, z les coordonnées d'un point de cette
masse perpendiculaires et parallèles à MM′ pris pour axe
des z, et par r la distance M′P. Construisons maintenant
autour de MM′ comme axe deux surfaces cylindriques
dont les rayons soient y et $y + dy$, et partageons la
couche cylindrique élémentaire comprise entre les deux
cylindres en anneaux circulaires par une série de plans
horizontaux. La masse dm de l'anneau élémentaire renfermant le point P sera

$$dm = 2\pi\rho' y\, dy\, dz,$$

la distance de chacun des points de cet anneau à M′ sera
sensiblement

$$r = \sqrt{y^2 + z^2},$$

et la composante parallèle à MM′ de l'attraction de l'anneau sur M′ sera par conséquent

$$km\,\frac{z - z}{r^3}\, dm\, \frac{2\pi km\rho' yz\, dy\, dz}{(y^2 + z^2)^{\frac{3}{2}}},$$

parce que $z = 0$, puisque M′ est l'origine des coordonnées.
Comme, par hypothèse, tout est symétrique autour de
MM′, la direction de l'attraction exercée par chaque anneau élémentaire sur M′ devra être dirigée suivant MM′ et
être égale, par conséquent, en intensité comme en direc-
rection, à la composante ci-dessus. Il reste à intégrer
cette attraction élémentaire par rapport à y et à z, en
étendant l'intégration à toute la masse du continent attirant. Si nous supposons d'abord que le continent est un
cylindre de rayon c et de hauteur sensiblement constante

$h = \mathrm{MM}'$, les limites de l'intégrale seront pour y, $y = 0$, $y = c$, pour z, $z = 0$, $z = h$; et l'on aura pour l'attraction cherchée

$$2\pi km\rho' \int_0^c y\,dy \int_0^h \frac{z\,dz}{(y^2 + z^2)^{\frac{3}{2}}}$$

$$= 2\pi km\rho' \int_0^c y\,dy \left(\frac{1}{y} - \frac{1}{\sqrt{y^2 + h^2}} \right)$$

$$= 2\pi km\rho' \left(c + h - \sqrt{c^2 + h^2} \right).$$

Si h est très-petit par rapport à c, comme cela a lieu pour les très-grands continents, on pourra négliger les puissances de $\dfrac{h}{c}$ supérieures au carré, et l'attraction cherchée sera

$$2\pi km\rho' \left(h - \frac{h^2}{2c} \right) = 2\pi km\rho' h;$$

cette expression est indépendante de c à la condition que c sera très-grand par rapport à h, et on peut la regarder comme représentant l'attraction du continent tout entier; si on la divise par la masse m du point attiré et qu'on l'ajoute à $g_\lambda \dfrac{\alpha^2}{(\alpha + h)^2}$, on aura la pesanteur $g_{\lambda h}$ au point M',

$$g_{\lambda h} = g_\lambda \frac{\alpha^2}{(\alpha + h)^2} + 2\pi k\rho' h.$$

Lorsqu'on donne la masse de la terre, ou du moins sa densité moyenne, on peut trouver de la manière suivante la valeur du coefficient k. La masse d'un ellipsoïde de révolution dont la densité est ρ, dont les deux axes sont a et b, dont l'excentricité $e = \dfrac{\sqrt{b^2 - a^2}}{a}$ est

$$\mu = \frac{4}{3}\pi\rho a^3 (1 + e^2).$$

Si on différentie cette expression par rapport à a, en regardant ρ et e comme constants, puis qu'on intègre entre les limites $a = 0$, $a = \alpha$, en regardant cette fois ρ et e comme des fonctions de a, on trouve pour la masse de la terre

$$\mu = 4\pi \int_0^\alpha \rho a^2 (1 + c^2)\, da = 4\pi A,$$

et, en substituant pour l'intégrale A sa valeur déjà trouvée,

$$\mu = \frac{\alpha^2 g_0}{k} \left(1 + \frac{\varepsilon^2}{2} + \frac{3}{2} n \right);$$

d'où l'on tire

$$k = \frac{\alpha^2 g_0}{\mu} \left(1 + \frac{1}{2} \varepsilon^2 + \frac{3}{2} n \right).$$

Si l'on désigne par ρ'' la densité moyenne de la terre, ou si l'on fait $\mu = \frac{4}{3} \pi \rho'' \alpha^3 (1 + \varepsilon^2)$, on aura

$$k = \frac{3 g_0}{4\pi \rho'' \alpha} \left(1 - \frac{1}{2} \varepsilon^2 + \frac{3}{2} n \right).$$

Substituant enfin cette valeur de k dans celle de $g_{\lambda h}$ et négligeant avec ε^4 les quantités du même ordre $\varepsilon^2 \dfrac{h}{\alpha}$, $n \dfrac{h}{\alpha}$, on trouve

$$g_{\lambda h} = g_\lambda \frac{\alpha^2}{(\alpha + h)^2} + \frac{3}{2} g_0 \frac{\rho' h}{\rho'' \alpha} = g_\lambda \left[\frac{\alpha^2}{(\alpha + h)^2} + \frac{3}{2} \frac{\rho' h}{\rho'' \alpha} \right].$$

La densité moyenne de la terre est $5{,}44$, celle de l'eau étant 1; elle est donc sensiblement double de celle des minéraux que l'on rencontre le plus souvent à la surface de la terre, et si l'on fait $\dfrac{\rho'}{\rho''} = \dfrac{1}{2}$, on aura

$$g_{\lambda h} = g_{\lambda}\left[\frac{\alpha^2}{(\alpha + h)^2} + \frac{3}{4}\frac{h}{\alpha}\right] = g_{\lambda}\left(1 - 2\frac{h}{\alpha} + \frac{3}{4}\frac{h}{\alpha}\right)$$

$$= g_{\lambda}\left(1 - \frac{5}{4}\frac{h}{\alpha}\right) = g_{\lambda}\frac{\left(\dfrac{8}{5}\alpha\right)^2}{\left(\dfrac{8}{5}\alpha + h\right)^2},$$

d'où l'on conclut que l'attraction exercée par les larges portions de continents qui dominent le niveau des mers a pour effet de ramener la pesanteur à ce qu'elle serait si le rayon de la terre était plus grand qu'il ne l'est dans le rapport de $\dfrac{8}{5}$ à 1.

220. Jusqu'ici nous n'avons considéré que le cas où l'un des corps attirants pouvait être ramené à un point matériel sans dimensions sensibles; et nous avons actuellement à calculer l'attraction exercée l'une sur l'autre par deux masses étendues ou par deux corps de dimensions finies. Désignons par x, y, z les coordonnées de l'un quelconque des points du premier corps, par x', y', z' les coordonnées d'un point aussi quelconque du second corps, par r la distance des deux points, par dm, dm' les masses élémentaires ou de deux sphères infiniment petites renfermant ces deux points; les composantes de l'attraction mutuelle de ces deux points seront

$$k\,\frac{x' - x}{r^3}\,dm'\,dm, \qquad k\,\frac{y' - y}{r^3}\,dm'\,dm, \qquad k\,\frac{z' - z}{r^3}\,dm'\,dm.$$

Ces trois forces attractives élémentaires, étendues à tous les points des deux corps et composées entre elles, donneront naissance à une force principale dont les composantes X, Y, Z, et à un couple principal dont les moments linéaires principaux L, M, N seront donnés par les équations

$$X = k \int \int \frac{x' - x}{r^3} \, dm' \, dm,$$

$$Y = k \int \int \frac{y' - y}{r^3} \, dm' \, dm,$$

$$Z = k \int \int \frac{z' - z}{r^3} \, dm' \, dm,$$

$$L = k \int \int \frac{y'z - z'y}{r^3} \, dm' \, dm,$$

$$M = k \int \int \frac{z'x - x'z}{r^3} \, dm' \, dm,$$

$$N = k \int \int \frac{x'y - y'x}{r^3} \, dm' \, dm.$$

Si le trinôme $LX + MY + NZ = 0$ est nul, l'attraction mutuelle se ramènera à une résultante unique, et les deux corps graviteront l'un vers l'autre en ligne droite; dans le cas contraire ils tendront en outre à tourner l'un autour de l'autre. L'intégration de ces équations, même dans les cas les plus simples, ne se fait pas sans de grandes difficultés. Nous nous bornerons donc à considérer le cas très-élémentaire où les deux corps qui s'attirent mutuellement sont sphériques et homogènes, ou du moins composés de couches sphériques concentriques et homogènes.

Soient μ la masse de l'une des sphères, C son centre, μ' la masse de la seconde sphère, et C' son centre. L'attraction de la sphère μ sur un point quelconque O' de la sphère μ' sera la même que si la masse μ était réunie tout entière dans son centre de gravité C. En outre, l'attraction de la masse μ réunie en C' sur tous les éléments O' de la sphère μ' est égale et opposée à l'attraction de

I.

la sphère μ' sur C ; elle sera donc la même que si toute la masse C′ était réunie au centre μ'. Donc l'attraction mutuelle des deux sphères sera exactement la même que si leurs deux masses étaient respectivement réunies à leurs centres, c'est-à-dire que cette attraction mutuelle sera simplement égale à $\dfrac{k\mu\mu'}{R^2}$, R étant la distance des deux centres.

Au moyen de la balance de torsion on a mesuré la quantité d'attraction de deux sphères dont on connaissait la masse et la distance ; on a pu ainsi déterminer la valeur de k, et on l'a trouvée égale à $\dfrac{341}{10^{10}}$, le mètre et le kilogramme étant pris pour unités.

DIX-HUITIÈME LEÇON.

Méthode géométrique de M. Chasles pour la détermination de l'attraction des sphéroïdes. — Surfaces homofocales du second degré et leurs propriétés. — Lieu des pôles d'un plan fixe par rapport aux surfaces homofocales. — Lieu des sécantes — Cônes correspondants. — Normales aux surfaces homofocales. — Points correspondants. — Attraction sur un point intérieur d'une couche ellipsoïdale comprise entre deux surfaces homothétiques et concentriques. — Théorème de Newton. — Attraction sur un point extérieur. — Potentiel; sa valeur. — Attraction d'une couche ellipsoïdale sur un point extérieur.—Théorème d'Ivory.—Théorèmes généraux sur l'attraction des corps.— Surfaces de niveau relatives à l'attraction. — Points, surfaces et volumes correspondants. — Valeur de l'attraction exercée par un corps sur les éléments d'une surface de niveau. — Volume contenu dans un canal quelconque orthogonal. — Somme des molécules et volume d'une couche. — Somme des molécules et masse d'une couche. — Action d'une couche sur un point intérieur, sur un point à sa surface, sur un point extérieur. — Action exercée par deux couches. — Passage de l'attraction à la répulsion. — Attraction des paraboloïdes; calcul de M. Bourget. — Attraction des polyèdres; calcul de M. Mehler. — Attraction exercée suivant la puissance $2n$ de la distance; calcul de M. Mathey.

221. Quoique la théorie générale de l'attraction des sphéroïdes, développée dans la Leçon qui précède, ne laisse rien à désirer, nous croyons cependant devoir la compléter par l'exposé de deux méthodes très-remarquables de M. Chasles, l'une géométrique, et qui nous donnera la démonstration des théorèmes de Newton et d'Ivory, qu'il n'est pas permis d'ignorer; l'autre analytique, qui nous conduit à une foule de théorèmes généraux sur l'attraction des corps et des systèmes de corps. On nous saura gré en outre d'examiner, au moins en passant, les questions secondaires de l'attraction des paraboloïdes ou

des polyèdres, et un cas particulier de l'attraction en raison
d'une puissance paire de la distance autre que la seconde.

222. Démontrons d'abord quelques théorèmes ou
lemmes de Géométrie qui trouveront leur place dans un
certain nombre de questions de Mécanique et de Physique
mathématique.

On appelle surfaces homofocales des surfaces du second
ordre dont les sections principales ont les mêmes foyers.
Soient a, b, c les demi-axes d'un ellipsoïde : si l'on demande l'équation des surfaces homofocales rapportées à
leurs axes, on aura, en désignant par a', b', c' leurs
demi-axes,

$$a'^2 - a^2 = b'^2 - b^2 = c'^2 - c^2,$$

et en désignant par u la valeur commune de ces trois
différences, on aura

$$a'^2 = a^2 + u, \quad b'^2 = b^2 + u \quad \text{et} \quad c'^2 = c^2 + u;$$

l'équation demandée sera donc

$$\frac{x^2}{a^2 + u} + \frac{y^2}{b^2 + u} + \frac{z^2}{c^2 + u} = 1.$$

Théorème I. — *Par chaque point de l'espace on peut
faire passer trois surfaces homofocales à l'ellipsoïde
donné par l'équation*

$$(1) \qquad \frac{x^2}{a^2} + \frac{y^2}{b^2} + \frac{z^2}{c^2} = 1.$$

Ces trois surfaces se coupent orthogonalement.

En effet, si dans l'équation

$$(2) \qquad \frac{x^2}{a^2 + u} + \frac{y^2}{b^2 + u} + \frac{z^2}{c^2 + u} = 1,$$

qui représente les surfaces homofocales avec l'ellipsoïde
proposé, on regarde x, y, z comme constantes, on obtient
une équation du troisième degré en u, qui fournit bien

trois surfaces distinctes passant par x, y, z. Nous allons voir que ces surfaces sont réelles. Pour cela mettons l'équation en question sous la forme

$$x^2(b^2+u)(c^2+u) + y^2(a^2+u)(c^2+u) + z^2(a^2+u)(b^2+u)$$
$$- (a^2+u)(b^2+u)(c^2+u) = 0.$$

Si l'on suppose $a^2 > b^2 > c^2$, le premier membre de cette équation a le signe

$$+ \quad \text{pour} \quad u = -a^2,$$
$$- \quad \ldots \ldots \quad u = -b^2,$$
$$+ \quad \ldots \ldots \quad u = -c^2,$$
$$- \quad \ldots \ldots \quad u = +\infty.$$

A l'inspection de ce tableau, on voit immédiatement que l'équation (2) a trois racines réelles dont les valeurs absolues sont comprises entre a^2 et b^2, b^2 et c^2, c^2 et $+\infty$; et qu'en outre ces trois surfaces homofocales passant par x, y, z sont d'espèce différente.

La surface qui correspond à la valeur de u comprise entre $-a^2$ et $-b^2$ est un hyperboloïde à deux nappes; celle qui correspond à la valeur de u comprise entre $-b^2$ et $-c^2$ est un hyperboloïde à une nappe; enfin la dernière est un ellipsoïde.

Nous désignerons dorénavant par λ, μ, ν les racines de l'équation en u, et nous poserons

$$(3) \quad \begin{cases} a'^2 = a^2 + \lambda, & b'^2 = b^2 + \lambda, & c'^2 = c^2 + \lambda, \\ a''^2 = a^2 + \mu, & b''^2 = b^2 + \mu, & c''^2 = c^2 + \mu, \\ a'''^2 = a^2 + \nu, & b'''^2 = b^2 + \nu, & c'''^2 = c^2 + \nu. \end{cases}$$

Les équations de deux surfaces homofocales passant par un même point sont :

$$\frac{x^2}{a'^2} + \frac{y^2}{b'^2} + \frac{z^2}{c'^2} = 1,$$

$$\frac{x^2}{a''^2} + \frac{y^2}{b''^2} + \frac{z^2}{c''^2} = 1.$$

Si l'on retranche ces équations l'une de l'autre en supposant x, y, z constants, on a

$$\left(\frac{x^2}{a'^2 a''^2} + \frac{y^2}{b'^2 b''^2} + \frac{z^2}{c'^2 c''^2} \right)(\lambda - \mu) = 0.$$

Or, puisque l'équation en u n'a pas de racines égales, $\lambda - \mu$ est différent de zéro, donc

$$\frac{x^2}{a'^2 a''^2} + \frac{y^2}{b'^2 b''^2} + \frac{z^2}{c'^2 c''^2} = 0.$$

Cette équation exprime que les normales aux surfaces considérées sont perpendiculaires entre elles, car $\frac{x}{a'^2}$, $\frac{y}{b'^2}$, $\frac{z}{c'^2}$, $\frac{x}{a''^2}$, $\frac{y}{b''^2}$, $\frac{z}{c''^2}$ sont proportionnels respectivement aux cosinus des angles que ces normales font avec les axes; donc les surfaces homofocales passant par un même point se coupent orthogonalement. c. q. f. d.

Théorème II. — *Le lieu des pôles d'un plan fixe par rapport aux surfaces homofocales relatives aux diverses valeurs du paramètre u est une droite perpendiculaire à ce plan.*

En effet, l'équation du plan polaire du point x, y, z est, en appelant ξ, η, ζ les coordonnées courantes,

$$\frac{\xi x}{a^2 + u} + \frac{\eta y}{b^2 + u} + \frac{\zeta z}{c^2 + u} = 1.$$

Si l'on exprime que ce point est fixe, on a, en désignant par A, B, C trois constantes,

$$\frac{a^2 + u}{x} = A, \quad \frac{b^2 + u}{y} = B, \quad \frac{c^2 + u}{z} = C.$$

Ceci revient évidemment à identifier l'équation du plan polaire avec l'équation du plan fixe

$$\frac{x}{A} + \frac{y}{B} + \frac{z}{C} = 1.$$

Si entre les équations précédentes on élimine u, on a

$$A x - a^2 = By - b^2 = Cz - c^2,$$

équations d'une droite perpendiculaire au plan fixe. Cette droite passe évidemment par le point où le plan fixe touche l'une des surfaces homofocales.

THÉORÈME III. — *Si par un point* S (*fig.* 49) *on mène à un ellipsoïde des sécantes* SAB *et par le centre* O *les demi-diamètres* OC *parallèles à ces sécantes, le lieu des sécantes pour lesquelles le rapport* $\dfrac{AB}{\overline{OC}^2}$ *est constant est un cône du second degré.*

En effet, cherchons l'équation de ce cône. Soient α, β, γ les coordonnées du point S, et conservons pour l'ellipsoïde les mêmes notations que ci-dessus. Les équations de SB peuvent se mettre sous la forme

$$x = \alpha + \rho \cos i,$$
$$y = \beta + \rho \cos j,$$
$$z = \gamma + \rho \cos k.$$

En substituant ces valeurs de x, y, z dans l'équation de l'ellipsoïde, on obtient une équation du second degré en ρ dans laquelle la différence des racines est précisément AB; on a ainsi

$$\overline{AB}^2 = \frac{\left(\dfrac{\alpha\cos i}{a^2}+\dfrac{\beta\cos j}{b^2}+\dfrac{\gamma\cos k}{c^2}\right)^2 - \left(\dfrac{\alpha^2}{a^2}+\dfrac{\beta^2}{b^2}+\dfrac{\gamma^2}{c^2}-1\right)\left(\dfrac{\cos^2 i}{a^2}+\dfrac{\cos^2 j}{b^2}+\dfrac{\cos^2 k}{c^2}\right)}{\left(\dfrac{\cos^2 i}{a^2}+\dfrac{\cos^2 j}{b^2}+\dfrac{\cos^2 k}{c^2}\right)^2}.$$

D'un autre côté, on a évidemment

$$\overline{OC}^2 = \frac{1}{\dfrac{\cos^2 i}{a^2}+\dfrac{\cos^2 j}{b^2}+\dfrac{\cos^2 k}{c^2}}.$$

Les deux formules que nous venons de trouver donnent,

en égalant le rapport $\dfrac{\mathbf{AB}}{\overline{\mathbf{OC}}^2}$ ou $\dfrac{\overline{\mathbf{AB}}^2}{\overline{\mathbf{OC}}^4}$ à une constante σ^2,

$$(a) \quad \left\{ \begin{aligned} &\left(\frac{\alpha \cos^2 i}{a^2} + \frac{\beta \cos^2 j}{b^2} + \frac{\gamma \cos^2 k}{c^2} \right)^2 \\ &- \left(\frac{\alpha^2}{a^2} + \frac{\beta^2}{b^2} + \frac{\gamma^2}{c^2} - 1 \right) \left(\frac{\cos^2 i}{a^2} + \frac{\cos^2 j}{b^2} + \frac{\cos^2 k}{c^2} \right) = \sigma^2. \end{aligned} \right.$$

Si nous remettons les équations de SA sous la forme

$$\frac{x - \alpha}{\cos i} = \frac{y - \beta}{\cos j} = \frac{z - \gamma}{\cos k},$$

et si dans la formule (a) nous remplaçons σ^2 par $(\cos^2 i + \cos^2 j + \cos^2 k)\, \sigma^2$, l'élimination de i, j, k se fait immédiatement, et l'on a, pour le cône cherché, l'équation

$$(b) \quad \left\{ \begin{aligned} &\left[\frac{\alpha(x - \alpha)}{a^2} + \frac{\beta(y - \beta)}{b^2} + \frac{\gamma(z - \gamma)}{c^2} \right] \\ &- \left(\frac{\alpha^2}{a^2} + \frac{\beta^2}{b^2} + \frac{\gamma^2}{c^2} - 1 \right) \left[\frac{(x-\alpha)^2}{a^2} + \frac{(y-\beta)^2}{b^2} + \frac{(z-\gamma)^2}{c^2} \right] \\ &= \sigma^2 [(x - \alpha)^2 + (y - \beta)^2 + (z - \gamma)^2], \end{aligned} \right.$$

qui peut être simplifiée. D'abord, en prenant le point S pour origine des coordonnées, on a

$$(4) \quad \left(\frac{\alpha x}{a^2} + \frac{\beta y}{b^2} + \frac{\gamma z}{c^2} \right)^2 - K \left(\frac{x^2}{a^2} + \frac{y^2}{b^2} + \frac{z^2}{c^2} \right) = \sigma^2 (x^2 + y^2 + z^2),$$

en posant

$$(5) \qquad\qquad K = \frac{\alpha^2}{a^2} + \frac{\beta^2}{b^2} + \frac{\gamma^2}{c^2} - 1.$$

Si on laissait au contraire l'origine au centre de l'ellipsoïde, l'équation (b) se simplifierait encore et deviendrait

$$(6) \quad \left\{ \begin{aligned} &\left(\frac{\alpha x}{a^2} + \frac{\beta y}{b^2} + \frac{\gamma z}{c^2} - 1 \right)^2 - K \left(\frac{x^2}{a^2} + \frac{y^2}{b^2} + \frac{z^2}{c^2} - 1 \right) \\ &= \sigma^2 [(x - \alpha)^2 + (y - \beta)^2 + (z - \gamma)^2]. \end{aligned} \right.$$

L'équation (4) montre que tous les cônes correspondants aux différentes valeurs de σ^2 ont les mêmes axes principaux. En écrivant, en effet, les équations d'où dépendent les directions des axes, on constate que ces directions sont indépendantes de σ. Si dans l'équation (6) on fait $\sigma = 0$, on a le cône circonscrit à l'ellipsoïde; donc tous les cônes en question ont les mêmes axes que le cône circonscrit à l'ellipsoïde.

THÉORÈME IV. — *Les axes du cône circonscrit à l'ellipsoïde, et ayant pour sommet le point* **S**, *sont les normales aux surfaces homofocales passant par ce point* **S**.

En effet, reprenons l'équation (4), transformons les coordonnées, et prenons pour axes les normales aux surfaces homofocales passant en **S**. Il faudra changer

$$x \text{ en } \frac{p'\alpha}{a'^2} x + \frac{p''\alpha}{a''^2} y + \frac{p'''\alpha}{a'''^2} z,$$

$$y \text{ en } \frac{p'\beta}{b'^2} x + \frac{p''\beta}{b''^2} y + \frac{p'''\beta}{b'''^2} z,$$

$$z \text{ en } \frac{p'\gamma}{c'^2} x + \frac{p''\gamma}{c''^2} y + \frac{p'''\gamma}{c'''^2} z,$$

p', p'' et p''' désignant, pour abréger, les quantités suivantes :

$$(7)\qquad\begin{cases} p' = \left[\dfrac{\alpha^2}{a'^4} + \dfrac{\beta^2}{b'^4} + \dfrac{\gamma^2}{c'^4} \right]^{-\frac{1}{2}}, \\[3mm] p'' = \left[\dfrac{\alpha^2}{a''^4} + \dfrac{\beta^2}{b''^4} + \dfrac{\gamma^2}{c''^4} \right]^{-\frac{1}{2}}, \\[3mm] p''' = \left[\dfrac{\alpha^2}{a'''^4} + \dfrac{\beta^2}{b'''^4} + \dfrac{\gamma^2}{c'''^4} \right]^{-\frac{1}{2}}; \end{cases}$$

on obtient alors, au lieu de (4), l'équation suivante :

$$(8)\begin{cases}\left[p'x\left(\dfrac{\alpha^2}{a^2a'^2}+\dfrac{\beta^2}{b^2b'^2}+\dfrac{\gamma^2}{c^2c'^2}\right)+\ldots\right]^2\\[2mm]-A\left[p'^2x^2\left(\dfrac{\alpha^2}{a^2a'^4}+\dfrac{\beta^2}{b^2b'^4}+\dfrac{\gamma^2}{c^4c'^4}\right)+\ldots\right.\\[2mm]\qquad\left.+2xyp'p''\left(\dfrac{\alpha^2}{a^2a'^2a''^2}+\dfrac{\beta^2}{b^2b'^2b''^2}+\dfrac{\gamma^2}{c^2c'^2c''^2}\right)+\ldots\right]\\[2mm]=\sigma^2\left[p'^2x^2\left(\dfrac{\alpha^2}{a'^4}+\dfrac{\beta^2}{b'^4}+\dfrac{\gamma^2}{c'^4}\right)+\ldots\right].\end{cases}$$

Or, on a

$$(9)\qquad \frac{\alpha^2}{a'^2}+\frac{\beta^2}{b'^2}+\frac{\gamma^2}{c'^2}=1,$$

$$(10)\qquad \frac{\alpha^2}{a''^2}+\frac{\beta^2}{b''^2}+\frac{\gamma^2}{c''^2}=1;$$

et de ces deux équations on tire par soustraction, en ayant égard aux relations (3),

$$(11)\qquad \frac{\alpha^2}{a'^2a''^2}+\frac{\beta^2}{b'^2b''^2}+\frac{\gamma^2}{c'^2c''^2}=0.$$

On tire de même par soustraction, de (5) et de (9),

$$(12)\qquad \frac{\alpha^2}{a^2a'^2}+\frac{\beta^2}{b^2b'^2}+\frac{\gamma^2}{c^2c'^2}=\frac{K}{\lambda};$$

de (11) et (12),

$$(13)\qquad \frac{\alpha^2}{a^2a'^2a''^2}+\frac{\beta^2}{b^2b'^2b''^2}+\frac{\gamma^2}{c^2c'^2c''^2}=\frac{K}{\lambda\mu};$$

de la première équation (7) et de (12),

$$(14)\qquad \frac{\alpha^2}{a^2a'^4}+\frac{\beta^2}{b^2b'^4}+\frac{\gamma^2}{c^2c'^4}=\frac{K}{\lambda^2}-\frac{1}{\lambda p'^2}.$$

En tenant compte des équations (7), (12), (13), (14),

l'équation (8) devient

$$A^2 \left[\frac{p'x}{\lambda} + \frac{p''y}{\mu} + \frac{p''z}{\nu} \right]^2$$
$$- A\left[\left(\frac{p'^2 x^2}{\lambda^2} + \frac{p''^2 y^2}{\mu^2} + \frac{p'''^2 z^2}{\nu^2} \right) K - \frac{x^2}{\lambda^2} - \frac{y^2}{\mu^2} - \frac{z^2}{\nu^2} \right.$$
$$\left. + \frac{2pp'\,xy}{\lambda\mu} + \frac{2p'p''\,yz}{\mu\nu} + \frac{2pp''\,zz}{\lambda\nu} \right) \right]$$
$$= \sigma^2(x^2 + y^2 + z^2),$$

c'est-à-dire, réductions faites,

$$(15) \qquad \frac{x^2}{\lambda^2} + \frac{y^2}{\mu^2} + \frac{z^2}{\nu^2} = \frac{\sigma^2}{K}\,(x^2 + y^2 + z^2).$$

Cette dernière équation montre que les cônes considérés tout à l'heure ont mêmes axes, et que ces axes sont les normales aux surfaces homofocales passant par le sommet S.   C. Q. F. D.

On peut remarquer que la quantité K est précisément le terme constant de l'équation en u, en sorte que

$$K = \frac{\lambda\mu\nu}{a^2\,b^2\,c^2}.$$

Si l'on fait $\sigma = 0$, on a l'équation du cône circonscrit à l'ellipsoïde (1), et ayant son centre en S :

$$\frac{x^2}{\lambda^2} + \frac{y^2}{\mu^2} + \frac{z^2}{\nu^2} = 0.$$

On dit que deux points sont *correspondants* sur deux ellipsoïdes homofocaux, lorsque leurs coordonnées sont proportionnelles aux demi-axes parallèles ; en adoptant cette définition, on peut énoncer le théorème suivant :

THÉORÈME V. — *La distance de deux points pris au*

hasard, sur deux ellipsoïdes homofocaux, est égale à la distance de leurs correspondants.

Prenons, en effet, les équations des ellipsoïdes sous la forme :

$$(1) \qquad x = a \cos\varphi, \quad y = b \cos\chi, \quad z = c \cos\psi,$$

$$(2) \qquad x = a' \cos\varphi, \quad y = b' \cos\chi, \quad z = c' \cos\psi,$$

dans laquelle φ, χ, ψ *désignent les angles d'une droite* avec les axes. Nous le pouvons, car l'élimination de φ, χ, ψ entre ces trois équations et cette quatrième, $\cos^2\varphi + \cos^2\chi + \cos^2\psi = 1$, conduit sans peine à l'équation ordinaire de cette surface.

Soient alors $a\cos\varphi$, $b\cos\chi$, $c\cos\psi$ les coordonnées d'un point M du premier ellipsoïde ; $a'\cos\varphi'$, $b'\cos\chi'$, $c'\cos\psi'$ les coordonnées d'un point M' du second. Le carré de la distance de ces points sera

$$\overline{MM'}^2 = (a \cos\varphi - a'\cos\varphi')^2 + (b\cos\chi - b'\cos\chi')^2$$
$$+ (c\cos\psi - c'\cos\psi')^2.$$

Soient N et N' les correspondants de M et M', et $a'\cos\varphi''$, $b'\cos\chi''$, $c'\cos\psi''$ et $a\cos\varphi'''$, $b\cos\chi'''$, $c\cos\psi'''$ leurs coordonnées ; on aura, pour exprimer la condition de correspondance, $\varphi'' = \varphi$, $\chi'' = \chi$, $\psi'' = \psi$, $\varphi''' = \varphi'$, $\chi''' = \chi'$ et $\psi''' = \psi'$, et par suite

$$\overline{NN'}^2 = (a' \cos\varphi - a\cos\varphi')^2 + (b\cos\chi' - b'\cos\chi)^2$$
$$+ (c\cos\psi' - c'\cos\psi)^2.$$

Si l'on prend la différence entre $\overline{MM'}^2$ et $\overline{NN'}^2$, en observant que $a^2 - a'^2$, $b^2 - b'^2$, $c^2 - c'^2$ sont égaux, on trouve

$$(a^2 - a'^2)(\cos^2\varphi + \cos^2\chi + \cos^2\psi - \cos^2\varphi' - \cos^2\chi' - \cos^2\psi'),$$

c'est-à-dire zéro ; donc $MM' = NN'$. \hfill C. Q. F. D.

223. Nous pouvons actuellement aborder la théorie géométrique de l'attraction des ellipsoïdes.

Considérons d'abord une couche ellipsoïdale comprise entre deux surfaces homothétiques et concentriques : soit S (*fig.* 5o) un point attiré. Prenons ce point pour sommet d'un cône infinitésimal qui découpe dans la couche deux solides ABCD, A′B′C′D′.

Si l'on suppose la couche infiniment mince, on pourra, dans le calcul de l'attraction, négliger l'action de la portion annulaire comprise à l'extérieur du cône tangent à la surface interne. Soient r et r' les distances du point S aux solides ABCD, A′B′C′D′; l'attraction exercée en ABCD se calculera en décomposant son volume en tranches sphériques très-minces ayant leur centre en S; l'action d'une de ces tranches est

$$k \rho \, \frac{\omega \, dr}{r^2} \, ;$$

k désignant le coefficient de l'attraction, ρ la masse spécifique de couche, ω la surface de la tranche considérée et dr son épaisseur. En intégrant, on trouve, pour l'action totale de la partie ABCD,

$$k \rho \, \Omega \, \text{AB,}$$

Ω désignant la section faite dans le cône infinitésimal par la sphère de rayon 1 décrite du point S comme centre. On trouverait de même, pour l'action de A′B′C′D′,

$$k \rho \, \Omega \, \text{A}' \text{B}'.$$

Or, les épaisseurs AB et A′B′ sont égales, car les surfaces de la couche considérée étant homothétiques, les plans diamétraux d'une même direction dans les deux ellipsoïdes sont identiques, et par suite les cordes AA′ et BB′ ont mêmes milieux, donc A′B′ = AB; donc aussi les actions de ABCD et A′B′C′D′ sont égales, et l'on peut énoncer le théorème suivant dû à Newton :

THÉORÈME VI. — *L'attraction d'une couche ellipsoïdale comprise entre deux surfaces homothétiques infiniment voisines l'une de l'autre, sur un point intérieur, est nulle, et par conséquent l'attraction exercée par une couche finie, formée de couches comprises entre deux surfaces ellipsoïdales homothétiques et homogènes, est nulle.*

Revenons avec **M. Chasles** au cas où le point attiré **S** est extérieur à la couche. Prenons le point **S** pour origine des coordonnées et l'axe du cône circonscrit à la surface externe de la couche pour axe des z. Si nous faisons usage de coordonnées polaires, l'élément de volume attirant sera

$$r^2 \, dr \sin \theta \, d\theta \, d\psi,$$

dr désignant la portion de rayon vecteur comprise entre les deux surfaces de la couche, θ la colatitude et ψ la longitude. Par suite, l'attraction exercée par le volume en question sera

$$(1) \qquad k \rho \, dr \sin \theta \, d\theta \, d\psi.$$

Soit SA (*fig.* 51) le rayon r, O le centre de l'ellipsoïde extérieur, OC le diamètre parallèle à **SA**, joignons SO. On aura

$$\frac{\text{SA}.\text{SB}}{\text{SE}.\text{SD}} = \frac{\overline{\text{OC}}^2}{\overline{\text{OD}}^2} \; (*),$$

(*) En vertu d'une propriété commune à toutes les courbes algébriques, et qu'on peut énoncer ainsi : *Si l'on mène par un point S quelconque de l'espace deux sécantes de direction fixe, le rapport des produits des segments interceptés sur chaque sécante est constant pour toutes les positions du point S.*

Pour démontrer cette proposition on prend pour axes deux des sécantes

ou bien, en désignant par G le milieu de AB,

$$\frac{\overline{SG}^2 - \overline{GA}^2}{\overline{SO}^2 - \overline{OD}^2} = \frac{\overline{OC}^2}{\overline{OD}^2},$$

d'où

$$\overline{SG}^2 - \overline{GA}^2 = \frac{\overline{OC}^2}{\overline{OD}^2} \left(\overline{SO}^2 - \overline{OD}^2 \right).$$

Si l'on applique cette relation à la surface interne, le point G ne changera pas, puisque les ellipsoïdes sont homothétiques, et $\dfrac{\overline{OC}^2}{\overline{OD}^2}$ restera aussi le même, en sorte que l'on pourra écrire, en retranchant l'équation relative à la surface interne de la précédente,

$$d.\overline{GA}^2 = \frac{\overline{OC}^2}{\overline{OD}^2}\, d.\overline{OD}^2,$$

ou, en observant que $d.\mathrm{GA}$ n'est autre chose que dr,

$$dr = \frac{\overline{OC}^2}{\mathrm{GA}}\, \frac{d.\mathrm{OD}}{\mathrm{OD}}.$$

---

considérées et l'on fait $x = 0$ dans l'équation de la courbe. Dans l'équation en y ainsi obtenue, le produit des racines représente l'un des produits de segments considérés; or si B désigne le coefficient de la plus haute puissance de y et C le terme indépendant des variables, le produit en question sera égal à $\pm \dfrac{\mathrm{C}}{\mathrm{B}}$. L'autre produit s'obtiendrait d'une manière semblable et serait égal à $\pm \dfrac{\mathrm{C}}{\mathrm{A}}$, A désignant le coefficient de la plus haute puissance de x. Le rapport de ces deux produits est $\dfrac{\mathrm{A}}{\mathrm{B}}$, c'est-à-dire constant, à la condition que, quand le point S changera de position, la direction des sécantes ne variera pas. On sait, en effet, que le changement d'origine n'altère pas dans la transformation des coordonnées les coefficients des termes du degré le plus élevé.

L'expression (1) de l'attraction devient alors

$$k\rho\,\frac{\overline{OC}^2}{GA}\,\frac{d.OD}{OD}\sin\theta\,d\theta\,d\psi;$$

et si l'on attribue à $\dfrac{\overline{OC}^2}{GA}$ des valeurs déterminées, on obtiendra des éléments de volumes coniques (*voir* théorèmes III et IV) ayant pour axe la droite choisie pour axe des z. Pour deux valeurs de ψ différentes de π, les éléments seront égaux, car θ prendra des valeurs égales ; donc l'attraction des deux éléments correspondants à ces valeurs de ψ fournira une attraction dirigée suivant l'axe des z, et l'on arrive au théorème suivant :

Théorème VII. — *L'attraction d'une couche homogène infiniment mince limitée à deux ellipsoïdes concentriques et homothétiques, sur un point extérieur, est dirigée suivant l'axe du cône circonscrit à la surface externe de la couche ayant son sommet au point attiré ; cette direction coïncide du reste avec la normale à la surface homofocale de la surface externe de la couche passant par le point attiré.*

Il résulte de là que les surfaces de niveau ne sont autre chose que des ellipsoïdes homofocaux à la surface externe de la couche. Rappelons ici que l'on appelle *surfaces de niveau* celles qui sont en tous leurs points normales aux directions des forces qui sollicitent ces points. Si X, Y, Z désignent les composantes de l'attraction suivant trois axes rectangulaires, on devra donc avoir

$$X\,dx + Y\,dy + Z\,dz = 0,$$

dx, dy, dz étant proportionnels aux cosinus que fait la normale aux surfaces de niveau avec les axes. Cette expression est une différentielle exacte, puisque X, Y, Z sont les dérivées de la fonction des forces U, à laquelle nous donnerons désormais le nom de *potentiel*. On peut donc dire que tout le long d'une surface de niveau le potentiel est constant.

Lorsqu'on connaît les surfaces de niveau, il est facile d'en déduire la valeur du potentiel U qui satisfait, comme nous l'avons vu, à l'équation

$$(1) \qquad D_x^2 U + D_y^2 U + D_z^2 U = 0 \quad \text{ou} \quad \Delta^{(2)} U = 0.$$

Cela posé, l'équation des surfaces de niveau renferme un paramètre u, constant sur une même surface et variable d'une surface à l'autre. U, fonction de ce paramètre, est aussi constant sur une même surface de niveau et variable d'une surface à l'autre. U et u varient donc et sont constants en même temps, et puisque U est fonction de u, on a

$$D_x U = D_u U D_x u, \quad D_x^2 U = D_u^2 U (D_x u)^2 + D_u U D_x^2 u.$$

En changeant x en y et en z, on obtient deux autres formules analogues à la précédente qui, combinées avec elle par voie d'addition, donnent en vertu de (1)

$$(2) \qquad D_u^2 U (\Delta^{(1)} u)^2 + D_u U \Delta^{(2)} u = 0.$$

Cette équation différentielle du second ordre peut s'intégrer par les quadratures, et si l'on pose

$$\frac{\Delta^{(2)} u}{[\Delta^{(1)} u]^2} = \varphi(u),$$

on trouve

$$U = \int C e^{-\int \varphi(u)du} \, du + C',$$

C et C′ désignant deux constantes.

224. Appliquons cette théorie aux ellipsoïdes. Nous avons trouvé que les surfaces de niveau relatives à l'attraction exercée par un ellipsoïde étaient des ellipsoïdes homofocaux; l'équation des surfaces de niveau, dans le cas actuel, peut donc être présentée sous la forme

$$\frac{x^2}{a^2 + u} + \frac{y^2}{b^2 + u} + \frac{z^2}{c^2 + u} = 1.$$

En posant alors

$$p = \frac{1}{\sqrt{\dfrac{x^2}{(a^2 + u)^2} + \dfrac{y^2}{(b^2 + u)^2} + \dfrac{z^2}{(c^2 + u)^2}}},$$

on a

$$D_x u = p^2 \frac{2x}{a^2 + u},$$

$$D_x^2 U = \frac{2p^2}{a^2 + u} + 8p^6 \frac{x^2}{(a^2 + u)^2}\left[\frac{x^2}{(a^2 + u)^3} + \frac{y^2}{(b^2 + u)^3} + \frac{z^2}{(c^2 + u)^3}\right]$$
$$- 8p^4 \frac{x^2}{(a^2 + u)^3}.$$

On tire facilement de ces équations et de celles que l'on obtient par une ou deux permutations circulaires

$$[\Delta^{(1)} u]^2 = 4p^2,$$

$$\Delta^{(2)} u = 2p^2 \left(\frac{1}{a^2 + u} + \frac{1}{b^2 + u} + \frac{1}{c^2 + u}\right);$$

l'équation (2) de tout à l'heure devient donc

$$4p^2 D_u^2 U + 2p^2 \left(\frac{1}{a^2 + u} + \frac{1}{b^2 + u} + \frac{1}{c^2 + u}\right) D_u U = 0.$$

On en conclut, en désignant par C une constante,

$$2 l.D_u U + l\left[C(a^2 + u)(b^2 + u)(c^2 + u)\right] = 0$$

ou

$$D_u U = \left[C(a^2 + u)(b^2 + u)(c^2 + u)\right]^{-\frac{1}{2}};$$

et, en désignant par X, Y, Z les composantes de l'attraction suivant les axes,

$$(3)\quad\begin{cases} \mathbf{X} = \mathbf{D}_x\mathbf{U} = \mathbf{D}_u\mathbf{U}\,\dfrac{du}{dx} \\[2mm] \qquad = 2\left[\mathbf{C}\,(a^2+u)(b^2+u)(c^2+u)\right]^{-\frac{1}{2}}\dfrac{xp^2}{a^2+u}, \\[3mm] \mathbf{Y} = 2\left[\mathbf{C}\,(a^2+u)(b^2+u)(c^2+u)\right]^{-\frac{1}{2}}\dfrac{yp^2}{b^2+u}, \\[3mm] \mathbf{Z} = 2\left[\mathbf{C}\,(a^2+u)(b^2+u)(c^2+u)\right]^{-\frac{1}{2}}\dfrac{zp^2}{c^2+u}. \end{cases}$$

Reste à déterminer C. Pour y parvenir, M. Chasles place le point attiré sur la surface externe de la couche, ce qui revient à faire $u = 0$. L'expression trouvée pour l'attraction d'un élément est

$$\frac{\overline{OC}^2}{GA}\cdot\frac{d.OD}{OD}\sin\theta\,d\theta\,d\psi = 2k\rho\,\frac{\overline{OC}^2}{AB}\cdot\frac{d.OD}{OD}\sin\theta\,d\theta\,d\psi;$$

et l'on a déjà vu que

$$\frac{\overline{OC}^2}{SA\times SB} = \frac{\overline{OD}^2}{SD\times SE},$$

d'où

$$(a)\qquad \frac{\overline{OC}^2}{SA} = \frac{\overline{OD}^2}{SD}\cdot\frac{SB}{SE}.$$

Faisons coïncider le point S avec la surface ; $\dfrac{\overline{OC}^2}{SA}$ devien-

dra $\dfrac{\overline{OC}^2}{AB}$; $\dfrac{\overline{OD}^2}{SD}$ deviendra $\dfrac{1}{2}OD$; SB pourra être remplacé

par $\dfrac{SK}{\cos\theta}$ (*fig.* 52) et l'équation (a) deviendra

$$(b)\qquad \frac{\overline{OC}^2}{AB} = \frac{1}{2}OD\cdot\frac{SK}{SE\cos\theta}.$$

33.

mais en menant OP perpendiculaire sur SX, on a

$$\frac{SK}{SE} = \frac{SP}{SO} = \frac{SP}{OD};$$

(b) devient alors

$$\frac{\overline{OC}^2}{AB} = \frac{1}{2}\frac{SP}{\cos\theta};$$

l'attraction de l'élément de la couche devient alors

$$k\rho SP\frac{d.OD}{OD}\tang\theta\, d\theta\, d\psi.$$

La composante de cette attraction, suivant l'axe du cône, est

$$k\rho\cdot\frac{d.OD}{OD}\sin\theta\, d\theta\, d\psi,$$

et l'attraction totale s'obtient en intégrant cet élément de $\theta = 0$ à $\theta = \pi$, et de $\psi = 0$ à $\psi = 2\pi$, ce qui donne

$$4\pi k\rho\frac{d.OD}{OD}\cdot SP.$$

Si l'on place le point S à l'extrémité de l'axe principal a de l'ellipsoïde, l'attraction devient

$$4\pi k\rho\,.da.$$

D'un autre côté, si, dans la première des formules (3), on fait $u = 0$, on a une autre valeur de cette attraction, et en égalant ces deux valeurs on a

$$4\pi k\rho\, da = \frac{2}{\sqrt{C}\, bc},$$

d'où

$$\sqrt{C} = \frac{1}{2\pi k\rho\, bc\, da};$$

les formules (3) deviennent alors

$$\mathbf{X} = 4\pi\, k\, \rho\, bc\, da\, \frac{p^2 x}{a^2 + u}\left[(a^2 + u)(b^2 + u)(c^2 + u)\right]^{-\frac{1}{2}},$$

$$\mathbf{Y} = 4\pi\, k\, \rho\, bc\, da\, \frac{p^2 y}{b^2 + u}\left[(a^2 + u)(b^2 + u)(c^2 + u)\right]^{-\frac{1}{2}},$$

$$\mathbf{Z} = 4\pi\, k\, \rho\, bc\, da\, \frac{p^2 z}{c^2 + u}\left[(a^2 + u)(b^2 + u)(c^2 + u)\right]^{-\frac{1}{2}},$$

et, par suite,

$$\sqrt{\mathbf{X}^2 + \mathbf{Y}^2 + \mathbf{Z}^2} = 4\pi\, k\, \rho\, bc\, da\, p\left[(a^2 + u)(b^2 + u)(c^2 + u)\right]^{-\frac{1}{2}}.$$

Telle est l'expression de l'attraction d'une couche ellipsoïdale sur un point extérieur : p représente dans cette expression la distance du centre de l'ellipsoïde au plan tangent à l'ellipsoïde homofocal passant en S.

Dans les équations précédentes, posons

$$a^2 + u = a_1^2, \quad b^2 + u = b_1^2, \quad c^2 + u = c_1^2.$$

Remplaçons, pour plus de symétrie, dans la suite des calculs, $\mathbf{X}$, $\mathbf{Y}$, $\mathbf{Z}$, x, y, z, p, par $\mathbf{X}_1$, $\mathbf{Y}_1$, $\mathbf{Z}_1$, x_1, y_1, z_1, p_1 ; supposons que la couche agisse non plus sur un simple point matériel, mais sur l'élément $d\omega_1$ de la surface de niveau passant en S, et mettons en évidence la masse $d\omega_1$ de l'élément attiré implicitement contenue dans le facteur k : nous trouverons ainsi

$$\mathbf{X}_1 = 4\, k\,\pi\,\rho\, bc\, da \cdot \frac{x_1}{a_1^2}\, \frac{p_1\, d\omega_1}{a_1 b_1 c_1}.$$

Or, on a

$$d\omega_1 = dy_1\, dz_1\, \frac{a_1^2}{x_1}\sqrt{\frac{x^2}{a_1^4} + \frac{y^2}{b_1^4} + \frac{z^2}{c_1^4}},$$

d'où

$$p_1\, d\omega_1 = dy_1\, dz_1\, \frac{a_1^2}{x_1},$$

et, par conséquent,

$$\mathbf{X}_1 = \frac{4\,k\,\pi\rho\,bc\,da}{a_1\,b_1\,c_1}\,dy_1\,dz_1.$$

On trouverait de la même manière pour un autre élément de surface de niveau

$$\mathbf{X}_2 = \frac{4\,k\,\pi\,bc\,da}{a_2\,b_2\,c_2}\,dy_2\,dz_2,$$

d'où

$$\frac{\mathbf{X}_1}{\mathbf{X}_2} = \frac{dy_1\,dz_1}{dy_2\,dz_2}\,\frac{a_2\,b_2\,c_2}{a_1\,b_1\,c_1}.$$

Mais si $d\omega_1$ et $d\omega_2$ sont deux éléments correspondants sur les deux surfaces de niveau, on a

$$\frac{x_1}{a_1} = \frac{x_2}{a_2}, \quad \frac{y_1}{b_1} = \frac{y_2}{b_2}, \quad \frac{z_1}{c_1} = \frac{z_2}{c_2},$$

c'est-à-dire

$$\frac{dx_1}{a_1} = \frac{dx_2}{a_2}, \quad \frac{dy_1}{b_1} = \frac{dy_2}{b_2}, \quad \frac{dz_1}{c_1} = \frac{dz_2}{c_2},$$

et enfin

$$\frac{\mathbf{X}_1}{\mathbf{X}_2} = \frac{a_2}{a_1}.$$

Cette équation conduit au théorème suivant :

THÉORÈME VIII. — *Les composantes de l'attraction mutuelle de deux points correspondants sont entre elles en raison inverse des axes des surfaces homofocales auxquelles ils appartiennent.*

225. Nous terminerons ces considérations géométriques par une remarque intéressante consignée dans le Mémoire de M. Chasles sur l'attraction des ellipsoïdes.

Si l'on reprend la valeur de l'attraction totale exercée

sur un point extérieur,

$$\frac{4\pi\rho\,bc\,da\,p_1}{a_1 b_1 c_1},$$

et si l'on suppose, au lieu d'un simple point attiré, un élément de surface de niveau $d\omega_1$, cette expression de l'attraction prendra la forme

$$\frac{4\pi k\rho\,bc\,da\,p_1\,d\omega_1}{a_1 b_1 c_1}.$$

Si l'on intègre relativement à l'aire entière de la surface de niveau, et si l'on remarque que $\Sigma p_1\,d\omega$ est le triple du volume de l'ellipsoïde dont les axes sont a_1, b_1, c_1, on trouve

$$16\pi k\rho\,bc\,da.$$

On peut donc dire que :

THÉORÈME IX. — *La somme des attractions exercées par la couche sur tous les éléments d'une même surface de niveau est constante.*

226. La théorie de M. Chasles résout complétement le problème de l'attraction d'une couche infiniment mince. L'attraction d'une couche d'épaisseur finie ou même d'un ellipsoïde plein est, comme on sait, beaucoup plus difficile à évaluer; mais, d'une part, si le point attiré est intérieur à l'ellipsoïde, en vertu du théorème de Newton, l'attraction exercée par la couche comprise entre la surface de l'ellipsoïde et l'ellipsoïde homothétique et concentrique passant par le point attiré est nulle, et le cas du point intérieur se ramène au cas d'un point situé sur la surface. D'autre part, Ivory a fait connaître un théorème très-remarquable qui permet de ramener le cas du point extérieur au cas du point intérieur, en sorte qu'en dernière analyse on n'a plus à considérer que le cas d'un point situé sur la surface.

Considérons un premier ellipsoïde dont les demi-axes

sont a, b, c; l'attraction exercée par lui a pour composantes

$$X = km \int \frac{x - \mathrm{x}}{r^3}\, d\mathrm{m},$$

$$Y = km \int \frac{y - \mathrm{y}}{r^3}\, d\mathrm{m},$$

$$Z = km \int \frac{x - z}{r^2}\, d\mathrm{m},$$

x, y, z désignant les coordonnées de l'élément attirant dm, x, y, z les coordonnées du point attiré, r la distance de l'élément dm au point attiré : k représente toujours le coefficient de l'attraction, et m la masse du point attiré.

Considérons, en particulier, la composante parallèle à l'axe des x : on peut la mettre sous la forme

$$X = km\rho \int\int\int \frac{x - \mathrm{x}}{r^3}\, d\mathrm{x}\, d\mathrm{y}\, d\mathrm{z},$$

ρ désignant la densité constante de l'ellipsoïde. L'intégration par rapport à x peut s'effectuer et donne

$$X = km\rho \int\int \left(\frac{d\mathrm{y}\, d\mathrm{z}}{r_2} - \frac{d\mathrm{y}\, d\mathrm{z}}{r_1} \right),$$

r_2 et r_1 désignant les valeurs de r correspondant à deux points situés sur la surface de l'ellipsoïde et sur un prisme parallèle à l'axe des x.

Faisons actuellement passer par le point x, y, z un ellipsoïde homofocal avec l'ellipsoïde attirant; l'action de cet ellipsoïde idéal supposé plein sur le point correspondant de x, y, z aura pour composante suivant l'axe des x

$$X' = km\rho \int\int \left(\frac{d\mathrm{y}'\, d\mathrm{z}'}{r'_1} - \frac{d\mathrm{y}'\, d\mathrm{z}'}{r'_2} \right),$$

x', y', z' désignant les coordonnées d'un point du nouvel ellipsoïde, et r'_1, r'_2 les distances du point correspondant du point attiré à deux points situés sur une parallèle à l'axe des x et sur la surface du second ellipsoïde. Rien n'empêche de choisir pour ces points les points correspondants x, y, z, x, y, z des points qui se présentent dans la formation de la composante $\mathbf{X}$; on aura alors $r_1 = r'_1$ et $r_2 = r'_1$, en vertu du théorème V, p. 5o7.

Si nous désignons alors par $2q'$, $2b'$, $2c'$ les axes de l'ellipsoïde passant par le point x, y, z, et homofocal avec l'ellipsoïde proposé, on aura

$$\frac{d\mathbf{x}'}{d\mathbf{x}} = \frac{a'}{a}, \quad \frac{d\mathbf{y}'}{d\mathbf{y}} = \frac{b'}{b}, \quad \frac{d\mathbf{z}'}{d\mathbf{z}} = \frac{c'}{c};$$

et, en vertu de ces équations, la formule qui donne $\mathbf{X}'$ pourra s'écrire

$$\mathbf{X}' = km\rho \int\int \left(\frac{d\mathbf{y}\,d\mathbf{z}}{r_1} - \frac{d\mathbf{y}\,d\mathbf{z}}{r_2} \right) \frac{b'c'}{bc},$$

ou

$$\mathbf{X}' = \frac{b'c'}{bc} \mathbf{X}.$$

On aurait de même

$$\mathbf{Y}' = \frac{c'a'}{ca} \mathbf{Y},$$

$$\mathbf{Z}' = \frac{a'b'}{ab} \mathbf{Z}.$$

C'est dans ces trois égalités que consiste le théorème d'Ivory.

Théorème X. — *Les attractions que deux ellipsoïdes homofocaux exercent parallèlement à chaque axe sur deux points correspondants placés sur leurs surfaces respectives, sont entre elles comme les produits des deux axes perpendiculaires à chaque composante.*

Poisson a remarqué le premier que ce théorème est indépendant de la loi d'attraction.

Ajoutons que si nous convenons d'appeler *éléments correspondants* deux éléments de surfaces de niveau tels, que chaque point de l'un ait son correspondant dans l'autre, nous pourrons énoncer le théorème suivant :

Théorème XI. — *Les attractions exercées par une couche comprise entre deux ellipsoïdes homothétiques et concentriques, sur deux éléments correspondants, sont égales.*

Soient, en effet, a, b, c les demi-axes de la surface externe de la couche, ρ la densité de cette couche ; a_1, b_1, c_1 les demi-axes de l'une des surfaces de niveau, $d\omega$ un élément de cette surface, p la distance du centre de la couche au plan de cet élement, l'attraction exercée sur cet élément sera

$$4\pi\rho\, bc\, da\, \frac{p\,d\omega}{a_1 b_1 c_1}.$$

Soit $d\omega'$ l'élément correspondant de $d\omega$ sur une surface de niveau dont les demi-axes soient a'_1, b'_1, c'_1 ; soit aussi p' la distance du centre de la couche au plan de l'élément $d\omega'$: l'attraction exercée sur cet élément sera

$$4\pi\rho\, bc\, da\, \frac{p'\,d\omega'}{a'_1 b'_1 c'_1}.$$

Le rapport de ces deux attractions est

$$(1) \qquad \frac{p\,d\omega}{p'\,d\omega'}\; \frac{a'_1 b'_1 c'_1}{a_1 b_1 c_1}.$$

Mais $p\,d\omega$ est égal à $dy\,dz\,\dfrac{a_1^2}{x}$, $p'\,d\omega'$ est égal à $dy'\,dz'\,\dfrac{a'_1}{x'}$; x, y, z, x', y', z' désignant les coordonnées des éléments $d\omega$, $d\omega'$; de plus, comme ces éléments sont correspondants, on a

$$\frac{x}{a_1} = \frac{x'}{a'_1}, \qquad \frac{y}{b_1} = \frac{y'}{b'_1}, \qquad \frac{z}{c_1} = \frac{z'}{c'_1},$$

ou bien

$$\frac{dx}{a_1} = \frac{dx'}{a'_1}, \qquad \frac{dy}{b_1} = \frac{dy'}{b'_1}, \qquad \frac{dz}{c_1} = \frac{dz'}{c'_1},$$

c'est-à-dire

$$\frac{dx}{dx'} = \frac{a_\iota}{a'_\iota}, \quad \frac{dy}{dy'} = \frac{b_\iota}{b'_\iota}, \quad \frac{dz}{dz'} = \frac{c_\iota}{c'_\iota};$$

le rapport (1), en tenant compte de ces relations, se réduit à l'unité, ce qui démontre le théorème que nous avions énoncé.

227. Concevons un corps matériel de forme quelconque, mais terminé par une surface fermée, c'est-à-dire ne s'étendant pas à l'infini, et doué du pouvoir attractif en raison directe des masses et en raison inverse du carré des distances. Concevons les *surfaces de niveau* relatives à son attraction; il y aura trois cas à distinguer : les unes seront entièrement extérieures au corps et l'envelopperont de toutes parts; d'autres seront entièrement comprises dans l'intérieur du corps, et d'autres enfin pourront être en partie extérieures au corps et en partie dans son intérieur, à moins toutefois que la surface du corps ne soit elle-même une surface de niveau, auquel cas il n'y aurait que des surfaces intérieures et des surfaces extérieures. Quoi qu'il en soit, nous ne considérerons que les surfaces entièrement extérieures au corps.

Soit A l'une de ces surfaces : concevons sa normale en un point m, et soit dn la portion de cette normale comprise, extérieurement à la surface A, entre le point m et la surface de niveau infiniment voisine de A. Enfin, soit K un coefficient constant qui sera un infiniment petit du deuxième ordre. Prenons sur la normale, intérieurement à la surface A, un segment $\frac{\mathrm{K}}{dn}$; son extrémité aura pour lieu géométrique une certaine surface. Cette surface, et la surface primitive A qui a servi à la construire, comprendront entre elles une couche infiniment mince, dont l'épaisseur, variable en chaque point, aura pour expression $\dfrac{K}{dn}$.

Sur chaque surface de niveau on pourra construire une couche semblable.

Ce sont ces couches que nous allons considérer pour démontrer diverses propriétés relatives à l'attraction qu'elles exercent sur les points de l'espace, et comparer cette attraction à celle qu'exerce le corps lui-même sur ces mêmes points.

228. Soient $d\omega$ l'élément superficiel de la surface A au point m, $d\mu$ l'élément de volume de la couche en ce point, μ étant le volume de la couche entière. On aura

$$d\mu = \frac{K\,d\omega}{dn}.$$

Prenons sur une autre surface de niveau quelconque A' le point m' situé sur la ligne trajectoire orthogonale aux surfaces de niveau. Soient $d\omega'$ l'élément superficiel de A' en ce point m', dn' la normale à A' terminée à la surface infiniment voisine, et $d\mu'$ l'élément de volume de la couche construite sur A'; on aura $d\mu' = \dfrac{K'd\omega'}{dn'}$.

J'appellerai *points correspondants*, sur deux surfaces de niveau, deux points situés sur une ligne trajectoire orthogonale à toutes ces surfaces : ainsi, m, m' seront deux points *correspondants*. J'appellerai de même *éléments superficiels correspondants*, sur deux surfaces de niveau, les éléments compris dans un canal infiniment étroit dont les arêtes sont toutes des lignes trajectoires orthogonales aux surfaces de niveau ; et enfin *éléments de volume correspondants* de deux couches, les éléments de volume compris dans le même petit canal. Ainsi,

m et m' étant deux *points correspondants*, $d\omega$ et $d\omega'$ seront deux *éléments superficiels correspondants*, et $d\mu$, $d\mu'$ deux *éléments de volume correspondants*.

Soit U la somme des molécules du corps attirant divisées par leurs distances respectives au point m. L'attraction du corps sur ce point est dirigée suivant la normale dn à la surface A, et est égale à $\dfrac{d\,U}{dn}$, $d\,U$ étant l'accroissement de valeur que reçoit U quand on passe de la surface A à la surface de niveau infiniment voisine; et l'attraction du corps sur l'élément $d\omega$ est $\dfrac{d\,U}{dn}\,d\omega$.

Pareillement, U$'$ représentant la somme des molécules du corps divisées par leurs distances respectives au point m' de la surface de niveau A$'$, l'attraction du corps sur l'élément $d\omega'$ de cette surface sera dirigée suivant sa normale et aura pour valeur $\dfrac{d\,U'}{dn'}\,d\omega'$.

Or, c'est une propriété des éléments *correspondants* (théorème XI, p. 522), que *les attractions du corps sur ces éléments sont égales entre elles*; on a donc

$$(1) \qquad \frac{d\,U}{dn}\,d\omega = \frac{d\,U}{dn'}\,d\omega'.$$

Il résulte de là que la somme des attractions du corps sur les éléments d'une même surface de niveau a une valeur constante, quelle que soit cette surface. Nous allons prouver que cette valeur est $4\pi M$, M étant la masse du corps; c'est-à-dire que l'on a

$$\int\int \frac{d\,U}{dn}\,d\omega = 4\pi M,$$

l'intégrale étant étendue à tous les éléments de la surface de niveau A.

La fonction U est une somme de termes de la forme $\frac{d\,M}{r}$, $d\,M$ représentant une molécule, ou un élément de la masse du corps, et r la distance de cette molécule au point m de la surface A ; $\frac{d\,U}{dn}\,d\omega$ se compose donc d'une suite de termes de la forme $d\,M \cdot \frac{d\frac{1}{r}}{dn}\,d\omega$. Conséquemment $\int\int \frac{d\,U}{dn}\,d\omega$ se compose d'une suite de termes tels que $d\,M\frac{d\frac{1}{r}}{dn}\,d\omega$, dont chacun donne lieu à l'intégrale $d\,M\int\cdot\int \frac{d\frac{1}{r}}{dn}\,d\omega$ étendue à toute la surface A. On a donc

$$\int\int \frac{d\,U}{dn}\,d\omega = \int\int\int d\,M \int\int \frac{d\frac{1}{r}}{dn}\,d\omega,$$

ou

$$\int\int \frac{d\,U}{dn}\,d\omega = -\int\int\int d\,M \int\int \frac{dr}{n}\,\frac{d\omega}{r^2}.$$

Soit i l'angle que le rayon mené de la molécule $d\,M$ au point m fait avec la normale dn, angle obtus, parce que nous supposons le corps renfermé dans l'intérieur de la surface A, et la normale dn extérieure à cette surface ; ou aura $dr = -\,dn \cos i$, et il vient

$$\int\int \frac{d\,U}{dn}\,d\omega = -\int\int\int d\,M \int\int \frac{d\omega \cos i}{r^2}.$$

Or, d'après un théorème bien connu de Gauss, l'intégrale du second membre est égale à 4π, parce que, d'une part, la surface de niveau A est fermée, puisque le corps n'est pas infini, et que, d'autre part, tous les points d'où partent les rayons r sont situés dans l'intérieur de cette surface, par hypothèse (1). On a donc

$$(2) \qquad \int\int \frac{dU}{dn}\, d\omega = \int\int\int dM.4\pi = 4\pi M; \text{ ou :}$$

Théorème XII. — *La somme des valeurs numériques des attractions qu'un corps exerce sur les éléments superficiels d'une de ses surfaces de niveau, quand cette surface entoure le corps de toutes parts, est égale à la masse du corps multipliée par* 4π (*).

Dans l'expression $\int\int \frac{dU}{dn}\, d\omega$, dU est constant, puisque l'intégrale se rapporte à une même couche; on peut donc écrire l'équation (2) sous la forme

$$dU \int\int \frac{d\omega}{dn} = 4\pi M,$$

ou

$$\frac{dU}{K} \int\int \frac{K\, d\omega}{dn} = 4\pi M.$$

$\int\int \frac{K\, d\omega}{dn}$ est le volume de la couche, que nous avons appelé μ; on a donc

$$(3) \qquad dU = \frac{4\pi M K}{\mu}.$$

(*) Ce théorème s'applique aux attractions d'un corps sur les éléments d'une surface quelconque, autre qu'une surface de niveau, pourvu que cette surface enveloppe le corps de toutes parts. Alors on entendra par attraction du corps sur un élément de la surface la composante de l'attraction du corps suivant la normale à l'élément. Le théorème peut s'énoncer ainsi : *Quand un corps est enveloppé de toutes parts par une surface fermée, la somme des attractions du corps sur les éléments superficiels de cette surface, estimées suivant les normales à ces éléments, est égale à la masse du corps multipliée par* 4π. La démonstration de ce théorème général est la même que pour le cas d'une surface de niveau.

Cette expression très-simple de dU, en fonction du volume de la couche construite sur la surface de niveau à laquelle se rapporte la valeur de U, nous sera très-utile plus loin.

Reprenons l'équation (1) et écrivons-la sous la forme

$$\frac{d\omega}{dn} : \frac{d\omega'}{dn'} = \frac{d\mathrm{U}'}{d\mathrm{U}},$$

ou

$$\frac{\mathrm{K}\,d\omega}{dn} : \frac{\mathrm{K}'\,d\omega'}{dn'} = \frac{\mathrm{K}\,d\mathrm{U}'}{\mathrm{K}'\,d\mathrm{U}}.$$

Pour tous les points des deux surfaces de niveau A, A', respectivement, dU et dU' sont des quantités constantes, ainsi que K et K'; le premier membre est donc constant. Or il exprime le rapport de deux éléments de volume correspondants, pris dans les couches construites sur les deux surfaces A, A'. Ce rapport constant est évidemment égal à celui des volumes entiers des deux couches; de sorte qu'on a

$$\frac{d\mu}{d\mu'} = \frac{\mu}{\mu'},$$

ou

$$(4) \qquad \frac{d\mu}{\mu} = \frac{d\mu'}{\mu'}; \text{ d'où :}$$

Théorème XIII. — *Si l'on conçoit un canal quelconque orthogonal à toutes les surfaces de niveau, les volumes qu'il interceptera dans deux couches seront entre eux dans le rapport des volumes des deux couches.*

229. Considérons les deux couches construites sur les surfaces de niveau A et A', et supposons maintenant que ces surfaces soient infiniment voisines. Soit ρ la distance du point m de la première à un point S extérieur aux deux couches; formons l'expression $\left(\dfrac{d\mu}{\rho} : \mu\right), d\mu$

étant l'élément de volume de la couche μ, au point m. La différentielle de cette expression, quand on passe du volume $d\mu$ au volume *correspondant* $d\mu'$ de la couche infiniment voisine, est

$$\delta\left(\frac{d\mu}{\rho} : \mu\right) = \delta\left(\frac{d\mu}{\mu} : \rho\right) = \frac{d\mu}{\mu}\,\delta\frac{1}{\rho} = -\frac{d\mu}{\mu}\,\frac{\delta\rho}{\rho^2}.$$

Nous faisons sortir $\dfrac{d\mu}{\mu}$ de dessous le signe δ, parce que nous venons de prouver (**228**) que le rapport $\dfrac{d\mu}{\mu}$ est constant.

Soit i l'angle $m'm\mathrm{S}$ que la ligne $m\mathrm{S} = \rho$ fait avec $mm' = dn$, on aura

$$- \delta\rho = dn \cos i.$$

Donc

$$\delta\left(\frac{d\mu}{\rho} : \mu\right) = \frac{d\mu}{\rho}\,\frac{dn \cos i}{\rho^2}.$$

A la place de $d\mu$ mettons $\dfrac{\mathrm{K}\,d\omega}{dn}$, il vient

$$\delta\left(\frac{d\mu}{\rho} : \mu\right) = \frac{\mathrm{K}}{\mu}\,\frac{d\omega \cos i}{\rho^2}.$$

Étendons cette expression à tous les éléments de la surface, nous aurons

$$\int\int \delta\left(\frac{d\mu}{\rho} : \mu\right) = \frac{\mathrm{K}}{\mu}\int\int \frac{d\omega \cos i}{\rho^2},$$

ou

$$(5) \qquad \delta\int\int\left(\frac{d\mu}{\rho} : \mu\right) = \frac{\mathrm{K}}{\mu}\int\int \frac{d\omega \cos i}{\rho^2}.$$

Il y a deux cas à examiner, suivant que le point S est au dehors ou au dedans des deux couches.

I.   34

S'il est en dehors, on aura, comme on sait,

$$\int\int \frac{d\omega\cos i}{\rho^2} = 0,$$

et conséquemment

$$\partial \int\int \left(\frac{d\mu}{\rho} : \mu\right) = 0;$$

d'où, en intégrant,

$$\int\int \left(\frac{d\mu}{\rho} : \mu\right) = \text{const.},$$

ou

$$\frac{\int\int \frac{d\mu}{\rho}}{\mu} = \text{const.}$$

Faisons $\int\int \frac{d\mu}{\rho} = u$, u étant la somme des molécules de la couche divisées par leurs distances respectives au point S, et appelons u' la somme semblable, relative à une autre couche quelconque; on aura, d'après l'équation à laquelle nous venons d'arriver,

$$(6)\qquad \frac{u}{\mu} = \frac{u'}{\mu'},$$

c'est-à-dire que :

THÉORÈME XIV. — *La somme des molécules d'une couche, divisées par leurs distances respectives à un point extérieur, est au volume de la couche dans un rapport constant, quelle que soit la couche.*

Nous pouvons conclure tout de suite de là que :

THÉORÈME XV. — *Les couches ont toutes les mêmes surfaces de niveau extérieures.*

Dans le cas où le point S est dans l'intérieur des deux

couches, on a

$$\iint \frac{d\omega \cos i}{\rho^2} = 4\pi\,;$$

et l'équation (5) devient

$$\delta \iint \left(\frac{d\mu}{\rho} : \mu\right) = \frac{K}{\mu}\, 4\pi,$$

ou, d'après l'équation (3),

$$\delta \iint \left(\frac{d\mu}{\rho} : \mu\right) = \frac{1}{M}\, dU.$$

La caractéristique d dans dU a la même signification que la caractéristique δ, puisque dU indique le passage d'une couche à la couche infiniment voisine. On peut donc intégrer comme s'il y avait δU. Il vient

$$\iint \frac{d\mu}{\rho} : \mu = \frac{U}{M} + \text{const.}$$

La constante est nulle; car si l'on suppose la couche infiniment étendue, chaque terme $\dfrac{d\mu}{\rho}$ est nul, puisque le point S, d'où part le rayon ρ, est dans l'intérieur de la couche; le premiermembreest donc égal à zéro. On a aussi $U = 0$, puisque chaque point de la couche est infiniment éloigné de chaque molécule du corps attirant. La constante est donc nulle. Ainsi l'on a

$$\iint \left(\frac{d\mu}{\rho} : \mu\right) = \frac{U}{M},$$

ou

$$(7) \qquad \frac{u}{\mu} = \frac{U}{M}.$$

La valeur de U se rapporte à un point de la surface de la couche et est constante dans toute l'étendue de cette surface. L'équation exprime ce théorème :

34.

Théorème **XVI**. — *La somme des molécules d'une couche, divisées par leurs distances respectives à un point pris dans son intérieur, est à la masse de la couche comme la somme des molécules du corps, divisées par leurs distances respectives à un point de la surface externe de la couche, est à la masse du corps.*

Il résulte de là une propriété importante et caractéristique de nos couches, savoir, que :

Théorème. **XVII**. — *Le somme des molécules d'une couche, divisées par leurs distances respectives à un point pris dans son intérieur, a une valeur constante, quel que soit ce point.*

Des deux théorèmes **XIV** et **XV** s'en déduisent plusieurs autres relatifs, soit à une couche seule, soit à l'ensemble de deux couches, soit à une couche et au corps lui-même, considérés ensemble.

Supposons, dans le théorème **XIV**, exprimé par l'équation $\dfrac{u}{\mu} = \dfrac{u'}{\mu'}$, que la couche μ' enveloppe la couche μ. Le point S auquel se rapportent les fonctions u, u' est extérieur aux deux couches, mais il peut être aussi près de la couche μ' qu'on le voudra; la surface externe de cette couche est donc une limite de laquelle le point S peut s'approcher indéfiniment; et comme, dans le déplacement de ce point, la fonction u' varie d'une manière continue, on en conclut que le théorème a encore lieu quand le point S est situé sur la surface externe de la couche μ'.

Pareillement, dans le théorème **XVI**, exprimé par l'équation $\dfrac{u}{\mu} = \dfrac{V}{M}$, le point S auquel se rapporte la fonction u est situé dans l'intérieur de la surface externe de la couche μ; mais il peut s'approcher indéfiniment de cette surface, et l'on voit aisément que si l'on considère deux points S, S_1, dont le premier soit très-près de la surface et le second sur la surface même, la différence entre les valeurs de la fonction u relatives à ces deux points sera d'autant plus petite que le point S sera plus près de la surface. Et puisque la valeur de u reste toujours la même dans toutes les positions du point S, on en conclut que la valeur de cette fonction est aussi celle relative au point S_1 situé sur la surface de la couche. Nous pouvons donc énoncer ce nouveau théorème :

THÉORÈME XVIII. — *La somme des molécules d'une couche, divisées par leurs distances respectives à un point quelconque de la surface externe de la couche, est constante et égale à la somme de ces molécules divisées par leurs distances respectives à un point pris dans l'intérieur de la couche.*

La première partie de ce théorème montre que :

THÉORÈME XIX. — *La surface externe d'une couche est une surface de niveau relative à l'attraction de cette couche.*

Or, d'après le théorème **XV**, cette surface est aussi une surface de niveau relative à l'attraction de toute autre couche comprise dans la première, et, par hypothèse, elle est une surface de niveau relative à l'attraction du corps ; on en conclut donc cette autre propriété des couches :

THÉORÈME XX. — *Une couche quelconque a pour surfaces de niveau extérieures les surfaces de niveau du corps.*

Reprenons l'équation $\dfrac{u}{\mu} = \dfrac{u'}{\mu'}$, dans laquelle u et u' se rapportent à un même point S situé au dehors des deux couches. Supposons la couche μ' extérieure à μ, le point S pourra être situé sur sa surface externe ; or, dans ce cas, u' a la même valeur que pour un point situé dans l'intérieur de la couche (théorème **XVII**) ; on peut donc supposer que u' se rapporte à un point de la surface externe de la couche μ. On a donc ce théorème relatif à deux couches :

Théorème XXI. — *La somme des molécules d'une couche, divisées par leurs distances respectives à un point de la surface externe d'une autre couche, est à la somme des molécules de cette seconde couche, divisées par leurs distances respectives à un point de la surface externe de la première, comme la masse de cette première couche est à la masse de la seconde.*

Considérons encore l'équation $\dfrac{u}{\mu} = \dfrac{u'}{\mu'}$, en supposant le point S sur la surface de la couche μ' ; on aura alors par le théorème XVIII

$$\frac{u'}{\mu'} = \frac{U}{M},$$

U se rapportant à ce même point. On a donc

$$\frac{u}{\mu} = \frac{U}{M},$$

équation qui se traduit par le théorème suivant :

Théorème XXII. — *La somme des molécules d'une couche, divisées par leurs distances respectives à un point extérieur, est à la somme des molécules du corps, divisées par leurs distances respectives au même point, comme la masse de la couche est à la masse du corps.*

On reconnaît aisément que tous les théorèmes précédents peuvent se déduire d'une seule équation, savoir :

$$(8) \qquad \frac{u}{\mu} = \frac{U}{M},$$

pourvu qu'on attribue à U deux significations différentes, suivant que le point S, auquel se rapporte u, est situé au dehors ou dans l'intérieur de la couche μ.

Quand le point S sera situé au dehors de la couche, la fonction U se rapportera à ce point ;

Et quand le point S sera situé dans l'intérieur de la

couche, la fonction U se rapportera à un point quelconque de la surface externe de la couche.

La discussion de cette équation, dans ces deux hypothèses, conduit aux différentes propriétés des couches que nous avons démontrées.

230. Passons maintenant aux propriétés relatives aux attractions exercées par les couches et par le corps lui-même. On les déduit naturellement soit de cette équation (8), soit des théorèmes relatifs aux fonctions U et u. Pour cela il suffit de se rappeler que les coefficients différentiels de ces fonctions, pris par rapport aux coordonnées du point auquel elles se rapportent, expriment les composantes des attractions du corps et de la couche sur ce point.

Le théorème XVII nous apprend que :

THÉORÈME XXIII. — *Une couche n'exerce aucune action sur un point quelconque situé dans l'intérieur de sa surface interne.*

Nous avons vu (théor. XIX) que la surface externe d'une couche est une surface de niveau relative à son attraction. Cela signifie que :

THÉORÈME XXIV. — *L'attraction exercée par une couche sur un point de sa surface externe est dirigée suivant la normale à cette surface en ce point.*

Du théorème XXII on conclut que :

THÉORÈME XXV. — *Les attractions exercées par le corps et par une couche sur un même point extérieur à la couche, lesquelles ont la même direction* (théor. XX), *sont entre elles, en grandeur, comme la masse du corps est à la masse de la couche.*

De là, ou bien du théorème XIV, on conclut que :

THÉORÈME XXVI. — *Les attractions exercées par deux couches sur un même point extérieur ont la même direc-*

tion, et ont leurs intensités proportionnelles aux masses des deux couches.

Nous avons trouvé (3), p. 527,

$$dU = \frac{4\pi KM}{\mu},$$

d'où

$$\frac{dU}{dn} = \frac{4\pi K}{dn}\frac{M}{\mu}.$$

$\dfrac{K}{dn}$ est l'épaisseur de la couche μ, sur laquelle se trouve le point S; représentons-la par ε, il vient

$$\frac{dU}{dn} = 4\pi\varepsilon\frac{M}{\mu},$$

expression très-simple de l'attraction du corps sur un point extérieur. Cette attraction est proportionnelle à l'épaisseur de la couche qui passe par ce point.

D'après le théorème **XXV**, l'attraction du corps est à celle de la couche sur le même point, comme la masse du corps est à la masse de la couche. Il s'ensuit que l'attraction de la couche est égale à $4\pi\varepsilon$. Donc :

Théorème **XXVII**. — *L'attraction exercée par une couche sur un point de sa surface externe est égale à l'épaisseur de la couche, en ce point, multipliée par 4π.*

Nous avons toujours parlé d'*attraction* dans l'énoncé de nos théorèmes, mais il est évident qu'ils conviennent au cas où l'on considérerait des corps doués du pouvoir *répulsif*, suivant la même loi du rapport inverse du carré des distances. On peut même considérer ce que nous avons toujours appelé le *corps attirant*, comme un assemblage de diverses masses douées les unes du pouvoir attractif, et d'autres du pouvoir répulsif. La démonstration des divers théorèmes reste la même ; la seule condition à observer, c'est que les surfaces de niveau soient fermées et qu'elles enveloppent toutes les masses. Elles seront fermées si elles n'ont pas de nappes à l'infini. Cela a toujours lieu quand toutes les masses sont de même signe, c'est-à dire toutes attractives ou toutes répulsives; car alors, dans l'équation $U = constante$, tous les termes sont de même signe, et conséquemment, pour que la surface eût des points à l'infini, il faudrait que le second membre fût égal à zéro; ce qui n'a pas lieu quand les masses sont de même signe, mais ce qui peut avoir lieu quand elles sont de signes différents.

230. M. Bourget, dans sa thèse pour le doctorat, publiée et soutenue en 1852, réimprimée dans le *Journal de M. Liouville,* a mis en évidence diverses propriétés relatives à l'attraction des paraboloïdes elliptiques, analogues à celles que nous venons de faire connaître relativement aux ellipsoïdes, et pouvant, pour la plupart, s'en déduire par la méthode des limites, en considérant le paraboloïde comme un ellipsoïde infiniment allongé.

Lorsque les axes principaux de deux ellipsoïdes homothétiques et concentriques grandissent indéfiniment, de telle sorte que l'un des ellipsoïdes tende vers un paraboloïde P, en même temps que les sommets des deux ellipsoïdes situés sur l'axe principal restent fixes, le second ellipsoïde dégénère en un second paraboloïde Q identique à P, et qui n'est autre chose que le paraboloïde P transporté parallèlement à son axe. Les paraboloïdes P et Q sont désignés dans le Mémoire de M. Bourget sous le nom de *paraboloïdes isothétiques;* et partant de cette propriété fondamentale, que deux ellipsoïdes homofocaux dégénèrent en paraboloïdes isothétiques lorsque l'un d'eux devient un paraboloïde, on pourra énoncer les théorèmes suivants :

Théorème **XXVIII.** — *L'attraction d'une couche comprise entre deux paraboloïdes isothétiques sur un point intérieur est nulle.*

THÉORÈME XXIX. — *L'attractio nde la même couche sur un point extérieur est dirigée suivant l'axe du cône circonscrit au paraboloïde extérieur ayant son sommet au point attiré, ou encore, si l'on veut, suivant la normale au paraboloïde isothétique passant par le point en question.*

THÉORÈME XXX. — *Les surfaces de niveau sont des paraboloïdes isothétiques; et si l'on désigne par $2p$ et $2q$ les paramètres de la surface extérieure de la couche, l'attraction sera donnée par les formules suivantes qui font connaître ses composantes :*

$$X = \frac{4\pi\rho\,da\,\sqrt{pq}}{\varpi\sqrt{(p+2u)(q+2u)}},$$

$$Y = \frac{-4\pi\rho\,da.y\,\sqrt{pq}}{\varpi\sqrt{(p+2u)(q+2u)}}\;\frac{1}{p+2u},$$

$$Z = \frac{-4\pi\rho\,da.z\,\sqrt{pq}}{\varpi\sqrt{(p+2u)(q+2u)}}\;\frac{1}{q+2u}.$$

Dans ces formules, que l'on obtient en modifiant les formules de M. Chasles relatives aux ellipsoïdes, *da* représente l'épaisseur de la couche mesurée parallèlement à l'axe; u est donné par la formule

$$x + u = \frac{y^2}{2p+4u} + \frac{z^2}{2q+4u},$$

dans laquelle x, y, z sont les coordonnées du point attiré; ϖ représente la quantité

$$\varpi = 1 + \frac{y^2}{(p+2u)^2} + \frac{z^2}{(q+2u)^2};$$

l'attraction elle-même est donnée par la formule

$$\frac{4\pi\rho\,da\,\sqrt{pq}}{\sqrt{(p+2u)(q+2u)}\,\varpi}.$$

Les points correspondants dans les paraboloïdes isothétiques seront définis par les relations

$$\frac{y}{\sqrt{2p}} = \frac{y'}{\sqrt{2p+4u}}, \quad \frac{z}{\sqrt{2q}} = \frac{z'}{\sqrt{2q+4u}}, \quad x = x' + u,$$

et le théorème d'Ivory s'appliquera aux paraboloïdes.

231. Dans une livraison des *Écrits de la Société des Naturalistes* de Dantzick, imprimée en 1865, M. Mehler a publié sur l'attraction des polyèdres homogènes un Mémoire que nous croyons devoir analyser rapidement. Supposons d'abord qu'il s'agisse d'évaluer le potentiel relatif à l'attraction exercée par une pyramide sur son sommet, et, pour réduire le problème à sa plus simple expression, supposons qu'il s'agisse d'une pyramide triangulaire POST (*fig.* 53) dans laquelle l'arête PO sera perpendiculaire à la base OST; nous supposerons le point attiré en P, sa masse sera prise pour unité. Soient :

k le coefficient de l'attraction;

ρ la masse spécifique de la pyramide;

x, y, z les coordonnées du point P, rapportées à trois axes rectangulaires;

x, y, z les coordonnées courantes d'une molécule de la pyramide;

U le potentiel de l'attraction, X, Y, Z ses composantes;

h la hauteur PO de la pyramide, h' la distance de P au point x, y, z mesurée parallèlement à la hauteur PO;

r la distance du point (x, y, z) au sommet P;

R la distance du point de la base qui se trouve sur la droite joignant le point P au point (x, y, z);

$d\omega$ un élément de la surface de la base SOT.

Décomposons la pyramide en une infinité de petits troncs pyramidaux, en prenant les éléments $d\omega$ pour bases de pyramides élémentaires, ayant leur sommet en P, et coupant ces petites pyramides par des plans parallèles à leurs bases, très-rapprochés les uns des autres. Considérons le tronc qui passe au point x, y, z. Sa hauteur est dh'; les aires de ses deux bases, que l'on peut supposer égales, sont données par la formule

$$\frac{r^2}{R^2}\,d\omega,$$

son volume est

$$\frac{r^2}{R^2}\,d\omega\,dh';$$

le potentiel sera donc

$$U = \int\int k\rho\,\frac{r^2}{R^2}\,\frac{d\omega\,dh'}{r}.$$

Mais on a

$$\frac{h'}{h} = \frac{r}{R}.$$

On peut donc écrire

$$U = \int\int k\rho\,\frac{h'\,d\omega\,dh'}{R\,h};$$

d'où, en intégrant par rapport à h',

$$U = \int k\rho\,\frac{h}{2}\,\frac{d\omega}{R},$$

ou bien

$$U = \frac{k\rho h}{2}\int\frac{d\omega}{R}.$$

Le problème est ramené au calcul de l'intégrale $k\rho\int\frac{d\omega}{R}$ qui n'est autre que le potentiel de la surface de la base de notre pyramide. Posons, pour abréger,

$$\int \frac{d\omega}{R} = \Omega.$$

Pour évaluer l'intégrale Ω, prenons dans le plan SOT deux axes coordonnés OX perpendiculaire à ST et OY. Soit PB $=$ R, désignons par θ l'angle OPB; on aura

$$R = \frac{h}{\cos \theta}.$$

L'élément $d\omega$ qui passe en B est égal à $dx\,dy$ (*); et, en appelant ε l'angle MOQ, on a

$$y = BC = h \tang \theta \sin \varepsilon,$$
$$x = OC = h \tang \theta \cos \varepsilon.$$

D'ailleurs,

$$\Omega = \int \int \frac{dx\,dy}{R};$$

et si l'on change de variable sous le signe d'intégration, il faudra, en vertu d'une règle donnée par Cauchy, multiplier l'élément différentiel par le déterminant du système des anciennes variables considérées comme fonctions des nouvelles, en sorte que l'on trouve, en prenant pour variables ε et θ,

$$\Omega = \int \int \left(\frac{dx}{d\varepsilon} \frac{dy}{d\theta} - \frac{dy}{d\varepsilon} \frac{dx}{d\theta} \right) \frac{1}{R}\, d\varepsilon\, d\theta,$$

ou bien

$$\Omega = \int \int h\, \frac{\sin \theta\, d\theta\, d\varepsilon}{\cos^2 \theta}.$$

(*) x, y, z désignent déjà les coordonnées du point P par rapport à d'autres corps, mais il n'y a pas de confusion possible, parce que l'emploi des lettres x et y est tout à fait transitoire.

Intégrons, en laissant ε constant, il vient

$$(a) \qquad \Omega = h \int \left(\frac{1}{\cos \Theta} - 1 \right) d\varepsilon,$$

Θ désignant l'angle OPM. Cela posé, décrivons une sphère ayant son centre en P, et pour rayon l'unité; les plans passant en P découperont cette sphère en triangles sphériques, et si l'on pose

$$\text{angle } O'M'Q' = \mu, \quad O'S'M' = \mu_2, \quad O'T'Q' = \mu_1,$$
$$Q'M' = m, \qquad Q'S' = m_2, \qquad Q'T' = m_1,$$
$$O'Q' = g,$$

on a dans le triangle $O'Q'M'$

$$\cos \varepsilon = \sin \mu \cos m,$$

et en prenant la différentielle logarithmique,

$$\tan \varepsilon \, d\varepsilon = - \cot \mu \, d\mu + \tan m \, dm.$$

Mais dans le même triangle on a

$$\cos \Theta = \cot \varepsilon \cot \mu \quad \text{ou} \quad \frac{1}{\cos \Theta} = \tan \varepsilon \tan \mu,$$
$$\sin m = \cot \mu \tan g,$$

d'où

$$\frac{d\varepsilon}{\cos \Theta} = - d\mu + \tan g \frac{dm}{\cos m}.$$

La formule (a) devient alors

$$\Omega = h \int \left(- d\mu + \tan g \frac{dm}{\cos m} - d\varepsilon \right)$$

ou bien

$$(1) \qquad \left\{ \begin{aligned} \Omega = & - h \left(\mu_2 + \mu_1 + S'O'T' - \pi \right) \\ & + h \tan g \, l \left[\cot \left(\frac{\pi}{4} - \frac{m_2}{2} \right) \cot \left(\frac{\pi}{4} - \frac{m_1}{2} \right) \right]. \end{aligned} \right.$$

Si l'on appelle f la surface du triangle sphérique $S'O'T'$ et si l'on pose

$$\operatorname{tang} g\,\mathrm{l}\left[\cot\left(\frac{\pi}{4}-\frac{m_2}{2}\right)\cot\left(\frac{\pi}{4}-\frac{m_1}{2}\right)\right]=q,$$

on peut écrire

$$(2) \qquad \Omega = -fh + gh = h(q-f).$$

Par conséquent,

$$U = k\rho\,\frac{h^2}{2}\,(q-f).$$

De cette valeur de U on déduit sans peine les composantes de l'attraction cherchée

$$X = \frac{dU}{dx}, \quad Y = \frac{dU}{dy}, \quad Z = \frac{dU}{dz}.$$

232. Supposons actuellement qu'il s'agisse d'évaluer l'attraction d'un polyèdre sur un point extérieur ou intérieur. Du point attiré on abaissera des perpendiculaires sur les faces du polyèdre, on joindra ce point aux sommets, ainsi que les pieds des perpendiculaires aux sommets des faces correspondantes ; on formera ainsi une série de solides analogues à celui dont nous venons d'étudier l'attraction, et il est clair que le potentiel relatif au polyèdre sera la différence de deux sommes de potentiels relatifs à des pyramides analogues à celles que nous avons considérées, et pris par rapport à leur sommet.

Nous ferons d'abord, pour chaque face du polyèdre, la somme des valeurs de U relatives aux côtés du polygone ; h conservant alors une valeur constante, on aura

$\sum h^2 f = h^2 F$, où F désigne la surface du polygone sphérique compris entre les droites qu'on peut mener du point

attiré aux sommets du polygone donné, ou bien la grandeur apparente de ce polygone, vu du point attiré.

Par suite, la somme en question deviendra

$$\frac{1}{2} k \rho h^2 \left[\sum_i q - \mathrm{F} \right].$$

Il faut ensuite faire la somme par rapport aux faces du
polyèdre, ce qui donne, pour le potentiel du polyèdre
entier,

$$\mathrm{U} = \frac{k \rho}{2} \sum h^2 \left(-\mathrm{F} + \sum_i q \right).$$

On pourrait maintenant chercher les composantes de
l'attraction en prenant les différentielles de U suivant des
directions données. Mais ces composantes s'obtiennent
d'une manière bien plus simple, à l'aide des considérations suivantes.

L'expression générale de la composante X est

$$\mathrm{X} = k \rho \int \frac{d \left(\frac{1}{\mathrm{R}} \right)}{dx} \, dx \, dy \, dz = k \rho \sum \int \left(\frac{1}{\mathrm{R}} \right) dy \, dz.$$

La sommation s'étend aux valeurs de $\frac{1}{\mathrm{R}}$ qui correspondent aux intersections de l'axe des x avec la surface du
corps considéré; on donne à R le signe $+$ ou le signe $-$,
suivant que l'axe des x pénètre dans la masse ou qu'il en
sort. Mais on peut aussi prendre R toujours positif, en
remplaçant $dy \, dz$ par $\cos \alpha \, d\omega$, l'angle α étant celui que
l'axe des x forme avec la normale intérieure de l'élément
de surface $d\omega$. Par conséquent, puisque α est constant
pour des surfaces planes,

$$\mathrm{X} = k \rho \sum \cos \alpha \int \frac{d\omega}{\mathrm{R}} = k \rho \sum \cos \alpha \, \Omega,$$

l'intégration étant relative aux différentes faces du polyèdre. On voit donc que la recherche de la composante X revient, comme celle du potentiel lui-même, à la détermination de l'intégrale $\Omega = h\,(q - f)$. Nous avons, évidemment,

$$X = k\rho \sum h \cos \alpha \left(- F + \sum q \right);$$

c'est la composante de l'attraction du polyèdre dans une direction qui fait avec les normales à ses faces les angles $\alpha, \alpha', \ldots$ On trouve encore, puisque $\dfrac{dh}{dx} = \cos \alpha$,

$$X = k\rho \sum h \cos \alpha \left(- F + \sum q \right) = \frac{dU}{dx}$$

$$= k\rho \sum h \cos \alpha \left(- F + \sum q \right) + \frac{k\rho}{2} \sum h^2 \left(- \frac{dF}{dx} + \sum \frac{dq}{dx} \right) :$$

le dernier terme est donc nécessairement égal à zéro.

233. Enfin, un jeune mathématicien, M. Mathey, a résolu de la manière suivante un problème qui lui avait été proposé dans son examen de doctorat : *Déterminer l'attraction exercée par un ellipsoïde homogène sur un point donné, en supposant l'action élémentaire en raison inverse de la puissance $2n$ de la distance, n étant un nombre entier plus grand que 1; prouver que dans ce cas, conformément au théorème de Dirichlet, les intégrations s'effectuent complétement.*

Soit un ellipsoïde dont les axes coïncident avec les axes coordonnés, et soient a, b, c les longueurs de ses demi-axes. Soient ξ, η, ζ les coordonnées d'un point intérieur à l'ellipsoïde, et supposons que ce point soit attiré par la masse de l'ellipsoïde, en raison inverse de la puissance $2n$ de la distance, n étant un nombre entier plus grand que 1.

<table><tr><td>I.</td><td></td><td>35</td></tr></table>

Imaginons l'ellipsoïde décomposé en éléments infiniment petits, par des sphères concentriques au point donné, et par des angles solides infiniment petits ayant leur sommet en ce point. Soient ρ la ligne menée du point (ξ, η, ζ) à un point M de l'ellipsoïde, et $d\omega$ la mesure d'un angle solide infiniment petit comprenant ρ; l'élément infiniment petit de l'ellipsoïde sera $\rho^2 d\omega \, d\rho$. Donc, si k est l'attraction de l'unité de masse à l'unité de distance, et si nous prenons pour unité la densité de l'ellipsoïde, l'attraction exercée par cet élément sera représentée par

$$k \cdot \frac{d\omega \, d\rho}{\rho^{2n-2}}.$$

Décrivons du point (ξ, η, ζ) comme centre, avec un rayon quelconque r_0, une sphère, et désignons par r la longueur du rayon ρ prolongé jusqu'à la surface extérieure de l'ellipsoïde. L'expression précédente, intégrée par rapport à ρ, entre les limites r_0 et r, nous donne l'attraction exercée par la portion de la masse de l'ellipsoïde comprise dans l'angle solide $d\omega$, entre la surface extérieure de l'ellipsoïde et celle de la sphère r_0; cette attraction est donc $\dfrac{k d\omega}{2n-3} \left(\dfrac{1}{r_0^{2n-3}} - \dfrac{1}{r^{2n-3}} \right)$, et si α, β, γ sont les angles que fait r avec les axes, les composantes de cette attraction seront

$$\frac{k d\omega}{2n-3} \left(\frac{1}{r_0^{2n-3}} - \frac{1}{r^{2n-3}} \right) \cos \alpha, \ldots$$

L'équation de l'ellipsoïde donne pour le rayon r, qui fait avec les axes des angles α, β, γ, deux valeurs de signes contraires, et la valeur négative correspond au prolongement du rayon r considéré ci-dessus. Soit r' cette valeur négative. Les composantes de l'attraction exercée par la portion de l'ellipsoïde comprise dans le prolongement de l'angle solide considéré ci-dessus, entre la surface extérieure de l'ellipsoïde et la sphère r_0, s'obtiendront en remplaçant, dans les expressions qu'on vient de trouver, r par $-r'$ et α, β, γ par leurs suppléments. Il vient ainsi

$$- \frac{k\,d\omega}{2n-3}\left(\frac{1}{r_0^{2n-3}} + \frac{1}{r'^{2n-3}}\right)\cos\alpha,\dots$$

Si l'on ajoute ces composantes respectivement avec celles qu'on a trouvées ci-dessus, il vient

$$- \frac{k\,d\omega}{2n-3}\left(\frac{1}{r^{2n-3}} + \frac{1}{r'^{2n-3}}\right)\cos\alpha,\dots$$

Le rayon r_0 disparaît; on peut donc le prendre aussi petit que l'on veut, et par conséquent nul.

Soient X, Y, Z les composantes de l'attraction exercée par l'ellipsoïde sur le point (ξ, η, ζ), on a

$$X = \frac{-k}{2n-3}\sum\left(\frac{1}{r^{2n-3}} + \frac{1}{r'^{2n-3}}\right)d\omega\cos\alpha,\dots$$

Le signe $\sum$ s'étend à toute la surface de la sphère sur laquelle est pris $d\omega$.

Si x, y, z sont les coordonnées du point de l'ellipsoïde correspondant à r, on a

$$x = \xi + r\cos\alpha, \quad y = \eta + r\cos\delta, \quad z = \zeta + r\cos\gamma,$$

et l'équation de l'ellipsoïde devient

$$pr^2 + 2qr + l = 0,$$

en posant

$$p = \frac{\cos^2\alpha}{a^2} + \frac{\cos^2\beta}{b^2} + \frac{\cos^2\gamma}{c^2}, \quad q = \frac{\xi\cos\alpha}{a^2} + \frac{\eta\cos\beta}{b^2} + \frac{\zeta\cos\gamma}{c^2},$$

$$l = \frac{\xi^2}{a^2} + \frac{\eta^2}{b^2} + \frac{\zeta^2}{c^2} - 1.$$

35.

Cette équation peut s'écrire encore ainsi :

$$l \cdot \frac{1}{r^2} + 2q \cdot \frac{1}{r} + p = 0,$$

d'où

$$\frac{1}{r} + \frac{1}{r'} = -\frac{2q}{l} \quad \text{et} \quad \frac{1}{r} \cdot \frac{1}{r'} = \frac{p}{l}.$$

Ces quantités $\frac{q}{l}$ et $\frac{p}{l}$ sont des fonctions entières et rationnelles des cosinus; donc il en est de même de $\frac{1}{r^{2n-3}} + \frac{1}{r'^{2n-3}}$, qui peut toujours s'exprimer en fonction entière et rationnelle de $\frac{1}{r} + \frac{1}{r'}$ et de $\frac{1}{r} \cdot \frac{1}{r'}$. Un terme quelconque de la quantité sous le signe $\sum$ sera de la forme $A \cos^m \alpha \, \cos^{m'} \beta \, \cos^{m''} \gamma$; et parmi ces termes il suffira de conserver ceux dans lesquels les trois cosinus entrent avec des exposants pairs, puisqu'on peut toujours, sans faire varier deux des cosinus, donner à r deux directions pour lesquelles le troisième cosinus a deux valeurs égales et de signes contraires, de sorte qu'un terme qui contient ce cosinus avec un exposant impair prend, pour ces deux directions, deux valeurs qui se détruisent.

Pour faire l'intégration, on pourra changer de coordonnées, et prendre l'angle θ que fait r avec l'axe des x, et l'angle φ que fait avec le plan XOY le plan mené par l'axe des x et le rayon r. On a ainsi

$$\cos \alpha = \cos \theta, \quad \cos \beta = \sin \theta \cos \varphi, \quad \cos \gamma = \sin \theta \sin \varphi,$$

$$d\omega = \sin \theta \, d\theta \, d\varphi.$$

On intégrera de zéro à 2π par rapport à φ, et de zéro à π par rapport à θ.

Appliquons ce qui précède au cas où $n = 2$. On a alors

$$X = \frac{-k}{l} \sum \left(\frac{1}{r} + \frac{1}{r'} \right) d\omega \cos \alpha, \ldots$$

Or,

$$\frac{1}{r} + \frac{1}{r'} = -\frac{2q}{l} = -\frac{2}{l}\left(\frac{\xi \cos \alpha}{a^2} + \frac{\eta \cos \beta}{b^2} + \frac{\zeta \cos \gamma}{c^2} \right), \ldots$$

Substituons dans X ; le seul terme qui doive être conservé est le terme en $\cos^2 \alpha$. Donc

$$X = \frac{2k\xi}{la^2} \sum \cos^2 \alpha \, d\omega,$$

ou, en changeant de coordonnées,

$$X = \frac{2k\xi}{la^2} \int \int \cos^2 \theta \sin \theta \, d\theta \, d\varphi.$$

Intégrons par rapport à φ, de zéro à 2π, il vient

$$X = \frac{4\pi\xi k}{la^2} \int_0^\pi \cos^2 \theta \sin \theta \, d\theta = -\frac{8\pi\xi k}{3la^2}.$$

On aurait de même

$$Y = -\frac{8\pi\eta k}{3lb^2} \quad \text{et} \quad Z = -\frac{8\pi\zeta k}{3lc^2}.$$

On passe au cas d'un point extérieur au moyen du théorème d'Ivory.

DIX-NEUVIÈME LEÇON.

Théorie générale du potentiel. — Définition du potentiel. — Surfaces de
niveau. — Évaluation du paramètre différentiel du second ordre du
potentiel. — Potentiel relatif à l'attraction d'une surface sur laquelle
on suppose condensée une certaine masse. — L'attraction exercée par
un certain volume sur un point extérieur peut être remplacée par l'attraction exercée par sa surface sur laquelle se trouverait convenablement distribuée une certaine masse. — Calcul de cette distribution
dans un cas simple. — Application des théories précédentes au magnétisme terrestre par Gauss.

234. Lorsqu'il s'agit d'évaluer la résultante de toutes
les attractions (ou répulsions) exercées suivant une fonction de la distance par les éléments d'une masse donnée
sur un point quelconque, on est amené à considérer,
comme nous l'avons déjà vu, une certaine fonction des
coordonnées de ce point dont les dérivées partielles représentent les composantes de l'attraction (ou de la répulsion) totale. Cette fonction, à laquelle M. Gauss a donné
le nom de *potentiel*, joue un rôle si important dans la
Mécanique, que nous avons jugé à propos, au risque de
nous répéter, de consacrer au développement de sa théorie et de ses propriétés générales une Leçon particulière
que M. Lindeloef a rédigée avec une très-grande habileté.

Soient M une molécule attirante de masse m, O le point
attiré, et désignons par a, b, c les coordonnées de m,
par x, y, z celles de O, par r la distance MO; l'attraction
exercée par M sur O sera $mf(r)$, $f(r)$ étant une certaine
fonction dont la forme dépendra de la loi de l'attraction.
La droite OM faisant avec les axes coordonnés des angles

dont les cosinus sont

$$\frac{a-x}{r} = -\frac{dr}{dx}, \quad \frac{a-y}{r} = -\frac{dr}{dy}, \quad \frac{a-z}{r} = -\frac{dr}{dz},$$

les composantes suivant les axes coordonnés de la force qui agit sur O seront

$$mf(r)\frac{dr}{dx}, \quad mf(r)\frac{dr}{dy}, \quad mf(r)\frac{dr}{dz};$$

et si l'on pose

$$\mathrm{F}(r) = -\int f(r)\,dr,$$

ces trois composantes deviendront

$$\frac{d.m\,\mathrm{F}(r)}{dx}, \quad \frac{d.m\,\mathrm{F}(r)}{dy}, \quad \frac{d.m\,\mathrm{F}(r)}{dz}.$$

Les autres molécules m', m'',..., de la masse attirante donneront des expressions semblables. En les ajoutant, on trouve, pour les composantes de l'attraction totale exercée en O,

$$\mathrm{X} = \frac{d.\sum m\,\mathrm{F}(r)}{dx}, \quad \mathrm{Y} = \frac{d.\sum m\,\mathrm{F}(r)}{dy}, \quad \mathrm{Z} = \frac{d.\sum m\,\mathrm{F}(r)}{dz},$$

la somme $\sum$ devant s'étendre à toutes les molécules m, m', m'',..... Posons maintenant

$$\mathrm{U} = \sum m\,\mathrm{F}(r),$$

ces composantes prendront la forme très-simple

$$\mathrm{X} = \frac{d\mathrm{U}}{dx}, \quad \mathrm{Y} = \frac{d\mathrm{U}}{dy}, \quad \mathrm{Z} = \frac{d\mathrm{U}}{dz}.$$

U est le potentiel de l'attraction exercée par la masse que l'on considère. Il n'est fonction que des coordonnées x, y, z du point attiré, et ses dérivées partielles représentent, comme nous venons de le voir, les composantes de l'action totale exercée en ce point.

Concevons que le point O, indépendamment des forces qui agissent sur lui, vienne à se déplacer suivant une direction quelconque, ou prenne un mouvement virtuel : $- mf(r)\,dr$, $- m'f(r')\,dr'$, ..., seront les moments virtuels des attractions exercées par les points m, m', ..., et $- \sum mf(r)\,dr$, ou la somme de tous ces moments, sera le moment virtuel de la résultante. Le potentiel n'est donc autre chose que l'intégrale de la différentielle qui exprime le moment virtuel de l'attraction exercée sur le point O. Soit ds un élément de la courbe décrite dans le mouvement virtuel du point O, et faisant avec les axes coordonnés des angles dont les cosinus sont $\dfrac{dx}{ds}$, $\dfrac{dy}{ds}$, $\dfrac{dz}{ds}$, la composante suivant la direction ds de l'attraction totale exercée sur le point O sera

$$\frac{dU}{dx}\frac{dx}{ds} + \frac{dU}{dy}\frac{dy}{ds} + \frac{dU}{dz}\frac{dz}{ds} = \frac{dU}{ds}.$$

235. Une surface qui contiendra tous les points où le potentiel U a une valeur constante séparera d'abord les parties de l'espace où U est inférieur à cette valeur constante, de celles où il lui est supérieur. Pour une ligne quelconque s située sur cette surface, $\dfrac{dU}{ds}$, ou la composante de l'attraction suivant la tangente à cette ligne, est nulle. Il suit de là que la résultante en chaque point de la surface considérée est normale à cette surface et qu'elle agit du côté de l'espace contigu aux valeurs plus grandes de U. Nous donnerons à cette surface le nom de *surface de niveau*. Quand la ligne s ne sera pas tout entière sur une même surface de niveau, on pourra par chacun de

ses points mener une surface de niveau ; et si s coupe toutes
ces surfaces à angle droit, une tangente menée à cette
ligne indiquera en chacun de ses points la direction de
la résultante, dont $\dfrac{d\,U}{ds}$ exprimera l'intensité.

Soient R la résultante et θ l'angle que sa direction fait
avec l'élément ds d'une ligne quelconque, la projection
de R sur la tangente à cette ligne sera

$$R \cos \theta = \frac{d\,U}{ds}.$$

L'intégrale

$$\int R \cos \theta \, ds = \int \frac{d\,U}{ds} \, ds,$$

étendue à un segment arbitraire de la ligne s, est évidemment égale à $U_1 - U_0$, U_0 et U_1 étant les valeurs du potentiel aux extrémités de la ligne. Il en résulte : 1º que
la valeur de l'intégrale est indépendante de la nature de
la courbe qui unit les deux points extrêmes, et 2º que
si s est une ligne fermée, l'intégrale étendue à la ligne
entière sera nulle.

236. Dans ce qui suit, nous considérerons particulièrement le cas de la loi d'attraction universelle qui s'observe dans la nature, ou de l'attraction exercée en raison
directe du produit des masses et en raison inverse du carré
des distances. Soient M une molécule attirante de masse m,
μ la masse du point matériel attiré O, r leur distance ;
l'attraction réciproque des deux molécules sera $\dfrac{km\mu}{r^2}$, et la
force accélératrice qu'elle fait naître au point O sera par
conséquent $\dfrac{km}{r^2}$; la constante k étant nécessairement l'attraction qu'une masse concentrée en un point exercerait
à la distance 1 sur une autre masse aussi égale à 1, égale-

ment concentrée en un point. En choisissant pour la masse une unité convenable, on peut faire en sorte que $\mu k = 1$; alors la force agissant en O devient simplement $\dfrac{m}{r^2}$.

On aura donc, dans le cas que nous considérons,

$$f(r) = \frac{1}{r^2}, \quad \mathrm{F}(r) = -\int f(r)\, dr = \frac{1}{r},$$

et le potentiel deviendra

$$\mathrm{U} = \sum \frac{m}{r}.$$

Lorsque les masses m, au lieu d'être concentrées dans des points isolés, remplissent sans intervalle une ligne, une surface ou un espace matériel quelconques, la somme $\sum$ doit être remplacée par une intégration simple, double ou triple. Ce dernier cas est celui de la nature; mais il est quelquefois utile de substituer aux forces réelles des forces fictives concentrées sur des lignes ou des surfaces.

Il est évident que le potentiel a une valeur finie et déterminée en tout point situé en dehors des masses attirantes. Il en est de même de ses dérivées particielles du premier ordre ou d'ordre supérieur, puisque, dans cette supposition, elles deviennent des sommes de parties assignables, ou bien des intégrales dans lesquelles les quantités sous le signe $\int$ ne peuvent jamais devenir infinies. On aura donc

$$\frac{d\mathrm{U}}{dx} = \sum \frac{(a-x)\,m}{r^3}, \quad \frac{d^2\mathrm{U}}{dx^2} = \sum \left[\frac{3\,(a-x)^2}{r^5} - \frac{1}{r^3} \right] m,$$

$$\frac{d\mathrm{U}}{dy} = \sum \frac{(b-y)\,m}{r^3}, \quad \frac{d^2\mathrm{U}}{dy^2} = \sum \left[\frac{3\,(b-y)^2}{r^5} - \frac{1}{r^3} \right] m,$$

$$\frac{d\mathrm{U}}{dz} = \sum \frac{(c-z)\,m}{r^3}, \quad \frac{d^2\mathrm{U}}{dz^2} = \sum \left[\frac{3\,(c-z)^2}{r^5} - \frac{1}{r^2} \right] m,$$

et en ajoutant on trouve

$$\frac{d^2U}{dx^2} + \frac{d^2U}{dy^2} + \frac{d^2U}{dz^2} = 0, \quad \text{ou} \quad \Delta^{(2)}U = 0,$$

ce qui exprime une propriété importante de la fonction U, propriété dont la découverte est due à Laplace.

Lorsque le point attiré est situé dans l'intérieur du corps attirant, il suffit de remplacer les coordonnées rectilignes par des coordonnées polaires pour prouver que le potentiel U et ses dérivées partielles du premier ordre $\frac{dU}{dx}$, $\frac{dU}{dy}$, $\frac{dU}{dz}$ restent encore finis et continus. Mais les expressions des dérivées secondes $\frac{d^2U}{dx^2}$, $\frac{d^2U}{dy^2}$, $\frac{d^2U}{dz^2}$ contiendront sous le signe $\sum$ ou $\int$ une fonction qui devient infinie pour $r = 0$, et leur somme ne sera plus nulle. Nous avons déjà démontré (209) que la vraie valeur de cette somme est dans le cas actuel donnée par l'équation

$$\frac{d^2U}{dx^2} + \frac{d^2U}{dy^2} + \frac{d^2U}{dz^2} = -4\pi\rho \quad \text{ou} \quad \Delta^{(2)}U = -4\pi\rho,$$

ρ étant la densité du corps attirant au point occupé par la molécule attirée μ. On doit à Poisson cette extension du théorème de Laplace.

Le théorème de Laplace et celui de Poisson étant de la plus haute importance dans la théorie du potentiel, nous en donnerons ici une autre démonstration plus rigoureuse, qui est au fond celle de Gauss. Admettons que les molécules attirantes forment un corps continu dont V soit le volume et S la surface, et soit ρ la densité variable de ce corps; on aura

$$\mathrm{X} = \frac{dU}{dx} = \int\int\int \frac{\rho(a-x)}{r^3}\, da\, db\, dc,$$

l'intégrale devant s'étendre à toutes les parties du corps V. Concevons que x reçoive un accroissement e, c'est-à-dire que du point x, y, z on passe au point $x + e, y, z$. La position relative du corps et du point attiré sera la même que si, au lieu de déplacer ce dernier, on avait fait subir à chaque molécule du corps un déplacement égal en sens contraire, ou diminué l'abscisse a de chaque molécule de la même quantité e. L'accroissement de la composante X sera évidemment le même dans les deux cas; donc, pour obtenir la dérivée $\dfrac{d\mathrm{X}}{dx} = \dfrac{d^2\mathrm{U}}{dx^2}$, il suffit de donner à a une variation constante ∂a et de chercher la variation correspondante de l'intégrale X; car on aura ensuite

$$\frac{d\mathrm{X}}{dx} = -\frac{\delta\mathrm{X}}{\delta a}.$$

Remarquons d'abord qu'après le déplacement du corps la valeur de ρ correspondante à un point a, b, c sera précisément la même que ρ avait au point $a + e$, b, c, avant le déplacement. La densité ρ sera donc devenue une nouvelle fonction des coordonnées a, b, c; elle aura pris une variation $\delta\rho = -\dfrac{d\rho}{da}\,\partial a$. Quant à la distance r, elle restera toujours la même fonction de a, b, c, et sa variation sera nulle. Enfin, les limites des intégrations seront invariables, excepté celles de la première, relative à a, qui prendront l'une et l'autre la même variation ∂a. Cela posé, on trouve, d'après les règles du calcul des variations,

$$\delta\mathrm{X} = \int_{c_0}^{c_1}\int_{b_0}^{b_1}\int_{a_0}^{a_1} \frac{\delta\rho\,(a-x)}{r^3}\,da\,db\,dc$$

$$+\,\delta a \int_{c_0}^{c_1}\int_{b_0}^{b_1}\left[\frac{\rho\,(a-x)}{r^3}\right]_{a_0}^{a_1} db\,dc.$$

Or,

$$da\, db\, dc = d\mathbf{V} \quad \text{et} \quad db\, dc = \pm \cos \alpha\, . \, d\mathbf{S},$$

α étant l'angle que la normale à l'élément superficiel $d\mathbf{S}$ élevée en dehors fait avec l'axe des x; le signe $+$ correspondant au cas où cet angle est aigu, c'est-à-dire à la limite supérieure a_1, le signe $-$ au cas où l'angle α est obtus, c'est-à-dire à la limite inférieure a_0. On pourra donc simplement remplacer l'expression différentielle

$$\left[\frac{\rho\,(a - x)}{r^3} \right]_{a_0}^{a_1} db\, dc \quad \text{par} \quad \frac{\rho\,(a - x)\cos \alpha}{r^3}\, d\mathbf{S},$$

pourvu qu'on intègre ensuite le long de toute la surface S. Il en résulte que si l'on divise par la variation constante δa et qu'on substitue $\dfrac{d^2\mathbf{U}}{dx^2} = \dfrac{d\mathbf{X}}{dx} = -\dfrac{\delta\mathbf{X}}{\delta a}$, $\dfrac{d\rho}{da} = -\dfrac{\delta\rho}{\delta a}$, l'équation précédente deviendra

$$\frac{d^2\mathbf{U}}{dx^2} = \int \frac{\frac{d\rho}{da}\,(a - x)}{r^3}\, d\mathbf{V} - \int \frac{\rho\,(a - x)\cos \alpha}{r^3}\, d\mathbf{S}.$$

Cette formule est vraie lorsque le point O est situé dans l'intérieur du corps, aussi bien que lorsqu'il est en dehors. Mais elle cesse d'être applicable si le point O est sur la surface même du corps, parce que quelques éléments de la seconde intégrale prennent des valeurs infinies.

On aura de même

$$\frac{d^2\mathbf{U}}{dy^2} = \int \frac{\frac{d\rho}{db}\,(b - y)}{r^3}\, d\mathbf{V} - \int \frac{\rho\,(b - y)\cos \beta}{r^3}\, d\mathbf{S},$$

$$\frac{d^2\mathbf{U}}{dz^2} = \int \frac{\frac{d\rho}{dc}\,(c - z)}{r^3}\, d\mathbf{V} - \int \frac{\rho\,(c - z)\cos \gamma}{r^3}\, d\mathbf{S},$$

β et γ étant les angles que la normale extérieure fait avec les axes des y et z.

Observons maintenant que

$$a - x = r \cos \xi, \quad b - y = r \cos \eta, \quad c - z = r \cos \zeta,$$

en désignant par ξ, η, ζ les angles que la droite r, menée du point fixe x, y, z au point variable a, b, c, fait avec les axes coordonnés. Si l'on fait varier la longueur de r seule, en laissant sa direction constante, on aura

$$\frac{da}{dr} = \cos \xi = \frac{a - x}{r}, \quad \frac{db}{dr} = \cos \eta = \frac{b - y}{r},$$

$$\frac{dc}{dr} = \cos \zeta = \frac{c - z}{r},$$

d'où il résulte que

$$\frac{d\rho}{da} \frac{a - x}{r} + \frac{d\rho}{db} \frac{b - y}{r} + \frac{d\rho}{dc} \frac{c - z}{r} = \frac{d\rho}{dr}.$$

Remarquons aussi que

$$\frac{a - x}{r} \cos \alpha + \frac{b - y}{r} \cos \beta + \frac{c - z}{r} \cos \gamma = \cos \psi,$$

α, β, γ étant les angles que la normale à l'élément dS fait avec les axes, et ψ l'angle que cette même normale extérieure élevée sur dS fait avec la droite r prolongée. Enfin posons, pour abréger,

$$M = \int \frac{\frac{d\rho}{dr}}{r^2} \, dV, \quad N = \int \frac{\rho \cos \psi}{r^2} \, dS,$$

ces deux intégrales étendues, la première à tout le volume V, la seconde à toute la surface S. Nous aurons donc

$$\frac{d^2 U}{dx^2} + \frac{d^2 U}{dy^2} + \frac{d^2 U}{dz^2} = (M - N).$$

237. Pour effectuer la première intégration, concevons que le point O soit le centre d'une surface sphérique d'un rayon égal à l'unité et partagée en éléments dS. Les droites menées du point O à tous les points du contour de dS, et infiniment prolongées, forment une surface conique. Cette surface conique découpe dans le volume V une tranche (composée de plusieurs volumes élémentaires, suivant les circonstances), dont $r^2 dS\, dr$ est un élément indéterminé. La portion de M qui se rapporte à cette tranche sera donc

$$dS \int \frac{d\rho}{dr}\, dr,$$

pourvu que l'intégration s'étende à toutes les parties de la droite r, menée du point O à l'élément dS et suffisamment prolongée, qui se trouvent interceptées par le volume V. Si cette ligne rencontre la surface de V en plusieurs points, soient O_1, O_2, O_3, O_4,... ces différents points ; r_1, r_2, r_3, r_4,... les valeurs correspondantes de r ; dS_1, dS_2, dS_3, dS_4,... les éléments de la surface de V, découpés par le cône élémentaire ; ρ_1, ρ_2, ρ_3, ρ_4,... les valeurs de ρ, et ψ_1, ψ_2, ψ_3, ψ_4,... les valeurs de ψ relatives à ces éléments. Nous distinguerons deux cas :

1° *Le point* O *est en dedans de* V. — Dans ce cas les points sont en nombre impair, et l'intégration doit s'étendre depuis $r = o$ jusqu'à $r = r_1$, depuis $r = r_2$ jusqu'à $r = r_3$, etc. ; d'où l'on voit que si la densité au point O est désignée par ρ_0, on aura

$$\int \frac{d\rho}{dr}\, dr = -\rho_0 + \rho_1 - \rho_2 + \rho_3 - \rho_4 + \ldots$$

Comme les angles ψ_1, ψ_2,... sont alternativement aigus et obtus, on aura

$$dS_1 \cos \psi_1 = r_1^2 \, ds,$$
$$dS_2 \cos \psi_2 = - r_2^2 \, ds,$$
$$dS_3 \cos \psi_3 = r_3^2 \, ds,$$
$$dS_4 \cos \psi_4 = - r_4^2 \, ds,$$
$$\dots\dots\dots\dots\dots\dots,$$

et par conséquent

$$dS \int \frac{d\rho}{dr} \, dr = - \rho_0 \, ds + \frac{\rho_1 \cos \psi_1}{r_1^2} \, dS_1 + \frac{\rho_2 \cos \psi_2}{r_2^2} \, dS_2 + \dots$$
$$= - \rho_0 \, ds + \sum \frac{\rho \cos \psi}{r^2} \, ds \,;$$

la sommation devant s'étendre à tous les éléments ds qui correspondent à l'élément dS. En intégrant pour tous les ds, on aura

$$M = - 4\pi\rho_0 + \int \frac{\rho \cos \psi}{r^2} \, dS.$$

Or, l'intégrale contenue dans le second membre de cette formule devant être étendue à tout le volume V, n'est autre chose que N; on aura donc

$$M - N = - 4\pi\rho_0$$

ou

$$\frac{d^2 U}{dx^2} + \frac{d^2 U}{dy^2} + \frac{d^2 U}{dz^2} = - 4\pi\rho_0.$$

2° *Le point O est extérieur.* — Dans ce cas, on n'aura à prendre en considération que ceux des éléments de la surface sphérique pour lesquels la ligne droite menée par O et un point de ds atteint le volume V. Le nombre des points O_1, O_2, O_3, ... est toujours pair, et les angles ψ_1, ψ_2, ψ_3, ... sont alternativement obtus et aigus.

Donc

$$dS_1 \cos \psi_1 = - r_1^2 \, ds,$$
$$dS_2 \cos \psi_2 = - r_2^2 \, ds,$$
$$dS_3 \cos \psi_3 = - r_3^2 \, ds.$$

L'intégration $\int \frac{d\rho}{dr} \, dr$ devant s'étendre de $r = r_1$ à $r = r_2$, de $r = r_3$ à $r = r_4, \ldots$, il en résulte que

$$ds \int \frac{d\rho}{dr} \, dr = \frac{\rho_1 \cos \psi_1}{r_1^2} \, dS_1 + \frac{\rho_2 \cos \psi_2}{r_2^2} \, dS_2 + \ldots$$
$$= \sum \frac{\rho \cos \psi}{r^2} \, dS.$$

La somme $\sum$ devant s'étendre à tous les éléments dS qui se rapportent à ce cas, nous aurons

$$M = \int \frac{\rho \cos \psi}{r^2} \, dS = N,$$

et par conséquent, comme nous le savions déjà,

$$\frac{d^2U}{dx^2} + \frac{d^2U}{dy^2} + \frac{d^2U}{dz^2} = 0.$$

Nous pouvons donc énoncer le théorème suivant :

Théorème I. — *Le paramètre différentiel du second ordre du potentiel est nul pour un point extérieur, et égal, pour un point intérieur, à la densité en ce point multipliée par* -4π.

238. Considérons maintenant le cas idéal où des forces attractives (ou répulsives) émanent de tous les points d'une surface limitée, sur laquelle on suppose qu'une masse attirante est distribuée. Dans ce cas, nous appellerons *densité* en un point quelconque de la surface le quotient de la masse d'un élément divisée par l'aire de cet élément.

En admettant qu'en aucun point la densité ne soit infinie, on prouve aisément, comme pour des masses remplissant un volume fini, que le potentiel aura en chaque point une valeur finie et déterminée, et qu'il variera d'une manière continue le long d'une ligne quelconque, alors même que cette ligne sera située sur la surface ou qu'elle la traversera.

Il n'en est pas de même des dérivées du potentiel; celles-ci au contraire varient brusquement quand on passe d'un côté de la surface à l'autre; de sorte qu'en un point même de la surface elles ont en général deux valeurs distinctes. Pour nous faire une idée de ces variations brusques, prenons pour origine un point O de la surface, pour axe des x la normale élevée en ce point, et décrivons du point O comme centre une sphère d'un très-petit rayon ρ : cette sphère découpera dans la surface donnée une petite portion sensiblement plane, qu'on peut identifier avec un cercle et sur laquelle la densité m sera sensiblement constante. Pour un point quelconque pris sur l'axe des x, le potentiel de la masse reportée sur le petit cercle sera

$$U = \int_0^\rho \frac{2\pi m \rho\, d\rho}{\sqrt{x^2 + \rho^2}} = 2\pi m \left(\sqrt{x^2 + \rho^2}\right)_0^\rho = 2\pi m \left(\sqrt{x^2 + \rho^2} - \sqrt{x^2}\right),$$

où il faut prendre toujours la valeur positive de $\sqrt{x^2}$. On aura donc

$$U = 2\pi m \left(\sqrt{x^2 + \rho^2} \pm x\right),$$

formule dans laquelle on devra prendre le signe $+$ si x est négatif, et le signe $-$ dans le cas contraire. Pour $x = 0$ les deux valeurs de U deviennent identiques.

La dérivée partielle de U par rapport à x

$$\frac{dU}{dx} = 2\pi m \left(\frac{x}{\sqrt{x^2 + \rho^2}} \pm 1\right)$$

acquiert au contraire pour $x = 0$ deux valeurs distinctes,

dont la différence est $4\pi m$; c'est-à-dire qu'en traversant la surface et passant des x négatives aux x positives, $\dfrac{d\,U}{dx}$ subira un changement brusque de $-4\pi m$. Quant aux masses situées en dehors du petit cercle, la dérivée de leur potentiel est nécessairement une fonction finie et continue pour tous les points de l'axe des x. Donc la dérivée $\dfrac{d\,U}{dx}$ du potentiel de toutes les masses, prise relativement à une droite normale à la surface, a, au point où la droite traverse la surface, deux valeurs différant entre elles de $4\pi m$, m étant la densité au point que l'on considère.

239. Pour commencer par un cas très-simple, nous nous proposons d'évaluer le potentiel d'une masse répandue uniformément sur la surface d'une sphère. Soient R le rayon de la sphère, dS un élément de sa surface, m la densité constante de la masse, a la distance du point attiré O au centre de la sphère C, φ l'angle que le rayon mené à un point de l'élément dS fait avec la droite OC, et ψ l'angle que le plan mené par ce rayon et la droite OC fait avec un plan fixe mené par cette même droite : on aura

$$dS = R^2 \sin\varphi\, d\varphi\, d\psi$$

et

$$U = \frac{m\,R^2}{a} \int\int \frac{\sin\varphi\, d\varphi\, d\psi}{\sqrt{R^2 - 2R\,a \cos\varphi + a^2}},$$

l'intégrale devant être prise depuis $\psi = 0$ jusqu'à $\psi = 2\pi$, et depuis $\varphi = 0$ jusqu'à $\varphi = \pi$. En effectuant les deux intégrations, on trouve

$$U = \frac{2\pi\rho R}{a} \left(\sqrt{R^2 - 2R\,a \cos\varphi + a^2} \right)_{\varphi = 0}^{\varphi = \pi},$$

$$= \frac{2\pi\rho R}{a} \left[R + a - \sqrt{(R - a)^2} \right].$$

36.

Le radical qui doit toujours être pris avec sa valeur positive sera égal à $R - a$ ou à $a - R$, suivant que le point O sera intérieur ou extérieur à la sphère. On aura par conséquent

$$U = 4\pi\rho R$$

pour un point situé dans l'intérieur de la sphère, et

$$U = \frac{4\pi\rho R^2}{a},$$

pour un point situé en dehors de la sphère. Sur la surface même de la sphère les deux valeurs de U deviennent identiques.

240. Avant de considérer des surfaces en général, nous devons établir le théorème suivant :

Théorème II. — *Soient* U *le potentiel d'un système de masses* M_1, M_2, M_3, ... *concentrées dans les points* P_1, P_2, P_3, ...; *u le potentiel d'un système de masses* m_1, m_2, m_3, ..., *concentrées dans les points* p_1, p_2, p_3, ...; U_1, U_2, U_3, ... *les valeurs de* U *en ces derniers points;* u_1, u_2, u_3, ... *les valeurs de u aux points* P_1, P_2, P_3, ...; *on aura l'équation*

$$M_1 u_1 + M_2 u_2 + M_3 u_3 + \ldots = m_1 U_1 + m_2 U_2 + m_3 U_3 + \ldots,$$

ou bien

$$\sum M u = \sum m U.$$

En effet, l'une et l'autre des deux sommes représentent la somme totale de quantités telles que $\dfrac{Mm}{r}$, dans lesquelles les masses M et m sont combinées de toutes les manières, r étant la distance des masses que l'on considère.

Quand les masses remplissent sans intervalle un espace

ou une surface continue, l'équation précédente subsiste, à la condition de remplacer chaque somme par l'intégrale qui en est la limite, c'est-à-dire qu'on aura

$$\int u d\mathrm{M} = \int \mathrm{U}\, dm.$$

Supposons, par exemple, que la masse m soit distribuée d'une manière uniforme sur la surface d'une sphère S de rayon R, et que la masse M se trouve en partie dans l'intérieur, en partie à l'extérieur de la sphère, le potentiel u sera égal a $4\pi\rho\mathrm{R}$ pour tout point intérieur, et à $\dfrac{4\pi\rho\mathrm{R}^2}{r}$ pour des points extérieurs à la sphère, ρ étant la densité de la masse m, et r la distance du point attiré au centre de la sphère. On aura donc

$$\int u d\mathrm{M} = 4\pi\rho\,\mathrm{R}\mathrm{M}_0 + 4\pi\rho\,\mathrm{R}^2\mathrm{U}_0;$$

en désignant par M_0 toute la masse située dans l'intérieur de la sphère, par U_0 le potentiel de la masse extérieure relative au centre de la sphère, et en regardant à volonté comme intérieure ou extérieure la masse distribuée sur la surface même de la sphère. On a en outre

$$\int \mathrm{U}\, dm = \rho \int \mathrm{U}\, d\mathrm{S},$$

d'où il résulte

$$\int \mathrm{U}\, d\mathrm{S} = 4\pi(\mathrm{R}\mathrm{M}_0 + \mathrm{R}^2\mathrm{U}_0),$$

l'intégration devant être étendue à la surface sphérique entière. C'est là un théorème important dont nous ferons usage dans la suite.

Cette proposition nous conduit très-simplement au théorème suivant :

Théorème III. — *Le potentiel* U *de masses situées en dehors d'un espace limité ne peut avoir une valeur constante dans une partie de cet espace et une valeur différente dans une autre partie.*

En effet, supposons que dans chaque point de l'espace A le potentiel ait une valeur constante a, et que dans un espace B, contigu à A, il puisse avoir une valeur plus grande que a. Construisons une sphère dont une partie soit en B, et l'autre partie avec le centre en A, ce qui est toujours possible. Si R désigne le rayon de cette sphère et ds un élément quelconque de sa surface, on aura, d'après ce qui précède,

$$\int U\, ds = 4\pi R^2 a,$$

et par conséquent

$$\int (U - a)\, ds = 0.$$

Or, c'est impossible, puisque, pour la partie de la surface située en A, $U - a = 0$, tandis que pour l'autre partie $U - a > 0$. Donc U ne peut pas être plus grand que a dans un espace contigu à A. On verrait de même qu'il ne peut pas y être plus petit que a.   c. q. f. d.

Corollaire I. — Si l'espace qui contient les masses renferme un espace vide, et que le potentiel, dans une partie de cet espace, ait une valeur constante, cette valeur conviendra à tout l'espace vide.

Corollaire II. — Si le potentiel de masses contenues dans un espace fini a une valeur constante dans une partie quelconque de l'espace extérieur, cette valeur conviendra à tout l'espace extérieur.

On voit du reste que cette valeur constante du potentiel ne peut être que *zéro ;* car il est évident que pour un point très-éloigné des masses agissantes, le potentiel doit devenir moindre que toute quantité donnée.

241. Soient dS l'élément d'une surface S enveloppe d'un espace fini, P l'action exercée suivant une direction normale à l'élément dS par des masses distribuées d'une manière quelconque, la force P étant regardée comme positive ou négative suivant qu'elle est dirigée en dedans ou en dehors, et proposons-nous d'évaluer l'intégrale

$\int P\,dS$ étendue à la surface entière.

Considérons un élément de masse $d\mathrm{M}$ séparé de l'élément superficiel dS par la distance r, et désignons par i l'angle qu'une normale intérieure menée sur l'élément dS, fait avec la distance r comptée dans la direction $d\mathrm{M}$; la partie de l'intégrale $\int P\,dS$ provenant de la masse $d\mathrm{M}$ sera

$$d\,\mathrm{M} \int \frac{\cos i}{r^2}\, d\mathrm{S}.$$

Pour effectuer cette dernière intégration, concevons la masse $d\mathrm{M}$ placée au centre d'une surface sphérique dont le rayon soit égal à l'unité, et qui soit partagée en éléments ds par de petits cônes ayant leur sommet au centre de cette surface sphérique. Si l'on prolonge suffisamment un de ces cônes élémentaires, il peut arriver qu'il rencontre plusieurs fois la surface S, dans laquelle il découpe chaque fois un élément $dS = \pm \dfrac{r^2}{\cos i}\, ds$; on prend le signe + ou le signe — suivant que l'angle i est aigu ou obtus, c'est-à-dire suivant que le cône sort de l'espace enfermé par la surface S ou y pénètre. Il faut distinguer trois cas :

1° *La masse dM est extérieure.* — En affectant d'un indice 1, 2, 3,... les quantités r, i, dS relatives au point où le cône élémentaire partant de dM et suffisamment prolongé rencontre la surface S la première, la seconde, la troisième fois, etc., on a

$$ds = -\frac{\cos i_1}{r_1^2}\,d\mathrm{S}_1 = +\frac{\cos i_2}{r_2^2}\,d\mathrm{S}_2 = -\frac{\cos i_3}{r_3^2}\,d\mathrm{S}_3; \ldots,$$

et comme le cône rencontre la surface S un nombre pair de fois, il s'ensuit que la somme des éléments $\frac{\cos i}{r^2}\,d$S correspondant à l'élément sphérique ds est nulle. Il en est de même pour ce qui concerne tout autre élément dS. On a donc

$$\int \frac{\cos i}{r^2}\,d\mathrm{S} = 0$$

pour tout point extérieur.

2° *La masse dM est intérieure.* — En adoptant les notations du cas précédent, on a

$$ds = +\frac{\cos i_1}{r_1^2}\,d\mathrm{S}_1 = -\frac{\cos i_2}{r_2^2}\,d\mathrm{S}_2 = +\frac{\cos i_3}{r_3^2}\,d\mathrm{S}_3 = \ldots,$$

et comme le cône rencontre la surface S un nombre impair de fois, il s'ensuit que la somme des éléments $\frac{\cos i}{r^2}\,d$S correspondant à l'élément sphérique ds est égale à ce dernier élément. La même chose ayant lieu pour tout autre élément dS, on aura

$$\int \frac{\cos i}{r^2}\,d\mathrm{S} = \int ds,$$

l'intégration devant s'étendre à toute la surface sphérique. Il en résulte qu'on a pour un point intérieur

$$\int \frac{\cos i}{r^2}\,d\mathrm{S} = 4\pi.$$

3° *La masse $d\mathrm{M}$ est placée sur la surface* S. — Concevons un plan tangent à la surface S mené par $d\mathrm{M}$. Pour les parties de S situées à l'extérieur du plan tangent, on trouve, comme dans le premier cas,

$$\int \frac{\cos i}{r^2}\, d\mathrm{S} = 0.$$

Pour les parties de S situées à l'intérieur du plan tangent, on trouve, comme dans le second cas,

$$\int \frac{\cos i}{r^2}\, d\mathrm{S} = \int ds,$$

mais cette dernière intégrale ne doit évidemment s'étendre, dans le cas actuel, qu'à la moitié de la surface sphérique. On aura donc

$$\int \frac{\cos i}{r^2}\, d\mathrm{S} = 2\pi,$$

pour un point situé sur la surface S elle-même. Cette dernière conclusion cependant n'est rigoureuse qu'autant que la surface a une courbure continue au point que l'on considère. Si cette continuité n'a pas lieu, si le point est situé sur une arête ou dans un angle, il faut remplacer 2π par l'aire d'une portion de surface sphérique ayant pour rayon l'unité, pour centre le point en question, portion découpée par le cône formé de toutes les tangentes à la surface en ce point. Mais ces exceptions, qui n'ont jamais lieu dans une portion finie de surface, restent sans influence sur la proposition que nous allons établir.

En résumé, l'intégrale $\int \mathrm{P}\, d\mathrm{S}$, étendue à la surface entière, sera égale à $4\pi\mathrm{M} + 2\pi\mathrm{M}_1$, M désignant la somme des masses placées dans l'intérieur de la surface, et M_1 la somme de celles qui sont distribuées sur la surface même.

Dans le cas où il n'y a que des masses extérieures, l'intégrale $\int \mathbf{P}\, d\mathbf{S}$ est nulle. Or, si l'on appelle n une portion indéterminée de la normale intérieure élevée sur l'élément $d\mathbf{S}$, on a

$$\mathbf{P} = \frac{d\mathbf{U}}{dn}$$

pour $n = 0$; on a donc aussi

$$\int \frac{d\mathbf{U}}{dn}\, d\mathbf{S} = 0,$$

pour des masses extérieures.

Admettons que les masses attirantes soient toutes en dehors de l'espace $\mathbf{V}$ enfermé par la surface $\mathbf{S}$, et cherchons la valeur de l'intégrale $\int k^2\, d\mathbf{V}$, étendue à tout l'espace $\mathbf{V}$, k étant la force totale agissant en un point de $d\mathbf{V}$. On a d'abord

$$k^2 = \left(\frac{d\mathbf{U}}{dx}\right)^2 + \left(\frac{d\mathbf{U}}{dy}\right)^2 + \left(\frac{d\mathbf{U}}{dz}\right)^2,$$

et

$$0 = \frac{d^2\mathbf{U}}{dx^2} + \frac{d^2\mathbf{U}}{dy^2} + \frac{d^2\mathbf{U}}{dz^2}.$$

L'identité

$$\frac{d\left(\mathbf{U}\,\dfrac{d\mathbf{U}}{dx}\right)}{dx} = \left(\frac{d\mathbf{U}}{dx}\right)^2 + \mathbf{U}\,\frac{d^2\mathbf{U}}{dx^2}$$

donne, en intégrant le long d'une droite parallèle à l'axe des x et comprise dans l'intérieur de $\mathbf{V}$,

$$\int \left[\left(\frac{d\mathbf{U}}{dx}\right)^2 + \mathbf{U}\,\frac{d^2\mathbf{U}}{dx^2}\right] dx$$
$$= -\left(\mathbf{U}\,\frac{d\mathbf{U}}{dx}\right)_1 + \left(\mathbf{U}\,\frac{d\mathbf{U}}{dx}\right)_2 - \left(\mathbf{U}\,\frac{d\mathbf{U}}{dx}\right)_3 + \ldots,$$

$\left(U \dfrac{dU}{dx}\right)_1$, $\left(U \dfrac{dU}{dx}\right)_2$, $\left(U \dfrac{dU}{dx}\right)_3$, $\ldots$, désignant les valeurs de $U \dfrac{dU}{dx}$ aux points où la droite menée dans la direction des x positives et suffisamment prolongée perce la surface S la première, la seconde, la troisième fois, etc. Désignons par α_1, α_2, α_3,... les angles que les normales intérieures élevées en ces points de la surface S font avec l'axe des x, et par dS_1, dS_2, dS_3,... les éléments superficiels correspondants, on aura

$$dy\,dz = \cos\alpha_1\,dS_1 = -\cos\alpha_2\,dS_2 = \cos\alpha_3\,dS_3\,,\ldots,$$

et par conséquent

$$\int\int\int \left[\left(\frac{dU}{dx}\right)^2 + U\frac{d^2U}{dx^2}\right] dx\,dy\,dz = -\int\int U\frac{dU}{dx}\cos\alpha\,dS,$$

l'intégrale triple s'étendant à tout l'espace V, et l'intégrale double à toute la surface de V. Or, $\cos\alpha = \dfrac{dx}{dn}$, n étant la normale intérieure élevée sur dS. Nous trouvons donc la première des trois équations suivantes, et, par analogie, les deux autres :

$$\int \left[\left(\frac{dU}{dx}\right)^2 + U\frac{d^2U}{dx^2}\right] dV = -\int U\frac{dU}{dx}\frac{dx}{dn}\,dS,$$

$$\int \left[\left(\frac{dU}{dy}\right)^2 + U\frac{d^2U}{dy^2}\right] dV = -\int U\frac{dU}{dy}\frac{dy}{dn}\,dS,$$

$$\int \left[\left(\frac{dU}{dz}\right)^2 + U\frac{d^2U}{dz^2}\right] dV = -\int U\frac{dU}{dz}\frac{dz}{dn}\,dS.$$

En ajoutant et en observant que

$$\frac{dU}{dx}\frac{dx}{dn} + \frac{dU}{dy}\frac{dy}{dn} + \frac{dU}{dz}\frac{dz}{dn} = \frac{dU}{dn},$$

on trouve finalement cette formule importante

$$\int k^2 \, d\mathrm{V} = - \int \mathrm{U} \frac{d\mathrm{U}}{dn} \, d\mathrm{S}.$$

Si U conserve une valeur constante A sur toute la surface de V, on aura donc (n° **240**)

$$\int k^2 \, d\mathrm{V} = - \mathrm{U} \int \frac{d\mathrm{U}}{dn} \, d\mathrm{S} = 0,$$

d'où résulte $k = 0$ pour tous les points de l'espace V, et

$$\frac{d\mathrm{U}}{dx} = 0, \quad \frac{d\mathrm{U}}{dy} = 0, \quad \frac{d\mathrm{U}}{dz} = 0.$$

Le potentiel U sera donc constant dans tout l'espace V, et comme il varie d'une manière continue, il aura en chaque point de cet espace la même valeur qu'à la surface. Par suite, nous pouvons énoncer le théorème suivant :

THÉORÈME IV. — *Si le potentiel* U *d'un système de masses, toutes extérieures à un espace* V, *a une valeur constante en tout point de la surface* S *de* V, *cette valeur reste la même pour tous les points de l'espace* V *lui-même.*

Il y aura ainsi dans tout l'espace une destruction totale des forces.

Ce théorème subsiste encore lorsque les masses sont toutes ou en partie distribuées sur la surface même de V. Admettons, en effet, que le potentiel U conserve sur toute la surface de V la valeur constante U = A, mais qu'il prenne en un certain point intérieur O une valeur différente B, et soit C une quantité comprise entre A et B. Puisque U est une fonction continue, il ne peut passer de la valeur B à la valeur A sans passer par la valeur intermédiaire C. Donc, si l'on mène du point O des lignes droites dans toutes les directions, il y aura sur chacune de ces droites, entre le point O et la surface, un point O′ pour lequel la valeur du potentiel sera C. L'ensemble de tous les points O′ formera une surface fermée sur laquelle le potentiel U a la valeur constante C ; il faudrait donc, d'après le théorème déjà établi, qu'il eût en tous les points de l'espace intérieur la même valeur C. Mais nous avons admis, au contraire, pour le point O une valeur B différente de C ; l'hypothèse que le potentiel puisse avoir en O une valeur différente de la valeur constante A, qu'il a sur la surface de V, conduit donc à une contradiction manifeste et doit être rejetée.

242. Considérons des masses situées dans l'intérieur d'un espace fermé et distribuées sur la surface S de V, et admettons que le potentiel U de ces masses conserve une valeur constante A sur les points de la surface S : je dis qu'en chaque point O de l'espace infini extérieur la valeur du potentiel sera comprise entre les limites *zéro* et A, sauf à coïncider avec l'une de ces deux limites.

En effet, admettons que le potentiel puisse avoir en O une valeur B, non comprise entre les limites *zéro* et A, et désignons par C une quantité arbitraire comprise à la fois entre B et *zéro*, et entre B et A. Menons par le point O des lignes droites dans toutes les directions : il y aura sur chacune de ces droites un point O′ pour lequel la valeur du potentiel sera C. En effet, si cette droite rencontre la surface S, pour laquelle U $=$ A, en un point Q, il faut qu'en un certain point de la droite OQ compris entre O et Q le potentiel prenne la valeur C. Si, au contraire, la droite ne rencontre pas la surface S, il faut qu'en prenant sur cette droite des points très-éloignés de O′, le potentiel tende vers zéro, et qu'il existe par conséquent quelque point sur la surface pour lequel U $=$ C : l'ensemble de tous les points O′ formera une surface fermée tout extérieure à l'espace V, et sur laquelle par conséquent le potentiel est constamment égal à C; il faudrait donc qu'il eût la même valeur au point O, ce qui est contraire à l'hypothèse.

Il en résulte en particulier que si la valeur du potentiel est constamment nulle sur la surface S, elle sera nulle dans tout l'espace extérieur.

Mais si la valeur constante A du potentiel sur la surface S est différente de zéro, sa valeur dans l'espace extérieur ne sera égale ni à A ni à zéro, à aucune distance finie des masses agissantes. En effet, soit B la valeur de U en un point extérieur O, et décrivons du point O comme centre, avec un rayon R plus petit que la plus courte distance de O à S, une surface sphérique, l'intégrale

$$\int U\, dS,$$ étendue à toute cette surface, sera $4\pi R^2 B$, et l'on aura par suite

$$\int (U - B)\, dS = 0.$$

En supposant $B = 0$, on aurait donc

$$\int U\, dS = 0;$$

et comme U ne peut pas changer de signe, puisque nous savons déjà qu'il est compris entre zéro et A, il en résulterait $U = 0$ sur toute la surface sphérique. D'autre part, en supposant $B = A$, on verrait par la même raison que U ne peut excéder les limites zéro et A; on serait forcé d'admettre $U = A$ sur toute la surface sphérique; et l'on en conclurait d'abord que U serait aussi égal à zéro ou à A dans tout l'intérieur de la sphère, et ensuite qu'il en serait de même dans tout l'espace extérieur à V. Or, dans des points très-éloignés, le potentiel ne peut pas avoir la valeur A, puisqu'il tend vers zéro, et que A est différent de zéro. Dans le voisinage de la surface S, le potentiel ne peut pas non plus être nul, puisqu'il a sur la surface elle-même la valeur A, et qu'il varie d'une manière continue.

Donc, si A est différent de zéro, la valeur du potentiel sera dans tout espace extérieur comprise entre zéro et A sans coïncider avec aucune de ces limites.

Si la somme de toutes les masses est nulle, la valeur constante A du potentiel est nécessairement nulle.

Concevons en effet une surface sphérique renfermant la surface S et par conséquent aussi toutes les masses, et soit ds un élément de cette surface sphérique; l'intégrale

$\int U\, ds$ étendue à toute la surface de la sphère sera nulle (n° 240); or le potentiel U, étant compris entre zéro et A, ne peut pas changer de signe. On aura donc $U = o$ sur toute la surface sphérique. Mais U ne pourrait atteindre la valeur nulle qu'à une distance infinie des masses, si la constante A était différente de zéro ; on aura donc nécessairement $A = o$. c. q. f. d.

Toutes ces conclusions subsistent encore quand S est une surface non fermée et qu'il n'existe de masses que sur cette surface. Dans ce cas, il n'y a plus d'espace V, et tout point qui n'appartient pas à la surface appartient à l'espace infini extérieur. Si le potentiel a en tout point de la surface une valeur constante A différente de zéro, il aura en dehors une valeur plus petite et de même signe.

Ces conclusions restent encore les mêmes quand une partie des masses est attractive, une autre répulsive, à la condition de donner à ces masses dans le calcul des signes contraires. Cela posé, la distribution d'une masse dans un espace ou sur une surface est dite *homogène,* lorsque tous les éléments de la masse ont le même signe ; *hétérogène,* lorsqu'une partie des masses est positive, l'autre négative : il faut absolument tenir compte de cette distinction dans les théorèmes que nous allons établir.

243. Une masse M, que nous pouvons regarder comme positive, étant distribuée d'une manière homogène sur une surface S, il est évident que la valeur de son potentiel U en chaque point de la surface est plus grande que $\frac{M}{R}$, R étant la plus grande distance de deux points de la surface. Soit u une fonction ayant en chaque point de la surface une valeur déterminée, finie et continue, plus petite que la constante u_0, on aura constamment

$$U - 2u > \frac{M}{R} - 2u_0,$$

et par suite, si l'on multiplie par mdS, m étant la masse, et qu'on intègre sur toute la surface S,

$$\int (U - 2u)\, mdS > \left(\frac{M}{R} - 2u_0\right) M;$$

d'où l'on conclura qu'il existe un mode de distribution homogène de la masse M pour laquelle l'intégrale

$$\Omega = \int (U - 2u)\, mdS$$

a une valeur minimum.

Pour déterminer ce minimum, concevons que dans l'élément dS la masse mdS soit remplacée par $(m + \mu)\, dS$, en sorte que μdS représente un petit accroissement positif ou négatif du produit mdS, assujetti à la condition que $\int \mu\, dS = 0$, et que $m + \mu > 0$, puisque sans cela la distribution de la masse ne serait plus homogène. On aura

$$\delta\Omega = \int \delta U\, mdS + \int (U - 2u)\, \mu dS.$$

Or δU n'étant autre chose que le potentiel de toutes les masses $\mu\, dS$, on a

$$\delta U = \int \frac{\mu\, dS}{r},$$

et par conséquent

$$\int \delta U\, m\, dS = \int m\, dS \int \frac{\mu\, dS}{r} = \int \mu\, dS \int \frac{m\, dS}{r} = \int U\, \mu\, dS.$$

On aura donc

$$\delta \Omega = 2 \int (U - u)\, \mu\, dS.$$

Pour satisfaire à la condition du minimum, qui exige que la variation $\delta\Omega$ ne puisse pas devenir négative, il faut d'abord que $U - u = W$ soit une quantité constante A dans toute la partie *pleine* de la surface. Car, si dans cette partie W était variable, tantôt plus grand, tantôt plus petit que A, il suffirait de faire μ négative dans la partie où $W > A$, positive dans la partie où $W < A$, nulle dans les autres parties, pour rendre négative l'intégrale $\int (W - A)\mu\, dS = \int W\mu\, dS$, et par conséquent aussi la variation $\delta\Omega$. Pour l'existence du minimum, il faut en second lieu que W ne soit plus petit que A dans aucune partie *vide* de la surface. En effet, si W était plus petit que A dans une partie vide, et qu'on couvrît cette partie de masses positives $\mu\, dS$ enlevées à la partie pleine, l'intégrale $\int (W - A)\mu\, dS$ deviendrait évidemment négative, puisqu'on aurait pour la partie pleine $W - A = 0$, pour la partie vide où W était plus petit que A, $W - A < 0$; en même temps que $\mu > 0$, et pour la partie vide où W était plus grand que A, $\mu = 0$.

Donc il existe un mode de distribution d'une masse M

I. 37

sur la surface S, pour laquelle l'intégrale

$$\Omega = \int (U - 2u)\, dS$$

a la plus petite valeur possible; et lorsque ce mode de distribution a lieu, la différence $U - u = W$ a une valeur constante dans toutes les parties de la surface occupées par la matière, et une valeur plus grande que cette constante, ou au moins égale dans toutes les parties de la surface qui ne contiennent pas de matière.

En appliquant ces résultats au cas particulier où $u = 0$, on voit que dans la distribution homogène correspondante au minimum de $\int U m\, dS$, U a une valeur constante A sur la partie pleine de la surface et une valeur plus grande que A ou égale à A sur la partie vide. Mais (n° **240**) il faut au contraire que U soit plus petit que A pour la partie vide; car on peut regarder les parties pleines comme appartenant à une surface non fermée, et la partie vide comme appartenant à l'espace extérieur. Pour faire disparaître cette contradiction évidente, on est forcé d'admettre des deux choses l'une : ou qu'il n'existe aucune partie vide, ou bien que la valeur constante A du potentiel sur la partie pleine est nulle. La seconde hypothèse n'est pas admissible; car si U était nul sur la partie pleine de la surface il serait nécessairement nul dans tout l'espace, et il n'y aurait plus ni attraction ni répulsion, ce qui est impossible, la masse M étant distribuée d'une manière homogène sur la surface S. La première hypothèse est donc seule vraie, et nous pouvons énoncer le théorème suivant :

Théorème V. — *Une masse M étant distribuée sur une surface fermée S d'une manière homogène et telle,* *que l'intégrale $\int U m dS$ soit un minimum, aucune partie de la surface ne peut rester vide et le potentiel a sur la surface entière une valeur constante.*

244. Ce qui précède suffit pour démontrer qu'il existe toujours un mode de distribution homogène ou hétérogène d'une masse donnée **M** sur une surface fermée **S**, pour lequel $U - u$ a une valeur constante dans tous les points de la surface, U étant le potentiel et u une fonction quelconque finie et continue.

Considérons d'abord trois distributions différentes, et désignons la densité m et le potentiel U dans chacune d'elles de la manière suivante :

$$1^o \quad m = m_0, \quad U = U_0,$$
$$2^o \quad m = m_1, \quad U = U_1,$$
$$3^o \quad m = \mu, \quad U = u.$$

La première est une distribution homogène de la masse **M**, et correspond au minimum de $\int U m dS$

La deuxième est également homogène et se rapporte à la même masse **M**; mais elle correspond au minimum de l'intégrale

$$\int (U - 2\varepsilon u) m dS,$$

ε étant un coefficient constant arbitraire.

La troisième est liée aux deux premières par la relation

$$\mu = \frac{m - m_0}{\varepsilon} :$$

c'est donc une distribution hétérogène de la masse totale **M**.

D'après ce qui a été déjà démontré, U_0 est constant dans

toute l'étendue de la surface; $U_1 - \varepsilon u$ est constant dans la partie où a lieu la seconde distribution, et dans cette même partie $U - u$ est nécessairement constant, puisque

$$u = \frac{U_1 - U_0}{\varepsilon}.$$

Suivant la valeur de ε, la seconde distribution couvrira la surface entière, ou en laissera une partie vide. Mais cette seconde distribution devenant identique à la première quand $\varepsilon = 0$, il en résulte que pour ε infiniment petit aucune portion *finie* de la surface ne peut rester vide. Donc, si nous prenons, dans le troisième mode de distribution, μ égal à la limite vers laquelle converge le rapport $\dfrac{m_1 - m_0}{\varepsilon}$, quand ε décroît indéfiniment, $U - u$ aura en tous les points de la surface une valeur constante.

Imaginons maintenant un quatrième mode de distribution dans lequel on ait $m = m_0 + \mu$, la masse distribuée sera M, le potentiel $U = U_0 + u$, et la différence $U - u$ aura sur toute la surface une valeur constante.

Ajoutons qu'il n'existe pour la masse M qu'un seul mode de distribution pour lequel $U - u$ soit une quantité constante sur toute l'étendue de la surface. En effet, si deux distributions donnaient ce résultat, m et U étant désignés dans la première par m_1 et U_1, dans la seconde par m_2 et U_2, le potentiel d'une troisième distribution, dans laquelle on aurait $m = m_1 - m_2$, serait $U_1 - U_2$. u aurait donc aussi une valeur constante sur toute sa surface, et comme la masse entière est nulle, cette valeur constante serait aussi nulle (240). Ainsi, le potentiel $U_1 - U_2$ de la troisième distribution, nul sur toute la surface S, serait aussi nul non-seulement dans tout l'espace extérieur (240), mais encore dans tout l'espace intérieur; d'où il résulte que sa dérivée par rapport à une droite quelconque serait aussi constamment nulle. Or, nous avons vu (**238**) que pour une masse distribuée sur une surface, la dérivée du potentiel relativement à une normale prend, au point où la normale traverse la surface, deux valeurs différant entre elles de $4\pi m$, m étant la densité au point dont il s'agit; et pour que ces valeurs puissent être nulles l'une et l'autre, il faut évidemment que la densité soit nulle; on aurait donc, dans le cas actuel, $m_1 - m_2 = 0$, c'est-à-dire que les deux premières distributions seraient identiques.

Soient maintenant U le potentiel d'une masse M située dans l'intérieur de l'espace V, et u le potentiel d'une masse égale à M distribuée sur la surface S de V, de manière que U — u soit constant. U — u étant le potentiel de la masse totale M — M = 0, il résulte du n° **244** que la valeur constante de U — u est 0, et qu'on aura par suite U = u non-seulement sur toute la surface de U, mais encore dans tout l'espace extérieur. Nous pouvons donc dès à présent énoncer ce théorème extrêmement important :

THÉORÈME VI. — *Des masses attractives ou répulsives étant distribuées d'une manière quelconque dans l'intérieur d'une surface fermée S, il existe toujours une distribution de la même masse totale sur la surface S, capable de produire en un point quelconque de la surface ou de l'espace extérieur le même effet que la distribution donnée.*

Si les masses se trouvaient en dehors de l'espace V enfermé par la surface S, l'effet de leurs attractions ou répulsions sur un point intérieur pourrait de même être produit par une masse distribuée sur la surface. En effet, soient u le potentiel des masses extérieures données, et U celui d'une masse quelconque M′ répandue sur la surface S; il existe toujours un mode de distribution de la masse M' pour lequel $U - u$ est constant sur toute la surface, et par conséquent aussi dans tout l'espace intérieur. Dans ce mode de distribution les dérivées de u et de U, et par conséquent les effets produits par la masse extérieure et par la masse distribuée sur la surface seront les mêmes.

Le calcul de la distribution superficielle Σ, équivalente à une distribution intérieure donnée D, rencontre le plus souvent des obstacles insurmontables. Cependant il existe un cas qui ne présente aucune difficulté : c'est celui où u est constant, et où par conséquent la surface S est une surface d'équilibre pour la distribution D.

Considérons, en effet, un point O de la surface S, élevons en ce point une normale n que nous regarderons comme positive vers l'intérieur et comme négative vers l'extérieur; soient m la densité et C la valeur de la dérivée $\dfrac{dU}{dn}$ au point O. La dérivée $\dfrac{dU}{dn}$ a deux valeurs différentes en O : celle qui se rapporte à l'espace extérieur est égale à C par la raison que $U = u$ dans tout l'espace extérieur; celle qui se rapporte à l'espace intérieur est nulle par la raison que U est constant à la surface et dans tout l'espace intérieur. Mais la première valeur devant surpasser de $4\pi m$ la seconde, on aura

$$4\pi m = C \quad \text{ou} \quad m = \frac{C}{4\pi}.$$

Il est évident que C n'est autre chose que la résultante des masses de la distribution D.

VINGTIÈME LEÇON.

Application de la théorie du potentiel à l'établissement des lois des phénomènes du magnétisme terrestre. — Calcul du potentiel et des composantes des forces magnétiques du globe. — Théorèmes généraux qui simplifient considérablement la solution du problème. — Expression de ces mêmes composantes en coordonnées polaires. — Développement en série de la valeur du potentiel. — Nouvelle expression en séries du potentiel et des composantes de la force magnétique. — Application au cas des phénomènes célestes où le point attirant est très-éloigné. — Digression sur quelques fonctions que l'on rencontre dans la théorie de l'attraction. — Propriétés des fonctions X_n. — On en déduit celles des fonctions P_n et V_n. — Méthode de Dirichlet pour le développement de certaines fonctions en séries de fonctions Y_n. — Application de la théorie des fonctions X_n et Y_n au calcul du potentiel relatif à l'attraction des sphéroïdes.

245. Éclaircissons ce qui précède par un exposé succinct de l'application importante que M. Gauss a faite de la théorie du potentiel aux phénomènes du magnétisme terrestre. Cette application repose sur cette hypothèse fondamentale que l'action magnétique du globe est la résultante de toutes les parties magnétiques renfermées dans sa masse; qu'un aimant naturel est un corps dans lequel les deux fluides magnétiques sont séparés; que les attractions et les répulsions magnétiques s'exercent en raison inverse du carré de la distance. On arriverait du reste aux mêmes résultats analytiques si l'on substituait à cette hypothèse celle d'Ampère, qui explique le magnétisme par des courants électriques.

Quand il s'agit de mesurer l'intensité du fluide magnétique, nous prenons pour unité positive la quantité de fluide nord qui exerce une attraction égale à l'unité sur l'unité de fluide sud placée à l'unité de distance.

L'action exercée en un point quelconque de l'espace par une portion de fluide magnétique située où l'on voudra, sera toujours pour nous l'action que cette portion de fluide exercerait sur l'unité de fluide nord située au point dont il s'agit. Dès lors une masse $d\mu$ de fluide exercera à la distance ρ une action mesurée par l'expression $\dfrac{d\mu}{\rho^2}$; cette action sera d'ailleurs répulsive ou attractive suivant que la masse $d\mu$ sera positive ou négative. Appelons a, b, c les coordonnées rectangulaires de $d\mu$ et x, y, z celles du point sur lequel l'action s'exerce, les composantes de cette action seront

$$\frac{(x-a)\,d\mu}{\rho^3}, \quad \frac{(y-b)\,d\mu}{\rho^3}, \quad \frac{(z-c)\,d\mu}{\rho^3},$$

et ces trois quantités sont évidemment les dérivées partielles de la fonction $-\dfrac{d\mu}{r}$, r étant la distance des deux points attiré et attirant donnée par l'équation

$$r^2 = (x-a)^2 + (y-b)^2 + (z-c)^2.$$

Les autres éléments de fluide magnétique produiront des actions semblables.

Donc, si l'on fait

$$U = -\int \frac{d\mu}{\rho},$$

l'intégrale étant étendue à tous les éléments magnétiques du globe, les composantes de la force magnétique au point x, y, z seront

$$X = \frac{dU}{dx}, \quad Y = \frac{dU}{dy}, \quad Z = \frac{dU}{dz},$$

son intensité totale sera

$$\sqrt{\left(\frac{dU}{dx}\right)^2 + \left(\frac{dU}{dy}\right)^2 + \left(\frac{dU}{dz}\right)^2},$$

et sa projection sur une droite ou sur la tangente à une courbe quelconque dont ds est un élément sera $\dfrac{dU}{ds}$.

La ligne à la surface de la terre sur tous les points de laquelle le potentiel U conserve une même valeur U_0 sépare en général les points de cette surface pour lesquels U est plus grand que U_0 des points où U est plus petit que U_0. La composante horizontale de la force magnétique en chaque point de cette ligne lui est évidemment perpendiculaire et dirigée du côté des plus grandes valeurs de U.

Si ds représente une ligne infiniment petite, prise dans cette direction normale, et si $U_0 + dU_0$ est la valeur de U correspondante à l'extrémité de cette petite ligne, $\dfrac{dU_0}{ds}$ sera l'intensité de la force magnétique horizontale en ce lieu. De plus, l'ensemble des points pour lesquels U est constamment égal à $U_0 + dU_0$ forme une seconde ligne infiniment rapprochée de la première; et dans toute la tranche comprise entre les deux lignes, l'intensité horizontale est en raison inverse de son épaisseur. En donnant successivement à U des accroissements infiniment petits mais égaux, depuis la plus petite valeur de U jusqu'à la plus grande, on partagera la surface entière de la terre en un nombre infiniment grand de zones très-minces. Sur les lignes de séparation de ces zones la force magnétique horizontale sera partout normale, et son intensité variera en raison inverse de la largeur des zones. Ce système de lignes constitue les *parallèles magnétiques*, et leurs trajectoires orthogonales sont les *méridiens magnétiques*. Aux valeurs extrêmes maximum et minimum de la fonction U correspondent deux points circonscrits par les zones, et pour lesquels la composante horizontale de la force magnétique est nulle; de sorte qu'en ces points la force magnétique est nécessairement verticale. Ces points sont précisément les pôles magnétiques de la terre.

Sur la surface de la terre U se réduit à une fonction de deux variables, pour lesquelles nous choisirons la colatitude θ et la longitude ψ mesurée à l'est d'un premier méridien quelconque. Pour simplifier, nous regarderons la terre comme une sphère, et nous désignerons par R son rayon. Cela posé, l'élément du méridien sera $R\,d\theta$, et l'élément du cercle parallèle $R\sin\theta\,d\psi$. Si l'on décompose la force horizontale en deux autres, dont l'une X soit dirigée suivant le méridien, et l'autre Y lui soit perpendiculaire, et si l'on regarde comme positive la composante X lorsqu'elle est dirigée vers le nord, la composante Y lorsqu'elle est dirigée vers l'ouest, on aura

$$X = -\frac{dU}{R\,d\theta}, \quad Y = -\frac{dU}{R\sin\theta\,d\psi}.$$

Si l'on connaissait la valeur de X en fonction de θ et ψ, on en déduirait immédiatement, et *à priori*, la valeur de Y. En effet, intégrons l'expression $X\,d\theta$ en regardant ψ comme constant, et posons

$$\int_0^\theta X\,d\theta = T,$$

d'où

$$X = \frac{dT}{d\theta},$$

cette valeur, substituée dans l'équation $X = -\dfrac{dU}{R\,d\theta}$, donne

$$\frac{d(U + RT)}{d\theta} = 0;$$

U + RT sera donc une quantité indépendante de θ, qui

conservera par conséquent la même valeur sur toute l'étendue d'un même méridien, ou qui même sera tout à fait constante, puisque tous les méridiens ont deux points communs.

En appelant U_n la valeur de U au pôle nord, on aura donc

$$U + RT = U_n,$$

ou

$$T = \frac{U_n - U}{R},$$

et par conséquent

$$Y = \frac{dT}{\sin \theta \, d\psi},$$

résultat qu'on peut encore exprimer par la formule

$$Y = \frac{1}{\sin \theta} \int_0^\theta \frac{dX}{d\psi} \, d\theta,$$

et qui se résume dans ce théorème remarquable :

THÉORÈME I.—*Quand on connaît pour toute la surface de la terre la composante nord de la force magnétique, on peut en conclure immédiatement la composante ouest de la même force.*

Le théorème inverse est vrai, mais avec une modification. Supposons, en effet, que l'on connaisse la valeur générale de Y exprimée en fonction de θ et de ψ, et désignons par u l'intégrale $\int \sin \theta \, Y \, d\psi$, dans laquelle on regarde θ comme constant, on trouvera

$$\frac{d(U + Ru)}{d\psi} = 0.$$

La fonction $U + R u$, et par suite aussi la quantité

$$\frac{d(U + R u)}{R\, d\theta} = \frac{d u}{d\theta} - X$$

seront donc indépendantes de ψ; c'est-à-dire qu'on aura

$$X = \frac{d u}{d\theta} + \varphi(\theta),$$

$\varphi(\theta)$ étant une fonction inconnue de la seconde variable θ. Mais cette fonction sera déterminée dès que l'on connaîtra, en outre de la valeur générale de Y, la valeur de X le long d'un méridien, ou plus généralement le long d'une ligne quelconque joignant les deux pôles de la terre. Ces considérations nous conduisent à un second théorème non moins important que le premier :

Théorème II. — *Si l'on connaît la composante ouest de la force magnétique sur toute la surface de la terre, et la composante nord de cette même force le long d'une ligne quelconque allant du pôle nord au pôle sud, on pourra déterminer immédiatement cette dernière composante pour toute la surface de la terre.*

246. Si l'on voulait étendre la recherche à la force magnétique totale, et tenir compte de la composante verticale, il faudrait considérer U comme fonction de trois coordonnées, qui peuvent être : 1° la distance r du point que l'on considère au centre de la terre; 2° l'angle θ compris entre le rayon r et la moitié nord de l'axe du monde; 3° l'angle ψ que fait avec un méridien fixe le plan passant par les pôles et par le rayon r : les trois coordonnées r, θ, ψ déterminent la position du point O,

où s'exerce la force magnétique. Soient r_0, θ_0, ψ_0 les coordonnées correspondantes d'un élément $d\mu$ du fluide magnétique, ρ la distance de cet élément au point θ, et γ l'angle formé entre les rayons vecteurs r et r_0, on aura

$$\cos\gamma = \cos\theta\cos\theta_0 + \sin\theta\sin\theta_0\cos(\psi - \psi_0),$$

$$\rho = \sqrt{r^2 - 2rr_0\cos\gamma + r_0^2}.$$

Le potentiel $U = -\displaystyle\int \frac{d\mu}{\rho}$ peut être développé en une série convergente suivant les puissances descendantes de r. Faisons, pour abréger, $\dfrac{r_0}{r} = \alpha$; nous aurons

$$\rho = r\sqrt{1 - 2\alpha\cos\gamma + \alpha^2},$$

et

$$(1) \qquad \frac{1}{\sqrt{1 - 2\alpha\cos\gamma + \alpha^2}} = X_0 + X_1\alpha + X_2\alpha^2 + \ldots + X_n\alpha^n + \ldots,$$

où

$$X_0 = 1, \quad X_1 = \cos\gamma, \quad X_2 = \frac{3}{2}\cos^2\gamma + \frac{1}{2},$$

et, en général,

$$(2) \quad \left\{ \begin{aligned} X_n = {}& \frac{1.3.5\ldots 2n-1}{1.2.3\ldots n}\left[\cos^n\gamma - \frac{n(n-1)}{2(2n-1)}\cos^{n-2}\gamma \right. \\ & \left. + \frac{n(n-1)(n-2)(n-3)}{2.4.(2n-1)(2n-2)}\cos^{n-4}\gamma - \ldots\right]. \end{aligned} \right.$$

Dans les valeurs des coefficients X_n, les puissances de $\cos\gamma$ peuvent être remplacées par des cosinus des multiples de l'arc γ. Pour arriver promptement à ce résultat, le plus simple est de substituer à $\cos\gamma$ l'expression équivalente $\frac{1}{2}\left(e^{\gamma\sqrt{-1}}+e^{-\gamma\sqrt{-1}}\right)$ dans le radical

$$(1-2\alpha\cos\gamma+\alpha^2)^{-\frac{1}{2}}$$

avant d'en effectuer le développement. On trouve alors

$$1-2\alpha\cos\gamma+\alpha^2 = 1-\alpha\left(e^{\gamma\sqrt{-1}}+e^{-\gamma\sqrt{-1}}\right)+\alpha^2$$
$$= \left(1-\alpha e^{\gamma\sqrt{-1}}\right)\left(1-\alpha e^{-\gamma\sqrt{-1}}\right),$$

et pour obtenir le développement du radical, on n'a qu'à multiplier l'un par l'autre les développements des puissances $\left(1-\alpha e^{\gamma\sqrt{-1}}\right)^{-\frac{1}{2}}$, $\left(1-\alpha e^{-\gamma\sqrt{-1}}\right)^{-\frac{1}{2}}$ et à convertir ensuite les exponentielles en cosinus. Sans effectuer ce calcul très-simple, on voit déjà que le coefficient de α^n présentera la forme

$$(3)\quad X_n = A_0\cos n\gamma + A_1\cos(n-2)\gamma + A_2\cos(n-4)\gamma+\ldots,$$

les facteurs A_0, A_1, A_2,... étant tous des nombres positifs.

Dans le cas de $\gamma = 0$, la valeur de X_n devient

$$A_0+A_1+A_2+\ldots,$$

et le développement (1) se réduit à

$$\frac{1}{1-\alpha} = 1+\alpha+\alpha^2+\ldots+\alpha^n+\ldots.$$

On aura donc, dans ce cas particulier, $X_n = 1$, et partant, en général,

$$A_0+A_1+A_2+\ldots=1;$$

d'où l'on conclura que pour une valeur quelconque de γ, la valeur de X_n sera plus petite que l'unité, ou tout au plus égale à l'unité. Donc la série (1) sera convergente pour toute valeur de α comprise entre -1 et $+1$.

Multipliant chaque terme de la série (1) par $-\dfrac{d\mu}{r}$ et intégrant, on trouve le potentiel développé en une série convergente de la forme

$$\frac{U}{R} = P_0\left(\frac{R}{r}\right) + P_1\left(\frac{R}{r}\right)^2 + P_2\left(\frac{R}{r}\right)^3 + P_3\left(\frac{R}{r}\right)^4 + \ldots,$$

dans laquelle R étant le rayon de la terre, les coefficients ont les valeurs suivantes :

$$P_0 = -\int X_0\, d\mu, \quad P_1 = -\int X_1\, \frac{r_0}{R}\, d\mu,$$

$$P_2 = -\int X_2\left(\frac{r_0}{R}\right)^2 d\mu, \ldots.$$

A cause de $X_0 = 1$, le premier de ces coefficients se réduit à $P_0 = -\int d\mu$. Or, l'intégrale $\int d\mu$ est nulle, puisque la quantité totale du fluide positif est nécessairement égale à celle du fluide négatif. On aura donc

$$P_0 = 0$$

et

$$(4) \qquad \frac{U}{R} = P_1\left(\frac{R}{r}\right)^2 + P_2\left(\frac{R}{r}\right)^3 + P_3\left(\frac{R}{r}\right)^4 + \ldots.$$

Nous pouvons remarquer dès à présent qu'en vertu de la formule (2) et de la valeur de $\cos\gamma$, X_n et par conséquent P_n sont des fonctions rationnelles et entières du $n^{ième}$ degré des trois quantités

$$\cos\theta, \quad \sin\theta\cos\psi, \quad \sin\theta\sin\psi.$$

247. Une des propriétés principales de la fonction U est, nous le savons, de satisfaire à l'équation

$$\frac{d^2U}{dx^2} + \frac{d^2U}{dy^2} + \frac{d^2U}{dz^2} = 0,$$

pour chaque point situé en dehors des masses agissantes ; et cette équation doit avoir lieu indépendamment du choix qu'on a fait des axes coordonnés rectangulaires. Il s'agit maintenant de transformer cette équation en coordonnées polaires. Supposons que l'axe des z coïncidant avec l'axe du monde, les axes des x et des y soient situés dans le plan de l'équateur et dirigés le premier vers un point dont la longitude soit zéro, le second vers un point dont la longitude soit 90 degrés ; on aura

$$x = r \sin \theta \cos \psi,$$
$$y = r \sin \theta \sin \psi,$$
$$z = r \cos \theta,$$

et, en différentiant,

$$dx = \sin \theta \cos \psi \, dr + r \cos \theta \cos \psi \, d\theta - r \sin \theta \sin \psi \, d\psi,$$
$$dy = \sin \theta \sin \psi \, dr + r \cos \theta \sin \psi \, d\theta + r \sin \theta \cos \psi \, d\psi,$$
$$dz = \cos \theta \, dr - r \sin \theta \, d\theta.$$

Résolvant par rapport à dr, $d\theta$, $d\psi$, il vient

$$dr = \sin \theta \cos \psi \, dx + \sin \theta \sin \psi \, dy + \cos \theta \, dz,$$
$$r d\theta = \cos \theta \cos \psi \, dx + \cos \theta \sin \psi \, dy - \sin \theta \, dz,$$
$$r \sin \theta \, d\psi = - \sin \psi \, dx + \cos \psi \, dy.$$

On aura donc, entre les dérivées partielles de x, y, z prises par rapport à r, θ, ψ, et les dérivées partielles de r, θ, ψ prises par rapport à x, y, z, les relations suivantes :

$$\frac{dr}{dx} = \frac{dx}{dr}, \quad \frac{du}{dx} = \frac{1}{r^2}\frac{dx}{d\theta}, \quad \frac{d\psi}{dx} = \frac{1}{r^2\sin^2\theta}\frac{dx}{d\psi};$$

$$\frac{dr}{dy} = \frac{dy}{dr}, \quad \frac{d\theta}{dy} = \frac{1}{r^2}\frac{dy}{d\theta}, \quad \frac{d\psi}{dy} = \frac{1}{r^2\sin^2\theta}\frac{dy}{d\psi};$$

$$\frac{dr}{dz} = \frac{az}{dr}, \quad \frac{d\theta}{dz} = \frac{1}{r^2}\frac{dz}{d\theta}, \quad \frac{d\psi}{dz} = \frac{1}{r^2\sin^2\theta}\frac{dz}{d\psi} = 0.$$

Cela posé, on trouve

$$\frac{d^2U}{dx^2} = \frac{d^2U}{dx\,dr}\frac{dx}{dr} + \frac{1}{r^2}\frac{d^2U}{dx\,d\theta}\frac{dx}{d\theta} + \frac{1}{r^2\sin^2\theta}\frac{d^2U}{dx\,d\psi}\frac{dx}{d\psi},$$

$$\frac{d^2U}{dy^2} = \frac{d^2U}{dy\,dr}\frac{dy}{dr} + \frac{1}{r^2}\frac{d^2U}{dy\,d\theta}\frac{dy}{d\theta} + \frac{1}{r^2\sin^2u}\frac{d^2U}{dy\,d\psi}\frac{dy}{d\psi},$$

$$\frac{d^2U}{dz^2} = \frac{d^2U}{dz\,dr}\frac{dz}{dr} + \frac{1}{r^2}\frac{d^2U}{dz\,d\theta}\frac{dz}{d\theta} + \frac{1}{r^2\sin^2u}\frac{d^2U}{dz\,d\psi}\frac{dz}{d\psi},$$

et, en ajoutant,

$$\frac{d^2U}{dx^2} + \frac{d^2U}{dy^2} + \frac{d^2U}{dz^2} = W$$

$$= \frac{d^2U}{dr^2} - \left(\frac{dU}{dx}\frac{d^2x}{dr^2} + \frac{dU}{dy}\frac{d^2y}{dr^2} + \frac{dU}{dz}\frac{d^2z}{dr^2}\right)$$

$$+ \frac{1}{r^2}\left[\frac{d^2U}{d\theta^2} - \left(\frac{dU}{dx}\frac{d^2x}{d\theta^2} + \frac{dU}{dy}\frac{d^2y}{d\theta^2} + \frac{dU}{dz}\frac{d^2z}{d\theta^2}\right)\right]$$

$$+ \frac{1}{r^2\sin^2u}\left[\frac{d^2U}{d\psi^2} - \left(\frac{dU}{dx}\frac{d^2x}{d\psi^2} + \frac{dU}{dy}\frac{d^2y}{d\psi^2} + \frac{dU}{dz}\frac{d^2z}{d\psi^2}\right)\right].$$

Or, on a

$$\frac{d^2x}{dr^2} = 0, \quad \frac{d^2x}{du^2} = -r\frac{dx}{dr}, \quad \frac{d^2x}{d\psi^2} = -r\frac{dx}{dr},$$

$$\frac{d^2y}{dr^2} = 0, \quad \frac{d^2y}{du^2} = -r\frac{dy}{dr}, \quad \frac{d^2y}{d\psi^2} = -r\frac{dy}{dr},$$

$$\frac{d^2z}{dr^2} = 0, \quad \frac{d^2z}{du^2} = -r\frac{dz}{dr}, \quad \frac{d^2z}{d\psi^2} = 0,$$

I.   38

et par conséquent

$$\frac{d\,U}{dx}\frac{d^2x}{dr^2} + \frac{d\,U}{dy}\frac{d^2y}{dr^2} + \frac{d\,U}{dz}\frac{d^2z}{dr^2} = 0,$$

$$\frac{d\,U}{dx}\frac{d^2x}{d\theta^2} + \frac{d\,U}{dy}\frac{d^2y}{d\theta^2} + \frac{d\,U}{dz}\frac{d^2z}{d\theta^2} = - r\frac{d\,U}{dr},$$

$$\frac{d\,U}{dx}\frac{d^2x}{d\psi^2} + \frac{d\,U}{dy}\frac{d^2y}{d\psi^2} + \frac{d\,U}{dz}\frac{d^2z}{d\psi^2} = - r\frac{d\,U}{dr} + r\frac{d\,U}{dz}\frac{dz}{dr}$$

$$= - r\frac{d\,U}{dr} + r\cos u\left(\frac{d\,U}{dr}\cos u - \frac{d\,U}{du}\frac{\sin u}{r}\right)$$

$$= - r\sin^2\theta\,\frac{d\,U}{dr} - \sin\theta\cos\theta\,\frac{d\,U}{d\theta}.$$

Substituant, il vient donc

$$W = \frac{d^2U}{dr^2} + \frac{1}{r^2}\frac{d^2U}{d\theta^2} + \frac{1}{r^2\sin^2\theta}\frac{d^2U}{d\psi^2} + \frac{2}{r}\frac{d\,U}{dr} + \frac{\cot\theta}{r^2}\frac{d\,U}{d\theta},$$

et l'équation $W = 0$ se réduit à

$$(5)\qquad 0 = \frac{rd^2.r\,U}{dr^2} + \frac{d^2U}{d\theta^2} + \cot\theta\,\frac{d\,U}{d\theta} + \frac{1}{\sin^2\theta}\frac{d^2U}{d\psi^2}.$$

Cette équation devant avoir lieu quelle que soit la valeur de r, on trouve, en substituant à U sa valeur (4), que chacun des coefficients P_1, P_2, $P_3,\ldots$ doit satisfaire à une équation aux dérivées partielles dont la forme générale est

$$0 = n\,(n+1)\,P_n + \frac{d^2P_n}{d\theta^2} + \cot\theta\,\frac{d\,P_n}{d\theta} + \frac{1}{\sin^2\theta}\frac{d^2P_n}{d\psi^2}.$$

On peut déduire de cette équation, jointe à la remarque que nous avons déjà faite sur la nature des coefficients P_0, P_1, $P_2,\ldots$, la valeur générale de P_n. En effet, si l'on représente par $P_{n,m}$ la fonction suivante de θ

$$\left[\cos\theta^{n-m} - \frac{(n-m)(n-m+1)}{2(2n-1)}\cos\theta^{n-m-2}\right.$$
$$\left. + \frac{(n-m)(n-m-1)(n-m-2)(n-m-3)}{2.4.(2n-1)(2n-3)}\cos\theta^{n-m-4} - \ldots\right]\sin\theta^m,$$

P_n sera donné par l'équation

$$P_n = g_{n,0} P_{n,0} + (g_{n,1} \cos \psi + h_{n,1} \sin \psi) P_{n,1}$$
$$+ (g_{n,2} \cos 2\psi + h_{n,2} \sin 2\psi) P_{n,2} + \ldots$$
$$+ (g_{n,n} \cos n\psi + h_{n,n} \sin n\psi) P_{n,n},$$

dans laquelle $g_{n,0}$, $g_{n,1}, \ldots, g_{n,n}$, $h_{n,1}, \ldots, h_{n,n}$ seront des coefficients numériques.

Décomposons la force magnétique correspondante au point O en trois autres forces rectangulaires X, Y, Z, dont la première et la seconde, situées dans un plan tangent à la surface de la sphère de rayon r, soient dirigées, la première X parallèlement au méridien, la seconde Y parallèlement à l'équateur, la troisième Z vers le centre de la terre, les valeurs de ces trois composantes seront

$$X = -\frac{d U}{r d\theta}, \quad Y = -\frac{d U}{r \sin\theta \, d\psi}, \quad Z = -\frac{d U}{dr};$$

ou, en mettant pour U sa valeur développée en série de fonctions P_n,

$$X = -\frac{R^3}{r^3}\left(\frac{d P_1}{d\theta} + \frac{R}{r}\frac{d P_2}{d\theta} + \frac{R^2}{r^2}\frac{d P_3}{d\theta} + \ldots\right),$$

$$Y = -\frac{R^3}{r^3 \sin\theta}\left(\frac{d P_1}{d\psi} + \frac{R}{r}\frac{d P_2}{d\psi} + \frac{R^2}{r^2}\frac{d P_3}{d\psi} + \ldots\right),$$

$$Z = +\frac{R^3}{r^3}\left(2 P_1 + \frac{3 R P_2}{r} + \frac{4 R^2 P_3}{r^2} + \ldots\right).$$

En faisant $r = R$, on trouve, pour un point situé sur la surface de la terre,

$$X = -\left(\frac{d P_1}{d\theta} + \frac{d P_2}{d\theta} + \frac{d P_3}{d\theta} + \ldots\right),$$

$$Y = -\frac{1}{\sin\theta}\left(\frac{d P_1}{d\psi} + \frac{d P_2}{d\psi} + \frac{d P_3}{d\psi} + \ldots\right),$$

$$Z = -2 P_1 + 3 P_2 + 4 P_3 + \ldots.$$

Pour déterminer U, et par conséquent pour résoudre complétement le problème du magnétisme terrestre, il

38.

suffit, comme nous l'avons dit, de connaître la valeur
de X pour tous les points de la surface de la terre, ou
bien la valeur de Y pour tous ces points avec la valeur
de X le long d'une ligne quelconque passant par les deux
pôles. La dernière des équations précédentes prouve
qu'on pourrait encore fonder la théorie complète du magnétisme terrestre sur la seule connaissance de la composante verticale Z pour tous les points de la surface de la
terre, puisqu'elle conduirait aux valeurs générales de
P_1, P_2, P_3,... et par conséquent à la détermination complète de la fonction U. Il nous suffit d'avoir donné ces
indications générales sur le travail important de Gauss,
et nous ne croyons pas nécessaire de nous occuper ici des
calculs numériques par lesquels le grand géomètre allemand a déduit la valeur de la fonction U d'une multitude
d'observations faites sur différents points du globe.

248. Supposons que le corps attiré soit très-éloigné du
point attirant, et voyons comment cette condition d'un
éloignement considérable rend plus facile le calcul de
l'attraction. Le problème que nous abordons présente
beaucoup d'intérêt, parce que la distance très-grande est
précisément le cas des phénomènes célestes.

Soient :

m la masse; x, y, z les coordonnées d'un point du corps
   attirant;

r', θ', ψ' les coordonnées polaires de ce point;

μ la masse; x, y, z les coordonnées du point attiré;

r, θ, ψ les coordonnées polaires de ce point;

k le coefficient de l'attraction; enfin soit $k\mu = 1$.

Le potentiel U sera donné par la formule

$$U = \sum m\left[(x-\mathrm{x})^2 + (y-\mathrm{y})^2 + (z-\mathrm{z})^2\right]^{\frac{1}{2}}$$

$$= \sum m\left[r^2 - 2r(\mathrm{x}x + \mathrm{y}y + \mathrm{z}z) + x^2 + y^2 + z^2\right]^{\frac{1}{2}}.$$

Si l'on a toujours

$$\mathbf{x} < x, \quad \mathbf{y} < y, \quad \mathbf{z} < z,$$

U pourra se développer en série, ainsi qu'il suit :

$$
\begin{aligned}
U = \sum \frac{m}{r} &+ \frac{1}{r^3}\left[x \sum m\mathbf{x} + y \sum m\mathbf{y} + z \sum m\mathbf{z} \right] \\
&- \frac{1}{2 r^3}\left[\sum m\,(\mathbf{x}^2 + \mathbf{y}^2 + \mathbf{z}^2) \right] \\
&+ \frac{3}{2 r^5}\left[x^2 \sum m\,\mathbf{x}^2 + y^2 \sum m\mathbf{y}^2 + z^2 \sum m\mathbf{z}^2 \right. \\
&\left. + 2yz \sum m\,\mathbf{y}\mathbf{z} + 2zx \sum m\,\mathbf{z}\mathbf{x} + 2xy \sum m\,\mathbf{x}\mathbf{y} \right] + \dots
\end{aligned}
$$

Si l'on place l'origine au centre de gravité, si l'on prend pour axes les axes principaux d'inertie du corps attirant, si enfin on désigne par A, B, C les moments principaux d'inertie relatifs aux axes choisis, la formule précédente se réduit à

$$
\begin{aligned}
U = \sum \frac{m}{r} &+ \frac{1}{2 r^5}\left[(B - A)\,(x^2 + y^2) \right. \\
&\left. + (C - B)\,(y^2 + z^2) + (A - C)\,(x^2 + z^2) \right] + \dots
\end{aligned}
$$

Souvent les termes que nous venons d'écrire suffisent, mais, si l'on veut, on peut pousser le calcul plus loin. On trouve alors une série ordonnée par rapport aux puissances de $\frac{1}{r}$, dans laquelle on désigne le coefficient de $\frac{1}{r^{n+1}}$ par Y_n. L'étude des fonctions Y_n est précisément l'objet de cette digression. Mais nous avons besoin, pour établir leurs propriétés, de considérer d'abord une espèce de fonctions plus simples auxquelles Legendre a donné le nom de X_n.

La fonction X_n est le coefficient de α^n dans le développement de l'expression

$$(1 - 2\alpha x + \alpha^2)^{-\frac{1}{2}},$$

où l'on suppose que x satisfait à cette condition

$$-1 < x < +1,$$

et que l'on conçoit ordonnée par rapport aux puissances croissantes de α. Ce développement peut être effectué d'un grand nombre de manières; mais voici le moyen le plus simple d'arriver à mettre en évidence la loi de formation des coefficients.

L'intégrale de $(1 - 2\alpha x + \alpha^2)^{-\frac{1}{2}} dx$, prise par rapport à x, est

$$\frac{-(1 - 2\alpha x + \alpha^2)^{\frac{1}{2}}}{\alpha} + \text{const.}$$

Si l'on prend la constante égale à $\dfrac{1}{\alpha}$, cette intégrale devient

$$\frac{1 - (1 - 2\alpha x + \alpha^2)^{\frac{1}{2}}}{\alpha},$$

et l'on reconnaît immédiatement que cette quantité est racine de l'équation du second degré

$$\alpha z^2 - 2z - (\alpha - 2x) = 0$$

que l'on pourra résoudre, si α très-petit, par la série de Lagrange. Mise en effet sous la forme

$$z - x - \frac{\alpha}{2}(z^2 - 1) = 0,$$

cette équation donne

$$\frac{1 - (1 - 2\alpha x + \alpha^2)^{\frac{1}{2}}}{\alpha} = x + \frac{\alpha}{2} \cdot \frac{1}{1}(x^2 - 1) + \dots$$
$$+ \frac{\alpha^n}{2^n} \frac{1}{1 \cdot 2 \dots n} D^{n-1}(x^2 - 1)^n + \dots$$

Nous mettons le signe — devant le radical $(1 - 2\alpha x + \alpha^2)^{\frac{1}{2}}$ parce que la formule de Lagrange donne toujours la racine qui pour $\alpha = 0$ se réduit à x. Ajoutons que le développement trouvé aura lieu pour toutes les valeurs de α dont le module est moindre que 1, puisque pour ces modules de α la racine que l'on a développée est synectique. En différentiant la formule que nous venons de trouver, nous obtenons la suivante :

$$(1 - 2\alpha x + \alpha^2)^{-\frac{1}{2}} = 1 + \frac{\alpha}{2} D(x^2 - 1) + \dots + \frac{\alpha^n}{2^n} \frac{D^n(x^2 - 1)^n}{1.2.3\dots n} + \dots.$$

On a donc, en appelant X_0, X_1, $X_2,\dots X_n$ les coefficients des puissances de α dans ce développement,

$$(1) \quad X_0 = 1, \quad X_1 = \frac{1}{2} D(x^2 - 1),\dots, \quad X_n = \frac{1}{2^n} \frac{D^n(x^2 - 1)^n}{1.2.3\dots n}\dots$$

Les fonctions X_n jouissent de propriétés analytiques très-remarquables. Par exemple, l'équation $X_n = 0$ a toutes ses racines réelles et séparées par les racines de l'équation $X_{n-1} = 0$, comme on le prouve par une application facile du théorème de Rolle, ou par la méthode de Sturm, en remarquant que trois fonctions consécutives ont entre elles la relation

$$(2) \quad (n - 1) X_{n+1} - (2n + 1) X_n x + n X_{n-1} = 0.$$

La fonction X_n satisfait en outre à l'équation différentielle

$$(3) \quad D\left[(1 - x^2)\frac{dX_n}{dx}\right] + n(n + 1)X_n = 0.$$

Nous verrons un peu plus loin comment on a été conduit directement aux équations (1) et (2).

Proposons-nous actuellement d'évaluer l'intégrale

$$\int \mathrm{X}_n \,\mathrm{P}\, dx,$$

P désignant un polynôme quelconque : l'intégration par parties donne

$$\int \mathrm{X}_n \mathrm{P}\, dx = \int \frac{1}{2^n} \frac{\mathrm{D}^n (x^2 - 1)^n}{1.2.3\ldots n} \mathrm{P}\, dx$$

$$= \frac{1}{2^n} \frac{1}{1.2.3\ldots n} \left[\mathrm{D}^{n-1}(x^2-1)^n \mathrm{P} - \mathrm{D}^{n-2}(x^2-1)^n \frac{d\mathrm{P}}{dx} \right.$$

$$\left. + \mathrm{D}^{n-3}(x^2-1)^n \frac{d^2\mathrm{P}}{dx^2} \ldots \pm \int (x^2-1)^n \frac{d^n\mathrm{P}}{dx^n}\, dx \right].$$

Si l'on prend pour limites -1 et $+1$, on a

$$(a)\quad \int_{-1}^{+1} \mathrm{X}_n \mathrm{P}\, dx = \pm \frac{1}{2^n} \frac{1}{1.2.3\ldots n} \int_{-1}^{+1} (x^2-1)^n \frac{d^n\mathrm{P}}{dx^n}\, dx;$$

et si le degré de P est inférieur à n,

$$(4)\qquad \int_{-1}^{+1} \mathrm{X}_n \mathrm{P}\, dx = 0, \quad n > \text{degré de P.}$$

On aura donc, en remplaçant P par X_m,

$$(5)\qquad \int_{-1}^{+1} \mathrm{X}_m \mathrm{X}_n\, dx = 0, \quad \text{pour} \quad m \lessgtr n.$$

Si le degré de P est n, la formule (a) donne

$$\int_{-1}^{+1} \mathrm{X}_n \mathrm{P}\, dx = \pm \frac{1}{2^n} \frac{1}{1.2\ldots n} \int_{-1}^{+1} (x^2-1)^n . \mathrm{A}.1.2\ldots n . dx.$$

A étant le coefficient de x^n dans P, ou

$$(b)\qquad \int_{-1}^{+1} \mathrm{X}_n \mathrm{P}\, dx = \pm \frac{\mathrm{A}}{2^n} \int_{-1}^{+1} (x^2-1)^n dx;$$

or on a

$$\int_{-1}^{+1} (x^2-1)^n dx = 2 \int_{0}^{1} (x^2-1)^n dx,$$

$$\int_{0}^{1} (x^2-1)^n dx = \int_{0}^{1} \frac{x}{2}[(x^2-1)^{n-1} 2x] dx - \int_{0}^{1} (x^2-1)^{n-1} dx$$

$$= -\frac{1}{n} \int_{0}^{1} (x^2-1)^n dx - \int_{0}^{1} (x^2-1)^{n-1} dx;$$

d'où l'on tire

$$\int_{0}^{1} (x^2-1)^n dx = -\frac{2n}{2n+1} \int_{0}^{1} (x^2-1)^{n-1} dx.$$

En faisant $n = 1, 2, 3, \ldots, n$, et multipliant membre à membre les formules ainsi obtenues on a, toutes réductions faites,

$$\int_{0}^{1} (x^2-1)^n dx = \pm \frac{2n}{2n+1} \cdot \frac{2n-2}{2n-1} \cdot \frac{2n-4}{2n-3} \cdots \frac{2}{3},$$

$$\int_{-1}^{+1} (x^2-1)^n dx = \pm \frac{2n}{2n+1} \cdot \frac{2n-2}{2n-1} \cdots \frac{2}{3} \cdot 2,$$

le signe $+$ correspondant au cas où n est pair. La formule (b) donne alors, en observant que le signe $+$ y correspond aussi au cas où n est pair,

$$(6) \qquad \int_{-1}^{+1} X_n P dx = \frac{A}{2^{n-1}} \cdot \frac{2.4.6 \ldots 2n}{3.5.7 \ldots (2n+1)},$$

et, en faisant $P = X_n$,

$$(7) \qquad \int_{-1}^{+1} X_n^2 dx = \frac{2}{2n+1}.$$

249. Si dans l'expression

$$\frac{1}{\sqrt{1-2\alpha x + \alpha^2}}$$

on change α en $e^{\varphi\sqrt{-1}}$, elle prend la forme

$$\frac{\cos\frac{\varphi}{2} - \sqrt{-1}\,\sin\frac{\varphi}{2}}{\sqrt{2\,(\cos\varphi - x)}}, \quad \text{si} \quad \cos\varphi > x,$$

$$\frac{\sin\frac{\varphi}{2} + \sqrt{-1}\,\cos\frac{\varphi}{2}}{\sqrt{2\,(x - \cos\varphi)}}, \quad \text{si} \quad \cos\varphi < x.$$

D'un autre côté, on a, pour des valeurs de α moindres que 1,

$$\frac{1}{\sqrt{1 - 2\alpha e^{\varphi\sqrt{-1}}\,x + \alpha^2 e^{2\varphi\sqrt{-1}}}} = X_0 + X_1\,\alpha\,(\cos\varphi + \sqrt{-1}\,\sin\varphi) + \dots$$
$$+ X_n\alpha^n\,(\cos n\varphi + \sqrt{-1}\,\sin n\varphi) + \dots$$

En multipliant les deux membres de cette égalité par $\cos n\varphi$ et en intégrant de 0 à π, on trouve

$$(c) \qquad \frac{2}{\pi}\int_0^\pi \frac{d\varphi\,\cos n\varphi}{\sqrt{1 - 2\alpha e^{\varphi\sqrt{-1}} + \alpha^2 e^{2\varphi\sqrt{-1}}}} = \alpha^n X_n.$$

Cette égalité ayant lieu quel que soit α, pourvu qu'il soit plus petit que 1, aura encore lieu pour $\alpha = 1$, et par conséquent, d'après ce que nous venons de voir,

$$(8) \qquad \frac{2}{\pi}\int_0^\gamma \frac{d\varphi\cos\frac{\varphi}{2}\cos n\varphi}{\sqrt{2\,(\cos\varphi - x)}} + \frac{2}{\pi}\int_\gamma^\pi \frac{d\varphi\sin\frac{\varphi}{2}\cos n\varphi}{\sqrt{2\,(x - \cos\varphi)}} = X_n,$$

γ désignant, pour abréger, l'arc dont le cosinus est x. On trouve d'une manière analogue

$$9) \qquad -\frac{2}{\pi}\int_0^\gamma \frac{\sin\frac{\varphi}{2}\sin n\varphi\,d\varphi}{\sqrt{2\,(\cos\varphi - x)}} + \frac{2}{\pi}\int_\gamma^\pi \frac{\cos\frac{\varphi}{2}\sin n\varphi\,d\varphi}{\sqrt{2\,(x - \cos\varphi)}} = X_n.$$

Ces conclusions supposent que le premier membre de la formule (c) est fonction continue de α. Cette condition sera satisfaite si l'élément qui devient infini pour $\alpha = 1$ fournit des intégrales singulières nulles ; or, c'est ce qui a lieu effectivement. On a, en effet,

$$\int_{\gamma-\varepsilon}^{\gamma} \frac{d\varphi \cos \frac{\varphi}{2} \cos n\varphi}{\sqrt{2(\cos\varphi - x)}} = \Theta \int_{\gamma-\varepsilon}^{\gamma} \frac{-\sin\varphi \, d\varphi}{\sqrt{2(\cos\varphi - x)}},$$

Θ désignant une moyenne entre les valeurs que prend

$$-\frac{\cos\frac{\varphi}{2}\cos n\varphi}{\sin\varphi}$$ pour $\varphi = \gamma$ et $\varphi = \gamma - \varepsilon$; et, en intégrant,

$$\int_{\gamma-\varepsilon}^{\gamma} \frac{d\varphi \cos \frac{\varphi}{2} \cos n\varphi}{\sqrt{2(\cos\varphi - x)}} = \Theta \left[\sqrt{2(\cos\varphi - x)}\right]_{\gamma-\varepsilon}^{\gamma} = 0.$$

Les formules (8) et (9) peuvent donc être considérées comme rigoureusement établies.

250. Revenons maintenant aux fonctions Y_n. D'après leur définition même, nous avons

$$(10) \qquad U = \frac{Y_0}{r} + \frac{Y_1}{r^2} + \frac{Y_2}{r^3} + \ldots + \frac{Y_n}{r^{n+1}} + \ldots$$

et aussi

$$(11) \qquad U = \sum m \left(r^2 - 2rr'\cos\gamma + r'^2\right)^{-\frac{1}{2}},$$

dans laquelle r et r' sont les distances à l'origine de la molécule attirée et de la molécule attirante, et γ désigne l'angle des droites r et r'.

En sorte que l'on a

$$\cos\gamma = \cos\theta\cos\theta' + \sin\theta\sin\theta'\cos(\psi - \psi'),$$

ou simplement

$$\cos \gamma = \mu\mu' + \sqrt{(1 - \mu^2)(1 - \mu'^2)} \cos(\psi - \psi'),$$

en posant, pour abréger,

$$\mu = \cos \theta, \quad \mu' = \cos \theta'.$$

Mais l'équation

$$\frac{d^2 U}{dx^2} + \frac{d^2 U}{dy^2} + \frac{d^2 U}{dz^2} = 0,$$

à laquelle satisfait le potentiel, devient, en prenant des coordonnées polaires,

$$(12) \quad r \frac{d^2(Ur)}{dr^2} + \frac{1}{1 - \mu^2} \cdot \frac{d^2 U}{d\psi^2} + D_\mu \left[(1 - \mu^2) \frac{dU}{d\mu} \right] = 0.$$

Si l'on remplace U par sa valeur tirée de (10), on obtiendra une équation qui devra subsister quel que soit r, et dans laquelle, par conséquent, les coefficients des diverses puissances de $\frac{1}{r}$ seront identiquement nuls, ce qui fournit la relation

$$(13) \quad n(n + 1) Y_n + \frac{1}{1 - \mu^2} \cdot \frac{d^2 Y_n}{d\psi^2} + D_\mu \left[(1 - \mu^2) \frac{dY_n}{d\mu} \right] = 0.$$

La fonction Y_n se déduit de la fonction X_n en changeant d'abord dans celle-ci x en

$$\mu\mu' + \sqrt{(1 - \mu^2)(1 - \mu'^2)} \cos(\psi - \psi').$$

On obtient alors une fonction que l'on peut désigner par P_n et qui rentre dans la classe des fonctions Y_n; car toute fonction Y_n est une somme de fonctions P_n. L'équation (13) a souvent été prise pour définition de la fonction Y_n, avec cette condition que Y_n soit une fonction entière de $\sqrt{1 - \mu^2} \cos(\psi - \psi')$ et de μ.

L'équation (13) renferme l'équation (2), car X_n est un cas particulier de Y_n obtenu en supposant le corps attirant réduit à un point et la quantité

$$\sqrt{(1 - \mu^2)(1 - \mu'^2)} \cos(\psi - \psi') + \mu\mu'$$

réduite à $\mu = x$.

251. Voici comment on peut étendre aux fonctions Y_n un grand nombre des propriétés des fonctions X_n.

Partons de la formule

$$(14) \qquad \int_{-1}^{+1} X_m X_n \, dx = 0.$$

Changeons x en $\cos \gamma$, on a

$$\int_0^\pi P'_m P'_n \sin \gamma \, d\gamma = 0,$$

P'_m et P'_n désignant ce que deviennent X_m et X_n par le changement de x en $\cos \gamma$. On peut encore écrire cette formule comme il suit :

$$\frac{1}{2\pi} \int_0^\pi \int_0^{2\pi} P'_m P'_n \sin \gamma \, d\gamma \, d\psi' = 0,$$

et sous cette forme on reconnaît immédiatement que le premier membre, somme des éléments d'une surface sphérique multipliés par $P'_m P'_n$, est nécessairement nul. Ce même premier membre, par une transformation facile des coordonnées, devient

$$(15) \qquad \int_0^\pi \int_0^{2\pi} P_m P_n \sin \theta' \, d\theta' \, d\psi' = 0,$$

en désignant par P_m et P_n ce que deviennent P'_m et P'_n ou, si l'on veut, X_m et X_n, quand on a posé

$$x = \cos \gamma = \cos \theta \cos \theta' + \sin \theta \sin \theta' \cos(\psi - \psi').$$

Mais, d'après la manière dont nous avons défini la fonction Y_n, on devra avoir aussi

$$(16) \qquad \int_0^\pi \int_0^{2\pi} Y_m Y_n \sin\theta'\, d\theta'\, d\psi' = 0,$$

sans que les fonctions Y_m, Y_n aient besoin de provenir d'un même développement. La formule (16) subsiste donc encore si l'on remplace Y_n par P_n, pourvu toutefois que m ne soit pas égale à n. Traitée de la même manière que (4) l'équation (6) donne

$$(17) \qquad \frac{1}{2\pi} \int_0^\pi \int_0^{2\pi} P_m P_n \sin\theta'\, d\theta'\, d\psi' = \frac{2}{2n+1}.$$

Si l'on pose

$$f(x) = A_0 X_0 + A_1 X_1 + \ldots + A_n X_n + \ldots,$$

on pourra déterminer les coefficients A_0, $A_1, \ldots, A_n$ en multipliant par X_n et en intégrant de -1 à $+1$. Les relations (4) et (6) donnent ainsi

$$\int_{-1}^{+1} X_n f(x)\, dx = \frac{2}{2n+1} A_n,$$

d'où

$$A_n = \frac{2n+1}{2} \int_{-1}^{+1} X_n f(x)\, dx.$$

Donc, toutes les fois qu'une fonction $f(x)$ sera développable en série de fonctions X_n, on aura entre les limites -1 et $+1$ de x

$$(18) \quad \left\{ \begin{aligned} f(x) &= \frac{1}{2} X_0 \int_{-1}^{+1} X_0 f(x)\, dx + \ldots \\ &\quad + \frac{2n+1}{2} X_n \int_{-1}^{+1} X_n f(x)\, dx + \ldots. \end{aligned} \right.$$

Dans le cas particulier où $f(x) = \left(1 - 2\alpha x + \alpha^2\right)^{-\frac{1}{2}}$, la comparaison des développements (1) et (3), qui doivent être identiques, conduit à l'équation

$$\alpha^n = \frac{2n+1}{2} \int_{-1}^{+1} \frac{X_n}{\sqrt{1 - 2\alpha x + \alpha^2}}\, dx.$$

La formule (14) donne en outre, pour $x = 1$,

$$f(1) = \frac{1}{2} \int_{-1}^{+1} X_0 f(x)\, dx + \dots$$
$$+ \frac{2n+1}{2} \int_{-1}^{+1} X_n f(x)\, dx + \dots,$$

ou, si l'on remplace x par $\cos\gamma$, et qu'on désigne par P'_n ce que devient X_n,

$$(19) \quad \left\{ \begin{aligned} f(1) &= \frac{1}{2} \int_0^\pi P'_0\, f(\cos\gamma) \sin\gamma\, d\gamma + \dots \\ &\quad + \frac{2n+1}{2} \int_0^\pi P'_n\, f(\cos\gamma) \sin\gamma\, d\gamma + \dots. \end{aligned} \right.$$

252. On peut établir cette dernière formule d'une manière à la fois plus directe et plus rigoureuse. En effet, posons

$$S_n = \sum_0^n \frac{2n+1}{2} \int_0^\pi P'_n\, f(\cos\gamma) \sin\gamma\, d\gamma,$$

$$V_n = \sum_0^n \frac{1}{2} \int_0^\pi P'_n\, f \sin\gamma\, d\gamma,$$

$$W_n = \sum_0^n n \int_0^\pi P'_n\, f \sin\gamma\, d\gamma.$$

Remplaçons, dans V_n, P'_n par la valeur de X_n tirée de (7) en y faisant $x = \cos\gamma$, il vient

$$V_n = \frac{1}{\pi}\sum_0^n \int_0^\pi \int_0^\gamma f\sin\gamma \frac{\cos\frac{1}{2}\varphi\, d\varphi}{\sqrt{2(\cos\varphi - \cos\gamma)}}\cos n\varphi\, d\gamma$$

$$+ \frac{1}{\pi}\sum_0^n \int_0^\pi \int_\gamma^\pi f\sin\gamma \frac{\sin\frac{1}{2}\varphi\cos n\varphi}{\sqrt{2(\cos\gamma - \cos\varphi)}}\, d\varphi\, d\gamma,$$

à la condition que sous le signe $\sum$ on réduise le terme qui correspond à $n = 0$ à sa moitié, ce qui donne, en effectuant la sommation $\sum$,

$$V_n = \frac{1}{2\pi}\int_0^\pi \int_0^\gamma f\sin\gamma \cdot \frac{\cos\frac{1}{2}\varphi}{\sqrt{2(\cos\varphi - \cos\gamma)}}\,\frac{\sin\frac{2n+1}{2}\varphi}{\sin\frac{1}{2}\varphi}\, d\gamma\, d\varphi$$

$$+ \frac{1}{2\pi}\int_0^\pi \int_\gamma^\pi f\sin\gamma \cdot \frac{\sin\frac{1}{2}\varphi}{\sqrt{2(\cos\gamma - \cos\varphi)}}\,\frac{\sin\frac{2n+1}{2}\varphi}{\sin\frac{1}{2}\varphi}\, d\varphi\, d\gamma,$$

l'intégration par rapport à φ devant précéder celle qui est relative à γ; mais on a en général

$$\int_0^a dx \int_0^x \varphi(x,y)\, dy = \int_0^a dy \int_y^a \varphi(x,y)\, dx,$$

et, en appliquant cette formule à l'évaluation des intégrales qui entrent dans V_n, on aura

$$(d) \qquad V_n = \frac{1}{2\pi}\int_0^\pi \frac{\sin\frac{2n+1}{2}\varphi}{\sin\frac{\varphi}{2}}\,\varpi(\varphi)\, d\varphi,$$

formule dans laquelle on a posé, pour abréger,

$$\varpi(\varphi) = \cos \tfrac{1}{2}\varphi \int_{\varphi}^{\pi} \frac{f \sin \gamma \, d\gamma}{\sqrt{2(\cos\varphi - \cos\gamma)}}$$
$$+ \sin\tfrac{\varphi}{2} \int_{0}^{\gamma} \frac{f \sin \gamma \, d\gamma}{\sqrt{2(\cos\gamma - \cos\varphi)}}.$$

$\varpi(\varphi)$ sera donc fini si $f(\cos\gamma)$ est fini, parce que l'élément infini dans ces intégrales ne fournit pas d'intégrale singulière finie. Cela posé, si dans la formule (d) on fait $n = \infty$, l'intégrale du second membre pourra se subdiviser en une infinité d'autres ayant pour limites successives 0 et $\dfrac{2\pi}{2n+1}$, $\dfrac{2\pi}{2n+1}$ et $\dfrac{4\pi}{2n+1}$, $\dfrac{4\pi}{2n+1}$ et $\dfrac{8\pi}{2n+1}$, ...; et toutes ces intégrales seront sensiblement nulles, la première exceptée. En effet, si M désigne le maximum, m le minimum de $\dfrac{\varpi(\varphi)}{\sin\frac{\varphi}{2}}$ dans l'intervalle correspondant à une intégrale partielle, la valeur de cette intégrale partielle sera inférieure à $\dfrac{(M-m)}{\pi} \cdot \dfrac{4\pi}{2n+1}$. La somme de toutes ces intégrales est donc infiniment petite, et la formule (d) se réduit à

$$V_n = \frac{1}{2\pi} \int_{0}^{\varepsilon} \frac{\sin \dfrac{2n+1}{2}\varphi}{\sin\dfrac{1}{2}\varphi} \varpi(\varphi)\, d\varphi,$$

ε désignant un infiniment petit. Par cela même, on peut remplacer $\sin\tfrac{1}{2}\varphi$ par $\tfrac{1}{2}\varphi$, et écrire

$$V_n = \frac{1}{\pi} \varpi(0) \int_{0}^{\varepsilon} \frac{\sin\dfrac{2n+1}{2}\varphi}{\varphi}\, d\varphi.$$

I.

Rien n'empêche actuellement de supposer $\varepsilon = \pi$, car on ne fait qu'ajouter des éléments qui se détruisent mutuellement. On aura donc, en changeant de variable, et en posant $\dfrac{2n+1}{2}\varphi = \omega$,

$$V_n = \frac{1}{\pi}\,\varpi\,(\mathrm{o})\int_0^\infty \frac{\sin\omega}{\omega}\,d\omega,$$

d'où l'on conclut

$$\lim V_n = \frac{1}{2}\,\varpi\,(\mathrm{o})$$

et enfin

$$\lim V_n = \frac{1}{2}\int_0^\pi f(\cos\gamma)\cot\frac{1}{2}\gamma\,d\gamma.$$

On transformera W_n comme V_n en faisant usage de la formule (8) et de l'identité

$$\sin\varphi + 2\sin 2\varphi + \ldots + n\sin n\varphi = -D_\varphi\left(\frac{1}{2} + \cos\varphi + \ldots + \cos n\varphi\right)$$

$$= -D_\varphi\,\frac{\sin\dfrac{2n+1}{2}\varphi}{2\sin\dfrac{1}{2}\varphi}.$$

On trouvera ainsi

$$W_n = \frac{1}{2\pi}\int_0^\pi\int_0^\gamma f(\cos\gamma)\sin\gamma\cdot\frac{\sin\dfrac{\varphi}{2}}{\sqrt{2(\cos\varphi - \cos\gamma)}}D_\varphi\frac{\sin\dfrac{2n+1}{2}\varphi}{\sin\dfrac{1}{2}\varphi}\,d\varphi\,d\gamma$$

$$-\frac{2}{2\pi}\int_\gamma^\pi\int_0^\pi f(\cos\gamma)\sin\gamma\cdot\frac{\cos\dfrac{\varphi}{2}}{\sqrt{2(\cos\gamma - \cos\varphi)}}D_\varphi\frac{\sin\dfrac{2n+1}{2}\varphi}{\sin\dfrac{1}{2}\varphi}\,d\varphi\,d\gamma,$$

c'est-à-dire

$$W_n = \frac{1}{2\pi} \int_0^\pi \Pi(\varphi)\, D_\varphi\, \frac{\sin\dfrac{2n+1}{2}\varphi}{\sin\dfrac{\varphi}{2}}\, d\varphi,$$

en posant

$$\Pi(\varphi) = \sin\frac{\varphi}{2} \int_\varphi^\pi \frac{f(\cos\gamma)\sin\gamma\, d\gamma}{\sqrt{2(\cos\varphi - \cos\gamma)}}$$

$$-\cos\frac{\varphi}{2} \int_0^\varphi \frac{f(\cos\varphi)\sin\gamma\, d\gamma}{\sqrt{2(\cos\gamma - \cos\varphi)}}.$$

En intégrant par parties on trouve

$$W_n = -\frac{1}{2\pi} \int_0^\pi D_\varphi\, \Pi(\varphi)\, \frac{\sin\dfrac{2n+1}{2}\varphi}{\sin\dfrac{\varphi}{2}}\, d\varphi,$$

$$\lim W_n = -\frac{1}{2}\, D_{\varphi=0}\, \Pi(\varphi),$$

et la question est ramenée à prendre la dérivée de $\Pi(\varphi)$.
Cette fois les règles de la différentiation sous le signe $\int$ ne sont plus applicables, parce que les intégrales dont la somme est $\Pi(\varphi)$ ont leurs éléments extrêmes infinis.
On aura

$$D_{\varphi=0} \int_\varphi^\pi \frac{f(\cos\gamma)\sin\gamma\, d\gamma}{\sqrt{2(\cos\varphi - \cos\gamma)}} = -\lim \frac{1}{h} \int_0^h \frac{f(\cos\gamma)\sin\gamma\, d\gamma}{\sqrt{2(1 - \cos\gamma)}}$$

$$= -f(1)\lim \frac{\sqrt{2(1-\cos h)}}{h} = -f(1);$$

on trouverait de même

$$D_{\varphi=0} \int_0^\varphi \frac{f(\cos\varphi)\sin\gamma\, d\gamma}{\sqrt{2(\cos\gamma - \cos\varphi)}} = -f(1).$$

Ces dérivées une fois calculées, il est facile d'en déduire

$$\lim W_n = - \frac{1}{2}\left[\int_0^\pi f(\cos\gamma)\cot\frac{1}{2}\gamma\,d\gamma - f(1)\right],$$

et, par suite,

$$\lim S_n = \lim V_n + 2\lim W_n = f(1).$$

La formule (14) peut donc être considérée comme démontrée. En y remplaçant $f(\cos\gamma)$ par $f(\gamma)$, elle devient

$$f(0) = \sum \frac{2n+1}{2}\int_0^\pi f(\gamma)\,P'_n\sin\gamma\,d\gamma.$$

Posons maintenant

$$f(0) = \frac{1}{2\pi}\int_0^{2\pi} F(0,\psi')\,d\psi',$$

nous aurons

$$\frac{1}{2\pi}\int_0^{2\pi} F(0,\psi')\,d\psi'$$
$$= \sum \frac{2n+1}{4\pi}\int_0^\pi\int_0^{2\pi} F(\gamma,\psi')\,P'_n\sin\gamma\,d\gamma\,d\psi.$$

Si $F(\theta,\psi)$ désigne une fonction ayant une valeur bien déterminée en chaque point de la surface de la sphère dont le rayon est 1, γ, ψ désignant la latitude et la longitude d'un point quelconque, le premier membre de notre équation sera la valeur de $F(\theta,\psi)$ correspondante au pôle nord de la sphère; l'intégrale double du second membre représente la somme obtenue en ajoutant tous les éléments superficiels de la sphère multipliés par la valeur de $F(\gamma,\psi).P'.$, γ désignant toujours la colatitude. Si l'on transforme les coordonnées, la formule précédente devra encore subsister. Or, dans cette transformation, le premier membre devient $F(\theta,\psi)$, et l'expression générale de l'élément différentiel du second membre peut s'écrire

$$F(\theta', \psi')\, P_n \sin\theta'\, d\theta'\, d\psi',$$

P_n désignant ce que devient X_n quand

$$x = \cos\theta \cos\theta' + \sin\theta \sin\theta' \cos(\psi - \psi').$$

Si donc $F(\theta, \psi)$ est une fonction ayant en chaque point de la sphère de rayon 1 une valeur bien déterminée, on aura

$$(20) \quad F(\theta, \psi) = \sum \frac{2n+1}{4\pi} \int_0^\pi \int_0^{2\pi} P_n f(\theta', \psi') \sin\theta'\, d\theta'\, d\psi'.$$

Cette formule, due à Laplace et à Poisson, joue un rôle très-important en mécanique et en physique mathématique, comme nous aurons l'occasion de le faire voir. La démonstration rigoureuse que nous avons présentée est due à Dirichlet.

On appelle *sphéroïde* un corps irrégulier formé d'un noyau sphérique recouvert d'une *croûte* d'épaisseur variable, positive ou négative, mais petite par rapport au rayon du noyau.

Soient a le rayon du noyau sphérique, ρ la masse spécifique du sphéroïde, $\alpha \zeta'$ l'épaisseur de la croûte au point dont la colatitude et la longitude sont θ' et ψ'; α désignera un coefficient très-petit mais constant.

Soient r, θ, ψ les coordonnées polaires d'un point attiré par le sphéroïde; le potentiel U_1, relatif à la croûte, est donné par la formule

$$(c) \qquad U_1 = \alpha a^2 \int_0^\pi \int_0^{2\pi} \rho \frac{\zeta' \sin\theta'\, d\theta'\, d\psi'}{\Delta},$$

Δ désignant la distance de l'élément attirant au point attiré, et le produit de la masse du point attiré par le coefficient de l'attraction étant pris pour l'unité.

Si l'on pose

$$\cos\gamma = \cos\theta\cos\theta' + \sin\theta\sin\theta'\cos(\psi-\psi'),$$

on a

$$(f)\qquad \Delta = a\left(1 - 2\frac{r}{a}\cos\gamma + \frac{r^2}{a^2}\right)^{\frac{1}{2}},$$

ou

$$(f')\qquad \Delta = r\left(1 - 2\frac{a}{r}\cos\gamma + \frac{a^2}{r^2}\right)^{\frac{1}{2}}.$$

La formule (f) servira dans le cas d'un point extérieur à la croûte quand $r > a$; la formule (f') dans le cas d'un point intérieur, quand $r < a$.

Dans le premier cas, la formule (e) devient

$$U_1 = \frac{\alpha a^2}{r}\int_0^\pi\int_0^{2\pi}\rho\zeta'\left(P_0 + P_1\frac{a}{r} + P_2\frac{a^2}{r^2}\cdots\right)\sin\theta\,d\theta'\,d\psi'.$$

Mais, en vertu de la formule (18), ζ' étant une fonction de θ' et ψ' déterminée en chaque point de la sphère, peut se développer en une série dont les termes sont une somme de fonctions Y_n; on aura donc

$$U_1 = \frac{\alpha a^2}{r}\int_0^\pi\int_0^{2\pi}\rho(Y_0+Y_1\ldots)\left(P_0+P_1\frac{a}{r}+\ldots\right)\sin\theta'\,d\theta'\,d\psi',$$

ou, en vertu de l'équation (16) et de la remarque faite à son sujet,

$$(g)\quad U_1 = \frac{\alpha a^2}{r}\int_0^\pi\int_0^{2\pi}\rho\left(Y_0 P_0 + Y_1 P_1\frac{a}{r} + \ldots\right)\sin\theta'\,d\theta'\,d\psi'.$$

Or, si l'on applique à la fonction Y_n la formule (20), on trouve

$$Y_n = \frac{2n+1}{4\pi}\int_0^\pi\int_0^{2\pi}Y_n P_n\sin\theta'\,d\theta'\,d\psi'.$$

La formule (g) donne alors, en supposant ρ constant,

$$(21) \qquad U_1 = 4\pi \frac{a\,a^2}{r} \rho \left(Y_0 + \frac{a}{3r} Y_1 + \frac{a^2}{5r^2} Y_2 + \ldots \right).$$

Dans le cas d'un point intérieur, on trouverait

$$(22) \qquad U_1 = 4\pi a\,a\rho \left(Y_0 + \frac{r}{3a} Y_1 + \frac{r^2}{5a^2} Y_2 + \ldots \right).$$

Si l'on désigne ensuite par U_2 le potentiel relatif au noyau du sphéroïde, le potentiel total du sphéroïde sera

$$U = U_1 + U_2.$$

Les fonctions X_n et Y_n trouveront aussi leur application dans la dynamique analytique.

VINGT ET UNIÈME LEÇON.

Mécanique moléculaire. — **Élasticité des corps solides.** — **Pressions ou tensions intérieures.** — Leurs relations entre elles et avec les forces accélératrices. — Dilatations et glissements dans les corps. — Leurs relations pour les divers sens (*).

---

253. *Actions moléculaires. Pressions.* — L'élasticité des corps solides et même des fluides, ou leur retour à leur premier état après des compressions, extensions ou déformations, leurs résistances diverses, leurs vibrations, la transmission en un lieu de l'espace, par leur intermédiaire, des efforts et des ébranlements exercés ou excités dans un autre lieu, et, on peut le dire, toutes leurs propriétés mécaniques, prouvent que les molécules ou les dernières particules qui les composent exercent les unes

---

(*) **Nous devons la rédaction de cette Leçon et de la suivante à M. de Saint-Venant.** Il en a puisé la matière non-seulement aux deuxième, troisième et quatrième années (1827-1829) des *Exercices de Mathématiques,* mais encore dans les autres œuvres de notre illustre maître, et aussi dans des Mémoires qui ont eu surtout ses travaux pour point de départ, qu'il a approuvés, ou dont les résultats sont une conséquence naturelle des principes posés par lui.

Ces Leçons comprennent la *statique* de l'élasticité dans ce qu'elle a de plus général. Nous ne rapportons pas les applications que Cauchy en a faites (*Exercices,* troisième et quatrième années) à la théorie de la flexion, et surtout à celle de la torsion pour laquelle il a ouvert une voie nouvelle, parce qu'il a adopté (*Comptes rendus des séances de l'Académie des Sciences,* 20 février 1854, t. XXXVIII, p. 329) une autre manière de les traiter, due à M. de Saint-Venant, et qui donne des résultats sensiblement différents, confirmés par diverses expériences, ainsi que par des recherches analytiques entreprises par M. Kirchhoff, l'éminent professeur de Heidelberg (*Ueber die Gleichgewicht und Bewegung eines elastisches Stabes,* t. LVI, du *Journal de Crelle,* p. 229).

sur les autres des actions qui sont répulsives et indéfini-ment croissantes pour les distances moindres (ce qui remplace l'*impénétrabilité* des anciens), qui deviennent attractives pour des distances plus grandes, mais *qui n'ont plus qu'une intensité relativement insensible dès que ces distances acquièrent une grandeur sensible* (*).

Cette Leçon et la suivante ont pour objet les effets de ces forces, principalement en ce qui regarde l'élasticité des solides.

Il n'est pas nécessaire de faire des suppositions sur leurs intensités individuelles. Il suffit de considérer les résultantes qui peuvent être produites par la composition ensemble d'un très-grand nombre d'entre elles.

Définition. — Nous appellerons donc *pression* sur un des deux côtés d'une petite face plane imaginée à l'inté-rieur d'un corps solide ou fluide, ou à la limite de sépara-tion de ce corps, *la résultante de toutes les actions des mo-lécules situées de ce côté sur les molécules du côté opposé, et dont les directions traversent cette face,* toutes ces forces étant supposées transportées parallèlement à elles-mêmes en un même point pour en opérer la composition.

Dans les Mémoires de Cauchy et de tous les autres au-

(*) Si l'on répugne à admettre que ces forces changent ainsi de signe ou de sens pour une grandeur déterminée de la distance moléculaire dont elles sont fonctions continues, et surtout que, lorsqu'elles sont de-venues attractives, elles croissent d'abord avec la distance où elles s'exer-cent pour décroître ensuite, passé une certaine autre grandeur de cette distance, on peut très-bien, avec Poisson, M. Poncelet, etc., supposer que l'action moléculaire est une différence de deux actions, l'une at-tractive, l'autre répulsive, toutes deux décroissantes quand la distance croît. L'une de ces forces (on ne sait laquelle des deux) peut être inhé-rente à la matière pondérable, et l'autre due à une influence étrangère, telle que celle d'un fluide impondérable. Mais nous regarderons l'action résultante comme un fait, sans avoir besoin de prendre en considération ses explications.

teurs (excepté dans le deuxième Mémoire de Poisson, du 12 octobre 1829, au XXe Cahier du *Journal de l'École Polytechnique*, p. 6, 30, 59), le signe $+$ est attribué aux forces attractives, et le signe $—$ aux forces répulsives. La pression est donc regardée comme positive lorsqu'elle se dirige de la face vers le côté où on la prend, ou lorsqu'elle constitue, à proprement parler, une *tension* ou *traction*; et on la prend négativement lorsque, comme dans les fluides, elle est répulsive ou dirigée vers la face.

254. *Conséquences de cette définition de la pression.* — 1° Les pressions exercées sur les deux côtés d'une même face sont exactement égales et opposées.

2° La résultante des pressions qui s'exercent sur les diverses faces d'un élément solide *abcd* (*fig.* 54), prises toutes du côté extérieur, ou prises toutes du côté intérieur, est identiquement la même que la résultante des actions exercées sur les molécules m, m du dedans de l'élément par les molécules m', m'', ... du dehors, ou sur celles-ci par celles-là. En effet, si en raison de la petitesse de l'élément, ou des arêtes vives de son enveloppe polyédrique, les pressions comprennent, en outre, des actions sensibles de molécules extérieures sur d'autres molécules extérieures, suivant des lignes $m'm''$, $m'm''$ qui traversent deux faces ab, cd ou bc, cd, ces actions étrangères, qui entrent à la fois dans les pressions sur l'une et l'autre face, se détruisent deux à deux comme égales et contraires quand on les compose pour obtenir la résultante générale des pressions sur toutes les faces, en sorte qu'il ne reste, comme nous le disions, que les actions des molécules du dehors sur celles de l'intérieur de l'élément, ou réciproquement (*).

(*) C'est ce qui n'a point lieu si l'on prend une autre définition de la pression, adoptée d'abord par Cauchy (*Exercices de Mathématiques*, troi-

3° Il résulte aussi, de ce qu'à travers les plus petites faces perceptibles il s'exerce un nombre extrêmement considérable d'actions moléculaires, que l'on peut regarder,

---

sième année, p. 215) ainsi que par d'autres auteurs, mais à laquelle il a renoncé pour préférer définitivement celle que nous venons de donner (*Comptes rendus des séances de l'Académie des Sciences*, 23 juin et 14 juillet 1845, t. XX, p. 1765, et t. XXI, p. 125). En effet, la première définition, abandonnée par Cauchy, consistait à regarder la pression sur une petite face comme *la résultante des actions exercées sur les* molécules d'un cylindre indéfini élevé sur cette face comme base, par toutes les molécules situées du côté opposé du plan de cette même face. Or, il est facile de voir (Note au *Bulletin de la Société Philomathique*, 30 décembre 1843, ou au n° 524 du journal de *l'Institut*, et aussi *Comptes rendus des séances de l'Académie des Sciences*, 7 juillet 1845, t. XXI, p. 24) que cette définition introduit dans la résultante générale des pressions un certain nombre d'actions étrangères à celles des molécules du dehors sur les molécules du dedans ou réciproquement, et qu'elle fait faire double emploi à un certain nombre des actions en jeu, tout en en omettant plusieurs autres; enfin que, par cette même définition, les deux résultantes des pressions sur les côtés opposés des diverses faces ne sont point égales, inconvénients qui se sont plusieurs fois présentés à Poisson (*Journal de l'École Polytechnique*, XX° Cahier, art. 49 à 53, et *Mémoires de l'Institut*, t. XVIII, p. 56). Par exemple, si l'élément est un parallélipipède rectangle, il est facile de voir que, dans la résultante des pressions sur les côtés extérieurs des faces, les actions des huit angles trièdres trirectangles extérieurs *a*, *b*, *c*, *d*,... sur l'élément seront comptées trois fois, que celles des onglets dièdres, répondant à chacune des douze arêtes *ab*, *bc*,... seront comptées deux fois, et il y aura de plus les actions des angles sur les onglets qui ne seront pas détruites; enfin que dans la résultante des pressions sur les côtés intérieurs des mêmes faces, il y aura omission complète des actions de l'élément sur les huit angles trièdres et sur les douze angles dièdres. Tous ces inconvénients disparaissent complétement avec la définition que nous adoptons.

Au reste, M. Poisson a montré en 1821 (*Journal de l'École Polytechnique*, XIX° Cahier, p. 272) que les deux définitions analogues, relatives au *flux de chaleur*, donnent dans les calculs les mêmes résultats quand on néglige certains ordres de quantités.

Nous ne parlons pas d'une autre définition donnée en premier lieu par Cauchy, consistant à regarder la pression sur une face comme la force que cette face supporterait *si elle devenait rigide*; force qui revient à celle qu'il faudrait appliquer pour maintenir en équilibre la partie du corps située d'un côté de la face si l'on venait à anéantir la partie de l'autre côté. M. Lamé a très-bien montré (*Leçons sur l'Élasticité des solides*, § 5) que cette sorte de définition, en apparence plus simple que celle qui

dans un même corps, les pressions comme proportion-nelles aux superficies des petites faces où elles s'exercent, quand ces faces, supposées circulaires pour fixer les idées, font partie d'un même plan et sont concentriques; et cette proportionnalité peut être considérée comme ayant également lieu pour des faces d'une autre forme et même dissemblables, si elles ont leurs centres de gravité au même point, parce que les inégalités de part et d'autre se compensent avec toute l'approximation que comportent ces sortes d'évaluation. Il en résulte également qu'on peut regarder les *pressions par unité superficielle* comme variant d'une manière continue avec la position de ce centre de gravité, lorsque les faces sont prises sur un même plan ou sur des plans parallèles et très-voisins.

255. *Obliquité des pressions sur les faces. Composantes normales. Composantes tangentielles. Leurs relations en un même point.* — On sait que dans les fluides *en repos* (et c'est même en quelque sorte la définition de la fluidité) les pressions sont normales aux faces sur lesquelles elles s'exercent, d'où l'on déduit facilement, comme M. Cauchy (*), leur égalité en tous sens. Cette normalité et cette égalité n'existent déjà plus dans les fluides en mouvement, et la pression a, dans un sens tan-

---

fait consister la pression en une résultante d'actions moléculaires, ne donne aucune idée exacte, et que sa simplicité n'est même qu'une pure illusion. Elle pouvait être admise au temps où l'on croyait (et on ne l'a jamais cru généralement) à la continuité de la matière et à l'action *au contact seulement*. Mais l'action sur une surface n'a plus de signification depuis qu'on sait que les forces s'exercent à distance, et que, par conséquent (continue M. Lamé), les forces répulsives et attractives émanent non-seulement de la première couche infiniment mince, mais aussi des couches plus éloignées, jusqu'à la distance où leur intensité cesse d'avoir une grandeur sensible.

(*) *Exercices*, deuxième année, p. 23.

gentiel ou parallèle aux faces, une petite composante appelée quelquefois le *frottement* des fluides.

Dans les solides qui ont été déformés, même légèrement, les pressions sont généralement obliques aux faces, et leurs composantes tangentielles ont des intensités comparables aux composantes normales.

Mais les pressions sur les diverses faces ayant leur centre en un même point ne sont pas indépendantes les unes des autres, et il existe entre elles des relations renfermées dans les deux théorèmes suivants de M. Cauchy :

256. THÉORÈME 1 (dit des projections de plans de pressions, ou du tétraèdre des pressions). — *La pression qui s'exerce sur une petite face plane imaginée dans l'intérieur d'un corps solide ou fluide en repos ou en mouvement est la résultante des pressions supportées par ses trois projections droites ou obliques sur trois plans quelconques passant par son centre de gravité.*

Pour le prouver, posons la condition de l'équilibre de translation d'un très-petit élément ayant la forme d'un tétraèdre, en supposant d'abord que les molécules qu'il comprend sont en repos et n'éprouvent d'actions que de la part des molécules environnantes. L'équilibre de ces actions est le même, nous l'avons vu (254), que celui des pressions s'exerçant sur les côtés extérieurs des quatre faces A, B, C, D du tétraèdre (*fig.* 55). Il exige que la pression agissant ainsi sur l'une d'elles, A, par exemple, ait la grandeur et la direction de la résultante des pressions sur B, C, D prises en sens opposé ou intérieurement. Or, le côté extérieur de la face A a les côtés intérieurs des faces B, C, D pour projections rectangulaires ou obliques sur leurs plans respectifs; et, à cause de l'extrême petitesse qu'on peut supposer aux dimensions de l'élément, et de la conti-

nuité (254) des variations d'intensité de la pression en
passant d'un centre de pression à d'autres très-proches,
on peut, à cela près de quantités d'ordre supérieur et
négligeable, remplacer les pressions sur A, B, C, D par
les pressions sur quatre faces parallèles et de même superficie ayant un centre de gravité commun et placé au centre
de gravité du volume de l'élément. Donc la pression supportée par une petite face est bien la résultante des pressions que supportent ses projections sur trois plans menés
arbitrairement par son centre de gravité.

Il n'y a rien à changer à cette conclusion si l'on tient
compte des forces non réciproques ou à centre d'action
éloigné, telles que la pesanteur, qui peuvent solliciter en
même temps les molécules du corps. Ces forces, qui agissent proportionnellement à la masse et par conséquent au
volume, sont du même ordre de grandeur, pour un corps
de dimensions finies et perceptibles, que les pressions
qui agissent proportionnellement à la surface ; elles sont
donc, pour un élément excessivement petit, des quantités
du troisième ordre négligeables à côté des pressions très-
petites du second ordre, et il n'est pas besoin d'en tenir
compte dans l'équation d'équilibre de translation du
tétraèdre.

On peut dire la même chose de la *force d'inertie*,
produit de masse et d'accélération, qu'il faut ajouter en
posant les équations quand les molécules se meuvent. Le
théorème I est donc vrai pour les masses solides ou
fluides animées d'un mouvement intérieur, comme pour
les masses en repos, ainsi que Cauchy l'a reconnu dès
l'abord (*).

(*) Dans un Mémoire présenté le 14 avril 1834, et aussi dans une note
de la page 545 (§ 16 du 3ᵉ Appendice) de la nouvelle édition des *Leçons
de Navier*, nous avons fait voir que le thorème I de Cauchy pouvait être
démontré *en ne négligeant que des quantités très-petites d'ordre supérieur de*

257. Théorème II (dit de réciprocité des composantes transversales de pression). — *Lorsque deux petites faces planes imaginées à l'intérieur d'un corps ont la même superficie et le même centre, la pression sur la première, décomposée ou projetée dans une direction normale à la seconde, est égale à la pression sur la seconde décomposée ou projetée dans une direction normale à la première.*

Pour le démontrer, considérons un élément en forme de prisme droit à base losange. Soient A, A' (*fig.* 56) deux des faces latérales répondant à deux côtés opposés de cette base, B, B' les deux autres faces, aussi égales et opposées. Les pressions sur les six petites faces peuvent être regardées comme appliquées à leurs centres de figure respec-

deux unités à celui des pressions en jeu. Pour cela, il suffit de considérer simultanément un deuxième tétraèdre dont on détermine les sommets en prolongeant de longueurs égales les lignes de jonction des sommets du premier avec son centre de gravité, en sorte que les deux tétraèdres symétriques et opposés aient même centre, même volume, et des faces égales et parallèles chacune à chacune. L'équilibre exige qu'on ait zéro pour la résultante des pressions sur chacun d'eux ; on a donc aussi zéro en composant les pressions sur l'un avec les pressions sur l'autre prises dans un sens opposé. Or, dans cette composition, les pressions sur les faces égales et parallèles s'ajoutent, tandis que les forces accélératrices et les inerties disparaissent comme ayant, avec des sens contraires, les mêmes intensités totales pour les deux tétraèdres, à cela près de quantités d'ordre de petitesse 4 et au-dessus. En divisant par 2, on peut remplacer, avec la même approximation, chaque demi-somme de pression sur deux faces égales appartenant aux deux tétraèdres, par la pression sur une face parallèle et de même surface ayant son centre au centre commun. Il en résulte que le théorème I est établi ainsi avec une exactitude qui ne laisse rien à désirer.

Nous avons donné aussi des démonstrations de ce théorème et du suivant (Mémoire sur la torsion, aux *Savants Étrangers*, t. XIV, art. 10, et sur la flexion, *Journal de M. Liouville*, 1856, p. 89) indépendantes de la considération de l'équilibre d'un élément solide, et fondées seulement sur celle des actions moléculaires s'exerçant à travers les faces, et dont les pressions sont des résultantes.

tifs, et l'équilibre de *translation* du prisme, sur lequel on suppose d'abord qu'aucune autre force n'agisse, exige que les pressions sur les faces opposées soient deux à deux égales et parallèles. Mais exprimons l'équibre de *rotation* autour d'un axe passant par les centres O, O des deux bases ; et, pour cela, décomposons les pressions qui s'exercent sur les quatre faces latérales A et A', B et B' : 1° suivant des parallèles à cet axe OO ; 2° suivant les *médianes* ou lignes de jonction AA', BB' des centres A et A', B et B' des faces ; 3° suivant les perpendiculaires Aa, $A'a'$, Bb, $B'b'$ menées à ces mêmes médianes parallèlement aux plans des bases O, O. Les premières composantes ne donnent aucun moment autour de l'axe OO, puisqu'elles lui sont parallèles ; les secondes n'en donnent pas non plus puisqu'elles le coupent, et il en est de même des pressions sur les deux bases, s'exerçant à leurs centres O, O. Restent les quatre composantes Aa, $A'a'$, Bb, $B'b'$ dont chacune est perpendiculaire à la face adjacente à celle où elle s'exerce. Celles Aa, $A'a'$ sont égales et tendent à faire tourner l'élément dans le même sens, en sorte que leur moment total est double de celui de la première Aa ; le moment total des deux centres est double de celui de Bb ; leurs bras de levier OA, OB sont égaux.

Donc, pour l'équilibre, il faut que la composante Aa, perpendiculaire à la face B, de la pression sur la face A, soit égale à la composante Bb, perpendiculaire à A, de la pression sur B, *ce qui est le théorème énoncé.*

Ce second théorème de Cauchy est également vrai lorsque la matière de l'élément, soumise aux pressions émanant de la matière environnante, l'est aussi à des forces telles que la pesanteur, ou telles que l'*inertie*, ce qui comprend les cas du mouvement ; car ces autres forces, dont la somme totale est très-petite du troisième ordre, comme le volume de l'élément, et dont les deux parties sensiblement égales tendent à le faire tourner autour de son axe dans deux sens opposés, ne donnent, multipliées par leurs bras de levier moyen sensiblement égaux et du premier ordre, et ajoutées, qu'un moment total du cinquième ordre, négligeable devant celui des pressions qui est du troisième.

Nous allons tirer de ces deux théorèmes divers corollaires.

258. *Expressions des composantes, suivant trois axes coordonnés rectangulaires des x, y, z, de la pression sur une petite face quelconque en fonction des six composantes des pressions supportées au même point par l'unité superficielle de trois petites faces perpendiculaires aux mêmes axes.*

Soient :

p la pression sur l'unité de superficie de la face donnée ;

n la direction d'une normale qu'on élève à son plan, du côté où la pression se prend,

et

$$p_{xx}, p_{xy}, p_{xz}; \quad p_{yx}, p_{yy}, p_{yz}; \quad p_{zx}, p_{zy}, p_{zz}$$

les composantes supposées connues, parallèlement aux x, aux y, aux z, des pressions exercées sur l'unité superficielle des faces normales, respectivement, à ces coordonnées rectangles, *la première sous-lettre désignant toujours la face par sa normale, et la seconde le sens de décomposition* (*). On a, d'après le théorème II de Cauchy (n° 257), les égalités suivantes deux à deux entre les

---

(*) Cette notation lucide, qui nous a été conseillée en 1837 par Coriolis, a été adoptée finalement par Cauchy (*Comptes rendus des séances de l'Académie des Sciences,* 20 février 1854, t. XXXVIII, p. 327). Nous

composantes tangentielles

$$(1) \qquad p_{yz} = p_{zy}, \quad p_{zx} = p_{xz}, \quad p_{xy} = p_{yx},$$

ce qui réduit à six distinctes, savoir : trois normales, trois tangentielles, les neuf composantes censées connues et données.

Et l'on a, d'après le théorème I (n° 256), pour les trois composantes dont on désirait l'expression et que nous désignerons comme les autres au moyen de deux indices ou sous-lettres,

$$(2) \quad \begin{cases} p_{nx} = p \cos(p, x) \\ \qquad = p_{xx} \cos(n, x) + p_{yx} \cos(n, y) + p_{zx} \cos(n, z), \\ p_{ny} = p \cos(p, y) \\ \qquad = p_{xy} \cos(n, x) + p_{yy} \cos(n, y) + p_{zy} \cos(n, z), \\ p_{nz} = p \cos(p, z) \\ \qquad = p_{xz} \cos(n, x) + p_{yz} \cos(n, y) + p_{zz} \cos(n, z); \end{cases}$$

car chaque unité superficielle de la petite face donnée a des projections $\cos(n, x)$, $\cos(n, y)$, $\cos(n, z)$ sur des plans

croyons devoir en donner ici la synonymie avec celles de divers auteurs :

	Cauchy (1827).			Poisson (1829).			Lamé et Clapeyron.			Kirchhoff.			Coriolis. Cauchy (1854).		
Sens de décomp^n.	x	y	z	x	y	z	x	y	z	x	y	z	x	y	z
Faces perpendiculaires à.. x	A	F	E	P'_3	Q'_3	R'_3	N_1	T_3	T_3	X_x	X_y	X_z	p_{xx}	p_{xy}	p_{xz}
y	F	B	D	P'_2	Q'_2	R'_2	T_3	N_2	T_1	Y_x	Y_y	Y_z	p_{yx}	p_{yy}	p_{yz}
z	E	D	C	P'_1	Q'_1	R'_1	T_2	T_1	N_3	Z_x	Z_y	Z_z	p_{zx}	p_{zy}	p_{zz}

On remarquera sans doute la notation aussi très-commode de M. Kirch-

perpendiculaires aux x, y, z menés par son centre, et par conséquent la première des trois équations exprime que la pression p décomposée ou estimée suivant les x est égale à la somme des pressions dont elle est résultante, décomposées toutes trois dans le même sens x que désignent les deuxièmes sous-lettres de p_{xx}, p_{yx}, p_{zx}. Les deux autres équations sont obtenues de même en décomposant ces quatre forces parallèlement aux y et parallèlement aux z (*).

259. *Composante, suivant une direction quelconque s, de la même pression sur la petite face dont* n *est la*

---

hoff. Nous croyons celle de Coriolis encore préférable, parce qu'elle s'étend à une composante comme celle que nous appellerons ci-après p_{ns}, suivant une ligne absolument quelconque s, de la pression sur une face dont la normale a une direction aussi absolument quelconque n.

(*) C'est sous la forme des équations (2) que Cauchy a énoncé son théorème I dans la deuxième année (1827) des *Exercices* [p. 48, équation (20)], après l'avoir appliqué dès 1822 dans un Mémoire lu le 30 septembre à l'Académie, et dont un extrait se trouve imprimé au *Bulletin de la Société Philomathique* (janvier 1823) sous ce titre : *Sur l'équilibre et le mouvement des corps solides ou fluides, élastiques ou non élastiques.* C'est donc à tort que quelques auteurs en ont attribué la découverte à Poisson, qui n'en a parlé pour la première fois que dans son Mémoire du 14 avril 1828, où il ne l'énonce de même que d'une manière analytique (t. VIII des *Mémoires de l'Institut*, équations du haut de la page 384); seulement il le démontre, ou arrive aux trois équations, d'une manière simple et directe, sans les calculs qui fournissent du même coup à Cauchy le théorème II, déjà trouvé et appliqué par lui, aussi dès 1822, et dont Poisson a reconnu, en 1829 (12 octobre, Mémoire inséré au XX° Cahier du *Journal de l'École Polytechnique*, art. 38, p. 83), la grande généralité d'abord méconnue (t. VIII des *Mémoire de l'Institut*). L'énoncé que nous avons donné en langage ordinaire de ce théorème I, rendu ainsi plus général en ce qu'il s'étend aux projections *obliques*, ressort facilement des considérations présentées par l'un comme par l'autre de ces deux illustres savants. Et, quant au théorème II, nous avons cru devoir le démontrer et l'énoncer pour le cas de deux faces faisant un angle quelconque, généralisation que Cauchy y a apportée dans la quatrième année (1829) des *Exercices*, p. 41.

40.

normale. — Soit, toujours suivant la notation du n° 258,

$$p_{ns}$$

la composante suivant une direction arbitraire, désignée par la lettre s, de la pression p supportée par l'unité superficielle de la face dont n désigne, en direction, la normale.

On aura cette composante ou *projection* de la pression p sur la ligne s, en y projetant la ligne brisée $p_{nx} + p_{ny} + p_{nz}$ formée avec les trois composantes mises bout à bout, de la même force suivant les x, les y, les z; d'où

$$(3) \quad p_{ns} = p_{nx} \cos(s, x) + p_{ny} \cos(s, y) + p_{nz} \cos(s, z).$$

En y substituant (2), et appelant généralement, pour abréger, comme nous ferons toujours dans la suite,

$$c_{ij} \quad \left\{ \begin{array}{l} \text{le cosinus de l'angle de deux droites quelconques dont } i \text{ et } j \\ \text{désignent les directions,} \end{array} \right.$$

on obtient l'expression générale

$$(4) \quad \left\{ \begin{aligned} p_{ns} &= p_{xx} c_{nx} c_{sx} + p_{yy} c_{ny} c_{sy} + p_{zz} c_{nz} c_{sz} \\ &+ p_{yz}(c_{ny} c_{sz} + c_{nz} c_{sy}) + p_{zx}(c_{nz} c_{sx} + c_{nx} c_{sz}) \\ &+ p_{xy}(c_{nx} c_{sy} + c_{ny} c_{sx}). \end{aligned} \right.$$

Par exemple, si l'on veut avoir la composante de pression *normalement* à la face, on n'a qu'à mettre n au lieu de s, ce qui réduit cette expression à la forme

$$(5) \quad \left\{ \begin{aligned} p_{nn} &= p_{xx} c_{nx}^2 + p_{yy} c_{ny}^2 + p_{zz} c_{nz}^2 + 2 p_{yz} c_{ny} c_{nz} \\ &+ 2 p_{zx} c_{nz} c_{nx} + 2 p_{xy} c_{nz} c_{ny}. \end{aligned} \right.$$

260. *Formules des changements de plans de pression.* — En mettant successivement à la place de n et de s les directions

$$x', y', z'$$

de trois droites ou nouveaux axes coordonnés, *rectan-*

gulaires ou obliques, on obtient les formules suivantes des pressions sur l'unité superficielle *de trois plans perpendiculaires à ces droites*, décomposées ou projetées successivement suivant les mêmes droites, en fonction des six composantes de pression sur les plans coordonnés primitifs et suivant les directions x, y, z rectangulaires,

$$(6)\ \begin{cases}
p_{x'x'} = p_{xx}\,c^2_{xx'} + p_{yy}\,c^2_{yx'} + p_{zz}\,c^2_{zx'} + 2p_{yz}\,c_{yx'}\,c_{zx'} \\
\qquad + 2p_{zx}\,c_{zx'}\,c_{xx'} + 2\,p_{xy}\,c_{xx'}\,c_{yx'}, \\[4pt]
p_{y'y'} = p_{xx}\,c^2_{xy'} + p_{yy}\,c^2_{yy'} + p_{zz}\,c^2_{zy'} + 2p_{yz}\,c_{yy'}\,c_{zy'} \\
\qquad + 2p_{zx}\,c_{zy'}\,c_{zy'} + 2\,p_{xy}\,c_{xy'}\,c_{yy'}, \\[4pt]
p_{z'z'} = p_{xx}\,c^2_{xz'} + p_{yy}\,c^2_{yz'} + p_{zz}\,c^2_{zz'} + 2p_{yz}\,c_{yz'}\,c_{zz'} \\
\qquad + 2p_{zx}\,c_{zz'}\,c_{xz'} + 2\,p_{xy}\,c_{xz'}\,c_{yz'}, \\[4pt]
p_{y'z'} = p_{xx}\,c_{xy'}\,c_{xz'} + p_{yy}\,c_{yy'}\,c_{yz'} + p_{zz}\,c_{zy'}\,c_{zz'} \\
\qquad + p_{yz}\,(c_{yy'}\,c_{zz'} + c_{yz'}\,c_{zy'}) + p_{zx}\,(c_{zy'}\,c_{xz'} + c_{zz'}\,c_{xy'}) \\
\qquad + p_{xy}\,(c_{xy'}\,c_{yz'} + c_{xz'}\,c_{yy'}), \\[4pt]
p_{z'x'} = p_{xx}\,c_{xz'}\,c_{xx'} + p_{yy}\,c_{yz'}\,c_{yx'} + p_{zz}\,c_{zz'}\,c_{zx'} \\
\qquad + p_{yz}\,(c_{yz'}\,c_{zx'} + c_{yx'}\,c_{zz'}) + p_{zx}\,(c_{zz'}\,c_{xx'} + c_{zx'}\,c_{xz'}) \\
\qquad + p_{xy}\,(c_{xz'}\,c_{yx'} + c_{xx'}\,c_{yz'}), \\[4pt]
p_{x'y'} = p_{xx}\,c_{xx'}\,c_{xy'} + p_{yy}\,c_{yx'}\,c_{yy'} + p_{zz}\,c_{zx'}\,c_{zy'} \\
\qquad + p_{yz}\,(c_{yx'}\,c_{zy'} + c_{yy'}\,c_{zx'}) + p_{zx}\,(c_{zx'}\,c_{xy'} + c_{zy'}\,c_{xx'}) \\
\qquad + p_{xy}\,(c_{xx'}\,c_{yy'} + c_{xy'}\,c_{yx'}).
\end{cases}$$

Si les trois droites x', y', z', perpendiculaires aux nouveaux plans, ne sont point perpendiculaires entre elles, on a toujours, et conformément au théorème II de Cauchy,

$$p_{y'z'} = p_{z'y'}, \quad p_{z'x'} = p_{x'z'}, \quad p_{x'y'} = p_{y'x'};$$

mais ces composantes *transversales* ou *non normales* ne sont pas alors *tangentielles* aux trois faces, obliques elles-mêmes les unes aux autres.

Des équations (6) on déduit, entre autres conséquences, quand les axes nouveaux sont rectangulaires comme les anciens,

$$p_{x'x'} + p_{y'y'} + p_{z'z'} = p_{xx} + p_{yy} + p_{zz},$$

ou que la somme des composantes normales de pression sur trois plans rectangulaires est constante en un même point.

Et que si l'axe nouveau des z' se confond avec l'axe ancien des z, ou si (*fig.* 57)

$$c_{zz'} = 1, \quad c_{xz'} = 0, \quad c_{yz'} = 0, \quad c_{zx'} = 0, \quad c_{zy'} = 0,$$
$$c_{xx'} = c_{yy'}, \quad c_{yx'} = -c_{xy'} = \sin(x, x'),$$

on a

$$p_{x'y'} = \frac{(p_{yy} - p_{xx})}{2} \sin 2(x, x') + p_{xy} \cos 2(x, x'),$$

d'où

$$p_{x'y'} = \frac{p_{yy} - p_{xx}}{2} \text{ si l'angle } (x, x') \text{ est demi-droit;}$$

c'est-à-dire que la composante tangentielle de pression sur un plan bissecteur de l'angle droit de deux autres est égale, quand on la prend dans un sens perpendiculaire à l'intersection commune, à la demi-différence des composantes normales de pression sur ceux-ci.

261. *Pressions principales et ellipsoïdes des pressions.* — Si sur la normale M n, de direction appelée n, à la petite face quelconque sur laquelle la pression p s'exerce (n°s 258 et 259), on porte, à partir de son pied M, qui est le centre de la face ou le point ayant x, y, z pour coordonnées, une longueur

$$\mathrm{M}m = r = \sqrt{\pm \frac{1}{p_{nn}}} \text{ selon que } p_{nn} \text{ est positif ou négatif,}$$

et si l'on appelle

$$x, y, z$$

les coordonnées de l'extrémité m de r rapportée à des axes Mx, My, Mz parallèles aux x, y, z et menés par le même point M, on a pour les cosinus des angles de la normale avec les coordonnées les valeurs

$$c_{nx} = \frac{x}{r} = x\sqrt{\pm p_{nn}}, \quad c_{ny} = \frac{y}{r} = y\sqrt{\pm p_{nn}},$$

$$c_{nz} = \frac{z}{r} = z\sqrt{\pm p_{nn}}.$$

En les substituant dans l'équation (5) qui donne celle de la composante normale p_{nn} de la pression p, et en divisant par $\pm p_{nn}$, on la change en

$$(7) \quad p_{xx}x^2 + p_{yy}y^2 + p_{zz}z^2 + 2p_{yz}yz + 2p_{zx}zx + 2p_{xy}xy = \pm 1.$$

Celle-ci représente une ou deux surfaces du second degré dont le centre est au point $M(x, y, z)$, pour lequel x $=$ o, y $=$ o, z $=$ o. On n'a qu'une surface si, pour tous les systèmes de valeurs des coordonnées x, y, z de l'extrémité du rayon r, le premier membre reste ou constamment positif ou constamment négatif, et c'est alors nécessairement un ellipsoïde puisque les rayons vecteurs r en tous sens doivent être réels. On a deux surfaces si pour certains systèmes ce premier membre devient $+1$ et pour d'autres -1; elles ne peuvent être deux ellipsoïdes puisque dans chaque direction le rayon vecteur a une valeur unique; ce sont donc deux hyperboloïdes, nécessairement conjugués l'un à l'autre ou ayant le même cône asymptotique, car en faisant z $=$ o par exemple, on obtient

$$p_{yy}\left(\frac{y}{x}\right)^2 + 2p_{xy}\frac{y}{x} + p_{xx} = \pm\frac{1}{x^2}$$

pour équation des deux hyperboles suivant lesquelles ces surfaces sont coupées par le plan xy; et, en faisant x infini, ce qui annule le second membre, on a pour ces hyperboles les mêmes valeurs de $\frac{y}{x}$ ou les mêmes asymptotes.

Donc : *On a un ellipsoïde pour la surface formée par les extrémités des normales à toutes les petites faces d'égale superficie se croisant en un même point d'un corps, en leur donnant à partir de ce point des longueurs égales ou proportionnelles aux racines carrées des valeurs numériques des composantes p_{nn}, suivant ces normales* n, *des pressions ou tensions* p *s'exerçant sur les diverses faces, lorsque ces composantes p_{nn} sont ou toutes positives ou toutes négatives : l'ellipsoïde se change en deux hyperboloïdes conjugués lorsque la pression normale p_{nn} est positive pour certaines faces et négative pour d'autres.* Elle est nulle pour les faces qui sont perpendiculaires aux génératrices du cône asymptotique commun, et l'on n'a sur ces faces que des pressions tangentielles.

Si l'on prend de nouveaux axes coordonnés des x′, y′, z′, se confondant avec les trois axes orthogonaux de figure de cette surface du second degré simple ou double, l'équation (7) manquera, comme on sait, des termes en y′z′, z′x′, x′y′, en sorte qu'on devra avoir

$$p_{y'z'} = 0, \quad p_{z'x'} = 0, \quad p_{x'y'} = 0,$$

ou les composantes tangentielles nulles pour les faces perpendiculaires à x′, à y′, à z′. Les pressions sur ces faces se réduiront ainsi à leurs composantes $p_{x'x'}$, $p_{y'y'}$, $p_{x'z'}$. Donc :

THÉORÈME. — *En tout point d'un corps, il y a trois faces perpendiculaires l'une à l'autre sur lesquelles les pressions n'agissent que normalement.* — Deux d'entre elles sont la plus grande et la plus petite pression autour de ce point, et la troisième offre un maximum parmi celles dont les directions forment un certain plan, et un minimum parmi celles qui composent un plan perpendiculaire à celui-ci.

Ces trois pressions ou tensions sont celles que M. Cauchy, dès 1822, a appelées *principales* (*).

(*) M. Cauchy obtient élégamment les équations susceptibles de fournir les grandeurs et les directions des trois pressions principales, en remarquant :

1° Que si dans l'équation (7) on met, à la place des coordonnées x, y, z du point quelconque m de la surface qu'elle représente, celles $x + dx$, $y + dy$, $z + dz$ d'un point m' infiniment voisin, situé sur la même surface, et si l'on en retranche (7), ce qui revient à différentier cette équation, et si l'on remplace ensuite x, y, z par les trois cosinus qui leur sont proportionnels, on a

$$\left(p_{xx}\,c_{nx} + p_{xy}\,c_{ny} + p_{zx}\,c_{nz}\right)dx + \left(p_{xy}\,c_{nx} + p_{yy}\,c_{ny} + p_{yz}\,c_{nz}\right)dy$$
$$+ \left(p_{zx}\,c_{nx} + p_{yz}\,c_{ny} + p_{zz}\,c_{nz}\right)dz = 0,$$

ce qui prouve que la petite ligne allant directement de m à m', où l'on arrive également par le chemin polygonal $dx + dy + dz$, a une projection nulle sur la droite dont les angles avec x, y, z ont des cosinus proportionnels aux trois trinômes entre parenthèses; que cette dernière droite est par conséquent normale à la surface au point m.

2° Que le rayon vecteur Mm, dont les angles avec x, y, z ont pour cosinus c_{nx}, c_{ny}, c_{nz}, sera par conséquent normal à la surface, ou *aura pour direction celle de l'un de ses trois axes de figure*, lorsqu'on aura l'égalité suivante entre les trois fractions qui y sont posées,

$$\frac{p_{xx}\,c_{nx} + p_{xy}\,c_{ny} + p_{zx}\,c_{nz}}{c_{nx}} = \frac{p_{xy}\,c_{nx} + p_{yy}\,c_{ny} + p_{yz}\,c_{nz}}{c_{ny}}$$
$$= \frac{p_{zx}\,c_{nx} + p_{yz}\,c_{ny} + p_{zz}\,c_{nz}}{c_{nz}} = p_{nn};$$

on les égale toutes trois à p_{nn} parce que l'on compose une quatrième fraction de même valeur en prenant pour numérateur la somme de leurs trois numérateurs, et pour dénominateur la somme de leurs trois dénominateurs, après les avoir multipliées haut et bas, la première par c_{nx}, la seconde par c_{ny}, la troisième par c_{nz}, ce qui donne : pour dénominateur, et pour numérateur précisément l'expression (5) de p_{nn}.

3° Qu'il en résulte les trois équations

$$\left(p_{nn} - p_{xx}\right)c_{nx} = p_{xy}\,c_{ny} + p_{zx}\,c_{nz},$$
$$\left(p_{nn} - p_{yy}\right)c_{ny} = p_{yz}\,c_{nz} + p_{xy}\,c_{nx},$$
$$\left(p_{nn} - p_{zz}\right)c_{nz} = p_{zx}\,c_{nx} + p_{yz}\,c_{ny},$$

dont on élimine les trois cosinus en les multipliant ensemble et en rem-

Toutes les autres pressions ou tensions sont distribuées symétriquement autour d'elles.

Scolie. — La même conclusion peut être tirée de la considération d'une deuxième surface, *qui est toujours un ellipsoïde*, et qui se construit en portant sur les normales n aux petites faces, non plus les longueurs $\sqrt{\pm \dfrac{1}{p_{nn}}}$, mais des longueurs

$$\mathrm{M}m = \frac{1}{p}$$

égales (ou proportionnelles) aux inverses des intensités des pressions effectives ou non décomposées p (qui ont des directions généralement autres que celles de ces normales) : en effet en ajoutant, après les avoir élevées au carré, les trois équations (2) qui donnent les valeurs des composantes $p \cos (p, x)$, $p \cos (p, y)$, $p \cos (p, z)$, on a p^2 dans le premier membre ; et si l'on représente encore par x, y, z les coordonnées de l'extrémité de la longueur

---

plaçant ensuite, dans les termes du second membre tels que

$$p_{yz}^2\, c_{ny}\, c_{nz}\, (p_{xy}\, c_{ny} + p_{zx}\, c_{nz}),$$

où une composante tangentielle p entre au carré, la parenthèse qui n'est autre chose que l'un des seconds membres facteurs, par le premier membre correspondant, ce qui donne, en divisant par $c_{nx}\, c_{ny}\, c_{nz}$, cette équation du troisième degré en p_{nn},

$$(p_{nn} - p_{xx})(p_{nn} - p_{yy})(p_{nn} - p_{zz}) - p_{yz}^2 (p_{nn} - p_{xx})$$
$$- p_{zx}^2 (p_{nn} - p_{yy}) - p_{xy}^2 (p_{nn} - p_{zz}) - 2 p_{yz}\, p_{zx}\, p_{xy} = 0,$$

qui fournira les grandeurs des trois pressions principales à substituer à p_{nn} dans les trois équations précédentes pour en tirer les cosinus donnant leurs directions.

M. Cauchy a démontré, dans un beau Mémoire sur les surfaces du second degré, qu'on trouve à la page 1 de la troisième année des *Exercices*, que les équations de cette forme ont toujours leurs trois racines réelles.

ainsi portée en sorte qu'on ait

$$\cos(n, x) = \frac{x}{\frac{1}{p}} = p\,x, \quad \cos\,n, y) = p\,y, \quad \cos(n, z) = p\,z,$$

on obtient l'équation

$$(8) \quad \begin{cases} (p_{xx}x + p_{xy}y + p_{zz}z)^2 + (p_{xy}x + p_{yy}y + p_{yz}z)^2 \\ \qquad + (p_{zx}x + p_{yz}y + p_{zz}z)^2 = 1. \end{cases}$$

Les axes du deuxième ellipsoïde qu'elle représente ont nécessairement les mêmes directions que ceux du premier (*), car le plus grand et le plus petit répondent,

---

(*) M. Lamé obtient (*Leçons sur l'élasticité*, 1852, § 21) un troisième ellipsoïde en portant les pressions p elles-mêmes, non sur les normales n aux faces où elles s'exercent, mais sur leurs propres directions. Comme la face $= 1$ sur laquelle p agit a pour projections c_{nx}, c_{ny}, c_{nz} sur les trois plans perpendiculaires aux x, aux y, aux z, si p_x, p_y, p_z sont les pressions sur l'unité de ces trois derniers plans, p est résultante, d'après le théorème I (n° 256), des trois forces $p_x\,c_{nx}$, $p_y\,c_{ny}$, $p_z\,c_{nz}$, qui sont généralement obliques l'une à l'autre; d'où il suit que si l'on appelle x_1, y_1, z_1 les *trois coordonnées obliques*, par rapport à des axes menés de M parallèlement aux directions des trois forces p_x, p_y, p_z, du point m, extrémité du rayon vecteur $Mm = p$ porté sur la direction de p, on a

$$x_1 = p_x\,c_{nx}, \quad y_1 = p_y\,c_{ny}, \quad z_1 = p_z\,c_{nz}.$$

Donc, comme $c_{nx}^2 + c_{ny}^2 + c_{nz}^2 = 1$, l'équation de la surface rapportée aux mêmes coordonnées obliques est

$$\left(\frac{x_1}{p_x}\right)^2 + \left(\frac{y_1}{p_y}\right)^2 + \left(\frac{z_1}{p_z}\right)^2 = 1.$$

C'est un ellipsoïde ayant pour demi-diamètres conjugués ces pressions p_x, p_y, p_z dont les grandeurs et les directions sont faciles à obtenir, car elles sont résultantes elles-mêmes, la première de p_{xx}, p_{xy}, p_{xz}, la deuxième de p_{yx}, p_{yy}, p_{yz}, la troisième de p_{zx}, p_{zy}, p_{zz}, dirigées suivant x, y, z.

comme ceux-ci, à la pression minimum et la pression maximum (*).

262. *Relations entre les pressions et les forces accélératrices non réciproques ou émanant du dehors et agissant sur tous les points (telles que la pesanteur, etc.).* — Pour obtenir ces relations, posons les équations de l'équilibre de translation d'un très-petit élément du volume du corps, de forme parallélipipède rectangle. Soient :

X, Y, Z les composantes, parallèlement aux axes des x, y, z, de ces forces extérieures ou non réciproques, dont la matière du corps éprouve l'action, *par unité de sa masse*, au point M dont les coordonnées sont x, y, z, et qui peuvent varier avec ces coordonnées;

ρ la densité du corps au même point M (*fig.* 58);

x, y, z les petites dimensions, parallèles aux mêmes coordonnées, de l'élément solide parallélipipède, *dont le point M occupe le centre;*

p_{xx}, p_{yy}, p_{zz}, $p_{yz} = p_{zy}$, $p_{zx} = p_{xz}$, $p_{xy} = p_{yx}$, comme ci-dessus, les six composantes de pression, parallèlement aux coordonnées, sur l'unité superficielle de trois faces planes qui leur sont perpendiculaires, et dont le centre de gravité ou de superficie est au même point M.

Les deux faces xy de cet élément, perpendiculaires aux z, éprouvent des pressions contraires qui sont l'une

---

(*) Si l'on demande quelles sont *la plus grande* et *la plus petite composante tangentielle*, la réponse est fournie par l'expression $p_{x'y'} = \dfrac{p_{xx} - p_{yy}}{2}$ de la fin du n° 260; car elle prouve qu'elles ont lieu dans des directions et sur des faces bissectrices de l'angle droit de la pression principale maximum et de la pression principale minimum. La plus petite de ces composantes tangentielles est égale et de signe contraire à la plus grande, et est dirigée dans le prolongement de celle-ci. Sur toute face, il y a une direction suivant laquelle la pression tangentielle est nulle.

un peu au-dessus, l'autre un peu au-dessous, de celle qui serait supportée par une face parallèle passant en **M**, pression dont les composantes suivant x, y, z sont p_{zx}, p_{zy}, p_{zz} par unité de superficie. La différence, pour ce qui regarde la composante suivant x, sera le coefficient différentiel $\dfrac{dp_{zx}}{dz}$ multiplié par la distance z de ces faces, et aussi par leur superficie xy. La résultante de ces deux premières composantes de pression, qui sont prises suivant x, est

$$\frac{dp_{zx}}{dz}\, z \,.\, \mathrm{xy}.$$

Les deux faces aussi opposées l'une à l'autre yz, et les deux faces également opposées zx fourniraient de même, et aussi suivant les x, les deux différences ou résultantes partielles $\dfrac{dp_{xx}}{dx}$ x.yz et $\dfrac{dp_{yx}}{dy}$ y.zx. On a donc, pour l'équilibre de translation de l'élément dont on s'occupe, en ajoutant la force accélératrice **X** multipliée par la masse ρxyz de cet élément, une équation dont on peut diviser tous les termes par son volume xyz, et qui est la première des trois équations suivantes, dues à Cauchy; les deux autres s'obtiennent de même en exprimant les conditions de l'équilibre de translation dans le sens y et dans le sens z :

$$(9\quad \begin{cases} \dfrac{dp_{xx}}{dx} + \dfrac{dp_{yx}}{dy} + \dfrac{dp_{zx}}{dz} + \rho\,\mathbf{X} = 0, \\[2ex] \dfrac{dp_{xy}}{dx} + \dfrac{dp_{yy}}{dy} + \dfrac{dp_{zy}}{dz} + \rho\,\mathbf{Y} = 0, \\[2ex] \dfrac{dp_{xz}}{dx} + \dfrac{dp_{yz}}{dy} + \dfrac{dp_{zz}}{dz} + \rho\,\mathbf{Z} = 0. \end{cases}$$

Ces équations sont une généralisation de celles de l'hydrostatique. On n'a pas besoin de faire remarquer

qu'en les établissant on ne pouvait pas négliger les forces
telles que $\rho X xyz$ *comme très-petites du troisième ordre,*
ainsi qu'on a fait au n° 256 en démontrant, par l'équilibre
d'un élément tétraèdre, le théorème des projections de plans
de pression ; car ici les pressions, qui sont toujours du
second ordre comme les superficies des faces de l'élément,
n'entrent que pour les différences de grandeur qu'elles
ont sur deux faces parallèles, égales et très-proches l'une
de l'autre, en sorte que tout était du troisième ordre dans
les équations avant leur division par le volume xyz de
l'élément dont elles expriment l'équilibre (*).

(*) M. Cauchy place le point M (x, y, z) à l'un des angles de l'élément
xyz (*Exercices*, deuxième année, p. 109); et, pour tenir compte de la variation de l'intensité des composantes p aux divers points des petites
faces, il appelle, en prenant M pour origine, x et y les coordonnées de
ces points sur les faces opposées xy par exemple, et il exprime ainsi les
sommes totales des composantes p_{zx} de pression qui s'y exercent dans le
sens x :

Sur la première face

$$-\int_0^x \int_0^y \left(p_{zx} + \frac{dp_{zx}}{dx} x + \frac{dp_{zx}}{dy} y + \ldots \right) dx\, dy$$

$$= -\left(p_{zx} + \frac{dp_{zx}}{dx} \frac{x}{2} + \frac{dp_{zx}}{dy} \frac{y}{2} + \ldots \right) xy ;$$

et, sur la deuxième face, ce que devient cette expression en remplaçant
p_{zx} par $-\left(p_{zx} + \frac{dp_{zx}}{dz} z + \ldots \right)$. D'où, sur les deux faces ensemble,
une résultante $\dfrac{dp_{zx}}{dz}$ xyz en ne négligeant que des quantités très-petites
du quatrième ordre.

Mais on trouve facilement que cette résultante est exacte, à cela près
de quantités du *cinquième ordre*, en plaçant le point M au centre du parallélipipède, ou à des distances $-\frac{z}{2}$, $+\frac{z}{2}$, ... des diverses faces. Aussi,
en faisant un pareil choix de la situation du point où les pressions sont
p_{xx}, p_{yy}, ..., nous avons pu tout à l'heure (comme aux Mémoires cités
sur la torsion et sur la flexion, et au 3e Appendice des Notes sur Navier)
nous dispenser de donner ce calcul d'intégrales.

En tenant compte des inerties, ou en remplaçant dans ces équations

$$\rho X,\ \rho Y,\ \rho Z \quad \text{par} \quad \rho\left(X - \frac{d^2 u}{dt^2}\right),\ \rho\left(Y - \frac{d^2 v}{dt^2}\right),\ \rho\left(Z - \frac{d^2 w}{dt^2}\right),$$

où t représente le temps, et u, v, w (comme ci-après) les projections sur les x, les y, les z, du déplacement éprouvé par le point M, on rend ces équations d'équilibre applicables aux cas où les molécules se meuvent.

263. *Équations d'équilibre et de mouvement, indéfinies et définies.* — Les premières sont les trois équations (9) que nous venons de poser, en appelant, comme à l'ordinaire, indéfinies celles qui sont applicables indistinctement à tous les points d'un corps ou d'un système. Quant aux équations dites *définies* à satisfaire aux limites du corps ou de la portion finie de corps que l'on considère, c'est-à-dire sur sa surface-enveloppe, soient :

ϖ les pressions, censées données, en des points (x, y, z) de cette surface, par unité de sa superficie;

n les directions de la normale à cette même surface, menées aux mêmes points du côté extérieur;

ces équations ne seront autre chose que les équations (2) qui exprimeront, en y mettant ϖ pour p, l'équilibre des pressions *extérieures* ϖ avec les pressions *intérieures* agissant sur la face opposée et parallèle d'une couche extrêmement mince enveloppant le corps de toutes parts :

$$(10)\begin{cases} p_{xx}\cos(\mathrm{n},\,x) + p_{yx}\cos(\mathrm{n},\,y) + p_{zx}\cos(\mathrm{n},\,z) = \varpi\cos(\varpi,\,x), \\ p_{xy}\cos(\mathrm{n},\,x) + p_{yy}\cos(\mathrm{n},\,y) + p_{zy}\cos(\mathrm{n},\,z) = \varpi\cos(\varpi,\,y), \\ p_{xz}\cos(\mathrm{n},\,x) + p_{yz}\cos(\mathrm{n},\,y) + p_{zz}\cos(\mathrm{n},\,z) = \varpi\cos(\varpi,\,z). \end{cases}$$

264. *Déformations. Leur réduction à des dilatations et à des glissements. Leurs relations pour divers sens.* —

Étudions maintenant les petites déformations qu'un corps solide éprouve sous l'action des diverses forces qui le sollicitent.

Soient, avant toute déformation, ou avant les déplacements relatifs des particules de ce corps, trois petites lignes rectangulaires

$$\mathrm{M}x, \quad \mathrm{M}y, \quad \mathrm{M}z,$$

menées dans son intérieur par un même point M parallèlement aux coordonnées x, y, z, et soient

$$\mathrm{M}_1 x_1, \quad \mathrm{M}_1 y_1, \quad \mathrm{M}_1 z_1$$

les trois petites lignes très-peu obliques l'une sur l'autre dans lesquelles elles se sont changées. Appelons

$$\partial_x, \quad \partial_y, \quad \partial_z$$

les *dilatations* que ces lignes ont éprouvées respectivement, ou les proportions supposées très-petites de leurs allongements positifs ou négatifs, et faisons

$$\cos y_1 \mathrm{M}_1 z_1 = g_{yz}, \quad \cos z_1 \mathrm{M}_1 x_1 = g_{zx}, \quad \cos x_1 \mathrm{M}_1 y_1 = g_{xy} \; (^*),$$

(*) Nous faisons ici usage de cette notation, employée dans des Mémoires ou ouvrages que Cauchy a approuvés (Leçons lithographiées faites en 1837-1838 à l'École des Ponts et Chaussées; Mémoire lu le 30 octobre 1843; Mémoire sur la torsion, etc.), et qu'il a finalement adoptée lui-même à très-peu près (*Comptes rendus,* 20 février 1854, t. XXXVIII, p. 329).

En 1839, l'illustre physicien anglais G. Green [*On the laws of reflexion and refraction of light (Cambridge's Transactions,* vol. V, part. I, p. 5)] a cru devoir aussi appliquer des dénominations particulières, à cause du rôle important qu'elles jouent, à ces six petites quantités ou proportions dont changent les trois côtés et les trois angles d'un élément parallélipipède; et M. Kirchhoff les appelle

$$x_x, \; y_y, \; z_z, \; y_z, \; z_x, \; x_y.$$

Elles figurent dans les Mémoires de Navier, Poisson, Cauchy, Lamé et Clapeyron sous les désignations (36) ci-après, mais qui ne sont applicables que lorsque les déplacements absolus u, v, w des points sont très-petits, ce qui n'est pas encore supposé ici.

ou appelons g_{yz}, g_{zx}, g_{xy} les trois glissements, c'est-à-dire les quantités, aussi très-petites, dont ont cheminé ou *glissé* les unes devant les autres, pour l'unité de leur distance mutuelle, des parallèles soit aux y, soit aux z dans le plan $y\,M\,z$ devenant $y_1\,M_1\,z_1$, et des lignes placées de même dans les deux autres plans; glissements que mesurent aussi les petites inclinaisons prises les unes sur les autres par les trois lignes $M x$, $M y$, $M z$ primitivement rectangulaires, ou les rétrécissements, évalués en arcs d'un rayon $=1$, qui ont été éprouvés par leurs trois angles droits supposés devenus légèrement aigus quand on prend positivement les quantités g.

Ces trois dilatations δ et ces trois glissements g, sensiblement les mêmes dans toute une petite portion du corps autour du point M, donnent complétement sa déformation. Déterminons, en les supposant connus, la dilatation

$$\delta_r$$

éprouvée, dans cette partie du corps, par toute petite ligne, de direction donnée quelconque

$$r,$$

et l'inclinaison qu'elle a prise sur une autre petite ligne de direction aussi quelconque

$$s.$$

Ces lignes r, s avaient primitivement pour projections sur les x, les y, les z (en désignant les cosinus comme au n° **259**),

$$r c_{rx}, \quad r c_{ry}, \quad r c_{rz} \quad \text{et} \quad s c_{sx}, \quad s c_{sy}, \quad s c_{sz};$$

ou, en les supposant tirées du même point M, elles étaient diagonales de deux parallélipipèdes rectangles ayant respectivement ces produits pour côtés portés sur $M x$, $M y$,

I.

M z. En appelant

$$\partial_r, \quad \partial_s$$

leurs dilatations, les déplacements les ont changées en

$$r\,(1 + \partial_r), \quad s\,(1 + \partial_s)$$

qui sont maintenant diagonales des deux parallélipipèdes légèrement obliquangles ayant respectivement pour côtés

$$r c_{rx}(1 + \partial_x), \quad r c_{ry}(1 + \partial_y), \quad r c_{rz}(1 + \partial_z),$$

et

$$s c_{sx}(1 + \partial_x), \quad s c_{sy}(1 + \partial_y), \quad s c_{sz}(1 + \partial_z).$$

Or, lorsqu'on a en général deux lignes dont chacune est *résultante* géométrique de plusieurs autres lignes (ou deux *chemins directs* dont chacun unit ensemble les deux mêmes points que deux *chemins polygonaux* donnés), on sait que le produit d'une de ces deux résultantes par la projection de la seconde sur sa direction est égale à la somme de tous les produits des composantes de l'une par les projections, sur leurs directions, des diverses composantes de l'autre ; théorème souvent appliqué en Mécanique et qui ne diffère point de celui de l'égalité du travail d'une force résultante, pour un espace parcouru *résultant* de plusieurs autres, à la somme des travaux des forces composantes pour les divers espaces parcourus composants.

En sorte que si R est résultante de x, y, z,..., et R'de x', y', z',..., on a

$$(11) \quad \begin{cases} RR'\cos(R, R') = xx'\cos(x, x') + yy'\cos(y, y') + \ldots \\ \qquad\qquad + xy'\cos(x, y') + yx'\cos(y, x') + \ldots(^*), \end{cases}$$

(*) Cela est facile à démontrer géométriquement ; car puisque R' est un chemin direct unissant les deux mêmes points que le chemin polygonal x' + y' + z' +..., la projection de R' sur R est égale à la somme de celles

formule dont celle plus connue du carré de la diagonale
d'un parallélipipède se déduit comme cas particulier en
faisant

$$\dot{R} = R', \quad \cos(R, R') = 1, \quad x = x', \quad y = y', \quad z = z'.$$

Appliquons ce théorème général à nos deux diagonales
qui sont des résultantes ayant les trois côtés de leurs parallélipipèdes pour composantes, nous avons, en considérant que g_{yz}, g_{zx}, g_{xy} sont les cosinus des trois angles
formés par celles-ci, divisant tout par rs, et appelant r_1, s_1
les directions nouvelles prises par r, s ·

$$(12) \quad \left\{ \begin{aligned}
& (1 + \partial_r)(1 + \partial_s) \cos(r_1, s_1) \\
&= (1 + \partial_x)^2 c_{rx} c_{sx} + (1 + \partial_y)^2 c_{ry} c_{sy} + (1 + \partial_z)^2 c_{rz} c_{sz} \\
&\quad + (c_{ry} c_{sz} + c_{rz} c_{sy})(1 + \partial_r)(1 + \partial_z) g_{yz} \\
&\quad + (c_{rz} c_{sx} + c_{rx} c_{sz})(1 + \partial_s)(1 + \partial_x) g_{zx} \\
&\quad + (c_{rx} c_{sy} + c_{ry} c_{sx})(1 + \partial_x)(1 + \partial_y) g_{xy}.
\end{aligned} \right.$$

Or les quantités ∂ et g étant supposées très-petites, on
peut, en développant, effacer leurs carrés et leurs produits, ou écrire

$$(13) \quad \left\{ \begin{aligned}
& (1 + \partial_r + \partial_s) \cos(r_1, s_1) - \cos(r, s) \\
&= 2\partial_x c_{rx} c_{sx} + 2\partial_y c_{ry} c_{sy} + 2\partial_z c_{rz} c_{sz} \\
&\quad + (c_{ry} c_{sz} + c_{rz} c_{sy}) g_{yz} + (c_{rz} c_{sx} + c_{rx} c_{sz}) g_{zx} \\
&\quad + (c_{rx} c_{sy} + c_{ry} c_{sx}) g_{xy}.
\end{aligned} \right.$$

Si l'on fait successivement deux particularisations :

---

de x', y', z',...; d'où $R' \cos(R, R') = x' \cos(R, x') + y' \cos(R, y') + \dots$
Mais, de même, la projection de R sur x' par exemple est égale à la
somme des projections de x, y, z,... sur x', d'où

$$R \cos(R, x') = x \cos(x, x') + y \cos(y, x') + \dots$$

Substituant dans la première équation mulipliée par R, et faisant des
substitutions semblables pour $R \cos(R, y')$, $R \cos(R, z')$,..., on a bien
la formule posée (11).

1° r et s de même direction, ce qui change le premier membre en $2\partial_r$;

2° r et s perpendiculaires l'une à l'autre, ce qui le change en $(1 + \partial_r + \partial_s)\, g_{rs} = g_{rs}$ très-petit;

On a, eu égard à ce que

$$1 = c_{rx}^2 + c_{ry}^2 + c_{rz}^2,$$

$$0 = c_{rx}\, c_{sx} + c_{ry}\, c_{sy} + c_{rz}\, c_{sz},$$

les deux formules générales suivantes :

$$(14)\quad \left\{ \begin{aligned} \partial_r ={}& \partial_x c_{rx}^2 + \partial_y c_{ry}^2 + \partial_z c_{rz}^2 + g_{yz}\, c_{ry}\, c_{rz}\\ &+ g_{zx}\, c_{rz}\, c_{rx} + g_{xy}\, c_{rx}\, c_{ry}; \end{aligned} \right.$$

$$(15)\quad \left\{ \begin{aligned} g_{rs} ={}& 2\partial_x c_{rx}\, c_{sx} + 2\partial_y c_{ry}\, c_{sy} + 2\partial_z c_{rz}\, c_{sz}\\ &+ g_{yz}\,(c_{ry}\, c_{sz} + c_{rz}\, c_{sy}) + g_{zx}\,(c_{rz}\, c_{sx} + c_{rx}\, c_{sz})\\ &+ g_{xy}\,(c_{rx}\, c_{sy} + c_{ry}\, c_{sx}), \end{aligned} \right.$$

dont la première donne la proportion de la dilatation (positive ou négative) éprouvée par une petite ligne de direction quelconque r, et, la seconde, le petit rétrécissement éprouvé par l'angle primitivement droit de deux lignes du reste quelconques r, s, ou *le glissement l'une devant l'autre, dans leur plan, de deux droites parallèles, soit à la première, soit à la seconde, en le rapportant à l'unité de leur petite distance* (*).

(*) Elles auraient pu être démontrées également en considérant (ce qui se rapproche un peu plus de la marche suivie par Cauchy dans l'article *De la condensation et de la dilatation des corps*, de la deuxième année des *Exercices*) deux parallélipipèdes primitivement obliquangles dont les côtés, faisant entre eux des angles dont les cosinus sont $-g_{yz}$, $-g_{zx}$, $-g_{xy}$, deviennent rectangulaires et égaux à $r\,c_{rx}$, $r\,c_{ry}$, $r\,c_{rz}$, et à $s\,c_{sx}$, $s\,c_{sy}$, $s\,c_{sz}$; car si r_0, s_0 sont les directions primitives des diagonales, le théorème exprimé par (12) donne une formule telle que

$$\frac{\cos(r_0, s_0)}{(1+\partial_r)\,(1+\partial_s)} = \frac{c_{rx}\, c_{sx}}{(1+\partial_x)^2} + \ldots + \ldots - \frac{c_{ry}\, c_{sz} + c_{rz}\, c_{sy}}{(1+\partial_y)\,(1+\partial_z)} - \ldots - \ldots$$

qui a les mêmes conséquences que (13).

Ces formules (14) et (15), en mettant pour r et s successivement

$$x', \quad y', \quad z'$$

supposés être les directions des coordonnées nouvelles, *rectangulaires comme les anciennes*, donnent les suivantes, qui servent à déterminer les dilatations et glissements, suivant les directions nouvelles :

$$(16)\ \begin{cases}
\partial_{x'} = \partial_x c_{xx'}^2 + \partial_y c_{yx'}^2 + \partial_z c_{zx'}^2 + g_{yz}\,c_{yx'}c_{zx'} \\
\qquad + g_{zx}\,c_{zx'}c_{xx'} + g_{xy}\,c_{xx'}c_{yx'}, \\[4pt]
\partial_{y'} = \partial_x c_{xy'}^2 + \partial_y c_{yy'}^2 + \partial_z c_{zy'}^2 + g_{yz}\,c_{yy'}c_{zy'} \\
\qquad + g_{zx}\,c_{zy'}c_{xy'} + g_{xy}\,c_{xy'}c_{yy'}, \\[4pt]
\partial_{z'} = \partial_x c_{xz'}^2 + \partial_y c_{yz'}^2 + \partial_z c_{zz'}^2 + g_{yz}\,c_{yz'}c_{zz'} \\
\qquad + g_{zx}\,c_{zz'}c_{xz'} + g_{xy}\,c_{xz'}c_{yz'}, \\[4pt]
g_{y'z'} = 2\partial_x c_{xy'}c_{xz'} + 2\partial_y c_{yy'}c_{yz'} + 2\partial_z c_{zy'}c_{zz'} \\
\qquad + g_{yz}\,(c_{yy'}c_{zz'} + c_{yz'}c_{zy'}) + g_{zx}\,(c_{zy'}c_{xz'} + c_{zz'}c_{xy'}) \\
\qquad + g_{xy}\,(c_{xy'}c_{yz'} + c_{xz'}c_{yy'}), \\[4pt]
g_{z'x'} = 2\partial_x c_{xz'}c_{xx'} + 2\partial_y c_{yz'}c_{yx'} + 2\partial_z c_{zz'}c_{zx'} \\
\qquad + g_{yz}\,(c_{yz'}c_{zx'} + c_{yx'}c_{zz'}) + g_{zx}\,(c_{zz'}c_{xx'} + c_{zx'}c_{xz'}) \\
\qquad + g_{xy}\,(c_{xz'}c_{yx'} + c_{xx'}c_{yz'}), \\[4pt]
g_{x'y'} = 2\partial_x c_{xx'}c_{xy'} + 2\partial_y c_{yx'}c_{yy'} + 2\partial_z c_{zx'}c_{zy'} \\
\qquad + g_{yz}\,(c_{yx'}c_{zy'} + c_{yy'}c_{zx'}) + g_{zx}\,(c_{zx'}c_{xy'} + c_{zy'}c_{xx'}) \\
\qquad + g_{xy}\,(c_{xx'}c_{yy'} + c_{xy'}c_{yx'})\ (^*).
\end{cases}$$

(*) Ces formules de transformation fort utiles ne sont pas dans les *Exercices*. Elles ont été données en 1851 par M. Lamé (*Leçons sur l'élasticité*), mais pour le seul cas de *déplacements très-petits*, en différentiant les expressions nouvelles de ceux-ci, obtenues par la transformation des coordonnées. D'après notre manière de les établir, elles conviennent encore lorsque les déplacements absolus ont des valeurs quelconques, et que même les déplacements *relatifs* de points à des distances sensibles atteignent, dans un corps, toutes sortes de grandeurs, pourvu que *dans chaque portion imperceptible*, les changements des distances moléculaires, et, par conséquent, les *dilatations* et les *glissements*, restent très-petits, ce qui est en général la condition pour que la contexture d'un corps élastique ne s'altère pas, et qu'il puisse revenir de lui-même à sa forme primitive après avoir été déformé.

On tire de ces formules, entre autres conséquences,

$$\partial_{x'} + \partial_{y'} + \partial_{z'} = \partial_x + \partial_y + \partial_z,$$

ce qu'on pouvait prévoir *à priori*, car la somme des petites dilatations *linéaires* dans trois sens rectangulaires quelconques est égale à la dilatation *cubique* ou proportion de l'augmentation de volume.

Et que si (comme à la fin du n° **260**), on suppose que l'axe des z' se confond avec l'axe des z, en sorte que

$$c_{zz'} = 1, \quad c_{xz'} = 0, \quad c_{yz'} = 0, \quad c_{zx'} = 0, \quad c_{zy'} = 0,$$

$$c_{xx'} = c_{yy'}, \quad c_{yx'} = - c_{xy'} = \sin(x, x'),$$

on a

$$(18) \quad \left\{ \begin{array}{l} g_{x'y'} = (\partial_y - \partial_x)\sin 2(x, x') + g_{xy}\cos 2(x, x'), \\ \text{ou} \\ g_{x'y'} = \partial_y - \partial_x \text{ si l'angle } (x, x') \text{ est demi-droit,} \end{array} \right.$$

c'est-à-dire que *tout glissement, suivant deux droites rectangulaires, est égal à la différence des dilatations suivant leurs bissectrices.*

265. *Dilatations principales. Ellipsoïde des dilatations.* — Reprenons la formule (14),

$$\partial_r = \partial_x c_{rx}^2 + \partial_y c_{ry}^2 + \partial_z c_{rz}^2 + g_{yz} c_{ry} c_{rz} + g_{zx} c_{rz} c_{rx} + g_{xy} c_{rx} c_{ry}.$$

Si l'on porte sur toutes les droites dont nous appelons r les directions, tirées en tous sens d'un même point $M(x, y, z)$, des longueurs

$$(19) \quad r = \sqrt{\pm \frac{1}{\partial_r}}, \text{ selon que } \partial_r \left\{ \begin{array}{l} \text{est positif} \\ \text{est négatif} \end{array} \right\} \text{ ou qu'il y a dans le sens } r \left\{ \begin{array}{l} \text{dilatation} \\ \text{ou contraction} \end{array} \right.$$

et si l'on appelle

$$x, \quad y, \quad z$$

les coordonnées x, y, z des extrémités de ces longueurs,

l'origine étant transportée en M, on a

$$(20) \quad \begin{cases} \cos(r, x) = c_{rx} = \dfrac{x}{\sqrt{\pm \dfrac{1}{\partial_r}}} = x\sqrt{\pm \partial_r}, \\[2em] c_{ry} = y\sqrt{\pm \partial_r}, \quad c_{rz} = z\sqrt{\pm \partial_r}, \end{cases}$$

d'où, substituant,

$$(21) \quad \partial_x x^2 + \partial_y y^2 + \partial_z z^2 + g_{yz}\, yz + g_{zx}\, zx + g_{xy}\, xy = \pm 1.$$

Les extrémités des ces lignes forment donc par leur ensemble (comme au n° **261**) : 1° *un ellipsoïde s'il y a, en tous sens, ou dilatation ou condensation autour du point* M ; 2° *deux hyperboloïdes conjugués s'il y a dilatation dans certaines directions et condensation dans d'autres* (et alors il n'y a ni condensation ni dilatation dans les directions des droites qui forment par leur ensemble le cône asymptotique commun, que M. Lamé appelle le *cône de glissement*).

Les diverses dilatations se distribuent symétriquement autour des trois axes de figure de cette surface du second degré simple ou double. Et si on la rapporte à trois nouveaux axes coordonnés des x', y', z' se confondant avec ceux-ci, comme les termes en $y'z'$, $z'x'$, $x'y'$ manqueront dans son équation, on aura

$$g_{y'z'} = 0, \quad g_{z'x'} = 0, \quad g_{x'y'} = 0.$$

Donc :

THÉORÈME. — *En tout point d'un corps qui a subi des déformations, on peut toujours tirer trois droites rectangulaires dans les directions desquelles il n'y a pas de glissements lorsqu'on les considère deux à deux, ou dont les trois angles étaient droits et sont restés droits lors du changement de forme du corps.*

On appelle dilatations (ou condensations) *principales* celles qui ont lieu, suivant leurs directions. Ce sont les deux dilatations offrant un maximum et un minimum absolu, et la dilatation qui offre un maximum parmi celles dont les directions forment ensemble un certain plan et un minimum parmi celles dont les directions forment un autre plan perpendiculaire au premier (*).

(*) On les obtient toutes trois comme on a obtenu les pressions principales; car en désignant par r la direction d'une dilatation principale ou d'un des trois rayons vecteurs normaux à la surface (21), en sorte que sa grandeur sera appelée ∂_r, et, en opérant comme on a fait à la note du n° 261, on trouve la triple égalité

$$\frac{2\partial_x c_{rx} + g_{xy} c_{ry} + g_{zx} c_{rz}}{2 c_{rx}} = \frac{g_{xy} c_{rx} + 2\partial_y c_{ry} + g_{yz} c_{rz}}{2 c_{ry}}$$
$$= \frac{g_{zx} c_{rx} + g_{yz} c_{ry} + 2\partial_z c_{rz}}{2 c_{rz}} = \partial_r,$$

d'où les trois équations

$$2(\partial_r - \partial_x) c_{rx} = g_{xy} c_{ry} + g_{zx} c_{rz},$$
$$2(\partial_r - \partial_y) c_{ry} = g_{yz} c_{rz} + g_{xy} c_{rx},$$
$$2(\partial_r - \partial_z) c_{rz} = g_{zx} c_{rx} + g_{yz} c_{ry},$$

donnant, par leur multiplication ensemble ou par l'élimination des cosinus, l'équation du troisième degré suivante en ∂_r pour fournir les trois dilatations principales :

$$4(\partial_r - \partial_x)(\partial_r - \partial_y)(\partial_r - \partial_z) - g_{yz}^2(\partial_r - \partial_x) - g_{zx}^2(\partial_r - \partial_y)$$
$$- g_{xy}^2(\partial_r - \partial_z) - g_{yz} g_{zx} g_{xy} = 0.$$

La recherche de la grandeur et de la direction de la plus grande dilatation peut être utile pour établir les conditions de la résistance d'une pièce solide à la rupture prochaine ou éloignée, quand la contexture de sa matière est la même en tous sens. On peut voir à notre *Mémoire sur la torsion des prismes* (*Savants étrangers*, t. XIV, art. 24 et 121) et à nos *Notes sur Navier*, Appendices, § 83, par quoi il faut la remplacer quand la contexture et par suite la résistance varie dans les diverses directions.

Une autre surface du second degré non moins intéressante à considérer, et *qui sera toujours un ellipsoïde*, est celle dans laquelle les *déformations du corps changent un élément sphérique* ayant son centre au point $M(x, y, z)$.

Soit 1 la longueur primitive des rayons de cet élément, et soient, après sa déformation, x, y, z les projections, sur les axes coordonnés des x, y, z, de celui de ces rayons dont la direction est appelée r, et dont $1 + \partial_r$ désigne ainsi la longueur actuelle. Le rayon primitif $= 1$ était la diagonale du parallélipipède obliquangle dont les côtés, devenus rectangulaires et égaux à x, y, z dans le sens des coordonnées, avaient auparavant des longueurs

$$\frac{x}{1 + \partial_x}, \quad \frac{y}{1 + \partial_y}, \quad \frac{z}{1 + \partial_z},$$

et dont les trois angles adjacents, qui sont devenus droits en se rétrécissant de g_{yz}, g_{zx}, g_{xy}, avaient pour cosinus

$$-g_{yz}, \quad -g_{zx}, \quad -g_{xy}.$$

On a donc, d'après la formule générale de projection (11) particularisée pour $R = R' = 1$, $\cos(R, R') = 1$, $x = x' = \dfrac{x}{1 + \partial_x}$, $y = y' = \dots$ (ou bien, d'après l'expression connue du carré de la diagonale d'un parallélipipède),

$$(22) \quad \left\{ \begin{aligned} &\frac{x^2}{(1 + \partial_x)^2} + \frac{y^2}{(1 + \partial_y)^2} + \frac{z^2}{(1 + \partial_z)^2} \\ &- \frac{2g_{yz}}{(1 + \partial_y)(1 + \partial_z)}yz - \frac{2g_{zx}}{(1 + \partial_z)(1 + \partial_x)}zx \\ &\qquad - \frac{2g_{xy}}{(1 + \partial_x)(1 + \partial_y)} = 1. \end{aligned} \right.$$

La sphère se change donc en un ellipsoïde (*), dont les axes de figure auront nécessairement les mêmes directions que les axes de la surface du second degré (21), car ces trois directions seront encore celles des maxima et minima absolus et relatifs des dilatations, et, si on les prend pour celles des coordonnées, comme les trois derniers termes manqueront dans le premier membre de (21), ce seront encore les directions pour lesquelles il n'y a pas de glissements, ou dont les trois angles droits restent droits pendant que le corps se déforme.

Au reste, l'équation (22) de la deuxième surface du second degré, qu'on peut encore écrire ainsi en négligeant les quantités du second ordre

$$(23) \quad \left\{ \begin{aligned} &(1 - 2\partial_x)x^2 + (1 - 2\partial_y)y^2 + (1 - 2\partial_z)z^2 \\ &\qquad - 2g_{yz}yz - 2g_{zx}zx - 2g_{yz}xy = 1, \end{aligned} \right.$$

aurait pu être déduite, comme on a fait pour celle (21) de la première surface, de l'équation (14)

$$\partial_r = \partial_x c_{rx}^2 + \partial_y c_{ry}^2 + \ldots + g_{xy} c_{rx} c_{ry}$$

relative à la dilatation dans le sens r; car cette équation

(*) M. Cauchy, à la page 62 de la deuxième année des *Exercices,* et à la page 239 de la troisième année, obtient pour cet ellipsoïde une équation qui rentre dans celle que venons de poser. Il y arrive par la considération des déplacements absolus u, v, w de grandeur quelconque changeant en x, y, z les coordonnées primitives $x - u$, $y - v$, $z - w$ des points. Mais, telle qu'il la présente, elle ne se simplifie que lorsque les déplacements obtenus deviennent très-petits, tandis que l'équation (22) convient pour des déplacements quelconques pouvant comprendre des translations et des rotations de toute grandeur et variables d'une partie à l'autre du corps, pourvu qu'elles ne produisent dans chaque partie imperceptible que des changements de grandeurs et d'inclinaisons mutuelles dont les proportions ∂ et g soient très-petites.

est la même chose que

$$c_{rx}^2 + c_{ry}^2 + c_{rz}^2 - 2\partial_x c_{rx}^2 - 2\partial_y c_{ry}^2 - 2\partial_z c_{rz}^2$$
$$- 2g_{yz} c_{ry} c_{rz} - 2g_{zx} c_{rz} c_{rx} - 2g_{xy} c_{rx} c_{ry} = 1 - 2\partial_r;$$

et, en y faisant $c_{rx} = \dfrac{x}{1 + \partial_r}$, $\quad c_{ry} = \dfrac{y}{1 + \partial_r}$, $\quad c_{rz} = \dfrac{z}{1 + \partial_r}$

et chassant les dénominateurs, on a bien, dans le second membre, $(1 - 2\partial_r)(1 + 2\partial_r) = 1$.

VINGT-DEUXIÈME LEÇON.

Formules donnant les pressions dans les solides élastiques en fonction des dilatations et glissements qu'ont éprouvés leurs parties. — Déplacements très-petits. — Équations différentielles de l'équilibre d'élasticité. — Nombre des coefficients. — Contextures symétriques. — Cas où il y avait des pressions antérieurement aux déplacements. — Travail et potentiel des actions moléculaires.

---

266. LEMME. — *Lorsqu'un corps élastique a subi de très-petites déformations à partir de son état dit naturel, les six composantes* $(p_{xx}, p_{yy}, \ldots, p_{xy})$, *suivant trois droites rectangulaires, des pressions que supportent trois petites faces menées par un de ses points perpendiculairement à ces droites, sont des fonctions linéaires des trois dilatations et des trois glissements* $(\delta_x, \delta_y, \ldots, g_{xy})$, *suivant les mêmes directions.*

Nous appelons, en effet, *état naturel* d'un corps celui où les espacements moléculaires dont les actions dépendent (n° 253) sont supposés tels, dans les divers sens, *qu'il n'y ait aucune pression à l'intérieur*, c'est-à-dire (même n° 253, définition) que d'un côté à l'autre de chaque petite face les attractions et les répulsions *aient une résultante nulle*; ce qui exige, d'après les équations d'équilibre (10) et (9), qu'aucune pression extérieure n'agisse sur sa surface enveloppe, et qu'on abstraie la pesanteur ou toute autre force émanant de points à des distances sensibles des petites faces considérées.

Si, par une application de forces ou de pressions extérieures, on vient à déformer très-peu le corps, ou à changer légèrement les distances r entre ses molécules, les résultantes ou pressions intérieures ne seront plus nulles; et comme autour de chaque point (x, y, z), les augmentations positives ou négatives $r\partial_r$ (n° 264, expr. 14) des distances r dépendent des trois dilatations $\partial_x, \partial_y, \partial_z$ et des trois glissements g_{yz}, g_{zx}, g_{xy} au même point, les résultantes d'actions, ou (n° 253) *les pressions développées par les déformations, sont nécessairement fonctions de ces six mêmes petites quantités* $\partial_x, \partial_y, \ldots, g_{xy}$.

Et elles en sont fonctions linéaires ou du premier degré; car, comme les actions réciproques entre molécules sont fonctions continues de leurs distances mutuelles r, celles que développent de *très-petites* augmentations $r\partial_r$ des distances leur sont proportionnelles; et les changements très-petits des inclinaisons mutuelles de ces actions à composer ensemble pour avoir les pressions sont proportionnelles aussi à des augmentations $r\partial_r$ de distances. Or ces petites augmentations positives ou négatives (14)

$$r\partial_r = rc_{r,x}^2 \partial_x + rc_{r,y}^2 \partial_y + rc_{r,z}^2 \partial_z$$
$$+ rc_{r,y}c_{r,z}g_{yz} + rc_{r,z}c_{r,x}g_{zx} + rc_{r,x}c_{r,y}g_{xy},$$

sont sommes de produits des premières puissances des dilatations et glissements ∂, g par des quantités $rc_{r,x}^2, \ldots, rc_{r,x}c_{r,y}$ qui ne dépendent que de l'état antérieur aux déformations; et l'on pouvait même s'en rendre compte sans invoquer la formule (14) en considérant que plusieurs dilatations et glissements très-petits dans des sens déterminés x, y, z produisent de petits cheminements moléculaires proportionnels qui s'additionnent lorsqu'on les projette sur chaque distance r de deux molécules quelconques.

Les composantes $p_{xx}, p_{yy}, \ldots, p_{xy}$ des pressions sont donc fonctions du premier degré des mêmes six quantités très-petites ∂ et g (*), ce qui est le lemme énoncé.

(*) Au n° 277, ci-après, ce raisonnement se trouvera converti en calcul.

267. *Remarque essentielle sur l'établissement du lemme précédent.* — Plusieurs auteurs, même éminents, ont cru pouvoir dériver la *linéarité* de ces six fonctions de la seule considération de l'*extrême petitesse de leurs six variables* $\partial_x, \partial_y, \ldots, g_{xy}$ ou des déplacements moléculaires relatifs dont ces variables dépendent, en arguant de ce qu'on peut, vu cette petitesse, *négliger leurs carrés et leurs produits, etc., devant leurs puissances* 1 dans les développements des fonctions. Par là ils ont cru pouvoir éluder l'invocation de la grande loi physique des actions à distance et ses conséquences nécessaires en ce qui regarde, comme nous verrons plus loin, le nombre des coefficients des formules.

Mais un raisonnement purement mathématique ne saurait rien apprendre dans l'ordre des faits physiques ; et celui que nous signalons pèche évidemment par sa base ; car toute fonction de quantités très-petites ou indéfiniment décroissantes *n'est pas nécessairement du premier degré.* Il faudrait, pour établir mathématiquement que les fonctions $p_{xx}, \ldots, p_{xy}$ se réduisent à ce degré quand $\partial_x, \ldots, g_{xy}$ décroissent ainsi indéfiniment, prouver d'abord que dans les développements en $\partial_x, \ldots, g_{xy}$ la puissance 1 existe, et qu'elle est la plus basse de toutes celles dont leurs termes sont affectés. Or, c'est ce qui ne peut être démontré qu'en s'appuyant empiriquement sur un nombre suffisant de faits, ou en se basant sur la grande loi en question ; loi qui a été déduite elle-même de tous les faits du monde matériel, et admise par tous les physiciens depuis Newton jusqu'à Laplace, et depuis Ampère et Fresnel jusqu'à Navier et Cauchy, comme la conception explicative de phénomènes la plus justifiée et la plus universelle, et qui est posée même maintenant, dès l'enseignement élémentaire, comme base principale de la Mécanique envisagée désormais au point de vue concret et physique. La *linéarité* d'une fonction d'une petite variable est en effet hors de contestation, dès que cette fonction *n'est qu'une différence de deux valeurs d'une autre fonction*, et sa variable *la différence correspondante des valeurs de la variable de celle-ci*, supposée continue. Or, c'est précisément dans le cas présent ce qui résulte de la loi que nous invoquons; car elle apprend que les forces développées, génératrices des pressions, sont des différences $f(r_1) - f(r_0)$ d'une fonction $f(r)$, et que les rapprochements ou écartements moléculaires, qui engendrent les dilatations et glissements, sont les différences correspondantes $r_1 - r_0$ des valeurs de r, d'où la proportionnalité ou la linéarité, lorsque les $r_1 - r_0 = r\partial_r$ sont très-petits (*).

C'est ce qu'a dû sous-entendre Poisson en faisant le premier, dans un court passage de son Mémoire de 1829 (**), le raisonnement dont nous parlons, et qui, chez lui, se trouvait comme justifié d'avance par tout ce qui précède dans le même Mémoire, où les divers calculs sont fondés sur la loi des actions fonctions des distances moléculaires. Et n'est-ce pas, d'ailleurs, invoquer déjà tacitement cette loi que de regarder les pressions dans les corps élastiques comme dépendant d'une manière quelconque de leurs déformations, c'est-à-dire des *déplacements relatifs* de leurs points, ou des coefficients différentiels $\dfrac{du}{dx}, \dfrac{dv}{dy}, \ldots, \dfrac{dw}{dz}$ de leurs déplacements absolus u, v, w (*voyez* ci-après), suivant les x, y, z?

Nous allons donc d'abord, pour montrer que tout, dans

(*) Ceci se trouve développé à l'Appendice v de la nouvelle édition des *Leçons de Navier*.

(**) *Journal de l'École Polytechnique*, XXe Cahier, art. 38, p. 82.

la théorie de l'élasticité, ne dépend pas des points encore controversés parmi les savants, démontrer les diverses formules de pression basées sur la seule *linéarité* et généralement admises, nous réservant ultérieurement (n°s 277 à 283) d'apporter dans leur forme ou dans le nombre de leurs coefficients les réductions que tous les Géomètres n'acceptent pas encore, mais qui sont inévitablement entraînées par la loi des actions fonctions des distances.

268. *Établissement des formules des pressions en fonction des dilatations et glissements, en partant seulement du lemme qui précède.*

1° *Solides isotropes.* — Commençons, comme a fait Cauchy, par les corps isotropes, nom qu'il a affecté (*) à ceux qui sont semblables à eux-mêmes dans quelque sens qu'on les *tourne*, ou dont la matière offre partout et dans toutes les directions la même contexture et une égale résistance aux déplacements relatifs de ses parties.

Évidemment, pour ces corps, les trois *pressions principales*, autour desquelles les autres se distribuent symétriquement, auront les mêmes directions que les trois *dilatations ou condensations principales*, autour desquelles les autres dilatations ou condensations se distribuent de même. Les premières seront (lemme n° 266) fonctions linéaires des secondes, puisqu'il n'y a pas de glissements (n° 265) non plus que de composantes tangentielles (n° 261) dans leur directions ; en sorte que si l'on appelle

x', y', z' ces trois directions rectangulaires,

(*) M. Cauchy a proposé ce nom pour la première fois aux *Comptes rendus* de 1839 et au tome Ier (1840) des *Exercices d'Analyse et de Physique mathématique*, page 162. Plus tard, il a appliqué le même nom d'*isotrope*, dans un sens purement analytique, aux fonctions de deux ou de trois coordonnées dont la forme est indépendante de la direction des axes.

K et K + k deux coefficients numériques dépendant de la nature de la matière.

Comme $p_{x'x'}$ doit être symétrique en $\partial_{y'}$ et $\partial_{z'}$, et dépendre de ces deux dilatations et de celle $\partial_{x'}$, de la même manière que les deux autres pressions dépendent des deux dilatations qui leur sont perpendiculaires et de celle qui a lieu dans leur sens, on peut poser :

$$(24)\quad\begin{cases} p_{x'x'} = (k + \text{K})\partial_{x'} + \text{K}\partial_{y'} + \text{K}\partial_{z'}, \\ p_{y'y'} = \text{K}\partial_{x'} + (k + \text{K})\partial_{y'} + \text{K}\partial_{z'}, \\ p_{z'z'} = \text{K}\partial_{x'} + \text{K}\partial_{y'} + (k + \text{K})\partial_{z'}, \\ p_{y'z'} = 0, \quad p_{z'x'} = 0, \quad p_{x'y'} = 0 \ (^*). \end{cases}$$

Pour en tirer les expressions des six composantes des pressions non principales s'exerçant sur d'autres plans quelconques rectangulaires pris pour coordonnés, en fonction des dilatations et glissements dans les directions x, y, z de leurs intersections, servons-nous des formules de transformation (6) et (16) avec x', y', z' à la place de x, y, z et réciproquement. En faisant attention

---

(*) Cauchy avait supposé d'abord, en 1822 (Société philomathique, 1823, Mémoire cité), et encore, par manière d'essai comparatif, aux pages 167-176 de la troisième année (1828) des *Exercices*, chaque pression simplement proportionnelle à la dilatation de même sens; mais à cette hypothèse non justifiable, et qui bientôt ne le satisfit pas, il substitua celle que chaque pression, $p_{x'x'}$ par exemple, se compose de deux parties : l'une $k\partial_{x'}$ proportionnelle à la dilatation *linéaire* de même sens; l'autre $\text{K}(\partial_{x'}+\partial_{y'}+\partial_{z'})$ proportionnelle à la dilatation *cubique*.

M. Maxwell y a substitué la supposition que la somme des trois pressions est proportionnelle à la somme des trois dilatations, et que leurs différences deux à deux sont proportionnelles aux différences des dilatations ayant mêmes sens respectifs (*Transactions of Edinburgh*, t. XX, 1853).

Mais la remarque, que nous avons empruntée à M. Kirchhoff (*Ueber das Gleichgewicht..., einer Scheibe, Journal de Crelle*, t. XL, 1850, p. 59), de la nécessité de la symétrie de chaque pression en fonction des deux dilatations qui lui sont transversales, nous a paru bien préférable à ces hypothèses arbitraires, une fois admis que les pressions ne peuvent être que fonctions linéaires des dilatations.

I.   42

que

$$g_{y'z'} = 0, \quad g_{z'x'} = 0, \quad g_{x'y'} = 0,$$
$$c^2_{xx'} + c^2_{xy'} + c^2_{xz'} = 1, \quad c_{yx'}c_{zx'} + c_{yy'}c_{zy'} + c_{yz'}c_{zz'} = 0,$$

nous aurons les expressions

$$p_{xx} = p_{x'x'}c^2_{xx'} + p_{y'y'}c^2_{xy'} + p_{z'z'}c^2_{xz'}$$
$$= k\left(\partial_{x'}c^2_{xx'} + \partial_{y'}c^2_{xy'} + \partial_{z'}c^2_{xz'}\right) + K\left(\partial_{x'} + \partial_{y'} + \partial_{z'}\right),$$
$$p_{yz} = p_{x'x'}c_{yx'}c_{zx'} + p_{y'y'}c_{yy'}c_{zy'} + p_{z'z'}c_{yz'}c_{zz'}$$
$$= k\left(\partial_{x'}c_{yx'}c_{zx'} + \partial_{y'}c_{yy'}c_{zy'} + \partial_{z'}c_{yz'}c_{zz'}\right),$$
$$\partial_x = \partial_{x'}c^2_{xx'} + \partial_{y'}c^2_{xy'} + \partial_{z'}c^2_{xz'},$$
$$g_{yz} = 2\partial_{x'}c_{yx'}c_{zx'} + 2\partial_{y'}c_{yy'}c_{zy'} + 2\partial_{z'}c_{yz'}c_{zz'},$$
$$\partial_x + \partial_y + \partial_z = \partial_{x'} + \partial_{y'} + \partial_{z'}.$$

D'où, immédiatement, la première et la quatrième des formules suivantes, dont les quatre autres s'obtiennent de même

$$(25) \quad \begin{cases} p_{xx} = (k + K)\partial_x + K\partial_y + K\partial_z, \\ p_{yy} = K\partial_x + (k + K)\partial_y + K\partial_z, \\ p_{zz} = K\partial_x + K\partial_y + (k + K)\partial_z, \\ p_{yz} = \dfrac{1}{2}k g_{yz}, \quad p_{zx} = \dfrac{1}{2}k g_{zx}, \quad p_{xy} = \dfrac{1}{2}k g_{xy}, \end{cases}$$

en sorte que chaque composante tangentielle est proportionnelle au glissement correspondant (*),

---

(*) Comme Cauchy ne donne pas les formules de transformation (16) pour les dilatations et glissements suivant divers axes, il emploie un moyen moins direct pour déduire ces formules (25) des formules (24) relatives aux directions principales. Il est fondé (*Exercices*, troisième année, p. 168 et 177) sur les triples égalités ci-dessus

$$\frac{\cdots}{\cdots} = \frac{\cdots}{\cdots} = \frac{\cdots}{\cdots} = p_{nn} \quad \text{et} = \partial_r \text{ des notes des n}^{os} 261 \text{ et } 264, \text{ p. } 633,$$

648, qui, comparées entre elles, en remplaçant p_{nn} par $k\partial_r + K(\partial_x + \partial_y + \partial_z)$ conformément à (24), et eu égard à la constance de la somme $\partial_x + \partial_y + \partial_z$ qui représente, pour tous les axes, la dilatation cubique, donnent trois

Nous verrons plus loin (n^{os} **277**, **280**, **283**) qu'une conséquence nécessaire de la loi, inévitablement invoquée, des actions moléculaires, est l'égalité du coefficient de ∂_y dans p_{xx} au coefficient de g_{xy} dans p_{xy}, d'où

$$k = 2\mathrm{K};$$

en sorte qu'il faut réduire à un seul les deux coefficients de ces formules. Mais cette réduction se rattache au point encore controversé (n° **267**), et nous ne la ferons pas encore ici.

· **269.** 2° *Solides ayant une contexture quelconque ou des élasticités inégales et distribuées comme on veut en divers sens autour de chaque point.* — La *linéarité*, établie au lemme n° **266**, des expressions des composantes de pression, donne, en désignant par

$$\mathbf{a}_{xx.xx}, \quad \mathbf{a}_{xx.yy}, \ldots, \quad \mathbf{a}_{xy.xy}$$

divers coefficients numériques, dont les deux premières sous-lettres sont celles de la composante de la pression à laquelle ils appartiennent, et, les deux dernières, celles de la dilatation ou du glissement qu'ils affectent (en doublant, pour la symétrie, celle des dilatations) les formules suivantes, les plus générales de celles du cas où les

---

équations telles que

$$\frac{[p_{xx} - \mathrm{K}(\partial_x + \partial_y + \partial_z)]\,c_{nx} + p_{xy}\,c_{ny} + p_{zx}\,c_{nz}}{\partial_x c_{nx} + \frac{1}{2}g_{xy}\,c_{ny} + \frac{1}{2}g_{zx}\,c_{nz}} = k,$$

ou

$$[p_{xx} - (k+\mathrm{K})\partial_x - \mathrm{K}\partial_y - \mathrm{K}\partial_z]\,c_{nx}$$
$$+ \left(p_{xy} - \frac{1}{2}kg_{xy}\right)c_{ny} + \left(p_{zx} - \frac{1}{2}kg_{zx}\right)c_{nz} = 0.$$

Comme ces trois équations du premier degré doivent se vérifier pour trois systèmes de valeurs des cosinus c, tous leurs coefficients doivent être nuls, ce qui donne précisément les formules (25).

pressions antérieures aux déformations δ, g sont supposées nulles :

$$(26)\quad\begin{cases}
p_{xx} = a_{xxxx}\delta_x + a_{xxyy}\delta_y + a_{xxzz}\delta_z + a_{xxyz}g_{yz} \\
\qquad + a_{xxzx}g_{zx} + a_{xxxy}g_{xy}, \\[4pt]
p_{yy} = a_{yyxx}\delta_x + a_{yyyy}\delta_y + a_{yyzz}\delta_z + a_{yyyz}g_{yz} \\
\qquad + a_{yyzx}g_{zx} + a_{yyxy}g_{xy}, \\[4pt]
p_{zz} = a_{zzxx}\delta_x + a_{zzyy}\delta_y + a_{zzzz}\delta_z + a_{zzyz}g_{yz} \\
\qquad + a_{zzzx}g_{zx} + a_{zzxy}g_{xy}, \\[4pt]
p_{yz} = a_{yzxx}\delta_x + a_{yzyy}\delta_y + a_{yzzz}\delta_z + a_{yzyz}g_{yz} \\
\qquad + a_{yzzx}g_{zx} + a_{yzxy}g_{xy}, \\[4pt]
p_{zx} = a_{zxxx}\delta_x + a_{zxyy}\delta_y + a_{zxzz}\delta_z + a_{zxyz}g_{yz} \\
\qquad + a_{zxzx}g_{zx} + a_{zxxy}g_{xy}, \\[4pt]
p_{xy} = a_{xyxx}\delta_x + a_{xyyy}\delta_y + a_{xyzz}\delta_z + a_{xyyz}g_{yz} \\
\qquad + a_{xyzx}g_{zx} + a_{xyxy}g_{xy}.
\end{cases}$$

270. *Première réduction du nombre des coefficients. Raisonnement de G. Green prouvant qu'il y a entre eux au moins quinze égalités.* — Nous verrons aux n[os] déjà cités (**277**, **280**, **283**) qu'il faut, comme conséquence de la loi des actions fonctions des distances moléculaires, réduire les *trente-six* coefficients a à *quinze* distincts, ou admettre les *vingt et une* égalités *entre ceux qui ont les mêmes quatre indices ou sous-lettres*, par exemple

$$a_{xxyy} = a_{yyxx} = a_{xyxy}.$$

Mais en attendant, vu les dissentiments qui existent encore sur ce point (n[os] **267**, **269**), nous allons donner le raisonnement, qui ne rencontrera assurément aucune opposition, par lequel George Green (*), et après lui MM. Thomson, Kirchhoff, etc., réduisent ces coeffi-

---

(*) *On the Laws of Reflexion*, etc., et *On Propagation of Light in crystallized Media*, vol. VII des *Transactions of Cambridge*, part I et part II, p. 1 et 121.

cients à *vingt et un* au plus, en prouvant les quinze éga·
lités deux à deux, telles que

$$a_{xxyy} = a_{yyxx}, \qquad a_{xxyz} = a_{yzxx},$$

de ceux dans lesquels les sous-lettres *forment les deux
mêmes groupes binaires*, et qui ne diffèrent que par
l'ordre dans lequel ces deux groupes sont placés.

Soit un petit élément parallélipipède primitivement
rectangle, et ayant ses côtés x, y, z parallèles aux x, y, z;
les pressions agissant sur ses six faces produisent, en
changeant légèrement sa forme, un travail mécanique
qui doit être fonction des changements de grandeur et
d'inclinaison mutuelle des côtés, c'est-à-dire (n° **264**) des
dilatations et glissements éprouvés. On peut donc poser,
en appelant T ce travail par unité du volume x y z de
l'élément,

$$(27) \qquad T = F(\partial_x, \partial_y, \partial_z, g_{yz}, g_{zx}, g_{xy}).$$

Si l'on n'accordait pas cela, observe Green, ou si l'on
regardait le travail comme dépendant encore d'autre
chose (par exemple, de l'ordre dans lequel les six déformations partielles ∂, g ont été imprimées), ce serait admettre qu'en ramenant l'élément d'une autre manière
(ou dans un ordre non inverse) à sa forme primitive, il
en résulterait un travail non égal et contraire, et qu'on
pourrait par conséquent, à l'aide d'un corps compres-
sible et extensible, créer de toutes pièces du travail sans
consommation de moteur ou de chaleur; ce qui serait la
possibilité du mouvement perpétuel ou la négation du
principe des forces vives.

Or, si la dilatation ∂_z qu'a déjà subie le côté z par
exemple, vient à prendre un accroissement infiniment
petit $d\partial_z$, les deux faces opposées x y s'éloignent de $z\,d\partial_z$,
et les composantes normales de pression p_{zz}, exercées par

la matière environnante sur l'unité de ces faces, produisent un travail

$$xy\,p_{zz}.z\,d\eth_z.$$

Si, l'une des deux mêmes faces xy restant immobile, le glissement g_{zx} vient à augmenter de dg_{zx}, la composante tangentielle de pression p_{zx} sur l'unité de l'autre face xy produit un travail

$$xy\,p_{zx}.z\,dg_{zx};$$

car $z\,dg_{zx}$ est ce dont s'accroît le cheminement de cette deuxième face devant l'autre dans un sens parallèle aux x ou à la composante p_{zx}. Et il est facile de voir que ce travail est le même si les deux faces opposées xy sont supposées se mouvoir à la fois.

En évaluant de même le travail des autres composantes, puis ajoutant et divisant par le volume xyz de l'élément, on obtient, pour l'accroissement infiniment petit total du travail **T**, dû aux accroissements des trois dilatations et des trois glissements, l'expression

$$(28) \quad \begin{cases} d\mathbf{T} = p_{xx}d\eth_x + p_{yy}d\eth_y + p_{zz}d\eth_z + p_{yz}dg_{yz} \\ \quad + p_{zx}dg_{zx} + p_{xy}dg_{xy} \ (^*). \end{cases}$$

Les six composantes de pression sont donc les dérivées partielles d'une même fonction (27) F par rapport aux trois dilatations et aux trois glissements, et on a

$$(29) \quad \begin{cases} p_{xx} = \dfrac{d\mathbf{F}}{d\eth_x}, \quad p_{yy} = \dfrac{d\mathbf{F}}{d\eth_y}, \quad p_{zz} = \dfrac{d\mathbf{F}}{d\eth_z}, \\[2mm] p_{yz} = \dfrac{d\mathbf{F}}{dg_{yz}}, \quad p_{zx} = \dfrac{d\mathbf{F}}{dg_{zx}}, \quad p_{xy} = \dfrac{d\mathbf{F}}{dg_{xy}}. \end{cases}$$

Or il en résulte, en différentiant de nouveau, les éga-

(*) On trouvera au n° 284 une autre démonstration de cette expression (28).

lités

$$\frac{dp_{xx}}{d\partial_y} = \frac{dp_{yy}}{d\partial_x}, \quad \frac{dp_{xx}}{dg_{yz}} = \frac{dp_{yz}}{d\partial_x}, \dots, \quad \frac{dp_{yz}}{dg_{zx}} = \frac{dp_{zx}}{dg_{yz}}, \dots$$

Le nombre de ces égalités est *quinze*, comme celui des combinaisons deux à deux des six composantes p ; on a donc, eu égard aux expressions (26) $p_{xx} = a_{xx\,xx}\partial_x + \dots$ de ces composantes de pression :

$$(30) \quad a_{xx\,yy} = a_{yy\,xx}, \quad a_{xx\,yz} = a_{yz\,xx}, \dots, \quad a_{yz\,zx} = a_{zx\,xy}, \dots,$$

ou *quinze* égalités, qui sont toutes celles des trente-six coefficients des formules (26), dont les indices sont composés des deux mêmes groupes binaires de sous-lettres dans deux ordres différents, ce qui en réduit le nombre à vingt et un distincts (*).

Si l'on y réunit les six autres égalités suivantes, combattues encore par plusieurs auteurs, et que nous démontrerons plus loin, par d'autres considérations, devoir être admises aussi

$$(31) \quad \begin{cases} a_{yy\,zz} = a_{yz\,yz}, \quad a_{zz\,xx} = a_{zx\,zx}, \quad a_{xx\,yy} = a_{xy\,xy}, \\ a_{xx\,yz} = a_{zz\,xy}, \quad a_{yy\,zx} = a_{xy\,yz}, \quad a_{zz\,xy} = a_{yz\,zx}, \end{cases}$$

on a vingt et une égalités, ou la réduction des coefficients à quinze distincts. Mais comme l'admission de ces six dernières égalités, nécessaire dans les applications, n'est point indispensable pour simplifier des résultats purement analytiques, et pour arriver à diverses conséquences générales, nous nous abtiendrons d'abord de les employer (fin du n° 267).

271. *Plans de symétrie de contexture.* — Le nombre des coefficients se réduit davantage dans des cas parti-

---

(*) Cette réduction est nécessaire pour arriver à diverses conséquences tirées par Green, M. Stokes, M. Kirchhoff, de la théorie de l'élasticité, et aussi pour divers résultats de Cauchy relatifs à la théorie de la lumière.

culiers relatifs à la contexture du corps, par exemple lorsque celle-ci *est symétrique par rapport à un certain plan*.

Alors, comme l'ont remarqué Green en 1839 (*), et Cauchy en 1854 (**) par une considération plus directe qu'il n'avait fait en 1828 (*voyez* n° 282 ci-après), si ce plan, mené par le point M (x, y, z), est perpendiculaire à la coordonnée x, les formules telles que (26), donnant les forces en fonction des petits changements de forme estimés suivant les trois coordonnées, doivent conserver les mêmes coefficients lorsque, les axes des y et des z restant immobiles, on change celui des x en son prolongement de l'autre côté du plan yz.

Or, alors,

$$p_{xx}, \quad p_{yy}, \quad p_{zz}, \quad p_{yz}, \quad \partial_x, \quad \partial_y, \quad \partial_z, \quad g_{yz}$$

conservent la même grandeur et le même signe, tandis que

$$p_{zx}, \quad p_{xy}, \quad g_{zx}, \quad g_{xy}$$

changent de signe en conservant leur grandeur. Il faut, en conséquence, que les coefficients de g_{zx} et g_{xy} soient nuls dans $p_{xx}, p_{yy}, p_{zz}, p_{yz}$, et que les coefficients de ∂_x, ∂_y, ∂_z et g_{yz} soient nuls dans p_{zx}, p_{xy}; ou que les formules (26) se réduisent à la forme suivante (32), où nous avons donné les mêmes désignations aux coefficients qui viennent d'être démontrés égaux; nous avons même représenté par les mêmes lettres avec ou sans accents, ceux qui doivent être faits égaux d'après le principe [égalités complémentaires (31)] démontré plus loin (n°s 277, 280, 283), mais que plusieurs Géomètres con –

(*) *On Reflexion and Refraction of Light*, p. 6 et 7.

(**) *Sur la torsion des prismes* (*Comptes rendus*, t. XXXVIII, p. 329).

testent, d'une réductibilité plus grande de leur nombre :

$$(32)\quad\begin{cases} p_{xx} = a\partial_x + f'\partial_y + e'\partial_z + h\,g_{yz}, \\ p_{yy} = f'\partial_x + b\partial_y + d'\partial_z + k\,g_{yz}, \\ p_{zz} = e'\partial_x + d'\partial_y + c\partial_z + l\,g_{yz}, \\ p_{yz} = h\partial_x + k\partial_y + l\partial_z + d\,g_{yz}, \\ p_{zx} = e\,g_{zx} + h'\,g_{xy}, \\ p_{xy} = h'\,g_{zx} + f\,g_{xy}; \end{cases}$$

formules qui sont à treize coefficients, mais dont seulement neuf distincts si l'on efface les accents en adoptant le principe de la réductibilité plus grande.

Trois plans de symétrie. — S'il y a au même point M $(x,\ y,\ z)$ du corps un second plan de symétrie ou plan *principal d'élasticité* (*), ce plan étant supposé perpendiculaire aux y, les équations (32) doivent rester les mêmes en changeant à la fois les signes de p_{yz}, p_{xy}, g_{yz}, g_{xy}. Cela montre qu'il y a alors nécessairement un troisième plan de symétrie ou principal d'élasticité perpendiculaire aux z, et les formules se réduisent à

$$(33)\quad\begin{cases} p_{xx} = a\,\partial_x + f'\partial_y + e'\partial_z \\ p_{yy} = f'\partial_x + b\partial_y + d'\partial_z \\ p_{zz} = e'\partial_x + d'\partial_y + c\partial_z \end{cases}\quad\text{et}\quad\begin{cases} p_{yz} = d\,g_{yz}, \\ p_{zx} = e\,g_{zx}, \\ p_{xy} = f\,g_{xy} \end{cases}$$

à neuf coefficients, dont six distincts si l'on ne refuse pas d'admettre le principe en vertu duquel les accents peuvent être effacés.

272. *Axe de symétrie ou d'élasticité.* — Si tout est égal autour d'une droite menée par M, parallèlement aux x par exemple, on devra avoir

$$\begin{cases} \text{Non-seulement } b = c, \quad e = f, \quad e' = f', \\ \text{Mais encore } b = 2\,d + d'; \end{cases}$$

(*) Cauchy, *Comptes rendus*, 20 février, t. XXXVIII. p, 319.

car les formules devront, comme l'a encore remarqué Green (*), conserver les mêmes coefficients après qu'on aura fait tourner les axes des y et des z d'un angle infiniment petit autour de l'axe des x; or, soient ε ce petit angle, et y', z' les nouvelles directions de y et z; si l'on fait dans les formules de transformation (6) et (16)

$$c_{xx'} = 1, \quad c_{xy'} = 0, \quad c_{xz'} = 0,$$
$$c_{yx'} = 0, \quad c_{yy'} = 1, \quad c_{yz'} = -\varepsilon,$$
$$c_{zx'} = 0, \quad c_{zy'} = \varepsilon, \quad c_{zz'} = 1,$$

on aura, en négligeant le carré de ε,

$$p_{xx} = p_{xx}, \quad p_{y'y'} = p_{yy} + 2p_{yz}\varepsilon, \quad p_{z'z'} = p_{zz} - 2p_{yz}\varepsilon,$$
$$p_{y'z'} = p_{yz} + (p_{zz} - p_{yy})\varepsilon, \quad p_{z'x} = p_{zx} - p_{xy}\varepsilon, \quad p_{xy'} = p_{xy} + p_{zx}\varepsilon;$$

et

$$\partial_x = \partial_x, \quad \partial_{y'} = \partial_y + g_{yz}\varepsilon, \quad \partial_{z'} = \partial_z - g_{yz}\varepsilon,$$
$$g_{y'z'} = g_{yz} + 2(\partial_z - \partial_y)\varepsilon, \quad g_{z'x} = g_{zx} - g_{xy}\varepsilon, \quad g_{xy'} = g_{xy} + g_{zx}\varepsilon.$$

Pour qu'on ait

$$p_{y'z'} = \mathrm{d}\, g_{y'z'}$$

avec le même coefficient d que dans $p_{yz} = \mathrm{d}\, g_{yz}$, il faut donc que

$$\left\{ \begin{aligned} & p_{yz} + (p_{zz} - p_{yy})\varepsilon \text{ qui est} = \mathrm{d}\, g_{yz} + (\mathrm{b} - \mathrm{d}')(\partial_z - \partial_y)\varepsilon, \\ & \qquad\qquad \text{soit aussi} = \mathrm{d}[g_{yz} + 2(\partial_z - \partial_y)\varepsilon] \end{aligned} \right.$$

ou qu'on ait, entre les coefficients, précisément la relation énoncée

$$\mathrm{b} = 2\mathrm{d} + \mathrm{d}'.$$

Et cette relation suffit, comme il est facile de le vérifier au moyen des formules particularisées de transformation

---

(*) *On Reflexion and Refraction of Light*, p. 7.

qu'on vient de poser, pour que $p_{y'y'}$, $p_{z'z'}$, $p_{z'x'}$, $p_{xy'}$ soient aussi exprimés en ∂_x, $\partial_{y'}$, $\partial_{z'}$, $g_{z'x}$, $g_{xy'}$ de la même manière et avec les mêmes coefficients que p_{yy}, p_{zz}, ..., le sont en ∂_x, ∂_y, ...; ou pour que Mx, mené de M parallèlement aux x, soit ce qu'on appelle un *axe d'élasticité*.

D'où, pour les formules relatives à cette contexture

$$(34) \begin{cases} p_{xx} = a\,\partial_x + e'\partial_y + e'\partial_z \\ p_{yy} = e'\partial_x + (2d + d')\partial_y + d'\partial_z \\ p_{zz} = e'\partial_x + d'\partial_y + (2d + d')\partial_z \end{cases} \quad \text{et} \quad \begin{cases} p_{yz} = d \cdot g_{yz}, \\ p_{zx} = e \cdot g_{zx}, \\ p_{xy} = e \cdot g_{xy}, \end{cases}$$

à *cinq* ou à *trois* coefficients, selon que l'on conserve ou qu'on efface les accents (numéro précédent).

273. *Isotropie.* — Si, outre l'axe d'élasticité Mx parallèle aux x, il y a au même point M (x, y, z) un axe d'élasticité My parallèle aux y, il faut qu'on ait encore, et par les mêmes raisons,

$$d = e, \quad d' = e', \quad a = b = 2d + d' = 2e + e';$$

d'où il résulte qu'on a aussi, au même point, un axe d'élasticité Mz parallèle à la troisième coordonnée z.

De plus, comme en changeant les axes My, Mz en deux autres My', Mz' sans changer x, les formules des composantes ont les mêmes coefficients, on voit que My' est aussi *axe d'élasticité*. Il en est, par suite, de même de toutes les droites tracées dans le plan passant par Mx et par My'; c'est-à-dire que toutes les droites tirées par M sont des axes d'élasticité, ou que le corps est ce que nous avons appelé *isotrope* (n° **268**).

Alors, en effet, les formules deviennent, pour tous les systèmes possibles d'axes rectangulaires :

$$(35) \begin{cases} p_{xx} = (2e + e')\partial_x + e'\partial_y + e'\partial_z \\ p_{yy} = e'\partial_x + (2e + e')\partial_y + e'\partial_z \\ p_{zz} = e'\partial_x + e'\partial_y + (2e + e')\partial_z \end{cases} \quad \text{et} \quad \begin{cases} p_{yz} = e\,g_{yz}, \\ p_{zx} = e\,g_{zx}, \\ p_{xy} = e\,g_{xy}, \end{cases}$$

où e′ devrait, comme nous avons dit (*voyez* aussi plus loin n°s 277 à 280), être fait égal à e, et qui sont, du reste, lorsqu'on pose

$$e = \frac{1}{2} k, \quad e' = K,$$

identiques avec celles (25) qui ont été obtenues en mettant en œuvre d'une autre manière (n° 268) le lemme (n° 266), en vertu duquel les composantes de pression $p_{xx}, \ldots, p_{xy}$ sont fonctions linéaires des dilatations et glissements $\partial_x, \ldots, g_{xy}$.

274. *Corps simplement homogène, ou partout de même contexture, égale ou inégale dans les divers sens autour de chaque point.* — Il faut entendre par homogène, dans une acception mécanique, un corps dont la matière oppose en tous ses points les mêmes résistances au déplacement relatif de ses parties dans des directions *homologues*, tout en n'étant pas nécessairement *isotrope*, ou pouvant offrir des résistances d'intensité très-différente dans les diverses directions autour de chaque point.

Si les directions prises comme homologues d'un point à l'autre sont des directions parallèles, on a l'homogénéité *parallèle* ou la plus ordinaire, comme celle des cristaux, des corps fibreux et allongés, etc. (*).

Pour les corps qui en sont doués, les coefficients $a_{xxxx}, \ldots, a_{xyxy}$ (n° 269), ou ceux qui les remplacent dans les cas particuliers ci-dessus, sont les mêmes en tous les points.

(*) Dans un Mémoire *sur les différents genres d'homogénéité* (*Comptes rendus*, 21 mai 1860, t. L, p. 930, ou *Journal de M. Liouville*, 1865), et à la page 560 de la nouvelle édition de Navier, on a considéré aussi : 2° l'homogénéité *semi-polaire* ou *cylindrique*, comme celle d'une tige courbée en cercle ou d'une plaque ployée en tuyau, 3° l'homogénéité *polaire* ou *sphérique*; et on a montré qu'il y en a une infinité d'autres.

275. *Expressions des dilatations et glissements au moyen des déplacements des points. Cas de déplacements très-petits.* — Soient

$$u, \quad v, \quad w$$

les projections sur les x, les y, les z du déplacement qu'a éprouvé dans l'espace un point quelconque M du corps considéré, en sorte que ses coordonnées rectangles

$$x, \quad y, \quad z \quad \text{sont devenues} \quad x+u, \quad y+v, \quad z+w.$$

Si les coordonnées d'un point très-voisin M′ étaient

$$x+\Delta x, \quad y, \quad z,$$

elles sont devenues

$$x+u+\Delta x+\frac{du}{dx}\Delta x, \quad y+v+\frac{dv}{dx}\Delta x, \quad z+w+\frac{dw}{dx}\Delta x.$$

En sorte que, comme leur distance $MM'=\Delta x$ est devenue $\Delta x\left(1+\partial_x\right)$, on voit qu'une longueur

$$1+\partial_x$$

d'une petite ligne primitivement parallèle aux x, menée du point M, a pour projections

$$1+\frac{du}{dx}, \quad \frac{dv}{dx}, \quad \frac{dw}{dx} \quad \text{sur les } x, \quad \text{les } y, \quad \text{les } z.$$

De même une longueur

$$1+\partial_y$$

d'une petite ligne primitivement parallèle aux y, menée par M, a maintenant pour projections

$$\frac{du}{dy}, \quad 1+\frac{dv}{dy}, \quad \frac{dw}{dy} \quad \text{sur les } x, \quad \text{les } y, \quad \text{les } z.$$

On a donc pour le carré de la longueur de la première,
par exemple, de ces deux lignes, et pour le cosinus de
leur angle primitivement droit

$$(36)\begin{cases} (1+\partial_x)^2 = \left(1+\dfrac{du}{dx}\right)^2 + \left(\dfrac{dv}{dx}\right)^2 + \left(\dfrac{dw}{dx}\right)^2, \\[2ex] g_{xy} = \dfrac{1+\dfrac{du}{dx}}{1+\partial_x}\cdot\dfrac{\dfrac{du}{dy}}{1+\partial_y} + \dfrac{\dfrac{dv}{dx}}{1+\partial_x}\cdot\dfrac{1+\dfrac{dv}{dy}}{1+\partial_y} + \dfrac{\dfrac{dw}{dx}}{1+\partial_x}\cdot\dfrac{\dfrac{dw}{dy}}{1+\partial_y}. \end{cases}$$

Quand u, v, w, et par conséquent ∂_x, ∂_y, g_{xy} sont très-
petits, on peut en développant négliger leurs carrés et pro-
duits. Il en résulte, en écrivant des résultats analogues
pour les autres dilatations et glissements :

$$(37)\begin{cases} \partial_x = \dfrac{du}{dx}, \quad \partial_y = \dfrac{dv}{dy}, \quad \partial_z = \dfrac{dw}{dz}, \quad g_{yz} = \dfrac{dv}{dz} + \dfrac{dw}{dy}, \\[2ex] g_{zx} = \dfrac{dw}{dx} + \dfrac{du}{dz}, \quad g_{xy} = \dfrac{du}{dy} + \dfrac{dv}{dx}\ (*). \end{cases}$$

276. *Équations différentielles indéfinies et définies
pouvant fournir les déplacements des points.* — Celles
qu'on appelle indéfinies, qui conviennent à tous les points
du corps, s'obtiennent en substituant dans les équa-
tions (9) $\dfrac{dp_{xx}}{dx} + \dfrac{dp_{yx}}{dy} + \dfrac{dp_{zx}}{dz} + \rho X = 0$, $\dfrac{dp_{xy}}{dx} + \ldots$, de

---

(*) Les dilatations et glissements peuvent être très-petits, comme nous
avons dit (n° 264, dernière note), bien que les déplacements u, v, w aient
des grandeurs considérables. Alors les expressions (36) de $(1+\partial_x)^2$ et
de g_{xy} qu'on vient de trouver fournissent les suivantes

$$\partial_x = \frac{du}{dx} + \frac{1}{2}\left[\left(\frac{du}{dx}\right)^2 + \left(\frac{dv}{dx}\right)^2 + \left(\frac{dw}{dx}\right)^2\right],$$

$$g_{xy} = \frac{du}{dy} + \frac{dv}{dx} + \left(\frac{du}{dx}\frac{du}{dy} + \frac{dv}{dx}\frac{dv}{dy} + \frac{dw}{dx}\frac{dw}{dy}\right),$$

données pour la première fois au numéro du 10 avril 1844 du journal
l'Institut, puis aux *Comptes rendus*, 22 février 1847, t. XXIV, p. 261.

l'équilibre d'un élément parallélipipède, les formules (26),
ou (32) à (35) à la place de p_{xx}, p_{yy}, ..., p_{xy}, puis les
six formules (37) qui expriment δ_x, ..., g_{xy} en u, v, w
dans le cas où ces déplacements sont très-petits ; cas auquel
on peut ordinairement ramener les autres, où des déplacements de toute grandeur sont supposés ne changer que
dans une faible proportion les *petites* distances moléculaires, parce qu'on peut alors, dans chaque petite partie
du corps, décomposer les déplacements réels en déplacements très-petits, et en *translations* et *rotations* qui ne
changent point les distances et n'engendrent point de
pressions.

On obtient ainsi, en se bornant au cas de trois plans
de symétrie ou principaux d'élasticité, où les formules de
pressions (33) sont applicables,

$$(38)\begin{cases}
\mathrm{a}\dfrac{d^2u}{dx^2} + \mathrm{f}\dfrac{d^2u}{dy^2} + \mathrm{e}\dfrac{d^2u}{dz^2} \\
\qquad + \dfrac{d}{dx}\left[(\mathrm{f}+\mathrm{f}')\dfrac{dv}{dy} + (\mathrm{e}+\mathrm{e}')\dfrac{dw}{dz}\right] + \rho\mathrm{X} = 0, \\[2ex]
\mathrm{f}\dfrac{d^2v}{dx^2} + \mathrm{b}\dfrac{d^2v}{dy^2} + \mathrm{d}\dfrac{d^2v}{dz^2} \\
\qquad + \dfrac{d}{dy}\left[(\mathrm{d}+\mathrm{d}')\dfrac{dw}{dz} + (\mathrm{f}+\mathrm{f}')\dfrac{du}{dx}\right] + \rho\mathrm{Y} = 0, \\[2ex]
\mathrm{e}\dfrac{d^2w}{dx^2} + \mathrm{d}\dfrac{d^2w}{dy^2} + \mathrm{c}\dfrac{d^2w}{dz^2} \\
\qquad + \dfrac{d}{dz}\left[(\mathrm{e}+\mathrm{e}')\dfrac{du}{dx} + (\mathrm{d}+\mathrm{d}')\dfrac{dv}{dy}\right] + \rho\mathrm{Z} = 0 ;
\end{cases}$$

et, dans le cas d'isotropie, pour lequel $\mathrm{d} = \mathrm{e} = \mathrm{f}$,
$\mathrm{d}' = \mathrm{e}' = \mathrm{f}'$, $\mathrm{a} = \mathrm{b} = \mathrm{c} = 2\mathrm{e} + \mathrm{e}'$, auquel se rapportent les formules (35), en y remplaçant e par $\frac{1}{2}k$ et e′
par K pour les rendre conformes à celles (25) que
Cauchy a obtenues primitivement par d'autres considé-

rations :

$$(39)\quad\left\{\begin{array}{l}
\dfrac{k}{2}\left(\dfrac{d^2u}{dx^2}+\dfrac{d^2u}{dy^2}+\dfrac{d^2u}{dz^2}\right)\\[1em]
\quad+\dfrac{k+2\mathrm{K}}{2}\dfrac{d}{dx}\left(\dfrac{du}{dx}+\dfrac{dv}{dy}+\dfrac{dw}{dz}\right)+\rho\,\mathrm{X}=0,\\[1.5em]
\dfrac{k}{2}\left(\dfrac{d^2v}{dx^2}+\dfrac{d^2v}{dy^2}+\dfrac{d^2v}{dz^2}\right)\\[1em]
\quad+\dfrac{k+2\mathrm{K}}{2}\dfrac{d}{dy}\left(\dfrac{du}{dx}+\dfrac{dv}{dy}+\dfrac{dw}{dz}\right)+\rho\,\mathrm{Y}=0,\\[1.5em]
\dfrac{k}{2}\left(\dfrac{d^2w}{dx^2}+\dfrac{d^2w}{dy^2}+\dfrac{d^2w}{dz^2}\right)\\[1em]
\quad+\dfrac{k+2\mathrm{K}}{2}\dfrac{d}{dz}\left(\dfrac{du}{dx}+\dfrac{dv}{dy}+\dfrac{dw}{dz}\right)+\rho\,\mathrm{Z}=0.
\end{array}\right.$$

Outre ces équations aux différences partielles indéfinies du second ordre en u, v, w, il faut poser et employer les équations *définies*. On les obtient de même en mettant dans les équations (10) $p_{xx}\cos(\mathrm{n},x)+\ldots=\varpi\cos(\varpi,x)$, $p_{xy}\cos(\mathrm{n},x)+\ldots$, les formules ci-dessus des pressions en $\delta_x,\ldots,g_{xy}$, et, par suite en u, v, w, à la place de $p_{xx},p_{yy},\ldots,p_{xy}$.

277. *Établissement des formules des pressions en calculant directement les résultantes des actions moléculaires, ou sans invoquer le lemme du n° 266 (linéarité), et en embrassant le cas général où il y avait déjà des pressions antérieurement aux petites déformations ou aux déplacements considérés. Théorème fondamental.* — Au lieu de partir de la *linéarité*, admise par tout le monde et démontrée comme lemme au n° 266, des composantes de pression en fonction des six déformations élémentaires δ et g lorsqu'elles sont très-petites, lemme basé essentiellement comme on a vu sur la loi des actions entre les points matériels à des distances très-petites, exprimons

directement, comme a fait Cauchy (*), les résultantes de
ces actions, et calculons avec lui ce qu'elles deviennent
en intensité et en direction après les petits changements
des distances moléculaires. Cette méthode nous permettra de ne point supposer que l'état primitif soit ce que
nous avons appelé un état *naturel* (n° 266); de tenir
compte, ainsi, de ce que les attractions et répulsions moléculaires antérieures aux déformations considérées pouvaient avoir des résultantes non nulles, ou produire déjà
des *pressions*, et de ce que ces actions influent alors sur
les pressions ultérieures autrement que par une simple
addition des pressions primitives qu'elles engendraient.

Pour apprécier facilement la part plus ou moins
grande d'influence des actions qui s'exercent à diverses
distances et sous diverses inclinaisons sur le plan de la
face *ab* qu'elles traversent (*fig.* 59), nous démontrerons
d'abord le théorème suivant :

THÉORÈME. — *La pression sur une petite face ab, ou*
(n° 253) *la résultante de toutes les actions moléculaires*
sensibles qui s'exercent à travers sa superficie ω, peut être
remplacée par la résultante des actions qui seraient exer-
cées sur chaque molécule m d'un des côtés de son plan,
par une masse concentrée à son centre M (fig. 59),
égale, pour chaque molécule m, à celle d'un cylindre
de la matière du côté opposé, ayant ω pour base, et une
hauteur égale à la distance de m au plan de ω.

En sorte que si ρ représente la densité du corps (ou
celle de la matière de gauche si elle diffère de celle de
droite);

(*) Dans deux beaux Mémoires, insérés aux *Exercices de Mathémati-*
ques, troisième année (1828), p. 188, *Sur l'équilibre et le mouvement d'un*
système de points (présenté à l'Académie le 1er octobre 1827, le même
jour où Poisson en présentait un sur le même sujet), et, p. 213, *De la*
pression ou tension dans un système de points matériels.

J.   43

r les distances Mm du centre M aux molécules m du côté droit de la face;

n la direction de la normale M n à la face du même côté;

Et par conséquent $\rho . \omega . r \cos (r, \text{n})$ la masse du cylindre de matière du côté gauche répondant, de la manière dite, à la molécule m du côté droit;

Enfin fr représente l'intensité de l'action de deux molécules d'un côté à l'autre de la face pour l'unité de leurs masses, et à la distance r, et aussi dans la direction r (car l'analyse ci-après s'applique tout aussi bien quand la contexture varie, de sorte que la fonction f change avec la direction);

La pression équivaut à une résultante d'actions

$$m . \rho \omega r \cos(r, \text{n}) . fr$$

s'exerçant à toutes les distances r du centre M, et s'étendant à toutes les molécules m du côté droit.

En effet si, parmi toutes les actions des molécules m', m', ... de gauche sur les molécules m'', m'', ..., ou m de droite dont les directions traversent ω, nous considérons d'abord seulement celles qui ont lieu à des distances égales et parallèles à une certaine ligne r ou Mm tirée arbitrairement du côté droit par le centre M, toutes les molécules de gauche qui les exercent sont évidemment contenues dans le cylindre oblique $ab\,b'a'$ élevé à gauche sur $ab = \omega$ comme base et ayant des arêtes égales et parallèles à r; de même que les molécules qui les éprouvent sont toutes contenues dans un cylindre égal $ab\,b''a''$ élevé à droite en prolongement de l'autre. Leur somme équivaudra donc à l'action qui serait exercée sur une molécule unique m située à l'extrémité m de la ligne r par toute la masse $\rho . \omega r \cos(r, \text{n})$ de ce cylindre oblique de gauche concentré en M.

Il résulte de ce théorème (*) que s'il s'agit d'une pression *intérieure*, ou si la matière est la même des deux côtés de la face, et si nous appelons encore

s le sens arbitraire suivant lequel on veut prendre la composante $\omega\, p_{ns}$ de la pression sur ω;

Et (avec Poisson et Cauchy) :

S une somme relative aux distances r du centre M de la face à *toutes les molécules environnantes*,

En sorte que $\frac{1}{2} S$ sera la somme relative aux molécules d'un des deux côtés;

On aura, en divisant par ω, l'expression générale suivante de la composante, suivant une direction donnée s, de la pression sur l'unité d'une petite face dont la normale a une direction n aussi donnée,

$$(40) \qquad p_{ns} = \rho\, S\, \frac{m}{2}\, r.fr.\cos(r,\mathrm{n})\cos(r,s);$$

formule fondamentale dont l'exactitude ne nous a jamais paru douteuse, et qu'il n'y a plus qu'à particulariser pour avoir toutes les autres formules de la *mécanique molécu-*

(*) Nous l'avons démontré pour la première fois *pour cette définition de la pression* (n°s 253, 254) à la Société philomathique en mars 1844, et aux *Comptes rendus*, 7 juillet 1845 (t. XXI, p. 24). Cauchy l'a démontré de même dans un Mémoire inédit (*Comptes rendus*, 23 juin et 14 juillet, t. XX, p. 1765, et t. XXI, p. 125). Il est, au reste, presque évident, et il a été admis aussi par Poisson (t. VIII des *Mémoires de l'Institut*, p. 375, et *Journal de l'École Polytechnique*, XXe cahier, art. 16 ou p. 31); par MM. Lamé et Clapeyron (*Savants étrangers*, t. IV, p. 485 ou art. 20), par Cauchy (*Exercices*, troisième année, p. 316) pour une autre définition de la pression; et il n'a été constesté que depuis qu'on a prétendu établir les formules des pressions par un simple raisonnement mathématique (n° 267), sans se baser sur la loi physique des actions moléculaires à distance.

laire appliquée principalement à la théorie de l'élasticité.
Nous aurions pu en tirer même les théorèmes I et II des
n°s 256 et 257, et les égalités (1), (2), (3), (4), (5) ; mais
nous avons préféré les déduire ci-dessus de considérations
que personne n'ait jamais contestées, et qui sont dues également à Cauchy. Il serait facile de la démontrer (*) pour
des systèmes mélangés de molécules de nature différente
exerçant des actions mutuelles de diverses intensités,
fr étant alors une fonction en quelque sorte moyenne
composée par règle d'alliage.

278. *Application au cas de contexture le plus général.* — Nous n'avons à considérer ici que ce qui se
passe dans une portion très-petite du corps, contenant
les molécules exerçant des actions d'une intensité sensible d'un côté à l'autre de petites faces se croisant en un
même point **M** ; et les déplacements des divers points de
cette portion, quelle que soit leur grandeur absolue dans
l'espace, sont toujours supposés tels que les distances des
uns aux autres n'augmentent ou ne diminuent que dans de
très-faibles proportions. Nous pouvons donc supposer cette
portion de corps amenée, de prime abord, par des translations et rotations n'altérant en rien les distances mutuelles, dans une situation où ses points soient très-voisins
des emplacements qu'ils doivent occuper après les déplacements, ce qui ne changera rien aux forces développées.
De cette manière, nous pourrons supposer, avec Cauchy
et les autres auteurs, *les déplacements très-petits,* sans
restreindre la généralité des formules a obtenir pour les
pressions sur des plans perpendiculaires aux coordonnées
rectangles (**).

(*) Nouvelle édition des *Leçons de Navier*, Appendice III, note du § 23,
p. 567.

(**) On trouve au même Appendice III de la nouvelle édition de Navier,

Soient donc

x, y, z les coordonnées rectangles du centre M de la
  face, avant les déplacements ;

$x + u$, $y + v$, $z + w$ ce que sont devenues ces coordonnées, ou u, v, w les projections sur les x, les y,
  les z de son déplacement, supposé très-petit comme
  nous venons de dire ;

$x + \mathrm{x}$, $y + \mathrm{y}$, $z + \mathrm{z}$ les coordonnées primitives de la
  molécule m très-proche, ou x, y, z les projections
  de M$m = r$ sur les x, y, z ;

$x + u + \mathrm{x} + \Delta u$, $y + v + \mathrm{y} + \Delta v$, $z + w + \mathrm{z} + \Delta w$
  les coordonnées de la même molécule m après les
  déplacements (*) ;

ρ la densité, ou la masse de l'unité de volume autour
  de M avant les déplacements ;

ρ_1, r_1 les valeurs qu'ont prises la densité ρ et la petite
  distance M$m = r$ après les déplacements ;

p°_{xx}, p°_{yy}, ..., p°_{xy} les grandeurs que pouvaient avoir,
  avant les déplacements, les six composantes, paral-
  lèlement aux x, y, z, des pressions sur l'unité super-
  ficielles de trois petites faces se croisant au point M

---

note du § 23, p. 567 à 573, la même analyse, sans réduire ainsi préala-
blement les déplacements u, v, w à être très-petits et sans même les faire
entrer dans le calcul ; et aussi, en prenant les pressions sur des plans
quelconques rectangulaires ou obliques fort peu inclinés sur les plans
matériels primitivement perpendiculaires aux x, y, z, au lieu de ne les
prendre que sur des plans actuellement perpendiculaires aux mêmes coordonnées.

(*) Ces notations sont à peu près celles que Cauchy a adoptées finalement (*Exercices d'analyse et de physique mathématique*, t. Ier, 1840, p. 1
et suiv.). Il appelait précédemment (*Exercices de Mathématiques*, troi-
sième année) Δx, Δy, Δz ou $r\cos\alpha$, $r\cos\beta$, $r\cos\gamma$ ce qu'il a nommé,
depuis 1840, x, y, z ; et $r(1 + \varepsilon)$ ce qu'il a appelé $r + \rho$, auquel nous
substituons r_1 pour éviter la confusion avec la densité appelée ρ. Nous
mettons, pour les déplacements, u, v, w, notation qui a prévalu (Poisson,
Lamé et Clapeyron, Stokes, Kirchhoff, Neumann), au lieu de ξ, η, ζ qu'em-
ployait Cauchy.

perpendiculairement entre elles et aux mêmes coordonnées ;

p_{xx}, p_{yy}, ..., p_{xy} les composantes pour l'unité superficielle *mesurée après les déplacements,* et toujours sur des faces perpendiculaires et dans des sens parallèles *actuellement* aux axes *fixes* des coordonnées x, y, z.

Nous aurons d'abord, d'après la formule fondamentale (40), expression du théorème du n° **276**, en remplaçant successivement n, s par x, y, z, et vu que

$$r\cos(r, x) = \mathrm{x}, \quad r\cos(r, y) = \mathrm{y}, \quad r\cos(r, z) = \mathrm{z},$$

les expressions suivantes des composantes de pression antérieures aux déplacements

$$(41) \quad \begin{cases} p^0_{xx} = \dfrac{\rho}{2} \mathbf{S}\, m\dfrac{fr}{r}\mathrm{x}^2, \quad p^0_{yy} = \dfrac{\rho}{2} \mathbf{S}\, m\dfrac{fr}{r}\mathrm{y}^2, \\[2mm] p^0_{zz} = \dfrac{\rho}{2} \mathbf{S}\, m\dfrac{fr}{r}\mathrm{z}^2, \\[2mm] p^0_{yz} = \dfrac{\rho}{2} \mathbf{S}\, m\dfrac{fr}{r}\mathrm{yz}, \quad p^0_{zx} = \dfrac{\rho}{2} \mathbf{S}\, m\dfrac{fr}{r}\mathrm{zx}, \\[2mm] p^0_{xy} = \dfrac{\rho}{2} \mathbf{S}\, m\dfrac{fr}{r}\mathrm{xy}; \end{cases}$$

et ensuite, pour deux des composantes après les déplacements, x, y, z devenant $\mathrm{x} + \Delta u$, $\mathrm{y} + \Delta v$, $\mathrm{z} + \Delta w$:

$$(42) \quad p_{xx} = \dfrac{\rho_1}{2} \mathbf{S}\, m\,(\mathrm{x} + \Delta u)^2 \dfrac{fr_1}{r_1},$$

$$(43) \quad p_{yz} = \dfrac{\rho_1}{2} \mathbf{S}\, m\,(\mathrm{y} + \Delta v)(\mathrm{z} + \Delta w) \dfrac{fr_1}{r_1}.$$

Or, en projetant Δu, Δv, Δw, excès des déplacements de m sur ceux de **M**, sur leur ligne de jonction primitive r, et prenant la somme, on a, pour l'accroissement que cette ligne a subi, à cela près de grandeurs négligeables,

$$(44) \qquad r_1 - r = \frac{x}{r}\,\Delta u + \frac{y}{r}\,\Delta v + \frac{z}{r}\,\Delta w.$$

Et puisque l'accroissement $r_1 - r$, positif ou négatif, est extrêmement petit vis-à-vis de r, on peut prendre, en développant la fonction $\frac{fr_1}{r_1}$ de $r_1 = r + (r_1 - r)$, et en se bornant à la puissance première de $r_1 - r$,

$$(45) \quad \left\{ \begin{aligned} \frac{fr_1}{r_1} &= \frac{fr}{r} + (r_1 - r)\,\frac{d\frac{fr}{r}}{dr} \\[2ex] &= \frac{fr}{r} + (x\,\Delta u + y\,\Delta v + z\,\Delta w)\frac{1}{r}\frac{d\frac{fr}{r}}{dr}. \end{aligned} \right.$$

Substituant dans (42) et (43), effectuant les multiplications et négligeant les carrés et les produits des accroissements Δ des déplacements, nous avons

$$(46) \left\{ \begin{aligned} p_{xx} &= \frac{\rho_1}{2}\, \mathbf{S}\, m \left[\frac{fr}{r}\,x^2 + 2\,\frac{fr}{r}\,x\,\Delta u \right. \\[1ex] &\qquad\qquad \left. + (x^3\,\Delta u + x^2 y\,\Delta v + x^2 z\,\Delta w)\,\frac{d\frac{fr}{r}}{r\,dr} \right], \\[3ex] p_{yz} &= \frac{\rho_1}{2}\, \mathbf{S}\, m \left[\frac{fr}{r}\,yz + \frac{fr}{r}\,z\,\Delta v + \frac{fr}{r}\,y\,\Delta w \right. \\[1ex] &\qquad\qquad \left. + (xyz\,\Delta u + y^2 z\,\Delta v + xz^2\,\Delta w)\,\frac{d\frac{fr}{r}}{r\,dr} \right]. \end{aligned} \right.$$

Or, quelque irrégulière que puisse être la marche des déplacements des molécules quand on passe de l'une à l'autre, les irrégularités individuelles disparaissent lorsqu'on en considère simultanément un nombre suffisant; et les moyennes u, v, w, ou les déplacements des centres de gravité de leurs groupes, peuvent être regardés comme variant assez régulièrement avec x, y, z, pour qu'on puisse appliquer le théorème de Taylor au développement des accroissements Δ qu'ils subissent lorsqu'on passe du point (x,y,z) au point $(x+\mathrm{x},\ y+\mathrm{y},\ z+\mathrm{z})$. Il en résulte

$$(47)\begin{cases}\Delta u = \dfrac{du}{dx}\mathrm{x} + \dfrac{du}{dy}\mathrm{y} + \dfrac{du}{dz}\mathrm{z}\\[2mm]\qquad + \dfrac{1}{1.2}\left(\dfrac{d^2u}{dx^2}\mathrm{x}^2 + \dfrac{d^2u}{dy^2}\mathrm{y}^2 + \dfrac{d^2u}{dz^2}\mathrm{z}^2 + 2\dfrac{d^2u}{dy\,dz}\mathrm{yz}\right.\\[2mm]\qquad\qquad \left. + 2\dfrac{d^2u}{dz\,dx}\mathrm{zx} + 2\dfrac{d^2u}{dx\,dy}\mathrm{xy}\right) + \ldots,\\[3mm]\Delta v = \dfrac{dv}{dx}\mathrm{x} + \dfrac{dv}{dy}\mathrm{y} + \dfrac{dv}{dz}\mathrm{z} + \ldots,\\[3mm]\Delta w = \dfrac{dw}{dx}\mathrm{x} + \dfrac{dw}{dy}\mathrm{y} + \dfrac{dw}{dz}\mathrm{z} + \ldots,\end{cases}$$

dont on peut se borner ici à prendre les termes du premier ordre, ce qui donne, par (44), l'expression suivante :

$$(47\,bis)\begin{cases}r_1 - r = \dfrac{1}{r}\left[\dfrac{du}{dx}\mathrm{x}^2 + \dfrac{dv}{dy}\mathrm{y}^2 + \dfrac{dw}{dz}\mathrm{z}^2 + \left(\dfrac{dv}{dz} + \dfrac{dw}{dy}\right)\mathrm{yz}\right.\\[2mm]\qquad\qquad \left. + \left(\dfrac{dw}{dx} + \dfrac{du}{dz}\right)\mathrm{zx} + \left(\dfrac{du}{dy} + \dfrac{dv}{dx}\right)\mathrm{xy}\right]\end{cases}$$

qui est conforme à celle (14) de $\partial_r = \dfrac{r_1 - r}{r}$.

Enfin, il ne faut pas oublier de mettre pour la densité sa valeur nouvelle. Comme les dimensions d'un élément parallélipipède rectangle, parallèles aux x, aux y, aux z, se sont dilatées respectivement dans des proportions (n° 274)

$$\frac{du}{dx},\ \frac{dv}{dy},\ \frac{dw}{dz},$$

et comme ses angles presque droits ont encore l'unité
pour sinus, son volume s'est accru dans la proportion

$$\text{de } 1 \text{ à } \left(1+\frac{du}{dx}\right)\left(1+\frac{dv}{dy}\right)\left(1+\frac{dw}{dz}\right).$$

Il y a d'autant moins de molécules sous même volume,
et l'on a pour la nouvelle densité

$$(48)\qquad
\begin{cases}
\rho_1 = \dfrac{\rho}{\left(1+\dfrac{du}{dx}\right)\left(1+\dfrac{dv}{dy}\right)\left(1+\dfrac{dw}{dz}\right)} \\[2em]
\quad = \rho\left(1-\dfrac{du}{dx}-\dfrac{dv}{dy}-\dfrac{dw}{dz}\right).
\end{cases}$$

Cette expression doit être mise pour ρ_1 dans les formules (46) en même temps qu'on y met (47) pour Δu,
Δv, Δw. Cela revient à mettre ρ pour ρ_1 hors du
signe S et à multiplier par $1-\dfrac{du}{dx}-\dfrac{dv}{dy}-\dfrac{dw}{dz}$ les seuls
premiers termes $\dfrac{fr}{r}\mathrm{x}^2$, $\dfrac{fr}{r}\mathrm{yz}$ de (46) entre crochets; car
les produits de Δu, Δv, Δw par $\dfrac{du}{dx}$, $\dfrac{dv}{dy}$, $\dfrac{dw}{dz}$ doivent être
négligés.

En opérant ces substitutions, et en ayant égard aux
valeurs (41) des pressions antérieures p^0, puis en faisant

$$(49)\qquad
\begin{cases}
\dfrac{\rho}{2}\,S\,m\,\dfrac{d\frac{fr}{r}}{rdr}\,\mathrm{x}^4 = \mathrm{a}_{xxxx}, \qquad
\dfrac{\rho}{2}\,S\,m\,\dfrac{d\frac{fr}{r}}{rdr}\,\mathrm{x}^2\mathrm{y}^2 = \mathrm{a}_{xxyy}, \\[2em]
\qquad\qquad \dfrac{\rho}{2}\,S\,m\,\dfrac{d\frac{fr}{r}}{rdr}\,\mathrm{x}^2\mathrm{yz} = \mathrm{a}_{xxyz},
\end{cases}$$

et ainsi des autres,

expressions dans lesquelles les sommes S sont toutes relatives à l'état primitif quant à la situation des molécules ou aux grandeurs des distances r et de leurs projections x, y, z, on obtient

$$p_{xx} = p^0_{xx}\left(1 + \frac{du}{dx} - \frac{dv}{dy} - \frac{dw}{dz}\right) + 2p^0_{xy}\frac{du}{dy} + 2p^0_{zx}\frac{du}{dz}$$

$$+ a_{xxxx}\frac{du}{dx} + a_{xxyy}\frac{dv}{dy} + a_{xxzz}\frac{dw}{dz} + a_{xxyz}\left(\frac{dv}{dz} + \frac{dw}{dy}\right)$$

$$+ a_{xxzx}\left(\frac{dw}{dx} + \frac{du}{dz}\right) + a_{xxxy}\left(\frac{du}{dy} + \frac{dv}{dx}\right),$$

$$p_{yz} = p^0_{yz}\left(1 - \frac{du}{dx}\right) + p^0_{zx}\frac{dv}{dx} + p^0_{xy}\frac{dw}{dx} + p^0_{zz}\frac{dv}{dz} + p^0_{yy}\frac{dv}{dy}$$

$$+ a_{yzxx}\frac{du}{dx} + a_{yzyy}\frac{dv}{dy} + a_{yzzz}\frac{dw}{dz} + a_{yzyz}\left(\frac{dv}{dz} + \frac{dw}{dy}\right)$$

$$+ a_{yzzx}\left(\frac{dw}{dx} + \frac{du}{dz}\right) + a_{yzxy}\left(\frac{du}{dy} + \frac{dv}{dx}\right),$$

c'est-à-dire des expressions se composant chacune, 1º de plusieurs termes affectés des six composantes p^0 des pressions antérieures aux déplacements u, v, w, et 2º de sextinômes affectés des coefficients a, et qui ne diffèrent en rien des expressions (26) trouvées autrement au nº **269** pour les composantes de pression du cas où il n'y en avait aucune antérieurement aux déformations.

Nous avons donc, en écrivant pour p_{yy}, p_{zz}, p_{zx}, p_{xy} des expressions analogues, ces formules très-générales des neuf composantes, réduites à six inégales, des pressions qui ont lieu, après les déplacements u, v, w, sur trois faces maintenant perpendiculaires aux coordonnées rectangles x, y, z, et d'une superficie égale à l'unité

$$
(50)\quad
\begin{aligned}
p_{xx} &= p^0_{xx} + p^0_{xx}\left(\frac{du}{dx} - \frac{dv}{dy} - \frac{dw}{dz}\right) \\
&\quad + 2p^0_{xy}\frac{du}{dy} + 2p^0_{zx}\frac{du}{dz} + p^1_{xx}, \\[4pt]
p_{yy} &= p^0_{yy} + p^0_{yy}\left(\frac{dv}{dy} - \frac{dw}{dz} - \frac{du}{dx}\right) \\
&\quad + 2p^0_{yz}\frac{dv}{dz} + 2p^0_{xy}\frac{dv}{dx} + p^1_{yy}, \\[4pt]
p_{zz} &= p^0_{zz} + p^0_{zz}\left(\frac{dw}{dz} - \frac{du}{dx} - \frac{dv}{dy}\right) \\
&\quad + 2p^0_{zx}\frac{dw}{dx} + 2p^0_{yz}\frac{dw}{dy} + p^1_{zz}, \\[4pt]
p_{yz} &= p^0_{yz} - p^0_{yz}\frac{du}{dx} + p^0_{zx}\frac{dv}{dx} + p^0_{xy}\frac{dw}{dx} \\
&\quad + p^0_{zz}\frac{dv}{dz} + p^0_{yy}\frac{dw}{dy} + p^1_{yz}, \\[4pt]
p_{zx} &= p^0_{zx} - p^0_{zx}\frac{dv}{dy} + p^0_{xy}\frac{dw}{dy} + p^0_{yz}\frac{du}{dy} \\
&\quad + p^0_{xx}\frac{dw}{dx} + p^0_{zz}\frac{du}{dz} + p^1_{zx}, \\[4pt]
p_{yx} &= p^0_{xy} - p^0_{xy}\frac{dw}{dz} + p^0_{yz}\frac{du}{dz} + p^0_{zx}\frac{dv}{dz} \\
&\quad + p^0_{yy}\frac{du}{dy} + p^0_{xx}\frac{dv}{dx} + p^1_{xy};
\end{aligned}
$$

p^1_{xx}, p^1_{yy}, p^1_{zz}, p^1_{yz}, p^1_{zx}, p^1_{xy} remplaçant ici les expressions sextinômes (26) $a_{xxxx}\dfrac{du}{dx} + \ldots$, dans lesquelles on aurait mis

$$
\frac{du}{dx},\ \frac{dv}{dy},\ \frac{dw}{dz},\ \frac{dv}{dz}+\frac{dw}{dy},\ \frac{dw}{dx}+\frac{du}{dz},\ \frac{du}{dy}+\frac{dv}{dx},
$$

à la place de ∂_x, ∂_y, ∂_z, $\mathfrak{g}_{yz}$, $\mathfrak{g}_{zx}$, $\mathfrak{g}_{xy}$ (*).

(*) Ce sont les formules complètes qu'on trouve (sauf les notations) à la page 138 de la quatrième année des *Exercices de Mathématiques*, et qui

Ces formules contiennent *vingt et une* constantes, mais
dont six, savoir

$$p^0_{xx,}\quad p^0_{yy,}\quad p^0_{zz,}\quad p^0_{yz,}\quad p^0_{zx,}\quad p^0_{xy,}$$

ne sont que les composantes des pressions primitives,
*toutes nulles quand l'état antérieur aux déplacements
était un état* NATUREL, où aucune force extérieure n'agissait encore sur les molécules. Quant aux autres constantes, au nombre de trente-six en apparence, appelées
comme aux formules (26)

$$a_{xxxx,}\quad a_{xxyy,}\quad a_{xxyz,}\ldots,$$

elles se réduisent, dans le fait, à *quinze distinctes* seulement,
car comme les sous-lettres x, y, z remplacent les facteurs
x, y, z qui sont sous les signes S dans les expressions (5o),
tous ceux de ces coefficients a qui ont les mêmes sous-
lettres en même nombre, quel que soit leur ordre, sont

---

se déduisent immédiatement, du reste, de celles que Cauchy avait données
à la troisième année (1828), p. 222-223, en substituant à ρ, qui y désigne
la densité nouvelle, sa valeur $\left(1-\dfrac{du}{dx}-\dfrac{dv}{dy}-\dfrac{dw}{dz}\right)\Delta$; car Cauchy désigne
par Δ la densité ancienne qui est ici appelée ρ.

Poisson a été amené aussi finalement, en 1829, mais pour le seul cas
particulier de l'isotropie, à la page 52 du XXe Cahier (t. XIII) du *Journal
de l'École Polytechnique*, à ces six expressions, après avoir reconnu que
les neuf autres, toutes inégales et contenant moins de termes en p^0 (qu'il
avait données à la page 47, et aussi au tome VIII des *Mémoires de l'Institut*, p. 382), ne représentaient que les composantes parallèlement aux axes
des x, y, z de pressions sur des faces primitivement perpendiculaires,
maintenant un peu obliques à ces axes fixes, et ayant des superficies
primitivement égales à l'unité et devenues un peu plus grandes par suite
de ce que leurs dimensions parallèles aux x, aux y, aux z, ont augmenté
dans des proportions

$$\text{de 1 à } 1+\frac{du}{dx},\quad \text{à } 1+\frac{dv}{dy},\quad \text{et à } 1+\frac{dw}{dz};$$

remarque essentielle, comme on peut voir, par ses conséquences, aux
Comptes rendus, 28 juillet et 4 août 1862, t. LV, p. 205, 222.

égaux, en sorte qu'entre ces trente-six coefficients, il y a non-seulement les quinze égalités (30) résultant de la permutation possible des deux premières sous-lettres avec les deux dernières à la fois, démontrées autrement par Green, mais encore les six égalités (31) simplement annoncées au n° 270; ce qui prouve qu'on peut faire permuter aussi une des deux premières sous-lettres avec une des deux dernières.

Les pressions primitives p^0, si elles proviennent par exemple de la pesanteur, peuvent être de même ordre de grandeur que les pressions $p - p^0$ ultérieurement produites. Mais elles sont généralement fort petites vis-à-vis des quinze *coefficients d'élasticité* a dont les valeurs, comme on sait par la théorie usuelle de la résistance des solides, se comptent par billions de kilogrammes quand l'unité de surface est le mètre carré; ce qui vient de ce qu'apparemment la force moléculaire fr, excessivement variable avec la distance r, est toujours petite en comparaison de $r\dfrac{dfr}{dr}$. Les produits de ces pressions primitives p^0 par les neuf dérivées $\dfrac{du}{dx}, \dfrac{du}{dy}, \ldots, \dfrac{dw}{dz}$ peuvent donc être effacés généralement devant les termes des p^1 affectés des coefficients a, en sorte que, pour les corps solides terrestres, les excès

$$p - p^0$$

des pressions ultérieures sur les pressions primitives, se réduisent aux p^1, c'est-à-dire aux expressions (26), qu'on a lorsqu'on part de l'état naturel. Mais pour l'éther lumineux répandu dans les espaces célestes ou dans les corps transparents, ou pour l'air si ces formules peuvent s'y appliquer, ou même pour un solide qui aurait été fortement comprimé avant d'éprouver quelque compression ultérieure, les termes en p^0 peuvent n'être point négligeables.

Au reste, on explique facilement la présence, dans (5o), de termes en p^0 affectés de dérivées telles que $\dfrac{du}{dy}$, $\dfrac{du}{dz}$, $\dfrac{dv}{dx}$, ..., qui ne sont pas des dilatations et qui ne sont que des portions de glissement; ces termes subsistent seuls, avec le terme en p^0 non affecté, quand on suppose nuls les glissements et les dilatations, auquel cas les déplacements u, v, w ne produisent que de petites translations et rotations. Ces mêmes termes proviennent alors de ce que les faces parallèles aux plans fixes yz, zx, xy, sur lesquelles les pressions p se prennent, n'occupent plus les mêmes positions dans le corps, où les pressions p^0 sont supposées n'être pas les mêmes en tous sens autour de chaque point. On obtient effectivement ces termes par les formules (6) $p_{x'x'} = p_{xx} c_{xx'}^2 + \ldots$ de changement de plan de pression, si l'on y remplace x', y', z' par x, y, z, et x, y, z par x_0, y_0, z_0 supposés représenter les directions primitives des trois droites matérielles rectangulaires devenues parallèles à x, y, z (en sorte que $p_{x_0 x_0}$, $p_{y_0 z_0}$, ..., sont la même chose que p_{xx}^0, p_{yz}^0, ...); car les cosinus ont alors les valeurs suivantes faciles à tirer de considérations semblables à celles qui ont fourni les termes de la deuxième expression (36) du n° **275**

$$c_{x_0 y} = 1, \qquad c_{y_0 x} = \frac{du}{dy}, \qquad c_{z_0 x} = \frac{du}{dz};$$

$$c_{x_0 y} = \frac{dv}{dx}, \qquad c_{y_0 y} = 1, \qquad c_{z_0 y} = \frac{dv}{dz};$$

$$c_{x_0 z} = \frac{dw}{dx}, \qquad c_{y_0 z} = \frac{dw}{dy}, \qquad c_{z_0 z} = 1;$$

et l'on peut, en les substituant, négliger les carrés et les produits de ceux qui ne sont pas égaux à 1.

Les termes en p^0 dont nous parlons peuvent donc être regardés comme représentant (à cela près de quantités négligeables) les composantes de pressions antérieures aux déplacements, sur les trois faces devant *devenir* perpendiculaires aux x, aux y, aux z.

Ces termes, hors celui qui n'est pas affecté de $\dfrac{du}{dy}$ ou $\dfrac{du}{dz}$, ..., ne se trouveront point dans les formules, si au lieu de prendre les pressions $p_{xx}, \ldots, p_{xy}$ sur ces plans rectangulaires, on calcule les composantes

$$p_{x'x'}, \quad p_{y'y'}, \quad p_{z'z'}, \quad p_{y'z'}, \quad p_{x'z'}, \quad p_{x'y'}$$

des pressions sur les plans très-peu obliques $y_1 M x_1$, $z_1 M_1 x_1$, $x_1 M_1 y_1$, dans lesquels ces mêmes plans se sont transformés, en estimant ou projetant les pressions, non pas suivant les intersections x_1, y_1, z_1, mais suivant trois droites x', y', z' perpendiculaires respectivement aux mêmes trois plans. Alors il ne restera d'affecté des p^0, dans les expressions, tirées des formules (50), des excès $p_{xx} - p_{xx}^0, \ldots$ composantes nouvelles sur les anciennes, que les premiers termes, tels que

$$p_{xx}^0 \left(\frac{du}{dx} - \frac{dv}{dy} - \frac{dw}{dz} \right) \quad \text{et} \quad - p_y^{0z} \frac{du}{dx};$$

où se trouvent engagées les dilatations.

279. *Équations d'équilibre les plus générales, quant à la contexture du corps et quant à son état antérieur aux déplacements.* — Au lieu de substituer à p_{xx}, $p_{yy}, \ldots, p_{xy}$ dans les équations d'équilibre (9)

$$\frac{dp_{xx}}{dx} + \ldots + \rho X = 0, \ldots, \ldots,$$

les formules (26) ou (32) à (35), comme on a fait au n° **276**, si l'on substitue les formules (50) qui supposent l'existence de pressions $p_{xx}^0, \ldots, p_{xy}^0$ antérieures aux déplacements, il faut en même temps, dans ces équations, faire

$$X = X_0 + X_1, \quad Y = Y_0 + Y_1, \quad Z = Z_0 + Z_1,$$

en appelant

X_0, Y_0, Z_0 les composantes, suivant les x, y, z, de la force extérieure (telle que la pesanteur), qui pouvait agir sur l'unité de masse au point (x, y, z) avant les déplacements ;

X_1, Y_1, Z_1 celles des forces qui peuvent être venues, depuis, s'y ajouter, et qui (avec les pressions exercées sur la surface) ont produit les déplacements ; forces qui, dans le cas de mouvements vibratoires, se réduisent ordinairement aux seules *inerties* par unité de masse, en sorte que, puisque les différentielles par rapport au temps des coordonnées $x + u$, $y + v$, $z + w$ après les déplacements, se réduisent à celles des déplacements u, v, w, on a alors

$$(51) \quad X_1 = -\frac{d^2 u}{dt^2}, \quad Y_1 = -\frac{d^2 v}{dt^2}, \quad Z_1 = -\frac{d^2 w}{dt^2}.$$

Dans les équations résultant de cette substitution, les forces primitives X_0, Y_0, Z_0 disparaîtront ainsi que les dérivées des pressions primitives p^0 dans les termes où ces pressions ne sont pas multipliées par les dérivées $\frac{du}{dx}, \ldots,$ $\frac{dw}{dz}$, des déplacements, car, en vertu de l'équilibre primitif, l'on a (n° 262)

$$\frac{dp_{xx}^0}{dx} + \frac{dp_{yx}^0}{dy} + \frac{dp_{zx}^0}{dz} + \rho X_0 = 0,$$

$$\frac{dp_{xy}^0}{dx} + \frac{dp_{yy}^0}{dy} + \frac{dp_{zy}^0}{dz} + \rho Y_0 = 0,$$

$$\frac{dp_{xz}^0}{dx} + \frac{dp_{yz}^0}{dy} + \frac{dp_{zz}^0}{dz} + \rho Z_0 = 0.$$

Quant aux termes tels que $\dfrac{dp^0_{xx}}{dx}\dfrac{du}{dx}$, $\ldots$, qui contiennent les mêmes dérivées des pressions primitives multipliées par celles des déplacements très-petits, on peut les effacer parce qu'on suppose les pressions primitives assez peu variables d'un point à l'autre pour n'altérer que fort peu l'homogénéité des distributions moléculaires.

On remarquera aussi que les termes négatifs affectés des p^0 seront, après les différentiations et les additions, détruits par des termes positifs et égaux, et il restera les trois équations différentielles :

$$(52) \quad \left\{ \begin{aligned}
& p^0_{xx}\frac{d^2u}{dx^2} + p^0_{yy}\frac{d^2u}{dy^2} + p^0_{zz}\frac{d^2u}{dz^2} \\
& \quad + 2p^0_{yz}\frac{d^2u}{dy\,dz} + 2p^0_{zx}\frac{d^2u}{dz\,dx} + 2p^0_{xy}\frac{d^2u}{dx\,dy} \\
& \qquad\qquad + \frac{dp^1_{xx}}{dx} + \frac{dp^1_{yx}}{dy} + \frac{dp^1_{zx}}{dz} + \rho X_1 = 0, \\[6pt]
& p^0_{xx}\frac{d^2v}{dx^2} + \ldots + 2p^0_{xy}\frac{d^2v}{dx\,dy} \\
& \qquad\qquad + \frac{dp^1_{xy}}{dx} + \frac{dp^1_{yy}}{dy} + \frac{dp^1_{zy}}{dz} + \rho Y_1 = 0, \\[6pt]
& p^0_{xx}\frac{d^2v}{dx^2} + \ldots + 2p^0_{xy}\frac{d^2w}{dx\,dy} \\
& \qquad\qquad + \frac{dp^1_{xz}}{dx} + \frac{dp^1_{yz}}{dy} + \frac{dp^1_{z}}{dz} + \rho Z_1 = 0;
\end{aligned} \right.$$

Les p^1 remplaçant toujours les expressions (26), avec (37) substitués à $\partial_x, \ldots g_{xy}$, c'est-à-dire

$$p^1_{xx} \text{ remplaçant } \mathrm{a}_{xxxx}\frac{du}{dx} + \ldots + \mathrm{a}_{xxxy}\left(\frac{du}{dy} + \frac{dv}{dx}\right),$$

et ainsi des autres; à différentier sans faire varier les coefficients a (par la raison qu'on vient de donner pour les p^0).

On donnera au n° **282** les particularisations de cette équation.

I.   44

280. *Établissement des équations indéfinies d'équilibre sans passer par le calcul des pressions.* — Mais Cauchy a obtenu ces équations d'équilibre d'une manière directe sans passer aucunement par la considération des pressions, en posant simplement (comme avait fait, au reste, Navier dès 1821 pour un cas particulier) les conditions d'équilibre d'une des molécules du corps (*).

Soient pour cela :

m cette molécule, dont les coordonnées primitives étaient x, y, z ;

$x + u$, $y + v$, $z + w$ ce que ces coordonnées sont devenues après un déplacement très-petit de m ;

m une quelconque des molécules environnantes qui sont dans sa sphère d'activité, ou qui exercent sur elle une action sensible ;

r la distance primitive de m à m ;

r_1 ce que cette distance est devenue, $r_1 - r$ étant supposé très-petit vis-à-vis de r ;

$x + \mathrm{x}$, $y + \mathrm{y}$, $z + \mathrm{z}$ les coordonnées primitives de m ;

$x + u + \mathrm{x} + \Delta u$, $y + v + \mathrm{y} + \Delta v$, $z + w + \mathrm{z} + \Delta w$ ses coordonnées après les déplacements ;

f la caractéristique de la fonction de la distance r ou r_1 exprimant l'action de m sur m ;

X_0, Y_0, Z_0, X_1, Y_1, Z_1 les forces considérées au numéro précédent.

Si S désigne, comme aux n°ˢ **277** et **278**, une somme relative à toutes les molécules m comprises dans la sphère d'activité sensible de m, l'équilibre de cette dernière molécule, ou la nullité des sommes de forces qui agissent sur elle, décomposées dans les sens x, y, z, exige qu'on ait

---

(*) *Exercices de Mathématiques*, troisième année, p. 188-212 ; et ensuite, *Exercices d'analyse et de physique mathématique*, t. Ier et suivants.

1° Avant les déplacements

$$
(53) \quad
\begin{cases}
\mathrm{m} \, S \, m \, \dfrac{x}{r} fr + \mathrm{m} X_0 = 0, \\[2mm]
\mathrm{m} \, S \, m \, \dfrac{y}{r} fr + \mathrm{m} Y_0 = 0, \\[2mm]
\mathrm{m} \, S \, m \, \dfrac{z}{r} fr + \mathrm{m} Z_0 = 0.
\end{cases}
$$

2° Après les déplacements (en divisant tout par m)

$$
(54) \quad
\begin{cases}
S \, m \, \dfrac{x + \Delta u}{r_1} fr_1 + X_0 + X_1 = 0, \\[2mm]
S \, m \, \dfrac{y + \Delta v}{r_1} fr_1 + Y_0 + Y_1 = 0, \\[2mm]
S \, m \, \dfrac{z + \Delta w}{r_1} fr_1 + Z_0 + Z_1 = 0.
\end{cases}
$$

Substituons (45), ou

$$
\frac{fr_1}{r_1} = \frac{fr}{r} + (x \Delta u + y \Delta v + z \Delta w) \, \frac{1}{r} \, \frac{d \dfrac{fr}{r}}{dr} ;
$$

nous aurons, en effectuant les multiplications, et effaçant, comme très-petits du second ordre, vu la petitesse
supposée de u, v, w, les carrés et les produits de Δu, Δv,
Δw, les trois équations d'équilibre suivantes, *dont on a
retranché ce qui se détruit, eu égard aux équations* (53)
de l'équilibre primitif :

$$
(55) \quad
\begin{cases}
S \, m \left[\dfrac{fr}{r} \Delta u + (x^2 \Delta u + xy \Delta v + xz \Delta w) \dfrac{d \dfrac{fr}{r}}{rdr} \right] + X_1 = 0, \\[4mm]
S \, m \left[\dfrac{fr}{r} \Delta v + (xy \Delta u + y^2 \Delta v + yz \Delta w) \dfrac{d \dfrac{fr}{r}}{rdr} \right] + Y_1 = 0, \\[4mm]
S \, m \left[\dfrac{fr}{r} \Delta w + (xz \Delta u + yz \Delta v + z^2 \Delta w) \dfrac{d \dfrac{fr}{r}}{rdr} \right] + Z_1 = 0.
\end{cases}
$$

44.

Mettons-y à la place de Δu, Δv, Δw, les expressions (47) que fournit la série de Taylor à trois variables, en conservant maintenant les termes du second ordre, tels que $\frac{1}{1.2}\left(\frac{d^2 u}{dx^2}\,x^2 + \ldots + 2\,\frac{d^2 u}{dx\,dy}\,xy\right)$, qui ont pu être négligés dans le calcul ci-dessus des pressions. Nous pouvons faire passer hors des signes S les dérivées de u, v, w, qui sont toutes relatives au point m (x, y, z) du corps considéré. Les neuf dérivées du premier ordre $\frac{du}{dx}$, $\frac{du}{dy}$, ..., $\frac{dw}{dz}$, se trouveront multipliées par des sommes qui sont relatives à l'état primitif du même corps, quant aux grandeurs des distances r et de leurs projections x, y, z; sommes qui ont les formes diverses suivantes

$$S_{\,m\,x}\,\frac{fr}{r}\,, \quad S_{\,m\,y}\,\frac{fr}{r}\,, \quad S_{\,m\,z}\,\frac{fr}{r}\,,$$

$$S_{\,m\,x^3}\,\frac{d\frac{fr}{r}}{r\,dr}\,, \quad S_{\,m\,x^2 y}\,\frac{d\frac{fr}{r}}{r\,dr}\,, \ldots, \quad S_{\,m\,xyz}\,\frac{d\frac{fr}{r}}{r\,dr}\,,$$

et dans les termes desquelles les petites lignes x, y, z, projections de la distance primitive r de m à m sont, ou seules, ou engagées dans des puissances ou produits du troisième degré. Ces sommes se composent, comme le remarque Cauchy (*), de termes affectés de signes contraires, quand ils sont relatifs à deux molécules m situées de part et d'autre de la molécule m sur une même droite quelconque menée par cette molécule centrale. Elles sont toutes nulles si le corps est naturellement homogène (n° **274**) et si les forces X_0, Y_0, Z_0 qui agissaient sur lui n'ont pas altéré l'égale distribution moyenne des

---

(*) *Exercices de Mathématiques*, troisième année, p. 197.

molécules dans la direction de chaque droite. Elles sont extrêmement petites, et leurs produits par $\dfrac{du}{dx}$, $\dfrac{du}{dy}$, ..., $\dfrac{dw}{dz}$ sont négligeables, si, comme on le suppose, ces mêmes forces X_0, Y_0, Z_0 n'avaient pas une intensité assez considérable pour altérer d'une manière sensible l'homogénéité, ou si la contexture primitive, bien que pouvant être non-homogène, ou changeant sensiblement de nature d'une extrémité à l'autre d'un corps de dimensions finies, ne varie ainsi que graduellement ou insensiblement à des distances imperceptibles, comme sont les distances $r = mm$ où s'exercent les actions moléculaires.

Effaçons donc ces termes du premier ordre. Resteront ceux du second ordre, c'est-à-dire ceux qui sont affectés des trente-six dérivées secondes

$$\frac{d^2u}{dx^2}, \quad \frac{d^2u}{dy^2}, \cdots, \quad \frac{d^2w}{dx\,dy}, \quad \frac{d^2v}{dx^2}, \cdots, \quad \frac{d^2w}{dx\,dy}.$$

Et si nous multiplions tout par la densité primitive

$$\rho,$$

les coefficients seront précisément les expressions (41), qui sont celles des six composantes des pressions primitives, et les expressions (49) qui sont celles des coefficients appelés a, en sorte que *l'on retrouve les équations d'équilibre* (52) *déjà obtenues,* et les deux procédés se contrôlent l'un l'autre (*).

____

(*) Cauchy a donné encore, dès 1822, et aussi pages 183-187 de la troisième année des *Exercices*, des équations pour les corps *mous ou dépourvus d'élasticité,* et par conséquent pour les liquides en état de mouvement perceptible. L'hypothèse employée consiste à regarder, à chaque instant, les parties non hydrostatiques des trois pressions principales comme proportionnelles aux dilatations principales que le mouvement a produites pendant le temps infiniment court qui a immédiatement précédé, en regardant comme effacée l'influence des dilatations plus antérieurement engendrées. Il arrive ainsi à des équations semblables à celles que Navier en 1822 (13 mars, t. VI des *Mémoires de l'Institut*) et Poisson

281. *Observations diverses sur cette analyse et sur celles qui ont été présentées par d'autres auteurs.* — Cette double analyse de Cauchy, basée sur la loi des actions à de petites distances, paraît tout à fait exacte; car, au lieu d'opérer, comme d'autres géomètres, ces *intégrations autour d'un point* dont le principe peut conduire à des conséquences contraires à tous les faits, ainsi qu'il l'a montré (*) en même temps que Poisson (**) qui

---

en 1829 (12 octobre, au XXe Cahier du *Journal de l'École Polytechnique*, p. 149, formules 7) ont tirées d'autres considérations, et qu'on trouve aussi démontrées aux *Comptes rendus*, 27 novembre 1843, t. XVII, p. 1243, au moyen d'une hypothèse simple; et aussi, d'une manière ingénieuse, par M. Stokes, dans un Mémoire lu le 14 avril 1845 (*On theories of the internal friction of fluids in motion, Transactions of Cambridge*, vol. VIII, p. 297). Ces sortes d'équations, bien qu'elles tiennent compte du frottement du fluide, ou de la *non-normalité* et de l'inégalité de ses pressions quand il se meut, ce qui avait été négligé par les Géomètres du siècle dernier, paraissent n'être propres à représenter que les mouvements très lents, ou bien les mouvements très-réguliers qui s'opèrent dans les tubes capillaires bien polis, et non pas le mouvement croisé et tourbillonnant qui a lieu dans les cours d'eau et dans les tuyaux d'un certain diamètre. M. Stokes, au reste, les a appliquées avec succès à la détermination des oscillations lentes d'un pendule dans un liquide (9 décembre 1850, *Transactions of Cambridge*, vol. IX).

(*) *Exercices*, troisième année, p. 203, 204, 224, 225, 226, 231. On y voit qu'en convertissant les sommes S d'actions en intégrales, comme si les points matériels qui les exercent étaient en nombre infini et contigus les uns aux autres, on arrive à ces conséquences : 1° que les pressions sont constamment normales aux faces, ou n'ont aucune composante tangentielle; 2° qu'elles ne varient que comme le carré de la densité lorsque l'on comprime, dilate ou déforme le corps dans l'intérieur duquel elles s'exercent. De sorte que tous les corps se comporteraient comme un fluide et d'une espèce même que la nature n'offre point. (On peut voir à ce sujet, au *Bulletin de la Société philomathique*, 20 janvier 1844, un Mémoire sur la question de savoir s'il existe des *masses continues*, et sur la nature probable des dernières particules des corps, où l'on examine le célèbre système du P. Boscovich, et dont la conclusion est d'accord avec celle que Cauchy tirait de simples considérations sur la divisibilité de la matière dans son cours de *Fisica sublime* fait à Turin vers 1832.)

**) Mémoire du 14 avril 1828, inséré au t. VIII des *Mémoires de*

cependant les opérait encore implicitement dans le premier Mémoire où il en a signalé l'inconvénient (*). Cauchy exprime constamment [comme Poisson l'a· fait ensuite complétement aussi (**)] ses résultantes de forces, non par des intégrales, mais par des·sommes S ou Σ d'un nombre fini quoique très-grand d'actions individuelles ; et, cela, sans se servir, comme Poisson, de considérations peu rigoureuses relatives à la grandeur moyenne de l'espacement des molécules (***), et sans avoir besoin de supposer avec lui que « le rayon d'activité comprend un nombre immense de fois l'intervalle moléculaire », de sorte « que les actions entre les molécules les plus voisines puissent être négligées devant les actions moindres mais plus nombreuses qui s'exercent entre les autres (****) », ce qui, comme le remarque Cauchy, conduirait aux mêmes conséquences fausses que la substitution d'un nombre infini de particules contiguës aux molécules isolées et espacées (*****). Une pareille *suppression* des molécules les plus proches les unes des autres n'est nullement nécessaire pour pouvoir représenter les dépla-

---

l'Académie des Sciences, p. 366, 369. *Nouvelle théorie de l'action capillaire*, p. 31 et 378; et *Polémique avec Navier*, aux tomes XXXVI (1827), et XXXVII, XXXVIII, XXXIX (1828) des *Annales de Chimie et de Physique*.

(*) Même Mémoire du 14 avril 1828, p. 378 à 381.

(**) Mémoire du 12 octobre 1829, au XXe Cahier du *Journal de l'École Polytechnique*, p. 41 à 46.

(***) Même Mémoire de 1829, art. 16, p. 32 et 42.

(****) Mémoire de 1828, p. 370, 378, et Mémoire de 1829, p. 7, 8, 13, 25, 26.

(*****) *Exercices*, troisième année, pages 202 à 204, 224, 225, 226, 231 déjà citées.

cements relatifs par les développements (47) de Δu, Δv, Δw, puisque les irrégularités individuelles disparaissent quand on prend des résultats moyens, seuls applicables aux questions qui ont rapport à des amas de molécules.

Cette analyse est sous un autre rapport, et comme celle de Poisson, plus exacte aussi et plus complète que celle d'autres géomètres qui, au lieu de prendre pour l'action de deux molécules dont la distance r est devenue r_1, sa valeur véritable

$$fr_1 = fr + (r_1 - r)f'r + \ldots,$$

prennent seulement

$$(r_1 - r)f'r,$$

ou partent d'une hypothèse consistant à faire cette action proportionnelle à une certaine fonction $f'r$ de la distance primitive et au petit accroissement $r_1 - r$ qu'elle a subi. Il en résulte non-seulement que l'on omet ainsi les termes affectés des pressions primitives

$$p_{xx}^0 = \frac{\rho}{2}\, S\, m\, \frac{fr}{r}\, x^2, \ldots, \quad p_{xy}^0 = \frac{\rho}{2}\, S\, m\, \frac{fr}{r}\, xy,$$

qui peuvent n'être point nulles, ou qu'on réduit $p_{xx}, \ldots$, p_{xy} à leurs parties $p_{xx}^1, \ldots, p_{xy}^1$ [n° **278**, formule (5o)], mais encore que les coefficients a_{xxxx}, $a_{xxyy}, \ldots$ de ces parties conservées sont

$$\frac{\rho}{2}\, S\, m\, \frac{dfr}{r^2\,dr}\, (x^4 \quad \text{ou} \quad x^2 y^2 \quad \text{ou etc.}),$$

au lieu de recevoir leurs expressions véritables (49)

$$\frac{\rho}{2}\, S\, m\, \frac{d\frac{fr}{r}}{r\,dr}\, (x^4 \quad \text{ou} \quad x^2 y^2 \quad \text{ou etc.}),$$

qu'on peut remplacer identiquement par ces autres ex-pressions

$$\frac{\rho}{2}\, S\, m\, \frac{d\,\frac{fr}{r}}{r^2\,dr}\,(\mathrm{x}^4 \quad \text{ou} \quad \mathrm{x}^2\,\mathrm{y}^2 \quad \text{ou etc.})$$

$$-\frac{\rho}{2}\, S\, m\, \frac{fr}{r^3}\,(\mathrm{x}^4 \quad \text{ou} \quad \mathrm{x}^2\,\mathrm{y}^2 \quad \text{ou etc.}),$$

dont la seconde partie n'est point nulle, puisque l'équilibre supposé des actions primitives, ou

$$S\, mfr\, \frac{\mathrm{x}}{r} = 0, \quad S\, mfr\, \frac{\mathrm{y}}{r} = 0, \quad S\, mfr\, \frac{\mathrm{z}}{r} = 0,$$

même joint à la nullité des pressions primitives p^0, ou à

$$\frac{\rho}{2}\, S\, m\, \frac{fr}{r}\, \mathrm{x}^2 = 0, \dots, \quad \frac{\rho}{2}\, S\, m\, \frac{fr}{r}\, \mathrm{xy} = 0,$$

n'entraîne pas nécessairement

$$\frac{\rho}{2}\, S\, m\, \frac{fr}{r^3}\, \mathrm{x}^4 = 0, \quad \frac{\rho}{2}\, S\, m\, \frac{fr}{r^3}\, \mathrm{x}^2\,\mathrm{y}^2 = 0, \dots.$$

Les coefficients d'élasticité $a_{xxxx}, \dots, a_{xxyy}$ des formules obtenues par l'hypothèse des auteurs dont nous parlons ne sont donc pas les véritables, même lorsqu'il y a primitivement équilibre et pressions nulles (*).

(*) L'analyse de Cauchy lui permet aussi de poser et d'employer des équations d'équilibre où sont conservés tous les termes des développements de Taylor (47) de Δu, Δv, Δw sans négliger ceux d'un ordre supérieur au second. Montrons succinctement comment cela a pu le conduire à expliquer certains phénomènes tels que ceux de *dispersion de la lumière*, ou de rayons diversement colorés, paraissant dépendre de ce que l'étendue de la sphère d'activité des molécules de l'*éther* lumineux n'est pas extrêmement petite vis-à-vis des *longueurs d'ondulation*.

Le développement (47) de la différence Δu peut s'écrire ainsi, les puissances successives du trinôme $\mathrm{x}\,\frac{d}{dx} + \mathrm{y}\,\frac{d}{dy} + \mathrm{z}\,\frac{d}{dz}$ étant supposées dé-

282. *Particularisation, à ce point de vue, pour les divers cas de contexture symétrique considérés autre-*

---

veloppées ultérieurement, et u, qui figure comme facteur commun, étant, après ce développement, mis aux numérateurs à la suite des diverses puissances de la caractéristique d,

$$(a) \quad \Delta u = \left[x\frac{d}{dx} + y\frac{d}{dy} + z\frac{d}{dz} + \frac{1}{1.2}\left(x\frac{d}{dx} + y\frac{d}{dy} + z\frac{d}{dz}\right)^2 + \frac{1}{1.2.3}\left(x\frac{d}{dx} + y\frac{d}{dy} + z\frac{d}{dz}\right)^3 + \ldots\right] u;$$

ce que M. Cauchy exprime encore symboliquement, d'après l'expression connue du développement d'une exponentielle népérienne, par

$$(b) \quad \left(e^{xD_x + yD_y + zD_z} - 1\right) u;$$

$D_x u$, $D_y u$, $D_z u$ ayant la même signification que $\frac{du}{dx}$, $\frac{du}{dy}$, $\frac{du}{dz}$. Or, supposons que dans les trois équations différentielles non développées (55), qui deviennent celles du mouvement vibratoire d'un système de molécules en y mettant les *inerties* à la place des forces X_1, Y_1, Z_1, c'est-à-dire que, dans

$$(c) \quad \begin{cases} \dfrac{d^2u}{dt^2} = S\, m \left[\dfrac{fr}{r}\,\Delta u + (x^2\Delta u + xy\Delta v + xz\Delta w)\dfrac{d\frac{fr}{r}}{r\,dr}\right], \\[2ex] \dfrac{d^2v}{dt^2} = \ldots, \quad \dfrac{d^2w}{dt^2} = \ldots, \end{cases}$$

on ait mis pour Δu, Δv, Δw la série (a) en u et deux autres semblables en v, w; on aura trois équations aux dérivées partielles linéaires en u, v, w. Elles seront satisfaites en substituant à ces trois inconnues le système d'intégrales simples représenté par

$$(d) \quad \begin{cases} u = A\,e^{(ax + by + cz - st)\sqrt{-1}}, \\[1ex] v = B\,e^{(ax + by + cz - st)\sqrt{-1}}, \\[1ex] w = C\,e^{(ax + by + cz - st)\sqrt{-1}}, \end{cases}$$

où a, b, c sont trois nombres pris proportionnels aux cosinus des angles d'une droite arbitraire avec les x, y, z, pourvu que les quatre autres constantes A, B, C, s satisfassent aux trois équations simplement algébriques qui résultent de la substitution énoncée de (d) dans (c), ainsi transformé,

ment aux n°s 271 *à* 273. *Formules d'isotropie.*—On particularise facilement les coefficients (41) et (49) que nous

---

suivie de la division de tous les termes par l'exponentielle; équation
dont les premiers membres seront $-As^2$, $-Bs^2$, $-Cs^2$, et où, dans les
seconds membres, à la place des puissances successives du trinôme sym-
bolique x$\frac{d}{dx}+$y$\frac{d}{dy}+$z$\frac{d}{dz}$ introduit par la série (a) et les deux autres
semblables, figureront les puissances de

$$(e) \qquad (a\text{x}+b\text{y}+c\text{z})\sqrt{-1}.$$

L'élimination des rapports $\frac{B}{A}$, $\frac{C}{A}$ entre ces trois équations sera facile,
vu qu'ils n'y sont engagés qu'au premier degré, et elle donnera en s^2 une
équation du troisième degré; en sorte qu'en choisissant A arbitrairement,
comme on a choisi la direction arbitraire déterminée par a, b, c, on
aura trois systèmes de valeurs pour B, C et $\pm s$.

Ces valeurs des constantes étant substituées, les équations différentielles (c) seront également satisfaites par la seule partie réelle des expressions partie réelle, partie imaginaire, dans lesquelles se changent
les intégrales (d) quand on remplace par le binôme trigonométrique
équivalent leur exponentielle imaginaire unique. Même, plus généralement, elles seront satisfaites par les seules parties réelles des binômes
équivalents aux trois exponentielles imaginaires qu'elles contiendront,
lorsqu'on y mettra pour A, B, C des expressions aussi affectées d'exponentielles, telles que

$$(f) \qquad A = a e^{\lambda\sqrt{-1}}, \quad B = b e^{\mu\sqrt{-1}}, \quad C = c e^{\nu\sqrt{-1}};$$

c'est-à-dire que ces équations (c) seront satisfaites par

$$(g) \quad u = a\cos(k\text{r}-st+\lambda), \quad v = b\cos(k\text{r}-st+\mu), \quad w = c\cos(k\text{r}-st+\nu),$$

où

$$(g\,bis) \qquad \text{r} = \frac{ax+by+cz}{k}, \quad k \text{ étant pris } = \sqrt{a^2+b^2+c^2}.$$

Une somme d'un nombre indéfini de ces intégrales particulières, ou la
superposition d'un nombre indéfini des mouvements moléculaires *simples*
qu'elles représentent, peut donner une intégrale générale satisfaisant à des
conditions définies et initiales données. Or, ces mouvements simples sont
vibratoires à période $\frac{2\pi}{s}$, puisque u, v, w redeviennent les mêmes en *un
même lieu* quand le temps t croît de

$$(h) \qquad T = \frac{2\pi}{s}.$$

De plus, ils sont les mêmes à chaque instant en tous les points pour les-

venons d'obtenir par des calculs d'actions moléculaires, c'est-à-dire

$$\frac{\rho}{2}\,S\,m\,\frac{fr}{r}\,x^2 = p^0_{xx},\ldots, \qquad \frac{\rho}{2}\,S\,m\,\frac{fr}{r}\,xy = p^0_{xy},$$

et

$$\frac{\rho}{2}\,S\,m\,\frac{d\frac{fr}{r}}{r\,dr}\,(x^4 \quad \text{ou} \quad x^2 y^2 \quad \text{ou} \quad x^3 y \quad \text{ou} \quad z^2 xy)$$
$$= a_{xxxx} \quad \text{ou} \quad a_{xxyy} \quad \text{ou} \quad a_{xxxy} \quad \text{ou} \quad a_{zzxy},$$

quels v a la même valeur, c'est-à-dire en tous les points de chacun des plans $v = \frac{a}{k}x + \frac{b}{k}y + \frac{c}{k}z$, tous normaux à la direction déterminée par les trois cosinus $\frac{a}{k}$, $\frac{b}{k}$, $\frac{c}{k}$; et ils redeviennent aussi les mêmes, *à un même instant*, lorsqu'on passe de ce plan à un autre qui lui soit parallèle et qui en soit éloigné de

$$(i) \qquad\qquad l = \frac{2\pi}{k}.$$

Enfin, ils redeviennent encore les mêmes lorsqu'on fait croître à *la fois* la ligne v (mesurant la distance des plans à l'origine) et le temps t, de quantités Δv et Δt, telles que $\frac{\Delta v}{\Delta t} = \frac{l}{T} = \frac{s}{k}$; ce qui fait que le mouvement est dit *à ondes planes*, d'une longueur ou épaisseur

$$(i') \qquad\qquad l = \frac{2\pi}{k}$$

se déplaçant parallèlement à elles-mêmes avec une *vitesse de propagation*

$$\frac{l}{T} = \frac{s}{k},$$

susceptible de trois valeurs numériques. Cette vitesse a pour chacune deux directions opposées, vu que l'équation du troisième degré fournit le carré de s.

Or l'expression (e), débarrassée de $\sqrt{-1}$ et divisée par $k = \sqrt{a^2 + b^2 + c^2}$ et par $r = \sqrt{x^2 + y^2 + z^2}$, n'est autre chose que le cosinus de l'angle formé par la ligne de jonction r des deux molécules m et m, et par la

en supposant avec Cauchy que s'il y a, avant les déplacements, symétrie par rapport à un plan perpendiculaire aux x, il répond, au moins moyennement, à chaque
molécule m située d'un côté de ce plan à une distance x,
une molécule égale située de l'autre côté à une distance — x,
et pour laquelle y et z sont les mêmes; en sorte que
toutes les sommes S dans lesquelles x entre à une puissance impaire s'annulent comme composées de termes
égaux deux à deux et de signe contraire.

Et si la même symétrie existe par rapport à des plans
perpendiculaires aux y et aux z, les formules (50) se ré-

---

direction $\left(\dfrac{a}{k},\ \dfrac{b}{k},\ \dfrac{c}{k}\right)$ de la normale aux ondes planes. En appelant δ cet
angle, on a

$$(a\,\mathrm{x} + b\,\mathrm{y} + c\,\mathrm{z})\sqrt{-1} = kr\cos\delta\sqrt{-1} = 2\pi\cos\delta\,\frac{r}{l}\sqrt{-1}.$$

Ses puissances supérieures à la seconde ne peuvent être négligées dans
les développements qu'autant qu'on peut négliger celles de $\dfrac{r}{l}$, rapport
des distances r des molécules qui sont dans la sphère d'activité l'une de
l'autre, aux longueurs d'ondulation dont les travaux des Physiciens ont
donné la mesure en dix-millièmes de millimètre. Il faut donc conserver
les termes d'ordre supérieur au second dans les séries de Taylor, telles
que (a), si le cube du rapport $\dfrac{r}{l}$ du rayon d'activité moléculaire à la
longueur d'onde n'est pas négligeable; et l'on conçoit que certains phénomènes ne puissent s'expliquer qu'autant qu'on les conserve, ainsi que
Coriolis le fit remarquer le premier à Cauchy.

Ce que nous venons de dire dans cette note est extrait principalement
du tome Ier (1840) des *Exercices d'Analyse et de Physique mathématique*,
pages 1 et 150.

On y reviendra dans un autre ouvrage, où se trouveront résumés les
nombreux et importants travaux de Cauchy sur la théorie de la lumière, travaux dont l'accord avec les résultats acceptables de ceux de
Fresnel se trouve établi aux n°s 17 à 24 d'un *Mémoire sur la distribution
des élasticités autour de chaque point, etc.*, présenté le 16 mai 1863 (*Comptes
rendus*, t. LVI, p. 475), et inséré *in extenso* en 1863-1864 au *Journal de
M. Liouville*.

duisent à

$$(56) \begin{cases} p_{xx} = p_{xx}^0 \left(1 + \dfrac{du}{dx} - \dfrac{dv}{dy} - \dfrac{dw}{dz} \right) \\[2mm] \qquad + a_{xxxx} \dfrac{du}{dx} + a_{xxyy} \dfrac{dv}{dy} + a_{xxzz} \dfrac{dw}{dz} \\[2mm] \qquad = p_{xx}^0 + (a_{xxxx} + p_{xx}^0) \dfrac{du}{dx} + (a_{xxyy} - p_{xx}^0) \dfrac{dv}{dy} \\[2mm] \qquad\quad + (a_{xxzz} - p_{xx}^0) \dfrac{dw}{dz}, \\[2mm] p_{yy} \text{ et } p_{zz} = \text{des expressions semblables;} \\[2mm] p_{yz} = p_{zz}^0 \dfrac{dv}{dz} + p_{yy}^0 \dfrac{dw}{dy} + a_{yyzz} \left(\dfrac{dv}{dz} + \dfrac{dw}{dy} \right) \\[2mm] \qquad = (a_{yyzz} + p_{zz}^0) \dfrac{dv}{dz} + (a_{yyzz} + p_{yy}^0) \dfrac{dw}{dy}, \\[2mm] p_{zx} \text{ et } p_{xy} = \text{des expressions semblables } (*); \end{cases}$$

c'est-à-dire aux formules (33)

$$ p_{xx} = a \partial_x + f' \partial_y + e' \partial_z, \dots, \qquad p_{yz} = d \cdot g_{yz}, \dots, $$

réduites à six coefficients en effaçant les accents, mais en ajoutant les termes affectés des pressions normales primitives p_{xx}^0, p_{yy}^0, p_{zz}^0.

On voit que la triple symétrie primitive entraîne la nullité des composantes tangentielles avant les déplacements, ou

$$ p_{yz}^0 = 0, \quad p_{zx}^0 = 0, \quad p_{xy}^0 = 0. $$

Si, de plus, la contexture est symétrique autour d'une droite dite *axe d'élasticité* (**) Mx mené parallèlement

---

(*) Ces formules sont identiques avec celles (49) et (50) de la page 330 de la troisième année des *Exercices*, en remplaçant a_{xxxx}, a_{xxzz}, a_{xxyy}, a_{yyzz}, p_{xx}^0, p_{yy}^0, p_{zz}^0 par $L\Delta$, $Q\Delta$, $R\Delta$, $P\Delta$, $G\Delta$, $H\Delta$, $I\Delta$.

(**) En 1828 (*Exercices*, troisième année), Cauchy appelait axes d'élasticité d'autres lignes, savoir les intersections mutuelles des trois plans de symétrie ou plans principaux d'élasticité.

aux x par le point M (x, y, z), on a

non-seulement $\quad a_{yyyy} = a_{zzzz}, \quad a_{yyzz} = a_{zzxx}, \quad p^0_{yy} = p^0_{zz},$

mais encore $\quad a_{yyyy} = 3\,a_{yyzz};$

car les sommes S doivent conserver la même valeur
quand, à la place des projections y, z des distances moléculaires r sur les droites My, Mz parallèles aux y, aux z,
on met leurs projections y', z' sur deux nouvelles droites
fixes My', Mz' perpendiculaires entre elles et à Mx. Or,
en prenant celles-ci, pour plus de simplicité, bissectrices
des deux angles droits de My, Mz, on a

$$y = (y' - z')\sqrt{\tfrac{1}{2}}, \quad z = (y' + z')\sqrt{\tfrac{1}{2}},$$

d'où, substituant dans l'expression (49) de a_{yyzz} :

$$a_{yyzz} = \frac{\rho}{2}\, S\, m\, \frac{d\frac{fr}{r}}{r\,dr}\left[\frac{1}{2}(y' - z')(y' + z')\right]^2$$

$$= \frac{\rho}{2}\, S\, m\, \frac{d\frac{fr}{r}}{r\,dr}\cdot\frac{1}{4}(y'^4 - 2y'^2 z'^2 + z'^4)$$

$$= \frac{1}{4}(2\,a_{yyyy} - 2\,a_{yyzz}),$$

ou précisément la relation annoncée $a_{yyyy} = 3\,a_{yyzz}$.

Lorsque l'élasticité ou la contexture est la même en
tous sens autour du point (x, y, z), tous les plans qui s'y
coupent sont plans principaux ou de symétrie, et toutes
les droites qui y passent sont axes d'élasticité; et l'on a

$$(57)\ \left\{\ \begin{aligned} & p^0_{xx} = p^0_{yy} = p^0_{zz}, \\ & a_{xxxx} = a_{yyyy} = a_{zzzz} = 3\,a_{yzyz} = 3\,a_{zxzx} = 3\,a_{xyxy}. \end{aligned}\right.$$

Appelons alors

p_0 la pression primitive $p^0_{xx} = \ldots$, alors nécessairement normale et égale en tous sens;

G le coefficient $a_{y_3y_3} = \ldots$, désigné généralement par cette lettre, parce qu'il est ce qu'on nomme le coefficient d'élasticité de *glissement* (ou de *torsion*) dans la théorie de la résistance des matériaux; nous avons les formules suivantes qui s'étendent à tous le corps s'il est homogène [et alors il est aussi isotrope et possède à la fois tous les genres d'homogénéité (n° **274**, note)],

$$(58) \begin{cases} p_{xx} = p_0 \left(1 + \dfrac{du}{dx} - \dfrac{dv}{dy} - \dfrac{dw}{dz} \right) + G \left(3\dfrac{du}{dx} + \dfrac{dv}{dy} + \dfrac{dw}{dz} \right), \\[2mm] p_{yy} = p_0 \left(1 - \dfrac{du}{dx} + \dfrac{dv}{dy} - \dfrac{dw}{dz} \right) + G \left(\dfrac{du}{dx} + 3\dfrac{dv}{dy} + \dfrac{dw}{dz} \right), \\[2mm] p_{zz} = p_0 \left(1 - \dfrac{du}{dx} - \dfrac{dv}{dy} + \dfrac{dw}{dz} \right) + G \left(\dfrac{du}{dx} + \dfrac{dv}{dy} + 3\dfrac{dw}{dz} \right), \\[2mm] \text{et} \\[2mm] p_{yz} = (p_0 + G) \left(\dfrac{dv}{dz} + \dfrac{dw}{dy} \right), \\[2mm] p_{zx} = (p_0 + G) \left(\dfrac{dw}{dx} + \dfrac{du}{dz} \right), \\[2mm] p_{xy} = (p_0 + G) \left(\dfrac{du}{dy} + \dfrac{dv}{dx} \right). \end{cases}$$

Quand l'état primitif est l'état naturel, ou quand la pression primitive

$$p_0 = 0,$$

elles sont identiques avec les formules (25) ci-dessus où l'on ferait

$$k = 2K = 2G,$$

ou avec celles (35) où l'on ferait

$$e = e' = G \; (^*).$$

(*) Ces formules complètes (58) du cas d'isotropie reviennent à celles (52) de la page 231 de la troisième année des *Exercices*. Mais, il faut le dire, Cauchy leur a donné une forme qui prête fâcheusement

83. *Preuve directe et élémentaire des* vingt et une *égalités entre les coefficients* a *ou de leur réduction à* quinze *distincts.* — Il n'est pas, au reste, nécessaire de se

reprise. Dans le but, sans doute, de justifier et de vérifier le résultat des recherches de 1822 antérieures certainement à toutes celles de Poisson, et basées, comme on a vu, sur une hypothèse qu'il a dû modifier en 1828 (n° 266 ci-dessus), il a posé (*Exercices,* troisième année, p. 231)

$$G + p_0 = \frac{1}{2}\,k, \quad G - p_0 = K, \quad \text{d'où} \quad G = \frac{k + 2K}{4}, \quad p_0 = \frac{k - 2K}{4},$$

qui change les formules (58) en

$$(58\ bis) \quad \begin{cases} p_{xx} = \dfrac{k - 2K}{4} + k\,\dfrac{du}{dx} + K\left(\dfrac{du}{dx} + \dfrac{dv}{dy} + \dfrac{dw}{dz}\right), \\[2mm] p_{yz} = \dfrac{k}{2}\left(\dfrac{dv}{dz} + \dfrac{dw}{dy}\right), \\[2mm] p_{yy} = \cdots, \quad p_{zz} = \cdots; \quad p_{zx} = \cdots, \quad p_{xy} = \cdots, \end{cases}$$

est-à-dire dans les formules (25) avec $p_0 = \dfrac{k - 2K}{4}$ ajouté aux trois composantes normales p_{xx}, p_{yy}, p_{zz}.

Il est fâcheux, disons-nous, que des formules comme (25) et (58 *bis*), *relatives à deux cas différents,* aient été ainsi rendues semblables par les mêmes notations

$$k, \quad K,$$

qui représentent dans les premières *de toutes autres quantités que dans les dernières,* puisque, dans le cas de celles-ci, il y a des pressions antérieures p_0 qui étaient supposées ne pas exister dans le cas des premières, et qui seules causent, dans (58) et (58 *bis*), la dualité des coefficients.

Et ce qui augmente la confusion, c'est qu'on trouve, aux pages 204 et 205 de la même troisième année des *Exercices,* des formules semblables à (58 *bis*), mais *sans leurs termes constants,* et qui, par une autre similitude de notations, paraissent encore représenter les composantes de pression A, B, C (ou p_{xx}, p_{yy}, p_{zz}) après les déplacements, tandis que ce sont là de simples désignations abréviatives destinées à donner une forme simple aux trois équations d'équilibre, et qui ne représentent par le fait que les excès

$$p_{xx} - p^0_{xx}, \quad p_{yy} - p^0_{yy}, \quad p_{zz} - p^0_{zz}$$

de ces pressions sur les pressions primitives (G Δ, H Δ, I Δ de Cauchy), et que les différentiations font disparaître.

C'est ce qui a fait penser à un habile et regrettable Physicien que les

I. 45

livrer aux calculs analytiques ci-dessus des actions moléculaires, ni d'invoquer le théorème général du n° **277** où l'on remplace les actions réelles s'exerçant à travers une face par des actions fictives émanant toutes de son centre M, pour prouver la réductibilité des coefficients a à quinze. Un raisonnement très-élémentaire, fait sur les actions réellement et effectivement en jeu, suffit pour prouver que si les pressions p_{xx}, p_{yy}, . . ., p_{xy} sont dues entièrement aux dilatations et glissements ∂_x, ∂_y, . . ., g_{xy}, ou s'il n'y avait pas de pressions antérieurement aux déformations, et si n désigne la direction de la normale à l'un des trois plans coordonnés, ou même à une face quelconque, *les coefficients de* ∂_y *et de* g_{yz} *dans l'expression*

---

formules relatives aux corps où il n'y a point de pressions dans l'état primitif, ou avant les déplacements, peuvent être à deux coefficients indépendants *k* et K, lors même qu'on les base sur le calcul des actions fonctions des distances entre molécules. On peut voir aux pages 27 et 29 du Mémoire de feu Wertheim, *Sur l'équilibre des solides homogènes* du 10 février 1848 (*Annales de Chimie et de Physique*, 3ᵉ série, t. XXIII), les conséquences plus que singulières où il s'est trouvé conduit par la tentative de concilier sa proposition de formules nouvelles avec la théorie moléculaire. (On peut consulter aussi nos notes sur les *Leçons de Navier*, Appendice V.)

Nous avons dû signaler cette circonstance, parce qu'elle a donné ouverture à une confusion qu'un Rapport fait en 1851 (3 mars, *Comptes rendus*, t. XXXII, p. 326), sur les travaux de Wertheim, nous semble fait pour accroître. La possibilité que Cauchy s'efforce d'y établir, contrairement à ses beaux travaux de 1828 à 1845, de plus de quinze coefficients a indépendants ou inégaux, ne regarde, comme il en convient, que les solides cristallisés à structure périodique régulière (*idem*, p. 329 et 323); elle ne s'applique donc pas aux corps isotropes, nécessairement incristallisés ou à cristallisation confuse ; rien n'y prouve, ainsi, que les formules d'isotropie puissent être à deux coefficients, non compris la pression antérieure p_0.

Et d'ailleurs, il n'est pas difficile de voir que la structure cristalline ne peut altérer les égalités de coefficients que d'une manière insensible. Poisson, qui a traité le même sujet (*Mémoire sur l'équilibre et le mouvement des corps cristallisés*, lu le 28 octobre 1839, t. XVIII des *Mémoires de l'Institut*, publié en 1849), réduit (art. 37 de son Mémoire) les coefficients à quinze pour les corps cristallisés comme pour ceux qui ne le sont pas.

de la composante p_{nx}, *parallèle aux x, de la pression sur cette face, sont nécessairement les mêmes respectivement que les coefficients de* g_{xy}, *de* g_{zx} *dans l'expression de la composante* p_{ny} *de la même pression parallèlement aux y,* ou qu'on a, avec la notation adoptée au n° **269** pour ces coefficients :

$$a_{nx.yy} = a_{ny.xy}, \quad a_{nx.yz} = a_{ny.zx}.$$

En effet, 1° une dilatation ∂_y n'est autre chose qu'une déformation qui éloigne les uns des autres les plans perpendiculaires à la coordonnée y de quantités égales à leurs intervalles multipliés par la petite fraction ∂_y ; elle allonge la distance r de deux molécules m, n (*fig.* 60) comme si, la première m restant fixe, l'autre cheminait, parallèlement aux y, de ∂_y multiplié par l'intervalle des deux plans perpendiculaires à y passant par m et par n, *ou multiplié par la projection de* r *sur les* y, c'est-à-dire comme si n cheminait de

$$nn_1 = \partial_y . r \cos (r, y).$$

Et un glissement g_{xy} n'est autre chose qu'une déformation faisant glisser les uns devant les autres, dans le sens y, les plans perpendiculaires aux x, de quantités égales à leurs intervalles multipliés par la fraction très-petite g_{xy} ; il allonge la même distance $r = mn$ comme si, m restant fixe, n cheminait, parallèlement aux y, de g_{xy} multiplié par l'intervalle des deux plans perpendiculaires aux x qui passent par m et par n, ou multiplié par la projection de r sur les x ; c'est-à-dire comme si n cheminait de

$$nn_2 = g_{xy} r \cos (r, x).$$

Ces petits cheminements de n, de même direction tous deux, étant l'un et l'autre projetés sur une même ligne, savoir mn prolongée, donnent deux allongements de mn

45.

qui sont entre eux comme

$$\eth_y \cos (r, y) \quad \text{et} \quad g_{xy} \cos (r, x).$$

Les actions développées entre les molécules m, n, dans la direction mn, par ces deux déformations, suivent le même rapport. Si l'on décompose ces actions, la première suivant les x, la deuxième suivant les y, on a des quantités proportionnelles respectivement à

$$\eth_y \cos (r, y) \cos (r, x) \quad \text{et} \quad g_{xy} \cos (r, x) \cos (r, y),$$

et par conséquent à

$$\eth_y \quad \text{et} \quad g_{xy}.$$

Donc, comme les composantes de pressions p_{nx} et p_{ny} sont des sommes de pareilles forces, s'exerçant entre les mêmes molécules à travers la même face, on voit bien que p_{nx} a le même rapport avec $\eth_y$, si cette dilatation engendre seule la pression, que p_{ny} avec g_{xy} si elle n'est engendrée que par ce glissement. Autrement dit, le coefficient de $\eth_y$ dans p_{nx} est le même que celui de g_{xy} dans p_{ny}, c'est-à-dire qu'on a

$$a_{nx,yy} = a_{ny,xy}.$$

2° De même, une déformation qui fait glisser les uns devant les autres, parallèlement aux z, de g_{yz} multiplié par leurs intervalles, les plans perpendiculaires aux y, allonge $mn = r$ comme si, m restant fixe, n cheminait parallèlement aux z de

$$nn'_1 = g_{yz} \cdot r \cos (r, y);$$

et une déformation qui fait glisser, aussi parallèlement aux z, de g_{xz} multiplié par leurs distances ou intervalles, les plans perpendiculaires aux x, allonge $mn = r$ comme si, m restant encore fixe, n cheminait toujours parallèlement aux z de

$$nn'_2 = \mathrm{g}_{zz}.r\cos(r,\,x).$$

Ces deux déformations développent donc, entre les deux molécules, des forces proportionnelles à $\mathrm{g}_{yz}\cos(r,\,y)$ et à $\mathrm{g}_{zx}\cos(r,\,x)$; forces qui, estimées la première suivant les x, la deuxième suivant les y, donnent des composantes proportionnelles à

$$\mathrm{g}_{yz}\cos(r,\,y)\cos(r,\,x)\quad\text{et à}\quad \mathrm{g}_{zx}\cos(r,\,x)\cos(r,\,y),$$

c'est-à-dire à

$$\mathrm{g}_{yz}\quad\text{et}\quad\mathrm{g}_{zx}.$$

Donc, comme les composantes p_{nx}, p_{ny} de pressions supposées dues respectivement au seul glissement g_{yz} et au seul glissement g_{zx} sont sommes de pareilles forces, leurs rapports à ces glissements générateurs sont égaux, et l'on a bien

$$a_{nx,yz} = a_{ny,zx}.$$

Il en résulte qu'*on peut faire permuter à volonté l'une des deux premières sous-lettres des coefficients désignés par* a *au* n° **269**, *avec l'une des deux dernières, sans changer les valeurs de ces coefficients,* ce qui donne non-seulement les six égalités complémentaires (31) mentionnées d'avance au n° **270**, savoir :

$$(59)\quad\begin{cases} a_{yyzz} = a_{yzyz}, & a_{zzxx} = a_{zxzx}, & a_{xxyy} = a_{xyxy}, \\ a_{xxyz} = a_{xzxy}, & a_{yyzx} = a_{xyyz}, & a_{zzxy} = a_{yzzx}, \end{cases}$$

mais aussi, en faisant de doubles permutations, les quinze égalités (30) démontrées autrement par George Green.

Nous pensons donc qu'on peut regarder comme bien établies les vingt et une égalités deux à deux des coefficients a, ou leur réduction

à quinze dans le cas le plus général de contexture;
à dix quand il y a un plan de symétrie;
à six quand il y a trois pareils plans;

à trois quand il y a un axe d'élasticité;
à un seul quand il y a isotropie.

Et si des expériences sur des corps non fibreux ni
cristallisés paraissent ne pas s'accorder tout à fait avec
les formules [(58) sans les p_0] à un seul coefficient G,
au lieu d'employer, pour les expliquer, des formules
d'isotropie à deux coefficients indépendants telles que
(25) ou (35) qui ne feraient que donner le change en
fournissant un expédient plus commode que rationnel, il
convient, dans le cas où le défaut d'accord persisterait
après discussion des expériences, de reconnaître que tous
les solides, même coulés, tels que le verre, la fonte de
fer ou le laiton, peuvent offrir en divers sens des degrés
divers d'élasticité, et de recourir aux formules de non-
isotropie à trois, à six, etc., coefficients (*).

Tel est le parti qu'on doit prendre dans les applications numériques.

Quant aux recherches purement analytiques, il n'y a
sans doute aucun inconvénient à conserver, avec Green,
vingt et un coefficients a dans le cas le plus général, d'où
respectivement treize, neuf et cinq dans les cas de symétrie
conformément aux formules (32), (33), (34), enfin deux
(form. 35) pour l'isotropie, afin d'arriver à des résultats
indépendants d'opinions encore aujourd'hui diverses, et
parce que l'on reconnaît que les calculs ne sont pas pour
cela plus compliqués ni les théorèmes plus difficiles à déduire; mais il faut se défier des facilités que cela peut
donner pour certaines explications (**).

284. *Établissement des formules et des équations de
l'élasticité par les méthodes de la Mécanique analytique*

(*) *Voyez*, pour une discussion très-développée et l'appréciation des
expériences, l'Appendice V de la nouvelle édition (1863) des *Leçons de
Mécanique appliquée de Navier*.

(**) Notamment dans la théorie de la lumière (fin du numéro suiv.).

de Lagrange. Potentiel des actions moléculaires. —
Beaucoup de choses encore pourraient être dites sur le
sujet intéressant et tout moderne de cette Leçon et de la
précédente, même sans sortir des généralités.

Nous nous contenterons de rapporter la manière, sensiblement différente de celle qui précède, dont les géomètres anglais et allemands arrivent aux équations et
aux formules de l'équilibre d'élasticité.

Cette manière avait été employée, au début, par Navier (*), en fondant la branche importante de la Mécanique dont nous nous occupons. C'est celle de Lagrange,
consistant à poser, pour le système de points mobiles que
l'on considère, une seule équation d'équilibre, au moyen
du principe des travaux virtuels, en représentant d'une
manière générale les petits espaces virtuellement ou hypo-
thétiquement parcourus, par des *variations* ou des différentielles par δ des coordonnées nouvelles $x + u$, $y + v$,
$z + w$ (n° 275) des points, c'est-à-dire par δu, δv, δw
(puisque les variations des coordonnées primitives x, y,
z sont nulles) ; puis, par les plus simples règles du calcul
des variations, à tirer de cette équation à la fois celles
qui s'appliquent à tout l'intérieur du système et celles qui
conviennent seulement à ses limites ; car cette méthode,
comme l'observe Green (*), a le très-grand avantage,
pour les problèmes relatifs aux systèmes d'un nombre
immense de particules agissant les unes sur les autres, de
conduire nécessairement et *presque sans soin (with little
care of our part)* à toutes les équations de condition juste-
ment nécessaires et suffisantes pour la complète solution
des problèmes.

(*) *Sur les Lois de l'Équilibre et du Mouvement des solides élastiques,* lu
le 14 mai 1821 (t. VII de *l'Institut*).

(**) *On the Laws of the Reflexion and Refraction of Light* (déjà cité),
p. 2.

Aussi, plus compliquée en apparence, cette méthode est souvent plus simple en réalité que celle qui consiste à établir séparément les diverses équations. On sait qu'elle a été appliquée avec succès, dès 1828 et 1829, par Green (*) et par Gauss (**) aux problèmes de la distribution de l'électricité statique et à ceux des phénomènes capillaires, en l'employant sous une forme légèrement différente de celle de la Mécanique analytique de Lagrange; car ces illustres savants composent de prime abord (ce que Navier avait déjà fait à peu près) cette quantité qu'ils ont appelée la *fonction potentielle* (***) ou le *Potentiel* (****), qui représente le travail total des forces en jeu depuis un état arbitraire jusqu'à l'état actuel; quantité qui doit être un maximum ou un minimum quand cet état est celui de l'équilibre, en sorte qu'il n'y a plus qu'à prendre sa variation ou sa différentielle par δ pour avoir la somme des travaux virtuels à égaler à zéro (*****).

(*) *An Essay of the Application of Analysis to the theorie of Electricity, and Magnetism*, by George Green, 1828 (Mémoire réimprimé aux t. XXXIX, XLIV, XLVII, de Crelle).

(**) *Principia generalia theoriæ figuræ fluidorum in statu æquilibrii*, ou *Mémoire sur la théorie des phénomènes capillaires*, traduit par M. Bertrand t. XIII (1848) du *Journal de M. Liouville*, p. 185.

(***) *An Essay of the application, etc.* Préface, et Observations introductrices.

(****) GAUSS et WEBER, *Resultats aus.... Résultats des Expériences de l'Union magnétique pour l'année* 1839, p. 4.

(*****) C'est celle que Lagrange représente par

$$\Pi = \int (P\,dp + Q\,dq + \ldots) = \sum \int (X\,dx + Y\,dy + Z\,dz).$$

Elle a une signification philosophique qui explique son rôle important, car on peut la regarder (prise en signe contraire et augmentée d'une constante que la différentiation fait disparaître) comme représentant le *pouvoir moteur* que possède une force à partir de la situation actuelle du mobile sur lequel elle agit, c'est-à-dire le travail total qu'elle est capable de fournir jusqu'à une situation pour laquelle elle s'annule; travail qui

Il est facile de voir tout d'abord que les six équations les plus générales, tant indéfinies (9) que définies (10) de l'équilibre intérieur, sont toutes contenues dans l'équation unique, ainsi composée, exprimant la nullité du travail total des forces agissant sur un corps ou portion quelconque de corps élastique

$$(60) \quad \begin{cases} \displaystyle\int\!\!\int\!\!\int dx\,dy\,dz\,(p_{xx}\delta\partial_x + p_{yy}\delta\partial_y + p_{zz}\delta\partial_z \\ \qquad\qquad + p_{yz}\delta g_{yz} + p_{zx}\delta g_{zx} + p_{xy}\delta g_{xy}) \\ \displaystyle - \int\!\!\int\!\!\int dx\,dy\,dz\,(\rho X \delta u + \rho Y \delta v + \rho Z \delta w) \\ \displaystyle - \int d\Omega\,[\,p\cos(p,x)\,\delta u' + p\cos(p,y)\,\delta v' \\ \qquad\qquad\qquad + p\cos(p,z)\,\delta w'\,] = 0, \end{cases}$$

dépend non-seulement de son intensité moyenne, mais encore de l'étendue plus ou moins grande de son *champ d'action*, ou de l'espace que le mobile peut parcourir avant que cette force, variable avec la distance du centre d'action dont elle émane, cesse d'avoir une intensité sensible. Elle est la même que ce qu'Ampère appelait la *force vive implicite* (*Annales de Chimie et de Physique*, avril 1835) et Jean Bernoulli la *faculté d'agir* (*Œuvres*, t. III, p. 239), ou ce que sir W. Thomson appelle (*Comptes rendus*, 28 mai 1855, t XL, p. 1197) *l'énergie potentielle* qui, ajoutée à *l'énergie actuelle* ou puissance vive (demi-force vive), forme l'énergie mécanique totale d'un système de corps ; énergie dont les réservoirs partiels sont par exemple, d'une part, un poids élevé, un ressort tendu (Bernoulli), une quantité de combustible (Lagrange, dernier article de la *Théorie des Fonctions analytiques*) et, de l'autre, une masse en mouvement.

On appelle quelquefois aussi ce potentiel *fonction de force*, parce que sa dérivée par rapport à une coordonnée quelconque donne la composante, dans son sens, de la force totale qui agit sur le point pour lequel on la considère. Aussi se confond-elle, lorsque les forces sont en raison inverse des carrés des distances r, avec ce *potentiel* analytique V de Laplace, que l'on considère dans les théories des attractions, soit planétaires, soit électriques et qui, se composant d'une somme de masses divisées par les premières puissances des distances, satisfait à une équation différentielle

$$\frac{d^2 V}{dx^2} + \frac{d^2 V}{dy^2} + \frac{d^2 V}{dz^2} = 0.$$

(LAPLACE, *Mécanique céleste*, 2ᵉ partie ; ou CLAUSIUS, *Die Potenzialfunction*).

où les deux intégrales triples sont étendues à toute cette portion de corps sur les points de laquelle agissent, par unité de masse, la densité étant ρ, des forces dont les composantes sont X, Y, Z, et où l'intégrale simple est étendue à toute la surface enveloppe Ω sur les diverses parties de laquelle agit une pression p par unité superficielle, et où nous appelons u', v', w' les valeurs particulières de u, v, w; ce qui est sous le premier signe $\int\int\int$ exprimant évidemment, d'après ce qu'on a vu au n° 270, la *variation* ou la différentielle par δ du *potentiel* des forces moléculaires intérieures, ou de cette fonction dont la différentielle complète par d est le travail de compression, dilatation ou déformation d'un élément $dx\,dy\,dz$ pour des augmentations infiniment petites de ces changements.

En effet, mettons à la place de δ_x, δ_y, ..., g_{xy}, leurs valeurs (37) en fonction de ces déplacements u, v, w supposés très-petits, nous avons, en effectuant les différentiations par δ et changeant les δd en $d\delta$,

$$\delta\delta_x = \frac{d\delta u}{dx}, \quad \delta\delta_y = \frac{d\delta v}{dy}, \quad \delta\delta_z = \frac{d\delta w}{dz},$$

$$\delta g_{yz} = \frac{d\delta v}{dz} + \frac{d\delta w}{dy}, \quad \delta g_{zx} = \frac{d\delta w}{dx} + \frac{d\delta u}{dz}, \quad \delta g_{xy} = \frac{d\delta u}{dy} + \frac{d\delta v}{dx}.$$

Substituons et intégrons par parties, en remarquant avec Lagrange (*Mécanique analytique*, n°s 29 et 30 de la Section VII de la première Partie) (*), qu'en appelant n la direction de la normale à la surface enveloppe, on a, auprès de cette surface,

$$dy\,dz = \pm\, d\Omega \cos(\mathbf{n}, x);$$

(*) Ou bien voyez *Leçons sur l'Élasticité* (1852) de M. Lamé, § 10, p. 22.

en sorte que la portion $\iint dy\,dz\,p_{xx}\,\delta u$ de l'intégrale double qui est détachée de l'intégrale triple

$$\iiint dx\,dy\,dz\,p_{xx}\frac{d\delta u}{dx}$$

en intégrant par parties, est la même chose que

$$\int d\Omega\cos(n,\,x)\,\delta u',$$

étendue à toute la surface Ω, et ainsi des autres ; nous obtenons, en nous bornant aux termes affectés du déplacement u qui est u' sur la surface Ω,

$$\int d\Omega\left[p_{xx}\cos(n,\,x)+p_{xy}\cos(n,\,y)+p_{zx}\cos(n,\,z)\right.$$
$$\left.-p\cos(p,\,x)\right]\delta u'$$
$$-\iiint dx\,dy\,dz\left(\frac{dp_{xx}}{dx}+\frac{dp_{xy}}{dy}+\frac{dp_{zx}}{dz}+\rho\,X\right)\delta u.$$

Et l'on aurait des termes analogues affectés de $\delta v'$, $\delta w'$, δv, δw sous les signes d'intégration. Vu l'arbitraire de ces variations ou changements virtuels, on doit égaler à zéro tous les quadrinômes entre crochets, ce qui donne bien les six équations générales d'équilibre (9) et (10) (*).

Mais on peut, par cette même méthode, déterminer

(*) Réciproquement on peut (en opérant à peu près comme a fait M. Lamé pour démontrer le théorème de Clapeyron, Leçons, § 31, p. 81) déduire de ces six équations d'équilibre l'expression (28) ci-dessus du travail élémentaire dT des forces intérieures, ou, ce qui revient au même, la parenthèse $p_{xx}\delta\partial_x+\ldots+p_{xy}\delta\varepsilon_{xy}$ du premier terme de (60), exprimant le travail virtuel des mêmes forces par unité de volume des éléments $dx\,dy\,dz$. En effet, ajoutons ensemble les trois équations d'équilibre (9) multipliées respectivement par δu, δv, δw, puis multiplions le tout par $dx\,dy\,dz$ et intégrons pour tout le corps, en supposant nulles les forces telles que la pesanteur représentées par ρX, ρY, ρZ dans ces équations. Le terme $\iiint\frac{dp_{xx}}{dx}\delta u\,.\,dx\,dy\,dz$ deviendra, en faisant l'intégra-

même la forme des expressions des composantes de pression en fonction des déplacements, ou bien établir les six équations d'équilibre sans parler des pressions.

Ainsi Navier, qui regardait (ainsi qu'on a dit au n° **281**, p. 696) les actions entre molécules, après des augmentations très-petites $r_1 - r$ de leurs distances mutuelles r, comme égales à des produits $(r_1 - r) f' r$ de ces augmentations par une fonction f' de leurs distances primitives,

---

tion par parties et désignant par les accents $''$ et $'''$ les valeurs de p et de u aux deux extrémités d'une parallèle aux x traversant le corps

$$\int \int dy\, dz\, (p'''_{xx}\, \delta u''' - p''_{xx}\, \delta u'') - \int \int \int p_{xx} \frac{d\delta u}{dx} dx\, dy\, dz.$$

Or le premier terme revient, comme on l'a vu tout à l'heure, à $\int d\Omega \cos(\mathrm{n}, x) p_{xx} \delta u'$, ou à la somme des travaux virtuels des composantes $p_{xx} \cos(\mathrm{n}, x)$ des pressions extérieures sur toute la surface du corps, pour les déplacements u' parallèles aux x; et le second terme revient à $-\int \int \int dx\, dy\, dz\, p_{xx} \delta \mathfrak{d}_x$. Les intégrations par parties d'autres termes donneront des travaux virtuels d'autres composantes de la pression sur la surface, plus des termes tels que

$$-\int \int \int dx\, dy\, dz\, p_{yz} \left(\frac{d\delta v}{dz} + \frac{d\delta w}{dy} \right) = -\int \int \int dx\, dy\, dz\, p_{yz} \delta g_{yz}.$$

En réunissant tous ces termes on aura bien l'équation (60) des travaux virtuels.

On aurait trouvé, avec M. Lamé, la même équation (60) avec u, v, w et $\mathfrak{d}_x$, $\mathfrak{d}_y$, $\mathfrak{d}_z$,... g_{yx} au lieu de δu, δv, δw et $\delta\mathfrak{d}_x$, $\delta\mathfrak{d}_y$... δg_{xy}, si l'on avait multiplié les équations (9) par u, v, w au lieu de δu, δv, δw avant de les ajouter. Mais observons qu'on n'aurait pas eu ainsi les travaux de déformation dus aux déplacements totaux très-petits mais finis u, v, w; car les forces p_{xx}, ..., p_{xy} ne sont point constantes pendant que ces déplacements s'opèrent; elles commencent par zéro et n'acquièrent que lorsqu'ils sont opérés les valeurs pour lesquelles elles figurent dans les équations. Et si des pressions extérieures agissaient constamment et dès le premier instant avec l'intensité que les pressions intérieures acquièrent graduellement et possèdent définitivement dans l'état d'équilibre, elles feraient dépasser cet état et produiraient une puissance vive, puis un travail double.

posait pour le travail ou moment virtuel de l'une de ces forces par unité de masse des deux molécules

$$(r_1 - r)f'r\,\delta r_1 = (r_1 - r)f'r\,\delta(r_1 - r) = f'r\,\delta\,\frac{(r_1 - r)^2}{2};$$

en sorte que le *potentiel* des actions exercées sur une molécule unique m, par toutes les molécules m environnantes, se compose d'une somme de produits

$$\mathrm{m}m\,\frac{f'r}{2}\,(r_1 - r)^2,$$

qui s'écrit, si l'on met pour $\dfrac{r_1 - r}{r} = \eth_r$ sa valeur (14) ou (47 *bis*) ci-dessus, et si l'on désigne par S cette somme relative à toutes les molécules m qui agissent sensiblement sur m

$$\mathrm{m}\,\mathrm{S}\,\frac{mr^2}{2}\left[\frac{du}{dx}\,\mathrm{c}_{rx}^2 + \frac{dv}{dy}\,\mathrm{c}_{ry}^2 + \frac{dw}{dz}\,\mathrm{c}_{rz}^2\right.$$
$$+ \left(\frac{dv}{dz} + \frac{dw}{dy}\right)\mathrm{c}_{ry}\mathrm{c}_{rz} + \left(\frac{dw}{dx} + \frac{du}{dz}\right)\mathrm{c}_{rz}\mathrm{c}_{rx}$$
$$\left. + \left(\frac{du}{dy} + \frac{dv}{dx}\right)\mathrm{c}_{rx}\mathrm{c}_{ry}\right]^2.$$

En développant et en considérant que les neuf dérivées $\dfrac{du}{dx}, \cdots, \dfrac{dw}{dz}$ sont sensiblement constantes dans l'étendue très-petite de la sphère d'activité de m qui comprend ces molécules m, on a, pour le potentiel

$$(55)\quad \left\{\begin{aligned} &\mathrm{m}\left[\left(\frac{du}{dx}\right)^2\mathrm{S}\,\frac{mr^2f'r}{2}\,\mathrm{c}_{rx}^4 + \cdots\right.\\ &+ 2\,\frac{dv}{dy}\frac{dw}{dz}\,\mathrm{S}\,\frac{mr^2f'r}{2}\,\mathrm{c}_{ry}^2\mathrm{c}_{rz}^2 + \cdots\\ &+ \left(\frac{dv}{dz} + \frac{dw}{dy}\right)^2\mathrm{S}\,\frac{mr^2f'r}{2}\,\mathrm{c}_{ry}^2\mathrm{c}_{rz}^2 + \cdots\\ &\left.+ 2\,\frac{du}{dx}\left(\frac{dv}{dz} + \frac{dw}{dy}\right)\mathrm{S}\,\frac{mr^2f'r}{2}\,\mathrm{c}_{rx}^2\mathrm{c}_{ry}\mathrm{c}_{rz} + \cdots\right]. \end{aligned}\right.$$

Navier y remplace les divers coefficients se présentant sous la forme de somme S, *par des intégrales* prises dans l'étendue de la petite sphère, au moyen de coordonnées polaires; et, comme il se borne aux corps isotropes, il est conduit à annuler tous les coefficients dans lesquels un des cosinus c entre avec une puissance impaire, et il n'a en définitive qu'un seul coefficient sortant de l'accolade, la première des sommes S étant trouvée triple de la seconde.

Alors, différentiant par ∂ (en faisant varier u, v, w et non pas x, y, z) pour avoir le travail virtuel, puis remplaçant la petite masse m d'une molécule par la masse $\rho\, dx\, dy\, dz$ de toutes celles qui sont contenues dans un élément du corps, et mettant $\int\int\int$ au devant, il a une intégrale triple en x, y, z exprimant la somme des travaux virtuels des forces intérieures pour tout le corps, comme l'exprimait tout à l'heure la première de celles de l'équation (60); d'où, en intégrant par parties, et transformant comme nous venons de faire, il tirait les trois équations indéfinies [(39) pour $K = 0$] et les trois équations définies du n° **24**; celles-ci comprenant implicitement, sans qu'il ait parlé de pressions, les formules des six composantes [(58) pour $p_0 = 0$]

$$G\left(3\frac{du}{dx} + \frac{dv}{dy} + \frac{dw}{dz}\right), \dots, \quad G\left(\frac{du}{dy} + \frac{dv}{dx}\right),$$

multipliées respectivement par les trois cosinus des angles (n, x), (n, y), (n, z) faits avec les coordonnées par la normale n à la surface.

Poisson a combattu un pareil emploi de la méthode de Lagrange, en avançant que le calcul des variations n'était point applicable à ces sortes de recherches. C'était une conséquence exagérée de sa juste remarque que les résultantes d'actions de molécules disjointes ne doivent point être converties en intégrales (n° 281). Il est facile de voir, en effet, que la conversion reprochée des sommes S de l'équation (55) n'était nullement essentielle à la méthode. Navier aurait pu leur conserver leur forme telle que nous l'avons écrite, ou bien (comme nous avons fait au n° 282) mettre $S \frac{mf'r}{2r^2} x^4$, $S \frac{mf'r}{2r^2} y^2 z^2, \ldots$, et étendre ainsi son calcul à une contexture quelconque; sauf à démontrer, pour la contexture isotrope, l'annulation de quelques-unes, et (comme on a fait au n° 282 pour $a_{xxxx} = 3\, a_{xxyy}$) le rapport numérique $3 : 1$ des autres. C'est ce qu'à fait M. Neumann, de Halle, dans un beau Mémoire inséré en octobre 1859 au *Journal de Crelle* (*), où il donne en même temps aux forces moléculaires leurs valeurs complètes (n° 278)

$$f r_1 = f r + (r_1 - r) f' r,$$

de manière à tenir compte des actions et des pressions antérieures aux déplacements. M. Neumann arrive ainsi, en tenant compte du changement de la densité, etc., et en se bornant (ce qui n'était pas obligé) aux corps isotropes, précisément aux équations obtenues par Cauchy, et finalement par Poisson [et résultant de la substitution de (58) dans (9) et (10)].

Green procède un peu autrement. Attribuant, comme Fresnel et Cauchy, la propagation de la lumière aux actions entre les particules de l'éther, et reconnaissant tout d'abord, comme celui-ci, que leurs vibrations dans les cristaux doués de la double réfraction ne sont pas

---

(*) *Zur Theorie der Elasticität*; LVIIe Cahier, 4e livraison, p. 281.

toujours parallèles aux plans des ondes comme celui-là le supposait constamment, mais voulant, dit-il (*), « pour ne pas s'engager dans des considérations trop compliquées et sans chance d'application pratique, borner son analyse aux milieux *où ce parallélisme s'observerait rigoureusement* » (ce qu'avant tout examen il suppose pouvoir se concilier avec l'hétérotropie), il se détermine à rejeter les formules à quinze coefficients fournies à **Cauchy** par l'hypothèse, *trop restrictive suivant lui,* « que les actions s'exercent suivant les lignes de jonction des particules », et en raison de fonctions de leurs distances; et il invoque, vu, continue-t-il, notre ignorance de la véritable loi, et effectivement dans le but de pouvoir disposer de coefficients en plus grand nombre, « un principe plus général » ainsi énoncé : « que si l'on multiplie les forces intérieures par les éléments de leurs directions respectives, *la somme des produits est différentielle exacte d'une certaine fonction* », évidemment celle qu'il a appelée *potentielle* (ou le potentiel) dans un Mémoire sur un autre sujet. Mais il ne se contente pas de cette hypothèse, qui en effet ne saurait suffire, et qu'il ne peut même formuler analytiquement, puisqu'il professe d'ignorer les *directions* des actions : non-seulement il pose le potentiel φ fonction des trois allongements subis par les côtés d'un élément parallélipipède primitivement rectangle, et des trois cosinus des angles qu'ils forment entre eux, c'est-à-dire des six quantités que nous avons appelées

$$\partial_x, \quad \partial_y, \quad \partial_z, \quad g_{yz}, \quad g_{zx}, \quad g_{xy};$$

mais encore il admet que cette fonction est développa-

(*) *On the Laws of Reflexion and Refraction of Light* (*Cambridge Transactions,* vol. VII, p. 5), et *On the Propagation of Light in cristallised Media* (id., p. 126).

ble *suivant les puissances entières* 1, 2, 3,... de ses six variables, ce qui est tout gratuit, ou bien ce qui s'appuie tacitement (n° 267) sur le principe des actions à distance qu'il a voulu éluder comme ne conduisant pas au but où il désirait arriver. Green supprime les puissances troisième et au-dessus à cause de la petitesse des variables, et ne conserve que les secondes, parce qu'il trouve que la somme des valeurs, pour tout le corps, de la partie affectée des premières puissances, doit être nulle quand on part d'un état d'équilibre naturel ou sans pressions antérieures. Le potentiel φ se réduit ainsi à une *fonction homogène du second degré* des six variables $\partial_x, \ldots, g_{xy}$; fonction à vingt et un termes (six affectés des carrés, quinze des produits deux à deux), et par conséquent à vingt et un coefficients, qu'il réduit, au reste, par le moyen de raisonnements comme ceux des n°ˢ 271, 272, 273 ci-dessus, très-simples alors, à neuf, à trois, à deux, selon qu'il y a trois plans de symétrie, un axe de symétrie, ou isotropie de la matière. Du potentiel ainsi constitué il tire les équations indéfinies de l'équilibre, et les équations définies donnant les six formules de composantes de pressions.

Cette manière de l'illustre physicien anglais est large et simple. Mais elle s'appuie sur une suite d'hypothèses singulières, et en tous cas bien moins justifiées que n'est la loi physique des actions entre molécules suivant leurs lignes de jonction, loi qui, de toute manière, est inévitablement invoquée sans qu'on l'avoue, et dont on ne saurait s'affranchir sans mettre en doute toute la mécanique, même mathématique, puisque cette science attribue à toute force un *point* d'application où elle se dirige, et, nécessairement aussi, un *point* d'où elle émane, vu la réaction qui accompagne toute action. Aussi son raisonnement ne prouve nullement que les formules de

I.

l'élasticité aient jamais plus de quinze coefficients indépendants les uns des autres, outre les six composantes
de pressions antérieures aux déformations. On a démontré ailleurs (Mémoire du 16 mars 1863 déjà cité à une
note du numéro précédent, et aussi, §§ 69, 72 de l'Appendice V des Notes de la nouvelle édition de Navier)
que les quatorze conditions posées par Green dans son
second Mémoire entre les coefficients pour qu'il y ait
parallélisme des vibrations aux plans des ondes (conditions reproduites comme celles de *biréfringence,* sans
être mieux motivées, dans un ouvrage plus récent et
estimé) ne font qu'exprimer l'*isotropie,* qui exclut précisément la biréfringence. On y a fait voir que ce parallélisme, supposé par Fresnel, n'était nullement nécessaire pour arriver, *même exactement,* à la surface d'onde
qui résume la partie principale et la mieux confirmée
de ses immortelles découvertes ; que l'on obtenait cette
surface en posant, entre les coefficients, des conditions
moins nombreuses et plus générales, laissant subsister
à tel degré qu'on veut dans les cristaux l'inégalité si probable et l'on peut dire certaine des élasticités *directes*
(a_{xxxx}, a_{yyyy}, a_{zzzz}) suivant deux ou trois sens. Or cela
consiste à revenir aux résultats des premières recherches
de Cauchy présentées en 1830, puisque ces conditions,
au nombre de quatre, sont celles qu'il a indiquées, et
qui, malgré la complication apparente de l'une d'entre
elles, sont en définitive ce qu'il y a de plus simple et de
plus naturel ; car, ainsi qu'on l'a également montré, elles
ne font qu'exprimer une certaine distribution *ellipsoïdale* des élasticités directes en tous sens autour de chaque
point, c'est-à-dire, à cela près de quantités négligeables,
le mode de distribution qui doit avoir lieu dans les corps
ou les milieux élastiques primitivement isotropes qui ont
été comprimés inégalement dans trois sens, ce qui est

l'état où tous les physiciens admettent que se trouve l'éther lumineux dans l'intérieur des cristaux biréfringents (*). C'est ainsi que les travaux du grand analyste, mieux étudiés et compris, conduisent à expliquer rationnellement les faits, et à confirmer ce qu'il y a d'acceptable dans la théorie de Fresnel, tout en la rectifiant dans les points évidemment défectueux et erronés; et, sans doute, une étude suivie et approfondie des travaux de ses dernières années conduira, sur des points délicats et peu explorés, à des explications et à des découvertes à peine prévues aujourd'hui.

(*) C'est aussi l'état où doivent être tous les solides *amorphes* ou à cristallisation confuse, tels que les métaux forgés ou coulés, les pierres et les autres matériaux des constructions et des machines, lorsque leur contexture n'est pas la même en tous sens autour de chaque point. Pour ces corps, ainsi qu'on l'a dit aux n°s 13 à 16 du Mémoire cité *sur la Distribution des élasticités* (*Journal de M. Liouville*, août à décembre 1863) et au n° 3 du Mémoire sur les divers genres d'homogénéité, formule (3) (*Journal de M. Liouville*, septembre et octobre 1865), ainsi qu'aux §§ 76 et 90 des Appendices à l'édition de Navier de 1864, il faut, en employant les formules de pressions (33) du n° 271 ci-dessus (p. 665), écrire $3\dfrac{ef}{d}$;

$3\dfrac{fd}{e}$, $3\dfrac{de}{f}$ à la place de a, b, c, en effaçant les accents de d', e', f'. Les formules d'hétérotropie réduites ainsi à ne plus contenir que trois paramètres d, e, f ne violent point la loi inévitablement invoquée des actions moléculaires (n° 283), comme font les formules illusoires d'isotropie à deux paramètres (35), et permettent, bien mieux que celles-ci, d'expliquer les faits d'élasticité des solides usuels, quand ils ne peuvent l'être par les formules d'isotropie vraies-à-un seul paramètre ou coefficient, c'est-à-dire par les formules (35) où l'on fait e' = e. Aussi je pense que ces formules de distribution ellipsoïdale à trois paramètres sont pratiquement importantes et devraient être généralement appliquées.

FIN DE LA STATIQUE.

ERRATA.

Page xx, ligne 6, *au lieu de* des fonctions, *lisez* des pressions.

Page xxvi, ligne 9, *au lieu de* d'adjectifs substances, *lisez* d'adjectifs substantisés.

Page 32, ligne 16, *au lieu de* force P′, *lisez* P′ (*fig.* 12 *bis*).

Page 33, ligne 13, *au lieu de* P, P′, *lisez* P, P′ (*fig.* 13).

Page 39, ligne 28, *au lieu de fig.* 14, *lisez fig.* 16.

Page 40, ligne 5, *au lieu de fig.* 15, *lisez fig.* 17.

Page 550, ligne 27, *au lieu de* l'attraction exercée par M sur O, *lisez* la force accélératrice communiquée par *m* à O.

Page 551, ligne 4, *au lieu de* qui agit sur O, *lisez* qui agit en O.

Même page, ligne 5, chacune des composantes $mf(r)\dfrac{dr}{dx}$, etc., doit être précédée du signe —.

Page 552, lignes 11 et 16, *au lieu de* exercée sur le point O, *lisez* exercée en O.

Page 553, ligne 26, *effacez* nécessairement.

Même page, ligne 27, *au lieu de* une masse, *lisez* une masse égale à 1.

Page 554, ligne dernière, *au lieu de* $-\dfrac{1}{r^2}$, *lisez* $-\dfrac{1}{r^3}$.

Page 556, ligne 4, *au lieu de* du corps, *lisez* du corps V.

Page 559, ligne 3, *au lieu de* dS, *lisez* ds.

Même page, ligne 8, *au lieu de* $r^2\,dS\,dr$, *lisez* $r^2\,ds\,dr$.

Même page, ligne 11, *au lieu de* $dS\displaystyle\int\dfrac{d\rho}{dr}\,dr$, *lisez* $ds\displaystyle\int\dfrac{d\rho}{dr}\,dr$.

Même page, ligne 13, *au lieu de* dS, *lisez* ds.

Page 560, ligne 8, *au lieu de* $dS\displaystyle\int\dfrac{d\rho}{dr}\,dr$, *lisez* $ds\displaystyle\int\dfrac{d\rho}{dr}\,dr$.

Même page, ligne 9, *au lieu de* $\displaystyle\sum\dfrac{\rho\cos\psi}{r^2}\,ds$, *lisez* $\displaystyle\sum\dfrac{\rho\cos\psi}{r^2}\,dS$.

Page 560, ligne 10, *au lieu de ds, lisez dS.*

Même page, ligne 11, *au lieu de dS, lisez ds.*

Même page, ligne 15, *au lieu de* à tout le volume V, *lisez* à toute la surface S.

Page 561, ligne 3, *au lieu de* $- r_2^2 ds$, *lisez* $+ r_2^2 ds$.

Page 563, lignes 18 et 19, *au lieu de* droite OC, *lisez* droite CO.

Même page, lignes 28 et 29, *au lieu de* $2\pi\rho R$, *lisez* $2\pi\rho mr$.

Page 564, lignes 5 et 7, *au lieu de* $4\pi\rho$, *lisez* $4\pi m$.

Page 566, ligne 15, *au lieu de* $(U - a) ds$, *lisez* $(U - a) dS$.

Page 567, ligne 15, *au lieu de* la direction dM, *lisez* de dS vers dM.

Page 572, ligne 4, *au lieu de* n° 240, *lisez* n° 241.

Page 574, ligne 23, *au lieu de* on verrait par la même raison, *lisez* comme il a été déjà prouvé.

Page 578, ligne 2, *au lieu de* $(U - 2u) dS$, *lisez* $(U - 2u) md S$.

Même page, ligne 13, *au lieu de* n° 240, *lisez* 242.

Page 579, ligne 15, *au lieu de* $U = u$, *lisez* $U = v$.

Même page, lignes 26 et 27, *au lieu de* masse totale M, *lisez* masse totale nulle.

Page 580, ligne 3, *au lieu de* $U - u$, *lisez* $v - u$.

Même page, lignes 4, 12, 16, 19, *au lieu de* u, *lisez* v.

Même page, ligne 25, *au lieu de* u aurait donc, *lisez* Il aurait donc.

Même page, lignes 27 et 30, *au lieu de* 240, *lisez* 242.

Page 581, ligne 10, *au lieu de* U, *lisez* u.

Même page, ligne 11, *au lieu de* u, *lisez* U

Même page, ligne 14, *au lieu de* 241, *lisez* 242.

Même page, ligne 16, *au lieu de* U, *lisez* V.

Page 582, ligne 17, *au lieu de* $\dfrac{dU}{dn}$, *lisez* $\dfrac{du}{dn}$.

Page 584, ligne 14, *au lieu de* $\dfrac{d\mu}{r}$, *lisez* $\dfrac{d\mu}{\rho}$.

Même page, ligne 16, *au lieu de* r^2, *lisez* ρ^2.

Page 589, ligne 3, *au lieu de* point θ, *lisez* point O.

Même page, ligne 14, *au lieu de* $\dfrac{3}{2}\cos^2\gamma + \dfrac{1}{2}$, *lisez* $\dfrac{3}{2}\cos^2\gamma - \dfrac{1}{2}$.

Même page, ligne 17, *au lieu de* $(2n - 1)(2n - 2)$, *lisez* $(2n - 1)(2n - 3)$.

Page 591, lignes 10, 11 et 13, *au lieu de* P_0, P_1, P_2, *lisez* $R^2 P_0$, $R^2 P_1$, $R^2 P_2$.

Page 592, ligne 18, *au lieu de* $r\cos\theta\sin\psi\, du$, *lisez* $r\cos\theta\sin\psi\, d\theta$.

Même page, ligne 23, *au lieu de* $r\sin u\, d\psi$, *lisez* $r\sin\theta\, d\psi$.

Page 593, ligne 2, *au lieu de* $\frac{du}{dx}$, *lisez* $\frac{d\theta}{dx}$.

Même page, lignes 7, 8, 13, 15, 16, 17, *au lieu de* $\sin^2 u$, du^2, *lisez* $\sin^2 \theta$, $d\theta^2$.

Page 594, ligne 5, *au lieu de* $\cos u$, $\sin u$, du, *lisez* $\cos \theta$, $\sin \theta$, $d\theta$.

Même page, ligne 21, *au lieu de* $n - m + 1$, *lisez* $n - m - 1$.

Page 616, dernière ligne, *au lieu de* Crelle, p. 229, *lisez* Crelle, p. 299.

Page 624, ligne 22, *au lieu de* deux centres, *lisez* deux autres.

Page 689, ligne 9 en remontant, *au lieu de* $p^0_{xx} \frac{d^2 v}{dx^2}$, *lisez* $p^0_{xx} \frac{d^2 w}{dx^2}$.

Page 701, avant-dernière ligne, *au lieu de* 1863-1864, *lisez* 1863.

FIN DES ERRATA.

PARIS. — IMPRIMERIE DE GAUTHIER-VILLARS,
rue de Seine-Saint-Germain, 10, près l'Institut.

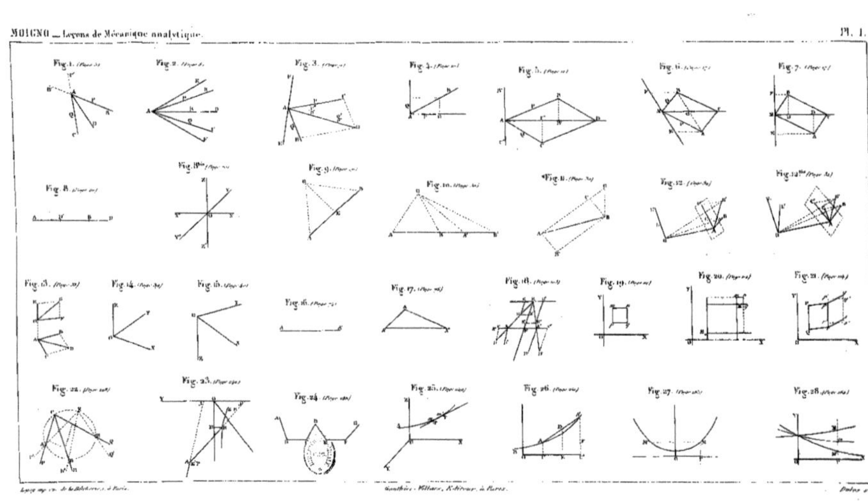

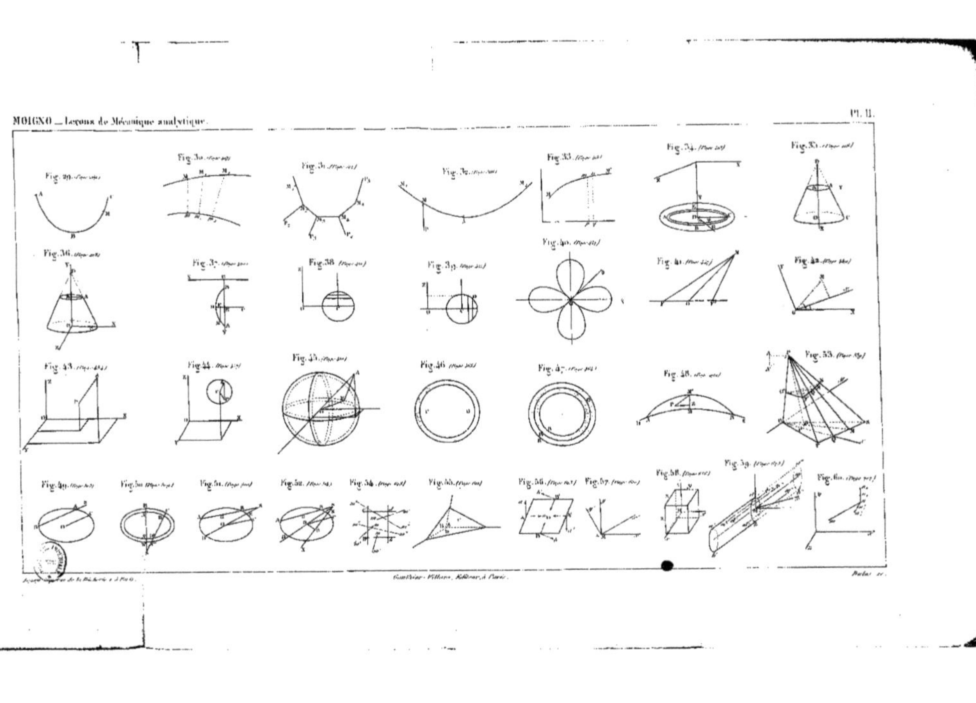

QUAI DES GRANDS-AUGUSTINS, 55, A PARIS.

N. B. Le Catalogue général est envoyé franco à toutes les personnes qui en font la demande par lettre affranchie.

En envoyant à M. GAUTHIER-VILLARS un mandat sur la Poste, on reçoit les Ouvrages *franco* dans toute la France.

EXTRAIT DU CATALOGUE DES LIVRES DE FONDS ET D'ASSORTIMENT

DE

GAUTHIER-VILLARS,
Successeur de Mallet-Bachelier,

IMPRIMEUR-LIBRAIRE-ÉDITEUR DU BUREAU DES LONGITUDES, — DE L'OBSERVA-TOIRE IMPÉRIAL DE PARIS, — DE L'ÉCOLE IMPÉRIALE POLYTECHNIQUE, — DE L'ÉCOLE IMPÉRIALE CENTRALE DES ARTS ET MANUFACTURES, — DE LA SOCIÉTÉ MÉTÉOROLOGIQUE DE FRANCE, — DES COMPTES RENDUS HEBDOMA-DAIRES DES SÉANCES DE L'ACADÉMIE DES SCIENCES, — DES ANNALES DE CHIMIE ET DE PHYSIQUE, — DU JOURNAL DE MATHÉMATIQUES PURES ET APPLIQUÉES, PAR M. LIOUVILLE, — DES ANNALES SCIENTIFIQUES DE L'ÉCOLE NORMALE SUPÉRIEURE, — DES NOUVELLES ANNALES DE MATHÉMATIQUES, ETC.

ARITHMÉTIQUE.

†BOURDON, ancien Examinateur d'admission à l'École Polytechnique. — **Éléments d'Arithmétique** ; 34ᵉ édit., rédigée conformément aux *nouveaux Programmes* de l'enseignement. In-8 ; 1867. (*Adopté par l'Université.*)...... 4 fr.

†FATON (le P.). — **Traité d'Arithmétique théorique et pratique,** en rapport avec les nouveaux *Programmes* d'enseignement, terminé par une petite Table de Logarithmes. Chaque théorie est suivie d'un choix d'Exercices gradués de calcul et d'un grand nombre de Problèmes. 4ᵉ édition, revue et corrigée. In-12 ; 1866. (*Autorisé par l'Université.*)............................ 2 fr. 75 c.

†FATON (le P.). — **Premiers éléments d'Arithmétique,** à l'usage des classes inférieures de grammaire. In-12 ; 1865........................ 1 fr. 50 c.

†LIONNET (E.), Agrégé de l'Université, Professeur de Mathématiques pures et appliquées au Lycée Louis-le-Grand, Examinateur suppléant à l'École Navale.— **Éléments d'Arithmétique.** (*Autorisé par l'Université.*) 3ᵉ édition, rédigée conformément au *Programme officiel des Lycées,* in-8 ; 1857.......... 4 fr.

†LIONNET (E.). — **Complément des Éléments d'Arithmétique,** comprenant les **Approximations numériques,** à l'usage des candidats aux Écoles du Gouvernement et au Baccalauréat ès Sciences. (*Autorisé par l'Université.*) 2ᵉ édition, in-8 ; 1857.. 2 fr. 50 c.
　— **Les Approximations numériques** se vendent séparément...... 1 fr.

†REYNAUD (le baron), Examinateur pour l'admission à l'École Polytechnique, à la Marine, à l'École militaire de Saint-Cyr et à l'École Forestière. — **Traité d'Arithmétique,** à l'usage des élèves qui se destinent à ces Écoles. In-8, 26ᵉ éd., corrigée et annotée par M. *Gerono;* 1855. (*Adopté par l'Université.*) 4 fr.

†SERRET (J.-A.), Membre de l'Institut. — **Éléments d'Arithmétique,** à l'usage des candidats au Baccalauréat ès Sciences, et aux Écoles spéciales. Rédigés conformément au *Programme de l'enseignement scientifique des Lycées.* 4ᵉ édit., revue et augmentée. In-8 ; 1865. (*Autorisé par décision ministérielle.*) 4 fr.

†VIEILLE. — **Théorie générale des approximations numériques,** à l'usage des Candidats aux Écoles spéciales du Gouvernement. In-8; 2ᵉ édit.; 1854. 3 fr. 50 c.

ALGÈBRE.

BOBILLIER (E.-E.). — **Principes d'Algèbre.** 5ᵉ édition; in-8, 1861. (*Ouvrage adopté par le Ministre de l'Agriculture et du Commerce pour les Écoles nationales d'Arts et Métiers.*)............................. 3 fr. 50 c.

†BOURDON. — **Éléments d'Algèbre,** avec Notes de M. *Prouhet.* 12ᵉ édit., in-8 ; 1860. (*Adopté par l'Université.*).. .... 8 fr.

I

†**CHOQUET**, Docteur ès Sciences, ancien Répétiteur à l'École d'Artillerie de la Flèche. — **Traité d'Algèbre.** In-8; 1856. (*Autorisé par décision ministérielle.*)... 7 fr. 50 c.

†**LACROIX (S.-F.).** — **Éléments d'Algèbre**, à l'usage des candidats aux Écoles du Gouvernement. 22e édition, revue, corrigée et annotée conformément aux *nouveaux Programmes* de l'enseignement dans les Lycées, par M. *Prouhet*, Professeur de Mathématiques. In-8; 1868. (*Autorisé par décision ministérielle.*).... 6 fr.

†**LACROIX (S.-F.).** — **Complément des Éléments d'Algèbre** à l'usage de l'École centrale des Quatre-Nations. 7e *édition*. In-8; 1863... ...... 4 fr.

LAURENT (H.), Répétiteur d'Analyse à l'École Polytechnique et ancien Élève de cette École. — **Traité d'Algèbre** à l'usage des Candidats aux Écoles du Gouvernement. In-8; 1867... 7 fr. 50 c.

†**LIONNET.** — **Algèbre élémentaire**, à l'usage des candidats au Baccalauréat ès Sciences et aux Écoles du Gouvernement, rédigée conformément aux programmes officiels des Lycées. 2e édition, comprenant toutes les **Matières exigées pour l'admission à l'École centrale des Arts et Manufactures.** In-8; 1858... 4 fr.

†**ROUCHÉ,** ancien Élève de l'École Polytechnique, Professeur au Lycée Charlemagne. — **Éléments d'Algèbre**, à l'usage des candidats au Baccalauréat ès Sciences et aux Écoles spéciales, rédigés conformément aux Programmes de l'enseignement scientifique des Lycées. In-8 avec 28 figures dans le texte; 1857... 4 fr.

†**SERRET (J.-A.),** Membre de l'Institut. — **Traité d'Algèbre supérieure.** 2 forts volumes in-8; 1866.. 24 fr.

GÉOMÉTRIE.

BOBILIER (E.-E.). — **Cours de Géométrie.** 13e édition; in-8, avec figures dans le texte; 1865... 6 fr. 50 c.

†**CHASLES,** Membre de l'Institut. — **Les trois Livres de Porismes d'Euclide,** rétablis pour la première fois, d'après la Notice et les Lemmes de Pappus, et conformément au sentiment de R. Simson sur la forme des énoncés de ces propositions. In-8, avec 259 figures; 1860... 10 fr.

†**CHASLES,** Membre de l'Institut. — **Traité des Sections coniques,** faisant suite au **Traité de Géométrie supérieure.** *Première partie.* In-8 avec 5 planches gravées sur cuivre et contenant 133 figures; 1865............................ 9 fr.
La deuxième partie, qui est sous presse, se vendra de même séparément.

†**DUPIN.** — **Développements de Géométrie, avec des Applications à la stabilité des vaisseaux, aux déblais et aux remblais, au défilement, à l'optique, etc.,** pour faire suite à la **Géométrie analytique de Monge.** In-4, avec planches; 1813.. 15 fr.

†**DUPIN.** — **Application de Géométrie et de Mécanique à la Marine, aux Ponts et Chaussées, etc.,** pour faire suite aux **Développements de Géométrie.** In-4, avec planches; 1822.. 10 fr.

GOURNERIE (Jules de la). — **Recherches sur les surfaces réglées tétraédrales symétriques,** avec des **Notes** par M. *Arthur Cayley.* In-8; 1867.. 6 fr.

HOÜEL (J.), Professeur de Mathématiques pures à la Faculté des Sciences de Bordeaux. — **Essai critique sur les principes fondamentaux de la Géométrie élémentaire** ou **Commentaire sur les XXXII premières propositions des Éléments d'Euclide.** In-8 avec figures; 1867................................. 2 fr. 50 c.

†**HOUSEL,** ancien Élève de l'École Normale supérieure, Professeur de Mathématiques. — **Introduction à la Géométrie supérieure.** In-8, avec 8 planches; 1865... 6 fr.

†**JONQUIÈRES (E. de),** Lieutenant de vaisseau. — **Mélanges de Géométrie pure,** comprenant diverses applications des théories exposées dans le **Traité de Géométrie supérieure** de M. *Chasles,* au mouvement infiniment petit d'un corps solide libre dans l'espace, aux sections coniques, aux courbes du troisième ordre, etc., et la traduction du **Traité** de *Maclaurin* **sur les courbes du troisième ordre.** In-8, avec planches; 1856..................................... 5 fr.

†**LACROIX (S.-F.).** — **Éléments de Géométrie,** suivis de *Notions sur les courbes usuelles.* 18e édition, conforme aux *Programmes* de l'enseignement dans les Lycées, revue et corrigée par M. *Prouhet,* Répétiteur à l'École Polytechnique. In-8, avec 220 fig. dans le texte; 1863. (*Autorisé par décision ministérielle.*). 4 fr.

†**LE COINTE (I.-L.-A.),** Professeur à l'École préparatoire Sainte-Marie, à Toulouse. — **Notions élémentaires sur les Courbes usuelles.** Ouvrage destiné à la préparation au Baccalauréat ès Sciences et à l'École spéciale militaire de Saint-Cyr. In-8, avec figures dans le texte; 1864............. 2 fr.

LEGENDRE. — **Éléments de Géométrie, avec Additions et Modifications;** par M. *A. Blanchet.* 11e édit.; in-8, avec fig. dans le texte ; 1864 ..... 4 fr.

*__PAUL__ (de), Professeur à l'École municipale Turgot. — **Géométrie élémentaire, théorique et pratique.** Première partie : Géométrie plane, suivie d'un Exposé élémentaire du *Lever des Plans* et de l'*Arpentage.* In-8 sur jésus, avec 154 figures dans le texte; 1865 .... 2 fr. 50 c.

Cet ouvrage, rédigé surtout en vue des applications à l'industrie, fait partie du Cours complet d'Enseignement industriel publié sous la direction de M. Marguerin, directeur de l'École municipale Turgot, à Paris.

*__PONCELET__, Membre de l'Institut. — **Traité des Propriétés projectives des figures.** Ouvrage utile à ceux qui s'occupent des applications de la Géométrie descriptive et d'opérations géométriques sur le terrain. 2e édition, 1865-1866. 2 beaux volumes in-4 d'environ 450 pages chacun, imprimés sur carré fin satiné, avec de nombreuses planches gravées sur cuivre; 1865-1866.. 40 fr.

Le IIe volume se vend séparément .... 20 fr.

REGNAULT (S.). — **Traité de Géométrie, pratique et d'Arpentage** contenant les opérations graphiques et de nombreuses applications aux travaux de toute nature. In-8, avec 14 planches; 1860 .... 5 fr.

†__REYNAUD__. — **Théorèmes et problèmes de Géométrie,** suivis de la **Théorie des Plans** et des **Préliminaires de la Géométrie descriptive;** in-8, avec planches ; 1838. (*Adopté par l'Université.*) .... 4 fr.

†__ROUCHÉ__ (Eugène), Professeur au Lycée Charlemagne, Répétiteur à l'École Polytechnique, etc., et **DE COMBEROUSSE** (Charles), Professeur au Collège Chaptal, Répétiteur à l'École Centrale, etc.— **Traité de Géométrie élémentaire,** conforme aux Programmes officiels, renfermant un très-grand nombre d'exercices et plusieurs Appendices consacrés à l'exposition des PRINCIPALES MÉTHODES DE LA GÉOMÉTRIE MODERNE. In-8 avec figures dans le texte; 1866. 10 fr.

On vend séparément:
Première Partie (*Géométrie plane.*) .... 4 fr.
Deuxième Partie (*Géométrie de l'espace et Courbes usuelles.*) .... 6 fr.

†__ROUCHÉ__ (Eugène), Professeur au Lycée Charlemagne, Répétiteur à l'École Polytechnique, et **DE COMBEROUSSE** (Charles), Professeur à l'École Centrale et au Collège Chaptal. — **Éléments de Géométrie,** rédigés conformément aux Programmes. In-8; 1867 .... 5 fr.

Ces nouveaux ÉLÉMENTS DE GÉOMÉTRIE (qu'il ne faut pas confondre avec le *Traité de Géométrie élémentaire* des mêmes Auteurs) sont entièrement conformes aux derniers programmes officiels. Ils renferment toutes les parties de la Géométrie enseignées successivement dans les établissements d'instruction publique depuis la classe de troisième jusqu'à celle de mathématiques spéciales inclusivement, et sont destinés aux élèves appelés à suivre ces différents cours.

†__VIANT__ (J.), Agrégé de l'Université, Professeur de Mathématiques au Prytanée impérial militaire de la Flèche. — **Notions sur quelques courbes usuelles,** rédigées conformément au nouveau Programme de Saint-Cyr, à l'usage des candidats à ladite École, aux Écoles Navale et Forestière, et au Baccalauréat ès Sciences. In-8 avec planches ; 1864 .... 2 fr. 50 c.

†__VINCENT__, Membre de l'Institut, et **SAIGEY**. — **Géométrie élémentaire,** refaite sur la première édition publiée en 1826, suivant les principes du nouveau *Programme* des études. In-12, avec planches ; 1856 .... 2 fr. 50 c.

TRIGONOMÉTRIE.

†__BOURDON__. — **Trigonométrie rectiligne et sphérique,** rédigée conformément aux nouveaux *Programmes* de l'enseignement dans les Lycées. In-8, avec figures dans le texte, 1854. (*Adopté par l'Université.*) .... 3 fr.

†__BOURGEOIS__ et **CABART**, anciens Élèves de l'École Polytechnique. — **Leçons nouvelles sur les applications pratiques de la Géométrie et de la Trigonométrie.** 2e édition, revue et corrigée, entièrement conforme aux *Programmes officiels.* In-8, avec planches ; 1857 .... 3 fr. 50 c.

†__DELISLE__, Examinateur de la Marine, et **GERONO**, Professeur de Mathématiques. — **Éléments de Trigonométrie rectiligne et sphérique.** 5e édition, revue et augmentée ; in-8, avec planches ; 1859 .... 3 fr. 50 c.

†__LACROIX__. (S.-F.) — **Traité élémentaire de Trigonométrie rectiligne et sphérique** et d'application de l'Algèbre à la Géométrie. 11e édit., revue et corrigée ; in-8 avec planches; 1863 .... 4 fr.

***LE COINTE** (le P. I.-L.-A.). — **Leçons sur la Théorie des fonctions circulaires et la Trigonométrie.** Cet ouvrage est destiné à la préparation aux Ecoles du Gouvernement, et spécialement à l'École Polytechnique. Il renferme un grand nombre d'Exercices. In-8, avec figures dans le texte; 1858 ...... **4 fr.**

SERRET (J.-A), Membre de l'Institut, Professeur au Collége de France. — **Traité de Trigonométrie,** 3ᵉ édition, revue et augmentée. In-8, avec planches ; 1862. (*Autorisé par décision ministérielle.*) .... **4 fr.**

APPLICATION DE L'ALGÈBRE A LA GÉOMÉTRIE.

†BOURDON. — **Application de l'Algèbre à la Géométrie,** comprenant la Géométrie analytique à deux et à trois dimensions. 5ᵉ édition, rédigée conformément aux nouveaux *Programmes* de l'enseignement dans les Lycées. In-8, avec planches; 1854 (*Adopté par l'Université.*) .... **8 fr.**

BRIOT et **BOUQUET**, Professeur de Mathématiques au Lycée Bonaparte. — **Leçons nouvelles de Géométrie analytique,** 4ᵉ éd. In-8; 1863. **7 fr. 50 c.**

†DELISLE (A.), et **GERONO**. — **Géométrie analytique.** In-8, avec planches; 1854 .... **6 fr. 50 c.**

†GARNIER. — **Géométrie analytique, ou Application de l'Algèbre à la Géométrie.** 2ᵉ édit.; in-8 avec planches ; 1813 .... **6 fr.**

LUCAS (Félix), Ingénieur des Ponts et Chaussées. — **Études analytiques sur la Théorie des courbes planes.** In-8 avec planches ; 1864 .... **6 fr.**

***PONCELET**, Membre de l'Institut. — **Applications d'Analyse et de Géométrie** qui ont servi de principal fondement au **Traité des Propriétés projectives des figures,** avec Additions par MM. *Mannheim* et *Moutard*, anciens élèves de l'École Polytechnique. 2 forts volumes in-8 avec figures dans le texte. Imprimé sur carré fin satiné ; 1862-1864 .... **20 fr.**
   Chaque volume se vend séparément .... **10 fr.**

GÉOMÉTRIE DESCRIPTIVE ET APPLICATIONS.

CABANIÉ, Charpentier, Professeur du Trait de Charpente, de Mathématiques, etc. — **Charpente générale théorique et pratique.** 2 volumes in-folio avec planches. 2ᵉ édition; 1864 .... **60 fr.**
   On vend séparément : le tome Iᵉʳ, **Bois droit** .... **30 fr.**
                   le tome II, **Bois croche** .... **30 fr.**

CATALAN. — **Traité élémentaire de Géométrie descriptive.** 2ᵉ édition. In-8 avec atlas de 28 planches ; 1862 .... **7 fr. 50 c.**

†GOURNERIE (de la). — **Traité de Géométrie descriptive.** In-4, publié en *trois Parties,* avec Atlas ... . **30 fr.**
   Chaque Partie se vend séparément. .... **10 fr.**
   La 1ʳᵉ *Partie,* avec Atlas de 52 planches, contient quatre Livres qui sont consacrés 1° à la ligne droite et au plan ; 2° au cône, au cylindre et aux surfaces de révolution ; 3° aux projections cotées ; 4° aux perspectives axonométrique, monodymétrique, isométrique et cavalière. Les deux premiers livres contiennent tout ce qui est exigé pour l'admission à l'Ecole Polytechnique.
   La 2ᵉ *Partie,* avec Atlas de 52 planches, comprend le cinquième Livre relatif à la détermination des Ombres sur les figures géométrales, axonométriques et cavalières, et les sixième et septième Livres consacrés aux Surfaces développables et gauches.
   La 3ᵉ *Partie,* avec Atlas de 46 planches, contient les principales propositions de la théorie de la courbure des surfaces avec leurs applications aux arts graphiques et les constructions relatives aux surfaces hélicoïdales et topographiques.
   Les deux dernières Parties sont le développement du **COURS DE GÉOMÉTRIE DESCRIPTIVE** actuellement professé à **L'ÉCOLE POLYTECHNIQUE.**

†LACROIX (S.-F.). — **Essais de Géométrie sur les Plans et les Surfaces courbes (Éléments de Géométrie descriptive).** 7ᵉ édition, revue et corrigée; in-8, avec planches ; 1840 .... **3 fr.**

LEFÉBURE DE FOURCY. — **Traité de Géométrie descriptive,** précédé d'une Introduction qui renferme la **Théorie du Plan et la Ligne droite** considérée dans l'espace. 5ᵉ édition ; 2 vol. in-8, dont un se compose de 32 planches; 1847 .... **10 fr.**

†LEROY (C.-F.-A.), ancien Professeur à l'Ecole Polytechnique et à l'Ecole Normale supérieure. — **Traité de Géométrie descriptive.** 8ᵉ édition, revue et annotée par M. *Martelet,* Professeur à l'École centrale des Arts et Manufactures. In-4, avec atlas de 71 planches ; 1867 .... **16 fr.**

†**LEROY** (**C.-F.-A.**).— **Traité de Stéréotomie**, comprenant les **Applications de la Géométrie descriptive à la Théorie des Ombres, la Perspective linéaire, la Gnomonique, la Coupe des Pierres et la Charpente.** 4ᵉ édition, revue et annotée par M. *E. Martelet*, ancien élève de l'École Polytechnique, Professeur de Géométrie descriptive à l'École centrale des Arts et Manufactures. In-4, avec atlas de 74 planches in-folio; 1866............................ 26 fr.

†**VIANT** (**J.**). — **Éléments de Géométrie descriptive**, rédigés conformément au nouveau **Programme de Saint-Cyr**, à l'usage des candidats à ladite École, à l'École Navale, à l'École Forestière, et au Baccalauréat ès Sciences. In-8, avec atlas de 16 planches; 1862............................ 2 fr. 50 c.

CALCUL DIFFÉRENTIEL ET INTÉGRAL
ET ANALYSE MATHÉMATIQUE.

***BALTZER** (Dᴿ **Richard**), Professeur au Gymnase de Dresde. — **Théorie et application des Déterminants**, avec l'indication des sources originales, traduit de l'allemand par *J. Houël*, Docteur ès Sciences. In-8; 1861....... 5 fr.

BELANGER (**J.-B.**). — **Résumé de Leçons de Géométrie analytique et de Calcul infinitésimal.** 2ᵉ édition, in-8, avec planches; 1859........... 6 fr.

†**BERTRAND** (**J.**), Membre de l'Institut, Professeur à l'École impériale Polytechnique et au Collège de France. — **Traité de Calcul différentiel et de Calcul intégral.** — (**CALCUL DIFFÉRENTIEL.**) Beau volume in-4 de 836 pages, avec 106 figures dans le texte. Imprimé sur carré fin des Vosges; 1864.. 30 fr.

†**BOUCHARLAT** (**J.-L.**), ancien Élève de l'École Polytechnique, Professeur de Mathématiques transcendantes aux Écoles militaires. — **Éléments de Calcul différentiel et de Calcul intégral.** 7ᵉ édition. In-8, avec planches; 1858. 8 fr.

†**BRAVAIS** (**Aug.**), Membre de l'Institut. — **Études cristallographiques.** In-4 avec 5 planches; 1866.. 20 fr.

†**BRIOSCHI**, Professeur de Mathématiques à l'Université de Pavie. — **Théorie des Déterminants et leurs principales applications**, traduit de l'italien par M. *E. Combescure*, Professeur de Mathématiques. In-8; 1856........ 5 fr.

†**BRIOT** et **BOUQUET**. — **Théorie des Fonctions doublement périodiques et en particulier des Fonctions elliptiques.** In-8, avec figures; 1859. 6 fr.

†**BRIOT** (**Charles**). — **Essais sur la Théorie mathématique de la Lumière.** In-8 avec figures dans le texte; 1864............................ 4 fr.

†**CARNOT**.— **Réflexions sur la Métaphysique du Calcul infinitésimal.** In-8, avec planche, 4ᵉ édit.; 1860............................ 4 fr.

†**DUHAMEL**, Membre de l'Institut. — **Éléments de Calcul infinitésimal.** 2ᵉ édition. 2 vol. in-8; pl. 1860-1861............................ 12 fr.

***FRENET** (**F.**), ancien Élève de l'École Normale, Professeur à la Faculté des Sciences de Lyon. — **Recueil d'exercices sur le Calcul infinitésimal**, ouvrage destiné aux candidats à l'École Polytechnique, à l'École Normale, aux élèves de ces Écoles et aux personnes qui se présentent à la licence ès sciences mathématiques. 2ᵉ édition, in-8 avec planches; 1866.................. 7 fr. 50 c.

***FREYCINET** (**Charles de**). — **De l'Analyse infinitésimale, Étude sur la métaphysique du haut calcul.** In-8, avec figures. 1860............. 6 fr.

†**GARNIER**. — **Leçons de Calcul différentiel.** 3ᵉ édition; in-8, avec 4 pl. 6 fr.

†**GARNIER**. — **Leçons de Calcul intégral.** In-8, avec 2 pl.; 1812..... 6 fr.

***HATON DE LA GOUPILLIÈRE**, Examinateur d'admission à l'École Polytechnique. — **Éléments du Calcul infinitésimal.** In-8, avec figures dans le texte; 1860.. 6 fr.

†**JOUBERT** (le **P.**), de la Compagnie de Jésus.— **Sur la Théorie des fonctions elliptiques et son application à la Théorie des nombres.** In-4; 1860. 2 fr.

†**LACROIX** (**S.-F.**). — **Traité élémentaire de Calcul différentiel et de Calcul intégral.** 7ᵉ édition, revue et augmentée de Notes par MM. *Hermite* et *J.-A. Serret*, membres de l'Institut. 2 vol. in-8, avec pl.; 1867....... 15 fr.

†**LACROIX** (**S.-F.**). — **Traité élémentaire du Calcul des Probabilités.** 4ᵉ édition. In-8 avec planche; 1864............................ 5 fr.

LAGRANGE.— **Œuvres de Lagrange**, publiées par les soins de M. *J. A. Serret*, Membre de l'Institut, sous les auspices de S. Exc. le Ministre de l'Instruction publique. Tome I, in-4; 1867............................ 30 fr.
    Les Œuvres de Lagrange doivent former sept volumes in-4 qui se vendront séparément.

†LAGRANGE. — Théorie des Fonctions analytiques. Nouvelle édition, revue par M. *J.-A. Serret*, Examinateur d'admission à l'École Polytechnique. In-4; 1847.. 18 fr.

LAMARLE (Ernest), Ingénieur en chef des Ponts et Chaussées, Professeur à l'Université de Gand. — **Exposé géométrique du Calcul différentiel et intégral,** précédé de la **Cinématique du point, de la droite et du plan** et comprenant les *Applications du Calcul différentiel à l'Analyse et à la Géométrie.* Trois Parties en 2 vol. in-8 avec figures dans le texte; 1861-1863.... 12 fr.
     Les 1re et 2e Parties, formant un vol. in-8, se vendent séparément.. 3 fr.
     La 3e Partie, formant un volume in-8, se vend séparément.......... 9 fr.

†LAMÉ (G.). — Leçons sur les Fonctions inverses des transcendantes et les surfaces isothermes. In-8 avec figures dans le texte; 1857............ 5 fr.

†LAMÉ (G.). — Leçons sur les Coordonnées curvilignes et leurs diverses applications. In-8 avec figures dans le texte; 1859................... 5 fr.

MOIGNO (l'abbé). — Leçons de Calcul différentiel et de Calcul intégral, rédigées d'après les méthodes et les ouvrages publiés ou inédits de *A.-L. Cauchy.* Tome I V, *premier fascicule.* **CALCUL DES VARIATIONS.** In-8, 1861. 6 fr.

†MOUREY (C.-V.). — La vraie Théorie des Quantités négatives et des Quantités prétendues imaginaires. (Dédié aux amis de l'évidence.) 2e édition; in-12 avec figures dans le texte, 1861................... 2 fr. 50 c.

SERRET (J.-A.), Membre de l'Institut. — **Cours de Calcul différentiel et intégral.** 2 forts volumes in-8.
     Le 1er volume (*Calcul différentiel*) paraîtra le 1er octobre 1867.

†STURM, Membre de l'Institut. — **Cours d'Analyse de l'École Polytechnique.** 2e édition, revue et corrigée par M. *E. Prouhet*, Répétiteur d'Analyse à l'École Polytechnique. 2 vol. in-8 avec figures dans le texte; 1863-1864. 12 fr.

STATIQUE ET MÉCANIQUE.

BELANGER (J.-B.). — Théorie de la Résistance, de la Torsion et de la Flexion plane des Solides dont les dimensions transversales sont petites relativement à leur longueur. 2e édition augmentée. In-8 avec planches; 1862. 4 fr. 50 c.

BELANGER (J.-B.). — Traité de Cinématique. 1 vol. in-8 de 288 pages avec planches; 1864... 8 fr.

BELANGER (J.-B.). — Traité de la Dynamique d'un point matériel. In-8 avec planche; 1864... 4 fr.

BELANGER (J.-B.). — Traité de la Dynamique des systèmes matériels. In-8, avec planches; 1866.. 10 fr.

†BENOIT (P.-M.-N.), Ingénieur civil. — **La Règle à Calcul expliquée, ou Guide du Calculateur** à l'aide de la **Règle logarithmique à tiroir.** Fort volume in-12, avec pl.; 1853.. 5 fr.
     La Règle à Calcul (*Instrument par Gravet-Lenoir*) se vend séparément. 6 fr.

†BONNET (Ossian), Répétiteur à l'École Polytechnique. — **Leçons de Mécanique élémentaire,** à l'usage des candidats à l'École Polytechnique et à l'École Normale supérieure. *Première Partie* avec 135 figures intercalées dans le texte. In-8; 1858... 4 fr. 50 c.

†BOUCHARLAT (J.-L.), ancien Professeur de Mathématiques transcendantes aux Écoles militaires. — **Éléments de Mécanique.** 4e édit.; 1 vol. in-8, avec planches; 1861... 8 fr.

†BOUR (Edm.), Ingénieur des Mines. — **Cours de Mécanique et Machines** professé à l'École Polytechnique : **CINÉMATIQUE.** In-8 avec Atlas de 30 planches in-4 gravées sur cuivre; 1865........................... 10 fr.
     La Dynamique est sous presse.

†BRESSE, Professeur de Mécanique à l'École des Ponts et Chaussées, Répétiteur à l'École Polytechnique. — **Cours de Mécanique appliquée** professé à l'École des Ponts et Chaussées. 3 vol. in-8, et Atlas in-folio de 24 pl. 32 fr.
     Chaque Partie se vend séparément.
     Première Partie : *Résistance des Matériaux et Stabilité des Constructions.* — 2e édition, in-8, avec figures dans le texte; 1866................ 8 fr.
     Deuxième Partie : *Hydraulique.* — In-8, avec figures dans le texte et une planche; 1860.. 8 fr.
     Troisième Partie : *Calcul des Moments de flexion dans une poutre à plusieurs travées solidaires.* — In-8, avec planche et Atlas in-folio de 24 planches sur cuivre; 1865.. 16 fr.

†**BRESSON** (**C.**). — **Traité élémentaire de Mécanique appliquée aux sciences physiques et aux arts.** (**Mécanique des corps solides.**) In-4 et Atlas de 18 planches doubles; 1842 .... 15 fr.

†**DUHAMEL**, membre de l'Institut. — **Cours de Mécanique.** 3ᵉ édition, 2 vol. in-8 avec planches; 1862-1863 .... 12 fr.

FREYCINET (**Charles de**), Ingénieur au Corps impérial des Mines. — **Traité de Mécanique rationnelle,** comprenant la Statique comme cas particulier de la Mécanique, avec figures dans le texte. 2 vol. in-8; 1858 .... 14 fr.

†**GARNIER**. — **Leçons de Statique,** à l'usage des aspirants à l'Ecole impériale Polytechnique. In-8, avec planches; 1811 .... 4 fr.

†**HATON DE LA GOUPILLIÈRE** (**J.-N.**), Ingénieur des Mines, Professeur de Mécanique à l'École impériale des Mines, Professeur-suppléant de Mécanique à la Faculté des Sciences de Paris, Répétiteur de Mécanique à l'École Polytechnique. — **Traité théorique et pratique des Engrenages.** In-8 avec figures dans le texte; 1861 .... 3 fr. 50 c.

†**HATON DE LA GOUPILLIÈRE** (**J.N.**). — **Traité des Mécanismes,** renfermant la théorie géométrique des organes et celle des resistances passives. In-8 avec planches; 1864 .... 10 fr.

†**HIRN** (**G.-A.**), Correspondant de l'Institut. — **Théorie mécanique de la chaleur.** *Première Partie, Exposition analytique et expérimentale.* Deuxième édition entièrement refondue. In-8 grand raisin, avec planche; 1865 .... 9 fr.

La deuxième Partie, contenant l'Historique et l'Exposition philosophique, paraîtra prochainement et se vendra séparément comme la première Partie.

HIRN (**G.-A.**). — **Mémoire sur la Thermodynamique.** In-8, avec 2 planches; 1867 .... 5 fr.

*****JULLIEN** (**le P.**), de la Compagnie de Jésus. — **Problèmes de Mécanique rationnelle** disposés pour servir d'application aux principes enseignés dans les Cours. Cet ouvrage renferme les questions nouvellement introduites dans le Programme de la Licence et de nombreuses applications pratiques. 2 vol. in-8, avec figures dans le texte; 2ᵉ édition, revue et augmentée; 1866-1867. 15 fr.

†**LAGRANGE**. — **Mécanique analytique.** Troisième édition, revue, corrigée et annotée par M. *J. Bertrand,* Membre de l'Institut. 2 vol. in-4; 1855 .... 40 fr.

*****MAHISTRE**. — **Cours de Mécanique appliquée.** In-8, avec 211 figures dans le texte; 1858 .... 8 fr.

†**POINSOT** (**L.**), Membre de l'Institut et du Bureau des Longitudes, Conseiller titulaire au Conseil de l'Université. — **Éléments de Statique,** suivis de quatre Mémoires. (*Ouvrage adopté pour l'Instruction publique.*) 10ᵉ édit. In-8, avec pl.; 1861 .... 6 fr.

†**POISSON** (**S.-D.**), Membre de l'Institut. — **Traité de Mécanique.** 2ᵉ édition, considérablement augmentée; 2 forts vol. in-8; 1833 .... 18 fr.

†**RESAL** (**H.**), Ingénieur des Mines. — **Traité de Cinématique pure.** In-8, avec figures dans le texte; 1862 .... 6 fr.

RESAL (**H.**). — **Éléments de Mécanique,** rédigés d'après les leçons de Mécanique physique professées à la Faculté des Sciences de Paris par M. Poncelet. Nouvelle édition, revue et corrigée. In-8 avec planches; 1862.... 4 fr. 50 c.

†**STURM**, Membre de l'Institut. — **Cours de Mécanique de l'École Polytechnique,** publié, d'après le vœu de l'auteur, par M. *E. Prouhet,* Répétiteur à l'École Polytechnique. 2 vol. in-8 avec figures dans le texte; 1861 .... 12 fr.

***VIEILLE** (**J.**), Inspecteur général de l'Instruction publique. — **Éléments de Mécanique,** rédigés conformément au Programme du nouveau plan d'études des Lycées. 2ᵉ édition, in-8, avec figures dans le texte; 1867... 4 fr. 50 c.

***VIEILLE** (**J.**). — **Cours complémentaire d'Analyse et de Mécanique rationnelle,** professé à l'École Normale. In-8. avec planches; 1851 .... 7 fr.

TABLES DE LOGARITHMES.

***HOÜEL** (**J.**). — **Tables de Logarithmes à CINQ DÉCIMALES** pour les **Nombres** et les **Lignes trigonométriques,** suivies des Logarithmes d'addition et de soustraction ou Logarithmes de Gauss et de diverses Tables usuelles. 2ᵉ édition, revue et augmentée. In-8 grand raisin; 1867. (*Autorisé par décision ministérielle.*)... 2 fr.

HOÜEL (**J.**). — **Recueil de Formules et de Tables numériques**, formant le complément des *Tables de Logarithmes à cinq décimales* du même Auteur. In-8 grand raisin; 1867... 4 fr. 50 c.

†**LALANDE**. — **Tables de Logarithmes pour les Nombres et les Sinus à CINQ DÉCIMALES**, revues par le baron *Reynaud*. Nouvelle édition augmentée de *Formules pour la Résolution des Triangles*, par M. *Bailleul*, typographe. In-18; 1865. (*Autorisé par décision ministérielle*.)........................... 2 fr.

†**LALANDE**. — **Tables de Logarithmes**, étendues à **SEPT DÉCIMALES**, par *F.-C.-M. Marie*, précédées d'une Instruction dans laquelle on fait connaître les limites des erreurs qui peuvent résulter de l'emploi des Logarithmes des nombres et des lignes trigonométriques, par le baron *Reynaud*. Nouvelle édition augmentée de *Formules pour la Résolution des Triangles;* par M. *Bailleul*, typographe. In-12; 1867.. 3 fr. 50 c.

SCHRÖN (**L.**), Directeur de l'Observatoire et Professeur à Iéna. — **Tables de Logarithmes à sept décimales** pour les nombres depuis **1** jusqu'à **108 000** et pour les fonctions trigonométriques de dix secondes en dix secondes, précédées d'une **Introduction** par *J. Hoüel*, Professeur de Mathématiques à la Faculté des Sciences de Bordeaux. 6e édition stéréotype, revue et corrigée; un beau volume grand in-8 jésus; 1866.. 7 fr.

SCHRÖN (**L.**). — **Table d'interpolation pour le calcul des parties proportionnelles**, faisant suite aux Tables de logarithmes à sept décimales, précédée d'une **Introduction** par *J. Hoüel*, Professeur de Mathématiques à la Faculté des Sciences de Bordeaux. 6e édition stéréotype, revue et corrigée, grand in-8 jésus; 1866.. 3 fr.

COURS DE MATHÉMATIQUES.

BABINET, de l'Institut, et **HOUSEL**, Professeur de Mathématiques. — **Calculs pratiques appliqués aux Sciences d'observation**. In-8, avec 75 figures dans le texte; 1857... 6 fr.

†**CATALAN** (**E.**), ancien élève de l'École Polytechnique — **Manuel des Candidats à l'École Polytechnique**. 2 vol. in-18 avec 306 figures........ 9 fr.
 Chaque volume se vend séparément.
 Tome Ier : **Algèbre, Trigonométrie, Géométrie analytique à deux dimensions**. In-18, avec 167 figures dans le texte; 1857.................. 5 fr.
 Tome II : **Géométrie analytique à trois dimensions, Mécanique**. In-18, avec 139 figures dans le texte ; 1858............................... 4 fr.

†**COMBEROUSSE** (**Charles de**), Ingénieur civil, Examinateur d'admission à l'École impériale centrale des Arts et Manufactures — **Cours de Mathématiques**, à l'usage des candidats à l'École centrale des Arts et Manufactures et de tous les élèves qui se destinent aux Écoles du Gouvernement. 3 vol. in-8, avec figures dans le texte et planches. (*Pris ensemble*)............... 25 fr.
 Chaque volume se vend séparément, savoir :
 Le tome Ier : *Arithmétique, Algèbre élémentaire* (avec 21 figures). 7 fr. 50 c.
 Le tome II : *Géométrie plane, Géométrie dans l'espace, Complément de Géométrie, Trigonométrie, Complément d'Algèbre* (avec figures dans le texte). 10 fr.
 Le tome III: *Géométrie analytique, Géométrie descriptive* (avec atlas de 53 planches contenant 274 figures)... 10 fr.

†**DUHAMEL**. — **Des Méthodes dans les sciences de raisonnement**. 2 volumes in-8; 1865-1866.. 10 fr.
On vend séparément :
 Première Partie : *Des Méthodes communes à toutes les sciences de raisonnement.* In-8; 1865... 2 fr. 50 c.
 Deuxième Partie : *Application des Méthodes à la science des nombres et à la science de l'étendue.* In-8 de 450 pages, avec figures dans le texte; 1866.
7 fr. 50 c.

†**FRANCOEUR** (**L.-B.**). — **Cours complet de Mathématiques pures**, ouvrage destiné aux élèves des Écoles Normale et Polytechnique, et aux candidats qui se préparent à y être admis. 4e éd.; 2 vol. in-8, avec pl.; 1837. 12 fr.

†**GERONO et ROGUET**. — **Programme détaillé d'un Cours d'Arithmétique, d'Algèbre et de Géométrie analytique**, comprenant les connaissances exigées pour l'admission aux Écoles du Gouvernement, suivi de Notes et des énoncés d'un grand nombre de problèmes. (La Note IV est intitulée : **Sur la théorie des Polynômes homogènes du second degré**, d'après M. *Hermite*.) 4e édition, entièrement refondue. In-8; 1856.......................... 3 fr. 50 c.

†**LE COINTE (I.-L.-A.).** — **Solutions développées de 300 Problèmes** qui ont été proposés dans les compositions mathématiques pour l'admission au grade de *Bachelier ès Sciences* dans diverses Facultés de France. In-8, avec figures dans le texte; 1865....................................... 6 fr.

LONCHAMPT (A). — **Recueil des principaux Problèmes** posés dans les examens pour l'*École Polytechnique* et pour l'*École Centrale des Arts et Manufactures,* ainsi que dans les conférences des *Écoles préparatoires* les plus importantes de Paris, **Énoncés et solutions.** 1 volume lithographié grand in-8 sur jésus; 1865.. 8 fr.

REDOULY (Ch.). — **A, B, C de l'X, Grammaire et Logique des Mathématiques,** suivi d'*Exercices choisis* et de *Notices biographiques* sur les Géomètres et les Astronomes illustres depuis Thalès jusqu'à Biot. In-8; 1867....... 7 fr.

†**REYNAUD.** — **Traité élémentaire de Mathématiques et de Physique,** suivi de **Notions sur la Chimie et sur l'Astronomie,** à l'usage des élèves qui se préparent aux examens pour le Baccalauréat ès Lettres. 4ᵉ édition; 2 vol. in-8, avec planches; 1844..................................... 12 fr.
    Le tome 1ᵉʳ se vend séparément............................... 5 fr.

†**REYNAUD et DUHAMEL.** — **Problèmes et développements sur diverses parties des Mathématiques.** In-8, avec planches, 1823....... 6 fr. 50 c.

†**SAURY,** ancien Professeur de Philosophie à l'Université de Montpellier. — **Institutions mathématiques** servant d'introduction à un **Cours de Philosophie** à l'usage des Universités de France. 6ᵉ édit.; in-8, avec pl.; 1835. 5 fr.

ASTRONOMIE ET COSMOGRAPHIE.

ANNUAIRE PUBLIÉ PAR LE BUREAU DES LONGITUDES POUR L'ANNÉE 1867, avec **Notices scientifiques.** In-18........ 1 fr. 25 c.

†**ARAGO (F.).** — **Analyse de la vie et des travaux de sir William Herschel.** In-18... 1 fr.
    — **Astronomie populaire.** 4 vol. avec 24 cartes et planches (80 figures) sur acier et 300 figures dans le texte............................... 30 fr.

BACH, Professeur au Lycée de Strasbourg. — **Calculs des Éclipses de Soleil par la Méthode des Projections.** In-8; 1860.................... 2 fr.

†**BIOT,** membre de l'Académie des Sciences. — **Traité élémentaire d'Astronomie physique,** 3ᵉ édition; corrigée et augmentée. 5 volumes in-8 avec 94 planches; 1857... 65 fr.

CONNAISSANCE DES TEMPS ou DES MOUVEMENTS CÉLESTES, publiée par le Bureau des Longitudes **POUR LES ANNÉES 1868 et 1869:**
Prix de chaque année :
   Sans Additions..................................... 3 fr. 50 c.
   Avec Additions.................................... 6 fr. 50 c.

†**DELAMBRE,** Membre de l'Institut. — **Traité complet d'Astronomie théorique et pratique.** 3 vol. in-4, avec planches ; 1814.............. 40 fr.

†**DELAMBRE.** — **Histoire de l'Astronomie ancienne.** 2 vol. in-4, avec planches; 1817... 25 fr.

†**DELAMBRE.** — **Histoire de l'Astronomie du moyen âge.** 1 vol. in-4 avec planches; 1819.. 20 fr.

†**DELAMBRE.** — **Histoire de l'Astronomie moderne.** 2 vol. in-4, avec pl. 1821.. 30 fr.

†**DELAMBRE.** — **Histoire de l'Astronomie au XVIIIᵉ siècle;** publiée par *M. Mathieu,* Membre de l'Académie des Sciences et du Bureau des Longitudes. In-4, avec planches, 1827.................................. 20 fr.

DELAUNAY (Ch.), Ingénieur des Mines. — **Cours élémentaire d'Astronomie,** concordant avec les articles du *Programme officiel* pour l'enseignement de la Cosmographie dans les Lycées. 4ᵉ édition. In-12, avec planches; 1865... 7 fr. 50 c.

†**DIEN.** — **Atlas céleste,** contenant plus de 100 000 étoiles et nébuleuses. In-folio de 26 planches gravées sur cuivre, dont trois doubles, avec une *Introduction* par M. *Babinet,* membre de l'Institut; 1864.
    Prix : Cartonné, toile pleine............................ 35 fr.
    Relié avec luxe, demi-chagrin........................... 40 fr.

†**FRANCOEUR (L.-B.).** — **Uranographie, ou Traité élémentaire d'Astronomie,** à l'usage des personnes peu versées dans les Mathématiques, des Géo-

graphes, des Marins, des Ingénieurs, accompagnée de Planisphères. 6e édition, revue, corrigée et augmentée d'une **Notice sur la Vie et les Ouvrages de l'Auteur**, par M. *Francœur* fils, Professeur de Mathématiques spéciales au Collége Chaptal et à l'Ecole des Beaux-Arts. (Dédiée à M. *F. Arago*.) In-8, avec planches; 1853.. 10 fr.

†**FLAMMARION** (**Camille**), Astronome. — **Études et Lectures sur l'Astronomie**. In-12, avec une Carte céleste; 1867.................... 2 fr. 50 c.

†**GINOT-DESROIS** (**Mlle**). — **Description et usages du Calendrier astronomique perpétuel**. In-8 avec le **PLANISPHÈRE** ; 1861.......... 5 fr.

GINOT-DESROIS (Mlle). — **Planisphère mobile**, au moyen duquel on peut apprendre l'Astronomie seul et sans le concours des Mathématiques. 7e édition ; 1847, sur carton.. 4 fr.

†**HABANT**(**H.**) et **LAFFITE**(**P.**). — **Leçons de Cosmographie**. In-8, avec pl.; 1853.. 3 fr. 50 c.

†**IMBARD**. — **De la Mesure du Temps, et Description de la Méridienne verticale portative du Temps vrai et du Temps moyen pour régler les pendules et les montres**, etc. 2e édition. In-18, avec pl. 1857........ 1 fr.

†**LACROIX**.— **Introduction à la connaissance de la Sphère**. In-18; avec pl.; 1864.. 1 fr. 25 c.

†**LAPLACE** (**Marquis de**). — **Exposition du Système du Monde**. 6e édit., précédée de l'**Éloge de l'Auteur**, par M. le baron *Fourier*. In-4, papier fin, avec portrait; 1835.. 15 fr.

†**LAPLACE**.— **Précis de l'Histoire de l'Astronomie**. 2e édit.; in-8; 1863.   3 fr.

***MATHIEU** (**de la Drôme**). — **De la Prédiction du Temps**. In-8; 2° édition; 1862.. 2 fr.

PETIT (**F.**), Correspondant de l'Institut, Directeur de l'Observatoire de Toulouse, Professeur à la Faculté des Sciences. — **Traité d'Astronomie pour les gens du monde**, avec des *Notes complémentaires* pour les Candidats au Baccalauréat, aux Ecoles spéciales et à la Licence ès Sciences mathématiques. 2 vol. in-18 jésus, avec 286 figures dans le texte et une Carte céleste; 1866.... 7 fr.

***PONTÉCOULANT** (**G. de**), ancien élève de l'Ecole Polytechnique, Colonel au corps d'Etat-Major. — **Théorie analytique du Système du Monde**. 2e éd., considérablement augmentée, tomes I et II. in-8; 1856............. 18 fr.

Cette nouvelle édition des tomes I et II dans laquelle se trouvent les Suppléments des livres II et V, forme un Traité complet d'Astronomie théorique, et peut être considérée comme une Introduction à la *Mécanique céleste de Laplace*, et un Complément à la *Mécanique de Poisson*.

On vend séparément :

†Les tomes III et IV (1re édition)............................... 33 fr.
Supplément aux livres II et V (1re édition).................. 2 fr. 50 c.
Supplément au livre VII ; 1860.............................. 2 fr. 50 c.
L'ouvrage complet, 4 volumes et ce dernier supplément.. ..... 52 fr. 50 c.

RESAL (**H.**), Ingénieur des Mines, Docteur ès Sciences. — **Traité élémentaire de Mécanique céleste**. In-8 avec planche; 1865.................... 8 fr.

L'Auteur s'est proposé pour but dans cet Ouvrage d'exposer les principes fondamentaux de la *Mécanique céleste*, à l'aide de démonstrations assez simples pour être introduites dans l'enseignement supérieur.

CHIMIE ET PHOTOGRAPHIE.

***ANNUAIRE PHOTOGRAPHIQUE POUR L'ANNÉE 1867** (3e année); par *A. Davanne*. In-18.
Prix : Broché.. 1 fr. 75 c.
Cartonné.. 2 fr. 25 c.

Des **Annonces** bibliographiques et industrielles sont placées par l'éditeur à la suite de l'Annuaire.

L'Annuaire photographique pour 1867 paraîtra dans le courant de janvier 1867.

***BARRESWIL** et **DAVANNE**. — **Chimie photographique**, contenant les éléments de Chimie expliqués par des exemples empruntés à la Photographie, les procédés de Photographie sur glace (collodion humide, sec ou albuminé). sur papiers, sur plaques; la manière de préparer soi-même, d'essayer, d'employer tous les réactifs, d'utiliser les résidus, etc.; 4e édition, revue, augmentée, et ornée de figures dans le texte. In-8; 1864..................... 8 fr. 50 c.

†**BASSET**, Professeur de Chimie appliquée. — **Précis de Chimie pratique, ou Éléments de Chimie vulgarisée**, renfermant les faits les plus incontestables de la science chimique; les formules et les équivalents, les méthodes les plus rationnelles de préparation et d'analyse des corps les plus usuels, ainsi que les principales applications de la Chimie aux arts et à l'industrie. In-18 jésus de 642 pages, avec figures dans le texte; 1861............................ 5 fr.

†**BERTHELOT** (**Marcelin**), Professeur de Chimie organique à l'École de Pharmacie et chargé de cours au Collége de France.— **Leçons sur les Méthodes générales de Synthèse en Chimie organique** (*Cours du Collége de France*). In-8; 1864............................ 8 fr.

†**BOUSSINGAULT**, Membre de l'Institut. — **Agronomie, Chimie agricole et Physiologie**. 2ᵉ *édition*. Tomes I, II, III, in-8, avec planches sur cuivre et figures dans le texte; 1860-1861-1864............................ 15 fr.
    Chaque volume se vend séparément............................ 5 fr.

†**CAHOURS** (**Auguste**), Examinateur de sortie pour la Chimie à l'Ecole impériale Polytechnique. — **Traité de Chimie générale élémentaire**. Leçons professées à l'École impériale centrale des Arts et Manufactures. 2ᵉ édition. 3 vol. in-18 avec figures et planches; 1860. (*Autorisé par décision ministérielle.*).... 12 fr.

*DAVANNE et GIRARD. — Recherches théoriques et pratiques sur la formation des épreuves photographiques positives.** In-8; 1864...... 4 fr.

*DUPLAIS** (aîné). — **Traité de la fabrication des liqueurs et de la distillation des alcools**. 3ᵉ édition, revue et augmentée par *Duplais jeune*. 2 volumes in-8, avec 14 planches; 1866............................ 16 fr.

*FAVRE** (**P.-A.**), Correspondant de l'Institut (Académie des Sciences), Professeur de Chimie à la Faculté des Sciences de Marseille. — **Aide-Mémoire de Chimie à l'usage des Lycées et des établissements secondaires**, *rédigé conformément au Programme du Baccalauréat ès Sciences*. In-8, avec atlas de 14 planches renfermant 117 figures; 1864............................ 5 fr.
M. Dumas, Membre de l'Institut, en présentant l'*Aide-Mémoire de Chimie* de M. Favre à l'Académie des Sciences, s'est exprimé ainsi : « L'Auteur a complétement » atteint le but qu'il s'est proposé; son livre sera indispensable et au Professeur » qui prépare la leçon de Chimie, et à l'Auditeur qui l'écoute, et à l'Élève qui » subira demain son examen. »

†**GRANDEAU** (**L.**), Docteur ès Sciences, et **TROOST** (**L.**), Professeur de Physique et de Chimie au Lycée Bonaparte. — **Traité pratique d'Analyse chimique**, par **F. VOEHLER**, Professeur de Chimie à l'Université de Gœttingue, Associé étranger de l'Institut de France. — **Édition française**, publiée avec le concours de l'Auteur. 1 volume in-18 jésus, avec 76 figures dans le texte et une planche; 1866............................ 4 fr. 50 c.

†**PASTEUR**. — **Nouveau procédé industriel de Fabrication du Vinaigre**. In-4; 1862............................ 60 c.

*RUSSELL** (**C.**). — **Le Procédé au Tannin**, traduit de l'anglais par M. *Aimé Girard*; 2ᵉ édition entièrement refondue et renfermant la description des nouveaux procédés de préparation, de développement, etc. In-18 sur jésus, avec figures dans le texte; 1864............................ 2 fr. 50 c.

†**SAINTE-CLAIRE DEVILLE** (**H.**), Maître de Conférences à l'Ecole Normale, etc. — **De l'Aluminium. Ses propriétés, sa fabrication et ses applications**. In-8, avec planches; 1859............................ 3 fr. 50 c.

†**SALVÉTAT** (**A.**), Chef des travaux chimiques à la Manufacture impériale de Sèvres. — **Leçons de Céramique** professées à l'Ecole centrale des Arts et Manufactures, ou **Technologie céramique**, comprenant les **Notions de Chimie, de Technologie et de Pyrotechnie applicables à la fabrication, à la synthèse, à l'analyse, à la décoration des poteries**. 2 vol. in-18, avec 479 figures dans le texte............................ 12 fr.

†**SCHEURER-KESTNER** (**A.**). — **Principes élémentaires de la Théorie chimique des Types, appliquée aux combinaisons organiques**. In-8; 1862............................ 2 fr.

PHYSIQUE. — TÉLÉGRAPHIE.

†**BILLET**, Professeur de Physique à la Faculté des Sciences de Dijon. — **Traité d'Optique physique**. 2 forts volumes in-8, avec 14 planches renfermant 337 figures 1858-1859............................ 15 fr.

*DU MONCEL** (**Th.**), Ingénieur électricien de l'Administration des Lignes télégraphiques. — **Traité théorique et pratique de Télégraphie électrique**, à l'usage des employés télégraphistes, des ingénieurs, des constructeurs et des inventeurs. Vol. in-8 de 642 pages, avec 156 figures dans le texte et 3 planches. Imprimé sur carré fin satiné; 1864................................. 10 fr.

DU MONCEL (**Th.**). — **Notice sur l'appareil d'induction électrique de Ruhmkorff**, suivie d'un *Mémoire sur les courants induits*. 5ᵉ édition. In-8, avec figures dans le texte; 1867................................. 7 fr. 50 c.

†**GRANDEAU** (**Louis**), Docteur ès Sciences, Professeur de Chimie à l'Association Philotechnique. — **Instruction pratique sur l'Analyse spectrale**, comprenant : 1º la description des appareils; 2º leur application aux recherches chimiques; 3º leur application aux observations physiques; 4º la projection des spectres. In-8 avec 2 planches sur cuivre et 1 planche chromolithographiée; 1863..,.................... 3 fr.

†**JAMIN** (**J.**), Professeur de Physique à l'Ecole Polytechnique. — **Cours de Physique de l'École Polytechnique**. 2ᵉ édition, tome Iᵉʳ. In-8 de 552 pages avec 270 figures dans le texte et une planche sur acier. 1863. (*Autorisé par décision ministérielle.*) (Se vend séparément.)................... 12 fr.
     Les tomes II et III, 2ᵉ édition, 1867 (ensemble).................. 20 fr.

†**LAMÉ** (**G.**), Membre de l'Institut. — **Leçons sur la Théorie analytique de la Chaleur**. In-8, avec figures dans le texte; 1861.............. 6 fr. 50 c.

†**PIERRE** (**J.-I.**), Correspondant de l'Institut (Académie des Sciences), Professeur à la Faculté des Sciences de Caen. — **Exercices sur la Physique, ou Recueil de questions susceptibles de faire l'objet de compositions écrites soit dans les classes supérieures des Lycées, soit aux examens du Baccalauréat ès Sciences, soit aux examens d'admission aux principales Écoles, avec l'indication des solutions.** 2ᵉ édit.; in-8, avec 4 planches; 1862. 4 fr.

†**REECH.** — **Théorie générale des effets dynamiques de la Chaleur.** In-4, avec planches, 1854.. 6 fr.

†**SENARMONT** (de). — **Traité de Cristallographie**; traduit de l'anglais de *Miller*. In-8, avec 12 planches; 1842................................. 5 fr.

GÉOGRAPHIE ET HISTOIRE.

*****OGER** (**F.**), Professeur d'Histoire et de Géographie, Maître de Conférences au Collége Sainte-Barbe. — **Géographie physique, militaire, historique, politique, administrative et statistique de la France**, *rédigée conformément au Programme officiel*, à l'usage des candidats à l'Ecole militaire de Saint-Cyr et à l'enseignement géographique des Lycées. 3ᵉ édit., revue et augmentée de la **Géographie générale et de la Géographie industrielle et commerciale**; vol. in-8, avec ATLAS de 23 cartes in-plano; 1864.................. 10 fr.

On vend séparément :

     Texte... 3 fr.
     Atlas... 7 fr.

*****OGER** (**F.**). — **Petit Atlas de Géographie générale**, à l'usage des Lycées et des Institutions, comprenant 9 cartes in-plano; 1866.............. 3 fr. 50 c.

*****OGER** (**F.**). — **Histoire de France et Histoire générale**, depuis l'avénement de Louis XIV jusqu'à la chute de l'Empire (1643-1815). — **Cours de Rhétorique**, *rédigé conformément au Programme officiel*. In-8, de 532 pages; 1862.. 7 fr.

*****OGER** (**F.**), Professeur d'Histoire et de Géographie, Maître de Conférences au Collége Sainte-Barbe. — **Cours d'Histoire générale** à l'usage des Lycées, des candidats à l'École militaire de Saint-Cyr et des aspirants aux Baccalauréats ès Lettres et ès Sciences, rédigé conformément aux Programmes officiels.
     Iʳᵉ Partie. — **Histoire ancienne et Histoire du moyen âge jusqu'en 1328.** In-8; 1863... 3 fr. 50 c.
     IIᵉ Partie. — **Histoire du moyen âge et des temps modernes depuis l'avénement des Valois jusqu'à la paix de Westphalie** (1328-1648). In-8; 1864.. 3 fr. 50 c.
     IIIᵉ Partie. — **Histoire moderne depuis l'avénement de Louis XIV jusqu'à nos jours** (1643-1865). In-8; 1866.................. 6 fr.

TOPOGRAPHIE, GÉODÉSIE ET ARPENTAGE.

BRETON DE CHAMP (**P.**), Ingénieur des Ponts et Chaussées. — **Traité du Nivellement**, contenant la théorie et la pratique du nivellement ordinaire et les nivellements expéditifs dits préparatoires ou de reconnaissance. 2ᵉ édition, revue, corrigée et augmentée. In-8 avec planches; 1861.............. 5 fr.

BRETON DE CHAMP, Ingénieur en chef au corps impérial des Ponts et Chaussées, Directeur adjoint du dépôt des cartes et plans au Ministère de l'Agriculture, du Commerce et des Travaux publics. — **Traité du lever des plans et de l'arpentage**, précédé d'une introduction qui renferme des *Notions sur l'emploi pratique des logarithmes, la Trigonométrie, l'Algèbre et l'Optique.* Vol. in-8, avec 9 planches gravées sur cuivre; 1865 .. .. 7 fr. 5o c.

†**CHEVIGNÉ** (de). — **Tables numériques destinées à faciliter les opérations topographiques**, calculées pour la division sexagésimale de la circonférence. 2e édition; in-16 avec 2 planches; 1863...................... 1 fr. 5o c.

FRANCOEUR (**L.-B.**). — **Traité de Géodésie**, comprenant la Topographie, l'Arpentage, le Nivellement, la Géomorphie terrestre et astronomique, la Construction des Cartes, la Navigation, augmenté de **Notes sur la mesure des bases**, par M. *Hossard*, Lieutenant-Colonel aux Ingénieurs-Géographes, Professeur d'Astronomie à l'École Polytechnique. 4e édition, revue, corrigée par M. *Francœur* fils, Professeur de Mathématiques à l'École des Beaux-Arts. In-8, avec 11 planches; 1865.. 1o fr.

*****LAUSSEDAT** (**A.**), Capitaine du Génie. — **Leçons sur l'Art de lever les Plans**, comprenant les **levers de terrain et de bâtiment**, la pratique du nivellement ordinaire et le lever des courbes horizontales à l'aide des instruments les plus simples. Ouvrage utile aux Propriétaires, aux Agents des travaux publics, aux Instituteurs primaires, aux élèves des Écoles normales et industrielles et aux Sous-Officiers de l'armée. In-4, avec 1o pl.; 1861. 5 fr.

†**LEFÈVRE**. — **Abrégé du nouveau traité de l'Arpentage, ou Guide pratique et mémoratif de l'Arpenteur**, particulièrement destiné aux personnes qui n'ont point étudié la Géométrie, contenant toutes les méthodes nécessaires pour l'Arpentage, le Levé des plans, l'Aménagement des bois, le Nivellement, le Toisé, suivi d'un nouveau mode d'observer les angles d'une triangulation, etc. In 12, avec 18 planches, dont une coloriée.................. 7 fr.

†**MARIE**, Professeur de Mathématiques et de Topographie. — **Principes du Dessin et du Lavis de la Carte topographique**, présentés d'une manière élémentaire et méthodique avec tous les développements nécessaires aux personnes qui n'ont pas l'habitude du Dessin; accompagnés de 9 modèles, dont 8 sont coloriés avec soin. 1 vol. in-4 oblong; 1825.................. 15 fr.

PUISSANT. — **Traité de Géodésie**, ou Exposition des méthodes trigonométriques et astronomiques, applicables, soit à la mesure de la terre, soit à la confection du canevas des cartes et des plans topographiques. 3e édition, corrigée et augmentée; 2 vol. in-4, avec planches; 1842............... 4o fr.

†**REGNAULT** (**J.-J.**). — **Traité de Géométrie pratique et d'Arpentage** comprenant les **Opérations graphiques** et de nombreuses **Applications aux Travaux de toute nature** à l'usage des Écoles professionnelles, des Écoles normales primaires, des Employés des Ponts et Chaussées, des Agents voyers, etc. 2e édition, revue et augmentée. In-8, avec 14 pl.; 1860.. .... 5 fr.

*****REGNAULT** (**J.-J.**), Bachelier ès Sciences mathématiques, Directeur des Annales des Conducteurs des Ponts et Chaussées et des Annales des Chemins vicinaux. — **Cours pratique d'Arpentage** à l'usage des Instituteurs, des Élèves des Écoles primaires, des Propriétaires et des Cultivateurs. In-18, sur jésus, avec figures dans le texte; 1861............................... 1 fr. 5o c.

Ouvrage choisi en 1862 par Son Excellence M. le Ministre de l'Instruction publique pour les bibliothèques scolaires.

†**THOREL**, Géomètre de première classe du Cadastre du département de l'Oise. — **Arpentage et Géodésie pratique**, ouvrage dans lequel on peut apprendre le Système métrique, l'Arpentage, la Division des terres, la Trigonométrie rectiligne, le Levé des plans, la Gnomonique, etc. In-4, avec pl.; 1843. 4 fr.

DESSIN ET PERSPECTIVE.

BOUCHET (**Jules**), Chef des travaux graphiques à l'École Centrale. — **Exercices de Dessin linéaire et de Lavis** à l'usage des aspirants à l'École centrale des Arts et Manufactures. (*Recueil approuvé par le Conseil des Études.*) In-folio oblong... 6 fr.

CRESSON (**A.-J.**), Professeur à l'École d'Artillerie et au Lycée de Rennes. — **Principes de Dessin, grands modèles gradués** pour préparation à tous les genres. *Portefeuille de 4o Planches* format demi-jésus (55 centimètres sur 38 centimètres) imprimées sur papier fort, et *Texte in-8*; 1865. .... 8 fr.

†**DELAISTRE** (**L.**), Professeur de Dessin général. — **Cours complet de Dessin linéaire, gradué et progressif,** contenant la Géométrie pratique, élémentaire et descriptive; l'Arpentage, la Levée des Plans et le Nivellement; le Tracé des Cartes géographiques; des Notions sur l'Architecture; le Dessin industriel; la Perspective linéaire et aérienne; le tracé des ombres et l'étude du Lavis. Quatre Parties, composées de 60 planches et 70 pages de texte in-4 oblong à deux colonnes, tirées sur jésus.

Ouvrage donné en prix, par la Société d'Encouragement pour l'Industrie natio- nale, aux contre-maîtres des établissements industriels, et choisi en 1862 par Son Excellence M. le Ministre de l'Instruction publique pour les bibliothèques scolaires
Prix de l'ouvrage complet cartonné... 15 fr.

GOURNERIE (**Jules de la**), Ingénieur en chef des Ponts et Chaussées, Profes- seur de Géométrie descriptive à l'École Polytechnique et au Conservatoire des Arts et Métiers. — **Traité de Perspective linéaire,** contenant les tracés pour les tableaux plans et courbes, les bas-reliefs et les décorations théâtrales, avec une théorie des effets de perspective; ouvrage conforme au Cours de Perspec- tive qui fait partie de l'enseignement de la Géométrie descriptive au Conser- vatoire des Arts et Métiers. 1 vol. in-4, avec atlas in-folio de 45 planches, dont 8 doubles; 1859... 40 fr.

†**GUIOT** — **Éléments de Perspective linéaire,** comprenant la Théorie et les procédés pratiques de cette science, avec un grand nombre de problèmes nu- mériques et d'applications usuelles, les principes de la Géométrie descriptive, et des notions sur les Ordres d'Architecture. 2ᵉ édit.; in-8, avec un atlas grand in-4 de 37 planches... 10 fr.

MARIE. — **Principes des Écritures en caractères ordinaires et en carac- tères moulés,** appliqués aux Plans et aux Cartes, et suivis de dix modèles gra- vés avec soin, etc. In-4 oblong... 6 fr.

†**THIERRY** fils, Graveur, éditeur du *Vignole de poche.* — **Méthode graphique et géométrique,** ou le **Dessin linéaire** appliqué aux arts en général, et en par- ticulier à la Projection des Ombres, à la pratique de la Coupe des Pierres, à la Perspective linéaire et aux cinq ordres d'Architecture; ouvrage utile à tous les Artistes et Ouvriers employés à la construction et à la décoration des édifices. 2ᵉ édition, revue et corrigée par M. C.-F.-M. Marie. Grand in-8 oblong, avec 50 planches; 1846... 8 fr. 50 c.

Ouvrage choisi en 1862 par Son Excellence M. le Ministre de l'Instruction publique pour les bibliothèques scolaires.

ARCHITECTURE, TRAVAUX PUBLICS.
PONTS ET CHAUSSÉES,
HYDRAULIQUE ET MÉTALLURGIE,

†**BAUDUSSON.** — **Le Rapporteur exact, ou Tables des cordes de chaque angle, depuis une minute jusqu'à cent quatre-vingts degrés, pour un rayon de mille parties égales.** In-18, 4ᵉ édition; 1861.............. 2 fr.

†**BENOIT** (**P.-M.-N.**), ancien Élève de l'École Polytechnique; l'un des cinq fondateurs de l'École centrale des Arts et Manufactures; Membre du Comité des Arts mécaniques de la Société d'Encouragement pour l'industrie nationale. — **Guide du Meunier et du Constructeur de Moulins.** Iʳᵉ Partie : **Con- struction des Moulins.** IIᵉ Partie : **Meunerie.** 2 volumes in-8 de 900 pages, avec 22 planches contenant 638 figures; 1863......................... 12 fr.

BOURDAIS (Jules), Ingénieur, ancien élève de l'École centrale des Arts et Manufactures. — **Traité pratique de la Résistance des Matériaux appliquée à la construction des ponts, des bâtiments, des machines,** précédé de No- tions sommaires d'Analyse et de Mécanique, suivi de Tables numériques don- nant les moments d'inertie de plus de 500 sections de poutres différentes. In-8, avec planches... 6 fr.

†**DARCY.** — **Recherches expérimentales relatives aux mouvements des eaux dans les tuyaux,** avec Tables relatives au débit des tuyaux de conduite. In-4, avec 12 planches; 1857... 20 fr.

†**ENDRÈS** (**E.**), ancien Élève de l'École Polytechnique, Ingénieur des Ponts et Chaussées. — **Manuel du Conducteur des Ponts et Chaussées,** d'après le dernier *Programme officiel des examens.* Ouvrage indispensable aux Conducteurs et Employés secondaires des Ponts et Chaussées et des Compagnies de Chemins de fer, aux Agents voyers et à tous les Candidats à ces emplois. 4ᵉ édition, 2 vol. in-8, avec 652 figures dans le texte et 4 planches d'instruments dessinés et gravés d'après les meilleurs modèles; 1865......................... 13 fr.

†**ENDRÈS (E.),** ancien Élève de l'Ecole Polytechnique, Ingénieur des Ponts et Chaussées. — **Vade-Mecum administratif de l'Entrepreneur des Ponts et Chaussées,** ou Recueil raisonné des documents relatifs à l'adjudication, à l'exécution et au règlement des travaux, avec l'exposé détaillé de la procédure et de la jurisprudence des Conseils de Préfecture et du Conseil d'État. In-12; 1859. 3 fr. 50 c.

***FREYCINET (Charles de),** Ingénieur au Corps impérial des Mines, Chef de l'Exploitation des Chemins de Fer du Midi. — **Des pentes économiques en chemins de fer.** *Recherches sur les dépenses des Rampes.* In-8; 1861.... 6 fr.

***LEFORT (F.),** Ingénieur en chef des Ponts et Chaussées, membre correspondant de l'Académie des Sciences de Naples. — **Tables des surfaces de déblai et de remblai, des largeurs d'emprise et des longueurs des talus,** relatives à un chemin de fer à deux voies ou à une **ROUTE DE IO MÈTRES** de largeur entre fossés, pour des cotes sur l'axe de 0^m à 15^m, et pour des déclivités sur le profil transversal de 0^m à $0^m,25$. Grand in-8, sur jésus; 1861.... 3 fr.

— **Tables** relatives à une **ROUTE DE 8 MÈTRES,** etc. Grand in-8 sur jésus; 1863.. 3 fr.

— **Tables** pour un chemin de fer à **UNE VOIE** ou à une **ROUTE DE 6 MÈTRES,** etc. Grand in-8 sur jésus; 1862..................... 3 fr.

†**MEISSAS (N.),** ancien Ingénieur du chemin de fer de Paris à Cherbourg, Censeur des Etudes au lycée de Cahors. — **Tables pour servir aux études et à l'exécution des Chemins de fer, ainsi que dans tous les travaux où l'on fait usage du Cercle et de la Mesure des Angles.** *Ouvrage honoré de la Souscription des Ministres des Travaux publics, de l'Instruction publique, de la Guerre, de la Marine et de l'Algérie.* In-12 de 428 pages en tableaux, avec figures dans le texte; 1860.. 8 fr.
Cartonné.. 9 fr.

PELLETIER (A.), Constructeur des travaux à la Compagnie des chemins de fer de Paris à Lyon et à la Méditerranée. — **Carnet des agents secondaires des travaux de chemins de fer.** Guide pratique à l'usage des personnes débutant dans cette partie. In-18 jésus, avec pl. et épures de ponts biais. 1864... 5 fr. 50 c.

†**REGNAULT (J.-J.).** — **Manuel des Aspirants au grade d'Ingénieur des Ponts et Chaussées.** — **Guide du Conducteur des Ponts et Chaussées, de l'Agent voyer, du Garde du Génie et de l'Artillerie,** rédigé d'après le nouveau *Programme officiel.*

Ouvrage divisé en 2 Parties. — Chaque Partie se vend séparément :

PARTIE THÉORIQUE, contenant : l'Algèbre, la Géométrie analytique, la Géométrie descriptive, la Coupe des Pierres, la Charpente, la Physique, la Chimie, des notions de Géologie, la Mécanique des corps solides et l'Hydraulique. 2 vol. in-8, avec 44 planches.. 12 fr.

PARTIE PRATIQUE, contenant : les Cours de Routes, Cours de Chemins de fer, Cours de Ponts, la Navigation intérieure, des Notions sur les desséchements et les irrigations, les Ports maritimes, des Notions d'Architecture et l'exécution des travaux, etc. 2 vol. in-8, avec 50 planches............... 12 fr.

†**WITH (Émile),** Ingénieur civil. — **Manuel aide-mémoire du Constructeur de travaux publics et de machines,** comprenant le **Formulaire et les Données d'expérience de la construction.** 2e édition, in-12; 1861.. 2 fr. 50 c.

***YVON VILLARCEAU,** Astronome à l'Observatoire impérial de Paris. — **Sur l'Établissement des Arches de pont,** envisagé au point de vue de la plus grande stabilité, et **Tables** pour faciliter les applications numériques. In-4, avec figures dans le texte et planches; 1854.................. 12 fr.

GUERRE ET MARINE.

BELLANGER (C.-A.), ancien Élève de l'École Polytechnique, ancien Officier de vaisseau, Professeur d'Hydrographie. — **Petit Catéchisme de machine à vapeur,** à l'usage des candidats aux grades de la marine de commerce et de toutes les personnes qui veulent acquérir sur ce sujet des notions élémentaires. Petit in-8 avec Atlas de 6 planches; 1866................... 3 fr. 50 c.

CAILLET, Examinateur de la Marine. — **Traité élémentaire de Navigation** à l'usage des Officiers de la marine militaire et de la marine du commerce. 3e édition, revue et corrigée, in-8, avec figures; 1861........ .... 9 fr.

†**CHAPMAN.** — **Traité de la Construction des Vaisseaux.** Traduit du suédois par *Vial de Clairbois.* In-4, avec planches............................ 21 fr.

CHARDONNEAU (F.-J.-T.), Lieutenant de vaisseau. — **Guide du Marin sur la loi des Tempêtes.** Traduit de l'anglais de *H. Piddington*, Président de la Cour de Marine à Calcutta. 2ᵉ édition, in-8, avec planches et cartes; 1859. (Ouvrage honoré de la souscription de S. E. le Ministre de la Marine.). 10 fr.

CONSOLIN (B.), Maître Voilier entretenu de la Marine impériale et Professeur du Cours de Voilerie à Brest. — **Manuel du Voilier**, revu et publié par ordre de S. Exc. M. l'Amiral *Hamelin*, Ministre de la Marine. Ouvrage approuvé pour l'instruction des Elèves de l'Ecole Navale et pour celle des Voiliers des arsenaux. Grand in-8 sur jésus, de 528 pages et 11 planches; 1859.... 12 fr.

*CONSOLIN (B.). — **Méthode pratique de la Coupe des voiles des navires et embarcations**, suivie de Tables graphiques facilitant les diverses opérations de la coupe, avec ou sans calcul; ouvrage offrant aux Capitaines des renseignements utiles à la mer. In-12 avec 3 planches; 1863.................... 3 fr.

CONSOLIN (B.). — **L'Art de voiler les embarcations**, suivi d'un Aide-Mémoire de Voilerie. In-12 avec une grande planche; 1866...................... 2 fr.

D'ÉTROYAT (Ad.), Constructeur. — **Traité élémentaire d'Architecture navale.** 3 Parties in-4, avec Atlas de 29 planches in-folio; 2ᵉ édition, 1863.. 20 fr.

*D'ÉTROYAT (Ad.). — **De la Carène du Navire et de l'Échelle de Solidité.** In-4, avec 5 planches; 1856.................................. 4 fr.

D'ÉTROYAT (Ad.). — Embarcations des Navires de guerre et du commerce. Grand in-4 avec atlas in-folio de 15 planches; 1856.......... 10 fr.

D'ÉTROYAT (Ad.). — Tables de mâture. In-4, avec pl.; 1858...... 8 fr.

DUCOM. — Cours complet d'observations nautiques, avec les notions nécessaires au Pilotage et au Cabotage, augmenté de la puissance des effets des ouragans, typhons, tornados des régions tropicales. 3ᵉ éd.; 1859. 1 vol. in-8. 15 fr.

HOMMEY, Capitaine de frégate en retraite. — **Tables d'Angles horaires.** 2 vol. grand in-8, en tableaux; 1862..................... 20 fr.

MÉMORIAL DE L'ARTILLERIE ou Recueil de **Mémoires, expériences, observations et procédés relatifs au service de l'Artillerie;** *rédigé par les soins du Comité, avec l'approbation du Ministre de la Guerre.* Un volume in-8 (nº VIII), avec Atlas cartonné de 24 planches gravées sur cuivre; 1867..... .... 12 fr.

†**POISSON. — Mémoire sur les déviations de la Boussole produites par le fer des vaisseaux.** In-8.. 3 fr.

†**QUARTIER DE RÉDUCTION ET ASTRONOMIQUE**, en usage dans la Marine. En feuille... 50 c.
Collé sur carton.. 1 fr. 25 c.

*REECH. — **Machine à air d'un nouveau système**, déduit d'une comparaison raisonnée des systèmes de MM. *Ericson* et *Lemoine*. In-4, avec pl.; 1854. 6 fr.

†**ROMME. — Dictionnaire de la Marine française.** In-8, avec 7 pl.; nouvelle édit., à laquelle on a ajouté 157 pavillons, flammes et guidons coloriés. 6 fr.

PUBLICATIONS PÉRIODIQUES.

†**ANNALES SCIENTIFIQUES DE L'ÉCOLE NORMALE SUPÉRIEURE.** 4ᵉ année; 1867.
Prix de l'abonnement : Paris, 30 fr. — Départements, 35 fr.

BULLETIN DE LA SOCIÉTÉ FRANÇAISE DE PHOTOGRAPHIE.
Prix de l'abonnement : Paris et les départements, 12 fr. — Étranger, 15 fr.

COMPTES RENDUS HEBDOMADAIRES DES SÉANCES DE L'ACADÉMIE DES SCIENCES.
Prix de l'abonnement : Paris, 20 fr. — Départements, 30 fr.

†**JOURNAL DE MATHÉMATIQUES PURES ET APPLIQUÉES**, rédigé par M. *Liouville.* 2ᵉ série, tome XII; 1867.
Prix de l'abonnement : Paris, 30 fr. — Départements, 35 fr.

†**NOUVELLES ANNALES DE MATHÉMATIQUES**, rédigées par MM. *Gerono* et *Prouhet.* 2ᵉ série, tome V; 1867.
Prix de l'abonnement : Paris, 12 fr. — Départements, 14 fr.

On se charge des abonnements à toutes les publications scientifiques de la France et de l'Étranger.

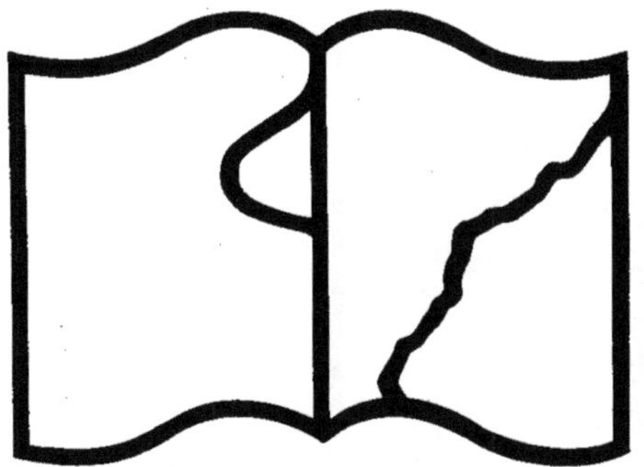

Texte détérioré — reliure défectueuse
NF Z 43-120-11

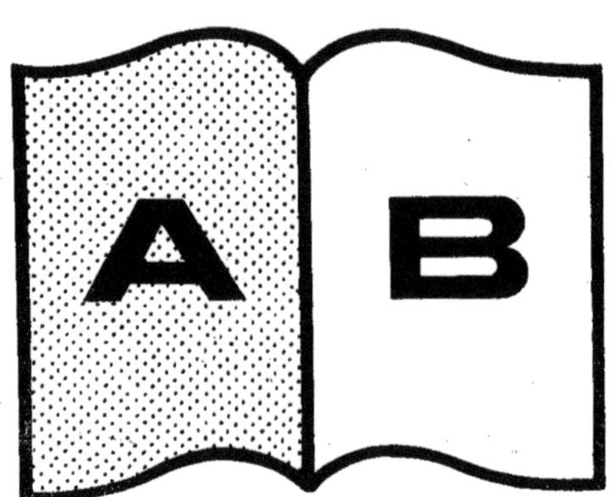

Contraste insuffisant

NF Z 43-120-14